ALEXANDRE VARGAS GRILLO

QUÍMICA GERAL 1 volume

FÍSICO - QUÍMICA

Transmissão de Calor - Questões Comentadas

EDITORA CIÊNCIA MODERNA

Química Geral – Físico-Química – Transmissão de Calor - Questões Comentadas - Volume 1

Editor: Paulo André P. Marques
Produção Editorial: Dilene Sandes Pessanha
Capa: Daniel Jara
Diagramação: Daniel Jara
Copidesque: Equipe Ciência Moderna

FICHA CATALOGRÁFICA

GRILLO, Alexandre Vargas.

Química Geral – Físico-Química – Transmissão de Calor - Questões Comentadas - Volume 1

Rio de Janeiro: Editora Ciência Moderna Ltda., 2023.

1. Química 2. Soluções Químicas 3. Estequiometria 4. Análise de Gases
I — Título

ISBN: 978-65-5842-272-3 CDD 540
541.34
541.26
544

Editora Ciência Moderna Ltda.
R. Alice Figueiredo, 46 – Riachuelo
Rio de Janeiro, RJ – Brasil CEP: 20.950-150
Tel: (21) 2201-6662/ Fax: (21) 2201-6896
E-MAIL: LCM@LCM.COM.BR
WWW.LCM.COM.BR

05/23

APRESENTAÇÃO DO AUTOR

Alexandre Vargas Grillo é Mestre e Doutor em Engenharia de Materiais e Processos Químicos e Metalúrgicos, graduado em Engenharia Química, todos pela PUC-Rio. Atualmente é Professor do Instituto Federal do Rio de Janeiro – IFRJ, trabalha no departamento de Química, mais especificamente na Físico-Química em Nanotecnologia. Atua como professor colaborador em pesquisas na área de Síntese de Nanopartículas pelo Departamento de Engenharia Química e de Materiais – PUC-Rio, além de fazer parte da coordenação da Olimpíada Brasileira de Química (OBQ).

INTRODUÇÃO

O principal objetivo de realizar esta obra é apresentar uma grande e boa variedade de exercícios com o gabarito comentado, apresentado a resolução passo a passo. Esta obra está apresentada em três volumes, totalizando mais de 2060 questões.

O primeiro volume começa com uma abordagem na área da Química geral, mais especificamente sobre o estudo dos gases ideais e reais, colocando em prática a equação de Clapeyron e a de van der Waals, sendo estes temas os dois primeiros capítulos da referida obra.

O terceiro capítulo apresenta a parte da estequiometria industrial, colocando em prática todas as possíveis situações que o cálculo estequiométrico pode ser cobrado em qualquer concurso, como por exemplo, a determinação do reagente limitante e excesso, estudo das reações consecutivas, cálculo do grau de rendimento e pureza.

O quarto capítulo, é levado em consideração o estudo das soluções ideais, cálculos, expressões de diferentes concentrações, dosagens químicas, diluição, mistura de mesmo soluto e de solutos diferentes e titulometria.

O último capítulo apresenta o estudo das propriedades coligativas, mais especificamente a tonoscopia (abaixamento da pressão de vapor), ebuliometria (aumento da temperatura de ebulição), crioscopia (abaixamento da temperatura de solidificação) e a osmometria (estudo da pressão osmótica).

Todos estes temas estão de acordo com os principais editais para concursos federais e processo de admissão de cursos de pós-graduação, mestrado e doutorado na área tecnológica. Além disso, durante toda a literatura, são apresentadas questões do ENADE (Exame Nacional de Desempenho de Estudantes).

O propósito deste livro – Volume I - é de apresentar os diferentes métodos de resolução com situações que a Química pode propiciar, mais especificamente a Química Geral e a Físico-Química podem apresentar.

O livro deve ser utilizado por estudantes que fazem o curso de licenciatura, bacharelado em Química e Engenharia, uma vez que no ciclo básico há a presença da cadeira de Química.

Este trabalho apresenta um grande desafio relacionado com a pesquisa de banco de questões, apresentando ao estudante da graduação e da pós-graduação, o que mais de atual existe na conceituação prática da Química. Outro papel fundamental nesta coletânea é apresentar a Química como uma ciência intimamente associada ao dia a dia, não apresentando somente cálculos matemáticos (regra de três, derivada e integral), mas, principalmente, apresenta ao leitor a melhor forma de organizar e melhor interpretação dos dados que o enunciado apresenta.

O último grande objetivo deste trabalho é facilitar o trabalho do professor, apresentando diferentes exercícios, que podem ser abordados em sala de aula, listas de exercícios e ótimas ideias para uma possível avaliação. Graças ao incentivo de grandes mestres e amigos em todo o Brasil espero estar, principalmente, ajudando à ciência brasileira, ajudando na formação acadêmica de cada aluno. Diante disso, desejo prestar um serviço na criação de uma literatura e cultura científica 100% brasileiras. O meu muito obrigado a todos que fizeram parte deste trabalho.

Maio de 2023

Professor Alexandre Vargas Grillo

AGRADECIMENTOS

Dedico este trabalho primeiramente a Deus, meu grande pai e guia. Meus guias espirituais presentes em todos os meus momentos da minha vida. Minha mãe, Estela Vargas Grillo, meus pais Vincenzo Grillo e Jorge Luiz Zaupa, in memoriam, e minha irmã Denise Vargas Grillo. Dedico também ao meu grande mestre, in memorian, pela existência de ter sido meu amigo, pai, companheiro e mestre da vida e da química, JOÃO ROBERTO DA PACIÊNCIA NABUCO. Em todas as minhas obras sempre irei mencionar o meu mestre a amigo, PROFESSOR DOUTOR FRANCISCO JOSÉ MOURA, meu eterno orientador em toda a vida acadêmica. À editora Ciência Moderna, o meu muito obrigado por acreditar nessa linda obra.

Professor Alexandre Vargas Grillo

Sumário

CAPÍTULO I. ESTUDO DOS GASES

EXEMPLO APLICATIVO

Exemplo Aplicativo I

Numa experiência de eletrólise da água formam-se 3,00 gramas de $H_{2(g)}$. Calcule o volume ocupado por esta massa de hidrogênio suposta e isenta de umidade, na temperatura de 300 K e sob a pressão de 684 mmHg.

Resolução

A eletrólise da água apresenta a produção de gás hidrogênio [$H_{2(g)}$], conforme pode ser observado pela seguinte semirreação de redução do hidrogênio, $2H^{+}_{(aquoso)} + 2e^{-} \rightarrow H_{2(gás)}$. Aplicando a equação dos gases ideais, e sabendo que uma atmosfera corresponde a 760 mm Hg:

$$V_{H_2} = \frac{n_{H_2} \text{ x R x T}}{p} = \frac{\left(\frac{3,0}{2,0}\right) \text{x } 0,08206 \text{ x } 300}{\left(\frac{684}{760}\right)} = 41,03 \text{ L}$$

Exemplo Aplicativo II

O processo de produção de amônia (NH_3), a partir dos gases hidrogênio (H_2) e nitrogênio (N_2), foi de difícil desenvolvimento e demandou vários anos de estudo. Este método recebeu o nome de processo Haber-Bosch, em homenagem aos seus idealizadores. A equação química abaixo descreve a síntese da amônia: $N_{2(g)} + 3H_{2(g)} \longrightarrow 2NH_{3(g)}$. Supondo que os gases nitrogênio e hidrogênio sejam colocados em um reator fechado, onde não ocorra nenhuma troca de matéria com a vizinhança e na presença de um catalisador apropriado. Calcule a pressão que 17 gramas do gás amônia exercem em um reator de volume igual a 5 litros e operando a 427°C.

Resolução

Cálculo da pressão do gás amoníaco, a partir da aplicação da equação dos gases ideais. Para a resolução deste exemplo, a aplicação da equação é de maneira direta, substituindo os dados apresentados na literatura da questão.

$$p = \frac{\left(\frac{17}{17}\right) \text{x } 0,08206 \text{ x } (427 + 273)}{5,0} = 11,49 \text{ atm}$$

Exemplo Aplicativo III

Tomou-se uma amostra de 130 gramas de zinco metálico para reagir com uma solução aquosa diluída de ácido clorídrico em quantidade estequiométrica. Dessa reação, observou-se a formação de gás, que foi aquecido a 227°C e transportado para um balão fechado de cinquenta litros. Esse balão continha, inicialmente, iodo em fase gasosa a 227°C e 3,28 atm. Após o equilíbrio, verificou-se que a constante de equilíbrio K_c a 227°C é igual a 160. Considerando que a temperatura permaneceu constante durante o processo, determine a pressão final total no balão.

Resolução

Para a resolução deste terceiro exemplo aplicativo, será necessário primeiramente apresentar a reação de simples troca entre o zinco metálico na presença de ácido clorídrico.

Equação química: $Zn_{(sólido)} + HCl_{(aquoso)} \longrightarrow ZnCl_{2(aquoso)} + H_{2(gás)}$

Cálculo do número de mol de Zinco: $n_{Zn} = \frac{m_{Zn}}{<MM>_{Zn}} = \frac{130}{65} = 2,0 \text{ mol}$

Cálculo do número de mol de gás hidrogênio produzido, a partir da relação estequiométrica apresentada a seguir:

1 mol de Zn --------------- 1 mol de H_2
2,0 mol de Zn ------------- n_{H2}
n_{H2} = 2,0 mol

Cálculo do número de mol de iodo (I_2) no seu estado inicial, a partir da utilização dos gases ideais:

$$3{,}28 \text{ x } 50 = n_{I_2} \text{ x } 0{,}08206 \text{ x } (227 + 273)$$

$$n_{I_2} = \frac{164}{41{,}03} \cong 4{,}00 \text{ mol}$$

Equação química para a formação do iodeto de hidrogênio: $H_{2(gás)} + I_{2(gás)} \rightleftarrows 2HI_{(gás)}$

Base de cálculo: 2 mol de H_2 e 4 mol de I_2

Para a resolução do problema será necessário utilizar a tabela de equilíbrio químico.

Tabela de equilíbrio químico

	$H_{2(gás)}$ (mol)	$I_{2(gás)}$ (mol)	$\rightleftarrows$	$2HI_{(gas)}$ (mol)
Início	2	4		0
Reage	α	α		2α
Equilíbrio	2 - α	4 - α		2α

Cálculo do número de mol total (n_T) dos gases presentes no equilíbrio: $n_T = n_{H2} + n_{I2} + n_{HI} = 2 - α + 4 - α + 2α = 6$ mol

Cálculo da pressão final (p_T) do balão, a partir da utilização da equação dos gases ideais:

$$p_T = \frac{6 \text{ x } 0{,}08206 \text{ x } 500}{50} = \frac{246{,}18}{50} = 4{,}92 \text{ atm}$$

Exemplo Aplicativo IV

Um "freezer", recém-adquirido, foi fechado e ligado quando a temperatura ambiente estava a 27°C. Considerando que o ar se comporta como um gás ideal e a vedação é perfeita, determine a pressão no interior do "freezer" quando for atingida a temperatura de –19°C.

Resolução

Situação Inicial (I): P_I = 1 atm; V = constante (processo isovolumétrico) e T_I = 27 + 273 = 300 K

Situação Final (II): P_{II}; V = constante (processo isovolumétrico) e T_{II} = -19 + 273 = 254 K

Cálculo da pressão II, através da equação combinada dos gases ideais: $\frac{p_I \text{ x } 1}{T_I} = \frac{p_{II} \text{ x } 1}{T_{II}}$

$$\frac{1}{300} = \frac{p_{II}}{254}$$

$$p_{II} = \frac{254}{300} = 0{,}85 \text{ atm}$$

Exemplo Aplicativo V

9,1 litros de monóxido de carbono (medidos nas CNTP) são introduzidos em um recipiente de volume constante e igual a 100 litros. Neste mesmo recipiente foram colocados mais 26,6 litros de gás hidrogênio (medidos nas CNATP). A mistura, assim obtida, é mantida a uma temperatura igual a 27°C. A partir destas informações, calcule:

a) A que pressão estará submetida?
b) A massa específica.

Resolução

Item a) Cálculo do número de mol de CO: $n_{CO} = \frac{pV}{RT} = \frac{1,0 \times 9,10}{22,4} = 0,41 \text{ mol}$

Cálculo do número de mol de H_2: $n_{H_2} = \frac{1,0 \times 26,60}{0,08206 \times (25+273)} = 1,09 \text{ mol}$

Cálculo do número de mol total: $n_{total} = n_{CO} + n_{H_2} = 0,41 \text{ mol} + 1,09 \text{ mol} = 1,50 \text{ mol}$

Cálculo da pressão total do recipiente: $p_{total} = \frac{1,50 \times 0,08206 \times (27+273)}{100} = 0,369 \text{ atm}$

Item b) Cálculo da massa molar da mistura:
$X_{mistura} \times < MM >_{mistura} = X_{CO} \times < MM >_{CO} + X_{H_2} \times < MM >_{H_2}$

$$1,0 \times < MM >_{mistura} = \left(\frac{0,41}{1,50}\right) \times 28,0 + \left(\frac{1,09}{1,50}\right) \times 2,0$$

$$< MM >_{mistura} = 9,11 \frac{g}{mol}$$

Cálculo da massa específica: $d = \frac{0,369 \times 9,11}{0,08206 \times (27+273)}$

$$d = 0,136 \frac{g}{L}$$

Cabe ressaltar uma importante observação que trata do termo CNATP. Esse termo significa Condições Normais Ambientais de Temperatura e Pressão, com uma pressão de uma atmosfera (1 atm) e temperatura de 25°C.

Exemplo Aplicativo VI

A uma temperatura de aproximadamente 773 K e pressão de 93,2 kPa, a massa específica de vapor de enxofre é 3,710 kg.m^{-3}. A partir da informação apresentada, determine a fórmula molecular do referido vapor, nas condições apresentadas.

Resolução

Levando em consideração que o gás a ser estudado apresenta comportamento ideal, a relação entre a densidade e a pressão é dada por:

$$d = \frac{p \times < MM >}{R \times T}$$

Para a utilização das informações apresentadas pelo problema, será necessário realizar a conversão de unidade da densidade, conforme pode ser observado a seguir:

$$d = 3,710 \frac{kg}{m^3} \times \frac{1000 \text{ g}}{1 \text{ kg}} = 3710 \frac{g}{m^3}$$

Cálculo da massa molar do composto gasoso, considerando a constante dos gases como 8,314 kPa.m^3.mol^{-1}.K^{-1}: $d = \frac{p \times <MM>}{R \times T}$

$$3710 = \frac{93,2 \times < MM >}{8,314 \times 773}$$

$$< MM > = 255,83 \frac{g}{mol}$$

Cálculo do número de mol de átomos de enxofre, sabendo que a sua massa atômica corresponde a 32,0 g.mol^{-1}:

$$\text{Número de átomos de enxofre:} \frac{255,83 \frac{g}{mol}}{32 \frac{g}{mol}} = 8$$

Fórmula molecular: S_8

Exemplo Aplicativo VII

(GRILLO) Determine a densidade mássica de 0,10 quilogramas de gás propano contido em um cilindro a uma pressão de 200 kPa e temperatura igual a 20ºC.

Resolução

Para a resolução do problema será necessário aplicar o comportamento do gás como ideal, relacionando a pressão do sistema reacional com a densidade.

Fórmula molecular do hidrocarboneto classificado como alcano: $C_3H_{8(gás)}$

Primeiramente será necessário converter a pressão para a unidade atmosférica (atm).

1 atm ---------- 101325 Pa
Pressão ------- 200000 Pa
Pressão = 1,97 atm

Cálculo da densidade: $d = \frac{p \times <MM>}{R \times T} = \frac{1{,}97 \times 44}{0{,}08206 \times 293} = 3{,}60\,\frac{g}{L}$

Exemplo Aplicativo VIII

(GRILLO) A densidade de certo gás é igual a 1,28 g x L^{-1}. As mesmas condições de pressão e temperatura, 0,71 g de gás cloro ocupa um volume que corresponde, aproximadamente, igual a 0,50 litros. A partir das alternativas apresentadas a seguir, assinale a massa molecular correta do gás.
a) 16 g/mol
b) 17 g/mol
c) 30 g/mol
d) 64 g/mol
e) 80 g/mol

Resolução

A partir da equação XVI apresentada na teoria de densidade relativa, temos: $\frac{d_A}{<MM>_A} = \frac{d_{Cl_2}}{<MM>_{Cl_2}}$

Substituindo os valores na equação, temos:

$$\frac{1{,}28}{< MM >_A} = \frac{\left(\frac{0{,}71}{0{,}50}\right)}{71{,}0}$$

$$< MM >_A = 64\,\frac{g}{mol}$$

Para esta massa molecular calculada, um dos gases pode ser o dióxido de enxofre (SO_2) ou também conhecido como anidrido sulfuroso.

Exemplo Aplicativo IX

Gases apresentam um fenômeno chamado de difusão dos gases. "Difusão gasosa é o movimento espontâneo das partículas de um gás de se espalharem uniformemente em meio às partículas de um outro gás ou de atravessarem uma parede porosa. Quando gases diferentes (A e B) estão a uma mesma temperatura, para uma quantidade de matéria igual a 1 mol de gás A e 1 mol de gás B, tem-se que a massa do gás A (m_A) será igual à massa molar do gás A (M_A), e a massa do gás B (m_B) será igual à massa molar do gás B (M_B). " Considere que, em determinadas condições de temperatura e pressão, a velocidade de difusão de 1 mol do gás hidrogênio (H_2), seja de 28 km/min. nestas mesmas condições a velocidade (em km/h) de 1 mol do gás metano (CH_4) é de:
a) 600 km/h
b) 729 km/h
c) 1211 km/h

d) 422 km/h
e) 785 km/h

Resolução

Alternativa A.
Como o próprio enunciado apresenta, para a determinação da velocidade de gás metano será utilizada a lei de difusão de Graham.

$$\frac{v_A}{v_B} = \sqrt{\frac{d_B}{d_A}}$$

Informação do problema: $V_{H_2} = 28\frac{km}{min} x \frac{60\ min}{1\ h} = 1680\frac{km}{h}$

$$\frac{V_{H_2}}{V_{CH_4}} = \sqrt{\frac{\frac{\cancel{p}\ x < MM >_{CH_4}}{\cancel{R}\ x\ \cancel{T}}}{\frac{\cancel{p}\ x < MM >_{H_2}}{\cancel{R}\ x\ \cancel{T}}}}$$

$$\frac{V_{H_2}}{V_{CH_4}} = \sqrt{\frac{< MM >_{CH_4}}{< MM >_{H_2}}}$$

$$\frac{1680\frac{km}{h}}{V_{CH_4}} = \sqrt{\frac{16}{2{,}0}}$$

$$V_{CH_4} = 593{,}97\frac{km}{h}\left(\cong 600\frac{km}{h}\right)$$

Exemplo Aplicativo X

A decomposição térmica do pentacloreto de fósforo gasoso ocorre segundo a seguinte equação química balanceada: $PCl_{5(gás)} \rightleftarrows PCl_{3(gás)} + Cl_{2(gás)}$. Determine a expressão do grau de dissociação (α) em função da densidade da mistura gasosa (d).

Resolução

Para a resolução deste exemplo aplicativo IX, será necessário utilizar a tabela de equilíbrio químico e para isso vamos começar apresentando uma base de cálculo. Para completar esta tabela, será necessário levar em consideração que no recipiente foi introduzido uma quantidade de pentóxido de fósforo e esta quantidade inicial será n(mol) inicial. Tabela de equilíbrio químico:

	$PCl_{5(gás)}$	$PCl_{3(gás)}$	$Cl_{2(gás)}$
Início	n	0	0
Reage	nα	nα	nα
Equilíbrio	n - nα	nα	nα

Cálculo do número de mol total (n_T) da mistura gasosa no equilíbrio: $n_T = n_{PCl5} + n_{PCl3} + n_{Cl2}$
$n_T = n - \cancel{n\alpha} + \cancel{n\alpha} + n\alpha$
$n_T = n + n\alpha = n(1 + \alpha)$

Relação da densidade (d) com o grau de dissociação (α): $p_{total}\ x\ V = n_{total}\ x\ R\ x\ T$

$$p_{total}\ x\ V = \frac{m}{< MM >} x\ (1+\alpha)\ x\ R\ x\ T$$

$$p_{total}\ x < MM > = \underbrace{\frac{m}{V}}_{d} x\ (1+\alpha)\ x\ R\ x\ T$$

$$\boxed{d = \frac{p_{total} \text{ x } < MM >}{(1+\alpha) \text{ x R x T}}}$$

Exemplo Aplicativo XI

A massa específica do gás que resulta no aquecimento do pentacloreto de fósforo é igual a 3,43 $g.L^{-1}$ e ocorre a uma temperatura igual a 227°C e pressão de uma atmosfera. Determine:

a) a massa molecular da mistura gasosa.

b) o grau de dissociação (α).

Resolução

Item a) Cálculo da massa molar da mistura gasosa, a partir da utilização da equação dos gases ideais: $< MM > = \frac{d \text{ x R x T}}{p}$

$$< MM > = \frac{3{,}43 \text{ x } 0{,}08206 \text{ x } (227+273)}{1} = 140{,}73 \frac{g}{mol}$$

Item b) Cálculo do grau de dissociação (α): $d = \frac{p_{total} \text{ x } <MM>}{(1+\alpha) \text{ x R x T}}$

$$3{,}43 = \frac{1{,}0 \text{ x } (31 + 5 \text{ x } 35{,}5)}{(1+\alpha) \text{ x } 0{,}08206 \text{ x } (227+273)}$$

$\alpha = 0{,}4815$ $(48{,}15\%)$. Este valor percentual devidamente calculado corresponde que 48,15% de pentacloreto de fósforo dissociaram em tricloreto de fósforo e cloro, ambos na fase gasosa.

Exemplo Aplicativo XII

(GRILLO) Considere uma amostra de 2,664 g de pentacloreto de fósforo, sendo coletado em um determinado recipiente com capacidade de 1,0 litro e posteriormente e completamente vaporizado a uma temperatura de aproximadamente igual a 250°C. A pressão final foi devidamente calculada e medida apresentando um valor de 1,0 atm. Diante de todas as informações apresentadas, calcule as pressões de cada um dos compostos na mistura reacional além do percentual decomposto de pentacloreto de fósforo.

Resolução

Para esta situação, será adotada uma nova base de cálculo: pressão inicial [P_0 (atm)] de pentacloreto de fósforo [$PCl_{5(g)}$], além da utilização da tabela de equilíbrio químico.

Tabela de equilíbrio químico:

	$PCl_{5(gás)}$	$PCl_{3(gás)}$	$Cl_{2(gás)}$
Início	P_0	0	0
Reage	$P_0 \text{ x } \alpha$	$P_0 \text{ x } \alpha$	$P_0 \text{ x } \alpha$
Equilíbrio	$P_0 - P_0 \text{ x } \alpha$	$P_0 \text{ x } \alpha$	$P_0 \text{ x } \alpha$

No equilíbrio dos sistemas gasosos, a pressão total será o somatório das pressões parciais das espécies gasosas. Cálculo da pressão total do sistema reacional: $P_{Total} = P_{PCl5} + P_{PCl3} + P_{Cl2}$

$P_{Total} = P_0 \cancel{- P_0 \text{ x } \alpha} + \cancel{P_0 \text{ x } \alpha} + P_0 \text{ x } \alpha$

$P_{Total} = P_0 + P_0 \text{ x } \alpha$

$P_{Total} = P_0 \text{ x } (1 + \alpha)$

Cálculo da pressão inicial, levando em consideração que gás apresenta comportamento ideal.

$$p_0 \text{ x } 1{,}0 = \frac{2{,}664}{208{,}50} \text{ x } 0{,}08206 \text{ x } (250+273)$$

$$p_0 = 0{,}548 \text{ atm}$$

Cálculo do grau de dissociação, a partir da relação da pressão total do sistema reacional, obtida através da tabela de equilíbrio químico.

$$p_{total} = p_0 \text{ x } (1 + \alpha)$$

$$1{,}0 = 0{,}548 \text{ x } (1 + \alpha)$$

$$\alpha = 0{,}8236 \; (82{,}36\%)$$

Cálculo das pressões parciais dos compostos gasosos, presentes no estudo termodinâmico:

$$P_{PCl_3} = P_{Cl_2} = 0{,}548 \text{ x } 0{,}8236 = 0{,}451 \text{ atm}$$

$$p_{PCl_5} = 0{,}548 - 0{,}548 \text{ x } 0{,}8236 = 0{,}097 \text{ atm}$$

Exemplo Aplicativo XIII

(GRILLO) Dois recipientes estão interligados por uma conexão (tubo cilíndrico) de volume desprezível, que se encontra fechada por uma torneira. O recipiente da esquerda apresenta dióxido de carbono (90,0 litros; 10 atmosferas e T = 87°C). O recipiente da direita apresenta nitrogênio molecular (20,0 litros; 30 atmosferas e T = 27°C). Após um determinado tempo (t), a mistura gasosa fica estabilizada na temperatura de 57°C. Diante destas informações, determine:
a) A pressão interna final do sistema;
b) A pressão parcial de cada gás.

Resolução

Item a) Primeiramente será necessário calcular o número de mol de cada espécie gasosa. Cálculo do número de mol de dióxido de carbono - CO_2:

$$n_{CO_2} = \frac{p_{CO_2} \text{ x } V_{CO_2}}{R \text{ x } T}$$

$$n_{CO_2} = \frac{10 \text{ x } 90}{0{,}08206 \text{ x } (87 + 273)} = 30{,}46 \text{ mol}$$

Cálculo do número de mol de gás nitrogênio - N_2: $n_{N_2} = \frac{p_{N_2} \text{ x } V_{N_2}}{R \text{ x } T} = \frac{30 \text{ x } 20}{0{,}08206 \text{ x } (27+273)} = 24{,}37 \text{ mol}$

Cálculo do número de mol total (n_T): $n_{total} = n_{N_2} + n_{CO_2} = 30{,}46 \text{ mol} + 24{,}37 \text{ mol} = 54{,}83 \text{ mol}$

Cálculo da pressão interna final do sistema: $p_{final} = \frac{54{,}83 \text{ x } 0{,}08206 \text{ x } (57+273)}{20+90}$

$$p_{final} = 13{,}50 \text{ atm}$$

Item b) Cálculo das pressões parciais das espécies gasosas:

$$p_{CO_2} = \left(\frac{n_{CO_2}}{n_{total}}\right) \text{ x } p_{total} = \left(\frac{30{,}46}{54{,}83}\right) \text{ x } 13{,}50 = 7{,}50 \text{ atm}$$

$$p_{N_2} = \left(\frac{n_{N_2}}{n_{total}}\right) \text{ x } p_{total} = \left(\frac{24{,}37}{54{,}83}\right) \text{ x } 13{,}50 = 6{,}0 \text{ atm}$$

Exemplo Aplicativo XIV

Considere uma mistura gasosa formada por: 0,60 mol de CO_2, 1,50 mol de O_2 e 0,90 mol de N_2, cuja massa específica é de 1,35 $g.L^{-1}$ a uma temperatura de 27°C. Determine:
a) As pressões parciais dos gases;
b) O volume da mistura.

Resolução

Item a) Cálculo do número de mol total da mistura gasosa:

$n_{mistura} = n_{CO2} + n_{O2} + n_{N2}$

$n_{mistura} = 0{,}60 + 1{,}50 + 0{,}90 = 3{,}00$ mol

Cálculo da massa molecular da mistura gasosa:

$$\{(\%) \text{ x} < MM >\}_{mist.} = \{(\%) \text{ x} < MM >\}_{CO_2} + \{(\%) \text{ x} < MM >\}_{O_2} + \{(\%) \text{ x} < MM >\}_{N_2}$$

A porcentagem de cada constituinte gasoso pode ser representada pela fração molar. Logo:

$$\{(\%) \text{ x} < MM >\}_{mistura} = \{(\%) \text{ x} < MM >\}_{CO_2} + \{(\%) \text{ x} < MM >\}_{O_2} + \{(\%) \text{ x} < MM >\}_{N_2}$$

$$\{1{,}0 \text{ x} < MM >\}_{mistura} = \left\{\frac{0{,}60}{3{,}0} \text{x } 44\right\}_{CO_2} + \left\{\frac{1{,}50}{3{,}0} \text{x } 32\right\}_{O_2} + \left\{\frac{0{,}90}{3{,}0} \text{x } 28\right\}_{N_2}$$

$$< MM >_{mistura} = 33{,}20 \frac{g}{mol}$$

Cálculo da pressão total do sistema (p_T), a partir da sua relação com a densidade:

$$p_{total} = \frac{1{,}35 \text{ x } 0{,}08206 \text{ x } (27 + 273)}{33{,}20} = 1{,}0 \text{ atm}$$

Cálculo das pressões parciais dos compostos gasosos:

Pressão parcial do dióxido de carbono - CO_2: $P_{CO_2} = \frac{0{,}60}{3{,}0} \text{x } 1{,}0 \text{ atm} = 0{,}20 \text{ atm}$

Pressão parcial de oxigênio molecular - O_2: $P_{O_2} = \frac{1{,}50}{3{,}0} \text{x } 1{,}0 \text{ atm} = 0{,}50 \text{ atm}$

Pressão parcial de nitrogênio molecular - N_2: $P_{N_2} = \frac{0{,}90}{3{,}0} \text{x } 1{,}0 \text{ atm} = 0{,}30 \text{ atm}$

Item b) Cálculo do volume da mistura reacional: $V_{total} = \frac{3{,}0 \text{ x } 0{,}08206 \text{ x } 300}{1{,}0} = 73{,}85 \text{ L}$

Exemplo Aplicativo XV

Numa amostra de ar úmido, a pressão parcial de vapor da água é 25 mmHg, enquanto a pressão total é de 725 mmHg. A partir destas informações, calcule:

a) A fração molar do vapor de água neste ar úmido.

b) A pressão parcial do nitrogênio neste ar úmido, sabendo que a concentração de nitrogênio no ar, após secagem, é 78,1% (em volume).

Resolução

Item a) Cálculo da fração molar de vapor de água no ar úmido: $P_{H_2O}^{vapor} = X_{H_2O}^{vapor} \text{ x } p_{total}$

$$X_{H_2O}^{vapor} = \frac{P_{H_2O}^{vapor}}{p_{total}} = \frac{25 \text{ mmHg}}{725 \text{ mmHg}} = 0{,}0344$$

Item b) Sabendo que a pressão total é o somatório das pressões parciais (Lei de Dalton), temos: $p_{total} = P_{H_2O}^{vapor} + P_{ar}^{úmido}$

$$725 \text{ mmHg} = 25 \text{ mmHg} + P_{ar}^{úmido}$$

$$P_{ar}^{úmido} = 700 \text{ mmHg}$$

Cálculo da pressão parcial de nitrogênio:

$$P_{N_2} = X_{N_2} \text{ x } P_{total} = 0{,}781 \text{ x } 700 \text{ mmHg} = 546{,}7 \text{ mmHg}$$

Exemplo Aplicativo XVI

Considere um recipiente de 320 litros, ao qual são adicionados gases ideais nas seguintes condições:
I) Gás Hélio: 30000 cm³ a 760 cmHg e 27°C;
II) Gás Monóxido de carbono: 250 litros a 1140 mmHg e -23°C;
III) Gás Monóxido de nitrogênio: 2 m³ a 0,273 atm e 0°C. Sabendo que a pressão total da mistura gasosa é de 4,5 atmosferas, assinale a opção que apresenta a pressão parcial do hélio na mistura gasosa:
a) 0,1 atm
b) 0,2 atm
c) 0,5 atm
d) 1,0 atm
e) 2,0 atm

Resolução

Alternativa D.

Será necessário calcular o número de mol para cada participante gasoso, aplicando a equação dos gases ideais.

Analisando o gás nobre Hélio - He: $n_{He} = \frac{\left(\frac{7600}{760}\right) \text{ x } 30}{0{,}08206 \text{ x } 300} = 12{,}19 \text{ mol}$

Analisando o gás monóxido de carbono - CO: $n_{CO} = \frac{\left(\frac{1140}{760}\right) \text{ x } 250}{0{,}08206 \text{ x } 250} = 18{,}28 \text{ mol}$

Analisando o monóxido de nitrogênio - NO: $n_{NO} = \frac{0{,}273 \text{ x } 2000}{0{,}08206 \text{ x } 273} = 24{,}37 \text{ mol}$

Cálculo do número de mol total: $n_{total} = n_{He} + n_{CO} + n_{NO} = 24{,}37 + 18{,}28 + 12{,}19 = 54{,}84 \text{ mol}$

Cálculo da pressão parcial do gás Hélio: $P_{He} = \frac{n_{He}}{n_{total}} \text{ x } p_{total} = \left(\frac{12{,}19 \text{ mol}}{54{,}84 \text{ mol}}\right) \text{x } 4{,}50 \text{ atm} = 1{,}00 \text{ atm}$

Exemplo Aplicativo XVII

Um recipiente de 240 litros de capacidade contém uma mistura dos gases ideais hidrogênio e dióxido de carbono, a 27°C. Sabendo que a pressão parcial do dióxido de carbono é três vezes menor que a pressão parcial do hidrogênio e que a pressão total da mistura gasosa é de 0,82 atmosferas, assinale a alternativa que apresenta, respectivamente, as massas de hidrogênio e de dióxido de carbono contidas no recipiente:
a) 2 g e 44 g
b) 6 g e 44 g
c) 8 g e 88 g
d) 12 g e 88 g
e) 16 g e 44 g

Resolução

Alternativa D.

Informações do problema: $P_{CO_2} = \frac{1}{3} \text{x } P_{H_2}$ e $P_{total} = P_{H_2} + P_{CO_2} = 0{,}82 \text{ atm}$

Resolvendo o sistema de equações apresentadas acima, temos: $P_{H_2} = 0{,}615 \text{ atm}$ e $P_{CO_2} = 0{,}205 \text{ atm}$

Cálculo do número de mol total (n_T), a partir da equação dos gases ideais:

$$n_{total} = \frac{0{,}82 \text{ x } 240}{0{,}08206 \text{ x } 300} = 8{,}0 \text{ mol}$$

Substituindo o valor do número de mol total nas equações apresentadas a seguir:

$$0{,}615 = \frac{n_{H_2}}{n_{total}} \text{ x } P_{total}$$

$$0{,}615 = \frac{\frac{m_{H_2}}{2{,}0}}{8{,}0} \text{ x } 0{,}82$$

$$m_{H_2} = 12 \text{ g}$$

Cálculo do número de massa de dióxido de carbono: $0{,}205 = \frac{n_{CO_2}}{n_{total}} \text{ x } P_{total}$

$$0{,}205 = \frac{\frac{m_{CO_2}}{44{,}0}}{8{,}0} \text{ x } 0{,}82$$

$$m_{CO_2} = \frac{0{,}205 \text{ x } 8{,}0 \text{ x } 44}{0{,}82} = 88{,}0 \text{ g}$$

Exemplo Aplicativo XVIII

(GRILLO) Um determinado depósito com capacidade igual a 10 m³ a uma temperatura de 300 K contém 3,0 quilogramas de gás hidrogênio, 5 quilogramas de dióxido de carbono, 4 quilogramas de oxigênio molecular e 8 quilogramas de gás nitrogênio. A partir das informações apresentadas, calcule a pressão do sistema reacional em que a mistura gasosa exerce.

Resolução

Para o cálculo do número de mol global do sistema reacional será necessário calcular o número de mol para cada espécie gasosa.

Analisando o gás hidrogênio – $H_{2(gás)}$: $n_{H_2} = \frac{3000}{2} = 1500 \text{ mol}$

Analisando o gás nitrogênio – $N_{2(gás)}$: $n_{N_2} = \frac{8000}{28} = 285{,}71 \text{ mol}$

Analisando o gás oxigênio – $O_{2(gás)}$: $n_{O_2} = \frac{4000}{32} = 125 \text{ mol}$

Analisando o dióxido de carbono – CO_2: $n_{CO_2} = \frac{5000}{44} = 113{,}64 \text{ mol}$

Cálculo da pressão total do sistema reacional da mistura gasosa:

$$P_{total} = \frac{(1500 + 285{,}71 + 125 + 113{,}64) \text{ x } 0{,}08206 \text{ x } 300}{10000} = 4{,}98 \text{ atm}$$

Exemplo Aplicativo XIX

What is the average velocity of H_2 molecules at 100 K relative to their velocity at 50 K?

a) 2,00 times the velocity at 50 K
b) 1,41 times the velocity at 50 K
c) 0,71 times the velocity at 50 K
d) 0,50 times the velocity at 50 K

Resolução

Alternativa D.

Equação da velocidade quadrática: $c^2 = \frac{3 \text{ x } R \text{ x } T}{<MM>_{H_2}}$

Para a situação (a): $c^2_{H_2^{(a)}} = \frac{3 \text{ x } R \text{ x } 100}{<MM>_{H_2}}$

Para a situação (b): $c^2_{H_2^{(b)}} = \frac{3 \text{ x R x } 50}{<MM>_{H_2}}$

Dividindo a situação (a) pela situação (b), temos: $\frac{c^2_{H_2^{(a)}}}{c^2_{H_2^{(b)}}} = \frac{\frac{3 \text{ x R x } 100}{<MM>_{H_2}}}{\frac{3 \text{ x R x } 50}{<MM>_{H_2}}} = \frac{100}{50} = 2{,}0$

$c^2_{H_2^{(a)}} = 2{,}0 \text{ x } c^2_{H_2^{(b)}}$

Tirando a raiz quadrada, temos: $c_{H_2^{(a)}} = \sqrt{2{,}0 \text{ x } c^2_{H_2^{(b)}}} = 1{,}41 \text{ x } c_{H_2^{(b)}}$

$c_{H_2^{(a)}} = 1{,}41 \text{ x } c_{H_2^{(b)}}$

Exemplo Aplicativo XX

A 0°C as energias cinéticas do N_2O; O_2; CO; NH_3 são iguais. Que gás tem maior velocidade?

a) Todos iguais
b) N_2O
c) O_2
d) NH_3
e) CO

Resolução

Alternativa D.

Como as energias cinéticas e a temperatura são iguais para todos os compostos, o composto que terá a menor velocidade será aquele que apresentar menor massa molecular (g x mol^{-1}). Com isso, o composto gasoso de menor massa molecular trata-se do gás amoníaco de fórmula molecular NH_3 e massa molecular igual a 17 g x mol^{-1}.

Exemplo Aplicativo XXI

Qual das seguintes substâncias gasosas apresenta maior energia cinética?

a) 20 g de H_2 a 27°C
b) 5 L de SO_2 a 546°R
c) 25 L de N_2 a 27°C
d) 25 L de O_2 a 50°C
e) 3 L de He a 288 K

Resolução

Alternativa D.

Expressão da energia cinética: $E_c = \frac{3}{2} \text{x } \underbrace{\text{n x R}}_{\text{N x k}} \text{ x T}$

$$E_c = \frac{3}{2} \text{x N x k x T}$$

Irá apresentar maior energia cinética o composto que apresentar maior temperatura.

Item a) $K = 27 + 273 = 300 \text{ K}$

Item b) $\frac{C}{5} = \frac{546-492}{9} \rightarrow C = 30^0C \text{ (303 K)}$

Item c) $\frac{C}{5} = \frac{60-32}{9} \rightarrow C = 20^0C \text{ (293 K)}$

Item d) $K = 50 + 273 = 323 \text{ K}$

Item e) $K = 288 \text{ K}$

EXERCÍCIO DE FIXAÇÃO

Questão 01

Mistura-se um fluxo de ar seco com vapor d'água, para se obter ar úmido com 2,0%, em volume, de umidade. Admitindo o comportamento ideal dos gases e a massa molecular média do ar seco igual a 28,96 $g.mol^{-1}$, calcule a massa específica do ar úmido a 14,25°C e 1,00 x 10^5 Pa. Dado: R = 8,314 J. $K^{-1}.mol^{-1}$.

Questão 02

A que temperatura, em °C, o etileno, a 800 mm Hg, terá a mesma densidade absoluta que o oxigênio, a 700 mm Hg e a 20°C?

Questão 03

Para medir o volume de um recipiente A, de formato irregular, contendo oxigênio a 27°C e 24,6 atmosferas, usou-se outro recipiente, indeformável, de 6,0 litros de volume. O recipiente B, quando completamente vazio pesou 422 gramas. Fez-se a ligação entre A e B deixando que o gás passasse de A para B até atingir o equilíbrio. Nessas condições, B pesou 470 gramas. Calcule o volume de A.

Questão 04

Um reservatório, com capacidade de metano de 2000 m^3, é submetido à temperatura máxima de 47,0°C no verão e à temperatura mínima de 7,0°C no inverno. Calcule em quantos quilogramas a massa do gás armazenado no inverno excede àquela do verão, sendo submetido a uma pressão de 0,1 MPa. Despreze as variações de volume do reservatório com a temperatura e considere o metano como um gás ideal.

Questão 05

Uma mistura de monóxido de carbono (CO) e dióxido de carbono (CO_2), com comportamento ideal, apresenta massa específica igual a 1,332 $kg.m^{-3}$, quando se encontra sob pressão de 750 mmHg a temperatura de 25°C. Então, responda a estes questionamentos.

a) Qual é a massa molar da mistura?
b) Qual é a composição da mistura?
c) Qual é a pressão parcial de cada gás que constitui essa mistura?
d) Calcule o fator de compressibilidade dessa mistura, sabendo que o seu volume molar real é 23,50 $L.mol^{-1}$.

Questão 06

Uma amostra de 30,0 gramas de C_2H_6 encontra-se na condição I (temperatura 0,0°C e volume de 22,414 L), sendo comprimida e aquecida até a condição II (temperatura = 727°C e volume de 100 cm^3). Analise a transformação no sistema gasoso e responda aos questionamentos dos itens A e B.

A) Qual é a pressão desse gás, comportando-se como:
A.1) gás ideal na condição I?
A.2) gás de Van der Waals na condição I?
A.3) gás ideal na condição II?
A.4) gás de Van der Waals na condição II?
B) Calcule o valor aproximado da constante de compressibilidade na condição I e na condição II, considerando que o gás de Van der Waals representa o comportamento real do gás.

Dados gerais da questão: $a_{(C2H6)}$ = 5,49 $L^2.atm.mol^{-2}$; $b_{(C2H6)}$ = 0,064 $L.mol^{-1}$.

Questão 07

Para se encher um balão de borracha, até certo tamanho, na temperatura de -3°C necessitou-se de 0,20 gramas de hidrogênio. Para se encher o mesmo balão, até o mesmo tamanho, a uma outra temperatura, necessitou-se de 0,18 gramas do mesmo gás. Se a elasticidade do balão não variou nos dois casos, determinar a segunda temperatura.

Questão 08

Uma determinada reação química gera um produto gasoso, do qual foi coletada uma amostra para análise. Verificou-se que a amostra, pesando 0,32 gramas, ocupa 492 cm^3 a 27°C e 1 atm de pressão, obedece a lei dos gases ideais e é formada por 75% em peso de carbono e 25% em peso de hidrogênio. Determine:

a) Qual a massa molecular deste gás?
b) Qual a sua fórmula molecular mínima?

Questão 09

Um gás ideal desconhecido contendo 80% em massa de carbono e 20% em massa de hidrogênio tem massa específica 1,22 $g.L^{-1}$, quando submetido a pressão de uma atmosfera e a temperatura de 27°C. Calcule a massa molecular e escreva a fórmula molecular desse gás.

Questão 10

Tendo-se uma mistura gasosa, formada de 0,60 mol de CO_2, 1,50 mol de O_2 e 0,90 mol de N_2, cuja massa específica é de 1,35 $g.L^{-1}$ a 27°C, calcule:

a) As pressões parciais dos gases;

b) O volume da mistura.

Questão 11

A equação do gás ideal só pode ser aplicada para gases reais em determinadas condições especiais de temperatura e pressão. Na maioria dos casos práticos é necessário empregar uma outra equação, como a de van der Waals. Considere um mol do gás hipotético A contido num recipiente hermético de 1,1 litros a 27ºC. Com auxílio da equação de van der Waals, determine o erro cometido no cálculo da pressão total do recipiente quando se considera o gás A como ideal. Dados: Constante universal dos gases: R = 0,08206 $atm.L.mol^{-1}.K^{-1}$; Constantes da equação de van der Waals: a = 1,21 $atm.L^2.mol^{-2}$ e b = 0,10 $L.mol^{-1}$.

Questão 12

Determinada quantidade de nitrogênio ocupa um volume de dez litros a uma temperatura de 127°C e a uma pressão de 4,92 atmosferas. Adicionaram-se ao nitrogênio 9,03 x 10^{23} moléculas de oxigênio (O_2). Sabendo-se que a pressão final de equilíbrio do sistema é de 6,15 atmosferas, calcule a temperatura final de equilíbrio.

Questão 13

O gás obtido pela completa decomposição térmica de uma amostra de carbonato de cálcio com 50,0% de pureza é recolhido em um recipiente de 300 mL a 27,0°C. Sabendo-se que a pressão no recipiente é de 1,66 MPa, determine:

a) a massa de gás produzido, admitindo que seu comportamento seja ideal;

b) a massa da amostra utilizada.

Questão 14

Uma massa de 1,37 g de amônia no estado gasoso está confinada em um recipiente de volume correspondente a 5,0 L e a temperatura de 100°C. Então, comprove que, nessas condições, o gás se comporta idealmente. Dados: Constante de van der Waals para o NH_3: a = 4,169 $atm.L^2.mol^2$ e b = 3,710 x 10^{-2} $L.mol^{-1}$.

Questão 15

Borbulha-se oxigênio por meio de uma coluna de água e, em seguida, coletam-se 100 cm^3 do gás úmido a 23°C e 1,06 atm. Sabendo que a pressão de vapor da água a 23°C pode ser considerada igual a 0,03 atm, calcule o volume coletado de oxigênio seco nas CNTP.

Questão 16

Num reator selado de 1,5 litros, sob vácuo, um certo volume de um composto orgânico, tóxico e volátil, de peso molecular 126, foi aquecido até 600 K. Nesta temperatura, metade do composto original se decompôs, formando monóxido de carbono e cloro. Se a pressão final no recipiente foi de 32,8 atm, determine:

a) a fórmula estrutural plana do composto orgânico original;

b) o número inicial de moléculas do composto orgânico. Dados: Constante de Avogadro = 6,02 × 10^{23} e Constante dos Gases = 0,082 $L.atm.mol^{-1}.K^{-1}$.

Questão 17

Uma amostra de gás monoatômico desconhecido ocupa um volume de 230 cm^3, a 300 K e 1 atm. Sabendo-se que os átomos na amostra ocupam uma fração de volume de 2.10^{-4}, calcule o raio dos átomos do gás.

Questão 18

Qual a massa que um balão contendo 10,000 L a 25°C e 1 atm pode suportar mantendo-se com o poder ascensional igual a zero, ou seja, em equilíbrio com o ar?

Questão 19

(GRILLO) A partir das constantes de van der Waals do gás nitrogênio, $a = 1,390\ atm.L^2.mol^{-2}$ e $b = 0,0391\ L.mol^{-1}$, e considerando que esta amostra gasosa encontra-se a 0°C confinado em um recipiente de 62,30 mililitros, calcule:

a) A pressão calculada pela equação dos gases ideais, para 1 mol;
b) A pressão calculada pela equação dos gases reais (van der Waals), para 1 mol;
c) A diferença percentual entre os dois valores obtidos, a partir da equação dos gases reais;
d) O valor do raio da molécula gasosa de nitrogênio;
e) A temperatura de Boyle.

Questão 20

(GRILLO) Consultando a tabela das constantes de Van der Waals, que corresponde ao apêndice no final desta obra, calcule a temperatura de Boyle e o raio das seguintes moléculas gasosas apresentadas a seguir:

a) Cloro
b) Nitrogênio
c) Oxigênio
d) Argônio

Questão 21

(GRILLO) Em um laboratório de síntese de fármacos há um reator que é preenchido com 20 kg de Argônio a uma temperatura de 300°C. Sabendo que o volume do reator é de 2 m^3, determine:

a) A pressão no reator, considerando o Ar como gás perfeito.
b) A pressão no reator, considerando o Ar como gás real.
c) O fator de compressibilidade nestas condições.
d) O valor do raio da partícula gasosa.
e) A temperatura de Boyle. Dados para a constante de van der Waals: $a = 1,363\ atm.L^2.mol^{-2}$; $b = 3,219 \times 10^{-2}\ L.mol^{-1}$.

Questão 22

(GRILLO) Três recipientes com volume de 0,2 L cada um e temperatura de aproximadamente igual a 25°C, contém em cada recipiente três gases diferentes, apresentando respectivamente três valores de pressão, 4 atm, 6 atm e 8 atm, são misturados por meio da abertura de duas válvulas. Calcule a pressão do sistema e as pressões parciais dos gases na mistura.

Questão 23

(GRILLO) A uma temperatura de aproximadamente igual a 503 K e sob pressão do sistema igual a 0,50 atm, o cloreto de nitrosila dissocia-se conforme a equação química não balanceada a seguir: $NOCl_{(gás)} \leftrightarrows NO_{(gás)} + Cl_{2(gás)}$. Quando o equilíbrio é atingido, a pressão parcial do cloro na mistura gasosa é igual a 0,07 atmosferas. A partir destas informações, calcule:

a) o grau de dissociação (α);
b) a composição do monóxido de nitrogênio;
c) a composição do cloreto de nitrosila;
d) a densidade da mistura gasosa.

Questão 24

Um cilindro de GNV, com capacidade de 7,0 m^3, foi enchido com uma mistura de metano e etano. A mistura dentro do cilindro se encontra a 22,0 atm e a uma temperatura de 27°C. A pressão parcial do etano no cilindro é de 16,4 atm. Considere o comportamento ideal.

a) Indique o número de moléculas de metano contidas no cilindro.
b) Qual seria o volume da mistura gasosa, em m^3, se a mesma se encontrasse nas condições de 1,0 atm e 0,0°C?
c) Qual a massa de CO_2, em toneladas, emitida pela combustão total do etano contido no cilindro? Observação: considere que o processo de combustão seja completo.

Questão 25

O modelo do gás ideal assume que não existem interações entre as partículas de um gás. No entanto, as partículas de um gás real interagem entre si através de forças de van der Waals. Outra falha no modelo do gás ideal é a desconsideração total do chamado "volume próprio" das partículas. As partículas de um gás real apresentam volume mesmo quando a temperatura tende a zero ou quando a pressão tende ao infinito. Esses desvios do comportamento ideal, descritos acima, são contemplados na equação de van der Waals, de modo que os resultados experimentais são representados de maneira mais precisa em relação ao modelo do gás ideal. A equação de Van der Waals é dada por: $\left\{p^{real} + \frac{a}{V_{molar}^2}\right\} x \{V_{molar} - b\} = R \, x \, T$. Onde V_m é o volume molar do gás e **a** e **b** são constantes que dependem do gás em questão. Com base nas informações acima responda as seguintes questões (Dado: R = 8,314 $Pa.m^3.mol^{-1}.K^{-1}$).

a) Utilizando a equação de van der Waals, calcule a pressão exercida por 1 mol de He presente em um balão de 1 litro a (– 73°C). Dados: a = 0,00345 $Pa.m^3.mol^{-2}$; b = 23,4 x 10^{-6} $m^3.mol^{-1}$.

b) Utilizando a equação de van der Waals, calcule a pressão exercida por 1 mol de CO_2 presente em um balão de 1 litro a (– 73°C). Dados: a = 0,366 $Pa.m^3.mol^{-2}$; b = 42,9 x 10^{-6} $m^3.mol^{-1}$.

c) Calcule o erro relativo que se observa quando se utiliza a equação dos gases ideais para os gases dos itens anteriores.

d) Qual dos dois apresentou maior erro relativo?

Questão 26

Explique que tipos de conhecimentos teóricos ou experimentais, já obtidos por outros pesquisadores, levaram A. Avogadro a propor a hipótese que leva o seu nome.

Questão 27

Uma chapa de ferro é colocada dentro de um reservatório contendo solução aquosa de ácido clorídrico. Após um certo tempo observa-se a dissolução do ferro e formação de bolhas gasosas sobre a superfície metálica. Uma bolha gasosa, de massa constante e perfeitamente esférica, é formada sobre a superfície do metal a 2,0 metros de profundidade. Calcule:
a) O volume máximo dessa bolha de gás que se expandiu até atingir a superfície do líquido, admitindo-se que a temperatura é mantida constante e igual a 25°C e que a base do reservatório está posicionada ao nível do mar.
b) A massa de gás contida no volume de expansão da bolha. Sabe-se que no processo corrosivo a formação de bolha de gás foi consumida 3,0 x 10^{15} átomos de ferro. Dado: massa específica da solução aquosa de HCl é igual a 1020 $kg.m^{-3}$na temperatura de 25°C.

Questão 28

Estime a massa de ar contida em uma sala de aula, indicando de maneira clara quais as hipóteses utilizadas e os quantitativos estimados das variáveis empregadas.

Questão 29

Um balão de material permeável às variedades alotrópicas do oxigênio é cheio com ozônio e colocado em um ambiente de oxigênio à mesma pressão e igual temperatura do balão. Responda, justificando sumariamente: o balão se expandirá ou se contrairá?

Questão 30

Um reator de volume constante continha, inicialmente, 361 g de uma mistura gasosa constituída por um alcano e um éter, ambos de massa molecular 58, a 398 K e 1,47 atm. Neste reator, injetou-se uma quantidade de oxigênio correspondente ao dobro do mínimo necessário para realizar a combustão completa. Após a reação de combustão, a mistura final foi resfriada até a temperatura inicial, atingindo uma pressão de 20,32 atm. Supondo combustão completa, calcule a composição molar da mistura original.

Questão 31

No equipamento esquematizado na figura abaixo, as torneiras A, B e C estão inicialmente fechadas. O compartimento 1 de volume 2,00 L contém oxigênio sob pressão de 1,80 atm. O compartimento 2 contém nitrogênio. O compartimento 3 de volume 1,00 L contém nitrogênio e uma certa quantidade de sódio metálico. Executam-se, então, isotermicamente, as três operações descritas a seguir:

1ª) mantendo a torneira A fechada, abrem-se B e C e faz-se o vácuo nos recipientes 2 e 3, sem alterar a quantidade de sódio existente em 3;
2ª) fecham-se B e C e abre-se A, constatando que, após atingir o equilíbrio, o manômetro M_1 indica uma pressão de 1,20 atm;
3ª) fecha-se A e abre-se B, verificando que, atingido o equilíbrio, o manômetro M_2 indica uma pressão de 0,300 atm.
Finalmente, fecha-se a torneira B e eleva-se a temperatura do recipiente 3 até 77,0°C, quando então, a pressão indicada por M_2 é de 0,400 atm.
Calcule a massa inicial de sódio, considerando que, antes da elevação da temperatura, todo o sódio se transformara em óxido de sódio, e que os volumes das tubulações e dos sólidos (sódio e seu óxido) são desprezíveis.

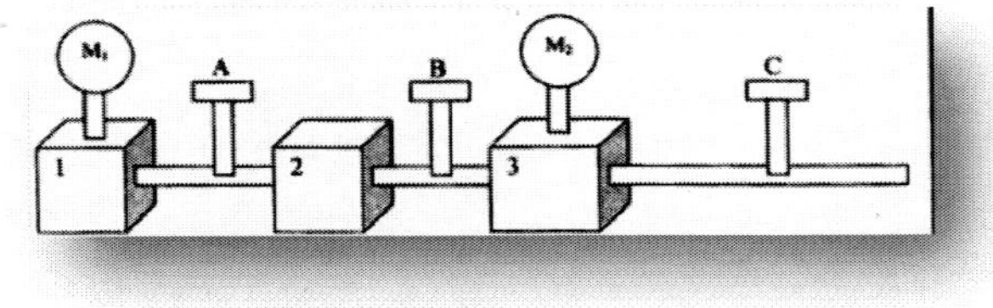

Questão 32

Na figura a seguir, o cilindro A de volume V_A contém um gás inicialmente na pressão P_0 e encontra-se conectado, através de uma tubulação dotada de uma válvula (1), a um vaso menor B de volume V_B, repleto do mesmo gás a uma pressão p tal que $P_0 > p > P_{atm}$, onde P_{atm} é a pressão atmosférica local. Abre-se a válvula 1 até que a pressão fique equalizada nos dois vasos, e depois fecha-se esta válvula e abre-se a válvula 2 até que a pressão do vaso menor B retorne ao seu valor inicial p, completando um ciclo de operação. Sabendo-se que o sistema é mantido a uma temperatura constante T, pede-se uma expressão para a pressão do vaso A após N ciclos.

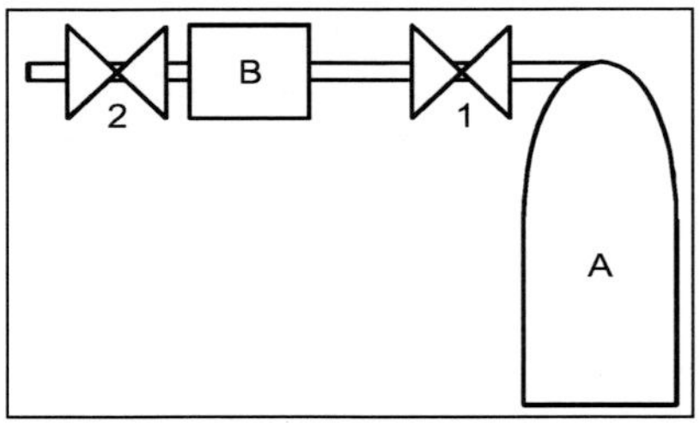

Questão 33

Explique por que a água pura exposta à atmosfera e sob pressão de 1,0 atmosfera entra em ebulição em uma temperatura de 100°C, enquanto a água pura exposta à pressão atmosférica de 0,70 atmosferas entra em ebulição em uma temperatura de 90°C.

Questão 34

Dois frascos, A e B, contêm soluções aquosas concentradas em HCl e NH_3, respectivamente. Os frascos são mantidos aproximadamente a um metro de distância entre si, à mesma temperatura ambiente. Abertos os frascos, observa-se a formação de um aerossol branco entre os mesmos. Descreva o fenômeno e justifique por que o aerossol branco se forma em uma posição mais próxima a um dos frascos do que ao outro.

Questão 35

Do ponto de vista histórico, o efeito das interações intermoleculares e sua manifestação sobre o comportamento de sistemas químicos começou há mais de dois séculos, com os experimentos pioneiros em sistemas gasosos, realizados por cientistas como Robert Boyle, Lacques Charles, Joseph-Louis Gay Lussac e Johannes Van der Waals. A combinação das relações obtidas por Boyle, Charles e Gay-Lussac levou a conhecida equação de estado dos gases ideais: pV = nRT, em que p é a pressão, V é o volume, T a temperatura absoluta, n o número de mol do gás contidos no recipiente e R é a constante universal dos gases ideais. Um gás ideal é, por definição, um sistema gasoso constituído de partículas pontuais e não interagentes, isto é, não existe nenhuma interação entre as partículas constituintes do gás, quer sejam elas átomos ou moléculas. A análise da equação de estado dos gases ideais nos revela algumas curiosidades. Por exemplo, a dada pressão e temperatura, 1 mol de qualquer gás ocupará o mesmo volume. Isto é devido ao fato que a equação dos gases ideais não contempla nenhuma informação inerente ao sistema gasoso sob estudo, o que faz com que as propriedades termodinâmicas calculadas sejam as mesmas para qualquer gás. (Química Nova na Escola – QNEsq – número 4 – Maio de 2001)

a) Sob quais condições de pressão e temperatura o comportamento de um gás se aproxima daquele esperado para um gás ideal? Justifique.
b) No primeiro parágrafo o autor comentou que a lei dos gases ideais surgiu da combinação de algumas relações propostas por Boyle, Charles e Gay-Lussac. Explique como a equação de estado do gás perfeito pode ser obtida usando a lei de Boyle, a lei de Charles e o princípio de Avogadro.

Questão 36

Partindo da lei dos gases perfeitos deduza uma expressão que fornece o valor da densidade de um gás (d) em função da pressão (p), da temperatura (T) e de sua massa molar (<MM>).

Questão 37

(GRILLO) Partindo da equação de van der Waals para os gases reais, expresse a pressão deste composto gasoso para um mol.

Questão 38

Calcular, usando a equação de van der Waals, a pressão necessária para manter 10 gramas de amônia num volume de 289,0 cm^3 a 0°C. Além da pressão, calcule o raio desta partícula. Dados: Constantes de Van der Waals: a = 4,39 $atm.L^2.mol^{-2}$ e b = 0,037 $L.mol^{-1}$.

Questão 39

Ao desejar identificar o conteúdo de um cilindro contendo um gás monoatômico puro, um estudante de química coletou uma amostra desse gás e determinou sua densidade, d = 5,38 $g.L^{-1}$, nas seguintes condições de temperatura e pressão: 15°C e 0,97 atm. Com base nestas informações, e assumindo o modelo do gás ideal.
a) Calcular a massa molar do gás.
b) Identificar o gás.

Questão 40

Massa de 12,76 gramas de pentacloreto de fósforo é introduzida em recipiente com capacidade igual a 3,5 litros. Sabendo que o aquecimento do sistema levará à dissociação completa do PCl_5, determinar o grau de dissociação, a partir das seguintes situações:
a) a 200°C observa-se que a pressão no recipiente, após atingir valor constante, mantém-se igual a 753,5 mm Hg;
b) a 250°C a pressão estabiliza-se em 1021,5 mm Hg.

Questão 41

(GRILLO) Considere uma quantidade de 5,50 mol de monóxido de carbono esteja presente em um reservatório de capacidade igual a 3,50 litros a uma temperatura de aproximadamente de 37°C. Calcule a pressão do referido gás, considerando:
a) comportamento ideal;
b) comportamento real, com a utilização da equação de van der Waals;
c) calcule o fator de compressibilidade e diga se as forças são dominantes ou repulsivas. Informações para a resolução do problema: coeficientes de van der Waals: a = 1,453 $atm.L^2.mol^{-2}$; b = 3,95 x 10^{-2} $L.mol^{-1}$.

Questão 42

(GRILLO)
a) Calcule a densidade do gás metano, em $g.L^{-1}$, considerando que a pressão seja igual a 1,20 atmosferas com uma temperatura igual a 55°C.
b) O diborano, com fórmula molecular B_2H_6, é um composto químico formado pelos átomos boro e hidrogênio. Trata-se de um gás incolor a temperatura ambiente que apresenta um odor com característica adocicada. Este composto pode ser queimado na presença de oxigênio molecular, produzindo óxido bórico e água no estado líquido. Calcule o volume em litros de oxigênio necessário para a produção de 20,0 gramas de óxido, quando o local apresenta pressão igual a 3,00 atmosferas e 27°C.
c) Utilizando a (a) equação dos gases ideais e a (b) equação dos gases reais, por intermédio da equação de van der Waals, calcule a temperatura em graus Celsius para que 30,0 gramas de gás etano estejam confinados em um recipiente de volume igual a 10 litros, sendo aquecido para que a pressão seja de aproximadamente igual a 50 atmosferas. Informação para a resolução do problema: constante de van der Waals: a = 4,42 $L^2.atm.mol^{-2}$; b = 0,057 $L.mol^{-1}$.

Questão 43

Considere a mistura gasosa apresentada pela seguinte reação reversível hipotética apresentada abaixo: $XY_{5(gás)} \rightleftarrows XY_{3(gás)} + Y_{2(gás)}$. Sabendo que a pressão total dos gases neste recipiente é igual a uma atmosfera e a densidade da mistura gasosa é igual a 7,063 g/L, a uma temperatura igual a 27°C e que a massa molar do composto que sofre a decomposição é igual a 208,5 g/mol, determine o grau de dissociação (α).

Questão 44

Dar as fórmulas moleculares dos gases, adiante relacionados, separando-os conforme suas densidades em relação ao ar atmosférico. Gás carbônico; Anidrido sulfuroso; Acetileno; Neônio; Argônio; Amoníaco.

Questão 45

Em um parque de diversões, um certo dia quente, um homem enchia balões com gás hélio. Se o volume médio dos balões, depois de cheios, era de 10 L, a temperatura média do dia era de 37°C e a pressão de gás no balão era de 2,50 atm, qual a massa de He em cada balão?

Questão 46

a) A temperatura crítica (T_c) é uma temperatura bem particular em que o gás real não se liquefaz. Para esta temperatura, os indicativos são também observados através da pressão crítica (P_c) e volume crítico (V_c). Considere que as constantes de van der Waals a e b para o benzeno são respectivamente iguais a 18 $atm.L^2.mol^{-2}$ e 0,115 $L.mol^{-1}$. A partir desta informação, determine as constantes críticas.
b) A temperatura crítica e a pressão crítica do naftaleno são respectivamente 475 K e 41 atmosferas. A partir desta informação determine as constantes de van der Waals e o volume crítico para o referido composto.

Questão 47

Considere um recipiente com capacidade de 12,50 L e que tenha em seu interior 750 g de gás cloro a uma temperatura de 127°C. Diante dessas informações, determine:
a) a pressão do gás considerando comportamento ideal;
b) a pressão do gás considerando comportamento real;
c) o fator de compressibilidade;
d) a temperatura de Boyle;
e) a temperatura, pressão e volume crítico. Informações para a resolução do problema: constante de van der Waals: a = 6,49 $atm.L^2.mol^{-2}$; b = 0,0592 $L.mol^{-1}$.

Questão 48

Considere os seguintes dados referentes ao gás cloro, conforme mostrado na tabela abaixo:

Gás Cloro [$Cl_{2(gás)}$]	
Massa (g)	550
Volume em litros de Cl_2 no recipiente	25
Temperatura operacional (°C)	125
Parâmetro de van der Waals (a) ($atm.L^2.mol^{-2}$)	6,49
Parâmetro de van der Waals (b) ($L.mol^{-1}$)	$5,62 \times 10^{-2}$

A partir da tabela com as características apresentadas do gás cloro, calcule os seguintes itens abaixo.
a) Calcule a pressão do gás cloro, considerando comportamento ideal.
b) Calcule a pressão do gás cloro, considerando comportamento real de van der Waals.
c) O fator de compressibilidade (Z).
d) Qual a força predomina para este comportamento do gás cloro, forças atrativas ou repulsivas?
e) A pressão a partir do fator de compressibilidade.
f) Calcule a pressão, temperatura e volume crítico.
g) A temperatura de Boyle.

Questão 49

A um excesso de bicarbonato de potássio adicionou-se 125 mL de solução de ácido sulfúrico. O volume do gás liberado, medido a seco a 20°C e 765 mmHg foi de 2,5 L. Calcular a concentração do ácido expressa em concentração da quantidade de matéria.

Questão 50

Determine a temperatura Celsius em que o etileno, a 800 mmHg, terá a mesma densidade absoluta que o oxigênio, a 700 mmHg e a 20°C.

Questão 51

Mistura-se um fluxo de ar seco com vapor d'água para se obter ar úmido com 2,0%, em volume, de umidade. Admitindo o comportamento ideal dos gases e a massa molecular média do ar seco como 28,96 g/mol, calcule a massa específica do ar úmido a 14,25° C e $1{,}00 \times 10^5$ Pa.

Questão 52

Determine o volume de cloro obtido, a 27,0°C e 738 mmHg, pela ação de excesso de ácido clorídrico concentrado sobre 30,7 g de pirolusita com 85,0% em peso de MnO_2. Considere o cloro com comportamento ideal.

Questão 53

Uma amostra de uma substância pesando 0,08 gramas desloca 30 cm³ de ar, medidos a 27°C e pressão de 720 mmHg. Determine a massa molecular da substância.

Questão 54

Explique por que a água pura exposta à atmosfera e sob pressão de 1,0 atmosfera entra em ebulição em uma temperatura de 100°C, enquanto a água pura exposta à pressão atmosférica de 0,70 atm entra em ebulição em uma temperatura de 90°C.

Questão 55

Dois balões esféricos de mesmo volume são unidos por um tubo de volume desprezível, provido de torneira. Inicialmente o balão A contém 1,00 mol de gás ideal, e em B há vácuo.

Os dois balões são mantidos às temperaturas indicadas no desenho acima. A torneira é aberta durante certo tempo. Voltando a fechá-la, verifica-se que a pressão em B é 0,81 do valor da pressão em A. Quanto do gás deve ter sobrado no balão A?

Questão 56

Num equipamento adequado para permitir adição de soluções, assim como coleta a medida de volume de gases, fez-se a seguinte experiência: após colocar neste equipamento 100 cm³ de uma solução aquosa contendo 1,06 g de carbonato de sódio por litro de solução, adiciona-se um excesso de solução de ácido clorídrico. Admitindo que, nesta experiência, todo o gás que pudesse ser produzido, pela reação entre as duas soluções, foi de fato coletado, qual o volume medido, em cm³, sabendo-se que a experiência foi realizada na temperatura de 27°C e pressão de 750 mmHg?

Questão 57

(GRILLO) Partindo de 1000 gramas de sulfeto de cobre II, determine o volume do dióxido de nitrogênio e de dióxido de enxofre a 27°C e 2,0 atmosferas. Equação química não balanceada: $CuS_{(sólido)} + HNO_{3(aquoso)} \longrightarrow Cu(NO_3)_{2(sólido)} + H_2O_{(líquido)} + NO_{2(gás)} + SO_{2(gás)}$.

Questão 58

(GRILLO) Adicionando-se carbonato de amônio a 490 gramas de ácido fosfórico. A partir desta informação, faça o que se pede.

a) Determine a massa de sal formado.

b) Nomeie os produtos formados.

c) Determine o volume de dióxido de carbono liberado nas CNATP.

d) Determine o volume de dióxido de carbono nas CNTP.

Questão 59

Três esferas de 200 mililitros cada, a 27°C, contendo cada uma delas um gás distinto e também a pressão diferente, são misturadas por meio da abertura de duas válvulas, conforme pode ser observado na figura abaixo. A partir desta informação, determine a pressão total e as pressões parciais dos gases na mistura.

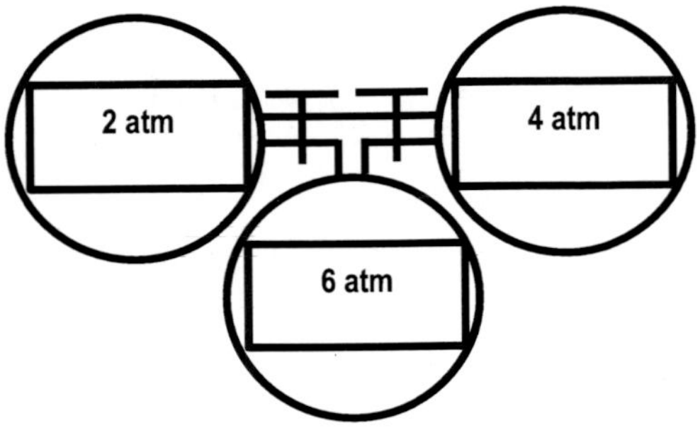

Questão 60

Uma das etapas para a produção de ferro metálico, trata-se da decomposição da pirita e da formação de óxido de ferro III, conforme pode ser observado pela equação química balanceada a seguir: $4F_eS_{2(sólido)} + 11O_{2(gás)} \rightarrow 2Fe_2O_{3(sólido)} + 8SO_{2(gás)}$. A partir desta informação, determine o volume de ar atmosférico que é necessário para reagir com 100 quilogramas de sulfeto de ferro a 2,5 atm e 225°C. Considere que o ar atmosférico contém 21% em volume de O_2.

Questão 61

a) A temperatura de 280 K e pressão igual a 19 atm, o fator de compressibilidade é igual a 0,80. Calcule o volume ocupado deste gás que apresenta 6,0 mmol.

b) Considere a decomposição térmica do carbonato de cálcio, que apresenta 45% de pureza e rendimento de 75%. O gás formado é colocado em um reservatório de 500 mL, a 37°C e 1,50 MPa. A partir desta informação, determine a massa de gás produzido e a massa de amostra utilizada.

c) A 600 K e sob pressão de 0,50 atm, a reação de dissociação do pentacloreto de fósforo, $PCl_{5(gás)} \rightleftharpoons PCl_{3(gás)} + Cl_{2(gás)}$, resulta em mistura gasosa que apresenta massa específica igual a 1,42 kg/m^3. Determinar o grau de dissociação do pentacloreto de fósforo, nesta temperatura.

Questão 62

Uma mistura gasosa é constituída por três gases: 0,65 mol de dióxido de carbono, 1,75 mol de oxigênio e 0,95 mol de nitrogênio, cuja densidade é igual a 1,80 g.L^{-1}, a 47°C. Calcule:

a) o volume da mistura gasosa;

b) os volumes parciais dos gases;

c) as pressões parciais dos gases.

Questão 63

A 10°C e a uma pressão de 75 atm, o fator de compressibilidade do gás nitrogênio é igual a 0,933. Calcule a massa de nitrogênio necessária para encher o cilindro de 89 L de capacidade.

Questão 64

Hematita (Fe_2O_3) pode ser produzida mediante oxidação da pirita (FeS_2). $4FeS_{2(sólido)} + 11O_{2(gás)} \rightarrow 2Fe_2O_{3(sólido)} + 8SO_{2(gás)}$ Determine o volume de ar atmosférico necessário para reagir com 100 g de sulfeto de ferro a 2,5 atm e 225°C. Considere que o ar atmosférico contém 21% em bases molares de O_2, e que a alimentação do processo é estequiométrica.

Questão 65

Sabe-se que 1,50 mol de gás metano ocupam 1700 dm³ a 0°C e pressão de 0,9 atm. Considerando que o metano se comporta de acordo com a equação de Van der Waals (a = 2,25 L².atm.mol^{-1} e b = 0,0428 L.mol^{-1}), calcule o que se pede:

a) Fator de compressibilidade do gás (Z).

b) Pressão, temperatura e volume crítico do gás metano - CH_4.

c) Temperatura de Boyle do gás metano - CH_4.

Questão 66

Após inalar ar na superfície, uma pessoa mergulha até uma profundidade de 200 m, em apneia, sem exalar. Desconsiderando as trocas gasosas que ocorrem nos alvéolos pulmonares, calcule a pressão parcial do nitrogênio e do oxigênio do ar contido no pulmão do mergulhador.

Questão 67

Uma dada reação (I), cujo calor liberado é desconhecido em um reator que utiliza um gás mantido a volume constante (V) como banho térmico. Outras duas reações (II e III) conduzidas em condições similares apresentam calor liberado a volume constante (Q_v) conforme apresentado na tabela abaixo:

Reação	Equação	Q_v (kJ.mol^{-1})
I	A + ½ B → D	?
II	A + B → C	400
III	D + ½ B → C	300

Considere as seguintes informações sobre o gás do banho térmico, que tem comportamento não ideal e obedece a equação:

$$\left[p + \frac{n^2 x\, a}{V^2}\right] x\, [V - n\, x\, b] = n\, x\, R\, x\, T$$.

Em que: a = 62,5 L².atm.mol^{-1}; b = 0,4 L.mol^{-1}; n= 0,4 mol; V = 10 L; capacidade calorífica a volume constante ($C_{V,m}$) = 83,33 J.K^{-1}.mol^{-1}; temperatura inicial (T_i) = 300 K.

a) Sabendo que 0,1 mol de A é utilizado na reação I, calcule Q_V liberado nessa reação.

b) Determine a temperatura final do banho térmico.

c) Determine a pressão inicial e final do banho térmico.

Questão 68

(GRILLO) Qual é a massa de ar contida em um local em que as dimensões são as seguintes: 5 m x 3 m x 3 m à 20°C e 1 atm?

Questão 69

(GRILLO) Um recipiente de 200 mL contém oxigênio a 200 mmHg de pressão e um outro recipiente com as mesmas características com relação ao material, 300 mL contém gás nitrogênio a 100 mmHg. Os dois recipientes estão conectados para que os gases possam ser misturados. Supondo que durante todo o processo a temperatura permaneceu constante, calcule a pressão parcial para cada gás na mistura final.

Questão 70

A) Os parâmetros de van der waals do gás nobre Hélio são os seguintes: a = 2,25 x 10^{-2} L².atm.mol^{-1} e b = 2,370 x 10^{-2} L.mol^{-1}. Calcule a partir dos parâmetros de van der Waals o volume aparente (em pm³) e o raio (em pm) de um átomo de hélio.

B) Estime o volume de um átomo de hélio na base do raio atômico.

Questão 71

O gás de um composto fluorado de metano apresenta densidade igual a 8,0 g/L à uma pressão 2,81 atmosferas e temperatura igual a 300 K. A partir das informações apresentadas, (a) qual é a massa molar do composto; (b) a fórmula do composto sabendo que este composto apresenta os seguintes átomos, C, H e O e (c) a densidade do gás em 1,0 atm e 25°C.

Questão 72

(GRILLO) Um dos processos para a obtenção do cloro gasoso segue a seguinte equação química: NaCl + MnO_2 + H_2SO_4 → Na_2SO_4 + $MnSO_4$ + Cl_2 + H_2O. Sabendo que o processo apresenta um rendimento igual a 78% ocorrendo a uma temperatura de aproximadamente igual a 37°C e pressão de 2,50 atm. A partir das informações apresentadas, calcule o volume do cloro formado em metros cúbicos a partir de 300 g de cloreto de sódio.

Questão 73

(GRILLO) Considere a seguinte equação iônica $H_2O_2 + MnO_4^- + H^+ \rightarrow Mn^{+2} + O_2 + H_2O$. Partindo de 200g de peróxido de oxigênio com 65% de pureza, calcule o volume de oxigênio molecular à 1,50 atm e 47°C, sabendo que o rendimento deste processo é de 69%.

Questão 74

Equação de van der Waals [Johannes Diderick van der Waals (1837-1923), Físico Holandês, recebeu o prémio Nobel da Física em 1910 pelo seu trabalho sobre as propriedades de gases e líquidos. A equação dos gases ideais, PV = nRT, implica que as moléculas de um gás têm volume desprezível e não têm interações atrativas entre si. Para descrever o comportamento de gases reais, van der Waals propôs a equação $\boxed{\left(p + \frac{a \times n^2}{V^2}\right) \times (V - n \times b) = n \times R \times T}$ onde a e b são constantes características de cada gás, em que a depende das forças intermoleculares e b do tamanho das moléculas.

a) Em qual das situações abaixo descritas a equação de van der Waals se aproxima da equação dos gases ideais? Justifique. 1 mol de gás a pressão muito alta; 1 mol de gás a temperatura muito baixa; 1 mol de gás a pressão muito baixa.

b) Determine a pressão exercida por 1 mol de $CO_{2(g)}$ ocupando o volume de 1,00 L a 300 K, tratando-o como gás ideal. [R = 0,082 L atm K^{-1}.mol^{-1}]

c) Sabendo que a=3,59 atm L^2 mol^{-2}, b= 4,27 x 10^{-2} L mol^{-1} para o $CO_{2(g)}$, repita o cálculo anterior tratando o CO_2 como gás de van der Waals.

d) Comparando com o valor dado para o CO_2, justifique qual dos seguintes valores é o valor de a mais provável para o gás He: a = 0,035 atm L^2 mol^{-2}; a = 3,59 atm L^2 mol^{-2}; a = 593 atm L^2 mol^{-2}.

Questão 75

Um hidreto gasoso tem fórmula empírica XH_3 (massa molar de X = 13 g.mol^{-1}) e massa específica de 6,0 g.L^{-1} numa dada condição de temperatura e pressão. Sabendo-se que, na mesma temperatura e pressão, 1,0 L de O_2 gasoso tem massa de 3,0 g, pode-se afirmar que a fórmula molecular do hidreto é:
a) $X_{0,5}H_{1,5}$
b) XH_3
c) X_4H_{12}
d) X_2H_6
e) X_6H_{18}

Questão 76

Um tambor selado contém ar seco e uma quantidade muito pequena de acetona líquida em equilíbrio dinâmico com a fase vapor. A pressão parcial da acetona é de 180,0 mm Hg e a pressão total no tambor é de 760,0 mmHg. Em uma queda durante seu transporte, o tambor foi danificado e seu volume interno diminuiu para 80% do volume inicial, sem que tenha havido vazamento. Considerando-se que a temperatura tenha se mantido estável a 20ºC, conclui-se que a pressão total após a queda é de:
a) 950,0 mm Hg
b) 1175,0 mm Hg
c) 760,0 mm Hg
d) 832,0 mm Hg
e) 905,0 mm Hg

Questão 77

Temos um frasco aberto contendo um gás a temperatura de 127˚C. Querendo expulsar do frasco 1/3 do número de moléculas desse gás, devemos aquecê-lo a:
a) 42,50˚C
b) 377 K
c) 447˚C
d) 42,50 K
e) 600 K

Questão 78

Foram misturados 10 gramas de gás carbônico e 15 gramas de gás nitrogênio num recipiente de 9,50 litros de capacidade a temperatura de 27˚C. Qual a pressão total da mistura em atmosferas?
a) 2,00 atm

b) 2,50 atm
c) 3,00 atm
d) 3,50 atm
e) 4,00 atm

Questão 79

Dois balões esféricos de mesmo volume são unidos por um tubo de volume desprezível, provido de torneira. Inicialmente o balão A contém 1,00 mol (400 K) de gás ideal, e em B há vácuo (324 K). Os dois balões são mantidos às temperaturas indicadas no desenho acima. A torneira é aberta durante certo tempo. Voltando a fechá-la, verifica-se que a pressão em B é 0,81 do valor da pressão em A. Quanto do gás deve ter sobrado no balão A?
a) 0,20 mol
b) 0,40 mol
c) 0,50 mol
d) 0,60 mol
e) 0,80 mol

Questão 80

Um vaso de pressão com volume interno de 250 cm^3 contém gás nitrogênio (N_2) quimicamente puro, submetido a temperatura constante de 250ºC e pressão total de 2,0 atm. Assumindo que o N_2 se comporta como gás ideal, assinale a opção correta que representa os respectivos valores numéricos do número de moléculas e da massa específica, em $kg.m^{-3}$, desse gás quando exposto às condições de pressão e temperatura apresentadas.
a) $3,7 \times 10^{21}$ e 1,1
b) $4,2 \times 10^{21}$ e 1,4
c) $5,9 \times 10^{21}$ e 1,4
d) $7,2 \times 10^{21}$ e 1,3
e) $8,7 \times 10^{21}$ e 1,3

Questão 81

Um recipiente contendo gás hidrogênio (H_2) é mantido à temperatura constante de 0°C. Assumindo que, nessa condição, o H_2 é um gás ideal e sabendo-se que a velocidade média das moléculas desse gás, nessa temperatura é de $1,85 \times 10^3$ $m.s^{-1}$, assinale a alternativa correta que apresenta o valor calculado da energia cinética média, em J, de uma única molécula de H_2.
a) $3,1 \times 10^{-24}$
b) $5,7 \times 10^{-24}$
c) $3,1 \times 10^{-21}$
d) $5,7,1 \times 10^{-21}$
e) $2,8 \times 10^{-18}$

Questão 82

Um recipiente de aço de volume V_l, contém ar comprimido na pressão P_l. Um segundo recipiente de aço de volume V_2, contém ar menos comprimido na pressão P_2. Ambos os cilindros estão na pressão ambiente. Caso sejam interligados por uma tubulação de volume desprezível, a pressão final em ambos os cilindros será igual a:

a) $\frac{(V_1P_1 + V_2P_2)}{(V_1 + V_2)}$

b) $\frac{(V_1P_2 + V_2P_1)}{(V_1 + V_2)}$

c) $\frac{(V_1P_1 + V_2P_2)}{(P_1 + P_2)}$

d) $\frac{(V_1P_2 + V_2P_1)}{(P_1 + P_2)}$

e) $\left(\frac{P_1}{V_1} + \frac{P_2}{V_2}\right) x\ (V_1\ x\ V_2)^{1/2}$

Questão 83

O gráfico abaixo representa o comportamento real da relação densidade/pressão (d/p) em função da pressão (p) do hidrogênio, a temperatura constante.

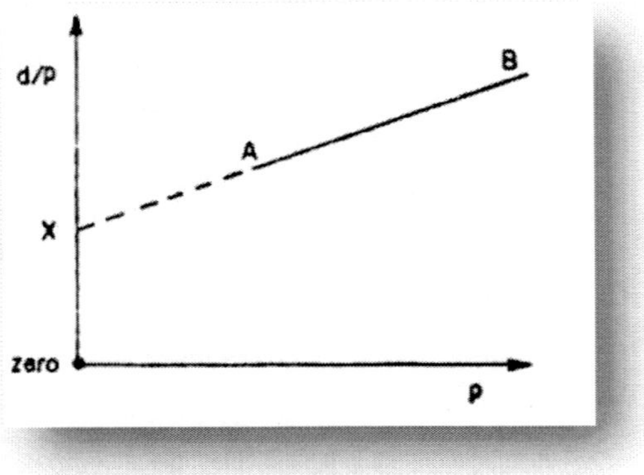

Se o hidrogênio tivesse, de fato, comportamento de um gás ideal, a curva seria uma reta:
a) Paralela AB, mas passando pelo zero
b) Que passa por X e tem coeficiente angular negativo
c) Paralela ao eixo p e passando por X
d) Paralela ao eixo d/p e passando por A
e) Que passa pelo zero e tem coeficiente angular positivo

Questão 84

Considere um gás perfeito monoatômico na temperatura de 0°C, sob uma pressão de 1 atm, ocupando um volume de 56 litros. A velocidade quadrática média das moléculas é 1840 $m.s^{-1}$. Então, a massa do gás é:
a) 55 gramas
b) 100 gramas
c) 5 gramas
d) 150 gramas
e) 20 gramas

Questão 85

Nitrogênio gasoso, inicialmente na temperatura ambiente, é passado por um tubo mantido num forno. A vazão do gás é tão baixa que a pressão na saída (quente) é praticamente a da entrada (frio). Chamemos as vazões do gás ($cm^3.s^{-1}$) na entrada de v_1 e na saída de v_2. A densidade do gás ($cm^3.s^{-1}$) na entrada é designada por d_1 e na saída por d_2. Nas condições acima teremos que:
a) $v_1 < v_2$; $d_1 < d_2$
b) $v_1 < v_2$; $d_1 > d_2$
c) $v_1 > v_2$; $d_1 < d_2$
d) $v_1 > v_2$; $d_1 > d_2$
e) $v_1 = v_2$; $d_1 = d_2$

Questão 86

Uma amostra de 4,4 gramas de um gás ocupa um volume de 3,1 litros a 10°C e 566 mmHg. Assinale a alternativa que apresenta a razão entre as massas específicas deste gás e a do hidrogênio gasoso nas mesmas condições de pressão e temperatura.
a) 2,2
b) 4,4
c) 10
d) 22
e) 44

Questão 87

A que temperatura as moléculas de O_2 teriam a mesma velocidade média dos átomos de He a 27°C?
a) 216°C
b) 300°C
c) 1000°C
d) 2127°C
e) 2700°C

Questão 88

A figura mostra cinco curvas de distribuição de velocidade molecular para diferentes gases (I, II, III, IV e V) a uma dada temperatura.

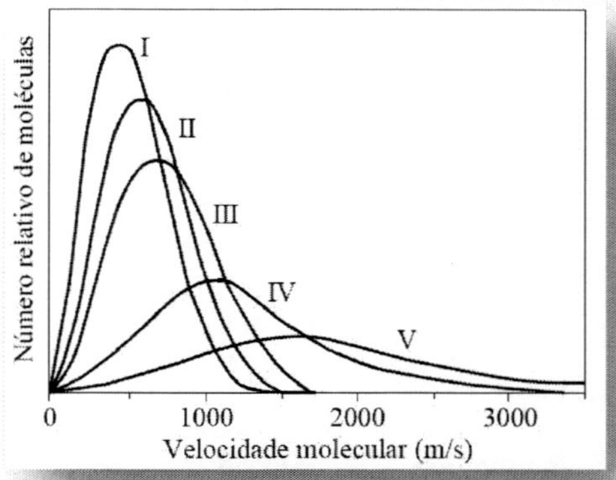

Assinale a opção que relaciona corretamente a curva de distribuição de velocidade molecular a cada um dos gases.
a) I = H_2; II = He; III = O_2; IV = N_2; V = H_2O
b) I = O_2; II = N_2; III = H_2O; IV = He; V = H_2
c) I = He; II = H_2; III = N_2; IV = O_2; V = H_2O
d) I = N_2; II = O_2; III = H_2; IV = H_2O; V = He
e) I = H_2O; II = N_2; III = O_2; IV = H_2; V = He

Questão 89

Considere o volume de 5,0 L de uma mistura gasosa contendo 20% (V/V) do isótopo 40 do argônio e 80% (V/V) do isótopo 20 do neônio. Na temperatura de 273 K, a mistura exerce a pressão de 20 atm. A quantidade (em mol) de argônio nesta mistura:
a) 2 / 22,4
b) 10 / 22,4
c) 20 / 22,4
d) 50 / 22,4
e) 100 / 22,4

Questão 90

A pressão total do ar no interior de um pneu era de 2,30 atmosferas quando a temperatura do pneu era de 27°C. Depois de ter rodado um certo tempo com este pneu, mediu-se novamente sua pressão e verificou-se que a pressão passou para 2,53 atm. Supondo variação de volume do pneu desprezível, uma nova temperatura será:
a) 29,7°C
b) 57,0°C
c) 33°C
d) 330°C
e) Nenhuma das respostas anteriores

Questão 91

Calcular a massa de gás hélio, contida num balão, sabendo-se que o gás ocupa um volume igual a 5,0 cm^3 e está a uma temperatura de - 23°C e a uma pressão de 30 cmHg.
a) 0,186 mg

b) 0,46 mg
c) 0,96 mg
d) 0,186 mg
e) 0,385 mg

Questão 92

Determine a temperatura a que se deve aquecer um recipiente aberto para que saia metade da massa nele contida a 20ºC.
a) 586°C
b) 313 K
c) 686 K
d) 313°C
e) 566 K

Questão 93

Certa substância gasosa a 0°C, submetida a uma pressão de 0,333 atm, apresentou uma densidade de 0,656 $g.L^{-1}$. Sua massa molecular é:
a) 132
b) 67
c) 44
d) 22
e) 15

Questão 94

Considere um recipiente de 320 L, ao qual são adicionados gases ideais nas seguintes condições: I) Hélio: 30000 cm^3 a 760 cmHg e 27°C; II) Monóxido de carbono: 250 L a 1140 mmHg e -23°C; III) Monóxido de nitrogênio: 2 m^3 a 0,273 atm e 0°C. Sabendo que a pressão total da mistura gasosa é de 4,5 atmosferas, assinale a opção que apresenta a pressão parcial do hélio na mistura gasosa:
a) 0,1 atm
b) 0,2 atm
c) 0,5 atm
d) 1,0 atm
e) 2,0 atm

Questão 95

Num recipiente está contida uma mistura de 5,6 g de $N_{2(gás)}$, com 6,4 g de $O_{2(gás)}$. A pressão total da mistura é de 2,5 atmosferas. Nestas condições, a pressão parcial do N_2 na mistura é:
a) (0,2/0,4) x 2,5 atm
b) (0,4/0,2) x 2,5 atm
c) 0,2 x 2,5 atm
d) 0,4 x 2,5 atm
e) (0,2 + 0,4) x 2,5 atm

Questão 96

Assumindo um comportamento ideal dos gases, assinale a opção com a afirmação correta:
a) De acordo com a Lei de Charles, o volume de um gás torna-se maior quanto menor for a sua temperatura.
b) Numa mistura de gases contendo somente moléculas de oxigênio e nitrogênio, a velocidade média das moléculas de oxigênio é menor do que as de nitrogênio.
c) Mantendo-se a pressão constante, ao aquecer um mol de gás nitrogênio sua densidade irá aumentar.
d) Volumes iguais dos gases metano e dióxido de carbono, nas mesmas condições de temperatura e pressão, apresentam as mesmas densidades.
e) Comprimindo-se um gás a temperatura constante, sua densidade deve diminuir.

Questão 97

O volume de SO_2 gasoso, medido nas CNTP, necessário para transformar completamente 250 cm^3 de solução aquosa 0,100 $mol.L^{-1}$ de NaOH em solução de Na_2SO_3, é:
a) 0,14 Litros

b) 0,28 Litros
c) 0,56 Litros
d) 1,12 Litros
e) 2,24 Litros

Questão 98

O volume de HCl gasoso, medido na pressão de 624 mmHg e temperatura igual a 27°C, necessário para neutralizar completamente 500cm³ de uma solução aquosa 0,20 mol.L^{-1} de NaOH é:
a) 0,27 litros
b) 1,5 litros
c) 3,0 litros
d) 6,0 litros
e) 27 litros

Questão 99

O volume, em litros, de NH_3 gasoso medido nas condições normais de temperatura e pressão necessário para transformar completamente, em solução de $(NH_4)_2SO_4$, 250 cm³ de uma solução aquosa 0,100 mol. L^{-1} de H_2SO_4 é:
a) 0,56 Litros
b) 1,12 Litros
c) 2,24 Litros
d) 3,36 Litros
e) 4,48 Litros

Questão 100

1,7 toneladas de amônia vazaram e se espalharam uniformemente em certo volume da atmosfera terrestre, a 27°C e 760 mmHg. Medidas mostram que a concentração de amônia neste volume da atmosfera era de 25 partes, em volume, do gás amônia em um milhão de partes, em volume do ar. O volume da atmosfera contaminado por esta quantidade de amônia foi:
a) $0,9 \times 10^2$ m³
b) $1,0 \times 10^2$ m³
c) 9×10^7 m³
d) 10×10^7 m³
e) 25×10^8 m³

Questão 101

A 25ºC, uma mistura de metano e propano ocupa um volume (V), sob uma pressão total de 0,080 atm. Quando é realizada a combustão desta mistura e apenas dióxido de carbono é coletado, verifica-se que a pressão desse gás é de 0,12 atm, quando este ocupa o mesmo volume (V) e está sob a mesma temperatura da mistura original. Admitindo que os gases têm comportamento ideal, assinale a opção que contém o valor correto da concentração, em fração em mol, do gás metano na mistura original.
a) 0,01
b) 0,25
c) 0,50
d) 0,75
e) 1,00

Questão 102

A que temperatura deve ser aquecido um frasco aberto para expulsar a metade da massa de cloro que nele se encontra a 25°C?
a) 50°C
b) 75°C
c) 298°C
d) 323°C
e) 596°C

Questão 103

Supondo um comportamento de gás ideal, assinale a opção que indica, aproximadamente, a massa em gramas, de 1,0 litro de C_3H_8 nas CNTP.

a) 2×10^{-3} g
b) 0,50 g
c) 2,0 g
d) 22,4 g
e) 44,0 g

Questão 104

Calcule a densidade do hidrogênio gasoso a 25°C e pressão de 1,5 atmosferas.
a) 0,123 $g.L^{-1}$
b) 1,23 $g.L^{-1}$
c) 12,3 $g.L^{-1}$
d) 123 $g.L^{-1}$
e) 1230 $g.L^{-1}$

Questão 105

Um reservatório de 30 litros contém gás nitrogênio diatômico, a temperatura ambiente de 20°C. Seu medidor de pressão indica uma pressão de 3,00 atm. A válvula do reservatório é aberta momentaneamente e uma certa quantidade de gás escapa para o meio ambiente. Fechada a válvula, o gás atinge novamente a temperatura ambiente. O medidor de pressão do reservatório indica agora uma pressão de 2,40 atmosferas. Quantos gramas, aproximadamente, de nitrogênio escaparam?
a) 10,50 gramas
b) 31 gramas
c) 15 gramas
d) 3 gramas
e) 21 gramas

Questão 106

Consideremos um gás formado de moléculas todas iguais e que corresponde ao que considera um gás ideal. Este gás é mantido num recipiente de volume constante. Dentre as afirmações abaixo, todas referentes ao efeito do aumento de temperatura, assinale a correta, em relação ao caminho livre médio das moléculas e a frequência das colisões entre as mesmas:

	Caminho livre médio	Frequência de colisões
a)	Inalterado	Aumenta
b)	Diminui	Inalterada
c)	Aumenta	Aumenta
d)	Inalterado	Diminui
e)	Diminui	Aumenta

Questão 107

Um termômetro em uma sala de 8,0 x 5,0 x 4,0 m indica 22°C e um higrômetro indica que a umidade relativa é de 40%. Qual é a massa de vapor d´água na sala se sabemos que nessa temperatura o ar saturado contém 19,33 g de água por metro cúbico?
a) 1,24 kg
b) 0,351 kg
c) 7,73 kg
d) $4,8 \times 10^{-1}$ kg
e) outro valor

Questão 108

2,7 gramas de alumínio são dissolvidos em 500 mL de uma solução aquosa 1,00 $mol.L^{-1}$ em ácido clorídrico. Todo o hidrogênio produzido é recolhido. Após a secagem, o volume de hidrogênio à pressão de 1 atm e 25ºC é:
a) 1,2 L
b) 1,6 L
c) 2,4 L
d) 3,6 L
e) 12 L

Questão 109

Uma amostra de 7,5 gramas de um hidrocarboneto ocupa um volume de 5,6 litros nas CNTP, podemos concluir que esse hidrocarboneto corresponde a um:
a) Alcano
b) Alceno
c) Alcino
d) Ciclano
e) Cicleno

Questão 110

Um acidente em um laboratório provocou a intoxicação de um grupo de pessoas por inalação de um gás. Um analista coletou uma amostra desse gás e a introduziu em um recipiente inelástico de 1 dm³, à temperatura de 27°C. A amostra de gás contida no recipiente pesou 1,14 gramas e a pressão medida no recipiente foi de 1 atm. Assim, pode-se afirmar que este gás é:
a) CO
b) H_2S
c) NO_2
d) C_2H_2
e) NO

Questão 111

O ácido sulfúrico é um dos agentes da chuva ácida. Ao precipitar, a chuva ácida reage com monumentos de mármore (carbonato de cálcio), "destruindo-os". Qual o volume de gás produzido a 27,0°C e 1,00 atm quando 2,45 g de ácido sulfúrico precipitam na forma de chuva ácida e reagem com estes monumentos?
a) $1{,}23 \times 10^3$ mL
b) 615 mL
c) 560 mL
d) 111 mL
e) 55,3 mL

Questão 112

Uma mistura de 0,50 mol de H_2 e 1,3 mol de Ar encontra-se em um recipiente fechado de 4,82 litros. Se a temperatura da mistura é de 50°C, qual é a pressão parcial de H_2 na mistura?
a) 1,5 atm
b) 2,8 atm
c) 7,2 atm
d) 9,9 atm

Questão 113

(PETROBRAS – ENGENHEIRO DE PROCESSAMENTO JÚNIOR) Os valores aproximados dos coeficientes da Equação de Van der Waals para o metano são: $a = 0{,}2\ Pa.m^6.mol^{-1}$ e $b = 4 \times 10^{-5}\ m^3.mol^{-1}$. Para 100 mol do gás ocupando o volume de 1 m³ a 300 K, a diferença, em kPa, entre a pressão calculada por essa relação e o verificado para um gás ideal, nas mesmas condições $R = 8{,}0\ Pa.m^3.mol^{-1}.K^{-1}$, é:
a) -2
b) -1
c) 0
d) +2
e) +3

Questão 114

(GRILLO) A uma temperatura igual a 500 K e sob uma pressão de 1 atm, a dissociação do cloreto de nitrosila, $2NOCl_{(gás)} \rightarrow 2NO_{(gás)} + Cl_{2(gás)}$, resulta em uma mistura gasosa que apresenta densidade igual a 1,302 $kg.m^{-3}$. A partir destes dados, determine o grau de dissociação do cloreto de nitrosila, nesta mesma temperatura.
a) 23%
b) 25%
c) 27%
d) 29%

e) 31%

Questão 115

(GRILLO) Um gás é usado como um fluido refrigerante em uma unidade de ar-condicionado. Uma tabela de parâmetros de van der Waals mostra que: $a = 16{,}2\ atm.L^2.mol^{-2}$ e $b = 8{,}4x10^{-2}\ L.mol^{-1}$. Assinale a alternativa que apresenta a pressão quando 1,50 mol foram confinados em um volume de 5,00 litros na temperatura de 273K.

a) 5,44 atm
b) 6,44 atm
c) 7,44 atm
d) 8,44 atm
e) 9,44 atm

Questão 116

Um container é dividido em dois compartimentos. O compartimento A apresenta um gás ideal A apresentando uma temperatura de 400 K e pressão de 5 atmosferas. Já o compartimento B está fechado apresentando um gás ideal a 400 K e 8 atmosferas. A partição entre os compartimentos é removida e os gases são misturados. A fração molar do gás A na mistura é igual a $X_A = 0{,}58$. O volume total dos compartimentos é igual a 29 litros. Assinale a alternativa que apresenta os volumes dos compartimentos A e B, respectivamente.

a) 20 litros e 9 litros
b) 9 litros e 20 litros
c) 19 litros e 10 litros
d) 10 litros e 19 litros
e) Nenhuma das respostas anteriores

Questão 117

(GRILLO) Um determinado recipiente apresenta uma mistura gasosa constituída por: 320 mg de metano; 175 mg de argônio e 225 mg de neônio. A pressão parcial do neônio, a 300 K é de aproximadamente 8,87 kPa. Assinale a alternativa que apresenta a pressão total da mistura e o volume da mistura:

a) 28 kPa 3,2 Litros
b) 30 kPa e 3,2 m^3
c) 28 atm e 3,2 Litros
d) 28 Pa e 3,2 cm^3
e) Nenhuma das respostas anteriores

Questão 118

9,10 litros de monóxido de carbono nas CNTP são injetados em um cilindro indeformável, apresentando uma capacidade de aproximadamente 100 L. Neste mesmo recipiente foram colocados mais 26,6 L de gás hidrogênio nas CNATP. A mistura, assim obtida, é mantida a uma temperatura constante e igual a 300 K. A partir destas informações, assinale a alternativa que apresenta o valor aproximado da massa específica, em $g.L^{-1}$.

a) 0,12
b) 0,14
c) 0,16
d) 0,18
e) 0,20

Questão 119

(GRILLO) A partir das constantes de van der Waals do gás etano ($a = 5{,}507\ dm^3.atm.mol^{-1}$; $b = 3{,}19 \times 10^{-2}\ dm^3.mol^{-1}$), assinale a opção que apresenta de forma aproximada, o valor do raio desta molécula gasosa, em nanômetros (nm):

a) 0,233 nm
b) 0,333 nm
c) 0,433 nm
d) 0,533 nm

e) 0,633 nm

Questão 120

Por ocasião do jogo Brasil versus Bolívia, disputado em La Paz, um comentarista esportivo afirmou que: "Um dos maiores problemas que os jogadores da seleção brasileira de futebol terá que enfrentar é o fato de o teor de oxigênio no ar, em La Paz, ser cerca de 40% menor do que aquele ao nível do mar". Lembrando que a concentração de oxigênio nível do mar é aproximadamente 20% (v/v) e supondo que no dia em que o comentarista fez esta afirmação a pressão atmosférica em La Paz fosse igual, aproximadamente, a 450 mmHg, qual das opções abaixo contém a afirmação que mais se aproxima daquilo que o comentarista poderia ter dito?

a) a concentração de oxigênio no ar é cerca de 12% (v/v)
b) a fração molar do oxigênio no ar é cerca de 0,12
c) a pressão parcial do oxigênio no ar é aproximadamente expressa por: (0,20 x 760 mmHg x 0,60)
d) a pressão parcial do oxigênio no ar é cerca de 152 mmHg
e) a pressão parcial do oxigênio no ar é aproximadamente expressa por: (0,20 x 760 mmHg x 0,40)

Questão 121

Qual a pressão parcial do SO_2 se 100 g de O_2 são misturados com 100 g de SO_2, e a pressão total é 600 mmHg?

a) 500 mmHg
b) 400 mmHg
c) 300 mmHg
d) 200 mmHg
e) 100 mmHg

Questão 122

Assinale a alternativa correta.

a) Um veículo de testes para redução de poluição ambiental, projetado para operar entre – 40ºC e 50ºC, emprega H_2 e O_2, os quais são estocados em tanques a 13 MPa. Pode-se afirmar que a lei dos gases ideais não é uma aproximação adequada para o comportamento dos gases no interior dos tanques. (Dado: 1 atm = 101,3 kPa).
b) A pressão de vapor de um líquido independe da temperatura.
c) Um recipiente de 500 mL, inicialmente fechado e contendo um líquido em equilíbrio com seu vapor, é aberto. Pode-se afirmar que a pressão de vapor do líquido aumentará.
d) Na equação pV = nRT, o valor numérico de R é constante e independe do sistema de unidades empregado.
e) De acordo com o princípio de Avogadro, pode-se afirmar que, dadas as condições de temperatura e pressão, o volume molar gasoso depende do gás considerado.

Questão 123

Calcule o volume ocupado por 10,0 g de dióxido de carbono nas CNTP.

a) 5,09 L
b) 5,59 L
c) 6,59 L
d) 7,59 L
e) 8,59 L

Questão 124

(GRILLO) Considere que 1,0 mol de gás cloro esteja confinado dentro de um recipiente de volume igual a 22,4 litros a uma temperatura igual a 0°C. Diante destes dados, assinale corretamente o fator de compressibilidade. Parâmetros de van der Waals: a = 6,49 $L^2.atm.mol^{-2}$ e b = 5,62 x 10^{-2} $L.mol^{-1}$.

a) 0,59
b) 0,69
c) 0,79
d) 0,89
e) 0,99

Questão 125

Uma porção de gás pode ser aquecida sob pressão constante ou sob volume constante. A questão é saber como irá variar a densidade do gás em cada uma dessas maneiras de aquecimento:

	Pressão Constante	Volume Constante
a)	aumenta	não varia
b)	aumenta	diminui
c)	não varia	aumenta
d)	diminui	diminui
e)	diminui	não varia

Questão 126

Um recipiente de 240 L de capacidade contém uma mistura dos gases ideais hidrogênio e dióxido de carbono a 27°C. Sabendo que a pressão parcial do dióxido de carbono é três vezes menor que a pressão parcial do hidrogênio e que a pressão total da mistura gasosa é de 0,82 atm, assinale a alternativa que apresenta, respectivamente, as massas de hidrogênio e de dióxido de carbono contidas no recipiente:

a) 2 g e 44 g
b) 6 g e 44 g
c) 8 g e 88 g
d) 12 g e 88 g
e) 16 g e 44 g

Questão 127

Um recipiente de paredes rígidas, contendo apenas ar, aberto para a atmosfera, é aquecido de 27°C a 127°C. Calcule a percentagem mássica de ar que saiu do recipiente, quando atingido o equilíbrio final.

a) 79%
b) 75%
c) 30%
d) 25%
e) 21%

Questão 128

A massa de 0,48 kg de carbonato de amônio reage com excesso de ácido o-fosfórico de acordo com a reação não balanceada: $(NH_4)_2CO_3 + H_3PO_4 \rightarrow (NH_4)_3PO_4 + CO_2 + H_2O$. O volume de gás carbônico liberado a 0°C e 2,0 atm é:

a) 16,8 L
b) 22,4 L
c) 11,2 L
d) 61,1 L
e) 56,0 L

Questão 129

O volume, em litros, de NH_3 gasoso medido nas condições normais de temperatura e pressão necessário para transformar completamente, em solução de $(NH_4)_2SO_4$, 250 cm^3 de uma solução aquosa 0,100 mol.L^{-1} de H_2SO_4 é:

a) 0,56
b) 1,12
c) 2,24
d) 3,36
e) 4,48

Questão 130

O volume de cloreto de hidrogênio, medido na pressão de 624 mmHg e temperatura igual a 27°C, necessário para neutralizar completamente 500 cm^3 de uma solução aquosa 0,200 mol.L^{-1} de NaOH é:

a) 0,27 L
b) 1,5 L

c) 3,0 L
d) 6,0 L
e) 27 L

Questão 131

Amostras de He, O_2 e N_2 contêm, cada uma, 2,00 g. Suponha que os gases sejam colocados conjuntamente em um recipiente de 15,0 L a 100°C. Considere o comportamento ideal e calcule a pressão total em atmosfera.
a) 2,13 atm
b) 0,620 atm
c) 1,29 atm
d) 2,58 atm
e) 2,21 atm

Questão 132

2,7 g de alumínio são dissolvidos em 500 ml de uma solução aquosa 1,00 mol.L^{-1} em ácido clorídrico. Todo o hidrogênio produzido é recolhido. Após a secagem, o volume de hidrogênio à pressão de 1 atm e 25°C é:
a) 1,2 litros
b) 1,6 litros
c) 2,4 litros
d) 3,6 litros
e) 12 litros

Questão 133

O volume SO_2 gasoso, medido nas CNTP, necessário para transformar completamente 250 cm^3 de solução aquosa 0,100 mol.L^{-1} de NaOH em solução de Na_2SO_3, é:
a) 0,14 L
b) 0,28 L
c) 0,56 L
d) 1,12 L
e) 2,24 L

Questão 134

Qual a massa de nitrato de potássio que deve ser decomposta termicamente em nitrito de potássio para que o volume de oxigênio, medido 77°C e pressão de 700 mm Hg, seja 1,0 m^3?
a) 3,8 kg
b) 5,1 kg
c) 6,0 kg
d) 6,5 kg
e) 7,6 kg

Questão 135

Supondo um comportamento de gás ideal, assinale a opção que indica, aproximadamente, a massa em gramas, de 1,0 L de C_3H_8 nas CNTP:
a) 2×10^{-3} g
b) 0,50 g
c) 2,0 g
d) 22,4 g
e) 44,0 g

Questão 136

Uma amostra de um gás X e outra de um gás Z possuem mesmo volume, pressão e temperatura. A amostra do gás X tem massa igual a 1,60 g e a amostra do gás Z tem uma massa 3,5 g. Supondo que X é o gás oxigênio, qual é a massa molar, em g.mol^{-1}, do gás Z?

a) 16
b) 32
c) 35
d) 70
e) 90

Questão 137

Um caminhão com tanque criogênico transportou 510 kg de um gás armazenado sob pressão de 20 atm e temperatura aproximada de 23 °C negativos. O tanque deste caminhão consiste num cilindro com volume de 30 m³. Considere a constante dos gases ideais igual a 0,08. Com base nos dados fornecidos, o gás transportado por este caminhão possui a fórmula:
a) NH_3
b) CO_2
c) C_2H_2
d) O_2
e) Ar

Questão 138

Um cilindro com 8,0 litros de capacidade contém 160 g de gás oxigênio a 27 °C. Abrindo-se a válvula do cilindro, deixou-se escapar o gás até que a pressão fosse reduzida a 9 atm. Supondo a constante universal dos gases ideais igual a 0,08, volume e temperatura constantes, qual a massa, em gramas, de gás oxigênio que foi liberada do recipiente?
a) 8
b) 16
c) 32
d) 64
e) 96

Questão 139

Um recipiente fechado, mantido a volume e temperatura constantes, contém a espécie química X no estado gasoso a pressão inicial P_o. Esta espécie decompõe-se em Y e Z de acordo com a seguinte equação química: $X_{(gás)} \longrightarrow 2Y_{(gás)} + \frac{1}{2} Z_{(gás)}$. Admita que X, Y e Z tenham comportamentos de gases ideais. Assinale a opção que apresenta a expressão correta da pressão (P) no interior do recipiente em função do andamento da reação, em termos da fração α de moléculas de X que reagiram.
a) $P = [1+(1/2).\alpha].P_o$
b) $P = [1+(2/2).\alpha].P_o$
c) $P = [1+(3/2).\alpha].P_o$
d) $P = [1+(4/2).\alpha].P_o$
e) $P = [1+(5/2).\alpha].P_o$

Questão 140

Num garrafão de 3,5 L de capacidade, contendo 1,5 L de solução 1,0 $mol.L^{-1}$ de ácido sulfúrico, introduzem-se 32,7 g de aparas de zinco; fecha-se rapidamente com rolha de borracha. Supondo que a temperatura do ambiente onde essa perigosa experiência está sendo feita seja de 20°C, o incremento máximo de pressão interna (P) do frasco será de:
a) 0,41 atm
b) 3,4 atm
c) 5,6 atm
d) 6,0 atm
e) 12,0 atm

Questão 141

Um reator com 200 L de capacidade, possui uma mistura de dióxido de nitrogênio e monóxido de carbono a 400K, cujo comportamento pode ser considerado ideal. Os gases reagem entre si para formar dióxido de carbono e monóxido de nitrogênio. A pressão total no reator é igual a 32,8 atm e, no início da reação, a pressão parcial do monóxido de carbono é três vezes maior que a do dióxido de nitrogênio. As massas iniciais de dióxido de nitrogênio e de monóxido de carbono são, respectivamente,
a) 1,5 kg e 4,2 kg
b) 1,5 kg e 4,5 kg
c) 1,5 kg e 6.6 kg

d) 2,3 kg e 4,2 kg
e) 2,3 kg e 6,6 kg

Questão 142

Assinale a alternativa que apresenta o valor da massa molecular de um gás com densidade 5,8 $g \cdot L^{-1}$ a 25°C e 740 mm Hg.
a) 10 $g \cdot mol^{-1}$
b) 20 $g \cdot mol^{-1}$
c) 150 $g \cdot mol^{-1}$
d) 190 $g \cdot mol^{-1}$

Questão 143

What is the total pressure in a 2,00 L container that holds 1,00 g He, 14,0 g CO, and 10,0 g of NO at 27,0°C?
a) 21,6 atm
b) 13,2 atm
c) 1,24 atm
d) 0,310 atm

Questão 144

Hydrogen is collected over water at 22°C and a barometer reading of 740 mmHg. If 300 mL of hydrogen is collected, which expression will give the volume of dry hydrogen at the same temperature and pressure? Information: Compound Vapor Pressure at 22°C H_2O 20 mmHg.

a) $300 \text{ mL x} \dfrac{740 \text{ mmHg} - 20 \text{ mmHg}}{740 \text{ mmHg}}$

b) $300 \text{ mL x} \dfrac{740 \text{ mmHg} + 20 \text{ mmHg}}{740 \text{ mmHg}}$

c) $300 \text{ mL x} \dfrac{740 \text{ mmHg}}{740 \text{ mmHg} - 20 \text{ mmHg}}$

d) $300 \text{ mL x} \dfrac{740 \text{ mmHg}}{740 \text{ mmHg} + 20 \text{ mmHg}}$

Questão 145

What is the density of propane, C_3H_8, at 25°C and 740 mmHg?
a) 0,509 $g.L^{-1}$
b) 0,570 $g.L^{-1}$
c) 1,75 $g.L^{-1}$
d) 1,96 $g.L^{-1}$

Questão 146

What is the molar mass of a gas that has a density of 5,66 $g.L^{-1}$ at 35°C and 745 mm Hg?
a) 127
b) 141
c) 143
d) 146

Questão 147

Calcium carbonate, $CaCO_3$, decomposes upon heating to calcium oxide and carbon dioxide. What mass of solid calcium carbonate is required to produce 2,40 liters of carbon dioxide measured at STP?
a) 10,7 g
b) 21,4 g
c) 50,0 g
d) 100 g

Questão 148

A mixture of 0,50 mol of H_2 gas and 1,3 mol of Ar gas is in a sealed container with a volume of 4,82 L. If the temperature of the mixture is 50,0°C, what is the partial pressure of H_2 in the sample?
a) 1,5 atm
b) 2,8 atm
c) 7,2 atm
d) 9,9 atm

Questão 149

Under what conditions does the behavior of real gases deviate most from that predicted by the ideal gas law?
a) low P, low T
b) high P, low T
c) low P, high T
d) high P, high T

Questão 150

The average molecular velocity in a gas sample at 300 K is 500 m/s. The temperature of this gas is increased until the average velocity of its molecules is 1000 m/s. What is the new temperature?
a) 420 K
b) 573 K
c) 600 K
d) 1200 K

Questão 151

Which gas has a density of 0,71 $g.L^{-1}$ at 0°C and 1 atm?
a) Ar
b) Ne
c) CO
d) CH_4

Questão 152

Which gas has the same density at 546˚C and 1.50 atm as that of O_2 gas at STP?
a) N_2
b) NH_3
c) SO_2
d) SO_3

Questão 153

100,0 L of carbon dioxide measured at 740,0 mmHg and 50˚C is produced by the complete combustion of a sample of pentane. $2C_5H_{12} + 16O_2 \rightarrow 10CO_2 + 12H_2O$. What mass of pentane reacted?
a) 342 g
b) 265 g
c) 64,4 g
d) 53,0 g

Questão 154

Ethanol (C_2H_5OH, <MM> = 46) and methanol (CH_3OH, <MM> = 32) form an ideal solution when mixed. What is the vapor pressure of a solution prepared by mixing equal masses of ethanol and methanol? (The vapor pressures of ethanol and methanol are 44,5 mm Hg and 88,7 mm Hg, respectively.)
a) 133 mm Hg
b) 70,6 mm Hg
c) 66,6 mm Hg
d) 44,5 mm Hg

Questão 155

$4KO_{2(s)} + 2CO_{2(g)} \rightarrow 2K_2CO_{3(s)} + 3O_{2(g)}$. What is the maximum volume of oxygen that can be produced when 150 mL of CO_2 is passed over 0.500 g of KO_2? Assume all gases are measured at 0°C and 1 atm.

a) 118 mL
b) 157 mL
c) 225 mL
d) 475 mL

Questão 156

Em um recipiente vazio de 10 litros a 25°C se introduz 8g de He, 84g de N_2 e 90g de H_2O. Se a temperatura do recipiente aumenta para 120°C, o número de mol dos gases e a pressão final são:

a) 10 mol e 49,2 atm
b) 13 mol e 41,89 atm
c) 5 mol e 16,11 atm
e) 10 mol e 32,23 atm

Questão 157

(GRILLO) Um reator químico é dividido em dois compartimentos. O compartimento A apresenta um gás ideal A apresentando uma temperatura de 400 K e pressão de 5 atmosferas. Já o compartimento B está fechado apresentando um gás ideal a 400 K e 8 atmosferas. A partição entre os compartimentos é removida e os gases são misturados. A fração molar do gás A na mistura é igual a X_A = 0,58. O volume total dos compartimentos é igual a 29 litros. Assinale a alternativa que apresenta os volumes dos compartimentos A e B, respectivamente.

a) 20 L e 9 L
b) 9 L e 20 L
c) 19 L e 10 L
d) 10 litros e 19 L
e) Nenhuma das respostas anteriores

Questão 158

Em um recipiente há 44,88 g de dióxido de carbono, CO_2 e mais de nitrogênio, N_2, cuja fração molar é 0,32. Se a pressão total é 500 mmHg, a pressão parcial e a massa de hidrogênio são:

a) 340 mmHg e 60,69 g
b) 160 mmHg e 13,44 g
c) 340 mmHg e 121,38 g
d) 160 mmHg e 30,35 g

Questão 159

Qual é a temperatura em graus celsius (°C) em que a velocidade média quadrática do SO_2 é igual a velocidade de O_2 à 27°C?

a) 600°C
b) 227°C
c) 327°C
d) 427°C
e) 600K

Questão 160

Calcule a densidade de F_2 a 20°C e 188 torr.

a) 0,67 mg/L
b) 0,39 g/L
c) 1,2 g/L
d) 1,6 g/L

Questão 161

Um cilindro com 8,0 L de capacidade contém 160 g de gás oxigênio a 27°C. Abrindo-se a válvula do cilindro, deixou-se escapar o gás até que a pressão fosse reduzida a 9 atm. Supondo a constante universal dos gases ideais igual a 0,08, volume e temperatura constante, qual a massa, em gramas, de gás oxigênio que foi liberada do recipiente?

a) 8
b) 16
c) 32
d) 64
e) 96

Questão 162

O ácido sulfúrico é um dos agentes da chuva ácida. Ao precipitar, a chuva ácida reage com monumentos de mármore (carbonato de cálcio), "destruindo-os". Qual o volume de gás produzido a 27,0°C e 1,00 atm quando 2,45 gramas de ácido sulfúrico precipitam na forma de chuva ácida e reagem com estes monumentos?
a) $1,23 \times 10^3$ mL
b) 615 mL
c) 560 mL
d)111 mL
e) 55,3 mL

Questão 163

Um acidente em um laboratório provocou a intoxicação de um grupo de pessoas por inalação de um gás. Um analista coletou uma amostra desse gás e a introduziu em um recipiente inelástico de 1 dm^3, à temperatura de 27°C. A amostra de gás contida no recipiente pesou 1,14 gramas e a pressão medida no recipiente foi de 1 atm. Assim, pode-se afirmar que este gás é:
a) CO
b) H_2S
c) NO_2
d) C_2H_2
e) NO

Questão 164

(MESTRE JOÃO ROBERTO DA PACIÊNCIA NABUCO) Determine a temperatura a que se deve aquecer um recipiente aberto para que saia metade da massa nele contida a 20ºC.
a) 313°C
b) 232°C
c) 532°C
d) 123°C
e) nenhuma das respostas anteriores

Questão 165

(PETROBRAS – ENGENHEIRO DE PROCESSAMENTO JÚNIOR) Os valores aproximados dos coeficientes da Equação de Van der Waals para o metano são: a = 0,2 $Pa.m^6.mol^{-1}$ e b = 4×10^{-5} $m^3.mol^{-1}$. Para 100 mol do gás ocupando o volume de 1 m^3 a 300 K, a diferença, em kPa, entre a pressão calculada por essa relação e o verificado para um gás ideal, nas mesmas condições R = 8,0 $Pa.m^3.mol^{-1}.K^{-1}$, é:
a) -2
b) -1
c) 0
d) +2
e) +3

Questão 166

9,10 L de monóxido de carbono nas CNTP são injetados em um cilindro indeformável, apresentando uma capacidade de aproximadamente 100 litros. Neste mesmo recipiente foram colocados mais 26,6 L de gás hidrogênio nas CNATP. A mistura, assim obtida, é mantida a uma temperatura constante e igual a 300 K. A partir destas informações, assinale a alternativa que apresenta o valor aproximado da massa específica, em $g.L^{-1}$.
a) 0,12
b) 0,14
c) 0,16
d) 0,18

e) 0,20

Questão 167

A uma temperatura igual a 500 K e sob uma pressão de 1 atm, a dissociação do cloreto de nitrosila, $2NOCl_{(g)} \longrightarrow 2NO_{(g)} + Cl_{2(g)}$, resulta em uma mistura gasosa que apresenta densidade igual a 1,302 $kg.m^{-3}$. A partir destes dados, determine o grau de dissociação do cloreto de nitrosila, nesta mesma temperatura.

a) 23%
b) 33%
c) 44%
d) 59%
e) nenhuma das respostas anteriores

Questão 168

Uma amostra de um gás X e outra de um gás Z possuem mesmo volume, pressão e temperatura. A amostra do gás X tem massa igual a 1,60 g e a amostra do gás Z tem uma massa 3,5 g. Supondo que X é o gás oxigênio, qual é massa molar, em $g.mol^{-1}$, do gás Z?

a) 16
b) 32
c) 35
d) 70
e) 90

Questão 169

(GRILLO) A uma temperatura de aproximadamente igual a 503 K e sob pressão do sistema igual a 0,50 atm, o cloreto de nitrosila dissocia-se conforme a equação química não balanceada a seguir: $NOCl_{(gás)} \leftrightarrows NO_{(gás)} + Cl_{2(gás)}$. Quando o equilíbrio é atingido, a pressão parcial do cloro na mistura gasosa é igual a 0,07 atmosferas. A partir destas informações, assinale a alternativa que apresenta a densidade da mistura gasosa.

a) 0,68
b) 0,71
c) 0,75
d) 0,88
e) Nenhuma alternativa anterior

Questão 170

(GRILLO) Um gás a 220 K e 11 atm tem o volume molar 12% maior do que o calculado pela lei dos gases perfeitos. Calcule o fator de compressibilidade nestas condições e o volume molar do gás. Assinale a alternativa que apresenta a força dominante (atrativa ou repulsiva) e o valor do volume molar.

a) atrativa e 1,08 $g.L^{-1}$
b) repulsiva e 1,08 $g.L^{-1}$
c) atrativa e 1,84 $g.L^{-1}$
d) repulsiva e 1,84 $g.L^{-1}$
e) nenhuma das respostas anteriores

Questão 171

Uma mistura composta por dois gases nobres (Hélio e Neônio) apresenta uma massa total igual a 5,50 gramas ocupando um volume de 6,80 litros a 300 K e 1,0 atm. A partir desta informação, assinale a alternativa que apresenta a composição da mistura em bases percentuais de neônio e hélio, respectivamente.

a) 0,996 e 0,004
b) 0,989 e 0,011
c) 0,888 e 0,112
d) 0,759 e 0,241
e) Nenhuma das respostas anteriores

Questão 172

(GRILLO) Considere um litro de um recipiente com um determinado gás que apresenta as seguintes características: $P_{INICIAL}$ = 340 atm, temperatura inicial igual a 444 K é comprimido para uma pressão de 1200 atm e -23°C. O fator de compressibilidade para o estado inicial é igual a 1,077 e para o estado final é igual a 1,876. A partir destas informações, assinale a alternativa que apresenta o valor do volume deste gás no estado final.

a) 0,28 litros
b) 0,38 litros
c) 0,48 litros
d) 0,58 litros
e) nenhuma das respostas anteriores

Questão 173

A constante de van der Waals b, para os gases reais, pode ser usada para determinar o tamanho de um átomo ou de uma molécula no estado gasoso, sendo o valor de b em relação ao N_2 igual a 39,4 x 10^{-6} $m^3.mol^{-1}$, determine o raio hipotético de uma molécula de N_2 desse gás.

a) 2,00 nm
b) 2,20 nm
c) 2,50 nm
d) 3,20 nm
e) nenhuma das respostas anteriores

Questão 174

O processo de produção de amônia (NH_3), a partir dos gases hidrogênio (H_2) e nitrogênio (N_2), foi de difícil desenvolvimento e demandou vários anos de estudo. Este método recebeu o nome de processo Haber-Bosch, em homenagem aos seus idealizadores. A equação química abaixo descreve a síntese da amônia: $N_{2(gás)} + 3H_{2(gás)} \rightarrow 2NH_{3(gás)}$. Supondo que os gases nitrogênio e hidrogênio sejam colocados em um reator fechado, onde não ocorra nenhuma troca de matéria com a vizinhança e na presença de um catalisador apropriado. Calcule a pressão que 17 g do gás amônia exercem em um reator de volume igual a 5 L e operando a 427°C.

a) 10,50 atm
b) 11,0 atm
c) 11,50 atm
d) 12,00 atm
e) Nenhuma das alternativas anteriores

Questão 175

Amostras de He, O_2 e N_2 contêm, cada uma, 2,00 g. Suponha que os gases sejam colocados conjuntamente em um recipiente de 15,0 L a 100°C. Considere o comportamento ideal e calcule a pressão total em atmosfera.

a) 2,13 atm
b) 0,620 atm
c) 1,29 atm
d) 2,58 atm
e) 2,21 atm

Questão 176

Lithium reacts with water to produce hydrogen gas and lithium hydroxide. What volume of hydrogen collected over water at 22°C and 750 mm Hg pressure is produced by the reaction of 0,208 g of Li? [VP_{H2O} = 19,8 mm Hg]

a) 367 mL
b) 378 mL
c) 735 mL
d) 755 mL

Questão 177

A gas with P = 615 mm Hg is contained in the U-tube as shown. If h = 65 mm, what is the atmospheric pressure Patm?

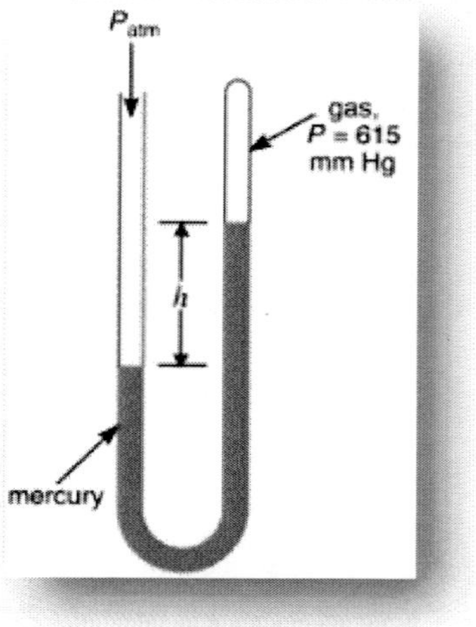

a) 550 mm Hg
b) 615 mm Hg
c) 680 mm Hg
d) 760 mm Hg

Questão 178

A sample of H_2 collected over H_2O at 23°C and a pressure of 732 mm Hg has a volume of 245 mL. What volume would the dry H_2 occupy at 0°C and 1 atm pressure? [VP_{H2O} at 23°C = 21 mm Hg]
a) 211 mL
b) 218 mL
c) 224 mL
d) 249 mL

Questão 179

The volumes of real gases often exceed those calculated by the ideal gas equation. These deviations are best attributed to the:
a) attractive forces between the molecules in real gases
b) dissociation of the molecules in real gases
c) kinetic energy of the molecules in real gases
d) volumes of the molecules in real gases

Questão 180

Which statement is not a principle (postulate) of kinetic molecular theory?
a) The molecules of a gas are in rapid random motion
b) The molecules of an ideal gas exhibit no attractive forces
c) The collisions of gaseous molecules with one another and the walls of their container are elastic
d) Equal volumes of gases at the same temperature and pressure contain equal numbers of molecules

Questão 181

Ar and He are both gases at room temperature. How do the average molecular velocities (V) of their atoms compare at this temperature?
a) $V_{He} = 10V_{Ar}$
b) $V_{Ar} = 10V_{He}$
c) $V_{He} = 3V_{Ar}$
d) $V_{Ar} = 3V_{He}$

Questão 182

(CONCURSO PÚBLICO FEDERAL - PETROBRAS) A combinação das leis de Boyle, de Charles e de Avogadro gerou a lei dos gases ideais, representada pela expressão PV = nRT. Essa é uma equação de estado que descreve a resposta de um gás ideal a mudanças de pressão, volume, temperatura e quantidade de moléculas. Entretando, vários processos industriais e pesquisas em laboratório usam gases sob alta pressão ou em condições muito baixas de temperature, condições as quais as leis dos gases ideais não são exatamente obedecidas. Nesses casos, o comportamento se assemelha ao dos gases reais. Em relação à teoria dos gases reais e ideais, afirma-se que:

a) em uma quantidade fixa de gás em temperatura constante, o volume é diretamente proporcional à pressão, Segundo a lei de Boyle;

b) o volume de uma quantidade fixa de gás sob pressão constante varia inversamente com a temperatura, Segundo a lei de Charles;

c) o volume ocupado por uma amostra de gás sob pressão e temperatura constantes é inversamente proporcional ao número de mol de moléculas presentes, segundo o princípio de Avogadro;

d) a equação do virial é uma equação geral usada para descrever gases reais e leva em consideração as forças de atração e repulsão intermoleculares;

e) a equação de van der Waals é uma equação de estado aproximada de um gás real que, independente da temperatura, inclui parâmetros relacionados somente com as forças de atração.

Questão 183

Utilizando a equação de van der Waals, calcule o fator de correção para a pressão, para dois mol de um gás confinado em um reator igual a 4,0 litros com uma pressão de 11 atmosferas à 300 K. Informação para a resolução do problema: b = 0,05 L x mol^{-1}.

Questão 184

O modelo dos gases ideais, ou perfeitos, descreve bem o comportamento para a maioria dos casos, no entanto, foi necessário desenvolver modelos mais precisos dentre os quais se destaca a equação de van der Waals. Deduza a equação de van der Waals assumindo que o volume da partícula/molécula não seja desprezível e existam interações entre as partículas/moléculas. Considere o seguinte:

- V é o volume do recipiente do gás;
- B é o volume total ocupado pelas moléculas do gás;
- As forças de atração são praticamente nulas no seio da mistura do gás;
- Próximo às paredes do recipiente, as moléculas são atraídas ao centro com uma força proporcional ao quadrado da concentração do gás, o que reduz a intensidade dos impactos nas paredes do recipiente.

Questão 185

Considere 10 mol de gás hidrogênio em um recipiente com capacidade igual a 8,20 L a uma temperatura de aproximadamente igual a 27°C. Qual a massa adicional de gás hidrogênio se deve adicionar ao recipiente para que a pressão seja triplicada à temperatura constante?

Questão 186

Para o dióxido de carbono, a densidade crítica (d_{cr}) é 0,45 $g.cm^{-3}$ a sua temperatura crítica é igual a 300 K. Determine as constantes de van der Waals.

Questão 187

Calcule a pressão exercida por 5 mol de gás carbônico (CO_2) em um vaso com um volume de 1 litro a 47°C, usando a equação de van der Waals. Calcule também a pressão do gás, assumindo um comportamento ideal. Dados para o CO_2: a = 3,592 atm x L^{-2} x mol^{-2}; b = 0,0427 L x mol^{-1}.

Questão 188

Se o volume ocupado pelas moléculas de CO_2 é desprezível, então calcule a pressão exercida por um mol de gás carbônico a 273 K.

Questão 189

A formação de um sólido a partir de líquido e/ou de gases é uma das evidências de que ocorreu uma reação química. Para demonstrar tal evidência, um recipiente de 2,50 L que contém amônia gasosa a 0,78 atm e 18,5ºC foi conectado em outro recipiente de 1,40 L com cloreto de hidrogênio gasoso a 0,93 atm e 18,5ºC, respectivamente. Sabe-se que a combinação desses gases leva a formação de cloreto de amônio sólido, logo, qual a quantidade aproximada de massa formada desse composto, o gás que sobrou nos recipientes conectados e sua pressão?

a) 1,44 g; amônia

b) 3,19 g; cloreto de hidrogênio; 0,332 atm
c) 1,44 g; cloreto de hidrogênio; 0,332 atm
d) 1,44 g; amônia; 0,332 atm
e) 2,91 g; amônia; 0,166 atm

Questão 190

(GRILLO) Um mol de um gás a uma temperatura igual a 27°C é comprimido isotermicamente e reversivelmente a partir de um volume inicial de 10 litros para um volume final de 0,20 L. Calcule o trabalho realizado no sistema a partir da equação do gás real $(V_m - b)P = RT$, sabendo que a constante de Van der Waals de b é igual a 0,03 L/mol.

Questão 191

Um mol de um gás ideal sofre uma expansão adiabática reversível de um estado inicial cuja pressão é Pi e o volume é Vi para um estado final em que a pressão é P_f e o volume é V_f. Sabe-se que $\gamma = \frac{C_p}{C_V}$ é o expoente de Poisson, em que C_p e C_V são os respectivos calores molares a pressão e a volume constantes. Obtenha a expressão do trabalho realizado pelo gás em função de P_i, V_i, P_f, V_f e γ.

Questão 192

Calculate the compressibility factor of CO_2, given its density = 1.96 g L^{-1} at 0°C and 1 atmospheric pressure.

Questão 193

The van der Waals constants, b for methane gas is 6.9×10^{-5} m^3 mol^{-1}. Find the molecular radius.

Questão 194

Uma mistura de dióxido de enxofre (7,0 mol) e oxigênio (3,0 mol) é colocada em um aquecedor de 50,0 L e o recipiente resiste à pressão junto com um catalisador. Quando o recipiente é aquecido à 350°C, a pressão aumenta para 8,60 bar. Calcule quantos mol de trióxido de enxofre são gerados nesta reação.

Questão 195

A partir da reação química entre 200 g de permanganato de potássio e 200 g de ácido clorídrico, há a formação de cloreto de potássio, cloreto de manganês II, água e cloro na forma gasosa. Sabendo que cada reagente apresenta grau de pureza igual a 75%, assinale o valor do volume de gás cloro de forma aproximada, produzido a partir de uma pressão igual a 2,50 atm e T = 27°C, sabendo que o rendimento é de 66%.
a) 2,50 L
b) 3,65 L
c) 4,66 L
d) 6,89 L
e) 8,35 L

Questão 196

(GRILLO) Em meados do século XIX foi desenvolvida a tecnologia de refrigeração utilizando o ciclo termodinâmico de compressão de vapor constando de quatro componentes básicos (compressor, condensador, evaporador e dispositivo de expansão) e de um fluido de trabalho, chamado de fluido refrigerante, ou simplesmente refrigerante. De uma forma geral, a indústria de refrigeração e ar-condicionado evoluiu significativamente durante o século XX e se faz presente hoje em diversos setores da sociedade. Pimenta, W. J. Universidade de Brasília, Departamento de Engenharia Mecânica, LaAR – Laboratório de Ar-Condicionado e Refrigeração, Campus UnB, Faculdade de Tecnologia, Brasília, DF, Brasil. Determinado gás é muito utilizado como fluido refrigerante em uma unidade de ar-condicionado. A partir das constantes de van der Waals representadas a seguir, a = 16,2 $atm.L^2.mol^{-2}$ e b = $8,4 \times 10^{-2}$ $L.mol^{-1}$, assinale a alternativa correta que apresenta a pressão quando 1,50 mol de um determinado deste referido gás foi confinado em um compressor de cinco litros, a 273 K.
a) 5,44 atm
b) 6,44 atm
c) 7,44 atm
d) 8,44 atm
e) 9,44 atm

Questão 197

O permanganato de Potássio é um medicamento usado desde há muito tempo atrás para tratar problemas de pele como: coceira, catapora, acabar com bactérias e fungos, cicatrizante e em alguns casos é usado para banho de assento como no caso de vaginite, corrimento ou vulvovaginite. https://www.terra.com.br/noticias/permanganato-de-potassio-e-seus-riscos-para-a-saude,adb3a1129cabb7dbcc389f88389568e2do00de8j.html

Assinale a alternativa que apresenta o somatório dos coeficientes da seguinte equação química e volume de gás cloro produzido nas CNATP, a partir de 12 mol de permanganato de potássio, sabendo que o rendimento foi de 69%. $KMnO_4 + HCl \rightarrow KCl + MnCl_2 + H_2O + Cl_2$.

a) 35; 506 L
b) 35; 253 L
c) 30; 506 L
d) 35 355 L
e) 30; 169L

Questão 198

O metano é um composto químico do grupo dos hidrocarbonetos, formado por átomos de carbono e de hidrogênio (H), apresentando fórmula molecular CH_4 sendo classificado pela química orgânica por alcanos. Muito conhecido por gás natural, pois sua composição chega a 95%, sendo também formado por meio do apodrecimento de vegetais nos pântanos. A produção de gás metano pode ocorrer a partir de um óxido neutro na presença de hidrogênio molecular em excesso, conforme pode ser observado pela seguinte equação química não balanceada: $CO_{(gás)} + H_{2(gás)} \longrightarrow CH_{4(gás)} + H_2O_{(vapor)}$. Considere que um mol de monóxido de carbono e três mol de gás hidrogênio sejam colocados inicialmente em um reator químico de 10,0 litros, a 727°C. Quando atingido o equilíbrio químico, há 0,387 mol de vapor de água. Assinale a alternativa que apresenta o valor da pressão total da mistura reacional.

a) 20,30 atm
b) 22,60 atm
c) 24,00 atm
d) 26,50 atm
e) 28,20 atm

Questão 199

Para a questão a seguir será abordada uma situação que leva em consideração o dióxido de enxofre. Este óxido pode ser obtido a partir da reação de redução do sulfeto de cobre na presença de um excesso de oxigênio molecular, proveniente do ar, formando dióxido de enxofre e cobre metálico. A partir das informações apresentadas a seguir, calcule os seguintes itens representados pelas letras a, b, c e d.

Item a) Apresente a equação química balanceada do dióxido de enxofre, conforme o enunciado apresentado.

Item b) Calcule a pressão exercida por 100 gramas de dióxido de enxofre contido em um recipiente de cinco litros a uma temperatura igual a 40°C, em uma condição de gás real. Dado: A equação de van der Waals, para um gás real é, $\left\{p^{real} + \frac{a}{V_{molar}^2}\right\} x \{V_{molar} - b\} = R \, x \, T$, onde a e b correspondem às constantes de van der Waals. Os valores para as constantes a e b são: a = 3,6 $atm.L^2.mol^{-2}$ e b = 44 $cm^3.mol^{-1}$. Considere a constante dos gases (R) igual a 0,08206 $atm.L.mol^{-1}.K^{-1}$. Compare este valor com o calculado usando a lei dos gases ideais e determine a percentagem devido a idealidade, considerando as constantes de van der Waals do dióxido de carbono igual a:

Item c) Apresente duas características que um gás real apresenta que se desconsidera em um gás ideal.

Item d) Considere que a reação descrita no texto seja de primeira ordem para o dióxido de enxofre e cinética de ordem zero para o gás oxigênio, e constante cinética igual a k = 2,20 x $10^{-5}.min^{-1}$ a uma temperatura de aproximadamente 325 K.
Sabendo que a concentração inicial do óxido é de 320 torr, calcule a pressão final, na mesma temperatura, após o tempo de 1 hora.

Questão 200

Tri-iodeto de nitrogênio é um composto vermelho escuro, primeiramente caracterizado por cristalografia de raios X em 1990, quando foi preparado por uma rota livre de amônia. Nitreto de boro reage com fluoreto de iodo em triclorofluorometano a -30 °C para produzir NI_3 puro, apresentando uma redução em seu rendimento. Sua aplicação consiste em ser um explosivo extremamente sensível em que pequenas quantidades explodem com um estalo como o da pólvora quando tocado mesmo levemente, liberando uma nuvem de vapor púrpura de iodo.

Item a) A partir da apresentação do texto, desenhe a geometria do tri-iodeto de nitrogênio, apresentando também sua fórmula molecular e sua classificação a partir da teoria ácido base de Lewis, justificando o raciocínio.

Item b) Apresente um composto inorgânico similar que apresente a mesma geometria molecular que o tri-iodeto de nitrogênio determinada no item a. Represente a sua equação química segundo a teoria de Bronsted – Lowry.

Item c) Considere que a reação de decomposição do tri-iodeto de nitrogênio apresente como expressão da velocidade $v = k.[X]^2$, em que X corresponde ao tri-iodeto de nitrogênio, onde a constante de velocidade é igual a 0,014 $L.mol^{-1}.s^{-1}$. Se a concentração inicial do referido composto é igual a 0,016 $mol.L^{-1}$, determine o tempo necessário para que a concentração decaia para 0,0016 $mol.L^{-1}$.

Questão 201

(GRILLO) Há diversas maneiras de apresentar o óxido de nitrogênio. Uma das formas apresenta densidade igual a 1,27 g/L, medido a uma pressão de aproximadamente 764 torr e a uma temperatura de aproximadamente igual a 150°C. A partir das informações apresentadas, calcule a massa molecular e determine a fórmula molecular do referido óxido.

Questão 202

(CONCURSO PÚBLICO PARA ENGENHARIA QUÍMICA – INSTITUTO FEDERAL) O processo conhecido como Haber-Bosch de produção de amônia envolve a seguinte reação: $N_{2(gás)} + 3H_{2(gás)} \rightleftarrows NH_{3(gás)}$. Essa reação ocorre nas seguintes condições:
a) ausência de catalisador, alta pressão e alta temperatura.
b) presença de catalisador, alta pressão e alta temperatura
c) ausência de catalisador, baixa pressão e baixa temperatura
d) presença de catalisador, baixa pressão e baixa temperatura

Questão 203

(CONCURSO PÚBLICO PARA ENGENHARIA DE PETRÓLEO - PETROBRAS) Noventa litros de uma mistura de gases em equilíbrio contêm 2,0 mol de CO_2, 2,5 mol de N_2 e 1,5 mol de O_2. A temperatura da mistura é 87°C. Qual é a pressão, em pascal, da mistura de gases?
a) $0{,}30 \times 10^5$
b) $0{,}40 \times 10^5$
c) $0{,}50 \times 10^5$
d) $1{,}0 \times 10^5$
e) $2{,}0 \times 10^5$

Questão 204

Três gases foram colocados num mesmo recipiente de 24,6 dm^3 para atingir uma pressão total de 380 mmHg a 27°C. Sabendo que a mistura gasosa contém 8,8g de CO_2, 6,4g de O_2 e uma quantidade desconhecida de N_2, a opção que contém a massa, em gramas, de nitrogênio gasoso no recipiente é:
a) 0,13
b) 0,18
c) 0,50
d) 2,46
e) 2,80

Questão 205

Assinale a alternativa correta que apresenta o valor da pressão do sistema reacional de um reator do tipo PFR, reator este do tipo tubular, que apresenta três gases, conforme pode ser observado a seguir: 1,00 g de Hélio; 14,0 g de monóxido de carbono e 10,0 g de óxido nítrico. A temperatura operacional é igual a 27,0°C, em um recipiente com capacidade igual a dois litros.
a) 0,310 atm
b) 1,24 atm
c) 1,33 atm
d) 13,3 atm

e) 21,6 atm

Questão 206

Partindo da lei dos gases perfeitos, deduza uma expressão que forneça o valor da densidade de um gás (d) em função da pressão (p), da temperatura (T) e de sua massa molar (<MM>).

EXERCÍCIOS DE FIXAÇÃO - GABARITO

Questão 01

Para esta questão, iremos considerar a seguinte equação química hipotética: Ar seco + vapor d´água ⟶ ar úmido.

Informações do problema:

Ar seco +	vapor d´água	⟶	ar úmido
98%	+ 2%	⟶	100%
$<M.M>_{seco}$	$<M.M>_{vapor}$		$<M.M>_{úmido}$

Cálculo da massa molar do ar úmido:

$\{(\%) . <MM>\}_{ar\ seco} + \{(\%) . <MM>\}_{vapor} = \{(\%) . <MM>\}_{úmido}$

$0,98 \times 28,96 + 0,02 \times 18 = 1,0. <MM>_{ar\ úmido}$

$<MM>_{ar\ úmido} = 28,74\ g.mol^{-1}$

Cálculo da massa específica (μ) do ar úmido:

$$\mu^{ar}_{úmido} = \frac{p \times < MM >}{R \times T} = \frac{10^5 \times 28,74}{8,314 \times (14,25 + 273)} = 1203,42\ g.m^{-3}$$

Questão 02

A partir da equação dos gases ideais, a relação entre a densidade e a pressão será: $d = \frac{p \times <MM>}{R \times T}$

Analisando o Gás Etileno: $d_{C_2H_4} = \frac{800 \times 28}{R \times T_{C_2H_4}}$ (Equação 1)

Analisando o Gás Oxigênio: $d_{O_2} = \frac{700 \times 32}{R \times (20+273)}$ (Equação 2)

Igualando as equações das densidades (1) e (2), temos: $d_{C2H4} = d_{O2}$

$$d_{C_2H_4} = \frac{800 \times 28}{R \times T_{C_2H_4}} = \frac{700 \times 32}{R \times (20 + 273)} = d_{O_2}$$

$$\frac{800 \times 28}{R \times T_{C_2H_4}} = \frac{700 \times 32}{R \times 293}$$

$$T_{C_2H_4} = 293\ K\ (20°C)$$

Questão 03

Dados do tanque A: $p_A = 24,6$ atm; V_A; $T_A = 27 + 273 = 300K$
Dados do tanque B: P_B; $V_B = 6,0$ L; $T_B = 27 + 273 = 300K$

Cálculo da massa de oxigênio: $m_{O2} = 470\ g - 422\ g = 48\ g$

Cálculo da pressão do tanque B, utilizando a equação dos gases ideais:

$$p_B \text{ x } V_B = \left(\frac{m_{O_2}}{< MM >_{O_2}}\right) \text{x R x T}$$

$$p_B \text{ x } 6{,}0 = \left(\frac{48}{32}\right) \text{x } 0{,}08206 \text{ x } (27 + 273)$$

$$p_B = 6{,}15 \text{ atm}$$

Cálculo do volume do tanque A. Utilizando a equação combinada dos gases ideais, temos: p_A x V_A = p_B x V_B, sabendo que o volume do tanque B será igual a V_B = V_A + 6,0, temos:

$$p_A \text{ x } V_A = p_B \text{ x } V_B$$

$$24{,}6 \text{ x } V_A = 6{,}15 \text{ x } (V_A + 6{,}0)$$

$$V_A = 2{,}0 \text{ L}$$

Questão 04

Através da equação dos gases ideais, temos a seguinte relação: $p^{ideal} \text{ x } V = \frac{m}{<MM>} \text{x R x T}$

Isolando a massa (m) da equação acima, temos: $m = \frac{\text{p x V x}<MM>}{\text{R x T}}$

Cálculo da massa de gás metano no verão, a uma temperatura de 47°C:

$$m_{verão} = \frac{\text{p x V x} < MM >}{\text{R x T}} = \frac{0{,}10 \text{ x } 10^6 \text{ x } 2{,}0 \text{ x } 10^3 \text{ x } 16}{8{,}314 \text{ x } (47 + 273)} = 1202790{,}47 \text{ g}$$

Cálculo da massa de gás metano no inverno, a uma temperatura de 7°C:

$$m_{inverno} = \frac{\text{p x V x} < MM >}{\text{R x T}} = \frac{0{,}10 \text{ x } 10^6 \text{ x } 2{,}0 \text{ x } 10^3 \text{ x } 16}{8{,}314 \text{ x } (7 + 273)} = 1374617{,}68 \text{ g}$$

Cálculo da variação de massa de gás metano: Δm = $m_{inverno}$ – $m_{verão}$

Δm = 1374617,68 – 1202790,47 = 171827,21 g (≈171,83 kg)

Questão 05

(CONCURSO PARA DOCENTE - INSTITUTO FEDERAL DO RIO DE JANEIRO) Conversão de unidade da densidade: $d = 1{,}332 \ \frac{kg}{m^3} \text{x} \frac{1m^3}{1000 \text{ L}} \text{x} \frac{1000 \text{ g}}{1 \text{ kg}} = 1{,}332 \text{ g.L}^{-1}$

Item a) Cálculo da massa molar (<MM>) da mistura gasosa: $d = \frac{\left(\frac{750}{760}\right)\text{x}<MM>_{Mistura}}{\text{R x } (25+273)} = 1{,}332$

$$\frac{750 \text{ x } < MM >_{Mistura}}{760 \text{ x } 0{,}08206 \text{ x } 298} = 1{,}332$$

$$< MM >_{Mistura} = \frac{1{,}322 \text{ x } 760 \text{ x } 0{,}08206 \text{ x } 298}{750} = 33{,}01 \text{ g.mol}^{-1}$$

Item b) Cálculo da composição da mistura:

$$X_{CO} \text{ x } < MM >_{CO} + X_{CO_2} \text{ x } < MM >_{CO_2} = X_{mistura} \text{ x } < MM >_{mistura}$$

$X_{CO} + X_{CO_2} = 1$

$28 \text{ x } X_{CO} + 44 \text{ x } X_{CO_2} = 1 \text{ x} < MM >_{mistura}$
$X_{CO} + X_{CO_2} = 1$

Resolvendo o sistema acima, as frações molares das espécies gasosas são as seguintes: X_{CO} = 0,6875 (68,75%) e X_{CO2} = 0,3125 (31,25%)

Item c) Cálculo das pressões parciais das substâncias gasosas:
$P_{CO} = X_{CO} \text{ x } p_{TOTAL} = 0{,}6875 \text{ x } 750 = 515{,}625 \text{ mmHg}$
$P_{CO_2} = X_{CO} \text{ x } p_{TOTAL} = 0{,}3125 \text{ x } 750 = 234{,}375 \text{ mmHg}$

Item d) Cálculo do volume molar para um gás ideal: $V_{molar} = \frac{0{,}08206 \text{ x } 298}{(750/760)} = 24{,}78 \text{ L.mol}^{-1}$

Cálculo do fator de compressibilidade (Z): $Z = \frac{V_{molar}^{Real}}{V_{molar}^{Ideal}} = \frac{23{,}50 \text{ L.mol}^{-1}}{24{,}78 \text{ L.mol}^{-1}} = 0{,}948$

Questão 06

(CONCURSO PARA DOCENTE - INSTITUTO FEDERAL DO RIO DE JANEIRO)

Item A.1) Cálculo do número de mol do gás Etano (C_2H_6): $n = \frac{30}{30} = 1{,}0 \text{ mol}$

Cálculo da pressão considerando ideal: $p^{ideal} \text{ x } 22{,}41 = 1{,}0 \text{ x } 0{,}08206 \text{ x } 273$
$p^{ideal} = 1{,}0 \text{ atm}$

Item A.2) Cálculo da pressão pela equação de Van der Waals:

$$\left\{p^{real} + \frac{5{,}49}{\left(\frac{22{,}414}{1}\right)^2}\right\} \text{x} \left\{\frac{22{,}414}{1} - 0{,}064\right\} = 0{,}08206 \text{ x } 273$$

$p^{real} = 0{,}991 \text{ atm}$

Item A.3) Cálculo da pressão do gás considerando ideal: $p^{ideal} \text{x } 0{,}100 = 1{,}0 \text{ x } 0{,}08206 \text{ x } 273$
$p^{ideal} = 820{,}6 \text{ atm}$

A.4) Cálculo da pressão pela equação de Van der Waals:

$$\left\{p^{real} + \frac{5{,}49}{\left(\frac{0{,}100}{1}\right)^2}\right\} \text{x} \left\{\frac{0{,}100}{1} - 0{,}064\right\} = 0{,}08206 \text{ x } 273$$

$p^{real} = 1730{,}44 \text{ atm}$

Item B) Cálculo do valor aproximado do fator de compressibilidade (Z) na condição I:

$$Z = \frac{p^{Real}}{p^{Ideal}} = \frac{0{,}99 \text{ atm}}{1{,}00 \text{ atm}} = 0{,}99 \text{ atm}$$

Cálculo do valor aproximado do fator de compressibilidade (Z) na condição II:

$$Z = \frac{p^{Real}}{p^{Ideal}} = \frac{1730{,}44 \text{ atm}}{820{,}6 \text{ atm}} = 2{,}11 \text{ atm}$$

Questão 07

Relação matemática entre a massa do gás e a temperatura, considerando o gás como ideal: $\frac{p^{ideal} \text{ x V x <MM>}}{R} = (m \text{ x } T)_{constante}$

Considerações a serem feitas para a resolução do problema:
Processo isobárico, pelo fato de o enchimento do balão ocorrer ao nível do mar;
Processo isocórico, pois não houve variação na elasticidade do balão;
R representa a constante dos gases

A massa molar é a mesma para os dois casos, uma vez que se trata do mesmo gás, hidrogênio molecular (H_2).

Situação I: P = constante; V = constante; T_I = 273 + (-3°C) = 270K; m_I = 0,20 g

Situação II: P = constante; V = constante; T_{II} = ?; m_{II} = 0,18 g

Cálculo da temperatura II, através da equação combinada dos gases ideais: $m_I \times T_I = m_{II} \times T_{II}$
0,20 g x 270 K = 0,18 g x T_{II}
T_{II} = 300 K (27°C)

Questão 08

Item a) Cálculo da massa molar do gás: Considerando que o gás apresenta comportamento ideal, temos: $<MM> = \frac{m \times R \times T}{p^{ideal} \times V} = \frac{0,32 \times 0,08206 \times 300}{1 \times 0,492} = 16,02\ g.mol^{-1}$

Item b) Cálculo do número de átomo de carbono:
16,01 $g.mol^{-1}$ ---------------- 100%
$<MM>_{Carbono}$ ----------------- 75%
$<MM>_{Carbono}$ = 12 $g.mol^{-1}$

Cálculo do número de átomos de carbono = $\frac{12\ g.mol^{-1}}{12\ g.mol^{-1}} = 1$

Cálculo da massa molar de hidrogênio: $<MM>_{Hid.}$ = ($<MM>_{Carbono}$ - 12 $g.mol^{-1}$)
$<MM>_{Hid.}$ = 16 $g.mol^{-1}$ - 12 $g.mol^{-1}$ = 4 $g.mol^{-1}$

Cálculo do número de átomos de hidrogênio = $\left(\frac{4}{1}\right) = 4$. Fórmula molecular: CH_4 (Metano).

Questão 09

Cálculo da massa molar do gás ideal desconhecido, através da relação entre a densidade do gás com a pressão. $d = \left(\frac{p.<MM>}{RT}\right)$

$$1,22 = \left(\frac{1 \times <MM>}{0,08206 \times 300}\right)$$

$<MM>$ = 30,03 $g.mol^{-1}$

Cálculo do número de átomo de carbono:
30,03 $g.mol^{-1}$ --------------- 100%
$<MM>_{Carbono}$ ---------------- 80%
$<MM>_{Carbono}$ = 24 $g.mol^{-1}$
Número de átomos de carbono = $\frac{24 \frac{g}{mol}}{12 \frac{g}{mol}} = 2$

Cálculo do número de átomo de hidrogênio: $<MM>_{Hid.}$ = $<MM>_{Carbono}$ - 12 $g.mol^{-1}$
$<MM>_{Hid.}$ = 30 $g.mol^{-1}$ - 24 $g.mol^{-1}$ = 6 $g.mol^{-1}$
Cálculo do número de átomos de hidrogênio = $\frac{6 \frac{g}{mol}}{1 \frac{g}{mol}} = 6$
Logo, a fórmula molecular é o C_2H_6 (Etano).

Questão 10

Item a) Cálculo do número de mol total da mistura gasosa: $n_{Mistura} = n_{CO2} + n_{O2} + n_{N2}$
$n_{Mistura} = 0{,}60 + 1{,}50 + 0{,}90 = 3{,}00$ mol

Cálculo da massa molecular da mistura: $\{(\%) \text{ x } <MM>\}_{CO2} + \{(\%) \text{ x } <MM>\}_{O2} + \{(\%) \text{ x } <MM>\}_{N2} = \{(\%) \text{ x } <MM>\}_{Mistura}$

O percentual de cada constituinte gasoso pode ser representado através da fração molar.
$\{(\%) \text{ x } <MM>\}_{Mistura} = \{(\%) \text{ x } <MM>\}_{CO2} + \{(\%) \text{ x } <MM>\}_{O2} + \{(\%) \text{ x } <MM>\}_{N2}$

$\{1{,}0 \text{ x } <MM>\}_{Mistura} = \{(0{,}60/3{,}0) \text{ x } 44\}_{CO2} + \{(1{,}50/3{,}00) \text{ x } 32\}_{O2} + \{(0{,}90/3{,}00) \text{ x } 28\}_{N2}$

$<MM>_{Mistura} = 33{,}20 \text{ g.mol}^{-1}$

Cálculo da pressão total do sistema (p_T) do sistema reacional: $p_T \text{ x } 33{,}20 = 1{,}35 \text{ x } 0{,}08206 \text{ x } 300$
$p_T = 1{,}00 \text{ atm}$

Cálculo das pressões parciais de cada composto gasoso:

Pressão parcial do CO_2: $P_{CO2} = X_{CO2} \text{ x } p_T = \left(\frac{0{,}60}{3{,}0}\right) \text{ x } 1 \text{ atm} = 0{,}30 \text{ atm}$

Pressão parcial do O_2: $P_{CO2} = X_{O2} \text{ x } p_T = \left(\frac{1{,}50}{3{,}0}\right) \text{ x } 1 \text{ atm} = 0{,}50 \text{ atm}$

Pressão parcial do N_2: $P_{CO2} = X_{N2} \text{ x } p_T = \left(\frac{0{,}90}{3{,}0}\right) \text{ x } 1 \text{ atm} = 0{,}30 \text{ atm}$

b) Cálculo do volume da mistura reacional: $p_T \text{ x } V_T = \left(n_{CO_2} + n_{O_2} + n_{N_2}\right) \text{ x R x T}$
$1 \text{ x } V_T = 3{,}0 \text{ x } 0{,}08206 \text{ x } 300$
$V_T = 73{,}85 \text{ L}$

Questão 11

Dados do problema: n = 1 mol; v = 1,1 L; T = 27ºC (300 K)

Gás ideal: $p^{ideal} \text{ x } 1{,}1 = 1{,}0 \text{ x } 0{,}08206 \text{ x } (27 + 273)$

$p^{ideal} = 22{,}38 \text{ atm}$

Considerando que o gás apresente comportamento real:

$$\left\{p^{real} + \frac{1{,}21}{(1{,}1)^2}\right\} \text{ x } \{1{,}1 - 0{,}1\} = 0{,}08206 \text{ x } (27 + 273)$$

$p^{real} = 23{,}62 \text{ atm}$

Cálculo do erro (%): $\%_{(erro)} = \left(\frac{23{,}62 - 22{,}38}{22{,}38}\right) = 0{,}0524 \ (5{,}24\%)$

Questão 12

Cálculo do número de mol de N_2: $4{,}92 \text{ x } 10 = n_{N_2} \text{ x } 0{,}08206 \text{ x } (127 + 273)$
$n_{N_2} = 1{,}50 \text{ mol}$
Cálculo do número de mol de O_2: $n_{O_2} = \frac{9{,}03 \text{ x } 10^{23}}{6{,}02 \text{ x } 10^{23}} = 1{,}50 \text{ mol}$

Cálculo do número de mol total: $n_{TOTAL} = n_{O2} + n_{N2} = 1{,}50 \text{ mol} + 1{,}50 \text{ mol} = 3{,}00$ mol.

Cálculo da temperatura de equilíbrio: $6{,}15 \text{ x } 10 = 3{,}0 \text{ x } 0{,}08206 \text{ x T}$
T = 250 K

Questão 13

Primeiramente será necessário realizar a conversão de unidade do volume de mililitros para metros cúbicos:

$$\text{Volume} = 300 \text{ mL x } \frac{10^{-3}\text{ L}}{1 \text{ mL}} \text{x} \frac{1 \text{ dm}^3}{1 \text{ L}} \text{x} \frac{1 \text{ m}^3}{1 \text{ dm}^3} = 3{,}0 \text{ x } 10^{-4} \text{ m}^3$$

Item a) Cálculo da massa de gás produzido, utilizando a equação dos gases ideais: $n_{CO_2} = \frac{p^{ideal} \text{ x V}}{\text{R x T}} = \frac{1{,}66 \text{ x } 10^6 \text{ x } 3{,}0 \text{ x } 10^{-4}}{8{,}314 \text{ x } (27+273)} = 0{,}200 \text{ mol}$

Massa de dióxido de carbono: $m_{CO2} = 0{,}200 \text{ x } 44 = 8{,}8$ g

Item b) Cálculo da massa de carbonato de cálcio, $CaCO_{3(s)} \longrightarrow CaO_{(s)} + CO_{2(g)}$.
1 mol de $CaCO_{3(s)}$ ---------- 1 mol de $CO_{2(g)}$
100 g --------------------------- 44 g
0,50 x m_{CO2} ------------------- 8,78 g
m_{CO2} = 39,93 g

Questão 14

Cálculo do número de mol: $n = \frac{m}{\text{<MM>}} = \frac{1{,}37}{17} = 8{,}06 \text{ x } 10^{-2} \text{ mol}$

Cálculo da pressão, considerando o gás NH_3 com comportamento ideal: $p^{ideal} \text{x } 5{,}0 = 8{,}06 \text{ x } 10^{-2} \text{ x } 0{,}08206 \text{ x } (100 + 273)$
$p^{ideal} = 0{,}493 \text{ atm}$

Cálculo do volume molar: $V_{molar} = \frac{V}{n} = \frac{5{,}0}{8{,}06 \text{ x } 10^{-2}} = 62{,}04 \text{ L.mol}^{-1}$

Cálculo da pressão, considerando o gás nitrogênio com comportamento real:

$$\left\{p^{real} + \frac{4{,}169}{(62{,}04)^2}\right\} \text{x } \{62{,}04 - 3{,}710 \text{ x } 10^{-2}\} = 0{,}08206 \text{ x } 373$$

$p^{real} = 0{,}49 \text{ atm}$

O gás apresenta comportamento ideal uma vez que as pressões tanto no ideal como no real são iguais.

Questão 15

Pressão de O_2 = 1,06 atm – 0,03 atm = 1,03 atm

Cálculo da quantidade do número de mol (n) de oxigênio coletado: $1{,}03 \text{ x } 1{,}0 = n_{O_2} \text{ x } 0{,}08206 \text{ x } (23 + 273)$

$$n_{O_2} = \frac{1{,}03}{0{,}08206 \text{ x } 300} = 4{,}24 \text{ x } 10^{-3} \text{ mol}$$

Cálculo do volume de oxigênio coletado medido nas Condições Normais de Temperatura e Pressão (CNTP):

$1{,}0 \text{ x } V_{O_2} = 4{,}24 \text{ x } 10^{-3} \text{ x } 0{,}08206 \text{ x } (23 + 273)$
$V_{O_2} = 0{,}095 \text{ L } (95 \text{ cm}^3)$

Questão 16

Item a) Determinação da fórmula molecular do composto orgânico:

Equação química: $COCl_{2(gás)} \longrightarrow CO_{(gás)} + Cl_{2(gás)}$
Logo, temos: $(CO)_xCl_{2(gás)} \longrightarrow xCO_{(gás)} + Cl_{2(gás)}$

Determinação de x: x + 2.(35,5) = 126

x + 71 = 126
x = 55 g.mol^{-1}

Levando em consideração que a molécula apresenta dois átomos de oxigênio, temos:
<MM> = 55 g.mol^{-1} – 2 x 16 g.mol^{-1} = 55 – 32 = 23 g.mol^{-1}

Cálculo do número de átomos de carbono: $\left(\frac{23}{12}\right) \cong 2$
Equação química: $C_2O_2Cl_{2(gás)} \rightarrow 2CO_{(gás)} + Cl_{2(gás)}$

b) Base de cálculo: n (mol) inicial de $C_2O_2Cl_{2(g)}$. Para a resolução do problema será necessário levar em consideração a utilização da tabela de equilíbrio químico com grau de dissociação de 50% (α).

	$C_2O_2Cl_{2(gás)}$	$2CO_{(gás)}$	$Cl_{2(gás)}$
Início	n	0	0
Reage	nα	2nα	nα
Equilíbrio	n - nα	2nα	nα

Cálculo do número de mol total: $n_{TOTAL} = n_{C2O2Cl2l} + n_{CO} + n_{Cl2}$
n_{TOTAL} = n - nα + 2nα + nα
n_{TOTAL} = n(1 + 2α)

Para um grau de dissociação igual a 50%, temos: n_{TOTAL} = n(1 + 2 x 0,50) = 2n

Cálculo do número de mol do $C_2O_2Cl_{2(g)}$: $32{,}8 \text{ x } 1{,}50 = 2\text{n x } 0{,}08206 \text{ x } 600$
$\text{n} = 0{,}50 \text{ mol}$

Cálculo do número de moléculas de $C_2O_2Cl_2$: $\text{Moléculas} = 0{,}50 \text{ mol x} \left(\frac{6{,}02 \text{ x } 10^{23}\text{moléculas}}{1 \text{ mol}}\right)$
$\text{Moléculas} = 3{,}10 \text{ x } 10^{23}\text{moléculas}$

Questão 17

Informação do problema: $V_{átomos} = 2{,}0 \text{ x } 10^{-4} \text{ x } V_{recipiente}$

Sabendo que o volume do recipiente é igual a 230 cm³, o volume dos átomos será igual a: $V_{átomos} = 2{,}0 \text{ x } 10^{-4} \text{ x } V_{recipiente}$

$V_{átomos} = 2{,}0 \text{ x } 10^{-4} \text{ x } 0{,}230 = 0{,}460 \text{ x } 10^{-4} \text{ dm}^3$

Cálculo do número de mol de átomos do gás monoatômico, considerando comportamento ideal: $1{,}0 \text{ x } 0{,}230 = n_{O_2} \text{ x } 0{,}08206 \text{ x } 300$

$$n_{O_2} = 9{,}34 \text{ x } 10^{-3} \text{ mol}$$

Cálculo da constante de van der Waals (b): $\text{b} = \frac{0{,}460 \text{ x } 10^{-4} \text{ dm}^3}{9{,}34 \text{ x } 10^{-3} \text{ mol}} = 4{,}92 \text{ x } 10^{-3} \text{ dm}^3.\text{mol}^{-1}$
Cálculo do raio do gás monoatômico: $V = \frac{b}{N}$
Considerando que o gás apresenta configuração esférica, temos: $\frac{4\pi R^3}{3} = \frac{b}{N}$

$$R = \sqrt[3]{\frac{3b}{4\pi N}} = \sqrt[3]{\frac{3 \text{ x } 4{,}92 \text{ x } 10^{-3}}{4 \text{ x } 3{,}14 \text{ x } 6{,}02 \text{ x } 10^{23}}} = \sqrt[3]{1{,}95 \text{ x } 10^{-27}}$$

$$R = 1{,}25 \text{ x } \underbrace{10^{-9}}_{\text{nanômetro}} \text{ m} = 1{,}25 \text{ nm}$$

Questão 18

Analisando o balão com a presença do gás hélio:

$$m_{He} = \frac{p^{ideal} x\, V\, x\, < MM >_{He}}{R\, x\, T} = \frac{1x\, 1000\, x\, 4{,}0}{0{,}08206\, x\, (25 + 273)} = 1635{,}73\ g$$

Analisando o balão com a presença de ar atmosférico:

$$m_{ar} = \frac{1x\, 1000\, x\, 28{,}8}{0{,}08206\, x\, (25 + 273)} = 11777{,}27\ g$$

Para que o processo fique em equilíbrio: Δ_{massa} = massa$_{ar}$ – massa$_{hélio}$

Δ_{massa} = 11777,27 – 1635,73 = 10141,5 g (10,14 kg)

Questão 19

(GRILLO)

Item a) Cálculo da pressão, considerando o gás nitrogênio com comportamento ideal:

$p^{ideal} x\, 62{,}30\, x\, 10^{-3} = 1\, x\, 0{,}08206\, x\, 273$

$p^{ideal} = 359{,}59\ atm$

Item b) Cálculo da pressão, considerando o gás nitrogênio com comportamento real: $\left\{p^{real} + \frac{1{,}390}{\left(\frac{62{,}30\, x\, 10^{-3}}{1}\right)^2}\right\} x \left\{\frac{62{,}30\, x\, 10^{-3}}{1} - 0{,}0391\right\} = 0{,}08206\, x\, (0 + 273)$

$p^{real} = 607{,}49\ atm$

Item c) Cálculo da diferença percentual, a partir da equação dos gases reais: $Erro = \frac{607{,}49 - 359{,}59}{607{,}49} = 0{,}4080\ (\cong 41\%)$

Item d) Cálculo do raio da molécula gasosa de nitrogênio: $\frac{4\pi R^3}{3} = \frac{b}{N}$

$$\frac{4\, x\, 3{,}14\, x\, R^3}{3} = \frac{0{,}0391\, x\, 10^{-3}}{6{,}02\, x\, 10^{23}}$$

$R^3 = 1{,}55\, x\, 10^{-29}$

$R = \sqrt[3]{1{,}55\, x\, 10^{-26}} = 2{,}49\, x\, 10^{-10} = 0{,}249\ nm$

Item e) Cálculo da temperatura de Boyle: $T_{BOYLE}^{N_2} = \frac{a}{b\, x\, R}$

$$T_{BOYLE}^{N_2} = \frac{1{,}390}{0{,}0391\, x\, 0{,}08206} = 433{,}22\ K$$

Questão 20

(GRILLO) Organizando as constantes de van der Waals para as seguintes moléculas na tabela apresentada a seguir:

	a ($atm.L^2.mol^{-2}$)	b ($10^{-2}.L.mol^{-1}$)
$Cl_{2(gás)}$	6,579	5,622
$N_{2(gás)}$	1,408	3,913
$O_{2(gás)}$	1,378	3,183
$Ar_{(gás)}$	1,363	3,219

Item a) Analisando o cálculo do raio para o cloro gasoso: $\frac{4\pi R^3}{3} = \frac{b}{N}$

$$\frac{4 \text{ x } 3{,}14 \text{ x } R^3}{3} = \frac{5{,}622 \text{ x } 10^{-2} \text{ x } 10^{-3}}{6{,}02 \text{ x } 10^{23}}$$

$$R^3 = 2{,}23 \text{ x } 10^{-29}$$

$$R = \sqrt[3]{2{,}23 \text{ x } 10^{-29}} = 2{,}81 \text{ x } 10^{-10} \text{ m } (0{,}281 \text{ nm})$$

Temperatura de Boyle para o cloro gasoso: $T_{BOYLE}^{Cl_2} = \frac{6{,}579}{5{,}622 \text{ x } 10^{-2} \text{ x } 0{,}08206} = 1426{,}06 \text{ K}$

Item b) Analisando para o cálculo do raio do nitrogênio gasoso: $\frac{4\pi R^3}{3} = \frac{b}{N}$

$$\frac{4 \text{ x } 3{,}14 \text{ x } R^3}{3} = \frac{3{,}913 \text{ x } 10^{-2} \text{ x } 10^{-3}}{6{,}02 \text{ x } 10^{23}}$$

$$R^3 = 1{,}55 \text{ x } 10^{-29}$$

$$R = \sqrt[3]{1{,}55 \text{ x } 10^{-29}} = 2{,}49 \text{ x } 10^{-10} \text{ m } (0{,}249 \text{ nm})$$

Temperatura de Boyle para o nitrogênio gasoso: $T_{BOYLE}^{N_2} = \frac{1{,}408}{3{,}913 \text{ x } 10^{-2} \text{ x } 0{,}08206} = 438{,}49 \text{ K}$

Item c) Analisando o cálculo do raio para o oxigênio gasoso: $\frac{4\pi R^3}{3} = \frac{b}{N}$

$$\frac{4 \text{ x } 3{,}14 \text{ x } R^3}{3} = \frac{3{,}183 \text{ x } 10^{-2} \text{ x } 10^{-3}}{6{,}02 \text{ x } 10^{23}}$$

$$R^3 = 1{,}26 \text{ x } 10^{-29}$$

$$R = \sqrt[3]{1{,}26 \text{ x } 10^{-29}} = 2{,}33 \text{ x } 10^{-10} \text{ m } (0{,}233 \text{ nm})$$

Temperatura de Boyle para o oxigênio gasoso: $T_{BOYLE}^{O_2} = \frac{1{,}378}{3{,}183 \text{ x } 10^{-2} \text{ x } 0{,}08206} = 527{,}57 \text{ K}$

Item d) Analisando o raio para o argônio gasoso: $\frac{4\pi R^3}{3} = \frac{b}{N}$

$$\frac{4 \text{ x } 3{,}14 \text{ x } R^3}{3} = \frac{3{,}219 \text{ x } 10^{-2} \text{ x } 10^{-2}}{6{,}02 \text{ x } 10^{23}}$$

$$R^3 = 1{,}277 \text{ x } 10^{-29}$$

$$R = \sqrt[3]{1{,}277 \text{ x } 10^{-29}} = 2{,}34\text{x } 10^{-10} \text{ m } (0{,}234 \text{ nm})$$

Temperatura de Boyle para o argônio gasoso: $T_{BOYLE}^{Ar} = \frac{1{,}363}{3{,}183 \text{ x } 10^{-2} \text{ x } 0{,}08206} = 515{,}99 \text{ K}$

Questão 21

(GRILLO) Cálculo do número de mol de gás argônio (Ar): $n_{Ar} = \frac{20000}{40} = 500 \text{ mol}$

Cálculo do volume molar: $V_{molar} = \left(\frac{2000}{500}\right) = 40 \text{ L. mol}^{-1}$ L.mol^{-1}

Item a) Cálculo da pressão pela equação de gás perfeito: $p^{ideal} = \frac{500 \text{ x } 0{,}08206 \text{ x } 573}{2000} = 11{,}75 \text{ atm}$

Item b) Cálculo da pressão com comportamento real através da equação de Van der Waals:

$$\left\{p^{real} + \frac{1,363}{(4)^2}\right\} x \{4,0 - 3,219 \times 10^{-2}\} = 0,08206 \times 573$$

$$p^{real} = 11,76 \text{ atm}$$

Item c) Cálculo do fator de compressibilidade (Z): $Z = \frac{p^{Real}}{p^{Ideal}} = \frac{11,76 \text{ atm}}{11,75 \text{ atm}} \approx 1,00 \text{ atm}$

Item d) Considerando que a partícula gasosa apresenta uma configuração esférica, temos: $\frac{4\pi R^3}{3} = \frac{b}{N}$

$$\frac{4 \times 3,14 \times R^3}{3} = \frac{3,219 \times 10^{-2} \times 10^{-3}}{6,02 \times 10^{23}}$$

$$R^3 = 1,28 \times 10^{-29}$$

$$R = \sqrt[3]{1,28 \times 10^{-29}} = 2,33 \times 10^{-10} \text{ m } (0,233 \text{ nm})$$

Item e) Cálculo da temperatura de Boyle: $T^{Ar}_{BOYLE} = \frac{a}{b \times R} = \frac{1,363}{3,219 \times 10^{-2} \times 0,08206} = 516 \text{ K}$

Questão 22

(GRILLO) Cálculo do número de mol (n_1) para o balão de pressão 4 atm: $n_1 = \frac{4 \times 0,2}{RT} = \frac{0,80}{RT}$

Cálculo do número de mol (n_2) para o balão de pressão 6 atm: $n_2 = \frac{6 \times 0,2}{RT} = \frac{1,20}{RT}$

Cálculo do número de mol (n_3) para o balão de pressão 8 atm: $n_3 = \frac{8 \times 0,2}{RT} = \frac{1,60}{RT}$

Cálculo do número de mol total (n_T): $n_{Total} = \frac{0,80}{RT} + \frac{1,20}{RT} + \frac{1,60}{RT} = \frac{3,60}{RT}$

Cálculo da pressão total (p_T): $p_T = \frac{\left(\frac{3,6}{\cancel{R} \times \cancel{T}}\right) x \cancel{R} \times \cancel{T}}{0,60} = 6,0 \text{ atm}$

Cálculo da pressão parcial do gás 1: $p_1 = \left(\frac{\frac{0,80}{R \times T}}{\frac{3,6}{R \times T}}\right) x\ 6,0 \text{ atm} = 1,33 \text{ atm}$

Cálculo da pressão parcial do gás 2: $p_2 = \left(\frac{\frac{1,20}{\cancel{R} \times \cancel{T}}}{\frac{3,6}{\cancel{R} \times \cancel{T}}}\right) x\ 6,0 \text{ atm} = 2,00 \text{ atm}$

Cálculo da pressão parcial do gás 3: $p_3 = \left(\frac{\frac{1,60}{\cancel{R} \times \cancel{T}}}{\frac{3,6}{\cancel{R} \times \cancel{T}}}\right) x\ 6,0 \text{ atm} = 2,66 \text{ atm}$

Questão 23

(GRILLO) Base de cálculo: n (mol) inicial de cloreto de nitrosila. A partir da utilização da tabela de equilíbrio químico:

	$2NOCl_{(gás)}$	$2NO_{(gás)}$	$Cl_{2(gás)}$
Início	n	0	0
Reage	2nα	2nα	nα
Equilíbrio	n - 2nα	2nα	nα

Cálculo do número de mol total da mistura gasosa: $n_T = n_{NOCl} + n_{NO} + n_{Cl2}$

n_T = n - 2nα + 2nα + nα

n_T = n + nα = n.(1 + α)

Item a) Cálculo da pressão parcial do cloro gasoso: $p_{Cl_2} = X_{Cl_2} \times p_{TOTAL}$

$$X_{Cl_2} = \frac{p_{Cl_2}}{p_{TOTAL}} = \frac{0,07}{0,50} = 0,14$$

Sabendo que a fração molar do cloro gasoso é a razão do número de mol de cloro pelo número de mol total, temos: $X_{Cl_2} = \frac{n_{Cl_2}}{n_{TOTAL}}$

Pela tabela de equilíbrio, o gás cloro no equilíbrio é igual a nα, então: $0,14 = \frac{\alpha}{(1+\alpha)}$

$\alpha = 0,163$

Item b) Cálculo da composição do monóxido de nitrogênio: $X_{NO} = \frac{n_{NO}}{n_{TOTAL}}$

$$X_{NO} = \frac{2n\alpha}{n(1+\alpha)}$$

$$X_{NO} = \frac{2 \text{ x } 0,163}{(1+0,163)} = 0,280 \ (28\%)$$

Item c) Cálculo da composição do cloreto de nitrosila: $X_{NOCl} = \frac{n_{NOCl}}{n_{TOTAL}}$

$$X_{NOCl} = \frac{n(1-2\alpha)}{n(1+\alpha)} = \frac{(1-2 \text{ x } 0,163)}{(1+0,163)} = 0,58 \ (58\%)$$

Item d) Cálculo da densidade da mistura gasosa: $d = \frac{p \text{ x} <MM>}{(1+\alpha) \text{x R x T}}$

$$d = \frac{0,50 \text{ x } 65,5}{(1+0,163) \text{x } 0,08206 \text{ x } (230+273)} = 0,68 \text{ g. L}^{-1}$$

Questão 24

Cálculo da pressão parcial de gás metano: $P_{TOTAL} = P_{C2H6} + P_{CH4}$

$P_{CH4} = 22,0 - 16,4 = 5,60$ atm

Cálculo do número de mol total da mistura gasosa: $22 \text{ x } 700 = n_T \text{ x } 0,08206 \text{ x } 300$

$n_T = 625,56$ mol

Cálculo do número de mol de gás metano, a partir da pressão parcial: $p_{CH_4} = X_{CH_4} \text{ x } p_{TOTAL}$

$$\frac{n_{CH_4}}{n_{CH_4}} = \frac{P_{CH_4}}{p_{TOTAL}}$$

$$\frac{n_{CH_4}}{625,55} = \frac{5,6}{22,4}$$

$$n_{CH_4} = 156,39 \text{ mol}$$

Item a) Cálculo do número de moléculas de gás metano: $n_{CH_4} = 156,39 \text{ mol x} \left(\frac{6,02 \text{ x } 10^{23} \text{moléculas}}{1 \text{ mol}}\right)$

$$n_{CH_4} = 9,41 \text{ x } 10^{25} \text{moléculas}$$

Item b) Cálculo do volume da mistura gasosa, a partir da equação combinada dos gases ideais.

$$\frac{p_I \text{ x } V_I}{T_I} = \frac{p_{II} \text{ x } V_{II}}{T_{II}}$$

$$\frac{22 \text{ x } 7}{300} = \frac{1 \text{ x } V_{II}}{273}$$

$V_{II} = 140{,}14\ m^3$ (Volume da mistura gasosa)

Cálculo do número de mol de etano, a partir da equação da pressão parcial: $p_{C_2H_6} = X_{C_2H_6}\ x\ p_{TOTAL}$

$$16{,}4 = \frac{n_{C_2H_6}}{625{,}55} x\ 22$$

$$n_{C_2H_6} = 466{,}32\ mol$$

Equação química da combustão completa do gás etano: $C_2H_{6(gás)} + 7/2O_{2(gás)} \longrightarrow 2CO_{2(gás)} + 3H_2O_{(vapor)}$
Cálculo do número de mol de dióxido de carbono, a partir do número de mol de gás etano:
1 mol de C_2H_6 ---------- 2 mol de CO_2
466, 32 mol ------------- n_{CO2}
n_{CO2} = 932,64 mol

item c) Cálculo da massa de dióxido de carbono, a partir da equação do número de mol: $m_{CO2} = n_{CO2}$ x $<MM>_{CO2}$
m_{CO2} = 932,64 x 44 = 41036 g (41,36 kg)

Questão 25

Item a) Cálculo da pressão do gás Hélio, admitindo comportamento real:

$$\left\{p^{real} + \frac{0{,}00345}{\left(\frac{10^{-3}}{1{,}0}\right)^2}\right\} x \{10^{-3} - 23{,}4\ x\ 10^{-6}\} = 8{,}314\ x\ (-73 + 273)$$

$$p^{real} = 1{,}70\ x\ 10^6\ Pa$$

Item b) Cálculo da pressão do gás dióxido de carbono, admitindo comportamento real:

$$\left\{p^{real} + \frac{0{,}0366}{\left(\frac{10^{-3}}{1{,}0}\right)^2}\right\} x \{10^{-3} - 42{,}9\ x\ 10^{-6}\} = 8{,}314\ x\ (-73 + 273)$$

$$p^{real} = 1{,}37\ x\ 10^6\ Pa$$

Item c) Analisando o gás Hélio: $p^{ideal}\ x\ 10^{-3} = 1\ x\ 8{,}314\ x\ (-73 + 273)$

$$p^{ideal} = 1{,}66\ x\ 10^6\ Pa$$

Cálculo do erro (%): $\text{Erro}\ (\%) = \frac{1{,}70\ x\ 10^6 - 1{,}66\ x\ 10^6}{1{,}70\ x\ 10^6} = 0{,}0235\ (2{,}35\%)$

Analisando o dióxido de carbono: $p^{ideal} = \frac{1{,}0\ x\ 8{,}314\ x\ (-73+273)}{10^{-3}} = 1{,}66\ x\ 10^6 Pa$

Cálculo do erro (%): $\text{Erro}\ (\%) = \frac{1{,}70\ x\ 10^6 - 1{,}37\ x\ 10^6}{1{,}70\ x\ 10^6} = 0{,}175\ (17{,}5\%)$

Item d) O dióxido de carbono foi o gás que apresentou maior erro relativo.

Questão 26

Segundo Amedeo Avogadro: "volumes iguais de quaisquer gases, à mesma temperatura e pressão, contêm o mesmo número de moléculas". Avogadro sugeriu essa hipótese para tentar resolver um problema criado entre Dalton e Gay-Lussac: em 1808, Gay-Lussac tornou público um trabalho que tinha por base o estudo das reações envolvendo gases, ou seja, a lei volumétrica (combinações de volumes). Segundo ele, dois volumes de Hidrogênio estavam para um volume de Oxigênio na formação de dois volumes de água todos em estado gasoso. No entanto, Dalton ao fazer o estudo desse trabalho viu que a relação existente entre volumes era a mesma existente entre o número de partículas: havia duas partículas de hidrogênio reagindo com uma partícula de oxigênio e formando duas partículas de água. Dessa maneira, esse raciocínio contrariava a ideia de Dalton (átomo indivisível), pois o número de átomos estava sendo igualado ao número de partículas, isto é, um átomo de oxigênio não poderia ser dividido para formar duas partículas água. Assim, Avogadro propôs que J. Dalton tinha confundido átomos com moléculas e que as moléculas de oxigênio deveriam ser diatômicas. Dessa maneira uma molécula de oxigênio poderia formar duas moléculas de água, demonstrando o seu trabalho a partir do modelo atômico de Dalton e das leis das combinações.

Questão 27

A equação química que o problema propõe é a seguinte: $Fe_{(sólido)} + 2HCl_{(aquoso)} \longrightarrow FeCl_{2(aquoso)} + H_{2(gás)} \uparrow$

Cálculo do número de mol de hidrogênio gasoso, a partir da reação:

6×10^{23} átomos de Fe ------------ 1 mol de H_2
3×10^{15} átomos de Fe ------------ n_{H2}
$n_{H2} = 5,0 \times 10^{-9}$ mol

Cálculo da massa de hidrogênio gasoso: $m_{H2} = n_{H2O} \times <MM>_{H2O}$
$m_{H2} = (5,0 \times 10^{-9}) \times 2 = 10^{-8}$ g

Cálculo do volume do gás de hidrogênio, utilizando a equação dos gases ideais:

$$V_{H_2} = \frac{n \times R \times T}{p^{ideal}} = \frac{5,0 \times 10^{-9} \times 0,08206 \times 298}{1,0} = 1,22 \times 10^{7}\ L$$

Questão 28

Considerando que a sala apresente as seguintes dimensões:
Comprimento da sala = 10 metros
Largura da sala = 10 metros
Altura da sala = 3 metros

Volume da sala = 10 x 10 x 3 = 300 m³ (300000 litros)

Cálculo da massa molar do ar, considerando que a composição do ar seja de 20% de O_2 e 80% de N_2:
$\{X_{ar} \times <MM>_{ar}\} = \{ X_{O2} \times <MM>_{O2}\} + \{ X_{N2} \times <MM>_{N2}\}$

$\{1,0 \times <MM>_{ar}\} = \{ 0,20 \times 32,0\} + \{ 0,80 \times 28,0\}$

$<MM>_{ar} = 28,80\ g.mol^{-1}$

Considerando que a pressão esteja a uma atmosfera (1 atm) e que a temperatura seja igual a 25°C, temos: $p^{ideal} \times V_{ar} = \left(\frac{m_{ar}}{<MM>_{ar}}\right) \times R \times T$

$$1 \times 3,0 \times 10^{5} = \left(\frac{m_{ar}}{28,80}\right) \times 0,08206 \times (25 + 273)$$

$m_{ar} = 353318,2$ g (353,32 kg)

Questão 29

Segundo a Lei de difusão de Graham, quanto maior a massa molar, menor será a velocidade de efusão, com isso, teremos a seguinte relação: $V_{O3} < V_{O2}$. Desta forma, o balão irá se expandir.

Questão 30

Fórmula molecular geral do hidrocarboneto alcano:
$C_nH_{2n+2} \longrightarrow$ Massa molecular: 14n + 2 = 58
14 x n = 56
n = 4
Para n = 4 o hidrocarboneto trata-se de um alcano, sendo um butano (C_4H_{10}).

Fórmula molecular geral do Éter: $C_nH_{2n+}O_2$ (supondo ligações simples e cadeia aberta)
14 x n + 2 + 16 = 58
14 x n = 58 – 18
n = $\frac{40}{12}$ não resulta em um número inteiro, logo esta suposição é falsa.

*$C_nH_{2n+}O_2$ (supondo ligação dupla ou cadeia fechada)
14 x n + 16 = 58
14 x n = 42
n = 3, logo suposição verdadeira. Fórmula molecular: C_3H_6O

Considerando n_{C4H10} = x e n_{C3H6O} = y, temos as equações de combustão:
$x\ C_4H_{10} + \frac{13}{2} O_2 \rightarrow 4x\ CO_2 + 5x\ H_2O$
$y\ C_3H_6O + 4y\ O_2 \rightarrow 3y\ CO_2 + 3y\ H_2O$

Pelo balanceamento das equações de combustão, teremos:
*n_{O2} necessário = $\frac{13x}{2} + 4y$
Logo n_{O2} colocado = $\left(\frac{13x}{2} + 4y\right) \times 2$, sendo $\left(\frac{13x}{2} + 4y\right)$ o número de mol de O_2 em excesso:
n_{CO2} = 4x + 3y e n_{H2O}= 5x + 3y

No recipiente antes da injeção de O_2 temos apenas o alcano e o éter, logo:

$n_{TOTAL} = n_{C4H10} + n_{C3H6O} = \frac{m_1}{58} + \frac{m_2}{58} = \frac{m_1 + m_2}{58}$. Sendo $m_1 + m_2 = m_{TOTAL}$ = 361g
$n_{TOTAL} = \frac{m_1 + m_2}{58} = \frac{361}{58} = x + y$
Cálculo de volume do recipiente: $V = \frac{n \times R \times T}{p^{ideal}} = \frac{361 \times R \times 398}{p^{ideal}}$
Cálculo do número de mol ao final do processo: $n_{total} = \frac{p}{R \times T} \times V = \frac{20{,}32}{\cancel{398 \times R}} \times \frac{361 \times \cancel{R \times 398}}{58 \times 1{,}47} = 86{,}04\ mol$

$n_{TOTAL} = n_{O2(excesso)} + n_{CO2} + n_{H2O}$ = 86

$\frac{13x}{2}$ + 4y + 4x + 3y + 5x + 3y = 86 ⟶ 15,5x + 10y = 86
x + y = $\frac{361}{58}$

y = 6,22 – x (Equação 1)

15,5x + 10y = 86 (Equação 2)

Substituindo a equação 1 na equação 2, temos: 15,5x + 10.(6,22 – x) = 86

15,5x – 10x = 86 – 62,2
x = $\frac{23{,}8}{5{,}5}$ = 4,33 mol de C_4H_{10}
y = 6,22 – 4,33 = 1,89 mol de C_3H_6O

Questão 31

Através da figura dada pelo problema, iremos colocar os dados na própria figura, apresentada a seguir.

Situação inicial:

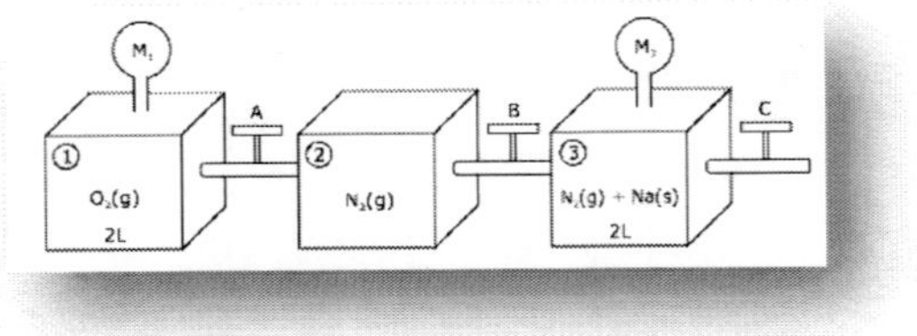

Com a abertura da válvula A, fechando as torneiras B e C após a evacuação de gás nitrogênio, temos:
1,8 atm ---------- 1
1,2 atm ---------- $1/V_2$

$1{,}2 \times (2 + V_2) = 1{,}8 \times 2$
$1{,}2 \times (2 + V_2) = 3{,}6$
$V_2 = 1$ L

Após as situações 1 e 2, o diagrama ficará da seguinte maneira:

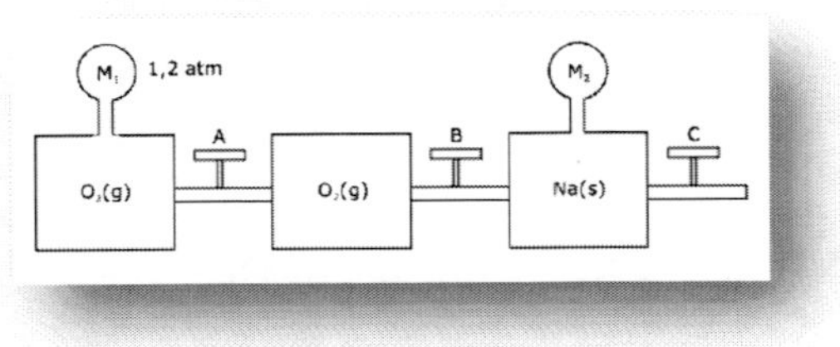

Após a situação 3, o diagrama ficará da seguinte maneira:

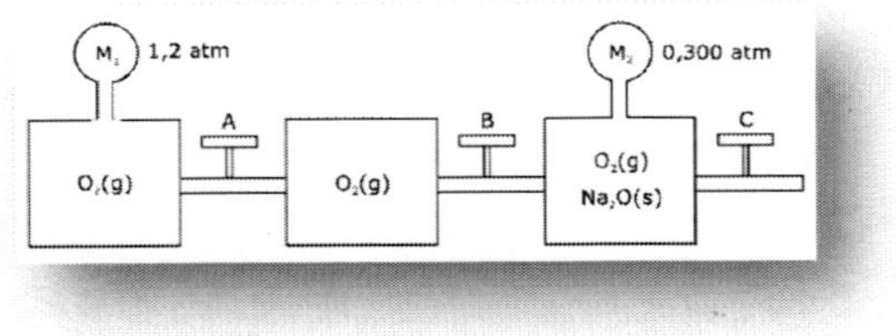

Cálculo da temperatura antes do aquecimento: $\frac{p_I . V_I}{T_I} = \frac{p_{II} . V_{II}}{T_{II}}$

$$\frac{0{,}30 \text{ x } 1}{T_I} = \frac{0{,}40 \text{ x } 1{,}0}{350}$$

$T_I = 262{,}50 \text{ K}$

Observação: Como as operações 1,2 e 3 ocorrem de forma isotérmica, temos:
$1{,}2 \text{ x } 1 = \text{n x } 0{,}08206 \text{ x } 262{,}5$
$\text{n} = 0{,}057 \text{ mol}$

Cálculo de oxigênio, após a reação com sódio: $0{,}40 \text{ x } 1 = \text{n x } 0{,}08206 \text{ x } 350$
$\text{n} = 0{,}0139 \text{ mol}$

Logo, a quantidade de oxigênio que sofre reação é igual a: $n_{O_2} = 0{,}056 - 0{,}0139 = 0{,}042 \text{ mol}$

Através da equação química, temos: $2Na_{(sólido)} + ½O_{2(gás)} \rightarrow Na_2O_{(sólido)}$

2 mol de Na ----------------- ½ mol de O_2
46 gramas de Na ---------- ½ mol de O_2

m_{Na} ---------------------------- 0,042 mol de O_2
m_{Na} = 3,86 g de sódio metálico

Questão 32

Vamos considerar as seguintes nomenclaturas: p_{Ai} = pressão no cilindro A após o ciclo i; n_i = número total de mol em A + B depois do ciclo i; n_{Ai} = número de mol do cilindro A depois do ciclo.i

Analisando o ciclo 1: $n_1 = \left(\frac{p \times V_B}{R \times T}\right) + \left(\frac{p_0 \times V_A}{R \times T}\right)$

Sabendo que $n_A = n_1 x \left(\frac{V_A}{V_A+V_B}\right)$, logo:

$$P_{A1} = \frac{n_{A1} \times R \times T}{V_A} = \frac{p \times V_B + p_0 \times V_A}{V_A + V_B} = p + \frac{p_0 - p}{V_A + V_B} x\,(V_A)$$

Analisando o ciclo 2: $n_2 = \frac{p \times V_B}{R \times T} + \frac{p_{A_i} \times V_A}{R \times T}$

Sendo $n_{A2} = n_2 \times \left(\frac{V_A}{V_A+V_B}\right)$, logo: $P_{A2} = \frac{n_{A2} \times R \times T}{V_A} = \frac{p \times V_B + \left(p + \frac{(p_0 - p) \times V_A}{V_A+V_B}\right)}{V_A+V_B}$

$$P_{A2} = p + \frac{(p_0 - p) \times V_A^2}{(V_A + V_B)^2}$$

Analisando o ciclo 3: $n_3 = \left(\frac{p \times V_B}{R \times T}\right) + \left(\frac{p_{A_i} \times V_A}{R \times T}\right)$

Sendo $n_{A2} = n_2 x \left(\frac{V_A}{V_A+V_B}\right)$, logo: $P_{A2} = \left(\frac{n_{A2} \times R \times T}{V_A}\right) = \frac{p \times V_B + \left(p + \frac{(p_0 - p) \times V_A}{V_A+V_B}\right)}{V_A+V_B}$

$$P_{A2} = p + \frac{(p_0 - p) \times V_A^2}{(V_A + V_B)^2}$$

$$n_2 = \frac{p \times V_B}{RT} + \frac{p_{A2} \times V_A}{RT}$$

Sendo $n_{A3} = n_3 x \frac{V_A}{V_A + V_B}$

Logo: $P_{A3} = \left(\frac{n_{A3} \times R \times T}{V_A}\right) = \frac{p \times V_B + \left(p + \frac{(p_0 - p) \times V_A^2}{(V_A+V_B)^2}\right)}{V_A+V_B}$

$$P_{A3} = p + \frac{(p_0 - p) x V_A^3}{(V_A + V_B)^3}$$

Analisando para um ciclo N: $P_{A_N} = p + \frac{(p_0 - p) x V_A^N}{(V_A+V_B)^N}$

Questão 33

A pressão de vapor de uma substância aumenta com o aumento da temperatura. Quando a pressão de vapor se iguala à pressão local (pressão atmosférica), o líquido entra em ebulição. Portanto, em um local onde a pressão atmosférica é 0,70 atmosferas, a água entra em ebulição em uma temperatura menor que 100°C.

Questão 34

O HCl vaporiza naturalmente com o recipiente aberto tal qual a amônia que deixa a solução na forma gasosa. Como os dois gases estão na mesma temperatura, a seguinte relação é válida:

$$HCl_{(gás)} + NH_{3(gás)} \rightarrow \underbrace{NH_4Cl_{(sólido)}}_{\text{Sólido branco}}$$

$$< MM >_{HCl} \text{ x } v_{HCl}^2 = \; < MM >_{NH_3} \text{ x } v_{NH_3}^2$$

$MM_{HCl} > MM_{NH_3} \rightarrow V_{NH_3} > V_{HCl}$, onde <MM> trata-se da massa molecular do composto e V é a velocidade.

Velocidade de difusão do gás clorídrico é maior que a da amônia, sendo assim, o sólido se forma mais próximo do recipiente de HCl. A fumaça branca torna-se mais próxima do frasco que contém HCl, pois a amônia se difunde mais rapidamente já que as velocidades de difusão gasosa são inversamente proporcionais às massas molares dos gases que se difundem, sob temperatura constante, segundo a Lei de Graham. Portanto, $\frac{V_{NH_3}}{V_{HCl}} = \sqrt{\frac{M_{HCl}}{M_{NH_3}}}$.

Questão 35

Item a) Van der Waals →1873 → procurou adaptar a equação dos gases ideais para descrever o comportamento de um gás real. Ele adicionou duas constantes, uma devido ao fato de as partículas ocuparem um volume finito (b) e outra devido as interações entre as partículas constituintes do gás (a). O modelo de gás ideal assume que não existem interações entre as partículas de um gás. No entanto, as partículas de um gás real interagem entre si através das forças de Van der Waals. Outra falha no modelo do gás ideal é a desconsideração total do chamado "volume próprio das partículas". As partículas de um gás real apresentam volume mesmo quando a temperatura tende a zero ou quando a pressão tende ao infinito".

Item b) Lei de Boyle → Descreve o comportamento de um gás ideal apenas quando sua temperatura é mantida constante (para um processo em que a temperatura se mantém constante é chamada de isotérmica). Quanto mais você aumenta a pressão no gás, o seu volume também diminuirá. Logo perceberá que as grandezas volume e pressão são diretamente proporcionais. Então a lei de Boyle diz matematicamente que: pV = k, onde k é uma constante que depende da massa, temperatura e da natureza desse gás.

Lei de Charles - Gay Lussac → Descreve o comportamento de um gás ideal apenas quando a pressão é mantida constante (para um processo em que a pressão se mantém constante é chamada de isobárica). Para uma dada massa de gás à pressão constante, o volume ocupado pelo gás é diretamente proporcional à temperatura absoluta. Um aumento da temperatura absoluta acarreta um aumento do volume ocupado pelo gás, de maneira que o quociente seja constante V/T = k. A relação entre volume e temperatura foi inicialmente observada em 1787 por Jacques Charles e quantificada em 1802 por Joseph Gay-Lussac, sendo conhecida como lei de Charles Gay-Lussac.

Lei de Avogadro → Em 1811, A. Avogadro enunciou sua famosa lei, também conhecida por hipótese de Avogadro, segundo a qual volumes iguais de diferentes gases, a uma mesma temperatura e pressão, contém o mesmo número de moléculas.

Questão 36

Recorrendo a equação de Clapeyron, temos: pV = nRT, em que p → pressão; V →volume; n → número de mol; m → massa da espécie gasosa; <MM> → Massa Molar (massa contida em um mol da substância); R → constante universal dos gases ou constante de Regnault = constante física que relaciona diretamente a quantidade de um determinado gás (n) com a pressão, volume e temperatura.

Esta constante é resultado do produto da constante de Avogadro (N) pela constante de Boltzmann (k_b), R = N x k_b.

Trabalhando com a equação de Clapeyron, substituindo n pelo valor descrito acima teremos:

$$p^{ideal} \text{ x } < MM > = \underbrace{\left(\frac{m}{V}\right)}_{\text{densidade}} \text{ x R x T}$$

$$d = \frac{p^{ideal} \text{ x } < MM >}{\text{R x T}}$$

Questão 37

(GRILLO) Sabendo que o volume molar é a razão do volume pelo número de mol, temos: $V_{molar} = \frac{V}{n} = \frac{V}{1} = V$

Equação dos gases reais de van der Waals: $\left\{p^{real} + \frac{a}{V_{molar}^2}\right\} x \{V_{molar} - b\} = R \times T$

$$\left\{p^{real} + \frac{a}{V^2}\right\} x \{V - b\} = R \times T$$

$$p^{real} = \frac{R \times T}{(V - b)} - \frac{a}{V^2}$$

Questão 38

(GRILLO) Cálculo do número de mol de amônia: $n_{NH_3} = \frac{10}{17} = 0{,}0588 \text{ mol}$

Cálculo do volume molar: $V_{molar} = \frac{V}{n} = \frac{0{,}289}{0{,}588} = 0{,}491 \text{ mol. L}^{-1}$

Cálculo da pressão do NH_3: $\left\{p^{real} + \frac{4{,}39}{\left(\frac{289 \times 10^{-3}}{0{,}588}\right)^2}\right\} x \left\{\frac{289 \times 10^{-3}}{0{,}588} - 0{,}037\right\} = 0{,}08206 \times 273$

$$p^{real} = 31{,}12 \text{ atm}$$

Cálculo do raio da molécula de NH_3: $V_{esfera} = \frac{b}{N}$

$$\frac{4\pi R^3}{3} = \frac{b}{N}$$

$$\frac{4 \times 3{,}14 \times R^3}{3} = \frac{0{,}037 \times 10^{-3}}{6{,}02 \times 10^{23}}$$

$$R^3 = 1{,}46 \times 10^{-29}$$

$$R = \sqrt[3]{1{,}46 \times 10^{-29}} = 2{,}45 \times 10^{-10} \text{ metros } (0{,}245 \text{ nm})$$

Questão 39

Item a) Cálculo da massa molar (<MM>) do referido gás, a partir da relação entre a densidade e a pressão: $d = \frac{p \times <MM>}{R \times T}$

Isolando e calculando a massa molar da espécie gasosa. Em função da densidade:

$$< MM > = \frac{d \times R \times T}{p} = \frac{5{,}38 \times 0{,}08206 \times 288}{0{,}97} = 131{,}08 \text{ g. mol}^{-1}$$

Item b) O gás em questão refere-se ao Xenônio (grupo 18 - quinto período).

Questão 40

(ENGENHARIA - GRILLO) Base de cálculo: n(mol) inicial de pentacloreto de fósforo. Tabela de equilíbrio químico:

	$PCl_{5(gás)}$	$PCl_{3(gás)}$	$Cl_{2(gás)}$
Início	n	0	0
Reage	nα	nα	nα
Equilíbrio	n - nα	nα	nα

Cálculo do número de mol total da mistura gasosa: $n_{Total} = n_{PCl5} + n_{PCl3} + n_{Cl2}$

n_{Total} = n - ~~nα~~ + ~~nα~~ + nα = n.(1 + α)

$n_{Total} = n + n\alpha = n.(1 + \alpha)$

Item a) Cálculo do grau de dissociação (α):

$$\left(\frac{753{,}50}{760{,}0}\right) x\ 3{,}50 = \frac{12{,}76}{208{,}5} x\ (1 + \alpha)\ x\ 0{,}08206\ x\ (200 + 273)$$

$$\left(\frac{753{,}50}{760{,}0}\right) x\ 3{,}50 = \frac{12{,}76}{208{,}5} x\ (1 + \alpha)\ x\ 0{,}08206\ x\ 473$$

$\alpha = 0{,}461\ (46{,}10\%)$

Item b) Cálculo do grau de dissociação (α): $p^{ideal} x\ V = \frac{m}{<MM>} x\ R\ x\ T$

$$\left(\frac{1021{,}50}{760{,}0}\right) x\ 3{,}50 = \frac{12{,}76}{208{,}5} x\ (1 + \alpha)\ x\ 0{,}08206\ x\ (250 + 273)$$

$\alpha = 0{,}7911\ (79{,}11\%)$

Questão 41

(GRILLO)

Item a) Cálculo da pressão do monóxido de carbono, considerando comportamento ideal:
p^{ideal} x 3,50 = 5,50 x 0,08206 x (37 + 273)
p^{ideal} = 39,97 atm

Item b) Cálculo da pressão do monóxido de carbono, considerando comportamento real: $\left\{p^{real} + \frac{a}{V_{molar}^2}\right\} x\ \{V_{molar} - b\} = R\ x\ T$

Cálculo do volume molar: $V_{molar} = \frac{3{,}50}{5{,}50} = 0{,}64\ L.mol^{-1}$

$$\left\{p^{real} + \frac{1{,}453}{(0{,}64)^2}\right\} x\ \{0{,}64 - 3{,}95\ x\ 10^{-2}\} = 0{,}08206\ x\ (37 + 273)$$

$p^{real} = 38{,}81\ atm$

Item c) Cálculo do fator de compressibilidade (Z): $Z = \frac{p^{real}}{p^{ideal}} = \frac{38{,}81\ atm}{39{,}97\ atm} = 0{,}971.$
Para Z < 1, as forças dominantes são as forças atrativas.

Questão 42

(GRILLO) Item a) Sabendo que a relação entre a densidade e a pressão é dada por:

$$d = \frac{p\ x\ < MM >}{R\ x\ T} = \frac{1{,}20\ x\ 16}{0{,}08206\ x\ (55 + 273)} = 0{,}71\ g.L^{-1}$$

Item b) Através da estequiometria, será possível determinar a massa de oxigênio molecular: $B_2H_{6(gás)} + 3O_{2(gás)} \longrightarrow B_2O_{3(sólido)} + 3H_2O_{(líquido)}$

3 mol de $O_{2(g)}$ ------------- 1 mol de $B_2O_{3(s)}$
(3 x 32) $g.mol^{-1}$ ----------- 1 x (2 x 11 + 3 x 16) $g.mol^{-1}$
m_{O2} -------------------------- 20 g
m_{O2} = 27,43 g de $O_{2(g)}$

Cálculo do volume de oxigênio (O_2) consumido, considerando comportamento ideal:

$$V_{O_2} = \frac{\left(\frac{27{,}43}{32}\right) \text{x } 0{,}08206 \text{ x } (27 + 273)}{3{,}0} = 7{,}03 \text{ L}$$

Item c) I) Considerando o gás com comportamento ideal: $50 \text{ x } 10 = \frac{30}{30} \text{x } 0{,}08206 \text{ x T}$

$\text{T} = 6093{,}10 \text{ K}$

II) Considerando o gás com comportamento real, utilizando a equação de van der Waals:

$$\left\{50 + \frac{4{,}42}{(10)^2}\right\} \text{x } \{10 - 0{,}057\} = 0{,}08206 \text{ x T}$$

$\text{T} = 6063{,}73 \text{ K}$

Questão 43

Base de cálculo: n (mol) inicial de $XY_{5(g)}$.
Tabela de equilíbrio químico:

	$XY_{5(gás)}$ (mol)	$XY_{3(gás)}$ (mol)	$Y_{2(gás)}$ (mol)
Início	n	0	0
Reage	nα	nα	nα
Equilíbrio	n - nα	nα	nα

Cálculo do número de mol total da mistura reacional: $n_{TOTAL} = n_{XY5} + n_{XY3} + n_{Y2}$

n_{TOTAL} = n ~~- nα + nα~~ + nα

n_{TOTAL} = n + nα

Considerando que os gases apresentam comportamento ideal, temos: $\text{p.V} = \text{n x } (1 + \alpha).\text{R.T}$

$$\text{p x} < \text{MM} > = \text{d x } (1 + \alpha).\text{R.T} \quad \text{(Equação I)}$$

Cálculo do grau de dissociação (α), a partir da Equação I: $\text{d} = \frac{\text{p x<MM>}}{(1+ \alpha)\text{x R x T}}$

$$(1 + \alpha) \text{ x } 0{,}08206 \text{ x } (27 + 273) \text{ x } 7{,}063 = 1 \text{ x } 208{,}5$$

$$(1 + \alpha) \text{ x } 0{,}08206 \text{ x } 300 \text{ x } 7{,}063 = 208{,}5$$

$$\alpha = 0{,}199 \ (\cong 20{,}0 \ \%)$$

Questão 44

Primeiramente será necessário calcular a massa molecular do ar atmosférico ($<MM>_{ar}$), considerando que a composição apresenta 21% (v/v) de O_2 e 79% (v/v) de N_2.

$<MM>_{ar} = \{(\%)_{N2} \text{ x } <MM>_{N2}\} + \{(\%)_{O2} \text{ x } <MM>_{O2}\}$

$<MM>_{ar}$ = {0,79 x 28} g/mol + {0,21 x 32} g/mol = 28,84 g/mol

Fórmula molecular dos compostos gasosos mencionados, massa molecular e comparação com a densidade do ar atmosférica.

Gás carbônico → CO_2 = 44 g/mol → mais denso que o ar atmosférico
Anidrido sulfuroso → SO_2 = 64 g/mol → mais denso que o ar atmosférico
Acetileno → C_2H_2 = 26 g/mol → menos denso que o ar atmosférico
Neônio → Ne = 20 g/mol → menos denso que o ar atmosférico
Argônio → Ar = 40 g/mol → mais denso que o ar atmosférico
Amoníaco → NH_3 = 17 g/mol → menos denso que o ar atmosférico

Questão 45

Considerando que o gás apresenta comportamento ideal:

$$2{,}50 \text{ x } 10{,}0 = \frac{m_{He}}{4{,}0} \text{ x } 0{,}08206 \text{ x } (37 + 273)$$

$$25{,}0 = \frac{m_{He}}{4{,}0} \text{ x } 0{,}08206 \text{ x } 310$$

$$m_{He} = 3{,}93 \text{ g}$$

Questão 46

Item a) Cálculo do volume crítico: $V_{crítico} = 3 \text{ x } 0{,}115 = 0{,}345 \frac{L}{mol}$

Cálculo da pressão crítica: $P_{crítica} = \frac{a}{27 \text{ x } b^2} = \frac{18}{27 \text{ x } (0{,}115)^2} = 50{,}41 \text{ atm}$

Cálculo da temperatura crítica: $T_{crítica} = \frac{8 \text{ x } a}{27 \text{ x } b \text{ x } R} = \frac{8 \text{ x } 18}{27 \text{ x } 0{,}115 \text{ x } 0{,}08206} = 565{,}16 \text{ K}$

Item b) Determinação das constantes de van der Waals (a e b). Sabendo que a temperatura crítica é dada por: $T_{crítica} = \frac{8 \text{ x } a}{27 \text{ x } b \text{ x } R}$

$$475 = \frac{8a}{27 \text{ x } 0{,}08206 \text{ x } b}$$

$\frac{a}{b} = 131{,}55$ (Equação 1)

A partir da pressão crítica, pode-se tirar a seguinte relação: $P_{crítica} = \frac{a}{27 \text{ x } b^2}$

$$41 = \frac{a}{27 \text{ x } b^2}$$

$$\frac{a}{b^2} = 1107$$

$\frac{a}{b} \text{ x } \frac{1}{b} = 1107$ (Equação 2)

A partir da equação 2, temos: $\frac{a}{b^2} = 1107$

$$\frac{a}{b} \text{x} \frac{1}{b} = 1107$$

Substituindo a equação 1 na equação 2, temos: $\frac{a}{b} \text{x} \frac{1}{b} = 1107$

$$131{,}55 \text{ x} \frac{1}{b} = 1107$$

b = 0,119 L.mol^{-1}

Cálculo da constante de van der Waals (a). Substituindo o valor de b na equação 1, temos: $\frac{a}{b} = 131{,}55$

$$\frac{a}{0{,}119} = 1107$$

$$a = 15{,}65 \text{ atm.} L^2 . mol^{-2}$$

Cálculo do volume crítico (V_c): $V_{crítico} = 3 \text{ x } 0{,}119 = 0{,}357 \frac{L}{mol}$

Questão 47

Item a) Considerando o gás com comportamento ideal:

$$p^{ideal} x\ 12{,}50 = \frac{750}{71} x\ 0{,}08206\ x\ (127 + 273)$$

$p^{ideal} = 12{,}27\ atm$

Item b) Considerando o gás com comportamento real:

$$\left\{p^{real} + \frac{6{,}49}{\left(\frac{12{,}50}{750/71}\right)^2}\right\} x\ \{1{,}18 - 0{,}0592\} = 0{,}08206\ x\ 400$$

$p^{real} = 24{,}62\ atm$

Item c) Cálculo do fator de compressibilidade: $Z = \frac{p^{real}}{p^{ideal}} = \frac{24{,}62\ atm}{27{,}74\ atm} = 0{,}89$

Para Z < 1 → Forças atrativas.

Item d) Cálculo da temperatura de Boyle (T_B): $T_B = \frac{a}{b\ x\ R} = \frac{6{,}49}{0{,}0592\ x\ 0{,}08206} = 1335{,}95\ K$

Item e) Volume crítico: $V_{crítico} = 3\ x\ b = 3\ x\ 0{,}0592 = 0{,}178\ L.mol^{-1}$

Pressão crítica: $P_{crítica} = \frac{a}{27.b^2} = \frac{6{,}49}{27\ x\ (0{,}0592)^2} = 68{,}59\ atm$

Temperatura crítica: $T_{crítica} = \frac{8.a}{27.b.R} = \frac{8\ x\ 6{,}49}{27\ x\ 0{,}0592\ x\ 0{,}08206} = 395{,}84\ K$

Questão 48

Cálculo do número de mol de gás cloro: $n_{Cl_2} = \frac{m_{Cl_2}}{<MM>_{Cl_2}} = \frac{550}{71} = 7{,}75\ mol$

Cálculo do volume molar: $V_{molar} = \frac{25}{7{,}75} = 3{,}22\ L.mol^{-1}$

Item a) Considerando que o gás apresente comportamento ideal: p^{ideal} x 25 = 7,75 x 0,08206 x (125 + 273)

P^{ideal} = 10,12 atm

Item b) Considerando que o gás apresente comportamento real: $\left\{p^{real} + \frac{6{,}49}{(3{,}22)^2}\right\} x\ \{3{,}22 - 5{,}62\ x\ 10^{-2}\} = 0{,}08206\ x\ (125 + 273)$

$p^{real} = 9{,}70\ atm$

Item c) Cálculo do fator de compressibilidade (Z): Sabendo que o fator de compressibilidade é a relação entre o comportamento real e ideal, temos: $Z = \frac{p^{Real}}{p^{Ideal}} = \frac{9{,}70\ atm}{10{,}12\ atm} = 0{,}958$

Item d) A força dominante trata-se das forças atrativas, uma vez que Z < 1.

Item e) Cálculo da pressão de Cl_2, considerando comportamento real, a partir do fator de compressibilidade:

$$p \times \underbrace{\frac{V}{n}}_{V_{molar}} = Z \times R \times T$$

$$p = \frac{0{,}958 \times 0{,}08206 \times 398}{3{,}22} = 9{,}72 \text{ atm}$$

Item f) Cálculo da pressão crítica, temperatura crítica e volume crítico:

Pressão crítica: $P_{crítica} = \frac{a}{27 \times b^2} = \frac{6{,}49}{27 \times (5{,}62 \times 10^{-2})^2} = 76{,}10 \text{ atm}$

Temperatura crítica: $T_{crítica} = \frac{8 \times a}{27 \times b \times R} = \frac{8 \times 6{,}49}{27 \times 5{,}62 \times 10^{-2} \times 0{,}08206} = 416{,}97 \text{ K}$

Volume crítico: $V_{crítico} = 3 \times b = 3 \times (0{,}0562) = 0{,}169 \text{ L.mol}^{-1}$

Item g) Temperatura de Boyle (TBOYLE): $T_B = \frac{a}{b \times R} = \frac{6{,}49}{5{,}62 \times 10^{-2} \times 0{,}08206} = 1407{,}27 \text{ K}$

Questão 49

Equação química:

$$2KHCO_{3(aquoso)} + H_2SO_{4(aquoso)} \rightarrow K_2SO_{4(aquoso)} + 2H_2O_{(líquido)} + 2CO_{2(gás)}$$

Relação estequiométrica entre a solução aquosa de ácido sulfúrico e o dióxido de carbono no estado gasoso:

$1 \text{ mol de } H_2SO_{4(aq)} --- 2 \text{ mol de } CO_{2(g)}$
$n_{ácido} ---------- n_{gás}$
$2 \times n_{ácido} = n_{gás}$

Considerando que o gás apresenta comportamento ideal temos: $2 \times [\text{ácido}] \times V_{ácido} = \frac{pV}{RT}$

$$2 \times [\text{ácido}] \times 0{,}125 = \frac{\left(\frac{765}{760}\right) \times 2{,}50}{0{,}08206 \times 293}$$

$$[\text{ácido}] = 0{,}416 \frac{\text{mol}}{\text{L}}$$

Questão 50

Para a resolução deste problema será necessário considerar os gases como ideais, relacionando sua densidade com a pressão.
$d = \frac{p \times <MM>}{R \times T}$

Estudando em função do gás etileno: $d_{C_2H_4} = \frac{p \times <MM>}{R \times T} = \frac{800 \times 28}{R \times T_{C_2H_4}} = \frac{22400}{R \times T_{C_2H_4}}$

Estudando em função do gás oxigênio: $d_{O_2} = \frac{p \times <MM>}{R \times T} = \frac{700 \times 32}{R \times (20+273)} = \frac{22400}{293 \times R}$

Igualando as densidades dos compostos gasosos: $d_{C_2H_4} = d_{O_2}$

$$\frac{22400}{\cancel{R} \times T_{C_2H_4}} = \frac{22400}{293 \times \cancel{R}}$$

$$\frac{\cancel{22400}}{\cancel{R} \times T_{C_2H_4}} = \frac{\cancel{22400}}{293 \times \cancel{R}}$$

$$T_{C_2H_4} = 293\ K$$

Questão 51

Equação química: Fluxo de ar seco + vapor de água → Fluxo de ar úmido.

Cálculo da massa molar do fluxo de ar úmido:

$$< MM >_{\text{fluxo de ar úmido}} = \frac{(98\%\ x\ 28{,}96) + (2\%\ x\ 18)}{100\%} = \frac{2874{,}08}{100}$$

$$< MM >_{\text{fluxo de ar úmido}} = 28{,}74\frac{g}{mol}$$

Conversão da pressão em atmosferas: $p = \frac{100000}{101325} = 0{,}987\ atm$

Cálculo da massa específica do ar úmido: $\rho_{\text{fluxo de ar úmido}} = \frac{p\ x {<}MM{>}_{\text{fluxo de ar úmido}}}{R\ x\ T}$

$$\rho_{\text{fluxo de ar úmido}} = \frac{0{,}987\ x\ 28{,}74}{0{,}08206\ x\ (14{,}25 + 273)} = 1{,}20\frac{g}{L}$$

Questão 52

Cabe ressaltar que o termo mais correto para o enunciado deste problema seria: “85,0% em massa de MnO_2 e não em peso como está relatado”. Equação química: $4HCl + MnO_2 \rightarrow Cl_2 + MnCl_2 + H_2O$

Cálculo da massa pura de óxido de manganês IV: $m_{MnO_2} = 30{,}70\ x\ 0{,}85 = 26{,}095\ g$

Cálculo do número de mol de óxido de manganês IV: $n_{MnO_2} = \frac{26{,}095}{87} = 0{,}300\ mol$

Cálculo do número de mol de cloro gasoso, a partir da relação estequiométrica:

$1\ mol\ de\ MnO_2 ------ 1\ mol\ de\ Cl_{2(g)}$

$0{,}300\ mol\ de\ MnO_2 ---- n_{Cl_{2(g)}}$

$n_{Cl_{2(g)}} = 0{,}300\ mol$

Cálculo do volume de cloro gasoso, a partir da equação dos gases ideais:

$$V_{Cl_2} = \frac{n_{Cl_2}RT}{p} = \frac{0{,}300\ x\ 0{,}08206\ x\ (27+273)}{\frac{738}{760}} = 7{,}60\ L$$

Questão 53

A partir da equação dos gases ideais, é possível calcular a massa molar da espécie gasosa de forma direta, conforme pode ser observado a seguir.

$$< MM > = \frac{760\ x\ 0{,}08\ x\ 0{,}08206\ x\ (27 + 273)}{720\ x\ 30\ x\ 10^{-3}} = 69{,}29\frac{g}{mol}$$

Questão 54

A pressão de vapor de uma substância aumenta com o aumento da temperatura. Quando a pressão de vapor se iguala à pressão local (pressão atmosférica), o líquido entra em ebulição. Portanto, em um local onde a pressão atmosférica é 0,70 atm, a água entra em ebulição em uma temperatura menor que 100°C.

Questão 55

Para a resolução deste problema será necessário a utilização da equação dos gases ideais.

Informação do problema: $p_B = 0{,}81\ x\ p_A$

Analisando o tubo A: $p_A\ x\ V_A = n_A\ x\ R\ x\ 400$

Analisando o tubo B: $0{,}81 \text{ x } p_A \text{ x } V_B = n_B \text{ x R x } 324$

Considerando que o processo seja isocórico (volume constante) e dividindo a equação A pela equação B, temos: $\frac{\cancel{p_A} \text{ x } \cancel{V_A}}{0{,}81 \text{ x } \cancel{p_A} \text{ x } \cancel{V_B}} = \frac{n_A \text{ x R x } 400}{n_B \text{ x R x } 324}$

$0{,}81 \text{ x } n_A \text{ x } \cancel{R} \text{ x } 400 = n_B \text{ x } \cancel{R} \text{ x } 324$

$\boxed{n_A = n_B}$

Logo irão sobrar 0,50 mol no balão A.

Questão 56

Cálculo da massa de carbonato de sódio:

$1 \text{ L de solução} ------ 1{,}06 \text{ g de sal}$

$0{,}100 \text{ L de solução} ---- m_{sal}$

$$m_{sal} = \frac{0{,}100 \text{ x } 1{,}06}{1{,}0} = 0{,}106 \text{ g de carbonato de sódio}$$

Equação química: $Na_2CO_3 + 2HCl \rightarrow 2NaCl + H_2O + CO_2$

$1 \text{ mol de } Na_2CO_3 ------ 1 \text{ mol de } CO_2$

$n_{sal} -------------- n_{gás}$

$n_{sal} = n_{gás}$

Considerando que o gás apresenta comportamento ideal, temos: $\frac{m_{sal}}{<MM>_{sal}} = \frac{p \text{ x } V}{R \text{ x } T}$

$$\frac{0{,}106}{106} = \frac{\left(\frac{750}{760}\right) \text{ x } V}{0{,}08206 \text{ x } (27 + 273)}$$

$$V = 0{,}025 \text{ L } (0{,}025 \text{ dm}^3 \cong 25 \text{ cm}^3)$$

Questão 57

(GRILLO) Para a resolução deste problema que foi aplicado na turma de técnica de química no ano de 2017, primeiramente será necessário realizar o balanceamento pelo método REDOX, em que o sulfeto de cobre II é o agente redutor e a solução de ácido nítrico é o agente oxidante.

Equação química: $CuS_{(sólido)} + 8HNO_{3(aquoso)} \longrightarrow Cu(NO_3)_{2(sólido)} + 4H_2O_{(líquido)} + 6NO_{2(gás)} + SO_{2(gás)}$

Cálculo do número de mol de sulfeto de cobre II: $n_{CuS} = \frac{1000}{95{,}55} = 10{,}46 \text{ mol}$

Cálculo do número de mol de dióxido de nitrogênio e dióxido de enxofre, a partir da relação estequiométrica:

$1 \text{ mol de CuS} ------ 6 \text{ mol de } NO_2 --- 1 \text{ mol de } SO_2$

$10{,}46 \text{ mol de CuS} ---- n_{NO_2} -------- n_{SO_2}$

$n_{NO_2} = 62{,}76 \text{ mol}$

$n_{SO_2} = 10{,}46 \text{ mol}$

Cálculo do volume dos gases produzidos, utilizando a equação dos gases ideais:

Analisando o dióxido de nitrogênio: $V_{NO_2} = \frac{62{,}76 \text{ x } 0{,}08206 \text{ x } 300}{2{,}0} = 772{,}54 \text{ L}$

Analisando o dióxido de enxofre: $V_{SO_2} = \frac{10{,}46 \text{ x } 0{,}08206 \text{ x } 300}{2{,}0} = 128{,}75 \text{ L}$

Questão 58

(GRILLO) Equação química:

$3(NH_4)_2CO_{3(aq)} + 2H_3PO_{4(aq)} \rightarrow 2(NH_4)_3PO_{4(aq)} + 3H_2O_{(l)} + 3CO_{2(gás)}$

Item a) Cálculo da massa de fosfato de amônio formado, a partir do ácido fosfórico.

2 mol de H_3PO_4 – – – 2 mol de $(NH_4)_3PO_4$
2 x 98 g – – – – – – – – 2 x 149 g
490 g – – – – – – – – – m_{sal}

$$m_{sal} = \frac{490 \text{ x } 2 \text{ x } 149}{2 \text{ x } 98} = \frac{146020}{196} = 745 \text{ g}$$

Item b) Os produtos formados são: solução de fosfato de amônio, água e dióxido de carbono.

Item c) Cálculo do número de mol de ácido fosfórico: $n_{ácido} = \frac{490}{98} = 5 \text{ mol}$

Cálculo do número de mol de dióxido de carbono, a partir da relação estequiométrica:

$3(NH_4)_2CO_3 + 2H_3PO_4 \rightarrow 2(NH_4)_3PO_4 + 3H_2O + 3CO_2$

2 mol de H_3PO_4 – – – – – – – 3 mol de CO_2
5 mol de H_3PO_4 – – – – – – – n_{CO_2}

$$n_{CO_2} = \frac{5 \text{ x } 3}{2} = 7{,}50 \text{ mol}$$

Cálculo do volume de dióxido de carbono nas condições normais ambientais de temperatura e pressão - CNATP:

$$V_{CO_2} = \frac{n_{CO_2} \text{ x R x T}}{p} = \frac{7{,}50 \text{ x } 0{,}08206 \text{ x } (25 + 273)}{1} = 183{,}40 \text{ L}$$

Item d) Cálculo do volume de dióxido de carbono nas condições normais de temperatura e pressão - CNTP:

$$V_{CO_2} = 22{,}4 \frac{\text{L}}{\text{mol}} \text{ x } n_{CO_2} = 22{,}4 \text{ x } 7{,}50 = 168 \text{ L}$$

Questão 59

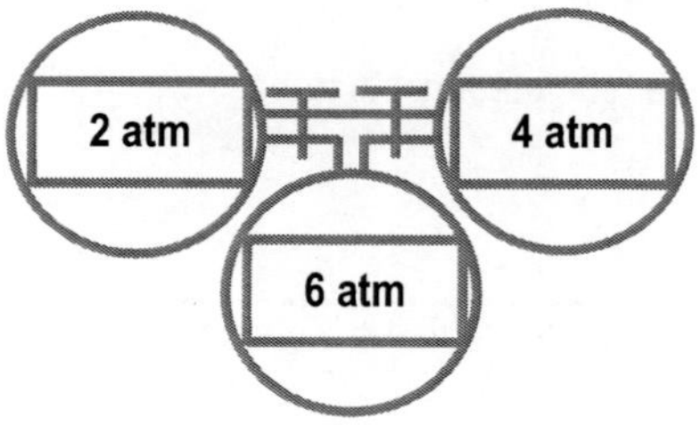

Cálculo do número de mol (n_1) para o recipiente que apresenta pressão igual a 2 atm: $n_1 = \frac{2 \text{ x } 0{,}2}{0{,}08206 \text{ x } (27+273)} = 1{,}62 \text{ x } 10^{-2} \text{ mol}$

Cálculo do número de mol (n_2) para o recipiente que apresenta pressão igual a 4 atm: $n_2 = \frac{pV}{RT} = \frac{4 \text{ x } 0{,}2}{0{,}08206 \text{ x } (27+273)} = 3{,}25 \text{ x } 10^{-2} \text{ mol}$

Cálculo do número de mol (n_3) para o recipiente que apresenta pressão igual a 6 atm: $n_3 = \frac{pV}{RT} = \frac{6 \text{ x } 0{,}2}{0{,}08206 \text{ x } (27+273)} = 4{,}87 \text{ x } 10^{-2} \text{ mol}$

Cálculo do número de mol total (n_{Total}): $n_{Total} = n_1 + n_2 + n_3$

$$n_{Total} = 1{,}62 \times 10^{-2}\ mol + 3{,}25 \times 10^{-2}\ mol + 4{,}87 \times 10^{-2}\ mol = 9{,}74 \times 10^{-2}\ mol$$

Cálculo da pressão total do sistema, a partir da utilização da equação dos gases ideais:

$$p_{Total} = \frac{9{,}74 \times 10^{-2} \times 0{,}08206 \times 300}{0{,}60} = 4{,}0\ atm$$

Cálculo das pressões parciais:

$$P_1 = X_1 \times p_{total} = \left(\frac{1{,}62 \times 10^{-2}\ mol}{9{,}74 \times 10^{-2}\ mol}\right) \times 4{,}0\ atm = 0{,}66\ atm$$

$$P_2 = X_2 \times p_{total} = \left(\frac{3{,}25 \times 10^{-2}\ mol}{9{,}74 \times 10^{-2}\ mol}\right) \times 4{,}0\ atm = 1{,}33\ atm$$

$$P_3 = X_3 \times p_{total} = \left(\frac{4{,}87 \times 10^{-2}\ mol}{9{,}74 \times 10^{-2}\ mol}\right) \times 4{,}0\ atm = 2{,}00\ atm$$

Questão 60

Considerando que o ar atmosférico apresenta composição igual a 21% de oxigênio e 79% de nitrogênio, logo será necessário calcular o número de mol de N_2. Pela equação química há um consumo de 11 mol de O_2, conforme pode ser observado a seguir:

$4FeS_{2(sólido)} + 11O_{2(gás)} \rightarrow 2Fe_2O_{3(sólido)} + 8SO_{2(gás)}$

11 mol de O_2 --------- 21%

n_{N2} ---------------------- 79%

n_{N2} = 41,38 mol

A equação química com a presença de nitrogênio fica da seguinte maneira:

$4FeS_{2(sólido)} + 11O_{2(gás)} + 41{,}38N_{2(gás)} \rightarrow 2Fe_2O_{3(sólido)} + 8SO_{2(gás)} + 41{,}38N_{2(gás)}$

Cálculo do número de mol de ar: $4FeS_{2(sólido)} + 11O_{2(gás)} + 41{,}38N_{2(gás)} \rightarrow$

4 mol de FeS_2 ------------------- (11 + 41,38) de ar

$\frac{100000}{120}$ mol ----------------------- n_{ar}

$$n_{ar} = \frac{100000\ 52{,}38}{4 \times 120} = 10912{,}50\ mol$$

Cálculo do volume de ar, considerando que o gás apresenta comportamento ideal: $V_{ar} = \frac{10912{,}50 \times 0{,}08206 \times (225+273)}{2{,}50} = 178379\ L$

Questão 61

Item a) Cálculo do volume do gás (V), a partir da equação dos gases reais em função do fator de compressibilidade: $V = \frac{Z \times n \times R \times T}{p} = \frac{0{,}80 \times 6{,}0 \times 10^{-3} \times 0{,}08206 \times 280}{19}$

$V = 5{,}80 \times 10^{-3} L\ (5{,}80\ mL)$

Item b) Equação química: $CaCO_{3(sólido)} \overset{\Delta}{\rightleftarrows} CaO_{(sólido)} + CO_{2(gás)}$. Sabendo que uma atmosfera corresponde aproximadamente 10^5 Pascal, temos:

1 atm ---------- 10^5 Pa

P_{CO2} ------------ $1{,}50 \times 10^6$ Pa

P_{CO2} = 15 atm

Cálculo da massa de dióxido de carbono (m_{CO_2}):

$$m_{CO_2} = \frac{p \times V \times < MM >_{CO_2}}{R \times T} = \frac{15 \times 0{,}50 \times 44}{0{,}08206 \times (37 + 273)} = 12{,}97 \text{ g}$$

Cálculo da massa de carbonato de cálcio, a partir do processo estequiométrico:
1 mol de $CaCO_3$ ---------- 1 mol de CO_2
100 g de $CaCO_3$ ---------- 44 g de CO_2 x (0,75)
0,45 x m_{CaCO3} -------------- 12,87 g

$$m_{CaCO3} = \frac{12{,}87 \times 100}{44 \times 0{,}75 \times 0{,}45} = \frac{1287}{14{,}85} = 86{,}67 \text{ g}$$

Item b) Tabela de equilíbrio químico e base de cálculo: n mol inicial de pentacloreto de fósforo.

	$PCl_{5(gás)}$	$PCl_{3(gás)}$	$Cl_{2(gás)}$
Início	n	0	0
Reage	nα	nα	nα
Equilíbrio	n - nα	nα	nα

Cálculo do número de mol total (n_{Total}): n_{Total} = n ~~- nα + nα~~ + nα
n_{Total} = n + nα

Considerando que os gases que estão no equilíbrio e que apresentam comportamento ideal, a relação entre a densidade e o grau de dissociação é dada pela seguinte equação matemática: $pV = n(1 + \alpha)RT$

$$pV = \frac{m}{< MM >} \times (1 + \alpha) \times R \times T$$

$$< MM > = \frac{m \times (1 + \alpha) \times R \times T}{V \times p}$$

$$\boxed{< MM > = \frac{d \times (1 + \alpha) \times R \times T}{p}}$$

Item c) Sabendo que a densidade proposta pelo problema é igual a 1,42 kg.m^{-3} o que equivale a 1,42 g.L^{-1}, o grau de dissociação (α) será:

$$208{,}5 = \frac{1{,}42 \times (1 + \alpha) \times 0{,}08206 \times 600}{0{,}50}$$

$$1 + \alpha = \frac{104{,}25}{69{,}91}$$

$$\alpha = 1{,}49 - 1{,}0 = 0{,}49 \ (49\%)$$

Questão 62

Cálculo do número de mol total: $n_{Total} = n_{CO2} + n_{O2} + n_{N2}$

n_{Total} = 0,65 mol + 1,75 mol + 0,95 mol = 3,35 mol

Cálculo da massa molar da mistura ($<MM>_{mistura}$):

$$< MM >_{mist.} . X_{mist.} = < MM >_{CO_2} . \left(\frac{n_{CO_2}}{n_{Total}}\right) + < MM >_{O_2} . \left(\frac{n_{O_2}}{n_{Total}}\right) + < MM >_{N_2} . \left(\frac{n_{N_2}}{n_{Total}}\right)$$

$$< MM >_{mist.} \times 1{,}0 = 44{,}0 \times \left(\frac{0{,}65}{3{,}35}\right) + 32{,}0 \times \left(\frac{1{,}75}{3{,}35}\right) + 28{,}0 \times \left(\frac{0{,}95}{3{,}35}\right) = 33{,}20 \frac{g}{mol}$$

Cálculo da pressão total da mistura, a partir da relação com a densidade da mistura:

$$p_{Total} = \frac{1{,}80 \text{ x } 0{,}08206 \text{ x } (47 + 273)}{33{,}20} = 1{,}42 \text{ atm}$$

Item a) Cálculo do volume total da mistura gasosa (V_{Total}):

$$V_{Total} = \frac{n_{Total} \text{ x R x T}}{p_{Total}} = \frac{3{,}35 \text{ x } 0{,}08206 \text{ x } (47 + 273)}{1{,}42} = 61{,}95 \text{ L}$$

Item b) Cálculo dos volumes parciais, aplicando a Lei de Amagat:

$$V_{CO_2} = \left(\frac{n_{CO_2}}{n_{Total}}\right) \text{ x } V_{Total} = \left(\frac{0{,}65}{3{,}35}\right) \text{ x } 61{,}95 \text{ L} = 12{,}02 \text{ L}$$

$$V_{O_2} = \left(\frac{n_{O_2}}{n_{Total}}\right) \text{ x } V_{Total} = \left(\frac{1{,}75}{3{,}35}\right) \text{ x } 61{,}95 \text{ L} = 32{,}36 \text{ L}$$

$$V_{N_2} = \left(\frac{n_{N_2}}{n_{Total}}\right) \text{ x } V_{Total} = \left(\frac{0{,}95}{3{,}35}\right) \text{ x } 61{,}95 \text{ L} = 17{,}57 \text{ L}$$

Item 3) Cálculo das pressões parciais, aplicando a Lei de Dalton:

$$P_{CO_2} = \left(\frac{n_{CO_2}}{n_{Total}}\right) \text{ x } P_{Total} = \left(\frac{0{,}65}{3{,}35}\right) \text{ x } 1{,}42 \text{ atm} = 0{,}275 \text{ atm}$$

$$P_{O_2} = \left(\frac{n_{O_2}}{n_{Total}}\right) \text{ x } P_{Total} = \left(\frac{1{,}75}{3{,}35}\right) \text{ x } 1{,}42 \text{ atm} = 0{,}742 \text{ atm}$$

$$P_{N_2} = \left(\frac{n_{N_2}}{n_{Total}}\right) \text{ x } P_{Total} = \left(\frac{0{,}95}{3{,}35}\right) \text{ x } 1{,}42 \text{ atm} = 0{,}403 \text{ atm}$$

Questão 63

Aplicando a equação dos gases reais que leva em consideração o fator de compressibilidade, é possível calcular a massa do referido gás. $pV = Z \text{ x } \frac{Massa}{<MM>} \text{ x RT}$

$$Massa = \frac{75 \text{ x } 89 \text{ x } 28}{0{,}933 \text{ x } 0{,}08206 \text{ x } (10 + 273)} = \boxed{8629 \text{ g } (8{,}63 \text{ kg})}$$

Questão 64

Equação química: $4FeS_{2(sólido)} + 11O_{2(gás)} \longrightarrow 2Fe_2O_{3(sólido)} + 8SO_{2(gás)}$

Cálculo do número de mol de gás nitrogênio, a partir de 11 mol de gás oxigênio:

$11 \text{ mol de } O_2 - - - - 21\%$

$n_{N_2} - - - - - - - - 79\%$

$$n_{N_2} = \frac{11 \text{ x } 79}{21} = 41{,}38 \text{ mol}$$

Equação química com a presença do gás nitrogênio: $4FeS_{2(s)} + 11O_{2(g)} + 41{,}38N_{2(g)} \longrightarrow 2Fe_2O_{3(s)} + 8SO_{2(g)} + 41{,}38N_{2(g)}$

Cálculo do número de mol de pirita: $n_{pirita} = \frac{100}{(56+64)} = \frac{100}{120} = 0{,}83 \text{ mol}$

Cálculo do número de mol de ar atmosférico: $4FeS_{2(sólido)} + \mathbf{11O_{2(gás)}} + \mathbf{41{,}38N_{2(gás)}} \longrightarrow 2Fe_2O_{3(sólido)} + 8SO_{2(gás)} + 41{,}38N_{2(gás)}$

$$(11 + 41{,}38)\ \text{mol de ar} - - - - 4\ \text{mol de FeS}_2$$
$$n_{ar} - - - - - - - - - - - - - - 0{,}83\ \text{mol de FeS}_2$$
$$n_{ar} = \frac{0{,}83 \times 52{,}38}{4} = 10{,}87\ \text{mol}$$

Cálculo do volume de ar atmosférico: $V = \frac{10{,}87 \times 0{,}08206 \times (225+273)}{2{,}5} = 177{,}68\ L$

Questão 65

Item a) Cálculo do fator de compressibilidade: $Z = \frac{p \times V}{n \times R \times T} = \frac{0{,}9 \times 1700}{1{,}50 \times 0{,}08206 \times (0+273)} = 45{,}53$

Item b) Cálculo da pressão, volume e temperatura crítica: Volume crítico: $V_{crítico} = 3 \times b = 3 \times 0{,}0428 = 0{,}128 \frac{L}{mol}$

Temperatura crítica: $T_{crítica} = \frac{8 \times a}{27 \times b \times R} = \frac{8 \times 2{,}25}{27 \times 0{,}0428 \times 0{,}08206} = \frac{18}{0{,}948} = 18{,}99\ K$

Pressão crítica: $P_{crítica} = \frac{a}{27 \times b^2} = \frac{2{,}25}{27 \times (0{,}0428)^2} = 45{,}49\ atm$

Item c) Cálculo da temperatura de Boyle: $T^{BOYLE} = \frac{a}{b \times R} = \frac{2{,}25}{0{,}0428 \times 0{,}08206} = 640{,}63\ K$

Questão 66

O objetivo desta questão é determinar a pressão parcial dos compostos gasosos, sabendo que levaremos em consideração que o oxigênio apresenta 21% de oxigênio molecular e o nitrogênio molecular apresenta uma composição de 79%.

Diante desta informação, as frações molares das espécies gasosas são as seguintes: $X_{O_2} = 0{,}21$ e $X_{N_2} = 0{,}79$.

Cálculo da pressão total: Sabendo que a cada dez metros corresponde em média uma atmosfera (1 atm), temos que:

$$p_{total} = 1\ atm + \left(\frac{200\ m}{10\ m}\right) \times 1\ atm = 21\ atm$$

Cálculo das pressões parciais:
$$P_{O_2} = X_{O_2} \times p_{total} = 0{,}21 \times 21 = 16{,}59\ atm$$
$$P_{N_2} = X_{N_2} \times p_{total} = 0{,}79 \times 21 = 4{,}41\ atm$$

Questão 67

Analisando a tabela fornecida pelo enunciado do problema.

Reação Química	Equação Química	Q_v (kJ.mol^{-1})
I	A + ½ B ⟶ D	?
II	A + B ⟶ C	400
III	D + ½ B ⟶ C	300

Item a) Através das equações químicas II e III, temos:
Equação química II: A + B ⟶ C Q_v = - 400 kJ.mol^{-1}
Equação química III: D + ½ B ⟶ C Q_v = - 300 kJ.mol^{-1}

Aplicando a definição de Hess para a determinação da quantidade de calor a volume constante:
A + B ⟶ ~~C~~ Qv = - 400 kJ.mol^{-1}
~~C~~ ⟶ D + ½ B Qv = + 300 kJ.mol^{-1} +

A + B ⟶ D Qv = - 100 kJ.mol^{-1}

Para cada 0,10 mol do reagente A, temos: $Q_V = -100\,\frac{kJ}{mol}\ x\ 0{,}10\ mol = -10{,}0\ kJ$

Item b) Cálculo da temperatura final (T_F): $Q_V = n\ x\ C_V\ x\ \Delta T$

$10000 = 0{,}40\ x\ 83{,}33\ x\ (T_{final} - 300)$

$T_{final} = 300 + 300 = 600\ K$

Item c) Cálculo da pressão final e inicial, considerando que o gás apresenta comportamento real:

Pressão inicial: $\left\{p^{inicial} + \frac{(0{,}40)^2 x\ 62{,}5}{(10)^2}\right\} x\ \{10 - 0{,}40\ x\ 0{,}40\} = 0{,}40\ x\ 0{,}08206\ x\ 300$

$p^{inicial} = 0{,}90\ atm$

Cálculo da pressão final:

$$\left\{p^{final} + \frac{(0{,}40)^2 x\ 62{,}5}{(10)^2}\right\} x\ \{10 - 0{,}40\ x\ 0{,}40\} = 0{,}40\ x\ 0{,}08206\ x\ 600$$

$p^{inicial} = 1{,}90\ atm$

Questão 68

(GRILLO) Cálculo do volume do ar atmosférico: V = 5 m x 3 m x 3 m = 45 m³

Levando em consideração que o ar atmosférico apresenta composição igual a 21% de oxigênio e 79% de nitrogênio, temos:

$$< MM >_{ar} = 0{,}21\ x < MM >_{O_2} + 0{,}79\ x < MM >_{N_2}$$

$$< MM >_{ar} = 0{,}21\ x\ 32 + 0{,}79\ x\ 28 = 28{,}84\,\frac{g}{mol}$$

Cálculo da massa de ar atmosférico, levando em consideração que esta massa gasosa apresenta comportamento ideal.

$$Massa = \frac{1\ x\ 45000\ x\ 28{,}84}{0{,}08206\ x\ (20 + 273)} = 53976{,}99\ g\ (53{,}98\ kg)$$

Questão 69

(GRILLO)

Cálculo do número de mol de oxigênio: $n_{O_2} = \frac{\left(\frac{200}{760}\right) x\ 200\ x\ 10^{-3}}{0{,}08206\ x\ T} = \frac{0{,}641}{T}$

Cálculo do número de mol de nitrogênio: $n_{N_2} = \frac{\left(\frac{100}{760}\right) x\ 300\ x\ 10^{-3}}{0{,}08206\ x\ T} = \frac{0{,}481}{T}$

Cálculo do número de mol total: $n_{TOTAL} = n_{O2} + n_{N2} = \frac{0{,}641}{T} + \frac{0{,}481}{T} = \frac{1{,}122}{T}$

Cálculo da pressão total: $p_{Total} = \frac{1000\ x\ 1{,}122\ x\ 0{,}08206\ x\ T}{500\ x\ T} = 0{,}184\ atm$

Cálculo das pressões parciais:

$$p_{O_2} = \frac{\frac{0{,}641}{\cancel{T}}}{\frac{1{,}122}{\cancel{T}}} x\ 0{,}184\ atm = 0{,}105\ atm$$

$$P_{O_2} = \frac{\frac{0{,}481}{\cancel{T}}}{\frac{1{,}122}{\cancel{T}}} \text{ x } 0{,}184 \text{ atm} = 0{,}079 \text{ atm}$$

Questão 70

Item A) Cálculo do volume aparente: $\text{Volume} = \frac{b}{N}$

$$\text{Volume} = \frac{2{,}370 \text{ x } 10^{-5}}{6{,}02 \text{ x } 10^{23}} \text{x} \frac{1 \text{ pm}^3}{(10^{-12})^3}$$

$$\text{Volume} = 0{,}394 \text{ x } 10^{-28} \text{ x } 10^{+36} = 3{,}94 \text{ x } 10^{+7} \text{ pm}^3$$

Item B) Cálculo do raio atômico: $\text{Volume} = 3{,}94 \text{ x } 10^{+7} \text{ pm}^3$

$$\frac{4 \text{ x } \pi \text{ x } R^3}{3} = 3{,}94 \text{ x } 10^{+7}$$

$$R^3 = \frac{0{,}394 \text{ x } 10^{-28}}{4{,}19}$$

$$R^3 = 9{,}40 \text{ x } 10^{-30}$$

$$R = 2{,}11 \text{ x } 10^{-10} \cancel{\text{m}} \text{ x} \frac{1 \text{ pm}}{10^{-12} \cancel{\text{m}}} = 211 \text{ pm}$$

Questão 71

Item a) Cálculo da massa molar, a partir da relação da densidade com a pressão do sistema reacional: $8{,}0 \text{ x } 0{,}08206 \text{ x } 300 = 2{,}81 \text{ x } < \text{MM} >$

$$< \text{MM} > = 70{,}0 \frac{\text{g}}{\text{mol}}$$

Item b) Fórmula molecular: CHF_3 (Fluorato de metano)

Item c) Densidade do gás em 1,0 atm e 25°C: $d = \frac{\text{p x<MM>}}{\text{R x T}} = \frac{1{,}0 \text{ x } 70}{0{,}08206 \text{ x } 298} = 2{,}86 \frac{\text{g}}{\text{L}}$

Questão 72

(GRILLO) Realizando o balanceamento pelo método da oxidação-redução (REDOX): $2NaCl + MnO_2 + 2H_2SO_4 \rightarrow Na_2SO_4 + MnSO_4 + Cl_2 + 2H_2O$

$NaCl$ = cloreto de sódio (agente redutor)

MnO_2 (dióxido de manganês) = agente oxidante

Cálculo da massa de cloro gasoso, a partir da relação estequiométrica:

2 mol de NaCl ------------- 1 mol de Cl_2

2 x 58,5 g ------------------ 1 x 71 g x 0,78

300 g ------------------------ massa

Massa = 142 g de cloro gasoso

Cálculo do volume de cloro, a partir da aplicação da equação dos gases ideais:

$$V_{Cl_2} = \frac{\left(\frac{142}{71}\right) \text{ x } 0{,}08206 \text{ x } 310}{2{,}50} = 20{,}35 \text{ L } (20{,}35 \text{ x } 10^{-3} \text{ m}^3)$$

Questão 73

(GRILLO) Realizando o balanceamento pelo método da oxidação-redução: $5H_2O_2 + 2MnO_4^- + 6H^+ \rightarrow 2Mn^{+2} + 5O_2 + 8H_2O$

H_2O_2 = peróxido de hidrogênio (agente redutor)

MnO_4^- (íon permanganato) = agente oxidante

Cálculo do número de mol de peróxido de hidrogênio: $V_{H_2O_2} = \frac{200}{34} = 5{,}88 \text{ mol}$

Cálculo do número de mol de oxigênio molecular, a partir da relação estequiométrica.

5 mol de H_2O_2 -------------------- 5 mol de O_2 x 0,69
0,65 x 5,88 mol ------------------- n_{O2}
n_{O2} = 2,64 mol

Cálculo do volume de oxigênio molecular, a partir da equação dos gases ideais:

$$V_{O_2} = \frac{2{,}64 \text{ x } 0{,}08206 \text{ x } 320}{1{,}50} = 46{,}22 \text{ L}$$

Questão 74

Equação de van der Waals: $\left(p + \frac{a \text{ x } n^2}{V^2}\right) \text{x } (V - n \text{ x } b) = n \text{ x } R \text{ x } T$

Item a) A situação que mais se aproxima, trata-se de 1 mol de gás à pressão muito baixa. Para uma situação em que o sistema gasoso se encontra à baixa pressão, a justificativa qualitativa é que há poucas moléculas por unidade de volume, logo o volume molecular e os contatos moleculares são desprezíveis. Para a justificação quantitativa, temos: $\frac{a \text{ x } n^2}{V^2} \approx 0 \text{ e } V - b \approx V$

Item b) Cálculo da pressão total do sistema gasoso, levando em consideração que o gás apresenta comportamento ideal. $p_{Total} = \frac{1{,}0 \text{ x } 0{,}08206 \text{ x } 300}{1{,}0} = 24{,}60 \text{ atm}$

Item c) Cálculo da pressão do sistema considerando comportamento real:

$$\left[p + \frac{3{,}59 \text{ x } (1)^2}{(1)^2}\right] \text{x } (1{,}0 - 1 \text{ x } 4{,}27 \text{ x } 10^{-2}) = 1 \text{ x } 0{,}08206 \text{ x } 300$$
$$p = 22{,}10 \text{ atm}$$

Item d) a = $3{,}5 \text{x} 10^{-2}$ atm L^2 mol^{-2}

Justificação: o valor que exprime a força com que duas moléculas se atraem, sendo razoável esperar que a atração entre átomos de He seja inferior à que ocorre entre moléculas de CO_2.

Questão 75

Alternativa C.

$(XH_3)_n$: Massa molar do referido composto: <MM> = 16.n e d = 6 $g.L^{-1}$

Equação dos gases ideais: $pV = nRT$

Analisando para o gás oxigênio: $p \text{ x } 1 = \frac{3}{32} \text{x } RT$ (Equação 1)

Analisando para o hidreto: $p \text{ x } V = \frac{m}{<MM>} \text{x } R \text{ x } T$ (Equação 2)

Dividindo a equação (1) pela equação (2): $\frac{p \text{ x } 1}{p \text{ x } V} = \frac{(^3/_{32}) \text{ x } R \text{ x } T}{(^m/_{<MM>}) \text{x } R \text{ x } T}$

$$\frac{1}{V} = \frac{(3/32) \times \cancel{R} \times \cancel{T}}{(m/16n) \times \cancel{R} \times \cancel{T}}$$

$$\frac{m}{V} = \frac{3n}{2}$$

Sabendo que a razão entre a massa e o volume corresponde a densidade d = m/V, o valor de n será: $d = \frac{3n}{2}$

$$6 = \frac{3n}{2}$$

$$n = 4$$

Questão 76

Alternativa E.

Analisando a situação inicial:

Pressão parcial do ar seco: p_{ar} = 760 mmHg – 180 mmHg = 580 mmHg

Observação: 180 mmHg é o valor da pressão máxima de vapor da acetona a 20%.

Analisando a situação final: A redução do volume a 80% de seu valor inicial promove um aumento da pressão parcial do ar, que pode ser calculado por: $580 \times V = (p_{ar})_{final} \times 0{,}8 \times V$

$$(p_{ar})_{final} = \frac{580}{0{,}80} = 725 \text{ mmHg}$$

O fato de parte da acetona da fase vapor ter sofrido condensação não altera a sua pressão máxima de vapor, pois não ocorreu variação de temperatura. Logo, a pressão total final será: $(P_{total})_{final}$ = 725 mmHg + 180 mmHg = 905 mmHg

Questão 77

Alternativa E.

Considerações a serem feitas para a resolução do problema:

- Que o processo seja isobárico (≈ pressão de 1 atm);
- O volume do frasco é constante - processo isocórico;
- R é a constante dos gases;
- A massa molar é a mesma para os dois casos, pois se trata do mesmo gás.

Relação matemática entre o número de mol com a temperatura: $\left\{\frac{p \times V}{R}\right\}_{constante} = n \times T$

Situação I: P = constante; V = constante; T_I = 273 + (127°C) = 400 K e n_I

Situação II: P = constante; V = constante; T_{II} = ? e $n_{II} = n_I - \frac{1}{3} \times n_I = \frac{2}{3} \times n_I$

Cálculo da temperatura II, através da equação combinada dos gases ideais: $n_I \times T_I = n_{II} \times T_{II}$

Sabendo que $n_{II} = \frac{2}{3} \times n_I$, temos: $n_I \times T_I = \frac{2}{3} \times n_I \times T_{II}$

$$n_I \times 400 = \frac{2}{3} \times n_I \times T_{II}$$

T_{II} = 600K (600 – 273 = 327°C)

Questão 78

Alternativa A.

Cálculo do número de mol para cada composto gasoso:

$$n_{CO_2} = \frac{10}{44} = 0{,}227\ \text{mol}$$

$$n_{N_2} = \frac{15}{28} = 0{,}536\ \text{mol}$$

Cálculo da pressão total: $p_{total} = \frac{(0{,}227\ \text{mol} + 0{,}536\ \text{mol})\ x\ 0{,}08206\ x\ (27+273)}{9{,}50} = 1{,}96\ \text{atm}$

Questão 79

Alternativa C.

Situação inicial: $n_A + n_B = 1$ (Equação 1)
Situação final: Informação do problema: $p_B = 0{,}81\ x\ p_A$ (Equação 2)

Expressão da equação dos gases em relação ao recipiente A: $p_A\ x\ V_A = p_B\ x\ V_B$ (Equação 3)

Expressão da equação dos gases em relação ao recipiente B: $p_B\ x\ V_B = n_B\ x\ R\ x\ T$ (Equação 4)

Logo, a equação dos gases em relação a B será: $0{,}81x\ p_A\ x\ V_B = n_B\ x\ R\ x\ T_B$ e considerando que os volumes são iguais $V_A = V_B = V$, temos:

Dividindo a Equação 4 pela Equação 3, temos: $\frac{0{,}81\ x\ \cancel{p_A}\ x\ V}{\cancel{p_A}\ x\ V} = \frac{n_B\ x\ \cancel{R}\ x\ T_B}{n_A\ x\ \cancel{R}\ x\ T_A}$

$$324\ x\ n_A = 324\ x\ n_B$$

$$n_A = n_B$$

Como o número de mol de cada gás é igual, ou seja, cada gás vai apresentar 50% (0,50 mol).

Questão 80

Alternativa D.

Cálculo do número de mol de gás nitrogênio (n_{N_2}):

$$n_{N_2} = \frac{2{,}0\ x\ 0{,}250}{0{,}08206\ x\ (250 + 273)} = 1{,}16\ x\ 10^{-2}\ \text{mol}$$

Cálculo do número de moléculas (X) de gás nitrogênio (N_2):

$$X = 1{,}16\ x\ 10^{-2}\ \cancel{\text{mol}}\ x \frac{6{,}02\ x\ 10^{23}}{1\ \cancel{\text{mol}}} = 7{,}01\ x\ 10^{21}\ \text{moléculas}$$

Cálculo da densidade de gás nitrogênio (N_2), em $g.L^{-1}$: $d = \frac{p\ x\ \langle MM \rangle}{R\ x\ T}$

$$d = \frac{2\ x\ 28}{0{,}08206\ x\ 523} = 1{,}30\ g.L^{-1}$$

Conversão da unidade da densidade para $kg.m^{-3}$: $d = 1{,}30\ g.L^{-1} x \left(\frac{1\ kg}{1000\ g}\right) x \left(\frac{1\ L}{10^{-3} m^3}\right) = 1{,}30\ kg.m^{-3}$

Questão 81

Alternativa D.

Sabendo que a energia cinética é calculada a partir da seguinte fórmula matemática: $E_c = \frac{m \times v^2}{2}$, em que m é a massa e v é a velocidade.

Cálculo da massa em quilogramas (kg), sabendo que a massa atômica do átomo de hidrogênio é igual a 1,0 g.mol^{-1}.

$$m_{H_2} = 2\frac{\cancel{g}}{\cancel{mol}} \times \frac{1\ \cancel{mol}}{6{,}02 \times 10^{23}} \times \frac{1 kg}{1000\ \cancel{g}} = 3{,}32 \times 10^{-27}\ kg$$

Cálculo da energia cinética: $E_c = \frac{m \times v^2}{2} = \frac{3{,}32 \times 10^{-27} \times (1850)^2}{2} = 5{,}68 \times 10^{-21}\ J$

Questão 82

Alternativa A.

Analisando o recipiente 1 - Cálculo do número de mol: $n_1 = \frac{p_1 \times V_1}{R \times T}$

Analisando o recipiente 2 - Cálculo do número de mol: $n_2 = \frac{p_2 \times V_2}{R \times T}$

Cálculo do número de mol total (n_T): $n_{Total} = \frac{p_1 \times V_1}{R \times T} + \frac{p_2 \times V_2}{R \times T}$

$$n_{Total} = \frac{1}{R \times T} \times (p_1 \times V_1 + p_2 \times V_2)$$

Cálculo da pressão total (p_T): $p_{total} \times (V_1 + V_2) = \left[\frac{1}{R \times T} \times (p_1 \times V_1 + p_2 \times V_2)\right] \times R \times T$

$$p_{total} \times (V_1 + V_2) = p_1 \times V_1 + p_2 \times V_2$$

$$p_{total} = \frac{p_1 \times V_1 + p_2 \times V_2}{V_1 + V_2}$$

Questão 83

Alternativa C.

Sabendo que a relação entre a densidade e a pressão é dada por: $d = \frac{p \times \langle MM \rangle}{R \times T}$ e a razão $\frac{\langle MM \rangle}{R \times T}$ é constante, então juntando as duas equações, temos: $\frac{d}{p} = \frac{\langle MM \rangle}{R \times T}$. Esta relação anterior, $\frac{d}{p}$ é constante para qualquer temperatura. Diante disso, a melhor representação trata-se do item (c).

Questão 84

Alternativa C.

Juntando as equações: (pV) = nRT e $c^2 = \frac{3 \times R \times T}{\langle MM \rangle}$, em que c refere-se à velocidade média quadrática, R a constante dos gases ideais, T é a temperatura absoluta e <MM> é a massa molar.

Substituindo a relação $R \times T = \frac{p \times V}{n}$, temos: $c^2 = \frac{3 \times p \times V}{n \times \langle MM \rangle}$

$$c^2 = \frac{3 \times p \times V}{\left(\frac{m}{\cancel{\langle MM \rangle}}\right) \times \cancel{\langle MM \rangle}} = \frac{3 \times p \times V}{m}$$

A massa do gás pode ser resolvida através da seguinte equação matemática: m = (3 x p x V)/c². Sabendo que 1 atm corresponde a 10^5 N.m^{-2} (10^5 kg.m^{-1}.s^{-2}) e que 56 litros correspondem a 56 x 10^{-3} m³, temos que a massa do gás perfeito monoatômico em quilogramas será calculada da seguinte maneira, conforme apresentado a seguir.

Cálculo da massa do gás monoatômico (m): $c^2 = \frac{3 \text{ x p x V}}{m}$

$$m = \frac{3 \text{ x p x V}}{c^2} = \frac{3 \text{ x } 10^5 \text{ x } 56 \text{ x } 10^{-3}}{(1840)^2} = 4{,}96 \text{ x } 10^{-3} \text{ kg } (4{,}96 \text{ g})$$

Questão 85

Alternativa B.

Analisando as densidades, como a temperatura na saída (T_2) é maior que a temperatura na entrada (T_1), logo a relação entre as densidades ficará da seguinte maneira: quanto maior a temperatura, menor a densidade. Conclui-se que $d_2 < d_1$. Analisando as vazões pela lei de Graham, temos: $\frac{v_1}{v_2} = \sqrt{\frac{d_2}{d_1}}$. Como a densidade na entrada (d_1) é maior do que a densidade de saída (d_2), a relação das velocidades é o inverso das densidades, logo $v_2 > v_1$.

Questão 86

Alternativa D.

O problema coloca que os dois gases apresentam a mesma pressão e a mesma temperatura.

$\frac{d_X}{d_{H_2}} = \frac{\left(\frac{p_X \text{ x } <MM>_X}{R \text{ x } T_X}\right)}{\left(\frac{p_{H_2} \text{ x } <MM>_{H_2}}{R \text{ x } T_{H_2}}\right)}$, em que X representa um gás hipotético. Para esta relação, a relação entre as densidades fica reduzida da seguinte maneira:

$\frac{d_X}{d_{H_2}} = \frac{<MM>_X}{<MM>_{H_2}}$.

Cálculo da massa molar da espécie gasosa X (<MM>$_X$): $< MM >_X = \frac{4{,}4 \text{ x } 0{,}08206 \text{ x } (10+273)}{\left(\frac{566}{760}\right) \text{x } 3{,}1} = 44{,}26 \text{ g.mol}^{-1}$

Cálculo da razão entre as densidades: $\frac{d_X}{d_{H_2}} = \frac{<MM>_X}{<MM>_{H_2}}$

$$\frac{d_X}{d_{H_2}} = \frac{44{,}26}{2{,}00} = 22{,}13$$

Questão 87

Alternativa D.

Informação do problema: $c^2_{O2} = c^2_{He}$, em que c² é a velocidade média quadrática.

$$c^2_{O_2} = \frac{3 \text{ x R x } T_{O_2}}{< MM >_{O_2}} = \frac{3 \text{ x R x } T_{He}}{< MM >_{He}} = c^2_{He}$$

$$\frac{\cancel{3} \text{ x } \cancel{R} \text{ x } T_{O_2}}{< MM >_{O_2}} = \frac{\cancel{3} \text{ x } \cancel{R} \text{ x } T_{He}}{< MM >_{He}}$$

$$\frac{T_{O_2}}{< MM >_{O_2}} = \frac{T_{He}}{< MM >_{He}}$$

$$\frac{T_{O_2}}{32} = \frac{(27 + 273)}{4}$$

$$T_{O_2} = 2400 \text{ K } (2127°C)$$

Questão 88

Alternativa B.

Segundo a Lei de Graham, a velocidade de efusão e a de difusão dos gases é proporcional às respectivas massas molares, ou seja: $\frac{v_1}{v_2} = \sqrt{\frac{<MM>_2}{<MM>_1}}$

A ordem crescente das velocidades moleculares será então: H_2 (2 g.mol^{-1}) > He (4 g.mol^{-1}) > H_2O (18 g.mol^{-1}) > N_2 (28 g.mol^{-1}) > O_2 (32 g.mol^{-1}). Note que as velocidades estão marcadas no eixo das abscissas e não nas ordenadas.

Questão 89

Alternativa D.

Convertendo o volume para as Condições Normais de Temperatura e Pressão, CNTP e utilizando a equação combinada dos gases ideais, temos:

$$\frac{20 \text{ x } 5{,}0}{(273 + 273)} = \frac{1 \text{ x } V_{II}}{273}$$

$$V_{II} = 50 \text{ L}$$

Cálculo do número de mol (n):
1 mol --------- 22,4 Litros
n --------------- 50 Litros
n = $\left(\frac{50}{22{,}4}\right)$ mol

Cálculo do número de mol de Argônio: $n_{Ar} = \frac{20}{100} \text{x} \frac{50}{22{,}4} \text{mol} = \frac{10}{22{,}4} \text{mol}$

Questão 90

Alternativa B.

Utilizando a equação combinada dos Gases Ideais e considerando que o volume é desprezível, temos que:

Situação I: P_I = 2,30 atm; V_I = $V_{desprezível}$ e T_I = 300K

Situação II: P_{II} = 2,53 atm; V_{II} = $V_{desprezível}$ e T_{II}

Cálculo da temperatura II através da equação combinada dos gases Ideais: $\frac{p_I}{T_I} = \frac{p_{II}}{T_{II}}$

$$\frac{2{,}30}{300} = \frac{2{,}53}{T_{II}}$$

$$T_{II} = 330 \text{ K } (330 - 273 = 57°C)$$

Questão 91

Alternativa E.

Sabendo que uma atmosfera corresponde a 760 mmHg, logo:
1 atm ---------- 760 mm Hg
p ---------------- 300 mm Hg
p = 0,395 atm

Cálculo da massa do gás Hélio: $m = \frac{0,395 \text{ x } 5,0 \text{ x } 10^{-3} \text{ x } 4}{0,08206 \text{ x } 250} = 3,85 \text{ x } 10^{-4}\text{g } (0,385 \text{ mg})$

Questão 92

Alternativa D.

$$pV = \frac{m}{< MM >} \text{x R x T}$$

$$\left\{\frac{\text{p x V x} < MM >}{R}\right\}_{\text{constante}} = \text{massa x Temperatura}$$

Situação I: P = constante; V = constante; T_I = 273 + (20) = 293K; m_I = m

Situação II: P = constante; V = constante; T_{II} = ?; m_{II} = m/2

Cálculo da temperatura II, através da equação combinada dos gases ideais: $m_I \text{ x } T_I = m_{II} \text{ x } T_{II}$

$$m_I \text{ x } 293 = \frac{m_I}{2} \text{ x } T_{II}$$
$$T_{II} = 586 \text{ K } (313°C)$$

Questão 93

Alternativa C.

Cálculo da massa molar aplicando a equação dos gases ideais: $< MM > = \frac{\text{d x R x T}}{p^{ideal}} = \frac{0,656 \text{ x } 0,08206 \text{ x } 273}{0,333} = 44,13 \text{ g.mol}^{-1}$

Questão 94

Alternativa D.

Cálculo do número de mol de cada participante gasoso.
Para o gás Hélio (He): $\frac{7600}{760} \text{ x } 30 = n_{He} \text{ x } 0,08206 \text{ x } (27 + 273)$

$n_{He} = 12,19 \text{ mol}$

Para o monóxido de carbono (CO): $\frac{1140}{760} \text{ x } 250 = n_{CO} \text{ x } 0,08206 \text{ x } (-23 + 273)$

$n_{CO} = 18,28 \text{ mol}$

Para o gás monóxido de nitrogênio (NO): $0,273 \text{ x } 2000 = n_{NO} \text{ x } 0,08206 \text{ x } (0 + 273)$
$n_{NO} = 24,37 \text{ mol}$

Cálculo do número de mol total (n_T): $n_T = n_{NO} + n_{CO} + n_{He}$ = 24,37 mol + 18,28 mol + 12,19 mol = 54,84 mol

Cálculo da pressão parcial do gás nobre Hélio: $P_{He} = X_{He} \text{ x } P_{TOTAL}$
$P_{He} = \frac{12,19}{54,84} \text{ x } 4,50 = 1,0 \text{ atm}$

Questão 95

Alternativa A.

Cálculo do número de mol de N_2(gás): $n_{N_2} = \frac{m_{N_2}}{<MM>_{N_2}} = \frac{5,6}{28} = 0,20\ \text{mol}$

Cálculo do número de mol de O_2(gás): $n_{O_2} = \frac{m_{O_2}}{<MM>_{O_2}} = \frac{6,4}{32} = 0,20\ \text{mol}$

Cálculo do número de mol total (n_T): $n_T = n_{N2} + n_{O2} = 0,2 + 0,2 = 0,4$ mol

Pressão parcial de N_2(gás): $P_{N_2} = X_{N_2}\ x\ p_T = \left(\frac{0,2\ \text{mol}}{0,4\ \text{mol}}\right) x\ 2,50\text{atm}$

Questão 96

Alternativa B.

Item a) Falso. Considerando que o gás apresente comportamento idealizado, mantida sua pressão constante (Lei de Charles), um aumento de volume será acompanhado de um aumento de temperatura.
Correto. Em um gás ideal, a teoria cinética dos gases afirma que a uma dada temperatura temos a mesma energia cinética para cada molécula. Desta forma, moléculas mais pesadas têm menor velocidade, ou seja, moléculas de oxigênio (32,0 $g.mol^{-1}$) teriam menor velocidade que as de nitrogênio (28,0 $g.mol^{-1}$), uma vez que a velocidade média quadrática (c^2) é definida a partir da seguinte equação química: ($c^2 = \frac{3\ x\ R\ x\ T}{<MM>}$). Conclui-se que a velocidade média quadrática das moléculas depende somente da temperatura e, inversamente proporcional a raiz quadrada da massa molar. Quanto maior a temperatura, maior a velocidade média quadrática das moléculas, e, em uma determinada temperatura fixa, moléculas pesadas se deslocam mais lentamente do que moléculas leves.

Item c) Falso. Mantida a pressão constante, um mol de gás nitrogênio irá ocupar um maior volume após aumento de temperatura, e desta forma sua densidade diminui, uma vez que a densidade é inversamente proporcional ($d = \frac{p\ x <MM>}{R\ x\ T}$).

Item d) Falso. Dentro das mesmas condições de pressão e temperatura, volumes iguais de gases diferentes possuem o mesmo número de mol (Princípio de Avogadro). Logo, gases diferentes (O_2 e N_2), apresentam diferentes densidades, pois apresentam diferentes massas molares.

Item e) Falso. A compressão de um gás (diminuição do volume), automaticamente a pressão aumenta. Como a densidade é diretamente proporcional com a sua pressão ($d = \frac{p\ x <MM>}{R\ x\ T}$), logo a densidade aumenta.

Questão 97

Alternativa B.

Equação química: $SO_2 + 2NaOH \rightarrow Na_2SO_3 + H_2O$
1 mol de SO_2 ------------- 2 mol de NaOH
$n_{gás}$ de SO_2 --------------- n_{base}
n_{base} = 2 x ngás

Cálculo do volume de dióxido de enxofre: $[NaOH]\ x\ V_{Solução} = 2\ x \frac{p\ x\ V_{SO_2}}{R\ x\ T}$

$$0,100\ x\ 0,250 = 2\ x \frac{1\ x\ V_{SO_2}}{0,08206\ x\ 273}$$

$$V_{SO_2} = 0,280\ L$$

Questão 98

Alternativa C.

Equação química: $HCl_{(gás)} + NaOH_{(aquoso)} \rightarrow NaCl_{(aquoso)} + H_2O_{(líquido)}$.

Cálculo do número de mol de NaOH, a partir da concentração da quantidade de matéria:

n_{NaOH} = [NaOH] x V
n_{NaOH} = 0,20 x 0,500 = 0,100 mol

Nessa reação de neutralização, a relação entre o número de mol da base e do gás será: $n_{NaOH} = n_{gás}$, então: $n_{gás}$ = 0,100 mol

Admitindo-se que o cloreto de hidrogênio apresenta comportamento ideal:

$$n_{NaOH} = 2 \text{ x } \frac{p \text{ x } V_{HCl}}{R \text{ x } T}$$

$$0{,}100 = \frac{624 \text{ x } V_{HCl}}{62{,}4 \text{ x } 300}$$

$$V_{HCl} = 3{,}0 \text{ L}$$

Questão 99

Alternativa B.
Na adição de $NH_{3(g)}$ à solução de $H_2SO_{4(aq)}$, a equação química vai ficar da seguinte maneira: $2NH_{3(gás)} + H_2SO_{4(aquoso)} \rightarrow (NH_4)_2SO_{4(aquoso)}$.
Relação estequiométrica entre o número de mol do gás com a solução de ácido sulfúrico:
2 mol de amônia ----------- 1mol de ácido sulfúrico
$n_{gás}$ ----------------------------- $n_{ácido}$

Cálculo do número de mol do ácido sulfúrico (n_a), a partir da concentração da quantidade de matéria: $n_{ácido} = [H_2SO_4] \text{ x } V_{solução} = 0{,}250 \text{ x } 0{,}100 = 0{,}0250 \text{ mol}$

Cálculo do número de mol do gás (n_g): $n_{gás}$ = 2 x $n_{ácido}$ = 2 x 0,0250 = 0,0500 mol

Cálculo do volume de gás amônia: $n_{gás} = \frac{p \text{ x } V_g}{R \text{ x } T}$

$$0{,}050 = \frac{1 \text{ x } V_g}{0{,}08206 \text{ x } 273}$$

$$V_g = 1{,}12 \text{ L}$$

Questão 100

Alternativa D.
Cálculo do volume de NH_3: $p_{NH_3} \text{ x } V_{NH_3} = \frac{m_{NH_3}}{<MM>_{NH_3}} \text{ x R x T}$

$$1 \text{ x } V_{NH_3} = \frac{1{,}7 \text{ x } 10^6}{17} \text{ x } 0{,}08206 \text{ x } (27 + 273)$$

$$V_{NH_3} = 2{,}46 \text{ x } 10^6 \text{ L}$$

Cálculo do volume de ar, contaminado por $NH_{3(g)}$:
25 L de NH_3 -------------------- 10^6 Litros de ar
2,46 x 10^6 L de NH_3 ---------- V_{ar}
V_{ar} = 9,85 x 10^{10} L

Convertendo de litros para metros cúbicos, o volume do ar será igual a V_{ar} = 9,85 x 10^7 m^3

Questão 101

Alternativa D.
Informação do problema: metano + propano = 0,080 atm

Segundo Avogadro, quando dois gases distintos apresentam a mesma temperatura, mesmo volume e mesma pressão, os gases irão apresentar o mesmo número de mol.

Logo: $n_m + n_p = 0{,}080$

Equação química: $CH_4 + 2O_2 \rightarrow CO_2 + H_2O$
1 mol de CH_4 --------- 1 mol de CO_2
n_{CH4} --------------------- n_{CO2}
$n_{CH4} = n_{CO2}$

Equação química: $C_3H_8 + 5O_2 \rightarrow 3CO_2 + 4H_2O$
1 mol de C_3H_8 -------- 3 mol de CO_2
n_{C3H8} -------------------- n_{CO2}
$n_{CO2} = 3.n_{C3H8}$
$3 \text{ x } n_{C3H8} + n_{CO2} = 0{,}12$

Resolvendo o sistema de equações apresentadas anteriormente, temos:
$n_{CH_4} + n_{C_3H_8} = 0{,}08$
$n_{CH_4} + 3 \text{ x } n_{C_3H_8} = 0{,}12$

$n_{CH_4} = 0{,}06$
$n_{C_3H_8} = 0{,}02$

Cálculo da fração molar do gás metano: $X_{CH_4} = \frac{n_{CH_4}}{n_{CH_4}+n_{C_3H_8}} = \frac{0{,}06}{0{,}06+0{,}02} = \frac{0{,}06}{0{,}08} = 0{,}75$

Questão 102

Alternativa D.

$$\left[\frac{p \text{ x } V \text{ x } < MM >}{R}\right]_{constante} = m \text{ x } T$$

Situação I: P = constante; V = constante; R = constante; $T_I = 273 + (20) = 293K$ e $m_I = m$

Situação II: P = constante; V = constante; R = constante; $T_{II} = ?$ e $m_{II} = m/2$

Cálculo da temperatura II, através da equação combinada dos gases ideais: $m_I \text{ x } T_I = m_{II} \text{ x } T_{II}$

$$m_I \text{ x } 298 = \frac{m_I}{2} \text{ x } T_{II}$$

$$T_{II} = 596 \text{ K } (323°C)$$

Questão 103

Alternativa C.

Cálculo da massa de gás propano: $p \text{ x } V = \frac{m}{<MM>} \text{ x } R \text{ x } T$

$$1 \text{ x } 1 = \frac{m}{44} \text{ x } 0{,}08206 \text{ x } (0 + 273)$$

$$1 = \frac{m}{44} \text{ x } 0{,}08206 \text{ x } 273$$

$$m = \frac{44}{0{,}08206 \text{ x } 273} = 1{,}96 \text{ g}$$

Questão 104

Alternativa A.

Cálculo da densidade da amostra gasosa nas condições apresentadas:

$$d = \frac{1{,}50 \text{ x } 2{,}0}{0{,}08206 \text{ x } (25 + 273)} = 0{,}123 \frac{g}{L}$$

Questão 105

Alternativa E.

Situação I: Gás confinado a uma pressão de 3,0 atm. Cálculo da massa da espécie gasosa (m_I):

$$m_I = \frac{p \text{ x } V \text{ x } < MM >}{R \text{ x } T} = \frac{28 \text{ x } 3 \text{ x } 30}{0{,}08206 \text{ x } 293} = 104{,}81 \text{ g}$$

Situação II: Gás confinado a uma pressão de 2,40 atm. Cálculo da massa (m_{II}):

$$m_{II} = \frac{p \text{ x } V \text{ x } < MM >}{R \text{ x } T} = \frac{28 \text{ x } 2{,}40 \text{ x } 30}{0{,}08206 \text{ x } 293} = 84{,}85 \text{ g}$$

Cálculo da massa de gás (N_2) de escape: $m_{N2} = m_{II} - m_I$ = 104,81 g – 83,85 g = 20,96 g

Questão 106

Alternativa A.

O caminho livre médio das moléculas é uma propriedade dos gases que é independente da temperatura, mas sim do número de moléculas presentes em um determinado recipiente de volume V. Já em relação a frequências de colisões de partículas gasosas é uma propriedade muito dependente da temperatura, sendo diretamente proporcional.

Questão 107

Alternativa A.

A umidade relativa do ar estuda a relação entre a umidade absoluta do ar e a umidade absoluta do mesmo ar no ponto de saturação, a mesma temperatura., sendo representada pela sigla (%) UR.

$$m_{vapor} = (8 \text{ x } 5 \text{ x } 4) \text{ x} \frac{40}{100} \text{x } 19{,}33 = 1237{,}12 \text{ g } (1{,}24 \text{ kg})$$

Questão 108

Alternativa D.

Determinação do reagente limitante, a partir da seguinte equação química:

$Al_{(sólido)} + 3HCl_{(aquoso)} \longrightarrow AlCl_{3(aquoso)} + 3/2H_{2(gás)} \uparrow$

Número de mol de alumínio: $n_{Al} = \frac{n_{Al}}{<MM>_{Al}} = \frac{2{,}7}{27} = 0{,}10 \text{ mol}$

Número de mol de ácido clorídrico: $n_{ácido}$ = [HCl] x volume

$n_{ácido}$ = 1,00 x 0,50 = 0,50 mol

3 mol de HCl ----------------- 0,50 mol

1 mol de HCl ----------------- n_{HCl}

n_{HCl} = 0,167 mol

Como $n_{Al} < n_{HCl}$, logo o alumínio metálico é o regente limitante. Cálculo da massa de gás hidrogênio produzido:

1 mol de Al -------------- 3/2 moles de H_2

27 gramas --------------- 3/2 x 2,0 gramas

2,70 gramas -------------- m_{H2}
m_{H2} = 0,30 g

Cálculo do volume de H_2: $1 \text{ x } V_{H_2} = \frac{0,30}{2} \text{x } 0,08206 \text{ x } 298$
$V_{H_2} = 0,15 \text{ x } 0,08206 \text{ x } 298$
$V_{H_2} = 3,67 \text{ L}$

Questão 109

Alternativa A.

Cálculo da massa molar do hidrocarboneto desconhecido: $< \text{MM} > = \frac{7,50 \text{ x } 0,08206 \text{ x } 273}{1 \text{ x } 5,6} = 30,00 \text{ g. mol}^{-1}$

Determinação do hidrocarboneto:

Alcano (C_nH_{2n+2}): C_nH_{2n+2} = 30
12n + 2n + 2 = 30
n = 2

Alceno (C_nH_{2n-2}): C_nH_{2n-2} = 30
12n + 2n - 2 = 30
n = 2,28

Alcino (C_nH_{2n}): C_nH_{2n} = 30
12n + 2n = 30
n = 2,14

Ciclano (C_nH_{2n}): C_nH_{2n} = 30
12n + 2n = 30
n = 2,14

Cicleno (C_nH_{2n-2}): C_nH_{2n} = 30
12n + 2n - 2 = 30
n = 2,28

Questão 110

Alternativa A.

Cálculo da massa molar da espécie gasosa: $\text{pV} = \frac{\text{m}}{\text{<MM>}} \text{RT}$

$$< \text{MM} >= \frac{1,14 \text{ x } 0,08206 \text{ x } 300}{1 \text{ x } 1} = \frac{28,06}{1} = 28,06 \text{ g. mol}^{-1}$$

Cálculo da massa molar de cada espécie química gasosa:

Item a) CO = (12 + 16) = 28 $g.mol^{-1}$
Item b) H_2S = (2 x 1 + 32) = 34 $g.mol^{-1}$
Item c) NO_2 = (1 x 14 + 2 x 16) = 46 $g.mol^{-1}$
Item d) C_2H_2 = (2 x 12 + 2 x 1) = 26 $g.mol^{-1}$
Item e) NO = (14 + 16) = 30 $g.mol^{-1}$

Questão 111

Alternativa B.

Equação química: $H_2SO_4 + CaCO_3 \rightarrow CaSO_4 + H_2O + CO_2$

Cálculo do número de mol de ácido sulfúrico: $n_{H_2SO_4} = \frac{m_{H_2SO_4}}{<MM>_{H_2SO_4}} = \frac{2,45}{98} = 0,025 \text{ mol}$

Cálculo do número de mol de dióxido de carbono produzido: $H_2SO_4 + CaCO_3 \rightarrow CaSO_4 + H_2O + CO_2$

1 mol de H_2SO_4 --------------- 1 mol de CO_2
0,025 mol de H_2SO_4 ---------- n_{CO2}
n_{CO2} = 0,025 mol.

Cálculo do volume de CO_2 produzido: $V_{CO_2} = \frac{n_{CO_2}.R.T}{p} = \frac{0,025 \text{ x } 0,08206 \text{ x } 300}{1} = 0,615 \text{ L}$

Questão 112

Alternativa B.

Cálculo do número de mol total (n_T): n_T = 0,5 + 1,3 = 1,8 mol

Cálculo da pressão total da mistura gasosa: p_{TOTAL} x 4,82 = 1,80 x 0,08206 x (50 + 273)
p_{TOTAL} = 9,90 atm

Cálculo da pressão parcial do gás hidrogênio: $P_{H_2} = \frac{n_{H2}}{n_T} \text{x } P_T = \frac{0,50}{1,80} \text{x } 9,90 \text{ atm} = 2,75 \text{ atm}$

Questão 113

(PETROBRAS – ENGENHEIRO DE PROCESSAMENTO JÚNIOR) Alternativa B.

Cálculo do volume molar: $V_{molar} = \frac{V}{n} = \frac{1 \text{ m}^3}{100 \text{ mol}} = 10^{-2} \text{ m}^3.\text{mol}^{-1}$

Analisando o gás metano como real: $\left\{p^{real} + \frac{0,2}{(10^{-2})^2}\right\} \text{x } \{10^{-2} - 4,0 \text{ x } 10^{-5}\} = 8 \text{ x } 300$
$p^{real} = 239 \text{ kPa}$

Analisando o gás metano como ideal: $p^{ideal} \text{ x } 1 = 1000 \text{ x } 8 \text{ x } 300$
$p^{ideal} = 240 \text{ kPa}$

Cálculo da variação de pressão (Δp): $\Delta p = p^{real} - p^{ideal}$

$\Delta p = 239 \text{ kPa} - 240 \text{ kPa} = -1 \text{ kPa}$

Questão 114

(GRILLO) Alternativa A.

Base de cálculo: n(mol) inicial de cloreto de nitrosila. Equação química que corresponde a decomposição do cloreto de nitrosila: $2NOCl_{(gás)} \rightarrow 2NO_{(gás)} + Cl_{2(gás)}$

Tabela de equilíbrio químico:

	$2NOCl_{(gás)}$	$2NO_{(gás)}$	$Cl_{2(gás)}$
Início	n	0	0
Reage	2nα	2nα	nα
Equilíbrio	n - 2nα	2nα	nα

Cálculo do número de mol total da mistura gasosa: $n_T = n_{NOCl} + n_{NO} + n_{Cl2}$
n_T = n - 2nα + 2nα + nα
n_T = n + nα = n.(1 + α)

Cálculo do grau de dissociação (α) do cloreto de nitrosila: $d = \frac{p \times \langle MM \rangle}{(1+\alpha) \times R \times T}$

$$1{,}302 = \frac{1 \times 65{,}5}{(1 + \alpha) \times 0{,}08206 \times (227 + 273)}$$

$$1 + \alpha = \frac{65{,}5}{53{,}42}$$

$$\alpha = 0{,}23\ (23\%)$$

Questão 115

(GRILLO) Alternativa A.

Equação dos gases reais - van der Waals: $\left\{p^{real} + \frac{a}{V_{molar}^2}\right\} \times \{V_{molar} - b\} = R \times T$

$$\left\{p^{real} + \frac{16{,}2}{\left(\frac{5{,}0}{1{,}50}\right)^2}\right\} \times \left\{\frac{5{,}0}{1{,}50} - 8{,}40 \times 10^{-2}\right\} = 0{,}08206 \times (0 + 273)$$

$$p^{real} = 5{,}44 \text{ atm}$$

Através do valor da pressão calculada e da temperatura fornecida, observa-se uma característica predominante para o comportamento do gás real $\Longrightarrow$ Alta pressão e baixa temperatura.

Questão 116

Alternativa A.

Estudando o compartimento A: $X_A = \frac{n_A}{n_T}$

$$0{,}58 = \frac{n_A}{n_T}$$

$n_A = 0{,}58 \times n_T$

$p_A \times V_A = n_A \times R \times T_A$

$5 \times V_A = 0{,}58 \times n_T \times R \times T_A$ (Equação A)

Estudando o compartimento B: $X_A + X_B = 1$

$$X_B = 1 - 0{,}58$$

$$X_B = 0{,}42 = \frac{n_B}{n_T}$$

$n_B = 0{,}42 \times n_T$

$8 \times V_B = 0{,}42 \times n_T \times R \times T_B$ (Equação B)

Dividindo a equação 2 pela equação 1, temos: $\frac{8 \times V_B}{5 \times V_A} = \frac{0{,}42 \times R \times T_B}{0{,}58 \times R \times T_A}$

Sendo $T_A = T_B$ (processo isotérmico), temos: $\frac{8 \times V_B}{5 \times V_A} = \frac{0{,}42}{0{,}58}$

$V_A = 2{,}21 \times V_B$

Sabendo que a soma dos volumes ($V_A + V_B$) é igual a 29 litros, temos:

$V_A + V_B = 29{,}0$

$V_A = 2{,}21 \times V_B$

Resolvendo o sistema, temos: V_A = 19,96 L e V_B = 9,03 L.

Questão 117

(GRILLO) Alternativa A.

Cálculo do número de mol de metano: $n_{CH_4} = \frac{320 \times 10^{-3}}{16} = 0{,}020 \text{ mol}$

Cálculo do número de mol de Argônio (Ar): $n_{Ar} = \frac{175 \times 10^{-3}}{40} = 0{,}0044 \text{ mol}$

Cálculo do número de mol de Neônio: $n_{Ne} = \frac{225 \times 10^{-3}}{20} = 0{,}01125 \text{ mol}$

Cálculo do número de mol total (n_T) da mistura gasosa:
n_T = 0,020 + 0,0044 + 0,01125 = 0,0356 mol

Cálculo da pressão total (p_T) do sistema, a partir da pressão parcial do Neônio:

$$P_{Ne} = X_{Ne} \times P_T = \frac{n_{Ne}}{n_{total}} \times P_T$$

$$8{,}87 = \frac{0{,}01125}{0{,}0356} \times P_T$$

$$P_T = 28{,}07 \text{ kPa}$$

Cálculo do volume da mistura: $280170 \times V_{Total} = 0{,}0356 \times 8{,}314 \times 300$
$V_{Total} = 3{,}17 \times 10^{-4} \text{ m}^3$

Questão 118

(GRILLO) Alternativa B.

Para o cálculo da massa específica, será necessário primeiramente calcular a pressão do sistema. Cálculo do número de mol de monóxido de carbono (CO):

$$n_{CO} = \frac{pV}{RT} = \frac{1 \times 9{,}1}{0{,}08206 \times 273} = 0{,}41 \text{ mol}$$

Cálculo do número de mol de H_2: $n_{H_2} = \frac{1 \times 26{,}6}{0{,}08206 \times (25+273)} = 1{,}09 \text{ mol}$

Cálculo do número de mol total: $n_{TOTAL} = n_{H2} + n_{CO}$ = 1,09 + 0,41 = 1,50 mol

Cálculo da pressão total do recipiente: $p_{Total}.V = n_{Total}.R.T$

$$p_{Total} = \frac{1{,}50 \times 0{,}08206 \times 298}{100} = 0{,}369 \text{ atm}$$

Cálculo da massa molar da mistura: $X_{CO} \times <MM>_{CO} + X_{H_2} \times <MM>_{H_2} = X_{mistura} \times <MM>_{mistura}$

$$\frac{0{,}41}{1{,}50} \times 28 + \frac{1{,}09}{1{,}50} \times 2{,}0 = 1{,}0 \times <MM>_{mistura}$$

$$<MM>_{mistura} = 9{,}11 \text{ g.mol}^{-1}$$

Cálculo da massa específica (μ): $\mu = \frac{p_T \times <MM>_{mistura}}{R \times T} = \frac{0{,}369 \times 9{,}11}{0{,}08206 \times (27+273)} = 0{,}136 \text{ g.L}^{-1}$

Questão 119

(GRILLO) Alternativa A.

Sabendo que para a determinação do volume supostamente esférica, temos $V = \frac{b}{N}$, onde V é o volume da partícula esférica ($V = \frac{4\pi R^3}{3}$), b é a constante de van der Waals e N a constante de Avogadro. Cálculo do raio da partícula gasosa: $\frac{4\pi R^3}{3} = \frac{3{,}19 \times 10^{-2} \times 10^{-3}}{6{,}02 \times 10^{23}}$

$$R^3 = 1{,}26 \times 10^{-29}$$

$$R = \sqrt[3]{1{,}26 \times 10^{-29}} = 2{,}33 \times 10^{-10}\ (0{,}233\ \text{nm})$$

Questão 120

Alternativa C.

Sendo a pressão do oxigênio no ar, em La Paz, cerca de 40% menor do que ao nível do mar, a pressão lá será apenas 60% do que é a pressão ao nível do mar, ou seja: pressão do O_2 em La Paz = (100 – 40) % da pressão ao nível do mar.

Questão 121

Alternativa D.

Cálculo do número de mol de cada gás:

$$n_{SO_2} = \frac{m_{SO_2}}{< MM >_{SO_2}} = \frac{100}{64} = 1{,}5625\ \text{mol}$$

$$n_{O_2} = \frac{m_{O_2}}{< MM >_{O_2}} = \frac{100}{32} = 3{,}125\ \text{mol}$$

$$n_{total} = n_{SO_2} + n_{O_2} = 1{,}5625\ \text{mol} + 3{,}125\ \text{mol} = 4{,}6875\ \text{mol}$$

Cálculo da pressão total da mistura gasosa: $P_{SO_2} = X_{SO_2} \times P_T = \frac{n_{SO_2}}{n_{SO_2} + n_{O_2}} \times P_T$

$$8{,}87 = \frac{1{,}5625}{4{,}6875} \times P_T$$

$$P_T = 200{,}0\ \text{kPa}$$

Questão 122

Alternativa A.

O modelo do gás ideal considera que o tamanho das partículas que compõem o gás é desprezível. As interações intermoleculares entre estas são, também, desprezadas, uma vez que a distância entre as partículas é muito grande. As interações, no gás ideal, devem-se apenas às colisões entre as moléculas do gás. O elevado valor de pressão, de aproximadamente 130 atm não permite que a hipótese do gás ideal seja adotada, pois, nessa situação, as interações intermoleculares das partículas do gás não serão desprezíveis.

Questão 123

Alternativa A.

Cálculo do volume a partir da equação dos gases ideais: $1 \times V = \frac{10}{44} \times 0{,}08206 \times (300 + 273)$

$$V = \frac{10}{44} \times 0{,}08206 \times 573 = 10{,}69\ \text{L}$$

Questão 124

(GRILLO) Alternativa E.

Cálculo do volume molar do gás cloro: $V_{molar} = \frac{V}{n} = \frac{22,4\ L}{1,0\ mol} = 22.4\ L.mol^{-1}$

Cálculo da pressão utilizando a equação de van der Waals (p^{real}): $\left\{p^{real} + \frac{6,49}{(22,4)^2}\right\} x \{22,4 - 5,62\ x\ 10^{-2}\} = 0,08206\ x\ 273$

$p^{real} = 0,99\ atm$

Cálculo do fator de compressibilidade (Z): $Z = \frac{p^{Real}}{p^{Ideal}} = \frac{0,99\ atm}{1,00\ atm} = 0,99$

Questão 125

Alternativa E.

Sabendo que a relação entre a densidade de um determinado gás é dada por: $d = \frac{p\ x <MM>}{R\ x\ T}$, então analisando cada proposta colocada pelo problema, temos:

Aumentando a temperatura com a pressão constante, a densidade da amostra gasosa diminui.

Aumentando a temperatura com o volume constante, tanto a massa quanto o volume constante, a densidade torna-se constante.

Questão 126

Alternativa D.

Dados do problema: $P_{CO_2} = \frac{1}{3}\ x\ P_{H_2}$ e $P_{TOTAL} = P_{CO_2} + P_{H_2} = 0,82\ atm$

Resolvendo as equações apresentadas acima, temos: $P_{CO_2} = \frac{1}{3}\ x\ P_{H_2}$

$\frac{1}{3}\ x\ P_{H_2} + P_{H_2} = 0,82\ atm$

$P_{H_2} = 0,615\ atm$

Cálculo da pressão parcial de dióxido de carbono (CO_2): $P_{CO_2} + P_{H_2} = 0,82\ atm$

$P_{CO_2} + 0,615\ atm = 0,82\ atm$

$P_{CO_2} = 0,205\ atm$

Cálculo da pressão total (p_{TOTAL}): $P_{H_2} = 0,615 = X_{H_2}\ x\ P_{TOTAL}$

$0,615 = \frac{n_{H_2}}{n_{TOTAL}} x\ P_{TOTAL}$ (Equação I)

$P_{CO_2} = 0,205 = X_{CO_2}\ x\ P_{TOTAL}$

$0,205 = \frac{n_{CO_2}}{n_{TOTAL}} x\ P_{TOTAL}$ (Equação II)

Cálculo do número de mol total (n_{TOTAL}), utilizando a equação dos gases ideais:

$0,82\ x\ 240 = n_{TOTAL}\ x\ 0,08206\ x\ 300$

$n_{TOTAL} = 8,00\ mol$

Substituindo os valores na equação I, temos: $0,615 = \frac{\frac{m_{H_2}}{<MM>_{H_2}}}{n_{TOTAL}} x\ P_{TOTAL}$

$0,615 = \frac{\frac{m_{H_2}}{2,0}}{8} x\ 0,82$

$m_{H_2} = 12,0\ g$

Substituindo os valores na equação II, temos: $0,205 = \frac{\frac{m_{CO_2}}{44,0}}{8,0} x\ 0,82$

$m_{CO_2} = 88,0\ g$

Questão 127

Alternativa D.

Para a resolução deste problema será necessário utilizar a equação dos gases ideais, ou seja, $pV = nRT$.

Estudando a situação inicial: $p_1;\ V_1;\ T_1 = 27 + 273 = 300K$
Estudando a situação final: $p_2;\ V_2;\ T_2 = 127 + 273 = 400K$

A partir da equação dos gases ideais e considerando que tanto a pressão quanto o volume sejam constantes, temos: $\frac{\cancel{p_1} \times \cancel{V_1}}{\cancel{p_2} \times \cancel{V_2}} = \frac{n_1 \times \cancel{R} \times 300}{n_2 \times \cancel{R} \times 400}$

$$n_2 \times 400 = n_1 \times 300$$

$$\frac{n_2}{n_1} = \frac{300}{400} = 0{,}75\ (75\%)$$

O percentual de massa de ar que saiu é igual a 100% - 75% = 25%

Questão 128

Alternativa E.

Cálculo do número de mol de carbonato de amônio:
$3(NH_4)_2CO_3 + 2H_3PO_4 \rightarrow 2(NH_4)_3PO_4 + 3CO_2 + 3H_2O$

Cálculo do número de mol de carbonato de amônio: $n_{(NH_4)_2CO_3} = \frac{480}{96} = 5\ \text{mol}$

Cálculo do número de mol de dióxido de carbono, através do processo estequiométrico:
$3\ \text{mol de } (NH_4)_2CO_3 ---- 3\ \text{mol de } CO_2$
$5\ \text{mol de } (NH_4)_2CO_3 ---- n_{CO_2}$
$n_{CO_2} = 5\ \text{mol}$

Cálculo do volume de dióxido de carbono, a partir da equação dos gases ideais:

$$V_{CO_2} = \frac{5 \times 0{,}08206 \times 273}{2} = 56{,}0\ L$$

Questão 129

Alternativa A.

Equação química: $2NH_{3(gás)} + H_2SO_{4(aquoso)} \rightarrow (NH_4)_2SO_{4(aquoso)}$.
Pela relação estequiométrica, temos:

$2\ \text{mol de } NH_{3(g)} --- 1\ \text{mol de } H_2SO_{4(aq)}$
$n_{NH_3} --------- n_{H_2SO_4}$
$n_{NH_3} = 2 \times n_{H_2SO_4}$

Considerando que o gás amoníaco apresenta comportamento ideal, temos:

$$\frac{pV}{RT} = [H_2SO_4] \times V_{solução}$$

$$\frac{1 \times V}{0{,}08206 \times 273} = 0{,}100 \times 0{,}250$$

$$V = 0{,}08206 \times 273 \times 0{,}100 \times 0{,}250 = 0{,}56\ L$$

Questão 130

Alternativa C.

Equação química da reação de neutralização entre o cloreto de hidrogênio com o hidróxido de sódio: $HCl_{(gás)} + NaOH_{(aquoso)} \rightarrow NaCl_{(aquoso)} + H_2O_{(líquido)}$

Pela relação estequiométrica:
$1 \text{ mol de } HCl_{(gás)} ---- 1 \text{ mol de } NaOH_{(aquoso)}$
$n_{HCl} ---------- n_{NaOH}$
$n_{HCl} = n_{NaOH}$

$$\frac{pV}{RT} = [NaOH] \text{ x } V_{solução}$$

$$\frac{\left(\frac{624}{760}\right) \text{x V}}{0{,}08206 \text{ x } (27 + 273)} = 0{,}200 \text{ x } 0{,}500$$

$$V = \frac{0{,}08206 \text{ x } 300 \text{ x } 0{,}200 \text{ x } 0{,}500 \text{ x } 760}{624} = 3{,}00 \text{ L}$$

Questão 131

Alternativa C.

Cálculo do número de mol para cada espécie gasosa:

$$n_{He} = \frac{2{,}0}{4{,}0} = 0{,}50 \text{ mol}$$

$$n_{O_2} = \frac{2{,}0}{32{,}0} = 0{,}0625 \text{ mol}$$

$$n_{N_2} = \frac{2{,}0}{28{,}0} = 0{,}0714 \text{ mol}$$

Número de mol total: $n_{total} = 0{,}50 \text{ mol} + 0{,}0625 \text{ mol} + 0{,}0714 \text{ mol} = 0{,}6339 \text{ mol}$

Cálculo da pressão do sistema reacional, aplicando a equação dos gases ideais:

$$p = \frac{0{,}6339 \text{ x } 0{,}08206 \text{ x } (100 + 273)}{15{,}0} = 1{,}29 \text{ atm}$$

Questão 132

Alternativa D.

Equação química: $Al_{(sólido)} + 3HCl_{(aquoso)} \rightarrow AlCl_{3(aquoso)} + \frac{3}{2}H_{2(gás)}$

Para a resolução deste problema será necessário determinar o reagente limitante.

$$n_{Al} = \frac{2{,}70}{27} = 0{,}10 \text{ mol}$$

$$n_{HCl} = n_{HCl} \text{ x } [HCl] = \frac{0{,}500 \text{ x } 1{,}0}{3} = 0{,}167 \text{ mol}$$

Comparando o número de mol de cada reagente, o alumínio é o reagente limitante. Pela estequiometria, temos:

$1 \text{ mol de } Al_{(s)} ------ \frac{3}{2} \text{ mol de } H_{2(g)}$

$\frac{2,70}{27} \text{ mol de } Al_{(s)} ---- n_{H_{2(g)}}$

$n_{H_{2(g)}} = 0,15 \text{ mol}$

Cálculo do volume de gás hidrogênio produzido, a partir da equação dos gases ideais: $V_{H_{2(g)}} = \frac{0,15 \times 0,08206 \times (25+273)}{1,0} = 3,66 \text{ L}$

Questão 133

Alternativa B.

Equação química: $SO_{2(gás)} + 2NaOH_{(aquoso)} \rightarrow Na_2SO_{3(aquoso)} + H_2O_{(líquido)}$

$1 \text{ mol de } SO_2 ----- 2 \text{ mol de NaOH}$

$n_{SO_2} ---------- n_{NaOH}$

$2 \times n_{SO_2} = n_{NaOH}$

Considerando que o dióxido de enxofre apresenta comportamento ideal, temos: $2 \times n_{SO_2} = n_{NaOH}$

$2 \times \frac{pV}{RT} = [NaOH] \times V_{solução}$

$2 \times \frac{1 \times V}{0,08206 \times 273} = 0,100 \times 0,250$

$V = 0,280 \text{ L}$

Questão 134

Alternativa D.

Equação química de decomposição térmica da decomposição do nitrato de potássio: $KNO_{3(sólido)} \rightarrow KNO_{2(sólido)} + \frac{1}{2} O_{2(gás)}$

Cálculo do número de mol de oxigênio molecular, considerando comportamento ideal: $n = \frac{\left(\frac{700}{760}\right) \times 1000}{0,08206 \times (77+273)} = 32,07 \text{ mol}$

Cálculo do número de mol de nitrato de potássio, a partir da relação estequiométrica. $KNO_{3(sólido)} \rightarrow KNO_{2(sólido)} + \frac{1}{2} O_{2(gás)}$

$1 \text{ mol de } KNO_3 ------ 0,50 \text{ mol de } O_2$

$n_{KNO_3} ----------- 32,07 \text{ mol de } O_2$

$n_{KNO_3} = \frac{32,07}{0,50} = 64,14 \text{ mol}$

Cálculo da massa de nitrato de potássio: $\frac{m_{KNO_3}}{<MM>_{KNO_3}} = 64,14 \text{ mol}$

$m_{KNO_3} = 64,14 \times (39 + 14 + 48) = 6478,14 \text{ g } (\cong 6,50 \text{ kg})$

Questão 135

Alternativa C.

Considerando a equação dos gases ideais, a massa de gás propano será igual a:

$$\text{massa} = \frac{p \times V \times < MM >}{R \times T} = \frac{1,0 \times 1,0 \times 44}{0,08206 \times 273} = \frac{44}{22,40} = 1,96 \text{ g}$$

Questão 136

Alternativa D.

Propriedades do gás X: $pV = n_X RT$

$$\underbrace{\frac{pV}{T}}_{\text{constante}} = n_X \,.\, R$$

Propriedades do gás Z: $pV = n_Z RT$

$$\underbrace{\frac{pV}{T}}_{\text{constante}} = n_Z \,.\, R$$

Considerando que os gases, conforme no enunciado do problema, apresentam a mesma pressão, volume e temperatura.

$$n_X \text{ x } R = n_Z \text{ x } R$$

$$\frac{m_X}{< MM >_Z} \text{ x } \cancel{R} = \frac{m_Z}{< MM >_Z} \text{ x } \cancel{R}$$

$$\frac{1{,}60}{32{,}0} = \frac{3{,}50}{< MM >_Z}$$

$$< MM >_Z = \frac{32{,}0 \text{ x } 3{,}50}{1{,}60} = 70 \frac{g}{mol}$$

Questão 137

Alternativa A.

Para a determinação da massa molar será necessário aplicar a equação dos gases ideais:

$$< MM > = \frac{510000 \text{ x } 0{,}08 \text{ x } (-23 + 273)}{20 \text{ x } 30000} = \frac{10200000}{600000} = 17 \frac{g}{mol}$$

Para esta massa molecular, a molécula gasosa trata-se do gás amoníaco (NH_3).

Questão 138

Alternativa D.

Considerando que o processo é isovolumétrico (volume constante) e isotérmico (temperatura constante), teremos a seguinte situação:

Situação I: m_1 = 160g; V_1 = 8 L; T_1 = 27 + 273 = 300 K

Cálculo da pressão inicial para a situação I: $p_I = \frac{nRT}{V} = \frac{\left(\frac{160}{32}\right) \text{ x } 0{,}08 \text{ x } (27+273)}{8} = 15 \text{ atm}$

Relação entre a pressão e a massa do composto gasoso: $pV = \frac{m}{<MM>} RT$

$$\underbrace{\frac{V \text{ x } < MM >}{R \text{ x } T}}_{\text{constante}} = \frac{m}{p}$$

Cálculo da massa no estado final (m_{II}), a partir da equação combinada dos gases: $\frac{m_I}{p_I} = \frac{m_{II}}{p_{II}}$

$$m_{II} = \frac{160 \text{ x } 9}{15} = 96 \text{ g}$$

Logo a massa final de oxigênio que escapa do recipiente é: $m_{final} = 160\ g - 96\ g = 64\ g$

Questão 139

Alternativa C.

Equação química da decomposição química da espécie gasosa X: $X_{(g)} \rightleftarrows 2\ Y_{(g)} + ½\ Z_{(g)}$

Base de cálculo: Pressão inicial (P_o) para a espécie gasosa X. Tabela de equilíbrio químico:

	$X_{(gás)}$	$2Y_{(gás)}$	$½\ Z_{(gás)}$
Início	P_0	0	0
Reage	$P_0\alpha$	$2\ P_0.\alpha$	$½\ P_0.\alpha$
Equilíbrio	$P_0 - P_0\alpha$	$2\ P_0.\alpha$	$½\ P_0.\alpha$

Determinação da pressão total, a da informação retirada da tabela de equilíbrio: $P_{total} = P_X + P_Y + P_Z = P_0 - P_0\alpha + 2P_0\alpha + \frac{1}{2}P_0\alpha$

$$P_{total} = P_0 + P_0\alpha + \frac{1}{2}P_0\alpha = \boxed{P_0\ x\left[1 + \left(\frac{3}{2}\right)\alpha\right]}$$

Questão 140

Alternativa D.

Equação química: $Zn_{(sólido)} + H_2SO_{4(aquoso)} \rightarrow ZnSO_{4(aquoso)} + H_{2(gás)}\uparrow$

Determinação do reagente limitante. O reagente limitante e o excesso é determinado através do cálculo do número de mol de cada reagente químico.

Para o zinco: $n_{Zn} = \frac{m_{Zn}}{<MM>_{Zn}} = \frac{32{,}7}{65{,}4} = 0{,}50\ mol$

Para o ácido sulfúrico: $n_{H_2SO_4} = [H_2SO_4]\ x\ V_{solução} = 1{,}0\ x\ 1{,}50 = 1{,}50\ mol$

Comparando os valores de cada número de mol dos reagentes, o zinco é o limitante.

Cálculo do número de mol de gás Hidrogênio:
$1\ mol\ de\ Zn_{(s)} - - - - - 1\ mol\ de\ H_{2(g)}$
$0{,}50\ mol\ de\ Zn_{(s)} - - - - n_{H_2}$
$n_{H_2} = 0{,}50\ mol$

O volume de gás hidrogênio produzido é igual a 2,0 litros $(3{,}5\ L - 1{,}5L)$

Cálculo da pressão de gás hidrogênio, considerando comportamento ideal: $p = \frac{n\ x\ R\ x\ T}{V} = \frac{0{,}50\ x\ 0{,}08206\ x\ (20+273)}{2{,}0} = 6{,}0\ atm$

Questão 141

Alternativa D.

Equação química reversível: $NO_{2(gás)} + CO_{(gás)} \rightleftharpoons CO_{2(gás)} + NO_{(gás)}$
Base de cálculo: pressão parcial de dióxido de nitrogênio igual a X e pressão parcial do monóxido de carbono igual a 3X no estado inicial.

Para a resolução do problema será necessário utilizar a tabela de equilíbrio químico:

	$NO_{2(gás)}$	$CO_{(gás)}$	$CO_{2(gás)}$	$NO_{(gás)}$
Início	X	3X	0	0
Reage	Y	Y	Y	Y
Equilíbrio	X - Y	3X – Y	Y	Y

Sabendo que a pressão total do sistema é igual ao somatório das pressões parciais, temos: $P_{total} = P_{NO_{2(g)}} + P_{CO_{(g)}} + P_{CO_{2(g)}} + P_{NO_{(g)}}$

$$32,8 \text{ atm} = X - Y + 3X - Y + Y + Y$$

$$X = \frac{32,8}{4} = 8,2 \text{ atm}$$

Cálculo da massa de dióxido de nitrogênio:

$$m_{NO_2} = \frac{P_{NO_2} \text{ x V x} < MM >_{NO_2}}{R \text{ x } T} = \frac{8,2 \text{ x } 200 \text{ x } 46}{0,08206 \text{ x } 400} = 2298,32 \text{ g } (\cong 2,30 \text{ kg})$$

Cálculo da massa de monóxido de carbono:

$$m_{CO} = \frac{P_{CO} \text{ x V x } < MM >_{CO}}{R \text{ x } T} = \frac{3 \text{ x } 8,2 \text{ x } 200 \text{ x } 28}{0,08206 \text{ x } 400} = 4196,93 \text{ g } (\cong 4,20 \text{ kg})$$

Questão 142

Alternativa C.

Cálculo da massa, a partir da relação entre a densidade com a pressão para um gás ideal. $d = \frac{p \text{ x} <MM>}{R \text{ x } T}$

$$5,80 \text{ x } 0,08206 \text{ x } (25 + 273) = \frac{740 \text{ mmHg}}{760 \text{ mmHg}} \text{x} < MM >$$

$$< MM > = 145,66 \frac{g}{mol}$$

Questão 143

Alternativa B.

Primeiramente será necessário calcular o número de mol para cada espécie química e o número de mol total:

$$n_{He} = \frac{1}{4} = 0,25 \text{ mol}$$

$$n_{CO} = \frac{14,0}{28} = 0,50 \text{ mol}$$

$$n_{NO} = \frac{10}{30} = 0,33 \text{ mol}$$

A partir do cálculo do número de mol para cada participante gasoso, será necessário calcular o número de mol total.

$$n_{total} = 0,25 \text{ mol} + 0,50 \text{ mol} + 0,33 = 1,08 \text{ mol}$$

Cálculo da pressão total do sistema reacional gasoso: $p_{total} \text{ x } 2,0 = 1,08 \text{ x } 0,08206 \text{ x } 300$

$$p_{total} = 13,29 \text{ atm}$$

Questão 144

Alternativa A.

$$P_{atm} = P_{H_2}^{seco} + P_{H_2}^{úmido}$$

$$P_{H_2}^{seco} = 740\ mmHg - 20\ mmHg$$

Aplicando a equação dos gases ideais, temos: $P_{H_2}^{seco} \times V = \overbrace{n \times R \times T}^{pV}$

$$P_{H_2}^{seco} \times V = pV$$

$$V = \frac{P_{H_2}^{seco} \times V}{p} = \frac{740\ mmHg - 20\ mmHg}{740\ mmHg} \times 300\ mL$$

Questão 145

Alternativa C.

Cálculo da densidade da espécie gasosa do gás propano. Cabe ressaltar que o gás propano é um hidrocarboneto do tipo alcano.

$$densidade = \frac{\left(\frac{740}{760}\right) \times 44}{0{,}08206 \times 298} = 1{,}75\frac{g}{L}$$

Questão 146

Alternativa D.

Cálculo da massa molecular da espécie gasosa, a partir da relação da densidade com a pressão para um gás ideal. $d = \frac{p \times <MM>}{R \times T}$

$$5{,}66 \times 0{,}08206 \times (35 + 273) = \frac{745\ mmHg}{760\ mmHg} \times <MM>$$

$$<MM> = 145{,}93\frac{g}{mol}$$

Questão 147

Alternativa A.

Equação química da decomposição do carbonato de cálcio: $CaCO_{3(sólido)} \longrightarrow CaO_{(sólido)} + CO_{2(gás)}$

Cálculo do número de mol do dióxido de carbono: $n = \frac{1 \times 2{,}40}{0{,}08206 \times 273} = 0{,}107\ mol$

Cálculo do número de mol do carbonato de cálcio:

$1\ mol\ de\ CO_2 - - - - - 1\ mol\ de\ CaCO_3$

$0{,}107\ mol\ de\ CO_2 - - - n$

$n = 0{,}107\ mol\ de\ carbonato\ de\ cálcio$

Massa de carbonato de cálcio: Massa = 0,107 x 100 = 10,70 g

Questão 148

Alternativa B.

Cálculo do número de mol total: $n_{total} = 0{,}50\ mol + 1{,}30 = 1{,}80\ mol$

Cálculo da pressão total: $p_{total} \times 4{,}82 = 1{,}80 \times 0{,}08206 \times 323$

$p_{total} = 9{,}90\ atm$

Cálculo da pressão parcial do gás hidrogênio: $p_{H_2} = p_{total} \text{ x } X_{H_2}$

$$p_{H_2} = 9{,}90 \text{ atm x} \frac{0{,}50 \text{ mol}}{1{,}80 \text{ mol}} = 2{,}75 \text{ atm}$$

Questão 149

Alternativa B.

A condição de estudo para um gás real é a seguinte: alta pressão ou baixa temperatura.

Questão 150

Alternativa D.

Equação da velocidade média quadrática: $c^2 = \frac{3 \text{ x R x T}}{\text{<MM>}}$

$$\frac{c^2}{T} = \underbrace{\frac{3 \text{ x R}}{\text{<MM>}}}_{\text{constante}}$$ (relação respeitada para o mesmo gás)

$$\frac{(500)^2}{300} = \frac{(1000)^2}{T}$$

$$T = 1200 \text{ K}$$

Questão 151

Alternativa D.

Cálculo da massa molecular da espécie gasosa, a partir da relação da densidade com a pressão para um gás ideal. $d = \frac{\text{p x<MM>}}{\text{R x T}}$

$$0{,}71 \text{ x } 0{,}08206 \text{ x } 273 = 1 \text{ x} < \text{MM} >$$

$$< \text{MM} > \cong 16{,}0 \frac{\text{g}}{\text{mol}}$$

Questão 152

Alternativa B.

Cálculo da densidade do gás oxigênio: $d = \frac{1{,}50 \text{ x } 32{,}0}{0{,}08206 \text{ x } (546+273)} = 0{,}714 \frac{\text{g}}{\text{L}}$

Cálculo da massa molar da espécie gasosa: $0{,}714 \text{ x } 0{,}08206 \text{ x } 273 = 1 \text{ x} < \text{MM} >$

$$< \text{MM} > \cong 16{,}0 \frac{\text{g}}{\text{mol}}$$

A espécie gasosa mais próxima para esta massa molecular pode ser a amônia ou também conhecida como gás amoníaco.

Questão 153

Alternativa D.

Cálculo do número de mol de dióxido de carbono, considerando comportamento ideal: $n_{CO_2} = \frac{\frac{740}{760} \text{ x } 44}{0{,}08206 \text{ x } (50+273)} = 3{,}67 \text{ mol}$

Cálculo do número de mol de gás pentano, a partir da relação estequiométrica:

2 mol de gás pentano — — — 10 mol de dióxido de carbono
$n_{pentano}$ — — — — — — — — — 3,67 mol de dióxido de carbono

$n_{pentano} = 0{,}734 \text{ mol}$

Cálculo da massa de gás pentano: $\text{Massa} = 0{,}734 \text{ x } (60 + 12) = 52{,}85 \text{ g}$

Questão 154

Alternativa D.

Informação do problema: Massa de etanol é igual à massa de metanol. Expressões das frações molares das espécies químicas:

$$X_{metanol} = \frac{n_{metanol}}{n_{metanol} + n_{etanol}} = \frac{\frac{m}{32}}{\frac{m}{32} + \frac{m}{46}}$$

$$X_{etanol} = \frac{n_{etanol}}{n_{etanol} + n_{metanol}} = \frac{\frac{m}{46}}{\frac{m}{46} + \frac{m}{32}}$$

Desenvolvendo a equação da fração molar do etanol.

$$X_{etanol} = \frac{\frac{m}{46}}{\frac{16m + 23m}{736}} = 0{,}410$$

Sabendo que o somatório das frações molares é igual a 1,0, temos: $X_{etanol} + X_{metanol} = 1$

$$X_{metanol} = 1 - 0{,}410 = 0{,}590$$

$$P_{total} \text{ x } \underbrace{X_{mistura}}_{\substack{metanol+ \\ etanol}} = X_{metanol} \text{ x } P^0_{metanol} + X_{metanol} \text{ x } P^0_{metanol}$$

$$P_{total} \text{ x } 1{,}0 = 88{,}70 \text{ mmHg x } 0{,}590 + 44{,}50 \text{ mmHg x } 0{,}410$$

$$P_{total} = 44{,}50 \text{ mmHg}$$

Questão 155

Alternativa A.

Cálculo do número de mol de superóxido de potássio, a partir da relação estequiométrica entre o próprio óxido como o gás oxigênio.

$4 \text{ mol de peróxido} ------ 3 \text{ mol de gás oxigênio}$

$\left(\frac{0{,}500}{39 + 32}\right) \text{ mol de peróxido} -- n_{gás}$

$$n_{gás} = 0{,}00528 \text{ mol}$$

Cálculo do volume de oxigênio molecular: $V_{O_2} = \frac{0{,}00528 \text{ x } 0{,}08206 \text{ x } 273}{1} = 0{,}118 \text{ L } (118 \text{ mL})$

Questão 156

Alternativa D.

Cálculo do número de mol para cada composto gasoso: $n_{He} = \frac{8{,}0}{2{,}0} = 4{,}0 \text{ mol}$

$n_{H_2} = \frac{84{,}0}{28} = 3{,}0 \text{ mol}$

$n_{H_2O} = \frac{90{,}0}{18} = 5{,}0 \text{ mol}$

Cálculo do número de mol total: $n_{total} = n_{He} + n_{H_2} + n_{H_2O} = 10 \text{ mol}$

Cálculo da pressão total do sistema reacional a 120°C, aplicando a equação dos gases ideais. $p \times 10 = 10 \times 0{,}08206 \times (120 + 273)$
$p = 32{,}23 \text{ atm}$

Questão 157

(GRILLO) Alternativa A.

Estudando o compartimento A: $X_A = \frac{n_A}{n_T}$

$0{,}58 = \frac{n_A}{n_T}$

$n_A = 0{,}58 \times n_T$

$5 \times V_A = 0{,}58 \times n_T \times R \times T_A$ (Equação A)

Estudando o compartimento B: $X_A + X_B = 1$
$X_B = 1 - 0{,}58 = 0{,}42$
$X_B = \frac{n_B}{n_T}$

$0{,}42 = \frac{n_B}{n_T}$

$n_B = 0{,}42 \times n_T$

$8 \times V_B = 0{,}42 \times n_T \times R \times T_B$ (Equação B)

Dividindo a equação 2 pela equação 1, temos: $\frac{8 \times V_B}{5 \times V_A} = \frac{0{,}42 \times R \times T_B}{0{,}58 \times R \times T_A}$

Sendo $T_A = T_B$ (processo isotérmico), temos: $\frac{8 \times V_B}{5 \times V_A} = \frac{0{,}42}{0{,}58}$

$V_A = 2{,}21 \times V_B$

Sabendo que a soma dos volumes ($V_A + V_B$) é igual a 29 litros, temos: $V_A + V_B = 29{,}0$
$V_A = 2{,}21 \times V_B$

Resolvendo o sistema: $V_A = 19{,}96$ L e $V_B = 9{,}03$ L

Questão 158

Alternativa B.

Cálculo do número de mol de dióxido de carbono: $n_{CO_2} = \frac{44{,}88}{44{,}0} = 1{,}02 \text{ mol}$

Cálculo da fração molar do dióxido de carbono: $X_{CO_2} + X_{N_2} = 1$
$X_{CO_2} + 0{,}32 = 1$
$X_{CO_2} = 0{,}68$

Cálculo da pressão parcial de dióxido de carbono: $P_{CO_2} = X_{CO_2} \cdot p_{total}$
$P_{CO_2} = 0{,}68 \times 500 \text{ mmHg} = 340 \text{ mmHg}$

Cálculo da pressão parcial de gás nitrogênio: $P_{N_2} = p_{total} - P_{CO_2}$

$P_{N_2} = 500 \text{ mmHg} - 340 \text{ mmHg} = 160 \text{ mmHg}$

Cálculo do número de mol total, a partir da pressão parcial de dióxido de carbono:

$$\frac{340 \text{ mmHg}}{500 \text{ mmHg}} \text{x } n_{total} = 1{,}02$$

$$n_{total} = 1{,}50 \text{ mol}$$

Cálculo da massa de gás nitrogênio: $\frac{160 \text{ mmHg}}{500 \text{ mmHg}} \text{x } 1{,}50 \text{ x } 28 = m_{N_2}$

$$m_{N_2} = 13{,}44 \text{ g}$$

Questão 159

Alternativa C.

Informação do problema: $v_{SO_2}^2 = v_{O_2}^2$

$$\frac{3 \text{ x R x } T_{SO_2}}{< MM >_{SO_2}} = \frac{3 \text{ x R x } T_{O_2}}{< MM >_{O_2}}$$

$$\frac{T_{SO_2}}{64} = \frac{27 + 273}{32}$$

$$T_{SO_2} = 600 \text{ K } (327°C)$$

Questão 160

Alternativa B.

Cálculo da densidade: $d = \frac{p \text{ x} <MM>}{R \text{ x } T} = \frac{\left(\frac{188}{760}\right) \text{x } 38}{0{,}08206 \text{ x } 293} = 0{,}39 \frac{g}{L}$

Questão 161

Alternativa D.

Considerando que o processo é isovolumétrico (volume constante) e isotérmico (temperatura constante), temos a seguinte situação.
Situação I: m_1 = 160g; V_1 = 8 L e T_1 = 27 + 273 = 300 K

Cálculo da pressão inicial para a situação I: $p_I = \frac{nRT}{V} = \frac{\left(\frac{160}{32}\right) \text{x } 0{,}08 \text{ x } 300}{8} = 15 \text{ atm}$

Relação entre a pressão e a massa do composto gasoso: $\underbrace{\frac{V \text{ x} <MM>}{R \text{ x } T}}_{\text{constante}} = \frac{m}{p}$

Cálculo da massa no estado final (m_{II}): $\frac{m_I}{p_I} = \frac{m_{II}}{p_{II}}$

$$\frac{160}{15} = \frac{m_{II}}{9}$$

$$m_{II} = \frac{160 \text{ x } 9}{15} = 96 \text{ g}$$

Logo a massa final de oxigênio que escapa do recipiente é: $m_{final} = 160 \text{ g} - 96 \text{ g} = 64 \text{ g}$

Questão 162

Alternativa B.

Cálculo do número de mol de ácido sulfúrico: $n_{H_2SO_4} = \frac{m_{H_2SO_4}}{<MM>_{H_2SO_4}} = \frac{2,45}{98} = 0,025 \text{ mol}$

Cálculo do número de mol de dióxido de carbono produzido, a partir da relação estequiométrica entre a solução do ácido sulfúrico com o dióxido de carbono: $H_2SO_4 + CaCO_3 \rightarrow CaSO_4 + H_2O + CO_2$

1 mol de H_2SO_4 --------------- 1 mol de CO_2
0,025 mol de H_2SO_4 ---------- n_{CO_2}
n_{CO_2} = 0,025 mol

Cálculo do volume de dióxido de carbono produzido:

$$V_{CO_2} = \frac{n_{CO_2} \text{ x R x T}}{p} = \frac{0,025 \text{ x } 0,08206 \text{ x } 300}{1} = 0,615 \text{ L } (615 \text{ mL})$$

Questão 163

Alternativa A.

Cálculo da massa molar da espécie gasosa: $< MM > = \frac{1,14 \text{ x } 0,08206 \text{ x } 300}{1 \text{ x } 1} = \frac{28,06}{1} = 28,06 \text{ g.mol}^{-1}$.

Determinação da massa molar de cada espécie química:
Item a) CO = (12 + 16) = 28 $g.mol^{-1}$
Item b) H_2S = (2x1 + 32) = 34 $g.mol^{-1}$
Item c) NO_2 = (1x14 + 2x16) = 46 $g.mol^{-1}$
Item d) C_2H_2 = (2x12 + 2x1) = 26 $g.mol^{-1}$
Item e) NO = (14 + 16) = 30 $g.mol^{-1}$

Questão 164

(MESTRE JOÃO ROBERTO DA PACIÊNCIA NABUCO) Alternativa A.

Aplicando a equação dos gases ideais: $pV = \frac{m}{<MM>} \text{ x R x T}$

$$\left\{\frac{\text{p x V x} < MM >}{R}\right\}_{constante} = \boxed{\text{massa x Temperatura}}$$

Situação I: P = constante; V = constante; T_I = 273 + (20) = 293K; m_I = m

Situação II: P = constante; V = constante; T_{II} = ?; m_{II} = m/2

Cálculo da temperatura II, através da equação combinada dos gases ideais: $m_I \text{ x } T_I = m_{II} \text{ x } T_{II}$

$$m_I \text{ x } 293 = \frac{m_I}{2} \text{ x } T_{II}$$

$$T_{II} = 586 \text{ K } (313°C)$$

Questão 165

(PETROBRAS – ENGENHEIRO DE PROCESSAMENTO JÚNIOR) Alternativa B.

Cálculo do volume molar: $V_{molar} = \frac{V}{n} = \frac{1 \text{ m}^3}{100 \text{ mol}} = 10^{-2} \frac{m^3}{mol}$

Analisando o gás metano como real: $\left\{p^{real} + \frac{0,2}{(10^{-2})^2}\right\} \text{ x } \{10^{-2} - 4,0 \text{ x } 10^{-5}\} = 8 \text{ x } 300$

$p^{real} = 239 \text{ kPa}$

Analisando o gás metano como ideal: $p^{ideal} \text{ x } 1 = 1000 \text{ x } 8 \text{ x } 300$

$p^{ideal} = 240\ kPa$

Cálculo da variação de pressão (Δp):

$\Delta p = p^{real} - p^{ideal} = 239\ kPa - 240\ kPa = -1\ kPa$

Questão 166

Alternativa B.

Para o cálculo da massa específica, será necessário primeiramente calcular a pressão do sistema.

Cálculo do número de mol de monóxido de carbono: $n_{CO} = \frac{pV}{RT} = \frac{1\ x\ 9,1}{0,08206\ x\ 273} = 0,41\ mol$

Cálculo do número de mol de H_2: $n_{H_2} = \frac{pV}{RT} = \frac{1\ x\ 26,6}{0,08206\ x\ (25+273)} = 1,09\ mol$

Cálculo do número de mol total: $n_{TOTAL} = n_{H2} + n_{CO} = 1,09 + 0,41 = 1,50$ mol

Cálculo da pressão total do recipiente: $p_{Total} = \frac{1,50\ x\ 0,08206\ x\ (25+273)}{100} = 0,369\ atm$

Cálculo da massa molar da mistura: $X_{CO}\ x < MM >_{CO} + X_{H_2}\ x < MM >_{H_2} = X_{mistura}\ x < MM >_{mistura}$

$$\frac{0,41}{1,50} x\ 28 + \frac{1,09}{1,50} x\ 2,0 = 1,0\ x < MM >_{mistura}$$

$$< MM >_{mistura} = 9,11\ g.mol^{-1}$$

Cálculo da massa específica (μ): $\mu = \frac{p_T\ x < MM >_{mistura}}{R\ x\ T} = \frac{0,369\ x\ 9,11}{0,08206\ x\ 300} = 0,136\ g.L^{-1}$

Questão 167

Alternativa A.

Base de cálculo: n(mol) inicial de cloreto de nitrosila e utilizando a tabela de equilíbrio químico para a seguinte equação: $2NOCl_{(gás)} \rightarrow 2NO_{(gás)} + Cl_{2(gás)}$.

	$2NOCl_{(gás)}$	$2NO_{(gás)}$	$Cl_{2(gás)}$
Início	n	0	0
Reage	2nα	2nα	nα
Equilíbrio	n - 2nα	2nα	nα

Cálculo do número de mol total da mistura gasosa no estado de equilíbrio:

$n_{Total} = n_{NOCl} + n_{NO} + n_{Cl2}$

$n_{Total} = n - 2n\alpha + 2n\alpha + n\alpha$

$n_{Total} = n\ x\ (1 + \alpha)$

Cálculo do grau de dissociação (α) do cloreto de nitrosila: $d = \frac{p\ x < MM >}{(1+\alpha) x\ R\ x\ T}$

$$1,302 = \frac{1\ x\ 65,5}{(1+\alpha)\ x\ 0,08206\ x\ (227+273)}$$

$$\alpha = 0,23\ (23\%)$$

Questão 168

Alternativa D.

Propriedades do gás X: $\frac{pV}{T} = n_X\ x\ R$

Propriedades do gás Z: $\frac{pV}{T} = n_Z \text{ x } R$

Considerando que os gases, conforme enunciado, apresentam a mesma pressão, volume e temperatura, temos: $n_X \text{ x } R = n_Z \text{ x } R$

$$\frac{m_X}{< MM >_Z} \text{ x } \cancel{R} = \frac{m_Z}{< MM >_Z} \text{ x } \cancel{R}$$

$$\frac{1{,}60}{32{,}0} = \frac{3{,}50}{< MM >_Z}$$

$$< MM >_Z = \frac{32{,}0 \text{ x } 3{,}50}{1{,}60} = 70 \frac{g}{mol}$$

Questão 169

(GRILLO) Alternativa A.
Base de cálculo: n (mol) inicial de cloreto de nitrosila. Utilização da tabela de equilíbrio químico:

	$2NOCl_{(gás)}$	$2NO_{(gás)}$	$Cl_{2(gás)}$
Início	n	0	0
Reage	2nα	2nα	nα
Equilíbrio	n - 2nα	2nα	nα

Cálculo do número de mol total da mistura gasosa, a partir do estado de equilíbrio: $n_T = n_{NOCl} + n_{NO} + n_{Cl2}$
$n_T = n - 2n\alpha + 2n\alpha + n\alpha$
$n_T = n + n\alpha = n.(1 + \alpha)$

Cálculo da pressão parcial do cloro gasoso: $p_{Cl_2} = X_{Cl_2} \text{ x } p_{TOTAL}$
$$X_{Cl_2} = \frac{p_{Cl_2}}{p_{TOTAL}} = \frac{0{,}07}{0{,}50} = 0{,}14$$

Sabendo que a fração molar do cloro gasoso é a razão do número de mol de cloro pelo número de mol total, temos: $X_{Cl_2} = \frac{n_{Cl_2}}{n_{TOTAL}}$

Pela tabela de equilíbrio, o gás cloro no equilíbrio é igual a nα, então: $X_{Cl_2} = \frac{n\alpha}{n \text{ x } (1+\alpha)}$

$$0{,}14 = \frac{\alpha}{(1+\alpha)}$$

$$\alpha = 0{,}163$$

Cálculo da densidade da mistura gasosa: $d = \frac{p \text{ x} <MM>}{(1+\alpha) \text{ x } R \text{ x } T} = \frac{0{,}50 \text{ x } 65{,}5}{(1+0{,}163) \text{ x } 0{,}08206 \text{ x } 503} = 0{,}68 \text{ g.L}^{-1}$

Questão 170

(GRILLO) Alternativa D.
Dados do problema: $V_{molar}^{real} = 1{,}12 \text{ x } V_{molar}^{ideal}$

Sabendo que o fator de compressibilidade é definido como: $Z = \frac{V_{molar}^{real}}{V_{molar}^{ideal}} = \frac{1{,}12 \text{ x } \cancel{V_{molar}^{ideal}}}{\cancel{V_{molar}^{ideal}}} = 1{,}12$ Para Z > 1 as forças dominantes trata-se das repulsivas.

Cálculo do volume molar a partir da equação dos gases reais em função do fator de compressibilidade:

$$V_{molar} = \frac{Z \text{ x } R \text{ x } T}{p} = \frac{1{,}12 \text{ x } 0{,}08206 \text{ x } 220}{11} = 1{,}84 \frac{L}{mol}$$

Questão 171

Alternativa A.

Dados do problema: $m_{total} = m_{Ne} + m_{He} = 5{,}50g$

Cálculo do número de mol total para um volume de 6,80 L, 300 K e 1 atm, a partir da utilização da equação dos gases ideais: $n_{total} = \frac{pV}{RT} = \frac{1 \times 6{,}80}{0{,}08206 \times 300} = \frac{6{,}80}{24{,}62} = 0{,}276 \text{ mol}$

Equação (1): $n_{Ne} \times < MM >_{Ne} + n_{He} \times < MM >_{He} = 5{,}50$

$20 \times n_{Ne} + 4 \times n_{He} = 5{,}50$

Dividindo a equação acima por quatro, temos: $5 \times n_{Ne} + n_{He} = 1{,}375$

Equação (2): $n_{Ne} + n_{He} = 0{,}276$

Resolvendo o sistema de equações (1) e (2): $5 \times n_{Ne} + n_{He} = 1{,}375$

$n_{Ne} + n_{He} = 0{,}276$

Multiplicando a segunda equação matemática por menos cinco (-5):

$5 \times n_{Ne} + n_{He} = 1{,}375$

$-5 \times n_{Ne} + -5 \times n_{He} = -1{,}38$

$-4 \times n_{He} = -0{,}005$

$n_{He} = 0{,}00125 \text{ mol}$

Logo, o número de mol de gás neônio é de 0,275 mol. Cálculo das frações molares dos gases nobres: $X_{Ne} = \frac{n_{Ne}}{n_{total}} = \frac{0{,}275}{0{,}276} = 0{,}9963\ (99{,}64\%)$

$$X_{He} = \frac{n_{He}}{n_{total}} = \frac{0{,}00125}{0{,}276} = 0{,}00453\ (0{,}453\%)$$

Questão 172

(GRILLO) Alternativa A.

Dados do problema:

Situação inicial: $P_{INICIAL}$ = 340 atm; $V_{INICIAL}$ = 1,0 L; $T_{INICIAL}$ = 444 K; $Z_{INICIAL}$ = 1,077

Situação final: P_{FINAL} = 1200 atm; V_{FINAL} = ?; T_{FINAL} = (- 23 + 273) = 250 K; Z_{FINAL} = 1,876

Para a resolução deste problema, será considerado, tanto para o estado inicial quanto para o estado final, uma quantidade de 1 mol. Isolando o produto constante (nR) da equação A, temos:

$$nR = \frac{pV}{ZT}$$

$$nR = \left(\frac{pV}{ZT}\right)_{INICIAL} = \left(\frac{pV}{ZT}\right)_{FINAL}$$

$$\left(\frac{340 \times 1{,}0}{1{,}077 \times 444}\right)_{INICIAL} = \left(\frac{1200 \times V}{1{,}876 \times 250}\right)_{FINAL}$$

V_{FINAL} = 0,278 L

Questão 173

Alternativa C.

Considerando que o gás nitrogênio apresente como configuração matemática uma configuração esférica, o raio da molécula de nitrogênio gasoso, pode ser calculado através da seguinte relação: $V = \frac{4\pi R^3}{3}$

$$\frac{4\pi R^3}{3} = \frac{b}{N_A}$$

$$R^3 = \frac{3.b}{4\pi.N_A}$$

$$R = \sqrt[3]{\frac{3.b}{4\pi.N_A}}$$

Onde b é a constante de van der Waals, relacionado ao volume da molécula gasosa e N_A = constante de Avogadro. Sendo a constante de van de Waals b = 39.4 x 10^{-6} $m^3.mol^{-1}$, temos:

$$R = \sqrt[3]{\frac{3.b}{4\pi.N_A}} = \sqrt[3]{\frac{3 \times 39,4 \times 10^{-6}}{4 \times 3,14 \times 6,02 \times 10^{23}}} = \sqrt[3]{1,56 \times 10^{-29}}$$

$$R = 2,50 \times 10^{-9} m$$

Questão 174

Alternativa C.

Cálculo da pressão de amônia, a partir da utilização da equação dos gases ideais:

$$p = \frac{\left(\frac{17}{17}\right) \times 0,08206 \times (427 + 273)}{5,0} = 11,49 \text{ atm}$$

Questão 175

Alternativa C.

Cálculo do número de mol para cada espécie gasosa:

$$n_{He} = \frac{2,0}{4,0} = 0,50 \text{ mol}$$

$$n_{O_2} = \frac{2,0}{32,0} = 0,0625 \text{ mol}$$

$$n_{N_2} = \frac{2,0}{28,0} = 0,0714 \text{ mol}$$

Número de mol total, a partir do número de mol de cada espécie química:

$$n_{total} = n_{He} + n_{O_2} + n_{N_2} = 0,50 \text{ mol} + 0,0625 \text{ mol} + 0,0714 \text{ mol}$$

Aplicando a equação dos gases ideais: $p = \frac{0,6339 \times 0,08206 \times (100+273)}{15,0} = 1,29 \text{ atm}$

Questão 176

Alternativa C.

Equação química: $Li_{(sólido)} + H_2O_{(líquido)} \rightarrow LiOH_{(aquoso)} + H_{2(gás)}$

Cálculo do número de mol de gás hidrogênio, a partir da relação estequiométrica:

$4 \text{ mol de Li} ------ 1 \text{ mol de gás}$

$\left(\frac{0{,}208}{7{,}0}\right) \text{mol de Li} --- n_{gás}$

$n_{gás} = 0{,}0297 \text{ mol}$

Cálculo do volume de gás hidrogênio, considerando comportamento ideal:

$$V_{H_2} = \frac{0{,}0297 \text{ x } 0{,}08206 \text{ x } (22 + 273)}{\frac{750 - 19{,}80}{750}} = 0{,}738 \text{ L } (738 \text{ mL})$$

Questão 177

Alternativa C.

$P_{atm} = P_{gás} + h = 615 \text{ mmHg} + 65 \text{ mmHg} = 680 \text{ mmHg}$

Questão 178

Alternativa A.

Estado inicial: $P_{H_2}^{seco} = 732 \text{ mmHg} - 21 \text{ mmHg} = 711 \text{ mmHg; } V = 245 \text{ mL e } T = 23 + 273 = 296 \text{ K}$

Estado final: $P_{H_2}^{seco} = 760 \text{ mmHg; } V = ? \text{ e } T = 273 \text{ K}$

Aplicando a equação combinada dos gases ideais: $\frac{P_{inicial} \text{ x } P_{inicial}}{T_{final}} = \frac{P_{final} \text{ x } V_{final}}{T_{final}}$

$$\frac{711 \text{ x } 245}{296} = \frac{760 \text{ x } V_{final}}{273}$$

$V_{final} = 209{,}97 \text{ mL}$

Questão 179

Alternativa D.

A questão afirma que o volume dos gases reais são maiores do que aqueles calculados para os gases ideais e isso pode ser explicado pelo volume molar das moléculas gasosas pelo comportamento real, uma vez que é proveniente do fator de compressibilidade, ou seja, $Z > \frac{V_{molar}^{real}}{V_{molar}^{ideal}}$, e, para esta relação caracteriza que as forças repulsivas são dominantes em compração às forcas atrativas.

Questão 180

Alternativa D.

A alternativa D apresenta o princípio de Avogadro, que afirma o seguinte: "dois gases distintos à mesma temperatura, pressão e volume, terão igual número de mol".

Questão 181

Alternativa A.

Equação da velocidade média quadrática: $c_{He}^2 = \frac{3 \text{ x R x T}}{4{,}0}$ e $c_{Ar}^2 = \frac{3 \text{ x R x T}}{40{,}0}$

$$\frac{c_{He}^2}{c_{He}^2} = \frac{\frac{\cancel{3} \text{ x } \cancel{R} \text{ x } \cancel{T}}{4{,}0}}{\frac{\cancel{3} \text{ x } \cancel{R} \text{ x } \cancel{T}}{40{,}0}}$$

$$\frac{c_{He}^2}{c_{He}^2} = 10{,}0$$

Questão 182

(CONCURSO PÚBLICO FEDERAL - PETROBRAS) Alternativa C.

Questão 183

O fator de correção para a determinação da pressão, a partir da equação de van der waals será identificada pela letra maiúscula Y, conforme pode ser observada a seguir.

$$\{p^{real} + Y\} \times (V - nb) = nRT$$

$$\{11 + Y\} \times (4 - 2 \times 0{,}05) = 0{,}05 \times 0{,}08206 \times 300$$

$$\{11 + Y\} \times 3{,}90 = 49{,}24$$
$$Y = 1{,}62 \text{ atm}$$

Questão 184

Partimos da equação dos gases ideais e consideramos o fator de compressibilidade Z, $Z = \frac{V}{V_{id}}$. Sendo que para um gás ideal temos PV_{id} = nRT, dividimos o volume do gás ideal pelo número de mol de gás, fazendo com que: $P\frac{V_{id}}{n} = RT$. Quando dividimos uma grandeza extensiva V_{id}, por outra grandeza extensiva n, temos uma grandeza intensiva. Agora podemos chegar à equação: $Z = \frac{PV}{RT}$.

Sendo V o volume molar observado, para esta equação, acrescentamos uma constante b, pois consideramos agora o volume das moléculas no recipiente, então fazemos a diferença entre o volume molar observado e a nova constante b, ficamos com a equação: $P(V - b) = RT$.

Agora consideramos a atração entre as partículas, sendo que as forças que agem no interior do gás, tem resultante nula. Consideramos apenas a interação com as paredes do recipiente, o que diminui a pressão total. Acrescentamos então a constante a dividida pelo quadrado do volume molar, considerando que as atrações vão causar uma variação da pressão. A constante a é proporcional à energia de vaporização do líquido (gás liquefeito). Chegamos finalmente a: $\left(P + \frac{a}{V^2}\right) \times (V - b) = RT$

Questão 185

Situação inicial (1): $p \times V = n \times R \times T$
Situação final (2): $3 \times p \times V = n' \times R \times T$

Dividindo a situação 2 pela situação 1, temos: $\frac{p \times V}{3 \times p \times V} = \frac{n \times R \times T}{n' \times R \times T}$

$$n' = 3 \times n$$

$$\frac{m'}{<MM>} = 3 \times \frac{m}{<MM>}$$

$$\frac{m'}{2} = 3 \times \frac{m}{2}$$

$$m' = 3 \times m$$

Cálculo inicial da massa: $m = 10 \times 2 = 20 \text{ g}$
Cálculo final da massa: $m' = 3 \times 20 = 60 \text{ g}$
Massa adicionada: $\text{Massa} = 60 \text{ g} - 20 \text{ g} = 40 \text{ g}$

Questão 186

Primeiramente será necessário realizar a conversão da densidade ($g.cm^{-3} \rightarrow g.L^{-1}$): $d_{cr} = 0{,}45 \frac{g}{cm^3} \times \frac{1 \text{ cm}^3}{10^{-3} dm^3} \times \frac{1 \text{ dm}^3}{1L} = 450 \frac{g}{L}$

Determinação do volume crítico (V_{cr}): $V_{cr} = \frac{<MM>_{CO_2}}{d_{cr}} = \frac{44\frac{g}{mol}}{450\frac{g}{L}} = 9,78 \times 10^{-2}\frac{L}{mol}$

Cálculo do covolume (b), a partir do volume crítico (V_{cr}): $V_{cr} = 3b$

$$b = \frac{V_{cr}}{3} = \frac{9,78 \times 10^{-2}}{3} = 3,26 \times 10^{-2}\frac{L}{mol}$$

Cálculo da constante de van der Waals (a), a partir da equação da temperatura crítica: $T_{crítica} = \frac{8a}{27bR}$

$$a = \frac{27 \times b \times R \times T_{crítica}}{8} = \frac{27 \times 3,26 \times 10^{-2} \times 0,08206 \times 300}{8}$$

$$a = 2,71\frac{atm \times L^2}{mol^2}$$

Questão 187

Cálculo da pressão considerando comportamento ideal: $p^{ideal} = \frac{5 \times 0,08206 \times (47+273)}{1} = 131,30\ atm$

Cálculo da pressão considerando comportamento real: $\left(p^{real} + \frac{3,592}{\left(\frac{5}{1}\right)^2}\right) \times \left(\frac{5}{1} - 0,0427\right) = 0,08206 \times (47 + 273)$

$$p^{real} = 5,15\ atm$$

Questão 188

Como o problema afirma que o volume das moléculas é desprezível, será necessário levar em consideração que o gás apresenta comportamento ideal. $p^{ideal} = \frac{1 \times 0,08206 \times 273}{1} = 22,40\ atm$

Questão 189

Alternativa E.

Equação química: $NH_{3(gás)} + HCl_{(gás)} \longrightarrow NH_4Cl_{(sólido)}$

Determinação do número de mol para cada reagente químico, aplicando a equação dos gases ideais.

Analisando o gás amoníaco:

$$n_{NH_3} = \frac{0,78 \times 2,50}{0,08206 \times (18,5 + 273)} = 8,15 \times 10^{-2}mol\ (reagente\ em\ excesso)$$

Analisando o cloreto de hidrogênio: $n_{HCl} = \frac{0,93 \times 1,40}{0,08206 \times (18,5+273)}$

$$n_{HCl} = 5,44 \times 10^{-2}mol\ (reagente\ limitante)$$

Cálculo da massa de cloreto de amônio, a partir da relação estequiométrica entre o cloreto de hidrogênio com o cloreto de amônio: $NH_{3(gás)} + HCl_{(gás)} \longrightarrow NH_4Cl_{(sólido)}$

1 mol de $HCl_{(g)}$ -------- 1 mol de $NH_4Cl_{(s)}$
$5,44 \times 10^{-2}$ mol -------- $n_{sólido}$
$n_{sólido} = 5,44 \times 10^{-2}$ mol

Cálculo da massa de cloreto de amônio: $m_{sólido} = 5,44 \times 10^{-2} \times 53,5 = 2,91\ g$

Gás que sobrou no recipiente → gás em excesso → $NH_{3(g)}$

Cálculo do número de mol de gás amoníaco em excesso: $n_{NH_3} = 8{,}15 \text{ x } 10^{-2}\text{mol} - 5{,}44 \text{ x } 10^{-2}\text{mol} = 2{,}71 \text{ x } 10^{-2} \text{ mol}$

Cálculo da pressão (p) do gás remanescente no recipiente:

$$p = \frac{2{,}71 \text{ x } 10^{-2} \text{ x } 0{,}0826 \text{ x } (18{,}5 + 273)}{2{,}50 + 1{,}40} = 0{,}166 \text{ atm}$$

Questão 190

(GRILLO) Sabendo que o trabalho é definido como: $dW = -\, p_{externa} \text{ x } dV$

A partir da equação dos gases mencionados pelo problema, temos: $P = \frac{R \text{ x } T}{V_{molar} - b}$

Substituindo na equação acima, temos: $dW = -\left(\frac{R \text{ x } T}{V_{molar} - b}\right) \text{ x } dV$

Desenvolvendo a equação, temos: $W = -R \text{ x } T \text{ x } \ln\left(\frac{V_2 - b}{V_1 - b}\right)$

Substituindo os valores propostos pelo problema: $W = -R \text{ x } T \text{ x } \ln\left(\frac{V_2 - b}{V_1 - b}\right)$

$$W = -\, 8{,}314 \text{ x } (27 + 273) \text{x} \ln\left(\underbrace{\frac{0{,}20 - 0{,}03}{10 - 0{,}03}}_{1{,}70 \text{ x } 10^{-2}}\right) = +10155 \text{ J}$$

Questão 191

Segundo o problema, o gás sofre um processo de expansão adiabática, logo, a quantidade de calor é igual a zero (Q = 0). ΔU = Q + W

ΔU = 0 + W

ΔU = W

Sabendo que a variação da energia interna ocorre a volume constante, sua expressão é dada pela seguinte relação: $\Delta U = n \text{ x } C_V \text{ x } \Delta T$.

Para n = 1 mol, $\Delta U = C_V \text{ x } \Delta T$ e sabendo que a relação entre as capacidades caloríficas é dada pela seguinte equação termodinâmica: $W = \Delta U$

$$W = C_V \text{ x } \Delta T = C_V \text{ x } (T_f - T_i)$$

$$W = C_V \text{ x} \left[\left(\frac{P_f \text{ x } V_f}{R}\right) - \left(\frac{P_i \text{ x } V_i}{R}\right)\right]$$

$$W = \frac{C_V}{R} \text{x } [P_f \text{ x } V_f - P_i \text{ x } V_i]$$

$$W = \frac{C_V}{C_P - C_V} \text{x } [P_f \text{ x } V_f - P_i \text{ x } V_i]$$

$$W = \frac{1}{\frac{C_P}{C_V} - 1} \text{x } [P_f \text{ x } V_f - P_i \text{ x } V_i]$$

$$W = \frac{1}{\underbrace{\frac{C_P}{C_V}}_{\gamma} - 1} \text{x } [P_f \text{ x } V_f - P_i \text{ x } V_i] = \boxed{\frac{1}{\gamma - 1} \text{x } [P_f \text{ x } V_f - P_i \text{ x } V_i]}$$

Questão 192

Sabendo que o gás apresenta comportamento real em função do fator de compressibilidade, temos: $p^{real} = \frac{Z \text{ x massa x R x T}}{\text{V x <MM>}}$

$$p^{real} = \frac{Z \text{ x d x R x T}}{< MM >}$$

$$1{,}0 = \frac{Z \text{ x } 1{,}96 \text{ x } 0{,}08206 \text{ x } 273}{44{,}0}$$

$$Z = \frac{44{,}0}{1{,}96 \text{ x } 0{,}08206 \text{ x } 273} = 1{,}00$$

Questão 193

Levando em consideração que a molécula gasosa apresenta configuração esférica, temos: $V_{esfera} = \frac{b}{N_A}$

$$\frac{4}{3} \text{ x } \pi \text{ x } R^3 = \frac{b}{N_A}$$

$$R^3 = \frac{3 \text{ x } 6{,}90 \text{ x } 10^{-5}}{4 \text{ x } 3{,}14 \text{ x } 6{,}02 \text{ x } 10^{23}}$$

$$R^3 = 2{,}74 \text{ x } 10^{-29}$$

$$R = 3{,}01 \text{ x } 10^{-10} \text{ (0,301 nm)}$$

Questão 194

Base de cálculo: 7,0 mol de dióxido de enxofre e 3,0 mol de gás oxigênio no estado inicial do estudo do equilíbrio químico.

Utilização da tabela de equilíbrio químico:

	$SO_{2(gás)}$	½ $O_{2(gás)}$	$SO_{3(gás)}$
Início	7,0	3,0	0
Reage	n	n/2	n
Equilíbrio	7,0 - n	3,0 - n/2	n

Cálculo do número de mol total da mistura gasosa: $n_T = n_{SO2} + n_{SO3} + n_{Cl2}$
$n_T = 7{,}0 - n + 3{,}0 – n/2 + n$
$n_T = 10 – n/2$

Para o cálculo do número de mol, será necessário aplicar a equação dos gases ideais, sabendo que a constante dos gases a ser utilizada é igual a 0,08206 bar x L x mol^{-1} x K^{-1}.

$$10 - \frac{n}{2} = \frac{8{,}60 \text{ x } 50{,}0}{0{,}08206 \text{ x } (350 + 273)}$$

$$n = 3{,}18 \text{ mol}$$

Questão 195

Alternativa E.

Primeiramente será necessário determinar os coeficientes estequiométricos em que o permanganato de potássio é o agente oxidante e o ácido clorídrico é o agente redutor. Os coeficientes estequiométricos serão os seguintes: $2KMnO_4 + 16HCl \rightarrow 2KCl + 2MnCl_2 + 8H_2O + 5Cl_2$

Determinação do reagente limitante:

$$n_{permanganato} = \frac{200}{158} = \frac{1,26}{2} = 0,623\ mol$$

$$n_{ácido} = \frac{200}{36,5} = \frac{5,48}{16} = 0,348\ mol$$

Diante dos cálculos apresentados, o reagente limitante trata-se do ácido clorídrico. Cálculo do número de mol de gás cloro produzida, a partir do reagente limitante.

$$16\ mol\ de\ HCl - - - - - 5\ mol\ de\ Cl_2\ x\ 0,66$$
$$0,75\ x \frac{200}{36,5} de\ HCl - - - n$$
$$n = 0,848\ mol$$

Cálculo do volume de cloro gasoso, a partir da utilização da equação dos gases ideais. $V = \frac{0,848\ x\ 0,08206\ x\ 300}{2,50} = 8,35\ L$

Questão 196

(GRILLO) Alternativa A.

Aplicando a equação de van der Waals, conforme apresentada a seguir:

$$\left\{p^{real} + \frac{16,2}{\left(\frac{5,0}{1,50}\right)^2}\right\} x \left\{\frac{5,0}{1,50} - 8,40\ x\ 10^{-2}\right\} = 0,08206\ x\ 273$$

$$p^{real} = 5,44\ atm$$

Questão 197

Alternativa A.

Realizando o balanceamento pelo método REDOX. $2KMnO_4 + 16HCl \rightarrow 2KCl + 2MnCl_2 + 8H_2O + 5Cl_2$

Agente redutor: HCl (ácido clorídrico).

Agente Oxidante: $KMnO_4$ (permanganato de potássio)

Cálculo do volume, levando em consideração que o gás apresenta comportamento ideal:

$$Volume = \frac{20,7\ x\ 0,08206\ x\ 298}{1} = 506\ L$$

Questão 198

Alternativa D.

Para a resolução do exercício será necessário utilizar a tabela de equilíbrio químico.

	$CO_{(gás)}$	$3H_{2(gás)}$	$\rightleftarrows$	$CH_{4(gás)}$	$H_2O_{(líquido)}$
Início	1,0	3,0		0	0
Reage	X = 0,387	3X = 1,164		X = 0,387	X = 0,387
Equilíbrio	1,0 - X	3,0 – 3X		X	0,387

Cálculo da concentração da quantidade de matéria para as espécies gasosas:

$$[CO_{(gás)}] = \frac{1,0 - X}{10} = \frac{1,0 - 0,387}{10} = 0,0387 \frac{mol}{L}$$

$$[H_{2(gás)}] = \frac{3,0 - 3X}{10} = \frac{3,0 - 3 \times 0,387}{10} = 0,1839 \frac{mol}{L}$$

$$[CH_{4(gás)}] = \frac{X}{10} = \frac{0,387}{10} = 0,0389 \frac{mol}{L}$$

$$[H_2O_{(líquido)}] = \frac{X}{10} = \frac{0,387}{10} = 0,0389 \frac{mol}{L}$$

Cálculo da constante de equilíbrio em função das quantidades de matéria:

$$K_c = \frac{[CH_{4(g)}] \times [H_2O_{(l)}]}{[CO_{(g)}] \times [H_{2(g)}]^3} = \frac{0,0389 \times 0,0389}{0,0613 \times [1,839]^3} = 3,70$$

Cálculo da pressão da mistura reacional, considerando que o comportamento seja ideal:

$$p_{total} = \frac{(0,613 + 0,389 + 0,389 + 1,839) \times 0,08206 \times 1000}{10} = 26,50 \text{ atm}$$

Questão 199

Resolução do item a) Equação química: $Cu_2S_{(sólido)} + O_{2(gasoso)} \rightarrow Cu_{(sólido)} + SO_{2(gasoso)}$

Resolução do item b) Determinação das pressões considerando comportamentos ideal e real. Cálculo do número de mol de CO_2: $n_{CO_2} = \frac{100}{44} = 2,27 \text{ mol}$

Cálculo do volume molar (V_m): $V_{molar} = \frac{5,0}{2,27} = 2,20 \text{ L.mol}^{-1}$

Cálculo da pressão considerando o gás com comportamento real:

$$b = 44 \frac{\cancel{cm^3}}{mol} \times \left(\frac{10^{-3} \text{ dm}^3}{1 \cancel{cm^3}}\right) = 44 \times 10^{-3} \text{ dm}^3.\text{mol}^{-1}$$

$$\left\{p^{real} + \frac{3,6}{(2,20)^2}\right\} \times \{2,20 - 44 \times 10^{-3}\} = 0,08206 \times (40 + 273)$$

$$p^{real} = 11,17 \text{ atm}$$

Cálculo da pressão considerando o gás com comportamento ideal: $p^{ideal} \times 5 = 2,27 \times 0,08206 \times 313$

$$p^{ideal} = 11,66 \text{ atm}$$

Cálculo do percentual: (%) = $\frac{11,66 - 11,17}{11,66} = 4,20 \times 10^{-2}$ (4,20 %)

Resolução do item c) As forças intermoleculares são significativas; O volume da partícula gasosa é o covolume, ou seja, é significativa.

Resolução do item d) Dados do problema: $K = 2,20 \times 10^{-5} \text{ min}^{-1}$ (325 K) e tempo = 1 hora (60 minutos).

Cálculo da pressão final do dióxido de enxofre, a partir do estudo da cinética de primeira ordem.

$$\ln\left(\frac{P_{Final}}{P_{Inicial}}\right) = -k \times t$$

$$\frac{P_{Final}}{P_{Inicial}} = e^{-(2,20 \times 10^{-5} \times 60)} = e^{-0,00132}$$

$$\frac{P_{Final}}{320\ torr} = 0{,}9986$$

$$P_{Final} = 319{,}55\ torr$$

Questão 200

Item a) Fórmula molecular: NI_3

Geometria molecular: NI_3 apresenta geometria caracterizada como piramidal, assim como a molécula de amônia, uma vez que há uma sobra de um par de elétrons. Segundo a teoria de Lewis, trata-se de uma base devido à capacidade de doar um par de elétrons.

Item b) Geometria similar ao tri-iodeto de nitrogênio: gás amoníaco (NH_3). $\underbrace{NH_{3(gás)}}_{\text{Base de BL}} + \underbrace{H_2O_{(líquido)}}_{\text{Ácido de BL}} \rightleftarrows \underbrace{NH^+_{4(aquoso)}}_{\text{Ácido de BL}} + \underbrace{OH^-_{(aquoso)}}_{\text{Base de BL}}$

BL = Bronsted - Lowry

Item c) Cálculo do tempo sabendo que o processo é de segunda ordem. $\frac{1}{[X]_{Final}} = \frac{1}{[X]_{Inicial}} + k\ x\ t$

$$\frac{1}{0{,}0016} = \frac{1}{0{,}016} + 0{,}014\ x\ t$$

$$t = 40178{,}57\ s$$

Questão 201

(GRILLO) A partir da aplicação da equação de Clayperon e sabendo que uma atmosfera corresponde a 760 torr.

$$d = \frac{p\ x < MM >}{R\ x\ T}$$

$$\frac{\left(\frac{760}{760}\right) x < MM >}{0{,}08206\ x\ (150 + 273)} = 1{,}27$$

$$< MM > = 44 \frac{g}{mol}$$

Para esta massa molecular, a fórmula do óxido é N_2O. Trata-se de um óxido classificado como neutro em que uma das suas características é que este composto não reage com a água, o ácido e a base.

Questão 202

(CONCURSO PÚBLICO PARA ENGENHARIA QUÍMICA – INSTITUTO FEDERAL) Alternativa B.

O processo conhecido como Haber-Bosch que corresponde a produção de amônia ou também conhecido como gás amoníaco é operado a altas pressões (200 - 250 atm), alta temperatura (450ºC), além da utilização de um catalisador metálico.

Questão 203

(CONCURSO PÚBLICO PARA ENGENHARIA DE PETRÓLEO - PETROBRAS) Alternativa E.

Cálculo do número de mol total: $n_{total} = 2{,}0 + 2{,}5 + 1{,}5 = 6{,}0\ mol$

Cálculo da pressão da mistura gasosa em atm: $p^{total}\ x\ 90{,}0 = 6{,}0\ x\ 0{,}08206\ x\ (87 + 273)$

$$p^{total} = 1{,}97\ atm$$

Convertendo para a unidade de pressão Pascal (Pa): $p^{total} = 1{,}97\ \cancel{atm}\ x \frac{101325\ Pa}{1\ \cancel{atm}} = 1{,}99\ x\ 10^5\ Pa$

Questão 204

Alternativa E.

Cálculo do número de mol total dos gases, aplicando a equação dos gases ideais: $p^{total} \text{ x } V = n^{total} \text{ x } 0{,}08206 \text{ x } (27 + 273)$

$$n^{total} = \frac{\left(\frac{380}{760}\right) \text{ x } 24{,}6}{0{,}08206 \text{ x } 300} = 0{,}500 \text{ mol}$$

A partir da soma do número de mol das espécies químicas, temos: $n^{total} = n^{CO_2} + n^{O_2} + n^{N_2}$

$$0{,}500 = \frac{8{,}80}{44} + \frac{6{,}40}{32} + \frac{\text{Massa}^{N_2}}{28}$$

$$0{,}500 = 0{,}200 + 0{,}200 + \frac{\text{Massa}^{N_2}}{28}$$

$$\text{Massa}^{N_2} = 2{,}80 \text{ g}$$

Questão 205

Alternativa D.

A partir da equação dos gases ideais, a pressão total fica sendo calculada da seguinte maneira:

$$p_{Total} \text{ x } 2{,}0 = \left[\frac{1}{4} + \frac{14}{28} + \frac{10}{30}\right] \text{ x } 0{,}08206 \text{ x } (27 + 273)$$

$$p_{Total} = 13{,}30 \text{ atm}$$

Questão 206

Partindo da lei dos gases perfeitos, deduza uma expressão que forneça o valor da densidade de um gás (d) em função da pressão (p), da temperatura (T) e de sua massa molar (<MM>).

Recorrendo à equação de Clapeyron, temos: $p_{total} \text{ x } V = \frac{\text{massa}}{<MM>} \text{ x } R \text{ x } T$

$$p_{total} \text{ x } <MM> = \underbrace{\frac{\text{massa}}{V}}_{\text{densidade}} \text{ x } R \text{ x } T$$

Logo, a relação entre a densidade e a pressão é dada pela seguinte equação matemática: $\boxed{d = \frac{p \text{ x} <MM>}{R \text{ x } T}}$.

CAPÍTULO II – Estudo dos Gases Reais

EXEMPLO APLICATIVO

Exemplo Aplicativo I

A uma temperatura de aproximadamente 250 K e a uma pressão de 20 atmosferas, o fator de compressibilidade de um gás é 0,86. Calcule o volume ocupado por 7,0 mol do referido gás nessas condições.

Resolução

Cálculo do volume (V), a partir da equação dos gases reais em função do fator de compressibilidade (Z).

$$V = \frac{Z \text{ x } n \text{ x } R \text{ x } T}{p} = \frac{0{,}86 \text{ x } 7{,}0 \text{ x } 10^{-3} \text{ x } 0{,}08206 \text{ x } 250}{20} = 0{,}00617 \text{ L}$$

Exemplo Aplicativo II

O fator de compressibilidade de um determinado gás a uma temperatura de 400 K e pressão de 120 atm é igual a 0,75. Determine o volume molar deste referido gás.

Resolução

Cálculo do volume (V_{molar}), a partir da equação dos gases reais em função do fator de compressibilidade (Z). $\underbrace{\frac{V}{n}}_{V_{molar}} = \frac{Z \text{ x } R \text{ x } T}{V}$

$$V_{molar} = \frac{0{,}75 \text{ x } 0{,}08206 \text{ x } 400}{120} = \frac{24{,}618}{120} = 0{,}205 \frac{L}{mol}$$

Exemplo Aplicativo III

Um gás encontra-se a uma temperatura de 295 K e a uma pressão de 40 atmosferas, apresentando um volume molar real de 22,50% maior do que o calculado pela lei dos gases ideais. A partir desta informação, determine:

a) O fator de compressibilidade (Z).
b) O volume molar do gás.
c) Que forças são dominantes no gás?

Resolução

Item a) Considerando um aumento de 22,50% em relação ao calculado pela lei dos gases ideais, temos: $V_{molar}^{Real} = 1{,}225 \text{ x } V_{molar}^{ideal}$

Sabendo que o fator de compressibilidade é definido como sendo $Z = \frac{V_{molar}^{Real}}{V_{molar}^{ideal}}$, logo:

$$Z = \frac{1{,}2250 \text{ x } V_{molar}^{Ideal}}{V_{molar}^{ideal}} = 1{,}2250$$

Item b) Cálculo do volume molar do gás: $\underbrace{\frac{V}{n}}_{V_{molar}} = \frac{Z \text{ x } R \text{ x } T}{p}$

$$V_{molar} = \frac{Z \text{ x } R \text{ x } T}{p} = \frac{1{,}2250 \text{ x } 0{,}08206 \text{ x } 295}{40} = 0{,}741 \frac{L}{mol}$$

Item c) Para Z = 1,2250, as forças dominantes são as repulsivas (Z > 1).

Exemplo Aplicativo IV

Suponha que o gás metano esteja confinado em um recipiente de volume V, apresentando 10 mol deste mesmo gás a uma pressão de 100 atm a 0°C. Sabendo que o fator de compressibilidade é igual a 0,783, calcule o volume V para o referido gás.

Resolução

Cálculo do volume, a partir da equação dos gases reais em função do fator de compressibilidade.

$$V = \frac{n \times Z \times R \times T}{p} = \frac{10 \times 0{,}783 \times 0{,}08206 \times 273}{100} = 1{,}75\ L$$

Cabe uma observação bastante pertinente com relação a este exemplo aplicativo IV. Observe que o valor fornecido com relação à pressão (100 atmosferas) se trata de um valor bem alto para a pressão, o que caracteriza um comportamento de gás real.

Exemplo Aplicativo V

Suponha que uma certa quantidade de metano ocupa um volume de 0,138 litros a uma pressão de 300 atmosferas e temperatura igual a 200°C. Levando em consideração que o fator de compressibilidade no estado inicial é igual a 1,067, calcule o volume para este mesmo gás a uma pressão de 600 atm, 0°C e Z = 1,367.

Resolução

Para a resolução deste problema, será necessário relacionar as situações inicial e final, levando em consideração que o gás metano apresenta comportamento real.

Estado inicial: $p \times V = n \times Z \times R \times T$
$300 \times 0{,}138 = 1{,}067 \times n \times R \times (200 + 273)$

Estado final: $p \times V = n \times Z \times R \times T$
$600 \times V = 1{,}067 \times n \times R \times (0 + 273)$

Dividindo a situação inicial com a situação final: $\frac{300 \times 0{,}138}{600 \times V} = \frac{1{,}067 \times \cancel{n} \times \cancel{R} \times (200+273)}{1{,}067 \times \cancel{n} \times \cancel{R} \times (200+273)}$

$V = 19{,}60\ L$

Exemplo Aplicativo VI

Sabe-se que, nas condições normais de temperatura e pressão, um mol de um determinado gás ocupa volume de 22,4 litros. Utilizando a equação dos gases reais, de Van der Waals, determine a pressão de um mol de gás oxigênio na mesma temperatura e compare com o valor esperado. Dados: Constantes de van der Waals para o gás oxigênio: a = 1,378 $L^2.atm.mol^{-2}$ e b = 3,183 x 10^{-4} $L.mol^{-1}$.

Resolução

Cálculo do volume molar (V_m): $V_{molar} = \frac{V}{n} = \frac{22{,}4\ L}{1\ mol} = 22{,}4 \frac{L}{mol}$

Analisando o gás oxigênio com comportamento de um gás real: $\left(p^{real} + \frac{a}{V_{molar}^2}\right) \times (V_{molar} - b) = R \times T$

$$\left[p^{real} + \frac{1{,}378}{(22{,}4)^2}\right] \times (22{,}4 - 3{,}183 \times 10^{-4}) = 0{,}08206 \times 273$$

$$p^{real} = 0{,}997\ atm$$

Diante do resultado obtido da pressão com a utilização da equação dos gases reais de Van der Waals, a pressão calculada pela equação dos gases ideais não apresenta diferenças significativas.

Exemplo Aplicativo VII

Alguns estudiosos pesquisaram as propriedades físicas e químicas de um gás que é usado como refrigerante em uma unidade de ar-condicionado. Uma tabela das constantes de Van der Waals mostra que: a = 16,2 $L^2.atm.mol^{-2}$ e b = 8,4 x 10^{-2} $L.mol^{-1}$. Estime o raio de uma molécula desse gás e a pressão exercida, quando 1,50 mol forem confinados em um recipiente de 5,0 litros à temperatura de 0°C.

Resolução

Cálculo do volume molar (V_m): $V_{molar} = \frac{V}{n} = \frac{5,0\ L}{1,50\ mol} = 3,33\frac{L}{mol}$

Cálculo da pressão do gás com comportamento de um gás real: $\left[p^{real} + \frac{16,2}{(3,33)^2}\right] x\ (3,33 - 8,4\ x\ 10^{-2}) = 0,08206\ x\ 273$

$p^{real} = 5,44\ atm$

Cálculo do raio da molécula gasosa, considerando a partícula como esférica: $V = \frac{b}{N}$

$$\frac{4}{3} x\ \pi\ x\ R^3 = \frac{b}{N}$$

$$R^3 = \frac{3\ x\ b}{4\ x\ \pi\ x\ N}$$

Convertendo a constante de van der Waals b: $b = 8,4\ x\ 10^{-2}\frac{L}{mol} x \frac{1\ dm^3}{1\ L} x \frac{10^{-3}\ m^3}{1\ dm^3} = 8,4\ x\ 10^{-5}\frac{m^3}{mol}$

$$Raio = \sqrt[3]{\frac{3\ x\ b}{4\ x\ \pi\ x\ N}} = \sqrt[3]{\frac{3\ x\ 8,4\ x\ 10^{-5}}{4\ x\ \pi\ x\ 6,02\ x\ 10^{+23}}} = 3,22\ x\ 10^{-10} m\ (0,322\ nm)$$

Exemplo Aplicativo VIII

A constante de van der Waals b, para os gases reais, pode ser usada para determinar o tamanho de um átomo ou de uma molécula no estado gasoso. Sendo o valor de b em relação ao N_2 igual a 39,4 x 10^{-6} $m^3.mol^{-1}$, determine o raio da molécula de N_2 desse gás.

Resolução

Cálculo do raio da molécula de nitrogênio molecular - N_2: $Raio = \sqrt[3]{\frac{3\ x\ b}{4\ x\ \pi\ x\ N}} = \sqrt[3]{\frac{3\ x\ 39,4\ x\ 10^{-6}}{4\ x\ \pi\ x\ 6,02\ x\ 10^{+23}}} = \sqrt[3]{1,56\ x\ 10^{-29}\ m^3}$

$Raio = 2,50\ x\ 10^{-10} m\ (0,250\ nm)$

Exemplo Aplicativo IX

(GRILLO) Um gás respeita a equação de Van der Waals com a = 0,50 $m^6.Pa.mol^{-2}$. O seu volume é 5,00 x 10^{-4} $m^3.mol^{-1}$, a 273 K e 3,0 MPa. Calcule:

a) Constante b de Van der Waals.

b) Qual o fator de compressibilidade do gás nessas condições de temperatura e pressão?

Resolução

Item a) Cálculo da constante de Van der Waals (b), a partir da equação de Van der Waals, utilizando a constante dos gases como sendo de 8,314 $Pa.m^3.mol^{-1}.K^{-1}$.

$$\left(3,0\ x\ 10^6 + \frac{0,50}{(5,0\ x\ 10^{-4})^2}\right) x\ (5,0\ x\ 10^{-4} - b) = 8,314\ x\ 273$$

$$5,0\ x\ 10^6\ x\ (5,0\ x\ 10^{-4} - b) = 2269,72$$

$$b = 4,60\ x\ 10^{-5}\frac{m^3}{mol}$$

Item b) Para a determinação do fator de compressibilidade (Z), será necessário primeiramente calcular a pressão a partir da equação dos gases ideais.

$$V_{molar} = \frac{n \times R \times T}{p} = \frac{8{,}314 \times 273}{50 \times 10^{-4}} = 4{,}54 \times 10^{6} \text{ Pa}$$

Cálculo do fator de compressibilidade (Z): $Z = \frac{p^{real}}{p^{ideal}} = \frac{3{,}0 \times 10^{6} \text{ Pa}}{4{,}54 \times 10^{6} \text{ Pa}} = 0{,}661$

Exemplo Aplicativo X

(GRILLO) A temperatura e a pressão críticas de um determinado gás hipotético são respectivamente 322 K e 69 atm. A partir das informações apresentadas, calcule os valores das constantes a e b de van der Waals para este gás, além da temperatura de Boyle.

Resolução

Sabendo que as equações para o cálculo dos parâmetros de Van der Walls são dadas por: $P_{crítica} = \frac{a}{27 \times b^2}$ e $T_{crítica} = \frac{8 \times a}{27 \times b \times R}$.
Isolando o termo (27 x b) na equação da temperatura crítica, temos: $27 \times b = \frac{8 \times a}{T_{crítica} \times R}$

Substituindo na equação da pressão crítica: $P_{crítica} = \frac{a}{\underbrace{27 \times b}_{\frac{8 \times a}{T_{crítica} \times R}} \times b}$

$$P_{crítica} = \frac{\cancel{a} \times T_{crítica} \times R}{8 \times \cancel{a} \times b}$$

$$P_{crítica} = \frac{T_{crítica} \times R}{8 \times b}$$

Cálculo da constante de Van der Waals – b: $b = \frac{T_{crítica} \times R}{P_{crítica} \times 8} = \frac{322 \times 0{,}08206}{69 \times 8} = 0{,}0479 \frac{L}{mol}$

Cálculo da constante de Van der Waals (a), a partir da equação da pressão crítica: $P_{crítica} = \frac{a}{27 \times b^2}$

$$a = P_{crítica} \times 27 \times b^2$$

$$a = 69 \times 27 \times (0{,}0479)^2 = 4{,}27 \frac{atm \times L^2}{mol^2}$$

Cálculo da temperatura de Boyle (T_{BOYLE}): $T_{BOYLE} = \frac{a}{b \times R} = \frac{4{,}27}{0{,}0479 \times 0{,}08206} = 1086{,}33 \text{ K}$

Exemplo Aplicativo XI

(GRILLO) A temperatura crítica e a pressão crítica da molécula orgânica naftaleno apresentam as seguintes propriedades termodinâmicas: 474,8 K e 41 atmosferas, respectivamente. A partir das informações apresentadas, calcule os parâmetros de Van der Waals e a temperatura de Boyle.

Resolução

Sabendo que as equações para o cálculo dos parâmetros de Van der Walls é dado por: $P_{crítica} = \frac{a}{27 \times b^2}$ e $T_{crítica} = \frac{8 \times a}{27 \times b \times R}$.
Isolando o termo (27 x b) na equação da temperatura crítica, temos: $27 \times b = \frac{8 \times a}{T_{crítica} \times R}$
Substituindo na equação da pressão crítica: $P_{crítica} = \frac{a}{\underbrace{27 \times b}_{\frac{8 \times a}{T_{crítica} \times R}} \times b}$

$$P_{crítica} = \frac{\cancel{a} \times T_{crítica} \times R}{8 \times \cancel{a} \times b}$$

$$P_{crítica} = \frac{T_{crítica} \times R}{8 \times b}$$

Cálculo da constante de Van der Waals (b): $b = \frac{T_{crítica} \times R}{P_{crítica} \times 8} = \frac{474{,}8 \times 0{,}08206}{41 \times 8} = 0{,}119 \frac{L}{mol}$

Cálculo da constante de Van der Waals (a), a partir da equação da pressão crítica: $P_{crítica} = \frac{a}{27 \text{ x } b^2}$

$$a = P_{crítica} \text{ x } 27 \text{ x } b^2$$

$$a = 41 \text{ x } 27 \text{ x } (0{,}119)^2 = 15{,}68 \frac{\text{atm x } L^2}{\text{mol}^2}$$

Cálculo da temperatura de Boyle (T_{BOYLE}): $T_{BOYLE} = \frac{a}{b \text{ x } R} = \frac{15{,}68}{0{,}119 \text{ x } 0{,}08206} = 1605{,}71 \text{ K}$

EXERCÍCIOS DE FIXAÇÃO

Questão I

a) Determine a densidade do gás hidrogênio em $g.L^{-1}$, a 25°C e pressão de 1,50 atm, considerando que este se comporta como um gás ideal.
b) Uma amostra de um gás ideal desconhecido, com massa igual a 190 g desloca 35,50 dm^3 de ar atmosférico, medidos a 27°C e 1200 mmHg. A partir desta informação, calcule a massa molecular da referida substância.
c) Certa massa de gás Hélio (He) está contida num recipiente de 8,0 L, a 127°C, exercendo uma pressão de 2,0 atm. Se o volume dessa massa de gás se reduzisse a 75% do valor inicial, determine a temperatura para que sua pressão se torne também 75% inferior ao valor inicialmente estabelecido no recipiente.

Questão III

Uma mistura gasosa é constituída por três gases: 450 g de etano, 250 g de argônio e 350 g de dióxido de carbono. Sabendo que a pressão parcial do gás nobre a 300 K é igual a 8000 Pa, calcule:
a) as frações molares de cada componente;
b) a pressão total da mistura;
c) o volume ocupado pela mistura.

Questão IV

Em um laboratório de síntese de nanopartículas há um reator que é preenchido com 0,25 kg de argônio a temperatura de 450°C. Sabendo que o volume interno do reator é de 30 L, calcule:
a) a pressão exercida pelo gás enquanto ideal.
b) a pressão exercida pelo gás considerando que o mesmo se comporta de acordo com a equação de Van der Waals, sendo o parâmetro atrativo igual a 1,4 $atm.L^2.mol^{-2}$ e o repulsivo igual a 0,032 $L.mol^{-1}$.
c) o fator de compressibilidade do gás nas condições dadas.

Questão V

Um freezer, recém-adquirido, foi fechado e ligado quando a temperatura ambiente estava a 27°C. Considerando que o ar se comporta como um gás ideal e a vedação é "perfeita", determine a pressão no interior do freezer quando for atingida a temperatura de –19°C.

Questão VI

A decomposição térmica do pentacloreto de fósforo gasoso ocorre segundo a seguinte equação química balanceada: $PCl_{5(gás)} \rightleftarrows PCl_{3(gás)} + Cl_{2(gás)}$. Determine a expressão da densidade (d) em função do grau de dissociação (α) da mistura gasosa.

Questão VII

A uma temperatura de aproximadamente 250K e pressão de 20 atm, o fator de compressibilidade de um determinado gás específico é igual a 0,86. Calcule o volume ocupado por 7,0 milimol deste gás nessas condições.

Questão VIII

Um gás encontra-se a uma temperatura de 295 K e pressão de 40 atm, apresentando um volume molar real 22,50% maior do que o calculado pela lei dos gases ideais. A partir desta informação, determine:
a) o fator de compressibilidade;
b) o volume molar do gás;
c) que forças são dominantes deste gás nestas condições?

Questão IX

Sabe-se que nas condições normais de temperatura e pressão, um mol de um determinado gás ocupa volume de 22,4 litros. Utilizando a equação dos gases reais, de Van der Waals, determine a pressão de um mol de gás oxigênio na mesma temperatura e compare com o valor esperado. Dados: constantes de van der Waals para o gás oxigênio: $a = 1,378\ L^2.atm.mol^{-2}$ e $b = 3,183 \times 10^{-4}\ L.mol^{-1}$.

Questão X

(GRILLO) A constante a de van der Waals de um gás é igual a $0,50\ m^6.Pa.mol^{-2}$, apresentando um volume molar igual a $5,00 \times 10^{-4}\ m^3.mol^{-1}$, a 273 K e pressão de 3,0 MPa. A partir destes dados, calcule:

a) a constante b de van der Waals.

b) o fator de compressibilidade do gás nessas condições de temperatura e pressão.

Questão XI

(GRILLO) Explique a Lei de Dalton das pressões parciais e faça as devidas deduções.

Questão XII

(GRILLO) Explique a Lei de Amagat dos volumes parciais.

Questão XIII

(GRILLO) Mostre que a constante universal dos gases (R) vale $0,08206\ atm.L.mol^{-1}.K^{-1}$.

Questão XIV

(GRILLO) Calcule os parâmetros de van der Waals para um determinado gás que apresenta a temperatura crítica igual a 277 K e pressão crítica igual a 55,5 atmosferas.

Questão XV

A constante de van der Waals b, para os gases reais, pode ser usada para determinar o tamanho de um átomo ou de uma molécula no estado gasoso, sendo o valor de b em relação ao N_2 igual a $39,4 \times 10^{-6}\ m^3.mol^{-1}$, determine o raio hipotético de uma molécula de N_2 desse gás.

Questão XVI

(GRILLO) Considere um litro de um recipiente com um determinado gás que apresenta as seguintes características: $P_{INICIAL} = 340$ atmosferas, temperatura inicial igual a 444 K é comprimido para uma pressão de 1200 atmosferas e -23°C. O fator de compressibilidade para o estado inicial é igual a 1,077 e para o estado final é igual a 1,876. A partir destas informações, determine o volume deste gás para o estado final.

Questão XVII

(GRILLO) Um gás a 220 K e 11 atm tem o volume molar 12% maior do que o calculado pela lei dos gases perfeitos. Calcule o fator de compressibilidade nestas condições e o volume molar do gás. Que forças são dominantes no gás, as atrativas ou as repulsivas?

Questão XVIII

Uma mistura composta por dois gases nobres (Hélio e Neônio) apresenta uma massa total igual a 5,50 gramas, ocupando um volume de 6,80 litros a 300K e 1,0 atm. A partir das informações apresentadas, calcule a composição da mistura em bases percentuais.

Questão XIX

(GRILLO) Usando a equação de van der Waals, calcule a pressão desenvolvida através de 100 gramas de dióxido de carbono contido em um volume de cinco litros a uma temperatura igual a 40°C. Além disso, compare este valor com o calculado usando a lei dos gases ideais e determine a percentagem devido a idealidade, considerando que as constantes de van der Waals do dióxido de carbono são as seguintes: $a = 3,6\ atm.L^2.mol^{-2}$ e $b = 44\ cm^3.mol^{-1}$.

Questão XX

(GRILLO) Considere que o gás etileno, gás muito utilizado no setor químico industrial, apresentando a temperatura crítica igual a 282 K e pressão crítica igual a 50 atm. A partir destes dados, determine as constantes de van der Waals.

GABARITO DOS EXERCÍCIOS DE FIXAÇÃO

Questão I

Item a) A relação entre a densidade e a pressão é dada pela seguinte equação: $d = \frac{p<MM>}{RT}$

Cálculo da densidade do gás hidrogênio: $d_{H_2} = \frac{1,50 \text{ x } (2,0)}{(0,08206)\text{x } (25+273)} = 0,123 g.L^{-1}$

Item b) Sabendo que 1 atm equivale a 760 mmHg, temos:

$$\left(\frac{1200}{760}\right) \text{x } 35,5 = \left(\frac{190}{<MM>}\right) \text{x } 0,08206 \text{ x } (27 + 273)$$

$$< MM > = 83,39 \, ^{g}/_{mol}$$

O gás mais próximo que apresenta esta massa molar é o gás nobre Kriptônio (Kr).

Item c) Dado que o gás se comporta como ideal, a razão entre o produto PV e T será constante e numericamente igual ao produto do número de mol e da constante dos gases (R).

$n.R = \frac{p.V}{T}$. Considerando que a relação $\frac{pV}{T}$ é constante, temos: $\left(\frac{p_1.V_1}{T_1}\right) = \left(\frac{p_2.V_2}{T_2}\right)$

Sendo "1" o estado inicial e "2" o estado final, a temperatura do estado final (2), será:

Estado 1: P_1 = 2,0 atm; V_1 = 8,0 L e T_1 = 127 + 273 = 400 K

Estado 2: $P_2 = \frac{3}{4} \text{x } P_1 = \frac{3}{4} \text{x } 2,0 = 1,50 \text{ atm}; V_2 = \frac{3}{4} \text{x } V_1 = \frac{3}{4} \text{x } 8,0 = 6,00 \text{ L}$

$$\frac{2,0 \text{ x } 8,0}{400} = \frac{1,50 \text{ x } 6,0}{T_2}$$

$$T_2 = 225K$$

Neste exercício cabe uma observação bastante importante: a relação entre a pressão, volume e temperatura para o mesmo gás em situações distintas é definido como equação combinada dos gases ideais.

Questão III

Primeiramente, para a resolução das alternativas, será necessário calcular o número de mol de cada composto gasoso:

$$n_{C_2H_6} = \frac{m_{C_2H_6}}{< MM >_{C_2H_6}} = \frac{450}{30} = 15 \text{ mol}$$

$$n_{Ar} = \frac{m_{Ar}}{< MM >_{Ar}} = \frac{250}{40} = 6,35 \text{ mol}$$

$$n_{CO_2} = \frac{m_{CO_2}}{< MM >_{CO_2}} = \frac{350}{44} = 7,95 \text{ mol}$$

Onde $<MM>_i$ representa a massa molecular da espécie gasosa "i".

Número de mol total (n_T): $n_T = n_{C2H6} + n_{Ar} + n_{CO2}$ = 15 + 6,25 + 7,95 = 29,2 mol.

Item a) As frações molares de cada componente podem ser determinadas através da razão entre o número de mol calculado do gás pelo número de mol total. O somatório das frações molares calculadas deve ser obrigatoriamente igual a um.

$$X_{C_2H_6} = \frac{n_{C_2H_6}}{n_T} = \frac{15}{29,2} = 0,514$$

$$X_{Ar} = \frac{n_{Ar}}{n_T} = \frac{6,25}{29,2} = 0,214$$

$$X_{CO_2} = \frac{n_{CO_2}}{n_T} = \frac{7,95}{29,2} = 0,272$$

Item b) Por definição, a pressão parcial de um componente qualquer em um gás ideal é o resultado do produto da sua fração molar característica e a pressão total exercida pelo gás. Sabendo que 1 atm corresponde a 101325 Pa, temos: $P_{Ar} = X_{Ar} \text{ x } P_{total}$

$8000 \cancel{Pa}.\left(\frac{1 \text{ atm}}{101325 \cancel{Pa}}\right) = 0,21 \text{ x } P_{total}$
$P_{total} = 0,376 \text{ atm}$

Item c) Como a mistura se comporta como um gás ideal, o volume ocupado pode ser calculado a partir do conhecimento da pressão, temperatura e número total de mol.

$0,376 \text{ x } V = 29,2 \text{ x } 0,08206 \text{ x } 300$
$V = 1911,8 \text{ L}$

Questão IV

Item a) Substituindo os valores fornecidos pelo problema:

$$p \text{ x } 30 = \left(\frac{250}{40}\right) \text{x } 0,08206 \text{ x } (450 + 273)$$

$$p = 12,36 \text{ atm}$$

Item b) Cálculo do número de mol: $n = \frac{m}{<MM>} = \frac{250}{40} = 6,25 \text{ mol}$

Cálculo do volume molar: $V_{molar} = \frac{V}{n} = \frac{30}{6,25} = 4,8 \text{ L.mol}^{-1}$

Substituindo-se o volume molar na equação de estado de van der Waals, juntamente com o conhecimento da temperatura e dos valores de a e b característicos para o argônio, a pressão pode ser diretamente computada.

$$\left\{p^{real} + \frac{1,4}{(4,8)^2}\right\} \text{x } \{4,8 - 0,032\} = 0,08206 \text{ x } (450 + 273)$$

$$p^{real} = 12,38 \text{ atm}$$

Item c) A razão entre o fator de compressibilidade do gás real e aquele do mesmo gás na ausência de interações interatômicas (comportamento ideal, Z = 1), em verdade é a razão entre as pressões no equilíbrio nas referidas condições. Cabe ressaltar, que, no presente problema, os volumes molares do gás na presença e na ausência de interações são ambos iguais ao volume molar calculado anteriormente – 4,8 L/mol.

$$\frac{Z^{real}}{Z^{ideal}} = \frac{\frac{p^{real} \text{ x } \vartheta^{real}}{R \text{ x } T}}{\frac{p^{ideal} \text{ x } \vartheta^{ideal}}{R \text{ x } T}} = \frac{p^{real}}{p^{ideal}} = \frac{12,38}{12,36} = 1,002$$

Questão V

Para a resolução desta questão, como se trata do mesmo composto gasoso, utilizamos a equação combinada dos gases ideais.
Situação I: P_I = 1 atm; V = constante; T_I = 273 + (27) = 300 K
Situação II: P_{II}; V = constante; T_{II} = 273 + (- 19) = 254 K

Cálculo da pressão II (P_{II}), considerando o processo como sendo isovolumétrico ($V_I = V_{II}$), ou também conhecido como isocórico.

$$\frac{p_I \times V_I}{T_I} = \frac{p_{II} \times V_{II}}{T_{II}}$$ (Equação combinada dos gases ideais)

$$\frac{1}{300} = \frac{p_{II}}{254}$$

$$p_{II} = 0{,}85 \text{ atm}$$

Questão VI

Informações do problema:
Base de cálculo: n(mol) inicial de pentacloreto de fósforo.
Equação química: $PCl_{5(g)} \rightleftarrows PCl_{3(g)} + Cl_{2(g)}$

Para a resolução deste exercício será necessário utilizar a tabela de equilíbrio químico:

	$PCl_{5(gás)}$	$PCl_{3(gás)}$	$Cl_{2(gás)}$
Início	n	0	0
Reage	nα	nα	nα
Equilíbrio	n - nα	nα	nα

Cálculo do número de mol total (n_T) da mistura gasosa, no equilíbrio: $n_T = n_{PCl5} + n_{PCl3} + n_{Cl2}$
$n_T = n - \cancel{n\alpha} + \cancel{n\alpha} + n\alpha$
$n_T = n + n\alpha = n \times (1 + \alpha)$

Relação da densidade (d) com o grau de dissociação (α), a partir da equação dos gases ideais: $p.V = n.(1+\alpha).R.T$

$$p.V = \frac{m}{< MM >}.(1+\alpha).R.T$$

$$p. < MM > = \underbrace{\frac{m}{V}}_{\text{densidade}}.(1+\alpha).R.T$$

$$\boxed{d = \frac{p \times < MM >}{(1+\alpha) \times R \times T}}$$

Questão VII

Cálculo do volume a partir da equação dos gases reais, em função do fator de compressibilidade (Z). $pV = ZnRT$

$$V = \frac{Z.n.R.T}{p} = \frac{0{,}86 \times 7{,}0 \times 10^{-3} \times 0{,}08206 \times 250}{20} = 6{,}175 \times 10^{-3} \text{ L}$$

Questão VIII

Item a) Considerando um aumento de 22,50% em relação ao calculado pela lei dos gases ideais, a relação entre o volume molar real com o volume molar ideal é: $V_{molar}^{Real} = 1{,}225 \times V_{molar}^{Ideal}$

Cálculo do fator de compressibilidade: $Z = \frac{V_{molar}^{Real}}{V_{molar}^{Ideal}} = \frac{1{,}2250 \times \cancel{V_{molar}^{Ideal}}}{\cancel{V_{molar}^{Ideal}}} = 1{,}2250$

Item b) Cálculo do volume molar do gás, a partir da equação dos gases reais (com a presença do fator de compressibilidade):

$$\underbrace{\frac{V}{n}}_{V_{molar}} = \frac{Z \times R \times T}{p}$$

$$V_{molar} = \frac{1{,}225 \times 0{,}08206 \times 295}{40} = 0{,}741 \text{ L.mol}^{-1}$$

Item c) Para Z = 1,2250, as forças dominantes são as repulsivas, uma vez que Z > 1.

Questão IX

Cálculo do volume molar: $V_{molar} = \frac{22,4\ L}{1,0\ mol} = 22,4\ L.mol^{-1}$

Analisando o gás oxigênio com comportamento de um gás real: $\left\{p^{real} + \frac{a}{V^2_{molar}}\right\} x \{V_{molar} - b\} = R\ x\ T$

$$\left\{p^{real} + \frac{1,378}{(22,4)^2}\right\} x \{22,4 - 3,183\ x\ 10^{-4}\} = 0,08206\ x\ (0 + 273)$$

$p^{real} = 0,997\ atm$

Diante do resultado obtido da pressão através da equação de van der Waals, a pressão calculada pela equação dos gases ideais não apresenta diferenças significativas.

Questão X

Item a) Cálculo da constante de van der Waals (b), a partir da equação de van der Waals: $\left\{p^{real} + \frac{a}{V^2_{molar}}\right\} x \{V_{molar} - b\} = R\ x\ T$

$$\left\{3,0\ x\ 10^6 + \frac{0,50}{(5,0\ x\ 10^{-4})^2}\right\} x\ (5,0\ x\ 10^{-4} - b) = 8,314\ x\ 273$$

b = 4,60 x 10^{-5} m^3 x mol^{-1}

Cálculo da pressão considerando comportamento ideal: $p\ x \underbrace{\left(\frac{V}{n}\right)}_{\substack{\text{Volume molar} \\ (V_m)}} = R\ x\ T$

$$p = \frac{8,314\ x\ 273}{5,0\ x\ 10^{-4}} = 4,54\ x\ 10^6 Pa$$

Item b) Cálculo do fator de compressibilidade (Z): $Z = \frac{p^{real}}{p^{ideal}} = \frac{3,0\ x\ 10^6}{4,54\ x\ 10^6} = 0,66$

Para Z = 0,66, as forças dominantes são atrativas, uma vez que Z < 1.

Questão XI

(GRILLO) Considere um determinado recipiente de volume V contendo três gases distintos (A, B e C), com temperatura constante T. Cálculo da pressão total (P_T), a partir da equação dos gases ideais: $p_T\ x\ (V_A + V_B + V_C) = (n_A + n_B + n_C)\ x\ R\ x\ T$

$$p_T = \left(\frac{n_A}{V_A} + \frac{n_B}{V_B} + \frac{n_C}{V_C}\right) x\ R\ x\ T$$

$$p_T = \left(\frac{n_A}{V_A} x\ R\ x\ T + \frac{n_B}{V_B} x\ R\ x\ T + \frac{n_C}{V_C} x\ R\ x\ T\right)$$

$$\boxed{p_{Total} = P_A + P_B + P_C}$$

Lei de Dalton das pressões parciais: Quando dois ou mais gases que não reagem quimicamente são colocados num mesmo reservatório, a pressão exercida por cada gás na mistura é a mesma que ele teria se estivesse sozinho no reservatório. A Pressão exercida por cada gás numa mistura é chamada de Pressão Parcial. "A pressão total exercida por uma mistura é a soma das pressões parciais".

Questão XII

(GRILLO) Considere um determinado recipiente de volume V contendo três gases distintos (A, B e C), com temperatura constante T. Cálculo do volume total (V_T), a partir da equação dos gases ideais: $V_T \text{ x } (p_A + p_B + p_C) = (n_A + n_B + n_C) \text{ x R x T}$

$$V_T = \left(\frac{n_A}{p_A} + \frac{n_B}{p_B} + \frac{n_C}{p_C}\right) \text{x R x T}$$

$$V_T = \left(\underbrace{\frac{n_A}{p_A}\text{x R x T}}_{V_A} + \underbrace{\frac{n_B}{p}\text{x R x T}}_{V_B} + \underbrace{\frac{n_C}{p_C}\text{x R x T}}_{V_C}\right)$$

$$\boxed{V_T = V_A + V_B + V_C}$$

Lei de Amagat dos volumes parciais: Quando dois ou mais gases que não reagem quimicamente são colocados num mesmo reservatório, o volume exercido por cada gás na mistura é o mesmo que ele teria se estivesse sozinho no reservatório. O volume exercido por cada gás numa mistura é chamado de Volume Parcial. "O Volume total exercido por uma mistura é a soma dos volumes parciais".

Questão XIII

(GRILLO) Através da equação dos gases ideais, temos: $R = \frac{p \text{ x } V}{n \text{ x } T}$. Considerando que o processo esteja nas Condições Normais de Temperatura e Pressão (CNTP), ou seja, para uma pressão igual a uma atmosfera (1 atm) e temperatura igual a zero graus Celsius (0°C) e volume molar igual a 22,4 $L.mol^{-1}$. Logo: $R = \frac{p \text{ x } V}{n \text{ x } T} = \frac{1 \text{ x } 22{,}4}{1 \text{ x } 273} = 0{,}08206 \ \frac{atm.L}{mol.K}$

Questão XIV

(GRILLO) Sabendo que a temperatura crítica e a pressão crítica estão apresentadas pelas seguintes equações a seguir:

$$T_{crítica} = \frac{8.a}{27.b.R} \qquad \text{(Equação A)}$$

$$P_{crítica} = \frac{a}{27.b^2} \qquad \text{(Equação B)}$$

A partir da temperatura crítica igual a 277 K, temos: $T_{crítica} = \frac{8a}{27bR}$

$$8a = 277 \text{ x } 27 \text{ x b x } 0{,}08206$$

$$\frac{a}{b} = 76{,}71 \qquad \text{(Equação C)}$$

A partir da pressão crítica igual a 55,5 atmosferas, temos: $P_{crítica} = \frac{a}{27b^2}$

$$55{,}5 = \frac{a}{27b^2}$$

$$55{,}5 = \frac{a}{27b} \text{x} \frac{1}{b}$$

$$55{,}5 \text{ x } 27 = \frac{a}{b} \text{x} \frac{1}{b}$$

$$1498{,}5 = \frac{a}{b} \text{x} \frac{1}{b} \qquad \text{(Equação D)}$$

Sabendo que pela equação C, a relação $\frac{a}{b}$ é igual a 76,71, então a constante b de van der Waals é igual a: $1498{,}5 = 76{,}71 \text{ x } \frac{1}{b}$

b = 5,12 x 10^{-2} $L.mol^{-1}$

Cálculo da constante a de van der Waals, a partir da equação C: $\frac{a}{b} = 76{,}71$

$$\frac{a}{5{,}12 \times 10^{-2}} = 76{,}71$$

a = 3,93 atm.L².mol⁻²

Questão XV

Considerando que o gás nitrogênio apresente como configuração matemática uma configuração esférica, o raio da molécula de nitrogênio gasoso, pode ser calculado através da seguinte expressão: $V = \frac{4\pi R^3}{3}$

$$\frac{4\pi R^3}{3} = \frac{b}{N_A}$$

$$R^3 = \frac{3.b}{4\pi.N_A}$$

$$R = \sqrt[3]{\frac{3.b}{4\pi.N_A}}$$

Onde b é a constante de van der Waals, relacionado ao volume da molécula gasosa e N_A = constante de Avogadro. Sendo a constante de van de Waals b = 39.4 x 10^{-6} $m^3.mol^{-1}$, temos:

$$R = \sqrt[3]{\frac{3.b}{4\pi.N_A}} = \sqrt[3]{\frac{3 \times 39{,}4 \times 10^{-6}}{4 \times 3{,}14 \times 6{,}02 \times 10^{23}}} = \sqrt[3]{1{,}56 \times 10^{-29}}$$

$$R = 2{,}50 \times 10^{-10} \text{ m}$$

Questão XVI

(GRILLO) Dados do problema:
Situação inicial: $P_{INICIAL}$ = 340 atm; $V_{INICIAL}$ = 1,0 L; $T_{INICIAL}$ = 444 K; $Z_{INICIAL}$ = 1,077

Situação final: P_{FINAL} = 1200 atm; V_{FINAL} = ?; T_{FINAL} = (- 23 + 273) = 250 K; Z_{FINAL} = 1,876

Desenvolvendo a equação dos gases reais com a presença do fator de compressibilidade, temos: $pV = ZnRT$ (Equação A)

Para a resolução deste problema, será considerado tanto para o estado inicial quanto para o estado final uma quantidade de 1 mol. Isolando o produto constante (nR) da equação A, temos:

$$nR = \left(\frac{pV}{ZT}\right)_{INICIAL} = \left(\frac{pV}{ZT}\right)_{FINAL}$$

$$\left(\frac{340 \times 1{,}0}{1{,}077 \times 444}\right)_{INICIAL} = \left(\frac{1200 \times V}{1{,}876 \times 250}\right)_{FINAL}$$

V_{FINAL} = 0,278 L

Questão XVII

(GRILLO) Informação do problema: $V_{molar}^{real} = 1{,}12 \times V_{molar}^{ideal}$

Sabendo que o fator de compressibilidade é definido como: $Z = \frac{V_{molar}^{real}}{V_{molar}^{ideal}} = \frac{1{,}12 \times \cancel{V_{molar}^{ideal}}}{\cancel{V_{molar}^{ideal}}} = 1{,}12$

Cálculo do volume molar a partir da equação dos gases reais em função do fator de compressibilidade: $V_{molar} = \frac{Z \times R \times T}{p} = \frac{1{,}12 \times 0{,}08206 \times 220}{11} = 1{,}84 \frac{L}{mol}$

Questão XVIII

(GRILLO) Informação do problema: $m_{total} = m_{Ne} + m_{He} = 5{,}50g$

Cálculo do número de mol total para um volume de 6,80 litros, 300 K e 1 atm, a partir da utilização da equação dos gases ideais: $n_{total} = \frac{pV}{RT} = \frac{1 \times 6{,}80}{0{,}08206 \times 300} = \frac{6{,}80}{24{,}62} = 0{,}276 \text{ mol}$

Equação (1): $n_{Ne} \times < MM >_{Ne} + n_{He} \times < MM >_{He} = 5{,}50$

$20 \times n_{Ne} + 4 \times n_{He} = 5{,}50$

Dividindo a equação acima por quatro, temos: $5 \times n_{Ne} + n_{He} = 1{,}375$

Equação (2): $n_{Ne} + n_{He} = 0{,}276$

Resolvendo o sistema de equações (1) e (2): $5 \times n_{Ne} + n_{He} = 1{,}375$
$n_{Ne} + n_{He} = 0{,}276$

Multiplicando a segunda equação por menos cinco (-5):

$5 \times n_{Ne} + n_{He} = 1{,}375$
$-5 \times n_{Ne} + (-5 \times n_{He}) = -1{,}38$

$-4 \times n_{He} = -0{,}005$

$n_{He} = 0{,}00125 \text{ mol}$

Logo, o número de mol de gás neônio é de 0,275 mol. Cálculo das frações molares dos respectivos gases nobres:

$$X_{Ne} = \frac{n_{Ne}}{n_{total}} = \frac{0{,}275}{0{,}276} = 0{,}9963\ (99{,}64\%)$$

$$X_{He} = \frac{n_{He}}{n_{total}} = \frac{0{,}00125}{0{,}276} = 0{,}00453\ (0{,}453\%)$$

Questão XIX

(GRILLO) Cálculo do número de mol de CO_2: $n_{CO_2} = \frac{n_{CO_2}}{<MM>_{CO_2}} = \frac{100}{44} = 2{,}27 \text{ mol}$

Cálculo do volume molar (V_m): $V_{molar} = \frac{V}{n} = \frac{5{,}0}{2{,}27} = 2{,}20 \text{ L.mol}^{-1}$

Cálculo da pressão considerando o gás com comportamento real: $b = 44 \frac{cm^3}{mol} \times \left(\frac{10^{-3}\ dm^3}{1\ cm^3}\right) = 44 \times 10^{-3}\ dm^3.mol^{-1}$

$$\left\{p^{real} + \frac{3{,}6}{(2{,}20)^2}\right\} \times \{2{,}20 - 44 \times 10^{-3}\} = 0{,}08206 \times (40 + 273)$$

$p^{real} = 11{,}17 \text{ atm}$

Cálculo da pressão considerando o gás com comportamento ideal: $p^{ideal} \times 5 = 2{,}27 \times 0{,}08206 \times 313$

$p^{ideal} = 11{,}66 \text{ atm}$

Cálculo do percentual (%): (%) = $\frac{11{,}66-11{,}17}{11{,}66} = 4{,}20 \times 10^{-2}\ (4{,}20\ \%)$

Questão XX

(GRILLO) Sabendo que a temperatura crítica é definida através da seguinte equação matemática, temos: $T_{crítica} = \frac{8.a}{27 \times b \times R}$

$$282 = \frac{8.a}{27 \times b \times R}$$

$$\frac{a}{b} = \frac{27 \times 0{,}08206 \times 282}{8}$$

$$\frac{a}{b} = 78{,}10$$

Sabendo que a pressão crítica é definida como sendo: $P_{crítica} = \frac{a}{27.b^2}$

$$50 = \frac{a}{27 \times b^2}$$

$$\frac{a}{b^2} = 27 \times 50$$

$$\frac{a}{b} x \frac{1}{b} = 1350$$

Sabendo que a relação é igual: $\frac{a}{b} = 78{,}10$, temos: $\frac{a}{b} x \frac{1}{b} = 1350$

$$78{,}10\ x \frac{1}{b} = 1350$$

$$b = 0{,}058\ L.mol^{-1}$$

Cálculo da constante de van der Waals (a): $\frac{a}{b} = 78{,}10$

$$\frac{a}{0{,}058} = 78{,}10$$

$$a = 4{,}52\ atm.L^2.mol^{-2}$$

EXERCÍCIOS DE FIXAÇÃO

Questão 01

(CONCURSO PARA DOCENTE - INSTITUTO FEDERAL DO RIO DE JANEIRO) Uma mistura de monóxido de carbono (CO) e dióxido de carbono (CO_2), com comportamento ideal, apresenta massa específica igual a 1,332 $kg.m^{-3}$, quando se encontra sob pressão de 750 mmHg a temperatura de 25ºC. Então, responda a estes questionamentos.
a) Qual é a massa molar da mistura?
b) Qual é a composição da mistura?
c) Qual é a pressão parcial de cada gás que constitui essa mistura?
d) Calcule o fator de compressibilidade dessa mistura, sabendo que o seu volume molar real é 23,50 $L.mol^{-1}$.

Questão 02

(CONCURSO PARA DOCENTE - INSTITUTO FEDERAL DO RIO DE JANEIRO) Uma amostra de 30,0 gramas de C_2H_6 encontra-se na condição I (temperatura 0,0°C e volume de 22,414 L), sendo comprimida e aquecida até a condição II (temperatura = 727°C e volume de 100 cm^3). Analise a transformação no sistema gasoso e responda aos questionamentos dos itens A e B.
A) Qual é a pressão desse gás, comportando-se como:
A.1) gás ideal na condição I?
A.2) gás de Van der Waals na condição I?
A.3) gás ideal na condição II?
A.4) gás de Van der Waals na condição II?
B) Calcule o valor aproximado da constante de compressibilidade na condição I e na condição II, considerando que o gás de Van der Waals representa o comportamento real do gás. Dados gerais da questão: $a_{(C2H6)}$ = 5,49 $L^2.atm.mol^{-2}$; $b_{(C2H6)}$ = 0,064 $L.mol^{-1}$.

Questão 03

(CONCURSO PARA DOCENTE – INSTITUTO FEDERAL DO RIO DE JANEIRO) Uma massa de 1,37 gramas de amônia no estado gasoso, está confinada em um recipiente de volume correspondente a 5,0 litros e a temperatura de 100°C. Então, comprove que, nessas condições, o gás se comporta idealmente. Dados: Constante de van der Waals para o NH_3: a = 4,169 atm.L².mol² e b = 3,710 x 10^{-2} L.mol^{-1}.

Questão 04

(CONCURSO FEDERAL PARA PETROBRAS – ENGENHEIRO DE PROCESSAMENTO JÚNIOR) Os valores aproximados dos coeficientes da Equação de Van der Waals para o metano são: a = 0,2 Pa.m^6.mol^{-1} e b = 4 x 10^{-5} m³.mol^{-1}. Para 100 mol do gás ocupando o volume de 1 m³ a 300 K, a diferença, em kPa, entre a pressão calculada por essa relação e o verificado para um gás ideal, nas mesmas condições R = 8,0 Pa.m³.mol^{-1}.K^{-1}, é:

a) -2
b) -1
c) 0
d) +2
e) +3

Questão 05

(GRILLO) Determine a diferença entre C_p e C_v para um determinado gás que obedece a seguinte equação de estado apresentada a seguir, em que b é definido como o covolume da partícula gasosa.

$$\boxed{p \times (V_{molar} - b) = R \times T}$$

Questão 06

(CONCURSO FEDERAL - ENGENHARIA) Com relação a gases reais e a desvio da idealidade, julgue os itens a seguir.

1) A equação mais simples utilizada para explicar o comportamento dos gases ideais é válida para regiões de baixa pressão.
2) Na equação do virial, usada na mistura de gases reais, os coeficientes dependem exclusivamente da temperatura.

Questão 07

Considere os seguintes dados referentes ao gás cloro, conforme mostrado na tabela abaixo:

Massa (g)	550
Volume em litros de Cl_2 no recipiente	25
Temperatura operacional (°C)	125
Parâmetro de van der Waals (a) (atm.L².mol^{-2})	6,49
Parâmetro de van der Waals (b) (L.mol^{-1})	5,62 x 10^{-2}

A partir da tabela com as características apresentadas do gás cloro, calcule os seguintes itens abaixo.

a) Calcule a pressão do gás cloro, considerando comportamento ideal.
b) Calcule a pressão do gás cloro, considerando comportamento real de van der Waals.
c) O fator de compressibilidade (Z).
d) Qual a força predomina para este comportamento do gás cloro, forças atrativas ou repulsivas?
e) A pressão a partir do fator de compressibilidade.
f) Calcule a pressão, temperatura e volume crítico.
g) A temperatura de Boyle.

Questão 08

Considere um recipiente com capacidade volumétrica de 12,50 litros e que tenha em seu interior 750 gramas de gás cloro [$Cl_{2(gás)}$] a uma temperatura de 127°C. Diante dessas informações, determine:

a) a pressão do gás considerando comportamento ideal;
b) a pressão do gás considerando comportamento real;
c) o fator de compressibilidade;
d) a temperatura de Boyle;
e) a temperatura, pressão e volume crítico. Informações para a resolução do problema: constante de van der Waals: a = 6,49 at.L².mol^{-2}; b = 0,0592 L.mol^{-1}.

Questão 09

a) A temperatura crítica (T_c) é uma temperatura bem particular em que o gás real não se liquefaz. Para esta temperatura, os indicativos são também observados através da pressão crítica (P_c) e volume crítico (V_c). Considere que as constantes de van der Waals a e b para o benzeno são respectivamente iguais a 18 atm.L^2.mol^{-2} e 0,115 L.mol^{-1}. A partir desta informação, determine as constantes críticas.

b) A temperatura crítica e a pressão crítica do naftaleno são respectivamente 475 K e 41 atmosferas. A partir desta informação, determine as constantes de van der Waals e o volume crítico para o referido composto.

Questão 10

(CONCURSO PARA DOCENTE FEDERAL – INSTITUTO FEDERAL DA PARAÍBA) Use a equação do gás ideal para calcular a pressão, em 298K, exercida por 1,00 mol de $H_{2(g)}$:

1) quando limitado ao volume de (a) 30,00 L.

2) quando limitado a 50,00 mL. Repita esses cálculos, usando a equação de van der Waals. Os valores de pressão encontrados, em atm, são, respectivamente. Dados: constantes empíricas (a e b) para o gás H_2: a = 0,244 atm x L^2 x mol^{-2} e b = 0,0266 L x mol^{-1}.

a) 0,815; 489; 0,816 e 946
b) 0,816; 946; 0,815 e 489
c) 0,408; 245; 0,408 e 473
d) 24,15; 24,9; 0,815 e 489
e) 0,815; 489; 24,15 e 24,9

Questão 11

(CONCURSO PARA DOCENTE FEDERAL – INSTITUTO FEDERAL DO PIAUÍ) Um cilindro metálico de 28,3 dm^3 contém uma mistura de gases com 1,82 mol de H_2 e 3,1 mol de N_2, a 5ºC. A pressão total do cilindro é: (Dados: R = 0,082 dm^3.atm.mol^{-1}.K^{-1})

a) 3,19 atm
b) 2,13 atm
c) 1,98 atm
d) 1,45 atm
e) 3,96 atm

Questão 12

(CONCURSO FEDERAL PARA PETROBRAS) Uma mistura gasosa formada por 24 g de hidrogênio (H_2) e 64 g de metano (CH_4) ocupa um recipiente de 100 L a uma temperatura de 27°C. Qual a razão entre as pressões parciais do H_2 e do CH_4? Dados: R = 0,082 atm L.mol^{-1}.K^{-1}.

a) 3
b) 4
c) 6
d) 12
e) 16

Questão 13

(CONCURSO PARA DOCENTE - INSTITUTO FEDERAL DO MATO GROSSO) Um balão de 10 L encerra uma mistura de gases contendo 3,52 g de O_2, 3×10^{-2} mol de N_2 e 36×10^{21} moléculas de CO à 27ºC. A pressão total da mistura (em atm) é aproximadamente:

a) 36×10^{21}
b) 0,5
c) 0,7
d) 1,0

Questão 14

(CONCURSO PARA DOCENTE – UNIVERSIDADE FEDERAL DO PARÁ) A equação de van der Waals, mostrada abaixo em uma de suas formas, difere da equação do gás ideal, por apresentar duas constantes numéricas (a e b), conhecidas como constantes de van der Waals, cujos valores diferem para diferentes gases. Essa equação corrige os desvios que surgem devido a não idealidade, sendo, portanto, aplicada a gases reais. $(P + a/V_m^2).(V_m - b) = RT$ Na equação, os termos a/V_m^2 e b corrigem, respectivamente, os efeitos de:

a) volume molar e forças atrativas
b) velocidade molecular e difusão molecular

c) difusão molecular e pressão
d) forças intermoleculares e volume das moléculas
e) pressão e velocidade molecular

Questão 15

(PROGRAMA DE PÓS-GRADUAÇÃO EM QUÍMICA / UNIVERSIDADE FEDERAL DE PELOTAS) Explique como o fator de compressibilidade varia com a pressão e com a temperatura. Evidencie as forças intermoleculares que predominam em cada caso.

Questão 16

(PROGRAMA DE PÓS-GRADUAÇÃO EM QUÍMICA / UNIVERSIDADE FEDERAL DE PELOTAS) Além das fontes contínuas, como motores de carros, os poluentes podem ser introduzidos no ar por meio de incidentes isolados, como a ruptura e um tanque de armazenamento de gás. Muitos gases são estocados e transportados a altas pressões. Um cilindro de laboratório de metano tem um volume de 49,0 L e é cheio a uma pressão de 154 atm. Suponha que todo esse CH_4 do cilindro seja liberado e expande-se até sua pressão cair para 1,0 atm. Qual o volume que o CH_4 ocuparia?

Questão 17

(PROGRAMA DE PÓS-GRADUAÇÃO EM QUÍMICA / UNIVERSIDADE FEDERAL DE PELOTAS) Para sintetizar usando o processo Haber, 2000 mol de N_2 são aquecidos em um recipiente de 800 L a 625°C. Calcule a pressão do gás se o N_2 se comporta como (a) gás de van der Waals e (b) como um gás ideal. Dados: a = 1,35 atm x L^2 x mol^{-2}; b = 0,0386 L x mol^{-1}.

Questão 18

Calcule a pressão exercida por um mol de dióxido de carbono gasoso a 273 K se a constante de van der Waals a = 3,592 dm^6 x atm x mol^{-2}. Assume que o volume ocupado por moléculas de CO_2 seja desprezível.

Questão 19

O fator de compressibilidade para um mol de van der Waals a 0°C e pressão atmosférica igual a 100 atm é igual a 0,50. Assumindo que o volume da molécula é desprezível, calcule a constante a de van der Waals.

Questão 20

(PROVA DE CONHECIMENTO EM QUÍMICA PARA INGRESSO NA PÓS-GRADUAÇÃO DO DQ/UFMG) Uma amostra de 1,0 mol de He apresenta-se sob pressão de 202,6 kPa e temperatura de 25°C.

a) Calcule o volume molar do gás (em dm^3), se o considerarmos como perfeito.

b) Estime o fator de compressibilidade desse gás considerando que seu volume molar obtido através da equação de van der Walls é igual a 9,0 × 10^{-3} m^3.

c) De acordo com o valor obtido para o fator de compressibilidade, informe qual o tipo de interação predomina nesse gás. Explique sua resposta.

Questão 21

Considere a teoria dos gases ideais e reais dos gases de van der Waals dada abaixo.

$$P = \frac{nRT}{V - nb} - \frac{an^2}{V^2}$$

Assinale a opção correta.

a) Independentemente da temperatura e do volume, um gás terá comportamento mais próximo do ideal quanto maior for sua pressão.

b) Na equação dos gases de van der Waals, os parâmetros a e b dependem somente da temperatura.

c) No estado gasoso, as interações intermoleculares são inexistentes, independentemente das condições em que o gás se encontra.

d) O parâmetro a é negativo porque entre as moléculas de um gás predominam as forças atrativas.

e) Espera-se que o parâmetro b da equação dos gases de van der Waals seja menor para o metano do que para o propano.

Questão 22

Dez gramas de gás metano foram colocados em um recipiente com capacidade de 1 dm^3 a 25°C.

a) Calcule a pressão exercida pelo gás, considerando que o mesmo se comporta como ideal.

b) Calcule a pressão exercida pelo gás, considerando que o mesmo apresente comportamento real de Van der Waals, com parâmetros a e b respectivamente iguais a 2,25 $L^2.atm.mol^{-1}$ e 0,0428 $L.mol^{-1}$.

Questão 23

Num cilindro contendo uma mistura de gás oxigênio e gás argônio, a pressão total é de 10 atmosferas. Sabendo que a pressão parcial do oxigênio é 5,0 vezes maior do que a pressão parcial do argônio, no cilindro o valor da relação (Massa do oxigênio em gramas / Massa do argônio) em gramas é:

a) 2,0
b) 3,5
c) 4,0
d) 5,0
e) 6,3

Questão 24

Um frasco fechado contém dois gases cujo comportamento é considerado ideal: hidrogênio molecular e monóxido de nitrogênio. Sabendo que a pressão parcial do monóxido de nitrogênio é igual a 3/5 da pressão parcial do hidrogênio molecular, e que a massa total da mistura é de 20 g, assinale a alternativa que fornece a porcentagem em massa do hidrogênio molecular na mistura gasosa.

a) 4%
b) 6%
c) 8%
d) 10%
e) 12%

Questão 25

(GRILLO) Uma mistura contendo dois gases de extrema importância tanto a nível social como industrial, que se trata do gás nitrogênio e o hidrogênio. A massa da mistura gasosa é igual a 3,50 g, ocupando um volume igual a 7,46 litros com uma temperatura igual a 300 K e pressão igual a 1,0 atmosfera. A partir das informações apresentadas, calcule o percentual em base mássica para estes dois gases, assumindo que o comportamento seja ideal.

Questão 26

(GRILLO) O dióxido de nitrogênio é um óxido que não pode ser obtido de forma industrial na sua forma pura, pois este gás existe na forma de uma mistura com o tetróxido de dinitrogênio. Para uma temperatura de aproximadamente igual a 25°C e pressão da mistura reacional igual a 0,98 atm, tendo sua densidade igual a 2,70 g/L. A partir das informações apresentadas, calcule as pressões parciais dos dois gases apresentados.

GABARITO – EXERCÍCIOS - QUESTÕES DISCURSIVAS & OBJETIVAS

Questão 01

(CONCURSO PARA DOCENTE - INSTITUTO FEDERAL DO RIO DE JANEIRO)

Conversão de unidade da densidade: $d = 1{,}332\frac{kg}{m^3}x\frac{1m^3}{1000\ L}x\frac{1000\ g}{1\ kg} = 1{,}332\ g.L^{-1}$

Item a) Cálculo da massa molar (<MM>) da mistura gasosa: $d = \frac{\left(\frac{750}{760}\right)x<MM>_{Mistura}}{R\,x\,(25+273)} = 1{,}332$

$$\frac{750\ x < MM >_{Mistura}}{760\ x\ 0{,}08206\ x\ 298} = 1{,}332$$

$$< MM >_{Mistura} = \frac{1{,}322\ x\ 760\ x\ 0{,}08206\ x\ 298}{750} = 33{,}01\ g.mol^{-1}$$

Item b) Cálculo da composição da mistura:

$X_{CO}\ x < MM >_{CO} + X_{CO_2}\ x < MM >_{CO_2} = X_{mistura}\ x < MM >_{mistura}$
$X_{CO} + X_{CO_2} = 1$

$28\ x\ X_{CO} + 44\ x\ X_{CO_2} = 1\ x < MM >_{mistura}$
$X_{CO} + X_{CO_2} = 1$

Resolvendo o sistema acima, as frações molares das espécies gasosas são as seguintes: X_{CO} = 0,6875 (68,75%) e X_{CO2} = 0,3125 (31,25%)

Item c) Cálculo das pressões parciais das substâncias gasosas:
$P_{CO} = X_{CO}\ x\ p_{TOTAL} = 0{,}6875\ x\ 750 = 515{,}625\ mmHg$
$P_{CO_2} = X_{CO}\ x\ p_{TOTAL} = 0{,}3125\ x\ 750 = 234{,}375\ mmHg$

Item d) Cálculo do volume molar para um gás ideal: $V_{molar} = \frac{R\ x\ T}{p} = \frac{0{,}08206\ x\ 298}{(750/760)} = 24{,}78\ L.mol^{-1}$

Cálculo do fator de compressibilidade (Z): $Z = \frac{V_{molar}^{Real}}{V_{molar}^{Ideal}} = \frac{23{,}50\ L.mol^{-1}}{24{,}78\ L.mol^{-1}} = 0{,}948$

Questão 02

(CONCURSO PARA DOCENTE - INSTITUTO FEDERAL DO RIO DE JANEIRO)

Item A.1) Cálculo do número de mol do gás Etano (C_2H_6): $n = \frac{30}{30} = 1{,}0\ mol$

Cálculo da pressão considerando ideal: $p^{ideal} x\ 22{,}41 = 1{,}0\ x\ 0{,}08206\ x\ 273$
$p^{ideal} = 1{,}0\ atm$

Item A.2) Cálculo da pressão pela equação de van der Waals: $\left\{p^{real} + \frac{5{,}49}{(\frac{22{,}414}{1})^2}\right\} x \left\{\frac{22{,}414}{1} - 0{,}064\right\} = 0{,}08206\ x\ 273$
$p^{real} = 0{,}991\ atm$

Item A.3) Cálculo da pressão do gás ideal: $p^{ideal}\ x\ 0{,}100 = 1{,}0\ x\ 0{,}08206\ x\ 273$
$p^{ideal} = 820{,}6\ atm$
A.4) Cálculo da pressão pela equação de van der Waals:

$$\left\{p^{real} + \frac{5{,}49}{(\frac{0{,}100}{1})^2}\right\} x \left\{\frac{0{,}100}{1} - 0{,}064\right\} = 0{,}08206\ x\ 273$$

$p^{real} = 1730{,}44\ atm$

Item B) Cálculo do valor aproximado do fator de compressibilidade (Z) na condição I: $Z = \frac{p^{Real}}{p^{Ideal}} = \frac{0{,}99\ atm}{1{,}00\ atm} = 0{,}99\ atm$

Cálculo do valor aproximado do fator de compressibilidade (Z) na condição II: $Z = \frac{p^{Real}}{p^{Ideal}} = \frac{1730{,}44\ atm}{820{,}6\ atm} = 2{,}11\ atm$

Questão 03

(CONCURSO PARA DOCENTE – INSTITUTO FEDERAL DO RIO DE JANEIRO) Cálculo do número de mol: $n = \frac{m}{<MM>} = \frac{1{,}37}{17} = 8{,}06\ x\ 10^{-2}\ mol$

Cálculo da pressão, considerando o gás NH_3 com comportamento ideal: $p^{ideal} x\ 5{,}0 = 8{,}06\ x\ 10^{-2}\ x\ 0{,}08206\ x\ (100 + 273)$
$p^{ideal} = 0{,}493\ atm$

Cálculo do volume molar: $V_{molar} = \frac{V}{n} = \frac{5,0}{8,06 \times 10^{-2}} = 62,04 \text{ L.mol}^{-1}$

Cálculo da pressão, considerando o gás nitrogênio com comportamento real:

$$\left\{p^{real} + \frac{4,169}{(62,04)^2}\right\} \times \{62,04 - 3,710 \times 10^{-2}\} = 0,08206 \times 373$$

$$p^{real} = 0,49 \text{ atm}$$

O gás apresenta comportamento ideal uma vez que as pressões tanto no ideal como no real são iguais.

Questão 04

(CONCURSO FEDERAL PARA PETROBRAS – ENGENHEIRO DE PROCESSAMENTO JÚNIOR) Alternativa B.

Cálculo do volume molar: $V_{molar} = \frac{V}{n} = \frac{1 \text{ m}^3}{100 \text{ mol}} = 10^{-2} \text{ m}^3.\text{mol}^{-1}$

Analisando o gás metano como real: $\left\{p^{real} + \frac{0,2}{(10^{-2})^2}\right\} \times \{10^{-2} - 4,0 \times 10^{-5}\} = 8 \times 300$

$p^{real} = 239 \text{ kPa}$

Analisando o gás metano como ideal: $p^{ideal} \times 1 = 1000 \times 8 \times 300$

$p^{ideal} = 240 \text{ kPa}$

Cálculo da variação de pressão (Δp): $\Delta p = p^{real} - p^{ideal}$

$\Delta p = 239 \text{ kPa} - 240 \text{ kPa} = -1 \text{ kPa}$

Questão 05

(GRILLO) A partir do comportamento do gás ideal, a diferença entre a capacidade calorífica a pressão constante e a capacidade calorífica a volume constante é igual a R, conforme pode ser observado a seguir: $C_p - C_V = R$.

Para o comportamento de um gás que não é ideal, temos que $C_p - C_V \neq 0$.

$$C_{p,molar} - C_{V,molar} = \frac{T \times V \times \alpha_p^2}{K_T}$$

$$C_{p,molar} - C_{V,molar} = -T \times \left(\frac{\partial V}{\partial T}\right)_p \times \left(\frac{\partial p}{\partial V_m}\right)_T$$

$$C_{p_{molar}} - C_{V_{molar}} = -T \times \left(\frac{\partial V}{\partial T}\right)_p^2 \times \left(\frac{\partial p}{\partial V_m}\right)_T$$

$$\left(\frac{\partial V_m}{\partial T}\right)_p = \frac{R}{p}$$

$$\left(\frac{\partial p}{\partial V_m}\right)_T = -\frac{R \times T}{(V_m - b)^2}$$

$$\left(\frac{\partial p}{\partial V_m}\right)_T = -\frac{p^2}{R \times T}$$

$$C_{p,molar} - C_{V,molar} = -T \times -\left(\frac{R}{p}\right)^2 \times \left(\frac{p^2}{R \times T}\right)$$

$C_{p,molar} - C_{V,molar} = R$

Para um gás real em que leva em consideração o covolume, a diferença é igual a R, pelo fato de não levar em consideração as forças intermoleculares (a = 0).

Questão 06

(CONCURSO FEDERAL - ENGENHARIA) Com relação a gases reais e a desvio da idealidade, julgue os itens a seguir.

1. CERTO. A equação de gás ideal, a mais simples, apenas tem validade para regiões de baixa pressão.
2. ERRADO. No caso de misturas gasosas, além da temperatura, a composição também é um fator de influência.

Questão 07

Cálculo do número de mol de gás cloro: $n_{Cl_2} = \frac{m_{Cl_2}}{<MM>_{Cl_2}} = \frac{550}{71} = 7{,}75 \text{ mol}$

Cálculo do volume molar: $V_{molar} = \frac{25}{7{,}75} = 3{,}22 \text{ L.mol}^{-1}$

Item a) Considerando que o gás apresente comportamento ideal: p^{ideal} x 25 = 7,75 x 0,08206 x (125 + 273)
P^{ideal} = 10,12 atm

Item b) Considerando que o gás apresente comportamento real: $\left\{p^{real} + \frac{6{,}49}{(3{,}22)^2}\right\} \text{x} \{3{,}22 - 5{,}62 \text{ x } 10^{-2}\} = 0{,}08206 \text{ x } (125 + 273)$

$p^{real} = 9{,}70 \text{ atm}$

Item c) Cálculo do fator de compressibilidade (Z): Sabendo que o fator de compressibilidade é a relação entre o comportamento real e ideal, temos: $Z = \frac{p^{Real}}{p^{Ideal}} = \frac{9{,}70 \text{ atm}}{10{,}12 \text{ atm}} = 0{,}958$

Item d) A forção dominante á a dominante, uma vez que Z < 1.

Item e) Cálculo da pressão de Cl_2, considerando comportamento real, a partir do fator de compressibilidade: $p \text{ x } \underbrace{\frac{V}{n}}_{V_{molar}} = Z \text{ x } R \text{ x } T$

$$p = \frac{0{,}958 \text{ x } 0{,}08206 \text{ x } 398}{3{,}22} = 9{,}72 \text{ atm}$$

Item f) Cálculo da pressão crítica, temperatura crítica e volume crítico.
Pressão crítica: $P_{crítica} = \frac{a}{27 \text{ x } b^2} = \frac{6{,}49}{27 \text{ x } (5{,}62 \text{ x } 10^{-2})^2} = 76{,}10 \text{ atm}$

Temperatura crítica: $T_{crítica} = \frac{8 \text{ x } a}{27 \text{ x } b \text{ x } R} = \frac{8 \text{ x } 6{,}49}{27 \text{ x } 5{,}62 \text{ x } 10^{-2} \text{ x } 0{,}08206} = 416{,}97 \text{ K}$

Volume crítico: $V_{crítico} = 3 \text{ x } b = 3 \text{ x } 0{,}0562 = 0{,}169 \text{ L.mol}^{-1}$

Item g) Cálculo da temperatura de Boyle (T_{BOYLE}): $T_{Boyle} = \frac{a}{b \text{ x } R} = \frac{6{,}49}{5{,}62 \text{ x } 10^{-2} \text{ x } 0{,}08206} = 1407{,}27 \text{ K}$

Questão 08

Item a) Considerando o gás com comportamento ideal:

$$p^{ideal} \text{ x } 12{,}50 = \frac{750}{71} \text{x } 0{,}08206 \text{ x } (127 + 273)$$
$$p^{ideal} = 12{,}27 \text{ atm}$$

Item b) Considerando o gás com comportamento real:

$$\left\{p^{real} + \frac{6{,}49}{\left(\frac{12{,}50}{750/71}\right)^2}\right\} x \{1{,}18 - 0{,}0592\} = 0{,}08206 \text{ x } 400$$

$$p^{real} = 24{,}62 \text{ atm}$$

Item c) Cálculo do fator de compressibilidade: $Z = \frac{p^{real}}{p^{ideal}} = \frac{24{,}62 \text{ atm}}{27{,}74 \text{ atm}} = 0{,}89$. Para Z < 1 → Forças atrativas.

Item d) Cálculo da temperatura de Boyle (T_B): $T_B = \frac{a}{b \text{ x } R} = \frac{6{,}49}{0{,}0592 \text{ x } 0{,}08206} = 1335{,}95 \text{ K}$

Item e) Volume crítico: $V_{crítico} = 3 \text{ x } b = 3 \text{ x } 0{,}0592 = 0{,}178 \text{ L.mol}^{-1}$

Pressão crítica: $P_{crítica} = \frac{a}{27.b^2} = \frac{6{,}49}{27 \text{ x } (0{,}0592)^2} = 68{,}59 \text{ atm}$

Temperatura crítica: $T_{crítica} = \frac{8.a}{27.b.R} = \frac{8 \text{ x } 6{,}49}{27 \text{ x } 0{,}0592 \text{ x } 0{,}08206} = 395{,}84 \text{ K}$

Questão 09

Item a) Cálculo do volume crítico: $V_{crítico} = 3 \text{ x } 0{,}115 = 0{,}345 \frac{L}{mol}$

Cálculo da pressão crítica: $P_{crítica} = \frac{a}{27 \text{ x } b^2} = \frac{18}{27 \text{ x } (0{,}115)^2} = 50{,}41 \text{ atm}$

Cálculo da temperatura crítica: $T_{crítica} = \frac{8 \text{ x } a}{27 \text{ x } b \text{ x } R} = \frac{8 \text{ x } 18}{27 \text{ x } 0{,}115 \text{ x } 0{,}08206} = 565{,}16 \text{ K}$

Item b) Determinação das constantes de van der Waals (a e b). Sabendo que a temperatura crítica é dada por: $T_{crítica} = \frac{8 \text{ x } a}{27 \text{ x } b \text{ x } R}$

$$475 = \frac{8a}{27 \text{ x } 0{,}08206 \text{ x } b}$$

$\frac{a}{b} = 131{,}55$ (Equação 1)

A partir da pressão crítica, pode-se tirar a seguinte relação: $P_{crítica} = \frac{a}{27 \text{ x } b^2}$

$$41 = \frac{a}{27 \text{ x } b^2}$$

$$\frac{a}{b^2} = 1107$$

$\frac{a}{b} \text{ x } \frac{1}{b} = 1107$ (Equação 2)

A partir da equação 2, temos: $\frac{a}{b^2} = 1107$

$$\frac{a}{b} \text{x} \frac{1}{b} = 1107$$

Substituindo a equação 1 na equação 2, temos: $131{,}55 \text{ x} \frac{1}{b} = 1107$

b = 0,119 $L.mol^{-1}$

Cálculo da constante de van der Waals (a). Substituindo o valor de b na equação 1, temos:

$$\frac{a}{0,119} = 1107$$

$$a = 15,65\ \text{atm.}\,L^2.\,\text{mol}^{-2}$$

Cálculo do volume crítico (V_c): $V_{crítico} = 3 \text{ x } 0,119 = 0,357 \frac{L}{mol}$

Questão 10

(CONCURSO PARA DOCENTE FEDERAL – INSTITUTO FEDERAL DA PARAÍBA) Alternativa A.

Cálculo da pressão do gás aplicando a equação dos gases ideais para um volume igual a 30 litros: $p^{ideal} \text{x } 30,0 = 1 \text{ x } 0,08206 \text{ x } 298$
$p^{ideal} = 0,815 \text{ atm}$
Cálculo da pressão do gás aplicando a equação dos gases ideais para um volume igual a 50,0 mL: $p^{ideal} \text{x } 50 \text{ x } 10^{-3} = 1 \text{ x } 0,08206 \text{ x } 298$
$p^{ideal} = 489 \text{ atm}$

Cálculo da pressão do gás aplicando a equação de van der Waals para um volume igual a 30,0 L: $\left\{p^{real} + \frac{0,244}{\left(\frac{30,0}{1}\right)^2}\right\} \text{x} \left\{\frac{30,0}{1} - 0,0266\right\} = 0,08206 \text{ x } 298$

$p^{real} = 0,816 \text{ atm}$

Cálculo da pressão do gás aplicando a equação de van der Waals para um volume igual a 50,0 mL: $\left\{p^{real} + \frac{0,244}{\left(\frac{50 \text{ x } 10^{-3}}{1}\right)^2}\right\} \text{x} \left\{\frac{30,0}{1} - 0,0266\right\} = 0,08206 \text{ x } 298$

$p^{real} = 947,44 \text{ atm}$

Questão 11

(CONCURSO PARA DOCENTE FEDERAL – INSTITUTO FEDERAL DO PIAUÍ) Alternativa E.

Cálculo do número de mol total: $n^{total} = 1,86 + 3,10 = 4,92 \text{ mol}$

Cálculo da pressão total do sistema de mistura reacional:
$p^{total} \text{ x } 28,3 = 4,92 \text{ x } 0,08206 \text{ x } (5 + 273)$
$p^{ideal} = 3,97 \text{ atm}$

Questão 12

(CONCURSO FEDERAL PARA PETROBRAS) Resolução: Alternativa A.

Cálculo do número de mol de gás hidrogênio: $n_{H_2} = \frac{24}{2} = 12 \text{ mol}$

Cálculo do número de mol de gás metano: $n_{CH_4} = \frac{64}{16} = 4 \text{ mol}$

Cálculo do número de mol total: $n^{total} = n_{H_2} + n_{CH_4} = 16 \text{ mol}$

Cálculo da pressão total do sistema de mistura reacional entre os gases hidrogênio e metano: $p^{total} \text{ x } 100 = 16 \text{ x } 0,08206 \text{ x } (27 + 273)$

$p^{ideal} = 3,94 \text{ atm}$

Cálculo das pressões parciais entre os constituintes gasosos:

$$p^{H_2} = \frac{n_{H_2}}{n_{H_2} + n_{CH_4}} \text{x } p^{total} = \frac{12 \text{ mol}}{16 \text{ mol}} \text{x } 3,94 = 2,95 \text{ atm}$$

$$p^{CH_4} = \frac{n_{CH_4}}{n_{H_2} + n_{CH_4}} \text{x } p^{total} = \frac{4 \text{ mol}}{16 \text{ mol}} \text{x } 3,94 = 0,985 \text{ atm}$$

Cálculo da razão entre as pressões parciais: $\frac{p^{H_2}}{p^{CH_4}} = \frac{2,95 \text{ atm}}{0,985 \text{ atm}} = 3,0$

Questão 13

(CONCURSO PARA DOCENTE - INSTITUTO FEDERAL DO MATO GROSSO) Alternativa B.

Cálculo do número de mol de gás oxigênio: $n_{O_2} = \frac{3,52}{32} = 0,110 \text{ mol}$

Cálculo do número de mol de monóxido de carbono: $n_{CO} = \frac{36 \text{ x } 10^{21}}{6,02 \text{ x } 10^{23}} = 0,060 \text{ mol}$

Cálculo do número de mol total: $n^{total} = n_{O_2} + n_{N_2} + n_{CO} = 0,200 \text{ mol}$

Cálculo da pressão total dos gases presentes no balão: $p^{total} \text{ x } 10 = 0,200 \text{ x } 0,08206 \text{ x } (27 + 273)$

$p^{ideal} = 0,492 \text{ atm}$

Questão 14

(CONCURSO PARA DOCENTE – UNIVERSIDADE FEDERAL DO PARÁ) Alternativa C.

A equação de van der Waals apresenta dois tipos de correção. A partir da sua famosa equação dos gases reais, $\left\{p^{real} + \frac{a}{V_{molar}^2}\right\} \text{x } \{V_{molar} - b\} = R \text{ x } T$, o temo $\frac{a}{V_{molar}^2}$ corrige as forças intermoleculares enquanto o termo $\{V_{molar} - b\}$ corrige o volume das partículas gasosas.

Questão 15

(PROGRAMA DE PÓS-GRADUAÇÃO EM QUÍMICA / UNIVERSIDADE FEDERAL DE PELOTAS) A equação que relaciona a pressão, temperatura com o fator de compressibilidade está apresentada a partir da seguinte equação apresentada a seguir:

$p^{real} \text{ x } V = Z \text{ x } n \text{ x } R \text{ x } T$

Cabe ressaltar que o fator de compressibilidade é função tanto da pressão como da temperatura, conforme apresentado a seguir: Z = f)p;T).

A relação termodinâmica com as forças intermoleculares está representada da seguinte maneira: $Z = \frac{V_m^{real}}{V_m^{ideal}}$.

Para $Z > 1$, as forças repulsivas predominam em comparação às forças atrativas.

Para $Z < 1$, as forças atrativas predominam em comparação às forças repulsivas.

Questão 16

(PROGRAMA DE PÓS-GRADUAÇÃO EM QUÍMICA / UNIVERSIDADE FEDERAL DE PELOTAS) Aplicando a equação combinada dos gases ideais e levando em consideração que o processo ocorre de maneira isotérmica, ou seja, temperatura constante temos:

$$\frac{P_{inicial} \text{ x } V_{inicial}}{T_{inicial}} = \frac{P_{final} \text{ x } V_{final}}{T_{final}}$$

$$\frac{154 \text{ atm x } 49{,}0}{T} = \frac{1{,}0 \text{ x } V_{final}}{T}$$

$$V_{final} = 7546 \text{ L}$$

Questão 17

(PROGRAMA DE PÓS-GRADUAÇÃO EM QUÍMICA / UNIVERSIDADE FEDERAL DE PELOTAS) Para a resolução do problema serão utilizadas as equações dos gases ideais e reais.

Item a) Aplicando a equação dos gases reais: $\left\{p^{real} + \frac{1{,}35}{\left(\frac{800}{2000}\right)^2}\right\} \text{ x } \left\{\frac{800}{2000} - 0{,}0386\right\} = 0{,}08206 \text{ x } (625 + 273)$

$$p^{real} = \frac{73{,}69}{0{,}3614} - \frac{1{,}35}{\left(\frac{800}{2000}\right)^2} = 195{,}46 \text{ atm}$$

Item b) Aplicando a equação dos gases ideais: $p^{ideal} \text{ x } 800 = 2000 \text{ x } 0{,}08206 \text{ x } (625 + 273)$

$$p^{ideal} = 184{,}22 \text{ atm atm}$$

Questão 18

Informação do problema: Pressão = 1 atm e T = 273 K.

E para esta pressão e temperatura, as condições se limitam às condições normais de temperatura e pressão (CNTP). Com isso, o volume molar fica sendo igual a 22,4 L x mol^{-1}. Aplicando a equação matemática de van der Waals, temos:

$$\left\{p^{real} + \frac{a}{V_{molar}^2}\right\} \text{x} \{V_{molar} - b\} = \text{R x T}$$

$$\left\{p^{real} + \frac{3{,}592}{(22{,}4)^2}\right\} \text{x} \{22{,}4 - 0\} = 0{,}08206 \text{ x } 273$$

$$p^{real} = \frac{0{,}08206 \text{ x } 273}{22{,}4} - \frac{3{,}592}{(22{,}4)^2}$$

$$p^{real} = 0{,}992 \text{ atm}$$

Questão 19

Informação do problema: n = 1 mol; p = 100 atm; Z = 0,50 e b = 0.

Cálculo do volume molar a partir da equação dos gases reais em função do fator de compressibilidade: $p^{real} \text{ x V} = \text{Z x n x R x T}$

$$100 \text{ x } \underbrace{\frac{V}{n}}_{V_m} = 0{,}50 \text{ x } 0{,}08206 \text{ x } 273$$

$$V_m = 0{,}112 \frac{L}{mol}$$

Aplicando a equação matemática de van der Waals, para a determinação da constante de van der Waals a.

$$\left\{p^{real} + \frac{a}{V_{molar}^2}\right\} x \{V_{molar} - b\} = R x T$$

$$\left\{100 + \frac{a}{(0,112)^2}\right\} x \{0,112 - 0\} = 0,08206 x 273$$

$$100 + \frac{a}{(0,112)^2} = 200,02$$

$$a = 1,25 \frac{L^2 x atm}{mol^2}$$

Questão 20

(PROVA DE CONHECIMENTO EM QUÍMICA PARA INGRESSO NA PÓS-GRADUAÇÃO DO DQ/UFMG) Informação do problema: n = 1 mol; p = 202,60 kPa; T = 25°C.

Item a) Cálculo do volume molar levando em consideração a equação dos gases ideais:

$$\frac{202600}{101325} x \underbrace{\frac{V}{n}}_{V_m} = 0,08206 x (25 + 273)$$

$$V_m = 12,23 \frac{L}{mol}$$

Item b) Cálculo do fator de compressibilidade: $Z = \frac{V_{molar}^{real}}{V_{molar}^{ideal}}$, sabendo que é a razão do volume molar do gás real pelo volume molar do gás ideal.

$$Z = \frac{V_{molar}^{real}}{V_{molar}^{ideal}} = \frac{9,0 x 10^{-3} m^3}{12,23 x 10^{-3} m^3} = 0,735$$

Item c) Para Z < 1, as forças dominantes são as forças atrativas, uma vez que o volume molar do ideal é maior que o volume molar do real.

Questão 21

Alternativa E.

Item a) Falso. O estudo do gás ideal está relacionado ao fato de apresentar baixa pressão ou alta temperatura.

Item b) Falso. Os coeficientes a e b são conhecidos como parâmetros de van der Waals e estão em função da pressão e da temperatura.

Item c) Falso. Para os gases ideais, os parâmetros são inexistentes, ou seja, não são levados em consideração as forças intermoleculares e o volume da própria partícula gasosa, definidos como covolume (b). Mas para os gases reais estes parâmetros são importantes e relevantes.

Item d) Falso. Para o comportamento dos gases reais há a predominância das forças repulsivas e seu valor é positivo.

Item e) Verdadeiro.

Questão 22

Item a) Cálculo da pressão do gás: $p x 1 = \left(\frac{10}{16}\right) x 0,08206 x (25 + 273)$

$p = 15,28 atm$

Item b) Considerando que o gás apresenta um comportamento volumétrico descrito pela equação de van der Waals, convém calcular inicialmente o volume molar do gás nas condições termodinâmicas de interesse. Este, por sua vez, pode ser determinado através da razão entre o volume ocupado pelo gás e o número de mol.

Número de mol: $n = \frac{m}{<MM>} = \frac{10}{16} = 0,625 mol$

Volume molar: $V_{molar} = \frac{1}{0,625} = 1,60 \text{ L.mol}^{-1}$

Substituindo-se o volume molar, Temperatura e as constantes a e b na equação de van der Waals, têm-se: $p^{real} = \frac{RT}{V_{molar}-b} - \frac{a}{V^2_{molar}}$

$$p^{real} = \frac{0,08206 \text{ x } 298}{(1,6 - 0,0428)} - \frac{2,25}{(1,6)^2} = \boxed{14,82 \text{ atm}}$$

Questão 23

Alternativa C.

Informação do problema: $P_{TOTAL} = P_{O2} + P_{AR}$
$P_{O2} + P_{AR} = 10$ atm

Informação do problema: A pressão parcial do O_2 é cinco vezes maior que a pressão parcial do Argônio, logo: $P_{O2} = 5 \text{ x } P_{AR}$

Cálculo da pressão parcial do gás Argônio: $5.P_{AR} + P_{AR} = 10$ atm
$P_{AR} = 1,67$ atm

Cálculo da pressão parcial do gás Oxigênio: $P_{O2} = 5 \text{ x } P_{AR}$
$P_{O2} = 5 \text{ x } 1,67 = 8,33$ atm

Sabendo que a pressão parcial é o produto da fração molar com a pressão total, temos: $P_{Ar} = X_{Ar} \text{ x } p_{TOTAL}$

$$X_{Ar} \text{ x } p_{TOTAL} = 1,67$$

$$\frac{n_{Ar}}{n_{TOTAL}} \text{ x } p_{TOTAL} = 1,67$$

$$\frac{\left(\frac{m_{Ar}}{< MM >_{Ar}}\right)}{n_{TOTAL}} \text{ x } p_{TOTAL} = 1,67$$

$$m_{Ar} = \frac{66,8}{n_{TOTAL}} \text{ x } p_{TOTAL} = 1,67$$

$m_{Ar} = \frac{66,8}{p_{TOTAL}} \text{ x } n_{TOTAL}$ (Equação I)

Analisando para o gás oxigênio: $P_{O_2} = X_{O_2} \text{ x } p_{TOTAL}$

$$X_{O_2} \text{ x } p_{TOTAL} = 1,67$$

$$\frac{n_{O_2}}{n_{TOTAL}} \text{ x } p_{TOTAL} = 8,33$$

$$\frac{\left(\frac{m_{O_2}}{< MM >_{O_2}}\right)}{n_{TOTAL}} \text{ x } p_{TOTAL} = 8,33$$

$m_{O_2} = \frac{266,56}{p_{TOTAL}} \text{ x } n_{TOTAL}$ (Equação II)

Dividindo a equação II pela equação I, temos: $\frac{m_{O_2}}{m_{Ar}} = \frac{\frac{266{,}56 \times n_{TOTAL}}{P_{TOTAL}}}{\frac{66{,}8 \times n_{TOTAL}}{P_{TOTAL}}}$

$$\frac{m_{O_2}}{m_{Ar}} = \frac{266{,}56}{66{,}8}$$

$$\frac{m_{O_2}}{m_{Ar}} = 4{,}01$$

Questão 24

Alternativa D.

Dados do problema: $P_{NO} = \left(\frac{3}{5}\right) x\, p_{H_2}$ e $m_{NO} + m_{H_2} = 20\ g$

Relação matemática entre a massa do monóxido de nitrogênio com o hidrogênio molecular: $P_{NO} = \left(\frac{3}{5}\right) x\, p_{H_2}$

$$X_{NO} x\, P_{TOTAL} = \left(\frac{3}{5}\right) x\, X_{H_2}\, x\, P_{TOTAL}$$

$$\frac{n_{NO}}{(n_{NO} + n_{H_2})} x\, P_{TOTAL} = \left(\frac{3}{5}\right) x \frac{n_{H_2}}{(n_{H_2} + n_{NO})}\, x\, P_{TOTAL}$$

$$\frac{\left(\frac{m_{NO}}{< MM >_{NO}}\right)}{\cancel{(n_{NO} + n_{H_2})}} x\, \cancel{P_{TOTAL}} = \left(\frac{3}{5}\right) x \frac{\left(\frac{m_{H_2}}{< MM >_{H_2}}\right)}{\cancel{(n_{H_2} + n_{NO})}}\, x\, \cancel{P_{TOTAL}}$$

$$\frac{m_{NO}}{< MM >_{NO}} = \left(\frac{3}{5}\right) x \frac{m_{H_2}}{< MM >_{H_2}}$$

$$\frac{m_{NO}}{30} = \frac{3}{5} x \frac{m_{H_2}}{2}$$

$$m_{NO} = 9\, x\, m_{H_2}$$

Cálculo da massa de hidrogênio molecular, resolvendo o seguinte sistema de equações: $m_{NO} = 9 \times m_{H2}$ e $m_{NO} + m_{H2} = 20$ g

A massa de gás hidrogênio calculada no sistema acima é igual a 2,0 g. Logo, o percentual de hidrogênio na mistura gasosa é de: $(\%)_{H_2} = \frac{2{,}0}{20{,}0} = 0{,}10\ (10\%)$

Questão 25

(GRILLO) Mistura gasosa: $N_{2(gás)} + H_{2(gás)}$.

Informação do problema: $m_{total} = m_{N_2} + m_{H_2} = 3{,}50g$

Cálculo do número de mol total dos gases, a partir da equação dos gases ideais:

$$n_{N_2} + n_{H_2} = \frac{pV}{RT} = \frac{1 \times 7{,}46}{0{,}08206 \times 300} = \frac{7{,}46}{24{,}62} = 0{,}303\ mol$$

$$\frac{m_{N_2}}{28{,}0} + \frac{m_{H_2}}{2{,}0} = 0{,}303\ mol$$

$$m_{N_2} + 14 \times m_{H_2} = 8{,}48$$

Resolvendo o sistema composto por duas equações matemáticas:

$$m_{N_2} + m_{H_2} = 3{,}50\ g$$

$m_{N_2} + 14 \text{ x } m_{H_2} = 8{,}48 \text{ g}$

Realizando o cálculo a partir da diferença entre as equações matemáticas, temos:

$$\begin{array}{l} m_{N_2} + m_{H_2} = 3{,}50 \text{ g} \\ \underline{m_{N_2} +\ 14.\, m_{H_2} = 8{,}48} \\ -13 \text{ x } m_{H_2} = -4{,}98 \end{array}$$

$m_{H_2} = 0{,}383 \text{ g}$

$m_{N_2} + m_{H_2} = 3{,}50 \text{ g}$

$m_{N_2} + 0{,}383 \text{ g} = 3{,}50 \text{ g}$

$m_{N_2} = 3{,}117 \text{ g}$

Cálculo do percentual para cada espécie gasosa:

$$(\%)_{H_2} = \frac{0{,}383 \text{ g}}{3{,}50 \text{ g}} = 0{,}11\ (11\%)$$

$$(\%)_{N_2} = \frac{3{,}117 \text{ g}}{3{,}50 \text{ g}} = 0{,}89\ (89\%)$$

Questão 26

(GRILLO) Mistura gasosa: $NO_{2(gás)} + N_2O_{4(gás)}$.

Cálculo da massa molecular da mistura gasosa, levando em consideração que o comportamento seja ideal:

$$\text{p x} < \text{MM} >_{\text{mistura}} = \underbrace{\frac{\text{massa}}{\text{volume}}}_{\text{densidade}} \text{ x R x T}$$

$$\text{p x} < \text{MM} >_{\text{mistura}} = \underbrace{\frac{\text{massa}}{\text{volume}}}_{\text{densidade}} \text{ x R x T}$$

$$\text{p x} < \text{MM} >_{\text{mistura}} = \text{densidade x R x T}$$

$$< \text{MM} >_{\text{mistura}} = \frac{2{,}70 \text{ x } 0{,}08206 \text{ x } 300}{0{,}98} = 67{,}37 \frac{\text{g}}{\text{mol}}$$

As equações ficam expressas da seguinte maneira:

$X_{NO_2}. < \text{MM} >_{NO_2} + X_{N_2O_4}. < \text{MM} >_{N_2O_4} = X_{\text{mistura}}. < \text{MM} >_{\text{mistura}}$

$X_{NO_2}.\, 46 + X_{N_2O_4}.\, 92 = 67{,}37$

$X_{NO_2} + X_{N_2O_4} = 1{,}0$

Realizando o cálculo a partir da diferença entre as equações matemáticas, temos:

$$\begin{array}{l} X_{NO_2}.\, 46 + X_{N_2O_4}.\, 92 = 67{,}37 \\ \underline{-X_{NO_2}.\, 46 - 46.\, X_{N_2O_4} = -46} \\ X_{N_2O_4}.\, 46 = 21{,}37 \end{array}$$

$X_{N_2O_4} = 0{,}464$

$X_{NO_2} = 0{,}536$

Cálculo da pressão parcial para cada espécie gasosa:

$p_{N_2O_4} = X_{N_2O_4} \text{ x } p_{total} = 0{,}464 \text{ x } 0{,}98 \text{ atm} = 0{,}455 \text{ atm}$

$p_{NO_2} = X_{NO_2} \text{x } p_{total} = 0{,}536 \text{ x } 0{,}98 \text{ atm} = 0{,}525 \text{ atm}$

CAPÍTULO III – Estequiometria Industrial

"Neste capítulo serão apresentados enunciados seguidos de seus respectivos gabaritos, uma vez que se trata de uma maneira do estudante acompanhar o passo a passo na resolução de um problema de estequiometria".

Questão 01

Os íons tiossulfatos ($S_2O_3^{-2}$) desproporcionam-se em uma solução ácida produzindo o enxofre sólido (S) e o íon hidrogeno sulfito (HSO_3^-): $2S_2O_3^{-2}{}_{(aq)} + 2H_3O^+{}_{(aq)} \rightarrow 2HSO_3^-{}_{(aq)} + 2H_2O_{(l)} + 2S_{(s)}$. Assumindo que a reação se completa e que uma solução contendo 10,1 mL de íons $HSO_3^-{}_{(aq)}$ (55% m/m) cuja densidade é 1,45 g.cm^{-3}, é obtida na reação, determine a massa de $S_2O_3^{-2}{}_{(aq)}$ presente inicialmente na reação:

a) 11,13 gramas
b) 14,64 gramas
c) 8,05 gramas
d) 0,750 gramas
e) 23,30 gramas

Resolução: Alternativa A.

Equação Iônica: $2S_2O_3^{-2}{}_{(aq)} + 2H_3O^+{}_{(aq)} \rightarrow 2HSO_3^-{}_{(aq)} + 2H_2O_{(l)} + 2S_{(s)}$

Pela relação estequiométrica:
2 mol de $S_2O_3^{-2}$ ------------ 2 mol de HSO_3^-
n_{S2O3-2} ------------------------ n_{HSO3-}

$$n_{S_2O_3^{-2}} = n_{HSO_3^-}$$

Cálculo da concentração mássica (g/L), a partir da densidade da solução e do título em massa:

$$C = 10 \text{ x d x } (\%) = 10 \text{ x } 1{,}45 \text{ x } 55 = 797{,}50 \frac{g}{L}$$

Cálculo da concentração da quantidade de matéria do HSO_3^-: $[HSO_3^-] = \frac{C}{<MM>_{HSO_3^-}} = \frac{797{,}50}{81} = 9{,}84 \text{ mol.L}^{-1}$

Cálculo da massa de tiossulfato, a partir da relação estequiométrica desenvolvida acima: $\frac{m_{S_2O_3^{-2}}}{<MM>_{S_2O_3^{-2}}} = V_{solução} \text{ x } [HSO_3^-]$

$$m_{S_2O_3^{-2}} = V_{solução} \text{ x } [HSO_3^-] \text{ x} < MM >_{S_2O_3^{-2}} = 11{,}13 \text{ g}$$

Questão 02

Titânio metálico e suas ligas são bastante utilizadas na indústria aeroespacial devido a vantagem de apresentarem pesos leves e alta resistência. Titânio pode ser obtido a partir do $TiCl_4$, que por sua vez é obtido através do TiO_2, o qual constitui a maior fonte natural do titânio. A reação de produção do tetracloreto de titânio é mostrada abaixo: $TiO_{2(s)} + C_{(s)} + Cl_{2(g)} \rightarrow TiCl_{4(g)} + CO_{2(g)} + CO_{(g)}$. Em um frasco reacional contendo 5,00 g de TiO_2, 4,50 g de C e 7,78 g de Cl_2 e supondo o consumo completo dos reagentes, qual a quantidade máxima de $TiCl_4$ produzida?

a) 11,88 g
b) 53,30 g
c) 10,41 g
d) 12,48 g
e) 54,08 g

Resolução: Alternativa C.

Equação química: $6TiO_{2(s)} + 8C_{(s)} + 12Cl_{2(g)} \rightarrow 6TiCl_{4(g)} + 4CO_{2(g)} + 4CO_{(g)}$

Determinação do reagente limitante: $n_{TiO_2} = \frac{m_{TiO_2}}{<MM>_{TiO_2}} = \frac{5,0}{80} = \frac{0,0625}{6} = 0,0104 \text{ mol}$

$$n_C = \frac{m_C}{< MM >_C} = \frac{4,50}{12} = \frac{0,375}{8} = 0,0469 \text{ mol}$$

$n_{Cl_2} = \frac{m_{Cl_2}}{<MM>_{Cl_2}} = \frac{7,78}{71} = \frac{0,1096}{12} = 0,0091 \text{ mol}$ (reagente limitante)

Cálculo da massa de tetracloreto de titânio: $6TiO_{2(s)} + 8C_{(s)} + 12Cl_{2(g)} \rightarrow 6TiCl_{4(g)} + 4CO_{2(g)} + 4CO_{(g)}$
12 mol de Cl_2 ------------------ 6 mol de $TiCl_4$
852 gramas de Cl_2 ----------- 1140 gramas de $TiCl_4$
7,78 gramas de Cl_2 ---------- m_{TiCl4}
m_{TiCl4} = 10,41 g

Questão 03

Considerando que o zinco metálico reage com soluções de ácidos, como por exemplo, o ácido clorídrico em água, usado para preparar o hidrogênio em laboratório, de acordo com a seguinte reação: $Zn_{(sólido)} + 2HCl_{(aquoso)} \rightarrow ZnCl_{(aquoso)} + H_{2(gás)}$. Ao dissolver 12,05 g de zinco, qual o volume em mililitros de ácido clorídrico 2,0 mol.L^{-1} necessários para converter completamente o zinco a cloreto de zinco?
a) 184 mL
b) 368 mL
c) 200 mL
d) 18,4 mL
e) 120 mL

Resolução: Alternativa A.

Equação química: $Zn_{(sólido)} + 2HCl_{(aquoso)} \rightarrow ZnCl_{(aquoso)} + H_{2(gás)}\uparrow$. A partir da relação estequiométrica observada pela equação química, temos:

1 mol de Zn ---------- 2 mol de HCl
n_{Zn} ---------------------- n_{HCl}
2 x n_{Zn} = n_{HCl}

$$[HCl] \text{ x } V_{solução} = 2 \text{ x} \frac{m_{Zn}}{< MM >_{Zn}}$$

$$2 \text{ x } V_{solução} = 2 \text{ x} \frac{12,05}{65,4}$$

$$V_{solução} = 0,184 \text{ L } (184 \text{ mL})$$

Questão 04

Ferro é um elemento muito importante no corpo humano porque está presente nas células vermelhas do sangue e atua como transportador do oxigênio para vários órgãos. Existem em torno de 2,6 x 10^{13} células vermelhas no sangue de um adulto que contêm um total de 2,9 g de ferro. Quantos átomos de ferro existem em cada célula vermelha do sangue?
a) 3,1 x 10^{10}
b) 6,5 x 10^{8}
c) 1,2 x 10^{9}
d) 8,1 x 10^{12}
e) 1,5 x 10^{9}

Resolução: Alternativa C.

Cálculo do número de mol de Ferro: $n_{Fe} = \frac{m_{Fe}}{<MM>_{Fe}} = \frac{2,9}{56} = 0,052 \text{ mol}$

Cálculo do número de átomos (X) de Ferro, correspondente a 0,052 mol: X_{Fe} = 0,052 x (6,02 x 10^{23}) átomos de ferro = 3,13 x 10^{22} átomos de Fe

Cálculo do número de átomos (X) de Ferro para uma célula:

3,13 x 10^{22} átomos de Ferro -------------- 2,6 x 10^{13} células
X_{Ferro} --- 1 célula
X_{Ferro} = 1,20 x 10^{9} átomos de ferro

Questão 05

O composto butilítio, LiC_4H_9 é muito reativo, sendo usado na obtenção de novas substâncias. Pode-se determinar a quantidade de butilítio, numa mistura pela adição de ácido clorídrico, ocorrendo a seguinte reação: $LiC_4H_{9(sólido)}$ + $HCl_{(aquoso)}$ ⟶ $LiCl_{(aquoso)}$ + $C_4H_{10(gás)}$. Se existem 5,453 g de butilítio dissolvidos em benzeno, ao adicionar excesso de ácido clorídrico (aq), ocorre desprendimento de 0,725 g de butano. Assinale a alternativa que contém a porcentagem do butilítio na amostra original.
a) 64,05%
b) 58,12%
c) 14,56%
d) 12,40%
e) 17,56%

Resolução: Alternativa C.

Analisando a relação estequiométrica entre o composto butilítio na presença de ácido clorídrico, conforme a equação química a seguir: $LiC_4H_{9(sólido)}$ + $HCl_{(aquoso)}$ ⟶ $LiCl_{(aquoso)}$ + $C_4H_{10(gás)}$

1 mol de $LiC_4H_{9(s)}$ --------- 1 mol de $C_4H_{10(g)}$
n_1 ------------------------------ n_2
$n_1 = n_2$

$$\frac{m_1}{< MM >_1} = \frac{m_2}{< MM >_2}$$

$$\frac{m_1}{(6,94 + 48 + 9)} = \frac{0,725}{(48 + 10)}$$

$$\frac{m_1}{63,94} = \frac{0,725}{58}$$

$$m_1 = \frac{63,94 \text{ x } 0,725}{58} = 0,799 \text{ g}$$

Cálculo do grau de pureza, $(\%)_{pureza}$: $(\%)_{pureza} = \frac{0,799}{5,453} = 0,1465 \ (14,65\%)$

Questão 06

O composto $XCl_2(NH_3)_2$ pode ser formado pela reação de XCl_4 com NH_3. Suponha que 3,571 g de XCl_4 reagem com excesso de NH_3 produzindo Cl_2 e 3,180 g de $XCl_2(NH_3)_2$. Qual é o elemento X?
a) Au
b) Pd
c) Pt
d) Ag
e) Os

Resolução: Alternativa C.

Cálculo da massa atômica do X, a partir da equação apresentada pelo problema: $XCl_4 + 2NH_3 \rightarrow XCl_2(NH_3) + Cl_2$

1 mol de XCl_4 ------------------ 1 mol de $XCl_2(NH_3)_2$
$(<MM>_X + 4 \times 35{,}5)$ ---------- $(<MM>_X + 2 \times 35{,}5 + 2 \times 14 + 6 \times 1)$
3,571 g -------------------------- 3,180 g
$3{,}18 \text{ x } (< MM >_X + 142) = 3{,}571 \text{ x } (< MM >_X + 105)$

$$< MM >_X = \frac{-76{,}605}{-0{,}391} = 195{,}92 \frac{g}{mol}$$

Questão 07

O ácido nítrico diluído ou concentrado atua sobre quase todos os metais (exceto ouro e platina) como poderoso agente oxidante. Assim sendo, a massa de dióxido de enxofre, em gramas, obtida a partir da reação de 31,75g de cobre com ácido sulfúrico concentrado é:
a) 28
b) 32
c) 38
d) 42
e) 44

Resolução: Alternativa C.

A reação química entre o cobre metálico na presença de ácido sulfúrico concentrado resulta em sulfato de cobre II, dióxido de enxofre e água. Equação química: $2Cu_{(sólido)} + 4H_2SO_{4(aquoso)} \longrightarrow 2CuSO_{4(aquoso)} + 2SO_{2(gás)} + 4H_2O_{(líquido)}$

Para a realização do balanceamento, deverá ser do tipo redox, em que o cobre é o agente redutor enquanto o ácido sulfúrico concentrado é o agente oxidante.

Equação química: $Cu_{(sólido)} + 2H_2SO_{4(aquoso)} \longrightarrow CuSO_{4(aquoso)} + SO_{2(gás)} + 2H_2O_{(líquido)}$

Cálculo da massa atômica de dióxido de enxofre a partir da relação estequiométrica:

63,50 g de zinco metálico ----------- 64 g de dióxido de enxofre
31,70 g de zinco metálico ----------- Massa de dióxido de enxofre
Massa de dióxido de enxofre = 32,0 g

Questão 08

(CONCURSO PÚBLICO FEDERAL - PETROBRAS) Uma das etapas básicas na fabricação do vidro consiste na reação do carbonato de sódio com o dióxido de silício: $Na_2CO_3 + SiO_2 \longrightarrow Na_2SiO_3 + CO_2$. A cor do vidro muitas vezes depende das impurezas de ferro que estão presentes na areia quando o vidro é formado. Empregando-se 1 tonelada de areia (SiO_2) contendo 4% de impurezas em ferro na fabricação do vidro, a quantidade de litros de gás recolhido a 27ºC, considerando que esse processo seja realizado na cidade do Rio de Janeiro, é:
a) 410.000
b) 393.600
c) 36.900
d) 35.424
e) 24.000

Resolução: Alternativa E.

A partir da relação estequiométrica observa-se que reage 1 mol de dióxido de silício formando 1 mol de dióxido de carbono, conforme apresentado pela equação química. Importante observar que não se deve levar em consideração o percentual de impureza e sim de pureza.

Grau de Pureza = 100% - 4% = 96%

60 g de SiO_2 ------- 44 g de CO_2
10^6 g x 0,96 -------- Massa de gás formado
Massa de gás formado = 704000 g de dióxido de carbono

Sabendo que o dióxido de carbono apresenta comportamento ideal, temos: $p^{total} x \text{ Volume} = \frac{704000}{44} \text{ x } 0{,}08206 \text{ x } (27 + 273)$

$$1{,}0 \text{ x Volume} = \frac{704000}{44} \text{ x } 0{,}08206 \text{ x } (27 + 273)$$

$$\text{Volume} = 393888 \text{ L}$$

Questão 09

(CONCURSO PÚBLICO FEDERAL - PETROBRAS) Uma mistura contém 20,0 mL de solução aquosa de NaOH 0,100 $mol.L^{-1}$ e 30,0 mL de solução aquosa de KOH 0,200 $mol.L^{-1}$. O volume de solução aquosa de ácido clorídrico 0,400 $mol.L^{-1}$ necessário para completa neutralização dessa mistura de bases, em mL, é:
a) 10
b) 20
c) 30
d) 40
e) 50

Resolução: Alternativa B.
Analisando a primeira reação de neutralização, entre o ácido clorídrico e o hidróxido de sódio: $HCl_{(aquoso)} + NaOH_{(aquoso)} \rightarrow NaCl_{(aquoso)} + H_2O_{(líquido)}$

Pela relação estequiométrica, temos:
1 mol de HCl ------ 1 mol de NaOH
n_{HCl} ------------------ n_{NaOH}
$$[HCl] \text{ x } V_{solução} = [NaOH] \text{ x } V_{solução}$$

$$0{,}400 \text{ x } V_{solução} = 0{,}100 \text{ x } 20$$

$$V_{solução} = 5{,}0 \text{ mL}$$

Analisando a segunda reação de neutralização, entre o ácido clorídrico e o hidróxido de potássio: $HCl_{(aquoso)} + KOH_{(aquoso)} \rightarrow KCl_{(aquoso)} + H_2O_{(líquido)}$. Pela relação estequiométrica, temos:
1 mol de HCl ------ 1 mol de KOH
n_{HCl} ------------------- n_{KOH}

$$[HCl] \text{ x } V_{solução} = [KOH] \text{ x } V_{solução}$$

$$0{,}400 \text{ x } V_{solução} = 0{,}200 \text{ x } 30$$

$$V_{solução} = 15{,}0 \text{ mL}$$

Cálculo do volume total: $V_{total} = 15{,}0 \text{ mL} + 5{,}0 \text{ mL} = 20 \text{ mL}$

Questão 10

(CONCURSO PARA DOCENTE FEDERAL – INSTITUTO FEDERAL DE SANTA CATARINA) O carbonato de sódio é um sal branco e translúcido, usado na produção de vidro. É possível obter o carbonato de sódio por meio da reação: Qual a massa de carbonato de sódio obtida pela reação de 500 g de carbonato de cálcio, 70% puro, sabendo que o rendimento da reação é de 90%? $2NaCl_{(aquoso)} + CaCO_{3(aquoso)} \rightarrow Na_2CO_{3(aquoso)} + CaCl_{2(aquoso)}$. Assinale a alternativa que indica corretamente a massa de carbonato de sódio obtida.

a) 350 g
b) 371 g
c) 333,9 g
d) 106 g
e) 477 g

Resolução: Alternativa C.

A partir da reação de dupla troca apresentado pelo problema, a relação estequiométrica entre o carbonato de cálcio e o carbonato de sódio fica da seguinte maneira:
(40 + 12 + 48) g de $CaCO_3$ -------- (46 + 12 + 48) g de Na_2CO_3 x 0,90
0,70 x 500 g de $CaCO_3$ ------------- Massa de carbonato de sódio
Massa de carbonato de sódio = 333,90 g

Questão 11

(CONCURSO PARA DOCENTE FEDERAL – INSTITUTO FEDERAL DE FARROUPILHA) Calcule o rendimento percentual da reação abaixo quando 50,0g de clorofórmio forem colocados para reagir com 100g de zinco e água em excesso, obtendo 6,09g de metano. $CHCl_3 + Zn + H_2O \rightarrow CH_4 + Zn(OH)Cl$.
a) 46,1%
b) 55,1%
c) 62,15
d) 91,1%

Resolução: Alternativa D.

Primeiramente, será necessário realizar o balanceamento pelo método das tentativas da reação química apresentada pelo problema. Equação química:
$CHCl_3 + 3Zn + 3H_2O \rightarrow CH_4 + 3Zn(OH)Cl$

Para a determinação e cálculo do rendimento para o processo químico apresentado, primeiramente será necessário calcular o número de mol para cada reagente químico, uma vez que o processo industrial está em função do reagente limitante, ou seja, do menor número de mol.

Cálculo do número de mol de clorofórmio: $n_{clorofórmio} = \frac{50}{119,50} = 0,418 \text{ mol}$

Cálculo do número de mol de zinco metálico: $n_{Zn} = \frac{100}{65,50} = \frac{1,53}{3} = 0,503 \text{ mol}$

O clorofórmio é o reagente limitante uma vez que se trata do menor número de mol comparado com o número de mol do zinco.

A partir da relação estequiométrica apresentada pelo enunciado do problema, temos: $CHCl_3 + 3Zn + 3H_2O \rightarrow CH_4 + 3Zn(OH)Cl$

(12 + 1 + 106,50) g de $CHCl_3$ -------- 16 g de gás metano x R
50,0 g de $CHCl_3$ ------------------------- 6,09 g de gás metano
R = 0,910 (91%)

Questão 12

(CONCURSO PARA DOCENTE FEDERAL - INSTITUTO FEDERAL DO MATO GROSSO) A reação química entre o óxido de cálcio e o cloreto de amônio leva à formação de NH_3, de acordo com: $CaO_{(s)} + 2NH_4Cl_{(s)} \rightarrow 2NH_{3(g)} + H_2O_{(g)} + CaCl_{2(s)}$ Considere a reação entre 112g de CaO e 220g de NH_4Cl e calcule:
I- A massa de amônia obtida na reação, se o rendimento for 100%.
II- O rendimento percentual dessa reação, se a massa de NH_3 obtida for 60g. Marque a alternativa que apresenta corretamente os resultados obtidos em I e II, respectivamente.
a) 68 g e 88%
b) 78 g e 86%
c) 77 g e 86%

d) 58 g e 95%

Resolução: Alternativa A.

Primeiramente para a determinação das alternativas I e II, será necessário determinar o reagente limitante e o reagente em excesso.

Número de mol de óxido de cálcio: $n_{CaO} = \frac{112}{56} = 2{,}0 \text{ mol}$ (reagente limitante)

Número de mol de cloreto de amônio: $n_{NH_4Cl} = \frac{220}{53{,}50} = \frac{4{,}11}{2} = 2{,}056 \text{ mol}$ (reagente excesso)

Analisando a afirmativa I. A partir da relação estequiométrica, temos:
56 g de óxido de cálcio ---------- 2 x 17 g de amônia
112 g de óxido de cálcio -------- Massa de amônia
Massa de amônia = 68 g

Analisando a afirmativa II. A partir da relação estequiométrica, temos:
56 g de óxido de cálcio ---------- 2 x 17 g de amônia x R
112 g de óxido de cálcio -------- 60 g
R (rendimento) = 0,882 (88,20%)

Questão 13

(CONCURSO PARA DOCENTE FEDERAL - INSTITUTO FEDERAL DO PARÁ) Quando o etano reage com o cloro, ocorre a formação de uma mistura de produtos clorados, no qual o cloroetano é o produto principal, segundo a reação a seguir $C_2H_6 + Cl_2 \longrightarrow C_2H_5Cl + HCl$. Considerando que a reação de 135 g de etano com 325 g de cloro produz 260 g de cloroetano, o rendimento percentual da ração é aproximadamente de:
a) 87%
b) 89,60%
c) 91,30%
d) 93%
e) 95,50%

Resolução: Alternativa B.

Primeiramente para o cálculo do rendimento do processo de produção de cloroetano, será necessário determinar o reagente limitante e o reagente em excesso.

Cálculo do número de mol de etano: $n_{etano} = \frac{135}{30} = 4{,}50 \text{ mol}$ (reagente limitante)

Cálculo do número de mol de cloro gasoso: $n_{Cl_2} = \frac{325}{71} = 4{,}58 \text{ mol}$ (reagente excesso)

A partir da relação estequiométrica, temos:
30 g de etano --------------------- 64,50 g de cloroetano x R
135 g de etano ------------------- 260 g
R (rendimento) = 0,896 (89,60%)

Questão 14

(CONCURSO PARA DOCENTE FEDERAL - INSTITUTO FEDERAL DO RIO GRANDE DO SUL) Exatamente 8,0 g de uma solução de ácido sulfúrico foram diluídas e adicionou-se um excesso de $BaCl_2$. O precipitado foi lavado e pesado em 6,1 g de $BaSO_4$. Qual a percentagem de H_2SO_4 na solução original?
a) 30,0%
b) 33,0%
c) 32,0%
d) 23,0%

e) 42,0%

Resolução: Alternativa C.

Equação química: $H_2SO_{4(aquoso)} + BaCl_{2(aquoso)} \rightarrow BaSO_{4(ppt)} + 2HCl_{(aquoso)}$. A partir da relação estequiométrica, temos:

98 g de ácido ----------------- (137 + 32 + 64) g de ppt
8,0 x pureza ------------------- 6,10 g de ppt
Pureza = 0,321 (32,10%)

Questão 15

(CONCURSO PARA DOCENTE FEDERAL - INSTITUTO FEDERAL DO RIO GRANDE DO SUL) A hematita (Fe_2O_3) é o principal minério de ferro encontrado na natureza, e um dos seus empregos é na obtenção do ferro elementar, a partir da seguinte reação (não balanceada): $Fe_2O_3 + CO \rightarrow Fe + CO_2$. Determine a massa de Fe_2O_3 necessária para produzir 1,50 toneladas (t) de Fe.

a) 4,29 t
b) 0,75 t
c) 1,50 t
d) 3,00 t
e) 2,14 t

Resolução: Alternativa E.

Equação química: $Fe_2O_{3(sólido)} + 3CO_{(gás)} \rightarrow 2Fe_{(sólido)} + 3CO_{2(gás)}$. O balanceamento tem que ser realizado pelo método redox, em que o óxido é o agente oxidante enquanto o monóxido de carbono trata-se do agente redutor. A partir da relação estequiométrica, temos:

(56 x 2 + 3 x 16) g de óxido ----------------- 112 g de Ferro metálico
Massa de óxido --------------------------------- 1,50 toneladas de Ferro metálico
Massa de óxido = 2,14 t

Questão 16

(CONCURSO PARA DOCENTE FEDERAL - INSTITUTO FEDERAL DO RIO GRANDE DO SUL) Para reagir completamente com uma massa de 45,00 g de um ácido desconhecido, H_xA, foram gastos 280,00 mL de uma solução aquosa de NaOH 2,51 mol/L, que reagem de acordo com a seguinte equação não balanceada: $H_xA_{(aq)} + xNaOH_{(aq)} \rightarrow Na_3A_{(aq)} + 3H_2O_{(l)}$. A massa molar do ácido em g/mol será:

a) 102
b) 104
c) 192
d) 172
e) 198

Resolução: Alternativa C.

O processo leva em consideração a reação de neutralização entre um ácido desconhecido na presença de uma solução de hidróxido de sódio.
Equação química: $H_3A_{(aquoso)} + 3NaOH_{(aquoso)} \rightarrow Na_3A_{(aquoso)} + 3H_2O_{(líquido)}$.

Relação estequiométrica entre o ácido e a base (hidróxido de sódio):

1 mol de ácido -------- 3 mol de hidróxido
$n_{ácido}$ --------------------- n_{base}

$$n_{base} = 3 \text{ x } n_{ácido}$$

$$0{,}280 \text{ x } 2{,}51 = 3 \text{ x} \frac{m_{ácido}}{< MM >_{ácido}}$$

$$0{,}280 \text{ x } 2{,}51 = 3 \text{ x} \frac{45{,}0}{< \text{MM} >_{\text{ácido}}}$$

$$< \text{MM} >_{\text{ácido}} = 192 \frac{\text{g}}{\text{mol}}$$

Questão 17

(CONCURSO PARA DOCENTE FEDERAL - UNIVERSIDADE FEDERAL DE PERNAMBUCO) Um método clássico de se obter ferro é a partir da redução da hematita (Fe_2O_3), de acordo com a reação abaixo: $Fe_2O_{3(sólido)}$ + $3CO_{(gás)}$ ⟶ $2Fe_{(sólido)}$ + $3CO_{2(gás)}$. Realizando o processo descrito acima e considerando uma siderúrgica com produção diária de 2,8 toneladas de ferro, calcule o volume de dióxido de carbono liberado por dia, a 1 atm e 27°C.

a) 1845 m^3
b) 2822 m^3
c) 5600 m^3
d) 6986 m^3
e) 7805 m^3

Resolução: Alternativa A.

Equação química: $Fe_2O_{3(sólido)}$ + $3CO_{(gás)}$ ⟶ $2Fe_{(sólido)}$ + $3CO_{2(gás)}$. A partir da relação estequiométrica, temos:

112 g de ferro metálico ----------- 3 x 44 g de dióxido de carbono
2,80 t de Ferro metálico ---------- Massa de dióxido de carbono
Massa de dióxido de carbono = 3,30 t
Sabendo que o dióxido de carbono apresenta comportamento ideal, temos:

$$1{,}0 \text{ x Volume} = \frac{3{,}30 \text{ x } 10^6}{44} \text{x } 0{,}08206 \text{ x } (27 + 273)$$

$$\text{Volume} = 1{,}85 \text{ x } 10^6 \text{ dm}^3 (1850 \text{ m}^3)$$

Questão 18

(CONCURSO PARA DOCENTE FEDERAL - UNIVERSIDADE FEDERAL DE PERNAMBUCO) Foram titulados 25,00mL de uma solução contendo 0,0311 M de $Na_2C_2O_4$ com $La(ClO_4)_3$ 0,0257 M, ocorrendo a precipitação de oxalato de lantânio ($2La^{3+}$ + $3C_2O_4{}^{2-}$ ⟶ $La_2(C_2O_4)_3$). Nesta situação, qual o volume necessário de perclorato de lantânio para se atingir o ponto de equivalência?

a) 20,17mL
b) 21,43mL
c) 22,37mL
d) 23,88mL
e) 25,00mL

Resolução: Alternativa A.

O problema leva em consideração uma reação entre o oxalato de sódio na presença de perclorato de lantânio.

$3Na_2C_2O_{4(aquoso)}$ + $2La(ClO_4)_{3(aquoso)}$ ⟶ $La_2(C_2O_4)_{3(aquoso)}$ + $6NaClO_{4(aquoso)}$

A partir da relação estequiométrica, temos:
3,0 mol de oxalato de sódio -------- 2 mol de perclorato de lantânio
$n_{oxalato}$ -------------------------------------- $n_{perclorato}$

$$2 \text{ x } 25 \text{ x } 0{,}0311 = 3 \text{ x } 0{,}0257 \text{ x V}$$
$$\text{Volume} = 20{,}17 \text{ mL}$$

Questão 19

(CONCURSO PARA DOCENTE FEDERAL – UNIVERSIDADE FEDERAL DO PARÁ) O ácido nítrico é uma substância muito utilizada pela indústria química e pode ser produzido pela dissolução de NO_2 em água, de acordo com a equação química não balanceada, mostrada a seguir. Para produzir 1,00 kg de ácido nítrico, o volume de NO_2 necessário (expresso em mL), a 298K e 770 mm Hg, será de, aproximadamente, $NO_{2(g)} + H_2O_{(l)} \longrightarrow HNO_{3(aq)} + NO_{(g)}$.

a) $8{,}7 \times 10^7$
b) $7{,}7 \times 10^6$
c) $5{,}8 \times 10^5$
d) $4{,}9 \times 10^4$
e) $1{,}5 \times 10^3$

Resolução: Alternativa C.

Equação química: $3NO_{2(gás)} + H_2O_{(líquido)} \longrightarrow 2HNO_{3(aquoso)} + 1NO_{(gás)}$. A partir da relação estequiométrica, temos:

3 mol de dióxido de nitrogênio ----------- 2 mol de ácido nítrico
3 x 46g -- 2 x 63 g
Massa --- 1000 g
Massa de NO_2 = 1095,24 g

Sabendo que o dióxido de nitrogênio apresenta comportamento ideal, temos: $\frac{770}{760} \text{x Volume} = \frac{1095{,}24}{46} \text{ x } 0{,}08206 \text{ x } 298$
$\text{Volume} = 574{,}67 \text{ L } (5{,}75 \text{ x } 10^5 \text{ mL})$

Questão 20

(CONCURSO PARA DOCENTE FEDERAL – UNIVERSIDADE FEDERAL DE MINAS GERAIS) Os coeficientes estequiométricos X, Y e Z para a equação abaixo balanceada são, respectivamente. $_XKBr_{(aq)} + KMnO_4 + {_Y}H_2SO_4 \longrightarrow Br_2 + MnSO_4 + K_2SO_4 + {_Z}H_2O$:

a) 10, 8 e 8
b) 5, 6 e 6
c) 5, 8 e 8
d) 10, 6 e 6

Resolução: Alternativa A.

Para o balanceamento desta equação química será necessário utilizar o método redox (redução - oxidação). $_XKBr_{(aq)} + KMnO_4 + {_Y}H_2SO_4 \longrightarrow Br_2 + MnSO_4 + K_2SO_4 + {_Z}H_2O$

Para o balanceamento, o brometo de potássio é o agente redutor enquanto o permanganato de potássio trata-se do agente oxidante. Diante disso o balanceamento fica da seguinte maneira: $10KBr_{(aq)} + 2KMnO_4 + 8H_2SO_4 \longrightarrow 5Br_2 + 2MnSO_4 + 6K_2SO_4 + 8H_2O$.

Questão 21

Dorothy Mary Crowfoot Hodgkin (1910–1994), química britânica, foi uma mulher notável na ciência mundial. Dotada de uma intuição privilegiada, a cristalografia de raios X foi o seu instrumento de análise da estrutura tri-dimensional de moléculas de interesse químico, bioquímico, biológico, farmacológico e médico: pepsina, penicilina, colesterol, vitamina B12, insulina. Em 1964 recebeu o Prêmio Nobel de Química, a terceira mulher depois de Marie Curie, em 1911, e de Irène Joliot-Curie, em 1935. Foi um exemplo de coragem perante a artrite reumatoide que desde cedo a minou. Abraçou as causas da Paz e da igualdade de gênero. [Gonçalves-Maia, R. (2021) Dorothy Hodgkin, Rev. Ciência Elem., V9(02):026]

Uma das moléculas estudadas por esta extraordinária pesquisadora trata-se da vitamina B12. Esta vitamina é essencial para o nosso corpo, uma vez que o corpo não é capaz de produzir essa vitamina, por isso, é necessário o consumo de alimentos ricos em vitamina B12, e ser capaz de absorvê-la de forma adequada, para se manter saudável. Sua fórmula molecular é apresentada a seguir: $C_{63}H_{88}CoN_{14}O_{14}P$, com massa molecular correspondente a 1355,38 g x mol^{-1}. A partir das informações apresentadas, assinale a alternativa que apresenta o número de átomos de carbono presente nesta molécula.

a) $1{,}20 \times 10^{22}$ átomos de carbono
b) $3{,}40 \times 10^{22}$ átomos de carbono
c) $1{,}20 \times 10^{24}$ átomos de carbono

d) 3,40 x 10^{23} átomos de carbono
e) 1,20 x 10^{23} átomos de carbono

Resolução:

A partir da seguinte relação estequiométrica, temos:

$1355{,}38 \text{ g de vitamina B12} - - - - - - 6{,}02 \text{ x } 10^{23}$
$63 \text{ x } 12 \text{ g de átomos de carbono} - - - - \text{X}$
$\text{X} = 3{,}40 \text{ x } 10^{23}$

Questão 22

A calcita ($CaCO_3$) é o principal constituinte mineralógico dos calcários e mármores com elevada pureza. O calcário encontrado extensivamente em todos os continentes é extraído de pedreiras ou depósitos que variam em idade, desde o pré-cambriano até o holoceno. As reservas de rochas carbonatadas são grandes e intermináveis, entrementes, a sua ocorrência com elevada pureza corresponde a menos que 10% das reservas de carbonatos lavradas em todo mundo. [Rochas e Minerais Industriais – CETEM/2005]
Considere a reação que envolve o calcário na presença de uma solução de ácido clorídrico, havendo a formação de cloreto de cálcio, água e dióxido de carbono. Uma quantidade de calcário com massa igual a 4,50 g foi tratada com 50 mL de solução de ácido clorídrico a 1,50 mol/L. A partir das informações apresentadas, assinale a alternativa que apresenta o volume de gás produzido a uma temperatura de 27˚C e pressão de 1,50 atm.
a) 450 mL
b) 500 mL
c) 550 mL
d) 600 mL
e) 615 mL

Resolução: Alternativa E.

Equação química: $CaCO_{3(sólido)} + 2HCl_{(aquoso)} \longrightarrow CaCl_{2(aquoso)} + H_2O_{(líquido)} + CO_{2(gás)} \uparrow$

Determinação do reagente limitante:

$$n_{sal} = \frac{4{,}50}{100} = 0{,}0450 \text{ mol}$$

$$n_{ácido} = \frac{50 \text{ x } 10^{-3} \text{ x } 1{,}50}{2} = 0{,}03750 \text{ mol}$$

A partir do número de mol do reagente, o reagente limitante trata-se do ácido clorídrico. Cálculo do número de dióxido de carbono:

2 mol de ácido ----------- 1 mol de gás
$n_{ácido}$ ------------------------ $n_{gás}$

$$n_{gás} = \frac{50 \text{ x } 10^{-3} \text{ x } 1{,}50}{2} = 0{,}03750 \text{ mol}$$

Cálculo do volume de gás produzido a partir da equação dos gases ideais:

$$\text{Volume} = \frac{0{,}03750 \text{ x } 0{,}08206 \text{ x } 300}{1{,}50} = 0{,}615 \text{ L } (615 \text{ mL})$$

Questão 23

Uma das reações clássicas no ramo da química inorgânica e na química qualitativa está relacionada ao envolvimento da presença do íon permanganato com o íon oxalato em meio ácido, conforme apresentado a partir da seguinte equação iônica não balanceada abaixo:

$MnO^-_{4(aq)} + C_2O^{-2}_{4(aq)} + H^+_{(aq)} \rightarrow Mn^{+2}_{(aq)} + CO_{2(g)} + H_2O_{(l)}$

No quesito físico-química, esta reação é estudada a partir da cinética química.

O íon permanganato (MnO_4^-) apresenta como característica a cor violeta e ao reagir com o íon oxalato ($C_2O_4^{2-}$) forma o MnO (Mn^{2+}) que é incolor, sendo processada em meio ácido. Desta forma, pode-se medir a velocidade da reação pela medida do intervalo de tempo necessário para tornar a solução incolor após a adição do permanganato. É importante ressaltar que, caso a reação seja realizada em meio básico, forma-se o MnO_2 de cor turva escura (marrom), que também pode ser produzida devido a ação da luz. Esta reação envolve a oxidação do carbono presente no íon oxalato, e ao mesmo tempo a redução do manganês presente no íon permanganato. [CASTELLAN, G.; Fundamentos de físico-química, Editora LTC, São Paulo, 1972.]

Este exemplo de reação iônica ilustra muito bem um importante tipo de análise volumétrica usado para determinação de íons oxalato denominada titulação redox. A partir disso, assinale a alternativa que apresenta o número de mol do íon permanganato, necessário para reagir completamente com 0,035 mol do íon oxalato segundo a seguinte equação iônica não balanceada, além do somatório dos coeficientes estequiométricos.

a) 14,0 milimol; 41
b) 14,0 milimol; 45
c) 33,0 milimol; 45
d) 14,0 milimol; 43
e) 11,0 milimol; 43

Resolução: Para a resolução da estequiometria será necessário primeiramente realizar o balanceamento da equação iônica. O agente redutor é o íon oxalato e o agente oxidante é o íon permanganato. Diante disso, a equação iônica balanceada vai ficar da seguinte maneira:

$$2MnO^-_{4(aquoso)} + 5C_2O^{-2}_{4(aquoso)} + 16H^+_{(aquoso)} \rightarrow 2Mn^{+2}_{(aquoso)} + 10CO_{2(gás)} + 8H_2O_{(líquido)}$$

Realizando a estequiometria, temos:

$2 \text{ mol de } MnO^-_{4(aq)} ---- 5 \text{ mol de } C_2O^{-2}_{4(aq)}$

$n_1 ------------ n_2$

$5 \times n_1 = 2 \times n_2$

$5 \times n_1 = 2 \times 0{,}035$

$n_1 = 0{,}0140 \text{ mol } (14{,}0 \text{ milimol})$

Somatório dos coeficientes estequiométricos: 2 + 5 + 16 + 2 + 10 + 8 = 43

Questão 24

A formação do anidrido sulfúrico vem através do processo de síntese do anidrido sulfuroso e oxigênio molecular, conforme a seguinte equação química: $SO_{2(g)} + O_{2(g)} \rightleftarrows SO_{3(g)}$. Considere que este processo apresenta pressão e temperatura constante, para a total formação do anidrido sulfúrico assinale a alternativa que apresenta o volume total da mistura gasosa, quando 5,0 L de anidrido sulfuroso reage com 3,0 L de oxigênio molecular.

a) 5,5 L
b) 6,0 L
c) 6,5 L
d) 7,0 L
e) 7,5 L

Resolução: Para a resolução do problema será necessário primeiramente realizar o balanceamento da equação química.

$$2SO_{2(g)} + O_{2(g)} \rightleftarrows 2SO_{3(g)}$$

Determinação do reagente limitante e o reagente em excesso:

$n_{SO_2} = \frac{5{,}0}{2} = 2{,}50 \text{ L}$ (Reagente limitante)

$n_{O_2} = \frac{3,0}{1} = 3,0 \text{ L}$ (Reagente em excesso)

Determinação do volume de anidrido sulfúrico:

$2 \text{ mol de } SO_{2(g)} ---- 2 \text{ mol de } SO_{3(g)}$
$5,0 \text{ L de } SO_{2(g)} ---- \text{Volume de } SO_{3(g)}$
$\text{Volume de } SO_{3(g)} = 5,0 \text{ L}$

O anidrido sulfuroso foi todo consumido, enquanto o oxigênio molecular apresentou uma sobra de:

3,0 L – 2,50 L = 0,50 L

Logo, o volume total do sistema reacional será: 5,0 L + 0,50 L = 5,50 L

Questão 25

(GRILLO) Considere a seguinte reação de produção de dióxido de enxofre a partir do minério de ferro em contato com oxigênio molecular, conforme a equação não balanceada a seguir:

$FeS_{2(sólido)} + O_{2(gás)} \rightarrow Fe_2O_{3(sólido)} + SO_{2(gás)}$

A partir das informações apresentadas, calcule a massa de FeS_2 com 47% de pureza, para a produção de 600,25 L de dióxido de enxofre nas condições ambientais de temperatura e pressão (1 atm; 25°C) com rendimento de aproximadamente 75%.

Resolução:

Equação química balanceada: $4FeS_{2(sólido)} + 5O_{2(gás)} \rightarrow 2Fe_2O_{3(sólido)} + 4SO_{2(gás)}$

Cálculo da massa de dióxido de enxofre, levando em consideração que o gás apresenta comportamento ideal:

$$\frac{\text{massa}}{64} = \frac{1 \times 600,25}{0,082006 \times (25 + 273)} = 1570,96 \text{ g}$$

Cálculo da massa de minério de ferro, a parte da seguinte relação estequiométrica:

4 x (56 + 64) g de FeS_2 -------------------- 4 x 64 g de SO_2 x 0,75
0,47 x massa -------------------------------- 1570,96 g
Massa de sulfeto de ferro = 8356,17 g

Questão 26

(GRILLO) Superóxido de potássio reage com ácido sulfúrico a frio havendo a formação de oxigênio molecular, peróxido de hidrogênio e sulfato de potássio. Partindo de 300 g do óxido com 33% de impureza, com rendimento igual a 75%, assinale a alternativa que apresenta o volume de gás liberado nas CNTP.

a) 22,05 L
b) 23,78 L
c) 25,02 L
d) 27,20 L
e) 29,80 L

Resolução: Alternativa B.

Equação química balanceada: $K_2O_4 + H_2SO_4 \rightarrow O_2 + H_2O + K_2SO_4$

Observação: A reação apresentada acima é possível destacar que a partir do superóxido forma-se o peróxido.

A partir da relação estequiométrica apresentada, temos:

(78 + 64) g de superóxido -------------------- 32 g x 0,75
300 g x 0,67 de superóxido ------------------ Massa de oxigênio
Massa de oxigênio molecular = 33,97 g

Cálculo do volume de oxigênio molecular, levando em consideração o comportamento ideal:

$$V_{O_2} = \frac{33{,}97 \text{ x } 0{,}08206 \text{ x } 273}{32 \text{ x } 1} = 23{,}78 \text{ L}$$

Questão 27

(CONCURSO PARA DOCENTE FEDERAL – UNIVERSIDADE FEDERAL DO PARÁ) Trifluoreto de boro reage com boridreto de sódio e produz tetrafluorborato de sódio e diborano, que, ao reagir com o oxigênio do ar, produz óxido de boro e água, como representado nas equações químicas não balanceadas:
$BF_{3(g)} + NaBH_{4(s)} \longrightarrow NaBF_{4(s)} + B_2H_{6(g)}$
$B_2H_{6(g)} + O_{2(g)} \longrightarrow B_2O_{3(s)} + H_2O_{(l)}$
Partindo-se de 111 gramas de boridreto de sódio e considerando que este é o reagente limitante e, ainda, que o rendimento da reação é 90%, a massa, em gramas, de óxido de boro produzido será:
a) 99,9
b) 90,9
c) 100,4
d) 111,0
e) 122,4

Resolução: Alternativa D.

Para a resolução deste problema proposto pela UFPA, será necessário somar as duas equações químicas apresentadas no enunciado.
$BF_{3(gás)} + NaBH_{4(sólido)} \longrightarrow NaBF_{4(sólido)} + B_2H_{6(gás)}$
$B_2H_{6(gás)} + O_{2(gás)} \longrightarrow B_2O_{3(sólido)} + H_2O_{(líquido)}$

A equação global e realizando o balanceamento pelo método de tentativas, temos que:
$4BF_{3(gás)} + 3NaBH_{4(sólido)} + 6O_{2(gás)} \longrightarrow 3NaBF_{4(sólido)} + 2B_2O_{3(sólido)} + 6H_2O_{(líquido)}$

A partir da relação estequiométrica e levando em consideração que o rendimento para produção de óxido corresponde a 90%, temos:

3 x (23 + 10 + 4) g de boridreto de sódio --------- 2 x (20 + 48) x 0,90
111g de boridreto de sódio -------------------------- Massa de óxido
Massa de óxido = 122,40 g

Questão 28

(CONCURSO PARA DOCENTE FEDERAL – UNIVERSIDADE DO RIO DE JANEIRO) O óxido de zinco é um composto anfótero, reagindo tanto com ácidos fortes quanto com bases fortes. O produto formado na reação do óxido de zinco com hidróxido de sódio tem a seguinte fórmula química:
a) $NaZnO$
b) $NaZnO_2$
c) Na_2ZnO_2
d) $Na_2Zn_2O_3$
e) Na_3ZnO_3

Resolução: Alternativa C.

O óxido anfótero é definido como sendo um dos óxidos que apresenta propriedades e características tanto ácidas quanto alcalinas. A equação química que representa o óxido de zinco na presença de hidróxido de sódio, temos:
$ZnO_{(sólido)} + 2NaOH_{(aquoso)} \longrightarrow Na_2ZnO_{2(aquoso)} + H_2O_{(líquido)}$

$Na_2ZnO_{2(aquoso)}$ = zincato de sódio

Questão 29

(GRILLO) A reação de transformação do dióxido de carbono em monóxido de carbono, representada pela equação a seguir, é muito importante principalmente para processos metalúrgicos e químicos. A reação química não balanceada é dada a seguir: $C_{(s)} + CO_{2(g)} \longrightarrow CO_{(g)}$. Este processo apresenta uma variação de entalpia na ordem de (-174) $kJ.mol^{-1}$ de carbono, caracterizando um processo exotérmico. A partir destas informações, determine os seguintes itens expostos:
a) a partir de 88 gramas de dióxido de carbono, determine a massa de monóxido de carbono produzido;
b) o volume de monóxido de carbono nas CNTP (condições normais de temperatura e pressão);
c) o volume de monóxido de carbono nas CNATP (condições normais ambientais de temperatura e pressão).

Resolução: Equação química: $C_{(sólido)} + CO_{2(gás)} \longrightarrow 2CO_{(gás)}$

Item a) Cálculo da massa de monóxido de carbono:
1 mol de $CO_{2(g)}$ ---------------- 2 mol de $CO_{(g)}$
1 mol x (44 $g.mol^{-1}$) ---------- 2 mol x (28 $g.mol^{-1}$)
88 g ------------------------------ m_{CO}
m_{CO} = 112 g

Item b) Cálculo do volume de monóxido de carbono nas Condições Normais de Temperatura e Pressão:

1 mol x (44 $g.mol^{-1}$) --------- 2 mol x 22,4 $L.mol^{-1}$
88 g ---------------------------- V_{CO}
V_{CO} = 89,6 litros de CO

Item c) Cálculo do volume de monóxido de carbono nas Condições normais Ambientais de Temperatura e Pressão:

1 mol de $CO_{2(g)}$ ---------------- 2 mol de $CO_{(g)}$
1 mol x (44 $g.mol^{-1}$) ---------- 2 mol x 24,45 $L.mol^{-1}$
88 g ----------------------------- V_{CO}
V_{CO} = 97,8 L de CO

Questão 30

Considere um composto molecular que apresenta a seguinte composição química elementar em massa/massa (m/m): 46,6% de C; 4,4% de H; 31,1% de N e 17,7% de O. Deseja-se estudar a combustão completa de 1000 g do referido material, tendo-se como únicos produtos, dióxido de carbono, vapor d´água e dióxido de nitrogênio. Determine o volume total de gás gerado, para uma combustão controlada realizada a 1 atm e 227°C.

Resolução: Primeiramente será necessário determinar a fórmula molecular do composto orgânico de interesse. Considerando como base de cálculo 100 g da massa total do composto, a massa para cada elemento presente pode ser determinada seguindo os seguintes passos:
Primeiro passo:

$$m_C = \left(\frac{46,6}{100}\right) x\ 100\ g = 46,6\ g$$

$$m_H = \left(\frac{4,4}{100}\right) x\ 100\ g = 4,4\ g$$

$$m_N = \left(\frac{31,1}{100}\right) x\ 100\ g = 31,1\ g$$

$$m_O = \left(\frac{17{,}7}{100}\right) x\ 100\ g = 17{,}7\ g$$

Segundo passo: Em seguida, com base nas massas atômicas de cada elemento e na massa calculada acima, o número de mol de cada elemento presente em 100 g do material orgânico pode ser prontamente calculado.

$$n_C = \left(\frac{46{,}6}{12}\right) = 3{,}88\ mol$$

$$n_H = \left(\frac{4{,}4}{1}\right) = 4{,}4\ mol$$

$$n_N = \left(\frac{31{,}1}{14}\right) = 2{,}22\ mol$$

$$n_O = \left(\frac{17{,}7}{16}\right) = 1{,}11\ mol$$

Terceiro passo: Como o oxigênio consiste no elemento presente em menor quantidade em termos molares, a fórmula molecular do composto pode ser obtida dividindo-se os números de mol encontrados pelo número de mol de oxigênio. Como resultado, tem-se o número de mol de um certo elemento para cada mol de oxigênio presente.

$$N_C = \frac{3{,}88}{1{,}11} \cong 3{,}5$$

$$N_H = \frac{4{,}4}{1{,}11} = 4$$

$$N_N = \frac{2{,}22}{1{,}11} = 2$$

$$N_O = \frac{1{,}11}{1{,}11} = 1$$

Quarto passo: Finalmente, como o número de mol de C não se apresenta como um número inteiro, todos os números de mol encontrados devem ser multiplicados por dois (x 2). Logo, o composto orgânico de interesse deve apresentar a seguinte fórmula molecular $C_7H_8N_4O_2$. De acordo com o enunciado, os produtos da combustão do material orgânico são: CO_2, H_2O e NO_2. Logo, o processo de combustão pode ser representado pela seguinte equação química balanceada.

$$C_7H_8N_4O_{2(s)} + 12O_{2(g)} \longrightarrow 7CO_{2(g)} + 4NO_{2(g)} + 4H_2O_{(g)}$$

Sabendo que 1000 g de material foram utilizados no experimento e que esta massa sofre combustão com 100% de conversão, o número de mol de material que serão consumidos pode ser diretamente determinado.

$$n_{C_7H_8N_4O_2} = \frac{1000\ g}{180\ g.mol^{-1}} = 5{,}56\ mol$$

Com base na estequiometria, cada mol de composto que reage com O_2 gera 15 mol de gases (7 mol de CO_2, 4 mol de NO_2, 4 mol de H_2O). Logo, através de uma regra de três simples com base no número de mol de $C_7H_8N_4O_2$ consumido, tem-se:

1 mol de $C_7H_8N_4O_2$ -------------- 15 mol
5,56 mol de $C_7H_8N_4O_2$ ---------- n_{gases}
n_{gases} = 83,4 mol

Considerando que a mistura de gases se comporta como ideal, o volume total de gás gerado durante a combustão a 227°C e 1 atm pode ser facilmente calculado:

$$V_{gases} = \frac{n_{gases} \text{ x R x T}}{P} = \frac{83{,}4 \text{ x } 0{,}08206 \text{ x } (227 + 273)}{1} = 3421{,}90 \text{ L}$$

Questão 31

A produção de cloreto de potássio e de cloreto de manganês, ambos em fase aquosa, pode ser representada pela seguinte equação química balanceada: $2KMnO_{4(aquoso)} + 5H_2O_{2(aquoso)} + 6HCl_{(aquoso)} \longrightarrow 2MnCl_{2(aqoso)} + 2KCl_{(aquoso)} + 5O_{2(gás)} + 8H_2O_{(líquido)}$. Considere que no experimento foram utilizados 45,0 g de permanganato de potássio, 30 g de peróxido de hidrogênio e 160 g de ácido clorídrico.

a) Identifique o reagente limitante, justificando sua resposta.

b) Calcule a massa dos dois cloretos de interesse formados.

Resolução:

Item a) A identificação do reagente limitante requer a determinação do número de mol de cada reagente considerado.

$$n_1 = \frac{m_1}{< MM >_1} = \frac{45{,}0 \text{ g}}{158 \text{ g.mol}^{-1}} = 0{,}28 \text{ mol}$$

$$n_2 = \frac{m_2}{< MM >_2} = \frac{30{,}0 \text{ g}}{34 \text{ g.mol}^{-1}} = 0{,}88 \text{ mol}$$

$$n_3 = \frac{m_3}{< MM >_3} = \frac{160{,}0 \text{ g}}{36{,}5 \text{ g.mol}^{-1}} = 4{,}38 \text{ mol}$$

Onde n_1, n_2 e n_3 representam, respectivamente, o número de mol de permanganato de potássio ($KMnO_4$), peróxido de hidrogênio (H_2O_2) e ácido clorídrico (HCl) inicialmente presentes. Dividindo-se os números de mol encontrados pelo coeficiente estequiométrico de cada reagente, pode-se identificar o reagente limitante, como sendo aquele cujo número de mol final apresenta a menor magnitude.

$$n_1' = \frac{0{,}28\text{mol}}{2} = 0{,}14 \text{ mol (reagente limitante)}$$

$$n_2' = \frac{0{,}88 \text{ mol}}{5} = 0{,}176 \text{ mol}$$

$$n_3' = \frac{4{,}38 \text{ mol}}{6} = 0{,}73 \text{ mol}$$

Item b) Uma vez identificado o reagente limitante, as massas de cada cloreto produzido podem ser diretamente determinadas mediante novamente a utilização da regra de três simples, com base na estequiometria do processo. Para o $MnCl_2$, tem-se:

$2KMnO_{4(aquoso)} + 5H_2O_{2(aquoso)} + 6HCl_{(aquoso)} \longrightarrow 2MnCl_{2(aquoso)} + 2KCl_{(aquoso)} + 5O_{2(gás)} + 8H_2O_{(líquido)}$

2 mol de $KMnO_{4(aq)}$ -------------- 2 mol de $MnCl_{2(aq)}$

2 x 158 g -------------------------- 2 x 126 g

45 g -------------------------------- m_{MnCl2}

$$m_{MnCl_2} = \frac{11340}{316} = 35{,}89 \text{ g}$$

Aplicando o mesmo raciocínio para o cloreto de potássio:

2 mol de $KMnO_{4(aq)}$ --------- 2 mol de $KCl_{(aq)}$

2 x 158 g --------------------- 2 x 74,5 g

45 g ---------------------------- m_{KCl}

$$m_{KCl} = \frac{6705}{316} = 21{,}22 \text{ g}$$

Questão 32

Calcule a massa de pirolusita que contém 85% (m/m) de dióxido de manganês (MnO_2), necessária para a produção de 250 g de óxido de alumínio e de manganês metálico, pelo processo de aluminotermia, que se fundamenta na seguinte equação química balanceada: $3MnO_{2(sólido)} + 4Al_{(sólido)} \rightarrow 3Mn_{(sólido)} + 2Al_2O_{3(sólido)}$.

Resolução: Considerando a estequiometria do processo, tem-se que 3 mol de MnO_2 geram 2 mol de Al_2O_3. Logo, sabendo-se a massa de Al_2O_3, a massa requerida de MnO_2 pode ser obtida mediante uma regra de três simples.

3 mol de $MnO_{2(s)}$ ------------------------ 2 mol de $Al_2O_{3(s)}$
3 mol x 87 g.mol^{-1} ---------------------- 2 mol x 102 g.mol^{-1}
$m_{MnO2(s)}$ ------------------------------------- 250 g

$$m_{MnO_2} = \frac{250 \times 3 \times 87}{2 \times 102} = 319{,}85 \text{ g}$$

No presente caso, sabe-se que 85% em massa do total da amostra está associado ao MnO_2, logo: $m_{pirolusita} = \frac{m_{MnO_2}}{0{,}85} = \frac{319{,}85}{0{,}85} = 376{,}29 \text{ g}$

Questão 33

(GRILLO) Uma pequena amostra contendo 4,20 gramas de carbonato de magnésio foi tratada com ácido clorídrico obtendo-se 476 mL de dióxido de carbono, medidos nas CNTP. Determine o rendimento desta reação.

Resolução: Equação química: $MgCO_{3(sólido)} + 2\ HCl_{(aquoso)} \rightarrow MgCl_{2(aquoso)} + H_2O_{(líquido)} + CO_{2(gás)}$

Cálculo do rendimento do processo (R):

1 mol de $MgCO_3$ ------------ 1 mol de CO_2
1 mol x 84 g.mol^{-1} ---------- 1 mol x 22,4 L.mol^{-1} x **R**
4,20 g ------------------------ 472 x 10^{-3} L
R = 0,421 (42,1%)

Questão 34

(GRILLO)
a) Calcule a massa de sulfato de sódio formado a partir da reação de neutralização total, com 147 gramas de ácido sulfúrico e 100 gramas de hidróxido de sódio.
b) Determine o reagente limitante.

Resolução: Item a) Equação química: $H_2SO_{4(aquoso)} + 2NaOH_{(aquoso)} \rightarrow Na_2SO_{4(aquoso)} + H_2O_{(líquido)}$

Cálculo do número de mol de cada reagente:

Para o ácido sulfúrico: $n = \frac{147}{98} = 1{,}50 \text{ mol}$

Para o hidróxido de sódio: $n = \frac{100}{40} = \frac{2{,}5}{2} = 1{,}25 \text{ mol (reagente limitante)}$

Item b) Cálculo da massa de sulfato de sódio produzido a partir do reagente limitante: $H_2SO_{4(aq)} + 2NaOH_{(aq)} \rightarrow Na_2SO_{4(aq)} + H_2O_{(l)}$
2 mol de NaOH ----------------- 1 mol de Na_2SO_4
80 g -------------------------------- 142 g
100 g ------------------------------ m_{Na2SO4}
m_{Na2SO4} = 177,5 g

b) Reagente limitante = solução de hidróxido de sódio (NaOH).

Questão 35

(GRILLO) Determine a massa de sulfato de cálcio obtida quando se tratam de 370 gramas de hidróxido de cálcio contendo 20% de impurezas por solução de ácido sulfúrico?

Resolução: Cálculo do valor percentual referente ao reagente na sua forma pura: 100% - 20% = 80%

Equação química: $H_2SO_{4(aquoso)} + Ca(OH)_{2(aquoso)} \rightarrow CaSO_{4(aquoso)} + 2H_2O_{(líquido)}$

Cálculo da massa de $Ca(OH)_2$ puro: $m_{Ca(OH)2} = 370\ g \times 0{,}80 = 296\ g$

74 gramas de $Ca(OH)_2$ ----------- 136 gramas de $CaSO_4$
296 gramas de $Ca(OH)_2$ ----------- m_{CaSO4}
$m_{CaSO4} = 544\ g$

Questão 36

Considere a reação de decomposição do nitrato de amônio conforme apresentada a seguir pela equação química balanceada, $NH_4NO_{3(sólido)} \rightarrow N_{2(gás)} + O_{2(gás)} + H_2O_{(gás)}$. Calcule o valor do volume gasoso a 227°C e 1,0 atm que será produzido pela decomposição de 800 gramas de nitrato de amônio.

Resolução: Equação química da decomposição do nitrato de amônio:
$2NH_4NO_{3(sólido)} \rightarrow 2N_{2(gás)} + O_{2(gás)} + 4H_2O_{(gás)}$

Cálculo do número de mol de nitrato de amônio: $n = \frac{800}{80} = 10\ \text{mol}$
Cálculo do número de mol dos produtos gasosos:
2 mol de NH_4NO_3 ------------- (2 + 1 + 4) mol de gases
10 mol de NH_4NO_3 ----------- n_{gases}
$n_{gases} = 35$ mol

Cálculo do volume dos gases, considerando comportamento ideal: $1 \times V_{gases} = 35 \times (0{,}08206) \times (227 + 273)$
$V_{gases} = 1436{,}05$ L

Questão 37

Os aromatizantes em sua grande maioria são cadeias carbônicas oxigenadas da família dos ésteres. O butanoato de metila pode ser formado pela reação de esterificação entre um ácido carboxílico e um álcool, conforme representado pela equação química: $CH_3CH_2CH_2COOH_{(aquoso)} + CH_3OH_{(aquoso)} \rightarrow CH_3CH_2CH_2COOCH_{3(aquoso)} + H_2O_{(líquido)}$. Calcule o número de mol de butanoato de metila que pode ser obtido a partir de 4,75 g de ácido butírico e 2,75 g de metanol, levando em consideração que há o consumo total do reagente limitante.

Resolução: Considerando as massas de ácido butírico e metanol informado no enunciado, o número de mol de cada reagente a ser consumido pode ser diretamente determinado.

$$n_1 = \frac{m_1}{< MM >_1} = \frac{4{,}75\ g}{(48 + 32 + 8)g.\ mol^{-1}} = \frac{4{,}75\ g}{88\ g.\ mol^{-1}} = 0{,}054\ mol$$

$$n_2 = \frac{m_2}{<MM>_2} = \frac{2{,}75\ g}{(12+16+4)g.mol^{-1}} = \frac{2{,}75\ g}{32\ g.mol^{-1}} = 0{,}086\ mol$$

Onde n_1 representa o número de mol de ácido butírico, e n_2 o número de mol de metanol. Como para cada mol de ácido butírico, um mol de metanol é requerido pela estequiometria do processo, 0,054 mol de ácido requer a mesma quantidade em mol do álcool. Como esta quantidade é inferior à quantidade de metanol inicialmente presente, este pode ser dito em excesso, sendo, portanto, o reagente limitante definido pelo ácido butírico. Portanto, a massa de éster formada deverá ser determinada com base no número de mol do reagente limitante (ácido butírico) consumido.

Considerando-se as massas moleculares de cada espécie, tal cálculo pode ser executado através de uma regra de três simples.

Equação química: $CH_3CH_2CH_2COOH_{(aquoso)} + CH_3OH_{(aquoso)} \rightarrow CH_3CH_2CH_2COOCH_{3(aquoso)} + H_2O_{(líquido)}$

1 mol de $CH_3CH_2CH_2COOH$ ------------ 1 mol de $CH_3CH_2CH_2COOCH_3$
88 g de ácido ------------------------------- 102 g de éster
4,75 g de ácido ----------------------------- $m_{éster}$
$m_{éster}$ = 5,50 g de éster

Finalmente, o número de mol de éster pode ser facilmente determinado: $n_{éster} = \frac{m_{éster}}{<MM>_{éster}} = \frac{5,50\ g}{102 g.mol^{-1}} = 0,054\ mol$

Questão 38

Considere a seguinte reação química para a síntese do bromo em fase líquida a partir do dióxido de titânio, representado pela equação química, $3TiO_{2(s)} + 4BrF_{3(l)} \longrightarrow 3TiF_{4(s)} + 2Br_{2(l)} + 3O_{2(g)}$. Se 12,0 g do óxido produz 0,056 g de oxigênio, determine o grau de pureza do TiO_2 utilizado.

Resolução: Analisando-se a estequiometria da reação, percebe-se que para cada três mol de TiO_2 consumidos produzem um total de três mol de oxigênio. Com esta observação e com base na massa de oxigênio produzida, pode-se determinar a quantidade de TiO_2 que realmente reagiu, e, consequentemente, seu grau de pureza.
3 mol de $TiO_{2(s)}$ ------------------ 3 mol de $O_{2(g)}$
3 x (79,87) g ---------------------- 3 mol x 32 g
m_{TiO2} ---------------------------------- 0,056 g

$$m_{TiO_2} = \frac{13,42}{96} = 0,140\ g$$

O grau de pureza pode ser avaliado através da fração mássica de TiO_2 na amostra, logo: $(\%)_{TiO_2} = \frac{0,14}{12,0} = 0,0167\ (1,67\%)$

Questão 39

Calcule o número de átomos de hidrogênio presentes em 100 gramas do hidrocarboneto octano.

Resolução: Fórmula molecular do hidrocarboneto: C_8H_{18} ($<MM>_{C8H18}$ = 114 $g.mol^{-1}$).

Cálculo do número de átomos de hidrogênio:
114 g ---------- 18 x 6,02 x 10^{23} átomos de hidrogênio
100 g ---------- X
X = 9,50 x 10^{24} átomos de hidrogênio

Questão 40

(GRILLO) Considere o seguinte processo químico para a produção de sulfato de potássio, sulfato de manganês II, sulfato de ferro III e água, conforme a equação química não balanceada apresentada a seguir: $KMnO_4 + FeSO_4 + H_2SO_4 \longrightarrow K_2SO_4 + MnSO_4 + Fe_2(SO_4)_3 + H_2O$. Considere que foram colocados para reagir um quilograma para cada reagente. A partir desta informação, determine a massa de todos os produtos formados.

Resolução: Realizando o balanceamento pelo método de oxirredução: $2KMnO_4 + 10FeSO_4 + 8H_2SO_4 \longrightarrow K_2SO_4 + 2MnSO_4 + 5Fe_2(SO_4)_3 + 8H_2O$, em que o permanganato de potássio se trata do agente oxidante e o sulfato de ferro II é o agente redutor.

Cálculo do número de mol para cada reagente:

$$n_{KMnO_4} = \frac{m_{KMnO_4}}{< MM >_{KMnO_4}} = \frac{1000\ g}{158\ g.mol^{-1}} = \frac{6,33}{2} = 3,16\ mol$$

$$n_{FeSO_4} = \frac{m_{FeSO_4}}{< MM >_{FeSO_4}} = \frac{1000\ g}{152\ g.mol^{-1}} = \frac{6,58}{10} = 0,66\ mol$$

$$n_{H_2SO_4} = \frac{m_{H_2SO_4}}{< MM >_{H_2SO_4}} = \frac{1000\ g}{98\ g.mol^{-1}} = \frac{10,20}{8} = 1,27\ mol$$

Cálculo da massa de todos os produtos formados:

10 mol $FeSO_4$ ---- 1 mol K_2SO_4 --- 2 mol $MnSO_4$ --- 5 mol $Fe_2(SO_4)_3$ ---- 8 mol H_2O
1520 g ------------- 174 g ----------- 302 g ------------- 2000 g -------------- 128 g
1000 g ------------- m_{K2SO4} ---------- m_{MnSO4} ----------- $m_{Fe2(SO4)3}$ ------------ m_{H2O}

As massas dos produtos são as seguintes:
m_{K2SO4} = 114,47 g (K$_2$SO$_4$ = sulfato de potássio)
m_{MnSO4} = 198,68 g ($MnSO_4$ = sulfato de Manganês II)
$m_{Fe2(SO4)3}$ = 1315,79 g [$Fe_2(SO_4)_3$] = sulfato de ferro III)
m_{H2O} = 84,21 g

Questão 41

Um fermento utilizado industrialmente para fabricar pão, devido a sua praticidade, é a mistura de dihidrogenopirofosfato de sódio ($Na_2H_2P_2O_7$) com $NaHCO_3$, que reage de acordo com a equação não balanceada: $Na_2H_2P_2O_7 + NaHCO_3 \longrightarrow Na_4P_2O_7 + CO_2 + H_2O$. Quando aquecidos juntos, eles reagem liberando CO_2, fazendo "crescer" a massa do pão. Calcule:
a) a massa necessária de $NaHCO_3$ para produzir 5 mol de CO_2;
b) a quantidade de matéria de $Na_2H_2P_2O_7$, necessária para reagir com 90 g de $NaHCO_3$;
c) o rendimento percentual da reação, sabendo que 30 g de $NaHCO_3$, produziu 25,70 g de $Na_4P_2O_7$. Despreze a parte fracionária, se houver.

Resolução: Equação química: $Na_2H_2P_2O_7 + 2NaHCO_3 \longrightarrow Na_4P_2O_7 + 2CO_2 + 2H_2O$

Item a) Cálculo do número de mol de bicarbonato de sódio, a partir da equação química apresentada:
$Na_2H_2P_2O_7 + 2NaHCO_3 \longrightarrow Na_4P_2O_7 + 2CO_2 + 2H_2O$
2 mol de $NaHCO_3$ ------------------ 2 mol de CO_2
n --------------------------------------- 5 mol de CO_2
n = 5 mol de bicarbonato de sódio

Cálculo da massa, a partir do número de mol (n): $\mathrm{m = n\,x < MM > = 5\,x\,84 = 420\ g}$
Item b) Cálculo do número de mol de bicarbonato de sódio: $\mathrm{n} = \frac{90}{84} = 1{,}07\ \mathrm{mol}$

Cálculo do número de matéria de dihidrogenopirofosfato de sódio ($Na_2H_2P_2O_7$), a partir da reação química:
$Na_2H_2P_2O_7 + 2NaHCO_3 \longrightarrow Na_4P_2O_7 + 2CO_2 + 2H_2O$
1 mol de $Na_2H_2P_2O_7$ ------------------ 2 mol de $NaHCO_3$
n -- 1,07 mol de $NaHCO_3$
n = 0,536 mol

Item c) Cálculo do rendimento da reação (R): $Na_2H_2P_2O_7 + 2NaHCO_3 \longrightarrow Na_4P_2O_7 + 2CO_2 + 2H_2O$
2 mol de $NaHCO_3$ --------------------- 1 mol de $Na_4P_2O_7$
2 x (84) g -------------------------------- 266 g x R
30 g --------------------------------------- 25,70

$$\mathrm{R} = \frac{4317{,}6}{7980} = 0{,}541\ (54{,}10\%)$$

Questão 42

Uma amostra de 12,5 g de calcário ($CaCO_3$, impuro) foi calcinada e o resíduo obtido adicionado a 1 litro de água. Após a filtração borbulhou-se anidrido sulfúrico no meio, fazendo precipitar 13,6 g de sulfato de cálcio. Qual a pureza do calcário?

Resolução: As equações químicas estão apresentadas a seguir:
Equação 1: $CaCO_{3(sólido)} \longrightarrow CaO_{(sólido)} + CO_{2(gas)}$
Equação 2: $CaO_{(sólido)} + H_2O_{(líquido)} \longrightarrow Ca(OH)_{2(aqoso)}$
Equação 3: $Ca(OH)_{2(aquoso)} + SO_{3(gás)} \longrightarrow CaSO_{4(ppt)} + H_2O_{(líquido)}$

Somando as equações químicas:

$CaCO_{3(sólido)}$ → ~~$CaO_{(sólido)}$~~ + $CO_{2(gás)}$
~~$CaO_{(sólido)}$~~ + ~~$H_2O_{(líquido)}$~~ → ~~$Ca(OH)_{2(aquoso)}$~~
~~$Ca(OH)_{2(aquoso)}$~~ + $SO_{3(gás)}$ → $CaSO_{4(ppt)}$ + ~~$H_2O_{(líquido)}$~~ +

$CaCO_{3(sólido)}$ + $SO_{3(gás)}$ → $CaSO_{4(ppt)}$ + $CO_{2(gás)}$, em que ppt significa precipitado.

Cálculo da pureza de carbonato de cálcio: $CaCO_{3(sólido)}$ + $SO_{3(gás)}$ → $CaSO_{4(ppt)}$ + $CO_{2(gás)}$
1 mol de $CaCO_3$ ------------------- 1 mol de $CaSO_4$
100 g --------------------------------- 136 g
p x 12,5 g -------------------------- 13,6 g

$$p = \frac{1360}{1700} = 0{,}80\ (80\%)$$

Questão 43

O ouro é uma das substâncias metálicas que realiza poucas reações químicas e uma delas é com a água régia, segundo a seguinte equação química não balanceada apresenta a seguir, Au + HCl + HNO_3 → $AuCl_3$ + H_2O + NO.
a) A partir de 1 quilograma de ouro, determine a massa e o número de mol de cloreto de ouro formado.
b) A partir da mesma quantidade de ouro, determine o volume de NO nas CNTP.

Resolução: Para este problema o balanceamento deverá ser feito através do método de oxirredução, onde o ouro metálico é o agente redutor, sendo uma reação de oxidação e o ácido nítrico é o agente oxidante, sofrendo redução. Então, a reação balanceada fica da seguinte forma: $Au_{(sólido)}$ + $3HCl_{(aquoso)}$ + $HNO_{3(aquoso)}$ → $AuCl_{3(aquoso)}$ + $2H_2O_{(líquido)}$ + $NO_{(gás)}$

Item a) Cálculo da massa e do número de mol de cloreto de ouro:
1 mol de Au -------------------- 1 mol de $AuCl_3$
1 mol x 197 $g.mol^{-1}$ ----------- 1 mol x 303,5 $g.mol^{-1}$
1000 g de Au ------------------- m_{AuCl3}
m_{AuCl3} = 1540,61 g de $AuCl_3$

Cálculo do número de mol ($AuCl_3$): $n_{AuCl_3} = \frac{1540{,}61}{303{,}5} = 5{,}08\ \text{mol}$

Item b) Cálculo do volume de monóxido de nitrogênio (óxido nítrico) nas CNTP:
1 mol de Au ------------------ 1 mol de NO
1 mol x 197 $g.mol^{-1}$ --------- 1 mol x 22,4 $L.mol^{-1}$
1000 g de Au ----------------- V_{NO}
V_{NO} = 113,70 L

Questão 44

No processo de aquecimento, na presença de ar representado pela equação, $Ca(HCO_3)_{2(c)}$ → $CaO_{(c)}$ + $2CO_{2(gás)}$ + $H_2O_{(vapor)}$. Qual a perda de massa para cada grama do respectivo reagente no estado sólido?

Resolução: Equação química: $Ca(HCO_3)_{2(c)}$ → $CaO_{(c)}$ + $2CO_{2(gás)}$ ↑ + $H_2O_{(vapor)}$

Cálculo da perda de massa, em bases percentuais, a partir da relação estequiométrica:
1 mol de $Ca(HCO_3)_{2(c)}$ ---------- 1 mol de $CaO_{(c)}$
162 g -------------------------------- 56 gramas de $CaO_{(c)}$
1 g ----------------------------------- m_{CaO}
m_{CaO} = 0,346 g (34,6%)

Percentual de sobra de bicarbonato de cálcio = 100% - 34,6% = 65,4%.

Questão 45

Considere o processo para a produção de cobre metálico, a partir do minério chamado calcosita:
Processo Químico 1: $2Cu_2S_{(s)}$ + $3O_{2(g)}$ → $2Cu_2O_{(s)}$ + $2SO_{2(g)}$
Processo Químico 2: $Cu_2S_{(s)}$ + $2Cu_2O_{(s)}$ → $6Cu_{(s)}$ + $SO_{2(g)}$

Calcule a quantidade de cobre, a partir 127,7 gramas do minério calcosita, com 75% de pureza.

Resolução: Somando as duas equações químicas apresentadas na questão indicada pelos processos 1 e 2:

$2Cu_2S_{(s)} + 3O_{2(g)} \rightarrow \cancel{2Cu_2O_{(s)}} + 2SO_{2(g)}$
$Cu_2S_{(s)} + \cancel{2Cu_2O_{(s)}} \rightarrow 6Cu_{(s)} + SO_{2(g)}$ +

$3Cu_2S_{(sólido)} + 3O_{2(gás)} \rightarrow 6Cu_{(sólido)} + 3SO_{2(gás)}$ (Equação química global)

Dividindo a equação química acima por três, temos: $Cu_2S_{(sólido)} + O_{2(gás)} \rightarrow 2Cu_{(sólido)} + SO_{2(gás)}$

Cálculo da massa de calcosita pura: $m_{Cu2S} = 127,7 \times 0,75 = 95,77$ g

A partir da equação química global, temos: $Cu_2S_{(sólido)} + O_{2(gás)} \rightarrow 2Cu_{(sólido)} + SO_{2(gás)}$
1 mol de $Cu_2S_{(s)}$ ---------------------------------- 2 mol de $Cu_{(s)}$
1 mol x (2 x 63,55 + 1 x 32) g.mol^{-1} --------- 2 mol x 63,55 g.mol^{-1}
95,77 gramas ------------------------------------- $m_{Cu(s)}$
$m_{Cu(s)} = 76,51$ g

Questão 46

Em um motor movido a etanol ocorre uma reação descrita pela seguinte equação: $C_2H_6O_{(líquido)} + O_{2(gás)} \rightarrow CO_{2(gás)} + H_2O_{(vapor)}$. Considerando os dados, calcule o número de moléculas de oxigênio necessárias para a combustão completa de 130 g de etanol.

Resolução: Primeiramente será necessário calcular o número de mol de etanol: $n_{etanol} = \frac{130}{46} = 2,83 \text{ mol}$

Cálculo do número de mol de oxigênio gasoso, a partir da reação química: $C_2H_6O_{(líquido)} + 3O_{2(gás)} \rightarrow 2CO_{2(gás)} + 3H_2O_{(vapor)}$
1 mol de $C_2H_6O_{(l)}$ --------- 3 mol de $O_{2(g)}$
2,83 mol de $C_2H_6O_{(l)}$ ------ n_{O2}
$n_{O2} = 8,49$ mol

Cálculo do número de moléculas de oxigênio gasoso:

$$N_{O_2} = 8,49 \cancel{\text{mol}} \times \frac{6,02 \times 10^{23}}{1 \cancel{\text{mol}}} \text{moléculas} = 5,11 \times 10^{24} \text{ moléculas}$$

Questão 47

Uma das razões do vasto uso da platina é a sua relativa inércia química, entretanto, ela é "solúvel" na "água régia", uma mistura de ácido nítrico e ácido clorídrico, segundo a reação química (não balanceada) a seguir: $Pt_{(sólido)} + HNO_{3(aquoso)} + HCl_{(aquoso)} \rightarrow H_2PtCl_{6(aquoso)} + NO_{(gás)} + H_2O_{(líquido)}$
Faça o balanceamento desta equação e responda as questões que se seguem:
a) Se você dispõe de 11,7 g de platina, quantos gramas de ácido cloroplatínico, H_2PtCl_6, poderá obter?
b) Que volume de óxido de nitrogênio, medido em CNTP, pode ser obtido a partir de 11,7 mg de Pt?
c) Quantos mililitros de ácido nítrico concentrado 10 mol.L^{-1} são necessários para reagir completamente com 11,7 g de Pt?
d) Se você tem 10,0 g de Pt e 180 mL de HCl de concentração 5,00 mol.L^{-1}, mais excesso de ácido nítrico, qual é o reagente limitante?

Resolução:

Item a) O balanceamento desta reação química será feito pelo método redox. A platina (Pt) é o agente redutor, sofrendo uma reação de oxidação e o ácido nítrico (HNO_3) é o agente oxidante, sofrendo uma reação de redução. A equação química balanceada fica da seguinte maneira:
$3Pt_{(sólido)} + 4HNO_{3(aquoso)} + 18HCl_{(aquoso)} \rightarrow 3H_2PtCl_{6(aquoso)} + 4NO_{(gás)} + 8H_2O_{(líquido)}$

Cálculo da massa de ácido cloroplatínico:
3 mol de $Pt_{(s)}$ -------------------- 3 mol de $H_2PtCl_{6(aq)}$
585 g ------------------------------ 1230 g

11,7 g ------------------------------- m
m = 24,60 g de ácido cloroplatínico, H_2PtCl_6

Item b) Cálculo do volume de $NO_{(g)}$, nas CNTP:
3 mol de $Pt_{(s)}$ -------------------- 4 mol de $NO_{(g)}$
n_{Pt} ----------------------------------- n_{NO}
$4.n_{Pt} = 3 \times n_{NO}$

Considerando que o monóxido de nitrogênio apresenta comportamento ideal, temos: $3 \times \frac{p \times V_{NO}}{R \times T} = 4 \times \frac{m_{Pt}}{<MM>_{Pt}}$

$$3 \times \frac{1 \times V_{NO}}{0{,}08206 \times (0 + 273)} = 4 \times \frac{11{,}7 \times 10^{-3}}{195}$$

$$V_{NO} = 1{,}79 \times 10^{-3}\ L$$

Item c) Relação estequiométrica a partir da platina co ácido nítrico:

$3Pt_{(sólido)} + 4HNO_{3(aquoso)} + 18HCl_{(aquoso)} \longrightarrow 3H_2PtCl_{6(aquoso)} + 4NO_{(gás)} + 8H_2O_{(líquido)}$

3 mol de $Pt_{(s)}$ ---------- 4 mol de $HNO_{3(aq)}$
n_{Pt} ------------------------ n_{HNO3}

$$3 \times [HNO_3] \times V_{solução} = 4 \times \frac{m_{Pt}}{< MM >_{Pt}}$$

$$3 \times 10 \times V_{solução} = 4 \times \frac{11{,}7}{195}$$

$$V_{solução} = 4 \times \frac{11{,}7}{30 \times 195} = 0{,}008\ L\ (8\ mL)$$

Item d) Cálculo do número de mol para cada reagente químico: analisando a platina: $n_{Pt} = \frac{m_{Pt}}{<MM>_{Pt}} = \frac{10}{195} = \frac{5{,}13 \times 10^{-2}}{3} = 0{,}0171\ mol$

Analisando o ácido clorídrico, a partir da concentração da quantidade de matéria: $n_{HCl} = [HCl] \times V_{solução} = 5{,}0 \times 0{,}180 = 0{,}90$ mol

Observando a equação química, o ácido clorídrico apresenta 18 mol sendo consumidos, logo: $n_{HCl} = \frac{0{,}90}{18} = 0{,}05\ mol$

Comparando os valores de cada número de mol, a platina é o reagente limitante.

Questão 48

(GRILLO) Assinale a alternativa que apresenta de maneira correta o somatório dos coeficientes estequiométricos inteiros, para a seguinte equação química não balanceada: $P + HNO_3 + H_2O \rightarrow H_3PO_4 + NO$.
a) 20
b) 18
c) 16
d) 14
e) 12

Resolução: Alternativa B.

Para a realização do balanceamento desta reação química será necessário utilizar o método da oxirredução.
Equação química: $3P + 5HNO_3 + 2H_2O \longrightarrow 3H_3PO_4 + 5NO$
Agente redutor: P (fósforo)
Agente oxidante: HNO_3 (ácido nítrico)
Soma dos coeficientes estequiométricos: 3 + 5 + 2 + 3 + 5 = 18

Questão 49

Determinar o volume máximo de ácido nítrico 0,5 mol.L^{-1} que pode ser obtido pela oxidação de 17 gramas de amônia.

Resolução: Cálculo do volume de ácido nítrico, a partir da relação estequiométrica entre o gás amoníaco com ácido nítrico.

$NH_{3(gás)} + 2\ O_{2(gás)} \longrightarrow HNO_{3(aquoso)} + H_2O_{(líquido)}$

1 mol de NH_3 ---------------- 1 mol de HNO_3
17 g de NH_3 ------------------ 1 mol de HNO_3
17 g de NH_3 ------------------ $(M \times V)_{ácido}$
$0{,}5 \times V_{ácido} = 1$
$V_{ácido} = 2{,}0$ L

Questão 50

5,0 g de um alcano deram, pela combustão, 9,0 g de água. Qual a fórmula molecular do hidrocarboneto?

Resolução: Processo de combustão completa do hidrocarboneto desconhecido: $C_nH_{2n+2} + \frac{3n+1}{2} O_2 \rightarrow n\ CO_2 + (n+1)H_2O$

1 mol de C_nH_{2n+2} --------------------------- $(n+1)\ H_2O$
(12n + 2n + 2) mol de C_nH_{2n+2} ----------- $18 \times (n + 1)$ mol de H_2O
5,0 g --- 9,0 g

$9 \times (14n + 2) = 5 \times 18 \times (n + 1)$
n = 2 [etano (C_2H_6)]

Questão 51

Certa massa de sódio reagiu com água, produzindo o composto A, o qual com ácido clorídrico forneceu a substância B. Quando se tratou B com excesso de nitrato de prata, obteve-se um precipitado que, depois de lavado e seco, apresentou uma massa de 14,35 gramas. Qual a massa de sódio usada?

Resolução: Organizando as equações químicas:
$Na + H_2O \longrightarrow A$
$A + HCl \longrightarrow B$
$B + AgNO_3 \longrightarrow C$

Completando as equações químicas, substituindo as letras pelos compostos químicos.
$Na + H_2O \longrightarrow NaOH + \frac{1}{2}H_2$
$NaOH + HCl \longrightarrow NaCl + H_2O$
$NaCl + AgNO_3 \longrightarrow AgCl + NaNO_3$

Somando as três equações químicas apresentadas acima:
Na + ~~H_2O~~ ⟶ ~~NaOH~~ + $\frac{1}{2}H_2$
~~NaOH~~ + HCl ⟶ ~~NaCl~~ + ~~H_2O~~
~~NaCl~~ + $AgNO_3$ ⟶ AgCl + $NaNO_3$ +

Equação química global: $Na + HCl + AgNO_3 \longrightarrow AgCl + NaNO_3 + \frac{1}{2}H_2$

Cálculo da massa de precipitado formado de cloreto de prata:
1 mol de Na --------- 1 mol de AgCl
23 g ------------------ (108 + 35,5) g
m_{Na} ------------------- 14,35 g
m_{Na} = 2,3 gramas de sódio metálico.

Questão 52

A um excesso de bicarbonato de potássio adicionou-se 125 mL de solução de ácido sulfúrico. O volume do gás liberado, medido a seco a 20ºC e 765 mmHg foi de 2,5 litros . Calcular a concentração do ácido expressa em número de mol por litro.

Resolução: Equação química: $2KHCO_{3(sólido)} + H_2SO_{4(aquoso)} \rightarrow K_2CO_{3(sólido)} + 2H_2O_{(líquido)} + 2CO_{2(gás)}$

Cálculo da concentração da quantidade de matéria do ácido sulfúrico:
1 mol de H_2SO_4 ---------- 2 mol de CO_2
n_{H2SO4} ---------------------- n_{CO2}
$n_{CO2} = 2 \times n_{H2SO4}$

$$\frac{p \times V_{CO_2}}{R \times T} = 2 \times [H_2SO_4] \times V_{solução}$$

$$\frac{\frac{765}{760} \times 2{,}50}{0{,}08206 \times 293)} = 2 \times [H_2SO_4] \times 0{,}125$$

$$[H_2SO_4] = \frac{765 \times 2{,}50}{760 \times 0{,}08206 \times 293 \times 0{,}250} = 0{,}419 \text{ mol.L}^{-1}$$

Questão 53

"Graças a ela se pôde aumentar a produtividade da agricultura, produzir desinfetantes, tinturas de cabelo, materiais plásticos e até explosivos, produtos que fazem da amônia um dos compostos mais produzidos no mundo." GLOBO CIÊNCIA. Amônia é uma das substâncias mais produzidas em todo o mundo. Disponível em: Acesso em: 13 jul. 2022. A forma mais comum de produzir a amônia é através do processo de Haber-Bosch. Sua reação é apresentada abaixo: $N_{2(g)} + 3H_{2(g)} \rightleftharpoons 2NH_{3(g)}$. O rendimento da reação em um experimento em que se partiu de 150 kg de gás hidrogênio, obtendo-se 750 kg de amônia, é:
a) 850 %
b) 17,65 %
c) 113 %
d) 88,24 %
e) 62,5 %

Resolução: Alternativa D.

A partir da relação estequiométrica, temos: $N_{2(gás)} + 3H_{2(gás)} \rightleftharpoons 2NH_{3(gás)}$

3 mol de gás hidrogênio ------------- 2 mol de amônia
3 x 2,0 g de gás hidrogênio --------- 2 x 17 g de amônia x R
150 kg de gás hidrogênio ----------- 750 kg de amônia

$$R = \frac{6 \times 750}{150 \times 34} = \frac{4500}{5100} = 0{,}8823\ (88{,}23\%)$$

Questão 54

Escreva a equação química balanceada da combustão completa do iso-octano com o ar atmosférico. Considere que o ar é seco e composto por 21% de oxigênio gasoso e 79% de nitrogênio gasoso.

Resolução: Equação química da combustão completa do iso-octano: $C_8H_{18} + (25/2)O_2 \rightarrow 8CO_2 + 9H_2O$
Levando em consideração que a composição do ar tenha somente $O_{2(g)}$ e $N_{2(g)}$, com 20,9% e 78,1%, respectivamente, o número de mol de $N_{2(g)}$ será:

(25/2) mol de O_2 ---------- 20,90% de O_2
n mol de N_2 ---------------- 78,10% de N_2
n_{N2} = 47,02 mol de N_2

Equação química de combustão completa do iso-octano com a presença do gás nitrogênio: $C_8H_{18} + (25/2)O_2 + 47{,}02N_2 \rightarrow 8CO_2 + 9H_2O + 47{,}02N_2$

Questão 55

Escreva a reação de combustão completa de um hidrocarboneto genérico ($C_\alpha H_\beta$) com ar atmosférico. Considere a presença do nitrogênio gasoso no balanço estequiométrico da reação e expresse os coeficientes estequiométricos dessa reação em função de α e β.

Resolução: Equação química da combustão completa do hidrocarboneto genérico: $C_\alpha H_\beta + \left(\alpha + \frac{\beta}{4}\right) O_2 \rightarrow \alpha CO_2 + \frac{\beta}{2} H_2O$

Cálculo do número de mol de nitrogênio gasoso:
(α + β/4) mol de O_2 --------- 20,90% de $O_{2(g)}$
n mol de N_2 ------------------- 78,10% de $N_{2(g)}$
n_{N2} = 3,74 x (α + β/4) mol de N_2

A equação química de combustão do hidrocarboneto genérico ($C_\alpha H_\beta$) com a presença do nitrogênio gasoso ficará da seguinte forma:

$$C_\alpha H_\beta + \left(\alpha + \frac{\beta}{4}\right) O_2 + 3{,}74\left(\alpha + \frac{\beta}{4}\right) N_2 \rightarrow \alpha CO_2 + \frac{\beta}{2} H_2O + 3{,}74\left(\alpha + \frac{\beta}{4}\right) N_2$$

Questão 56

Três recipientes iguais de 4 litros de capacidade, chamados de 1, 2 e 3, mantidos na mesma temperatura, contêm 180 mL de água. A cada um destes recipientes se junta, respectivamente, 0,10 mol e cada uma das seguintes substâncias: óxido de cálcio, cálcio metálico e hidreto de cálcio. Após a introdução do respectivo sólido, cada frasco é bem fechado. Escreva as equações químicas, completas e balanceadas, para cada uma das reações que ocorre em cada recipiente.

Resolução:
Recipiente 1: $CaO_{(sólido)} + H_2O_{(líquido)} \longrightarrow Ca(OH)_2$
Recipiente 2: $Ca_{(sólido)} + 2\ H_2O_{(líquido)} \longrightarrow Ca(OH)_{2(aquoso)} + H_{2(gás)}$
Recipiente 3: $CaH_{2(sólido)} + 2\ H_2O_{(líquido)} \longrightarrow Ca(OH)_2 + 2H_{2(gás)}$

Questão 57

Uma amostra de 1,222 gramas de cloreto de bário hidratado ($BaCl_2.nH_2O$) é aquecida até a eliminação total da água de hidratação, resultante em uma massa de 1,042 gramas. Com base nas informações fornecidas e mostrando os cálculos efetuados, determine:
a) O número de mol de cloreto de bário;
b) O número de mol de água;
c) A fórmula molecular do sal hidratado.

Resolução:
Item a) Cálculo do número de mol de cloreto de bário: $n_{BaCl_2} = \frac{m_{BaCl_2}}{<MM>_{BaCl_2}} = \frac{1{,}042}{209} = 4{,}98 \times 10^{-3}$ mol

Item b) Massa de água = massa do cloreto de bário hidratado – massa de cloreto de bário = 1,222 gramas – 1,042 gramas = 0,180 gramas.

Item c) Cálculo do número de mol de água: $n_{H_2O} = \frac{m_{H_2O}}{<MM>_{H_2O}} = \frac{0{,}180}{18} = 10^{-2}$ mol
Cálculo do valor do n: $BaCl_2\ n.H_2O$
1,222 gramas ---------------- (209 + 18n)
1,042 gramas ---------------- 209
n = 2
Fórmula molecular: $BaCl_2.2H_2O$

Questão 58

O nitrogênio forma cinco diferentes óxidos. A análise centesimal de amostras desses óxidos forneceu os resultados a seguir.

	Percentagem em massa de nitrogênio	Percentagem em massa de oxigênio
Óxido 1	63,63	36,37
Óxido 2	46,67	53,33
Óxido 3	36,84	63,16
Óxido 4	30,44	69,56
Óxido 5	25,93	74,04

Determine, a partir destes dados:
a) a fórmula mínima de cada um;
b) a(s) nomenclatura(s) correspondente(s) de cada óxido.

Resolução: Base de cálculo: 100 gramas para cada óxido. Analisando o óxido 1:

$$\text{N}: \frac{63{,}63}{100} \text{x } 100 \text{ g} = 63{,}63 \text{ g} = \frac{63{,}63 \text{ g}}{14 \text{ g.mol}^{-1}} = \frac{4{,}545 \text{ mol}}{2{,}273 \text{ mol}} = 2$$

$$\text{O}: \frac{36{,}37}{100} \text{x } 100 \text{ g} = 36{,}37 \text{ g} = \frac{36{,}37 \text{ g}}{16 \text{ g.mol}^{-1}} = \frac{2{,}273 \text{ mol}}{2{,}273 \text{ mol}} = 1$$

Fórmula Molecular = N_2O

Analisando o óxido 2:

$$\text{N}: \frac{46{,}67}{100} \text{x } 100 \text{ g} = 46{,}67 \text{ g} = \frac{46{,}67 \text{ g}}{14 \text{ g.mol}^{-1}} = \frac{3{,}33 \text{ mol}}{3{,}33 \text{ mol}} = 1$$

$$\text{O}: \frac{53{,}33}{100} \text{x } 100 \text{ g} = 53{,}33 \text{ g} = \frac{53{,}33 \text{ g}}{16 \text{ g.mol}^{-1}} = \frac{3{,}33 \text{ mol}}{3{,}33 \text{ mol}} = 1$$

Fórmula Molecular = NO

Analisando o óxido 3:

$$\text{N}: \frac{36{,}84}{100} \text{x } 100 \text{ g} = 36{,}84 \text{ g} = \frac{36{,}84 \text{ g}}{14 \text{ g.mol}^{-1}} = \frac{2{,}63 \text{ mol}}{2{,}63 \text{ mol}} = 1 \overset{\text{x 2}}{\rightarrow} 2$$

$$\text{O}: \frac{63{,}16}{100} \text{x } 100 \text{ g} = 63{,}16 \text{ g} = \frac{63{,}16 \text{ g}}{16 \text{ g.mol}^{-1}} = \frac{3{,}95 \text{ mol}}{3{,}95 \text{ mol}} = 1{,}50 \overset{\text{x 2}}{\rightarrow} 3$$

Fórmula Molecular = N_2O_3

Analisando o óxido 4:

$$\text{N}: \frac{30{,}44}{100} \text{x } 100 \text{ g} = 30{,}44 \text{ g} = \frac{30{,}44 \text{ g}}{14 \text{ g.mol}^{-1}} = \frac{2{,}17 \text{ mol}}{2{,}17 \text{ mol}} = 1$$

$$\text{O}: \frac{69{,}56}{100} \text{x } 100 \text{ g} = 69{,}56 \text{ g} = \frac{69{,}56 \text{ g}}{16 \text{ g.mol}^{-1}} = \frac{4{,}34 \text{ mol}}{2{,}17 \text{ mol}} = 2$$

Fórmula Molecular = NO_2

Analisando o óxido 5:

$$\text{N}: \frac{25{,}93}{100} \text{x } 100 \text{ g} = 25{,}93 \text{ g} = \frac{25{,}93 \text{ g}}{14 \text{ g.mol}^{-1}} = \frac{1{,}85 \text{ mol}}{1{,}85 \text{ mol}} = 1 \overset{\text{x 2}}{\rightarrow} 2$$

$$\text{O}: \frac{74{,}04}{100} \text{x } 100 \text{ g} = 74{,}04 \text{ g} = \frac{74{,}04 \text{ g}}{16 \text{ g.mol}^{-1}} = \frac{4{,}63 \text{ mol}}{1{,}85 \text{ mol}} = 2{,}5 \overset{\text{x 2}}{\rightarrow} 5$$

Fórmula Molecular = N_2O_5

Questão 59

Em uma síntese, a partir de dois óxidos, obtêm-se 8,2 g de nitrato de cálcio. Considerando a conversão estequiométrica, determine:

a) quais são os óxidos;

b) as quantidades necessárias, em gramas, de cada reagente;

c) a massa de carbonato de cálcio necessária para se obter um dos óxidos para esta síntese.

Resolução:

Item a) Os óxidos que reagem para a formação do sal inorgânico - nitrato de cálcio [$Ca(NO_3)_2$] são os seguintes: óxido básico + óxido ácido →sal inorgânico.

Logo: $CaO + N_2O_5 \rightarrow Ca(NO_3)_2$

CaO → óxido de cálcio e N_2O_5 → pentóxido de dinitrogênio.

Item b) Cálculo da massa de cada reagente, a partir de 8,2 g de $Ca(NO_3)_2$: $CaO + N_2O_5 \rightarrow Ca(NO_3)_2$

1 mol de CaO ---------- 1 mol de N_2O_5 -------------- 1mol de $Ca(NO_3)_2$

56 g ----------------------- 108 g -------------------------- 164 g

m_{CaO} ----------------------- m_{N2O5} -------------------------- 8,2 g

m_{CaO} = 2,8 g de CaO

m_{N2O5} = 5,4 g de N_2O_5

Item c) Para este item será necessário apresentar a decomposição do carbonato de cálcio: $CaCO_{3(gás)} \xrightarrow{\Delta} CaO_{(sólido)} + CO_{2(gás)}$

1 mol de $CaCO_3$ --------- 1 mol de CaO

100 g de $CaCO_3$ --------- 56 g de CaO

m_{CaCO3} ---------------------- 2,8 g de CaO

m_{CaCO3} = 5,0 g

Questão 60

Foi adicionada uma quantidade de massa de carbonato de amônio a 49 gramas de ácido fosfórico em um determinado béquer.

a) Determine a massa de sal formado.

b) Nomeie o sal formado entre o carbonato de amônio com o ácido fosfórico.

c) Determine o volume de dióxido de carbono liberado nas condições ambientes de temperatura e pressão.

d) Determine o volume de dióxido de carbono liberado nas condições normais de temperatura e pressão.

Resolução: Equação química: $3(NH_4)_2CO_3 + 2H_3PO_4 \rightarrow 2(NH_4)_3PO_4 + 3H_2O + 3CO_2$

Item a) O sal formado é o fosfato de amônio, cuja fórmula molecular é [$(NH_4)_3PO_4$]. Cálculo da massa de sal formado:

2 x (3 + 31 + 64) g -------- 2 x (42 + 12 + 31 + 64) g

49 g -------------------------- Massa

Massa = 74,50 g

Item b) O sal formado é o fosfato de amônio, cuja fórmula molecular é [$(NH_4)_3PO_4$].

Item c) Cálculo do volume de CO_2 nas CNATP, sabendo que o volume é igual a 24,45 $L.mol^{-1}$ (p = 1 atm e T = 25°C).

2 mol de H_3PO_4 ---------------- 3 CO_2

2.(3 + 31 + 64) g --------------- 3 x (24,45 L)

49 g -------------------------------- V_{CO2}

V_{CO2} = 18,34 L

Item d) Cálculo do volume de CO_2 nas CNTP:

2 mol de H_3PO_4 ------------------- 3 CO_2

2 x (3 + 31 + 64) g ---------------- 3 x (22,4 L)

49 g -------------------------------------- V_{CO2}
V_{CO2} = 16,8 L

Questão 61

Calcule o máximo de massa de água que se pode obter partindo de 8,0 gramas de hidrogênio e 32,0 gramas de oxigênio. Indique qual o reagente em excesso e quanto sobra do mesmo.

Resolução: Determinação do reagente em excesso e do regente limitante – cálculo do número de mol:

$$n_{O_2} = \frac{m_{O_2}}{< MM >_{O_2}} = \frac{32}{32} = 1{,}0 \text{ mol (reagente limitante)}$$

$$n_{H_2} = \frac{m_{H_2}}{< MM >_{H_2}} = \frac{8}{2} = 4{,}0 \text{ mol (reagente em excesso)}$$

Cálculo da massa de água produzida: $H_2 + ½O_2 \rightarrow H_2O$

½ mol de O_2 ---------- 1 mol de H_2O
(½ x 32)g ------------ 18 gramas de H_2O
32 g -------------------- m_{H2O}
m_{H2O} = 36 g

Cálculo da massa de reagente em excesso: $H_2 + ½O_2 \rightarrow H_2O$
1 mol de H_2 ---------- ½ mol de O_2
2,0 g H_2 -------------- ½ x 32,0 g
m_{H2} -------------------- 32,0 g
m_{H2} = 4,0 g

Questão 62

(GRILLO) A recuperação do ferro metálico, a um percentual de aproximadamente 86,30%, a partir de um minério que contém 43,20% de trióxido de diferro (magnetita). Determine a massa de ferro metálico que pode ser recuperada a partir de 2,00 kg de magnetita. Favor considerar que o ferro obtido é a partir da redução do minério com monóxido de carbono.

Resolução: Equação química de redução do óxido na presença de monóxido de carbono: $Fe_3O_{4(sólido)} + 4CO_{(gás)} \rightarrow 3Fe_{(sólido)} + 4CO_{2(gás)}$

1 mol de Fe_3O_4 ------------ 3 mol de Fe x R
232 g ------------------------- 144,98 g
864 g ------------------------- m_{Fe}
m_{Fe} = 539,92 g

Questão 63

Um método de obtenção de carbono puro consiste na decomposição de certos hidratos de carbono. Quantos gramas de carbono seriam obtidos pela decomposição de um quilograma de sacarose, supondo que os únicos produtos sejam carbono e água? Calcule também a massa de água que seria formada.

Resolução: Equação química: $C_{12}H_{22}O_{11} \rightarrow 12C + 11H_2O$
1 mol de $C_{12}H_{22}O_{11}$ --------------------- 12 mol de C ----------------- 11 mol de H_2O
1 mol x 342 g.mol^{-1} ----------------------12 mol x 12 g.mol^{-1} --------- 11 mol x 18 g,mol^{-1}
1000 g de $C_{12}H_{22}O_{11}$ -------------------- $m_{Carbono}$ ---------------------- m_{H2O}
$m_{Carbono}$ = 421,05 g e m_{H2O} = 578,95 g

Questão 64

Incêndios podem ser naturais ou artificiais. Os naturais são aqueles em que não há intervenção direta ou indireta do homem. Muitos extintores de incêndio utilizam pó químico, em uma mistura de $NaHCO_3$, $KHCO_3$ e outros aditivos. O $NaHCO_3$ submetido a altas

temperaturas sofre a reação de decomposição térmica a seguir: $2NaHCO_{3(s)} \rightarrow Na_2CO_{3(s)} + CO_{2(g)} + H_2O_{(v)}$. O gás carbônico e o vapor d'água, produzidos pela reação, são capazes de extinguir o fogo.
a) Quais os nomes das substâncias $NaHCO_3$ e Na_2CO_3, abordadas?
b) Segundo a equação química fornecida, calcule a massa, em gramas, de dióxido de carbono obtido caso haja decomposição de 200 gramas de $NaHCO_3$.

Resolução:

Item a) $NaHCO_3$ = Bicarbonato de sódio e $KHCO_3$ = Bicarbonato de potássio.

Item b) $2NaHCO_{3(sólido)} \rightarrow Na_2CO_{3(sólido)} + CO_{2(gás)} + H_2O_{(vapor)}$
2 mol de $NaHCO_{3(s)}$ ---------- 1 mol de $CO_{2(g)}$
168 g ---------------------------- 44 g
200 g ---------------------------- m_{CO2}
m_{CO2} = 52,38 g

Questão 65

O nitrato de sódio, também conhecido como salitre do Chile é usado, entre outras coisas, para fabricação de fertilizantes e explosivos e para preservação da cor de produtos embutidos, como carnes, salsichas, salames, presuntos etc. Pode ser obtido pela reação do ácido nítrico com o hidróxido de sódio. Baseado nessa reação:
a) Escrever a equação química de obtenção do nitrato de sódio.
b) Calcular a massa, em gramas, de sal obtido, partindo-se de 4 gramas de base, com 80% de pureza.
c) Determinar o grau de pureza do nitrato de sódio, supondo-se que 400 gramas deste sal contêm 20 gramas de impurezas.
d) Calcule a quantidade de matéria de ácido nítrico necessária para obter 510 gramas de sal.

Resolução: Item a) Equação química: $HNO_{3(aquoso)} + NaOH_{(aquoso)} \rightarrow NaNO_{3(aquoso)} + H_2O_{(líquido)}$

Item b) Cálculo da massa de hidróxido de sódio pura: m_{NaOH} = 4,0 x 8,0 = 32,0 g. Cálculo da massa de nitrato de sódio:
1 mol de $NaOH_{(aq)}$ ----------- 1 mol de $NaNO_{3(aq)}$
40 g de NaOH ---------------- 85,0 g de $NaNO_3$
3,20 g de NaOH ------------- m_{NaNO3}
m_{NaNO3} = 6,80 g

Item c) Cálculo do grau de pureza do nitrato de sódio (%): m_{NaOH} = 40 g x 0,80 = 32,0 g

Cálculo da massa de nitrato de sódio: $m_{NaNO3(puro)}$ = 400 g – 20 g = 380 g

Cálculo da pureza: $(\%)_{\text{puro}} = \frac{380\text{ g}}{400\text{ g}} = 0{,}95\ (95\%)$

Item d) Equação química: $HNO_{3(aquoso)} + NaOH_{(aquoso)} \rightarrow NaNO_{3(aquoso)} + H_2O_{(líquido)}$

1 mol de $HNO_{3(aq)}$ -------------- 1 mol de $NaNO_{3(aq)}$
63 g de $HNO_{3(aq)}$ ----------------- 85 g de $NaNO_{3(aq)}$
Massa $_{HNO3}$ ------------------------ 510 g de $NaNO_{3(aq)}$
Massa $_{HNO3}$ = 378 g

Cálculo do número de mol: $n_{HNO_3} = \frac{m_{HNO_3}}{<MM>_{HNO_3}} = \frac{378}{63} = 5{,}56\text{ mol}$

Questão 66

A reação de 124 gramas de fósforo branco com uma solução de ácido nítrico gera óxido nítrico e 98 gramas de ácido fosfórico. Sabendo que o rendimento da reação é de 100%, determine o grau de pureza do fósforo.

Resolução: Equação química: $20HNO_3 + 3P_4 + 8H_2O \rightarrow 20NO + 12H_3PO_4$.

Cálculo do grau de pureza (P) do fósforo branco:

3 mol de P_4 -------------------------- 12 mol de H_3PO_4
3 mol x 124 g.mol^{-1} ---------------- 12 mol x 98 g.mol^{-1}
(p x 124 g) --------------------------- 98 g de ácido fosfórico
Pureza (p) = 0,25 (25%)

Questão 67

Determine o volume de cloro obtido, a 27,0°C e 738 mmHg, pela ação de excesso de ácido clorídrico concentrado sobre 30,7 gramas de pirolusita com 85,0% em peso de MnO_2. Considere o cloro com comportamento ideal.

Resolução: Equação química de formação do cloro gasoso: $MnO_2 + 4HCl \rightarrow MnCl_2 + 2H_2O + Cl_2$

$$1 \text{ mol} ------ 87 \text{ g}$$

$$30,7 \text{ x} \frac{85}{100} ---- \text{n}$$

n_{Cl2} = 0,30 mol

Cálculo do volume de gás cloro, a partir da aplicação da equação dos gases ideais:

$$V = \frac{0,30 \text{ x } 0,08206 \text{ x } 300}{\left(\frac{738}{760}\right)} = 7,60 \text{ L}$$

Questão 68

Em muitas transformações químicas há liberação de um gás, e nesses casos as determinações quantitativas têm de ser efetuadas com mais cuidado. Analise os exemplos seguintes:
1. O carbonato de cálcio reage com ácido clorídrico liberando dióxido de carbono.
a) Escreva a equação química, devidamente acertada, que traduz a transformação.
b) Calcule a massa de CO_2 que venha a ser produzida por reação de 15,0 g de $CaCO_3$ com uma solução aquosa contendo 4,5 g de HCl.
c) Calcule o rendimento da reação se forem obtidas 1,8 g de CO_2 nas condições da reação descritas na linha b).

Resolução: Equação química: $CaCO_{3(sólido)} + 2HCl_{(aquoso)} \rightarrow CaCl_{2(aquoso)} + H_2O_{(líquido)} + CO_{2(gás)}$

Item a) Para a determinação da massa de dióxido de carbono, será necessário primeiramente determinar o número de mol para cada reagente químico:

$$n_{CaCO_3} = \frac{m_{CaCO_3}}{< MM >_{CaCO_3}} = \frac{15,0}{100} = 0,15 \text{ mol (reagente em excesso)}$$

$$n_{HCl} = \frac{m_{HCl}}{< MM >_{HCl}} = \frac{4,5}{36,5} = \frac{0,123}{2} = 0,0616 \text{ mol (reagente limitante)}$$

Através da equação química apresentada temos a seguinte relação estequiométrica.
2 mol de $HCl_{(aq)}$ ----------- 1 mol de $CO_{2(g)}$
73 g -------------------------- 44 g
4,5 g ------------------------- m_{CO2}
m_{CO2} = 2,71 g

Item b) Através da equação química apresentada, temos:
2 mol de $HCl_{(aq)}$ ---------- 1 mol de $CO_{2(g)}$
73 g ------------------------- 44 g x Rendimento
4,5 g ------------------------ 1,8 g

$$\text{Rendimento} = \frac{127,8}{198} = 0,664 \text{ (66,4\%)}$$

Questão 69

No processo de Mond de purificação do níquel, o metal impuro é tratado com CO, segundo a equação: Ni $\xrightarrow{CO}$ $Ni(CO)_4$. Determine o volume de CO medido nas CNTP, necessário para purificar 0,500 gramas de níquel contendo 25% de impurezas.

Resolução: Equação química: $Ni_{(sólido)} + 4CO_{(gás)} \longrightarrow Ni(CO)_4$

Cálculo do volume de monóxido de carbono medido nas CNTP:
1 mol de $Ni_{(s)}$ ------------ 4 mol de $CO_{(g)}$
58,7 g de $Ni_{(s)}$ ----------- 4 mol de CO x 22,4 $L.mol^{-1}$
0,500 g x 0,75 ---------- V_{CO}
V_{CO} = 0,572 L de CO

Questão 70

Determine o menor volume de solução de ácido clorídrico 0,250 $mol.L^{-1}$ necessário para dissolver completamente 13,50 gramas de alumínio metálico granulado.

Resolução: Equação química: $Al_{(sólido)} + 3\ HCl_{(aquoso)} \longrightarrow AlCl_{3(aquoso)} + 3/2\ H_{2(gás)}$

Relação estequiométrica entre o alumínio metálico e a solução aquosa de ácido clorídrico:
1 mol de Al ------ 3 mol de HCl
n_{Al} ------------------ n_{HCl}
3 x $n_{Al} = n_{HCl}$

Cálculo do volume de ácido: $3\ x \frac{\text{massa}}{<MM>_{Al}} = [Al]\ x\ V_{\text{solução}}$

$$3\ x \frac{13,50}{27,0} = 0,25\ x\ V_{\text{solução}}$$

$$V_{\text{solução}} = 6,0\ L$$

Questão 71

Deseja-se preparar 57 gramas de sulfato de alumínio $Al_2(SO_4)_3$ a partir de alumínio sólido (Al), praticamente puro, e ácido sulfúrico. O ácido sulfúrico disponível é uma solução aquosa 96% (m/m), com massa específica de 1,84 $g.cm^{-3}$.

a) Qual a massa, em gramas, de alumínio necessária para preparar a quantidade de $Al_2(SO_4)_3$ especificada? Mostre os cálculos realizados.

b) Qual a massa, em gramas, de ácido sulfúrico necessária para preparar a quantidade de $Al_2(SO_4)_3$ especificada? Mostre os cálculos realizados.

c) Nas condições normais de temperatura e pressão (CNTP), qual é o volume, em litros, de gás formado durante a preparação da quantidade de $Al_2(SO_4)_3$ especificada? Mostre os cálculos realizados.

d) Caso a quantidade especificada de $Al_2(SO_4)_3$ seja dissolvida em água acidulada, formando 1 litro de solução, qual a concentração de íons Al^{+3} e de íons SO_4^{-2} existentes nesta solução?

Resolução:

Item a) Cálculo da massa de alumínio (m_{Al}): $2Al_{(sólido)} + 3H_2SO_{4(aquoso)} \longrightarrow Al_2(SO_4)_{3(aquoso)} + 3H_{2(gás)}$
2 mol de $Al_{(s)}$ -------------------- 1 mol de $Al_2(SO_4)_{3(aq)}$
2 mol x (27 $g.mol^{-1}$) ----------- 1 mol x (342 $g.mol^{-1}$)
m_{Al} ---------------------------------- 57 g
Massa de alumínio = 9,0 g

Item b) Cálculo da massa de ácido sulfúrico (m_{H2SO4}):
3 mol de $H_2SO_{4(aq)}$ ------------------ 1 mol de $Al_2(SO_4)_{3(aq)}$
3 mol. (98 $g.mol^{-1}$) ------------------ 1 mol. (342 $g.mol^{-1}$)

m_{H2SO4} ---------------------------------- 57 g
m_{H2SO4} = 49,0 g

Item c) Cálculo do volume de gás formado (V_{H2}):
1 mol de $Al_2(SO_4)_{3(aq)}$ ---------------- 3 mol de $H_{2\,(g)}$
1 mol. (342 g.mol^{-1}) ------------------ 3 mol. (22,4 L.mol^{-1})
57 g -------------------------------------- V_{H2}
V_{H2} = 11,2 L

Item d) Cálculo da concentração da quantidade de matéria do sulfato de alumínio: $[Al_2(SO_4)_3] = \frac{n_{Al_2(SO_4)_3}}{V_{solução}} = \frac{57}{342} = 0{,}167\ mol.L^{-1}$

Equação química: $Al_2(SO_4)_{3(aquoso)} \longrightarrow 2Al^{+3}_{(aquoso)} + 3(SO_4)^{-3}_{(aquoso)}$

Cálculo da concentração da quantidade de matéria dos íons:
1 mol de $Al_2(SO_4)_{3(aq)}$ -------- 2 mol de $Al^{+3}_{(aq)}$ --------- 3 mol de SO_4^{-3}
0,167 mol.L^{-1} ------------------- $[Al^{+3}]$ ----------------------- $[SO_4^{-3}]$
$[Al^{+3}]$ = 0,333 mol.L^{-1}
$[SO_4^{-3}]$ = 0,501 mol.L^{-1}

Questão 72

Calcule a massa de hidróxido de sódio que deve ser dissolvida em 0,500 mL de água para que a solução resultante tenha um pH≈12 a 25°C.

Resolução: Cálculo do potencial hidroxiliônico, a 25°C: pH + pOH = 14
12 + pOH = 14
pOH = 2

Cálculo da concentração hidroxiliônica $[OH^-]$: pOH = - log$[OH^-]$
- log$[OH^-]$ = 2
$[OH^-]$ = 0,010 mol.L^{-1}

Equação química de dissociação do hidróxido de potássio: $KOH_{(aquoso)} \longrightarrow K^+_{(aquoso)} + OH^-_{(aquoso)}$
1 mol de $NaOH_{(aq)}$ ------ 1 mol de $Na^+_{(aq)}$ ----------- 1 mol de $OH^-_{(aq)}$
[NaOH] -------------------- 1 mol de $Na^+_{(aq)}$ ------------ 10^{-2} mol.L^{-1}
[NaOH] = 10^{-2} mol.L^{-1}

Cálculo da massa de KOH, a partir da concentração da quantidade de matéria: $m_{NaOH} = 0{,}010 \times 40 \times 0{,}50 \times 10^{-3} = 0{,}00020\ g$

Questão 73

3,64 gramas de fosfeto de cálcio foram adicionados a uma certa quantidade de água. Após a reação completa, todo o produto gasoso formado foi recolhido em um recipiente de 8,2 ml. Calcule o valor numérico da pressão, em atm, exercida pelo produto gasoso a 27°C.

Resolução: Pela proporção estequiométrica, 1 mol de fosfeto de cálcio produz 2 mol de fosfina.
Cálculo do número de mol de fosfeto de cálcio: $n = \frac{3{,}64}{182} = 0{,}02\ mol$
Equação química: $Ca_3P_2 + 6H_2O \longrightarrow 3Ca(OH)_2 + 2PH_3$
1 mol de Ca_3P_2 -------- 2 mol de PH_3
n_{Ca3P2} --------------------- n_{PH3}
2 x n_{Ca3P2} = n_{PH3}
2 x 0,02 = n_{PH3}
n_{PH3} = 0,04 mol

Através da equação dos gases ideais, temos: $p = \frac{0{,}04 \text{ x } 0{,}08206 \text{ x } 300}{8{,}20 \text{ x } 10^{-3}} = 120{,}1 \text{ atm}$

Questão 74

Qual é o volume, em mililitros, de uma solução de permanganato de potássio com concentração da quantidade de substância igual a 0,10 mol x L^{-1}, necessário para reagir completamente com 0,010 mol do íon oxalato, segundo a seguinte equação iônica não balanceada: $MnO^{-}_{4(aq)} + C_2O^{-2}_{4(aq)} + H_2O^{+}_{(aq)} \rightarrow Mn^{+2}_{(aq)} + CO_{2(g)} + H_2O_{(l)}$.

a) 50
b) 10
c) 20
d) 30
e) 40

Resolução: Alternativa E.

Realizando o balanceamento estequiométrico pelo método redox, ou seja, redução-oxidação, em que o íon permanganato é o agente oxidante enquanto o íon oxalato se refere ao agente redutor.

$2MnO^{-}_{4(aquoso)} + 5C_2O^{-2}_{4(aquoso)} + 16H_2O^{+}_{(aquoso)} \rightarrow 2Mn^{+2}_{(aquoso)} + 10CO_{2(gás)} + 24H_2O_{(líquido)}$.

A partir da relação estequiométrica apresentada pela equação química, temos:

2 mol de íon permanganato --------- 5 mol de íon oxalato
$n_{permanganato}$ -------------------------------- $n_{oxalato}$
2 x $n_{oxalato}$ = 5 x $n_{permanganato}$
2 x 0,010 = 5 x 0,10 x Volume
Volume = 40,0 x 10^{-3} L (40 mL)

Questão 75

(GRILLO) Foram tratados 16 gramas de uma soda comercial, composta basicamente por carbonato de sódio e ácido clorídrico. Após um determinado tempo, houve liberação de um determinado gás que, medido na pressão de 1,5 atm, preencheu um determinado recipiente de 2,2 litros na temperatura de 27ºC. Qual o grau de pureza da soda?

Resolução: Cálculo do número de mol de dióxido de carbono, a partir da equação dos gases ideais: $n_{CO_2} = \frac{1{,}50 \text{ x } 2{,}20}{0{,}08206 \text{ x } (27+273)} = 0{,}134 \text{ mol}$
Cálculo da massa do número de massa de dióxido de carbono: $m_{CO2} = n_{CO2} \text{ x } \langle MM \rangle_{CO2}$
m_{CO2} = 0,134 x 44 = 5,90 g

Cálculo da massa de soda comercial: $2HCl + Na_2CO_3 \rightarrow 2NaCl + H_2O + CO_2$
1 mol de Na_2CO_3 --------------------- 1 mol de CO_2
106 gramas de Na_2CO_3 ------------ 44 gramas de CO_2
m_{Na2CO3} ---------------------------------- 5,90 gramas de CO_2
m_{Na2CO3} = 14,21 g

Cálculo do grau percentual de pureza da soda comercial: $\%_{Na_2CO_3} = \frac{14{,}21 \text{ g}}{16 \text{ g}} = 0{,}8888 \ (88{,}88\%)$

Questão 76

(GRILLO) Considere a seguinte reação de produção de ácido sulfúrico e monóxido de nitrogênio a partir do ácido nítrico, conforme pode ser observado pela equação química não balanceada: $As_2S_3 + HNO_3 + H_2O \rightarrow H_2SO_4 + H_3AsO_4 + NO$. Partindo de 1000 gramas de ácido nítrico, calcule a massa de ácido sulfúrico produzido e o volume de NO nas CNTP.

Resolução: O balanceamento desta reação deverá ser feito pelo método redox: $3As_2S_3 + 28HNO_3 + 4H_2O \rightarrow 9H_2SO_4 + 6H_3AsO_4 + 28NO$
Dados do problema: Massa de HNO_3 = 1000 g; Massa de H_2SO_4 = ? e Volume de NO nas CNTP = ?

Cálculo da massa de H_2SO_4: $3As_2S_3 + 28HNO_3 + 4H_2O \rightarrow 9H_2SO_4 + 6H_3AsO_4 + 28NO$
28 mol de HNO_3 ---------- 9 mol de H_2SO_4
28 x 63 g ------------------- 9 x 98 g
1000 g --------------------- m_{H2SO4}
m_{H2SO4} = 500 g

Cálculo do volume de NO nas CNTP: $3As_2S_3 + 28HNO_3 + 4H_2O \rightarrow 9H_2SO_4 + 6H_3AsO_4 + 28\ NO$
28 mol de HNO_3 ---------------------- 28 x 22,4 L de NO
(1000/63) ------------------------------- V_{NO}
V_{NO} = 355,55 L

Questão 77

O cloreto de hidrogênio é um gás tóxico, que pode ser fabricado por meio da reação entre os gases hidrogênio e cloro. Quando dissolvido em água, recebe o nome de ácido clorídrico. Soluções aquosas de cloreto de hidrogênio, razoavelmente impuras, são vendidas comercialmente com o nome de ácido muriático e são frequentemente usadas para limpeza de pisos e paredes. Soluções de ácido muriático podem ser neutralizadas por cal hidratada ou por soda cáustica. Baseado no texto acima faça as reações:
a) De obtenção do cloreto de hidrogênio.
b) Da dissolução do cloreto de hidrogênio em água.
c) Das duas reações de neutralização do ácido muriático.

Resolução:

Item a) Equação química para a obtenção do cloreto de hidrogênio: $H_{2(g)} + Cl_{2(g)} \rightarrow 2HCl_{(g)}$

Item b) Equação de dissolução do cloreto de hidrogênio: $HCl + H_2O \rightarrow Cl^- + H_3O^+$

Item c)
Primeira equação de que envolve o processo de neutralização: $2HCl + Ca(OH)_2 \rightarrow CaCl_2 + 2H_2O$
Segunda equação química que envolve o processo de neutralização: $HCl + NaOH \rightarrow NaCl + H_2O$

Questão 78

Quantos mL de solução 0,200 mol.L^{-1} de ácido sulfúrico são necessários para neutralizar 0,200 gramas de hidróxido de magnésio?

Resolução: Equação química: $H_2SO_{4(aquoso)} + Mg(OH)_{2(aquoso)} \rightarrow MgSO_{4(aquoso)} + H_2O_{(líquido)}$
1 mol de H_2SO_4 --------- 1 mol de $Ca(OH)_2$
n_{H2SO4} ---------------------- $n_{Mg(OH)2}$

$$[H_2SO_4] \text{ x } V_{\text{solução}} = \frac{m_{Mg(OH)_2}}{< MM >_{Mg(OH)_2}}$$

$$0{,}200 \text{ x } V_{\text{solução}} = \frac{0{,}200}{58}$$

$$V_{\text{solução}} = 0{,}01724 \text{ L } (17{,}24 \text{ mL})$$

Questão 79

Uma amostra de hidróxido de cálcio impuro, pesando 2,00 gramas, foi neutralizada por 50,0 mL de ácido sulfúrico 0,500 mol.L^{-1}. Qual a pureza da amostra?

Resolução: Equação química: $H_2SO_{4(aquoso)} + Ca(OH)_{2(aquoso)} \rightarrow CaSO_{4(aquoso)} + H_2O_{(líquido)}$

1 mol de H_2SO_4 -------- 1 mol de $Ca(OH)_2$
n_{H2SO4} ---------------------- $n_{Ca(OH)2}$

$$[H_2SO_4] \text{ x } V_{\text{solução}} = \frac{m_{Ca(OH)_2}}{< MM >_{Ca(OH)_2}}$$

$$0{,}500 \times 50 \times 10^{-3} = \frac{m_{Ca(OH)_2}}{74}$$

$$m_{Ca(OH)_2} = 0{,}500 \times 50 \times 10^{-3} \times 74 = 1{,}85\ g$$

Cálculo da pureza de hidróxido de cálcio (%): $\%_{Ca(OH)_2} = \frac{1{,}85\ g}{2{,}0\ g} = 0{,}925\ (92{,}50\ \%)$

Questão 80

Indique as funções orgânicas oxigenadas e calcule a percentagem de carbono contida em uma molécula de aspartame?

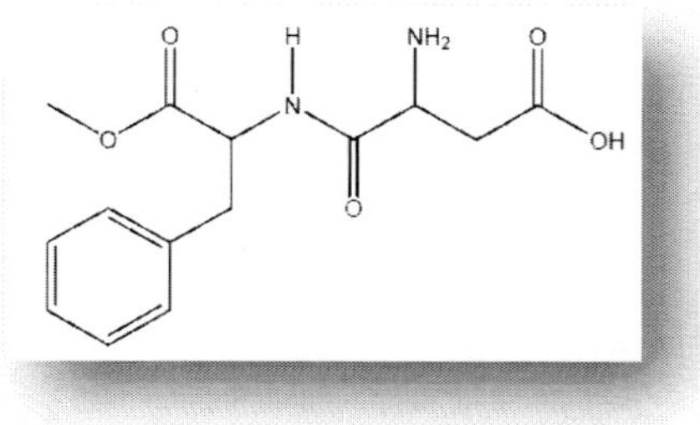

Resolução: Identificação das funções orgânicas oxigenadas: Através da figura abaixo, estão identificadas através de círculos, as funções orgânicas.

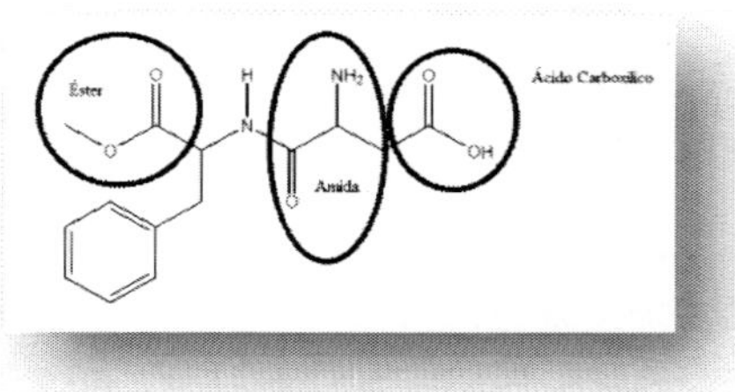

Cálculo do percentual de carbono na molécula de aspartame ($C_{14}H_{18}O_5N_2$; 292 g,mol[-1])
292 g,mol[-1] ---------- 100%
168 g,mol[-1] ---------- $(\%)_C$
$(\%)_C$ = 57,53%

Questão 81

A reação química que ocorre entre a glicose e o oxigênio produz dióxido de carbono e água. A equação química que descreve esta reação é representada por: $C_6H_{12}O_{6(sólido)} + O_{2(gás)} \longrightarrow CO_{2(gás)} + H_2O_{(líquido)}$.

a) Após o balanceamento da equação química, calcule a massa de oxigênio necessária para reagir completamente com 25,0 gramas de glicose.

b) Calcule as massas de CO_2 e H_2O formados quando 2,50 mol de glicose reagem completamente com uma quantidade suficiente de oxigênio disponível no meio reacional.

Resolução: Item a) Cálculo da massa de oxigênio: $C_6H_{12}O_{6(sólido)} + 6O_{2(gás)} \longrightarrow 6CO_{2(gás)} + 6H_2O_{(líquido)}$

1 mol de $C_6H_{12}O_{6(s)}$ ------------------- 6 mol de $O_{2(g)}$
180 gramas ---------------------------- (6 x 32) gramas
25,0 gramas --------------------------- m_{O2}
$m_{O2} = \frac{4800}{180} = 26{,}67\ g\ de\ O_2$

Item b) Cálculo do número de mol de CO_2 e H_2O:
1 mol de $C_6H_{12}O_{6(s)}$ --------------- 6 mol de $CO_{2(g)}$ ---------- 6 mol de $H_2O_{(l)}$
2,50 mol de $C_6H_{12}O_{6(s)}$ ----------- n_{CO2} ------------------------ n_{H2O}

n_{CO2} = 15,00 mol e n_{H2O} = 15,00 mol

Cálculo da massa de cada produto:

Dióxido de carbono: $m_{CO_2} = n_{CO_2} \text{ x } < MM >_{CO_2} = 15{,}0 \text{ x } 44{,}0 = 660 \text{ g}$

Água: $m_{H_2O} = n_{H_2O} \text{ x } < MM >_{H_2O} = 15{,}00 \text{ x } 18{,}00 = 270{,}0 \text{ g}$

Questão 82

(GRILLO) Determine o volume de ar, nas CNTP, que fornece o oxigênio necessário à combustão não catalisada de 15 mol de amônia.

Resolução: Cálculo do número de mol de gás nitrogênio, considerando que o ar apresenta em sua composição – 20% de Oxigênio e 80% de nitrogênio:
5/2 mol de $O_{2(g)}$ --------- 20%
n_{N2} -------------------------- 80%
n_{N2} = 10 mol de $N_{2(g)}$

Equação química com a presença do gás nitrogênio: $2NH_{3(gás)} + 5/2O_{2(gás)} + 10N_{2(gás)} \longrightarrow 2NO_{(gás)} + 3H_2O_{(gás)} + 10N_{2(gás)}$.

Cálculo do volume de ar atmosférico:
2 mol de $NH_{3(g)}$ ------------ 12,5 mol de ar
15 mol de $NH_{3(g)}$ ---------- n_{ar}
n_{ar} = 93,75 mol

Cálculo do volume de ar, nas CNTP: $V_{ar} = n_{ar} \text{ x } (22{,}4 \text{ L.mol}^{-1}) = 93{,}75 \text{ x } 22{,}4 = 2100 \text{ L}$

Questão 83

Quando relâmpagos ocorrem na atmosfera, energia suficiente é fornecida para a iniciação da reação de nitrogênio com oxigênio, gerando monóxido de nitrogênio, o qual, em seguida, interage com oxigênio, gerando dióxido de nitrogênio, um dos responsáveis pela acidez de chuvas.
a) Escreva a equação química, balanceada, de cada uma das três transformações mencionadas no enunciado.
b) Descreva o método industrial utilizado para obter ácido nítrico. De sua descrição deve constar a matéria-prima utilizada, as equações químicas balanceadas para reações que ocorrem durante cada etapa do processo e a concentração (em % m/m) do ácido vendido comercialmente.
c) Cite três aplicações para o ácido nítrico.

Resolução:
Item a) Equações químicas:
$N_{2(gás)} + O_{2(gás)} \longrightarrow 2NO_{(gás)}$
$2\ NO_{(gás)} + O_{2(gás)} \longrightarrow 2NO_{2(gás)}$
$2\ NO_{2(gás)} + H_2O_{(líquido)} \longrightarrow HNO_{2(aquoso)} + HNO_{3(aquoso)}$
$3\ NO_{2(g)} + H_2O_{(líquido)} \longrightarrow 2\ HNO_{3(aquoso)} + NO_{(gás)}$

Item b)
Matérias-primas: Amônia (NH_3), ar atmosférico, oxigênio (O_2), água (H_2O) e platina (Pt).
Etapa I: $4NH_{3(gás)} + 5O_{2(gás)} \longrightarrow 4NO_{(gás)} + 6H_2O_{(gás)}$
Etapa II: $2NO_{(gás)} + O_{2(gás)} \longrightarrow 2NO_{2(gás)}$
Etapa III: $3NO_{2(gás)} + H_2O_{(líquido)} \longrightarrow 2HNO_{3(aquoso)} + NO_{(gás)}$

Item c) Fertilizantes, corantes e nylon.

Questão 84

Descreva um método de preparação do ácido nítrico economicamente viável e utilizado pelas indústrias químicas modernas para a produção em grande escala. Utilize equações balanceadas para representar as reações químicas que ocorrem com o emprego do método proposto.

Resolução: As equações químicas estão apresentadas a seguir:

$2NH_{3(gás)} + 5/2O_{2(gás)} \longrightarrow 2NO_{(gás)} + 3H_2O_{(gás)}$

$5NO_{(gás)} + ½O_{2(gás)} \longrightarrow NO_{2(gás)}$

$3NO_{2(gás)} + H_2O_{(líquido)} \longrightarrow 2HNO_{3(aquoso)} + NO_{(gás)}$

Questão 85

Nem todos os hidretos covalentes podem ser obtidos por meio de processos exotérmicos, e muitos deles devem ser obtidos por outros métodos, tal como a protonação de uma base de Brønsted. Desta forma, o PH_3 pode ser sintetizado segundo a equação seguinte: $Ca_3P_2 + 3H_2SO_4 \rightarrow 2PH_3 + 3CaSO_4$

a) Escreva os nomes, segundo a IUPAC, das espécies seguintes: PH_3 e H_2SO_4.

b) Sabendo que o rendimento deste processo é de 80,00%, qual a massa de Ca_3P_2 , com 90,00% de pureza, é necessária para preparar 20,0 g de PH_3?

c) Sabendo que o rendimento deste processo é de 80%, qual o volume de solução de H_2SO_4 de concentração 2,00 mol/L será necessário para preparar 20,0 g de PH_3?

d) No laboratório, você dispõe de H_2SO_4 comercial com 98,08% de pureza e densidade 1,84 g/mL. Que volume de H_2SO_4 comercial será necessário para preparar o volume da solução 2,00 mol/L calculado no item anterior.

Resolução:

Item a) $PH_3 \longrightarrow$ Hidreto de fósforo ou também conhecido como fosfina; $H_2SO_4 \longrightarrow$ Ácido sulfúrico.

Item b) Cálculo da massa de fosfeto de cálcio (Ca_3P_2): $Ca_3P_2 + 3H_2SO_4 \rightarrow 2PH_3 + 3CaSO_4$

1 mol de Ca_3P_2 ------------------ 2 mol de PH_3

182 g de Ca_3P_2 ------------------ 68 g de PH_3 x (0,80)

0,90 x m_{Ca3P2} --------------------- 20 g de PH_3

m_{Ca3P2} = 74,35 g

Item c) $Ca_3P_2 + 3\ H_2SO_4 \rightarrow 2PH_3 + 3\ CaSO_4$

3 mol de H_2SO_4 ---------------- 2 mol de PH_3 x 0,80

n_{H2SO4} ----------------------------- n_{PH3}

$1,60 \times n_{H2SO4} = 3 \times n_{PH3}$

$1,60 \times [H_2SO_4] \times V_{solução} = 3 \times [m_{PH3} / <MM>]$

$1,60 \times 2,0 \times V_{solução} = 3 \times [20,0 / 34]$

$V_{solução}$ = 0,551 L

Item d) O volume calculado de ácido sulfúrico no item (c) é igual a 0,551 litros, para uma concentração de quantidade de matéria igual a 2,00 mol.L^{-1}. Informações do problema: 98,08 g de H_2SO_4 para cada 100 g de solução e 1,84 g de solução para cada 1 mL de solução

Cálculo do volume de solução:

1,84 g de solução --------- 1 mL de solução

100 g de solução ---------- $V_{solução}$

$V_{solução}$ = 54,35 mL (54,35 x 10^{-3} L)

Cálculo da concentração da quantidade de matéria da H_2SO_4:

$$[H_2SO_4] = \frac{m_{H_2SO_4}}{< MM >_{H_2SO_4} \text{ x } V_{solução}} = \frac{98{,}08}{98 \text{ x } 54{,}35 \text{ x} 10^{-3}} = 18{,}41 \text{ mol. L}^{-1}$$

Cálculo do volume de ácido sulfúrico para uma concentração da quantidade de matéria correspondente a 18,41 mol.L^{-1}:

$$[H_2SO_4] \text{ x } V_{solução} = 2 \text{ x } 0{,}551$$
$$18{,}41 \text{ x } V_{solução} = 2 \text{ x } 0{,}551$$
$$V_{solução} = 5{,}98 \text{ x } 10^{-2} \text{ L}$$

Questão 86

Escreva a equação química, representativa, da preparação do cloro, em laboratório, figurando entre os reagentes as substâncias H_2SO_4 e MnO_2.

Resolução: Equação química: $2H_2SO_4 + 2NaCl + MnO_2 \rightarrow MnSO_4 + NaSO_4 + Cl_2 + 2H_2O$.

Questão 87

Escreva as reações correspondentes à fabricação do ácido sulfúrico, pelo processo de contato, a partir da pirita.

Resolução: As equações químicas que correspondem a produção de ácido sulfúrico estão apresentadas a seguir:

$2 FeS_2 + 11/2 O_2 \rightarrow Fe_2O_3 + 4 SO_2$
$SO_2 + ½ O_2 \rightarrow SO_3$
$SO_3 + H_2O \rightarrow H_2SO_4$

Questão 88

Explique o que se entende por chuva ácida. Quais são as causas desse problema? Quais as formas de controlá-lo?

Resolução: Nos grandes centros metropolitanos, onde o tráfego é muito intenso, o ar é poluído, particularmente, com CO, SO_2, óxidos de nitrogênio etc. O SO_2 na atmosfera se oxida a SO_3, que reagindo com a água produz H_2SO_4:
$SO_2 + 1/2SO_2 \rightarrow SO_3$
$SO_3 + H_2O \rightarrow H_2SO_4$

Os óxidos de nitrogênio NO e NO_2 formam o ácido nítrico (HNO_3):
$2NO + O_2 \rightarrow 2NO_2$
$3NO_2 + H_2O \rightarrow 2HNO_3 + NO$

Esses ácidos na água da chuva é que correspondem à chuva ácida.
Esses ácidos ocorrem também na atmosfera de regiões fabris, como consequência de despejos gasosos industriais.

As chuvas ácidas atacam a vegetação, tornam o solo ácido e causam sérios danos à Agricultura. Os monumentos de mármore também são danificados, conforme as equações:
$H_2SO_4 + CaCO_{3(mármore)} \rightarrow CaSO_4 + H_2O + CO_2$
$2NHO_3 + CaCO_3 \rightarrow Ca(NO_3)_2 + H_2O + CO_2$

A forma de controlar o problema é utilizar nas indústrias equipamentos especiais para eliminar os poluentes, como precipitador Cotrell nas chaminés. Atualmente os automóveis têm catalisadores que atuam sobre os gases da descarga, acelerando a transformação dos óxidos de nitrogênio em N_2 e do CO em CO_2.

Questão 89

Foram misturados 40 gramas de hidrogênio (H_2) com 40 gramas de oxigênio (O_2), com a finalidade de produzir água, segundo a equação $H_{2(g)} + O_{2(g)} \rightarrow H_2O_{(g)}$. Determine:
a) o reagente limitante;
b) a massa do produto formado;
c) a massa do reagente em excesso.

Resolução: Item a) Equação química: $H_{2(gás)} + ½ O_{2(gás)} \rightarrow H_2O_{(gás)}$

Cálculo do número de mol de H_2: $n_{H_2} = \frac{m_{H_2}}{<MM>_{H_2}} = \frac{40}{2} = 20 \text{ mol}$

Cálculo do número de mol de O_2: $n_{O_2} = \frac{m_{O_2}}{<MM>_{O_2}} = \frac{40}{32} = 1,25 \text{ mol}$

1/2 mol de O_2 ------------------ 1,25 mol
n_{O2} -------------------------------- 1,0 mol
n_{O2} = 2,50 mol

Reagente limitante: $O_{2(g)}$ e reagente em excesso: $H_{2(g)}$

Item b) Cálculo da massa de água formada:
½ mol de O_2 ---------------- 1 mol de H_2O
(½ x 32)g de O_2 ----------- (1 x 18) g de H_2O
40g de O_2 ------------------- Massa
Massa = 45 g

Item c) Quantidade que sobra de gás hidrogênio, H_2:
1 mol de H_2 ------------------ 1/2 mol de O_2
2,0 g --------------------------- ½ x 32 g
Massa ------------------------- 40,0 g
Massa = 5,00 g (reagiu)

Não reagido (Sobra) = 40,00 – 5,00 = 35,0 g

Questão 90

Uma fonte de vanádio é o mineral vanadinita, cuja fórmula é $Pb_5(VO_4)_3Cl$. Determine:
a) a porcentagem em massa de vanádio nesse mineral;
b) a massa em gramas de vanádio numa amostra que contém 2,4 x 10^{24} átomos de cloro.

Resolução: Sendo a fórmula molecular da vanadinita $Pb_5(VO_4)_3Cl$, será necessário o cálculo da sua massa molecular:

Item a) Massa molar da vanadinita: $<MM>_{vanadinita}$ = 1415,5 g.mol^{-1}

$$(\%)_V = \left(\frac{< MM >_{vanádio}}{< MM >_{vanadinita}}\right) x\ 100 = \left(\frac{51,0 \text{ x } 3}{1415,5}\right) x\ 100 = 0,1081\ (10,81\%)$$

Item b) 1 molécula ------ 1 átomo de Cl ⟶ número de mol de $Pb_5(VO_4)_3Cl$ = nº de mol Cl

1 mol ---------- 6,02 x 10^{23} átomos
n_{Cl} -------------- 2,40 x 10^{24} átomos
n_{Cl} = 3,99 mol de átomos de cloro

1 molécula de vanadinita apresenta 3 átomos de Vanádio
1 molécula de vanadinita apresenta 1 átomo de cloro

Conclusão: $n_{vanádio} = \frac{m_{vanádio}}{<MM>_{vanádio}} = 3 \text{ x } n_{cloro}$

$$m_{vanádio} = 3 \text{ x } n_{cloro} \text{ x } < MM >_{vanádio} = 3 \text{ x } 3,99 \text{ x } 51 = 610,47 \text{ g}$$

Questão 91

(GRILLO) Calcule o volume de ar a 27°C e pressão de 850 mm Hg, necessário para a ustulação de 400 g de pirita com 90% de pureza, cuja equação química não balanceada é a seguinte: $FeS_2 + O_2 \longrightarrow Fe_2O_3 + SO_2$.

Resolução: Equação química: $4FeS_{2(sólido)} + 11O_{2(gás)} \longrightarrow 2Fe_2O_{3(sólido)} + 8SO_{2(gás)}$

Considerando que o ar apresenta composição igual a 21% de oxigênio e 79% de gás nitrogênio, temos:

11 mol de $O_{2(g)}$ -------- 21%
n_{N2} ------------------------ 79%
n_{N2} = 41,38 mol de $N_{2(g)}$

Equação química com a presença de gás nitrogênio: $4FeS_{2(sólido)} + 11O_{2(gás)} + 41,38N_{2(gás)} \rightarrow 2Fe_2O_{3(sólido)} + 8SO_{2(gás)} + 41,38N_{2(gás)}$.
Número de mol de ar = 11 mol de O_2 + 41,38 mol de N_2 = 52,38 mol de ar.
Cálculo do número de mol de ar:

4 mol de FeS_2 -------------------- 52,38 mol de ar
$\left(\frac{400 \times 0,90}{120}\right)$ mol de FeS_2 ------- n_{ar}
n_{ar} = 39,28 mol de ar

Cálculo do volume de ar, considerando comportamento ideal: $V_{ar} = \frac{39,28 \times 0,08206 \times (27+273)}{\left(\frac{850}{760}\right)} = 864,61$ L

Questão 92

O sulfato de alumínio é o mais tradicional agente coagulante usado no tratamento de água para consumo humano. É empregado na etapa de clarificação, onde provoca a aglutinação da matéria em suspensão, formando flocos que ganham em densidade e sedimentam-se. Pode ser obtido pela reação entre cloreto de alumínio e ácido sulfúrico.
a) Faça a reação balanceada de obtenção desse composto.
b) Partindo-se de 534 gramas de sal, com 75% de pureza, calcular a massa de sulfato de alumínio obtida, considerando rendimento de 90%.
c) Calcule a quantidade de matéria do enxofre existente em 855 gramas de sulfato de alumínio puro.
d) Faça a reação balanceada de obtenção do sulfato de alumínio, substituindo o sal de alumínio por sua respectiva base.

Resolução:

Item a) Equação química de formação do sulfato de alumínio: $2AlCl_3 + 3H_2SO_4 \rightarrow Al_2(SO_4)_3 + 6HCl$
Item b) Massa de sal puro de cloreto de alumínio = 534 g x 0,75 = 400,50 g

$2 AlCl_3 + 3 H_2SO_4 \rightarrow Al_2(SO_4)_3 + 6 HCl$
2 mol de $AlCl_3$ --------------- 1 mol de $Al_2(SO_4)_3$
267 gramas ------------------ 342 gramas x (0,90)
400,50 gramas -------------- $m_{Al2(SO4)3}$
$m_{Al2(SO4)3}$ = 461,70 g

Item c) Cálculo do número de mol de enxofre:
342 g ---------- 3 mol de átomos de S
855 g ---------- n_S
n_S = 7,50 mol de átomos de enxofre

Item d) Equação química: $3H_2SO_{4(aquoso)} + 2Al(OH)_{3(aquoso)} \rightarrow Al_2(SO_4)_{3(aquoso)} + 6H_2O_{(líquido)}$.

Questão 93

(GRILLO) Uma amostra com 6,0 g de mercúrio foi cuidadosamente adicionada a uma solução com ácido nítrico diluído, em condições reacionais. Depois de completada a reação química, determine o volume do gás que se desprendeu, medida nas condições normais de temperatura e pressão (CNTP).

Resolução: Equação química: $3Hg(sólido) + 8HNO_{3(aquoso)} \rightarrow 3Hg(NO_3)_{2(aquoso)} + 4H_2O_{(líquido)} + 2NO_{(gás)}$

Cálculo do volume de monóxido de nitrogênio, nas CNTP:
3 mol de Hg ------------------ 2 mol de NO
(3 x 200) g -------------------- 2 x 22, 4 L
6,0 g ---------------------------- V
V = 448 L de NO

Questão 94

O processo Solvay de produção de carbonato de sódio realiza-se mediante as reações abaixo:
$CaCO_3 \rightarrow CaO + CO_2$
$CaO + H_2O \rightarrow Ca(OH)_2$
$NH_3 + H_2O \rightarrow NH_4OH$
$2\ NH_4OH + CO_2 \rightarrow (NH_4)_2CO_3 + H_2O$
$(NH_4)_2CO_3 + CO_2 + H_2O \rightarrow 2\ NH_4HCO_3$
$NH_4HCO_3 + NaCl \rightarrow NH_4Cl + NaHCO_3$
$2\ NaHCO_3 \rightarrow Na_2CO_3 + CO_2 + H_2O$
$2\ NH_4Cl + Ca(OH)_2 \rightarrow 2\ NH_3 + CaCl_2 + 2\ H_2O$
A partir destas equações, determine:
a) a reação global que representa o processo;
b) a massa de cada reagente que é necessária para produzir 1.000 kg de carbonato de sódio.

Resolução:

Item a) Analisando as equações químicas apresentadas no enunciado da questão:

$CaCO_3 \rightarrow \cancel{CaO} + \cancel{CO_2}$
$\cancel{CaO} + \cancel{H_2O} \rightarrow \cancel{Ca(OH)_2}$
$\cancel{2\ NH_3} + \cancel{2\ H_2O} \rightarrow \cancel{2\ NH_4OH}$ (Equação química multiplicada por dois)
$\cancel{2\ NH_4OH} + \cancel{CO_2} \rightarrow \cancel{(NH_4)_2CO_3} + \cancel{H_2O}$
$\cancel{(NH_4)_2CO_3} + \cancel{CO_2} + H_2O \rightarrow \cancel{2\ NH_4HCO_3}$
$\cancel{2\ NH_4HCO_3} + 2\ NaCl \rightarrow \cancel{2\ NH_4Cl} + \cancel{2\ NaHCO_3}$ (Equação química multiplicada por dois)
$\cancel{2\ NaHCO_3} \rightarrow Na_2CO_3 + \cancel{CO_2} + H_2O$
$\cancel{2\ NH_4Cl} + \cancel{Ca(OH)_2} \rightarrow \cancel{2\ NH_3} + CaCl_2 + \cancel{2\ H_2O}$ +

$CaCO_3 + 2\ NaCl \rightarrow Na_2CO_3 + CaCl_2$

Item b) Cálculo da massa de cada reagente:
1 mol $CaCO_3$ ---------- 2 mol de NaCl ---------- 1 mol de Na_2CO_3
100 g -------------------- 2 x 58,5 g --------------- 106 g
m_{CaCO3} ------------------ m_{NaCl} ----------------------- 1000 kg
m_{CaCO3} = 943,40 kg e m_{NaCl} = 1103,77 kg

Questão 95

Uma amostra de 12,5 gramas de calcário ($CaCO_3$, impuro) foi calcinada e o resíduo obtido adicionado a 1,0 litro de água. Após filtração, borbulhou-se anidrido sulfúrico na solução resultante, precipitando 13,6 gramas de sulfato de cálcio. Responda:
a) Escreva todas as reações que ocorrem.
b) Qual a pureza do calcário?

Resolução:

Equação Química I: Calcinação do carbonato de cálcio: $CaCO_{3(sólido)} \rightarrow CaO_{(sólido)} + CO_{2(gás)}$

Equação Química II: Diluição do resíduo (CaO): $CaO_{(sólido)} + H_2O_{(líquido)} \rightarrow Ca(OH)_{2(aquoso)}$

Equação Química III: Anidrido Sulfúrico + hidróxido de cálcio: $SO_{3(gás)} + Ca(OH)_{2(aquoso)} \rightarrow CaSO_{4(aquoso)} + H_2O_{(líquido)}$

Somando as equações químicas:
$CaCO_{3(sólido)} \rightarrow \cancel{CaO_{(sólido)}} + CO_{2(gás)}$
$\cancel{CaO_{(sólido)}} + \cancel{H_2O_{(líquido)}} \rightarrow \cancel{Ca(OH)_{2(aquoso)}}$
$SO_{3(gás)} + \cancel{Ca(OH)_{2(aquoso)}} \rightarrow CaSO_{4(aquoso)} + \cancel{H_2O_{(líquido)}}$ +

$CaCO_{3(sólido)} + SO_{3(gás)} \rightarrow CO_{2(gás)} + CaSO_{4(aquoso)}$ (Equação Química Global)

Questão 96

Nem todos os hidretos covalentes podem ser obtidos por meio de processos exotérmicos, e muitos deles devem ser obtidos por outros métodos, tal como a protonação de uma base de Brønsted. Desta forma, o PH_3 pode ser sintetizado segundo a equação seguinte: $Ca_3P_2 + 3H_2SO_4 \rightarrow 2PH_3 + 3CaSO_4$.

a) Escreva os nomes, segundo a IUPAC, das espécies seguintes: PH_3 e H_2SO_4.

b) Sabendo que o rendimento deste processo é de 80%, qual a massa de Ca_3P_2, com 90% de pureza é necessária para preparar 20,0 gramas de PH_3?

c) Sabendo que o rendimento deste processo é de 80%, qual o volume de solução de H_2SO_4 de concentração 2,00 mol.L^{-1} será necessário para preparar 20,0 gramas de PH_3? .

d) No laboratório, você dispõe de H_2SO_4 comercial com 98,08% de pureza e densidade 1,84 g.ml^{-1}. Que volume de H_2SO_4 comercial será necessário para preparar o volume da solução 2,00 mol.L^{-1} calculado no item anterior.

Resolução:

Item a) PH_3 = Hidreto de fósforo e H_2SO_4 = Ácido sulfúrico

Item b) Equação química: $Ca_3P_2 + 3H_2SO_4 \rightarrow 2PH_3 + 3CaSO_4$.

1 mol de Ca_3P_2 ---------- 2 mol de PH_3

1 mol de Ca_3P_2 --------- 2 mol de PH_3

182 g ---------------------- 68 g x 0,80

0,90 x m_{Ca3P2} ------------ 20,0 g

m_{Ca3P2} = 74,35 g

Item c) Equação química: $Ca_3P_2 + 3H_2SO_4 \rightarrow 2PH_3 + 3CaSO_4$.

3 mol de H_2SO_4 --------- 2 mol de PH_3 x 0,80

n_{H2SO4} ---------------------- n_{PH3}

1,60 x n_{H2SO4} = 3 x n_{PH3}

Cálculo do volume da solução de ácido sulfúrico: $1{,}60 \text{ x } [H_2SO_4] \text{ x } V_{\text{solução}} = 3 \text{ x } \frac{m_{PH_3}}{<MM>_{PH_3}}$

$$1{,}60 \text{ x } 2{,}0 \text{ x } V_{\text{solução}} = 3 \text{ x} \frac{20}{34}$$

$$V_{\text{solução}} = 0{,}551 \text{ L}$$

Item d) Cálculo da concentração da quantidade de matéria de ácido sulfúrico comercial:

$$[H_2SO_4]_{\text{comercial}} = \frac{C_{H_2SO_4}}{< MM >_{H_2SO_4}} = \frac{10 \text{ x d x } (\%)}{< MM >_{H_2SO_4}} = \frac{1804{,}67}{98} = 18{,}41 \text{ mol. L}^{-1}$$

Cálculo do volume de ácido sulfúrico comercial: $[H_2SO_4] \text{ x } V_{\text{solução}} = [H_2SO_4]_{\text{comercial}} \text{ x } V_{\text{solução}}^{\text{comercial}}$

$$2{,}0 \text{ x } 0{,}56 = 18{,}41 \text{ x } V_{\text{solução}}^{\text{comercial}}$$

$$V_{\text{solução}}^{\text{comercial}} = 0{,}061 \text{ L } (61 \text{ mL})$$

Questão 97

A reação química que ocorre entre a glicose e o oxigênio produz dióxido de carbono e água. A equação química que descreve esta reação é representada por: $C_6H_{12}O_{6(\text{sólido})} + O_{2(\text{gás})} \rightarrow CO_{2(\text{gás})} + H_2O_{(\text{líquido})}$.

a) Após o balanceamento da equação química, calcule a massa de oxigênio necessária para reagir completamente com 25,0 gramas de glicose.

b) Calcule as massas de CO_2 e H_2O formadas quando 2,50 mol de glicose reagem completamente com uma quantidade suficiente de oxigênio disponível no meio reacional.

Resolução:

Item a) Cálculo da massa de gás oxigênio: $C_6H_{12}O_{6(sólido)} + 6O_{2(gás)} \longrightarrow 6CO_{2(gás)} + 6H_2O_{(líquido)}$

1 mol de $C_6H_{12}O_6$ ------------- 6 mol de O_2
180 gramas -------------------- 192 gramas de $O_{2(g)}$
25,0 gramas -------------------- m_{O2}
m_{O2} = 26,67 g

Item b) Cálculo da massa $CO_{2(g)}$ e $H_2O_{(l)}$:
1 mol de $C_6H_{12}O_{6(s)}$ -------------- 6 mol de CO_2 --------- 6 mol de H_2O
2,50 mol de $C_6H_{12}O_{6(s)}$ ---------- n_{CO2} ---------------------- n_{H2O}
n_{CO2} = 15,0 mol e n_{H2O} = 15,0 mol

Massa de CO_2: $m_{CO2} = n_{CO2} \times \langle MM \rangle_{CO2} = 15 \times 44 = 660$ g
Massa de H_2O: $m_{H2O} = n_{H2O} \times \langle MM \rangle_{H2O} = 15 \times 18 = 270$ g

Questão 98

O carbonato de sódio empregado na fabricação de vidro é preparado a partir do carbonato de cálcio e cloreto de cálcio, segundo a equação química não balanceada: $CaCO_3 + NaCl \longrightarrow Na_2CO_3 + CaCl_2$. Partindo-se de 1250 gramas de carbonato de cálcio (com grau de pureza de 80%) e 650 gramas de cloreto de sódio (com grau de pureza 90%), determine a massa de carbonato de sódio, levando em consideração um rendimento igual a 80%.

Resolução: Cálculo do número de mol de carbonato de cálcio: $n_{CaCO_3} = \frac{1250}{100} = 12{,}50 \text{ mol}$

Cálculo do número de mol de cloreto de sódio: $n_{NaCl} = \frac{650}{58{,}5} = 5{,}55 \text{ mol}$

Massa de cloreto de sódio puro (reagente limitante): $m_{NaCl} = 650 \times 0{,}90 = 585$ g

Através da estequiometria da reação, temos: $CaCO_3 + 2NaCl \longrightarrow Na_2CO_3 + CaCl_2$
2 mol de NaCl ------------------ 1 mol de Na_2CO_3
117 gramas de NaCl ---------- 106 gramas de Na_2CO_3
585 gramas de NaCl ---------- m_{Na2CO3}
m_{Na2CO3} = 530 g

Considerando que o rendimento seja igual a 80%, temos:
530 gramas ---------- 100%
m_{Na2CO3} ---------------- 80%
m_{Na2CO3} = 424 g

Questão 99

Uma forma de sintetizar óxido nítrico em meio aquoso é reagir nitrito de sódio com sulfato ferroso e ácido sulfúrico, produzindo, além do óxido nítrico, sulfato férrico e bissulfato de sódio. Partindo de 75,0 gramas de nitrito de sódio, 150,0 gramas de ácido sulfúrico e 152,0 gramas de sulfato ferroso e tendo a reação 90% de rendimento, determine a massa de óxido nítrico obtida.

Resolução: Balanceada pelo método redox: $2NaNO_2 + 2FeSO_4 + 3H_2SO_4 \longrightarrow 2NO + Fe_2(SO_4)_3 + 2NaHSO_4 + 2H_2O$.

Determinação do reagente limitante:

$$n_{NaNO_2} = \frac{75}{69 \text{ x } 2} = 0{,}545 \text{ mol}$$

$$n_{FeSO_4} = \frac{152}{152 \text{ x } 2} = 0{,}50 \text{ mol (reagente limitante)}$$

$$n_{H_2SO_4} = \frac{150}{98 \text{ x } 3} = 0{,}51 \text{ mol}$$

Cálculo da massa de NO: $2NaNO_2 + 2FeSO_4 + 3H_2SO_4 \longrightarrow 2NO + Fe_2(SO_4)_3 + 2NaHSO_4 + 2H_2O$

3 mol de H_2SO_4 ---------------------- 2 mol de NO
(3 x 98) gramas ---------------------- (2 x 30) gramas x 0,90
152 gramas --------------------------- m_{NO}
$m_{NO} = 27,92$ g

Questão 100

Um calcário composto por $MgCO_3$ e $CaCO_3$ foi aquecido para produzir MgO e CaO. Uma amostra de 2,00 gramas desta mistura de óxidos foi tratada com 100 cm³ de ácido clorídrico 1,00 mol.L^{-1}. Sabendo-se que o excesso de ácido clorídrico necessitou de 20,0 cm³ de solução de NaOH 1,00 mol.L^{-1} para ser neutralizado, determine a composição percentual, em massa, de $MgCO_3$ e $CaCO_3$ na amostra original desse calcário.

Resolução: A reação de neutralização entre ácido clorídrico e hidróxido de sódio é representada pela seguinte equação química: $HCl_{(aquoso)} + NaOH_{(aquoso)} \longrightarrow H_2O_{(líquido)} + NaCl_{(aquoso)}$. Observando a estequiometria da reação, 1 mol de ácido clorídrico consome 1 mol de hidróxido de sódio, 20.10^{-3} mol de NaOH (20,0 cm³ de solução de NaOH 1,00 mol.L^{-1}) reagem com 20 x 10^{-3} mol de HCl, ou seja, a partir do cálculo realizado há a formação de 8 x 10^{-2} mol do ácido com os óxidos de acordo com as seguintes equações químicas:
$2\ HCl_{(aquoso)} + CaO_{(sólido)} \longrightarrow H_2O_{(líquido)} + CaCl_{2(aquoso)}$
$2\ HCl_{(aquoso)} + MgO_{(sólido)} \longrightarrow H_2O_{(líquido)} + MgCl_{2(aquoso)}$

Assim, sabe-se que 8 x 10^{-2} mol de HCl irão corresponder a soma de 2x mol de CaO e 2y mol de MgO. Uma vez que 2 gramas da mistura dos óxidos correspondem a (56,1 g.mol^{-1}.x mol de CaO) + (40,3 g.mol^{-1}.y mol de MgO) então:
$x = 4.10^{-2} - y$
$56,1 \times (4.10^{-2} - y) + 40,3y = 2$

Resolvendo a equação matemática acima, temos: y = 0,01544 mol (MgO) e x = 0,02456 mol (CaO).

Considerando a decomposição dos carbonatos, para cada 1 mol de carbonato será gerado 1 mol do óxido de acordo com as seguintes equações químicas balanceadas:
$CaCO_{3(sólido)} \longrightarrow CaO_{(sólido)} + CO_{2(gás)}$
$MgCO_{3(sólido)} \longrightarrow MgO_{(sólido)} + CO_{2(gás)}$

Conclusão: Na mistura inicial há 0,01544 mol de $MgCO_3$ (1,3016 g) e 0,02456 mol $CaCO_3$ (2,4585 g), ou seja, 34,62% de $MgCO_3$ e 65,38% de $CaCO_3$.

Questão 101

Os antiácidos são medicamentos usados para a acidez estomacal e aliviar a dor de distúrbios estomacais e duodenais, causados principalmente pela ingestão de frutas cítricas e cafeína. O "leite de magnésia" é um dos antiácidos mais utilizados e trata-se de uma suspensão de hidróxido de magnésio que contém de 7,0 a 8,5 g do hidróxido em cada 100 g, segundo a United States Pharmacopeia. Na determinação do teor de hidróxido de magnésio, a 1,0 g de amostra de leite de magnésia foi adicionado 50 mL de ácido clorídrico padronizado 0,102 mol.L^{-1}e duas gotas de indicador vermelho de metila. Esta solução foi titulada com 21,9 mL de solução padrão de hidróxido de sódio 0,100 mol.L^{-1}. Com base nestas informações, resolva as questões abaixo:
a) Equacione a reação balanceada de neutralização estomacal.
b) Calcule a porcentagem do hidróxido de magnésio, em massa, da amostra.
c) Sabendo que o sulfato de alumínio é utilizado, também, como agente floculante, no tratamento de água e efluentes, equacione a reação balanceada de obtenção do sulfato de alumínio a partir do hidróxido de alumínio.

Resolução: Equação química: $2HCl_{(aquoso)} + Mg(OH)_{2(aquoso)} \longrightarrow MgCl_{2(aquoso)} + 2H_2O_{(líquido)}$

Item a) Cálculo do volume de HCl em excesso: $[HCl]_1 \times V_1 = [HCl]_2 \times V_2$
$0,102 \times V_1 = 0,100 \times 21,9$
$V_1 = 21,47$ mL

Cálculo do volume de HCl que reagiu: $V_{HCl\ reagiu} = 50,0$ mL – 21,47 mL = 28,53 mL

Cálculo do número de mol de HCl que reagiu: n_{HCl} = [HCl] x $V_{solução}$ = 0,102 x (28,53 / 1000) = 0,0029 mol

Através da estequiometria, temos:
2 mol de HCl ----------------- 1 mol de $Mg(OH)_2$
0,0029 mol -------------------- $n_{Mg(OH)2}$
$n_{Mg(OH)2}$ = 0,0015 mol

Cálculo da massa de hidróxido de magnésio: $m_{Mg(OH)2}$ = [$Mg(OH)_2$] x $V_{solução}$
$m_{Mg(OH)2}$ = 0,0015 x 58,32 = 0,085 g
Item b) Cálculo do percentual:
1 g -------------- 100 %
0,085 g ---------- (%)
(%) = 8,5%

Item c) Equação química que apresenta a formação do sulfato de alumínio: $2Al(OH)_{3(aquoso)} + 3H_2SO_{4(aquoso)} \longrightarrow Al_2(SO_4)_{3(aquoso)} + 6H_2O_{(líquido)}$.

Questão 102

Uma amostra de 1,850 g de uma mistura de $CuCl_2$ e $CuBr_2$ foi dissolvida em água e totalmente misturada com uma porção de 1,800 g de AgCl. Após a reação, o sólido, que agora consiste numa mistura de AgCl e AgBr, foi filtrado, lavado e secado, e a massa encontrada foi 2,052 g. Determine a porcentagem de $CuBr_2$ na mistura original.

Resolução: Composição dos 1,850 gramas de amostra: x mol de $CuCl_2$ e y mol de $CuBr_2$. 134,5 x + 223,5y = 1,850 g

$CuCl_2$ não reage com AgCl, mas reage com o $CuBr_2$, conforme a seguinte equação química: y $CuBr_2$ + 2y AgCl $\longrightarrow$ y $CuCl_2$ + 2y AgBr

A massa de 2y AgBr = 2y. (108 + 80) = 376y

A massa de AgCl na mistura final corresponde ao AgCl inicial menos o AgCl que reagiu com o $CuBr_2$:
Massa inicial de AgCl: 1,800 g.
Massa de AgCl que reagiu: 2y AgCl = 2y .143,5 g = 287.y
Massa de AgCl na mistura final: 1,800 - 287y

Mistura final, de AgBr + AgCl: 376 y + (1,800 – 287 y) = 2,052
376 y – 287 y = 2,052 - 1,800
89 y = 0,252
y = 2,83 x 10^{-3} mol

Massa inicial de $CuBr_2$ = 2,83 x 10^{-3} mol x 223,5 g.mol^{-1} = 0,6325 gramas, presente em 1,850 gramas da mistura.

Cálculo da percentagem de $CuBr_2$: $\% = \left(\frac{0{,}632\ g}{1{,}850\ g}\right) x\ 100\% = 34{,}19\ \%$

Questão 103

A combustão completa de 3,0 g de um certo composto orgânico X produz, exclusivamente, 6,6 g de CO_2 e 3,6 g de H_2O. A 100°C, 5,3g de X (que se encontra no estado gasoso a esta temperatura) são misturados com 14 g de N_2 em um recipiente de volume 3,0 litros. A pressão medida no interior do recipiente, nestas condições, é igual a 6,0 atm. Considere que os gases, no interior do recipiente, se comportam idealmente. Sabendo que a reação de X com dicromato de potássio em ácido sulfúrico aquoso gera uma cetona, determine a composição centesimal do composto X, suas fórmulas mínima, molecular e dê a sua nomenclatura IUPAC.

Resolução:

6,6 g de CO_2:
44 gramas de CO_2 ---------- 12 gramas de C
6,6 gramas de CO_2 --------- m_C

m_C = 1,8 gramas de C

3,6 g de H_2O:
18 gramas de H_2O ----------- 2 gramas de H
3,6 gramas de H_2O ---------- m_H
m_H = 0,4 gramas de H
Massa de átomo de oxigênio (O) em 3,0 gramas do composto: 3,0 g – (1,80 g + 0,40 g) = 0,80 g.

Logo: C = 1,80g, H = 0,40g e O = 0,80g, o que conduz à fórmula mínima e molecular dada por C_3H_8O.

Como a oxidação de X gera uma cetona, X é o propan–2–ol, então: C = 60,00%; H = 13,33%; O = 26,67%.

Fórmula molecular: C_3H_8O
Nomenclatura: propan–2–ol (álcool secundário)

Questão 104

O alumínio é o metal mais empregado pelo homem depois do ferro. É o elemento metálico mais abundante na crosta terrestre (8,29% em massa) e não existe naturalmente na forma livre, sendo o minério sílico - aluminato seu composto mais importante. Apresenta propriedade anfotérica, isto é, reage tanto com ácidos quanto com bases. Partindo da equação apresentada abaixo, responda o que se pede: $NaNO_{3(aq)} + Al_{(s)} + NaOH_{(aq)} + H_2O_{(l)} \rightarrow NH_{3(aq)} + Na\,[Al(OH)_4]_{(aq)}$

a) A equação da semirreação de oxidação iônica balanceada (carga e massa) com os menores coeficientes inteiros possíveis.
b) A equação da semirreação de redução iônica balanceada (carga emassa) com os menores coeficientes inteiros possíveis.
c) A equação total balanceada (carga e massa) com os menores coeficientes inteiros possíveis.
d) O íon oxidante.
e) A fórmula do redutor.

Resolução: Os processos de oxidação e redução envolvidos são as seguintes:

Item a) $Al_{(sólido)} + 4OH^-_{(aquoso)} \rightarrow Al(OH)^-_{4(aquoso)} + 3e^-$
Item b) $NO^-_{3(aquoso)} + 6H_2O_{(l)} + 8e^- \rightarrow NH_{3(aquoso)} + 9OH^-_{(aquoso)}$
Item c) $3\ NaNO_{3(aquoso)} + 18H_2O_{(l)} + 8Al_{(sólido)} + 5NaOH_{(aquoso)} \rightarrow 3NH_{3(aquoso)} + 8Na[Al(OH)_4]_{(aquoso)}$
Item d) NO_3^- (íon nitrato)
Item e) Alumínio (Al)

Questão 105

As essências naturais de frutas geralmente são formadas por misturas de substâncias voláteis, responsáveis pelo odor e sabor. Essas substâncias são chamadas de flavorizantes e na indústria alimentícia, são produzidas em grande quantidade, substituindo os naturais. A produção da essência de abacaxi, por exemplo, usada em preparos para bolos, é obtida através da reação de esterificação, realizada com aquecimento interno e sob refluxo. Com base nas estruturas abaixo, determine:

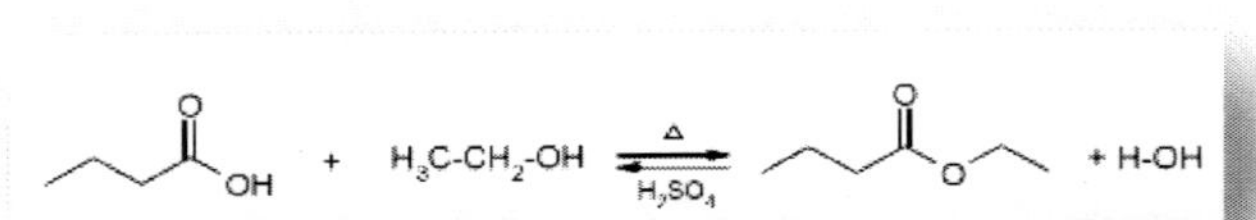

a) O nome sistemático e a função de cada substância orgânica envolvida na reação.
b) As reações de esterificação são reversíveis. Discuta os fatores que alteram o equilíbrio da reação, deslocando-o para os lados dos produtos.
c) Considerando a utilização de 13,2 gramas do ácido carboxílico e um rendimento de 75%, qual a massa do éster produzida na reação.
d) O octanoato de etila é um flavorizante utilizado na indústria alimentícia como essência de laranja. Equacione a reação de produção do octanoato de etila.

Resolução: Item a) Considerando a seguinte equação química e discutindo cada espécie química, temos:

Ácido butanoico → Função orgânica = ácido carboxílico ($C_4H_8O_2$).

$H_3C\text{-}CH_2\text{-}OH$ = Etanol (Álcool Etílico) ⟶ Função orgânica = álcool (C_2H_6O)

Butanoato de etila ⟶ Função orgânica = éster ($C_6H_{12}O_2$).

Item b) Através do Princípio de Le Chatelier, temos as seguintes situações apresentadas a seguir:
- Aumento da concentração da quantidade de matéria da solução aquosa de ácido butanoico;
- Aumento da concentração da quantidade de matéria da solução de álcool etílico (etanol).

Item c) Resolvendo o cálculo estequiométrico: $C_4H_8O_{2(aquoso)} + C_2H_6O_{(aquoso)} \longrightarrow C_6H_{12}O_{2(aquoso)} + H_2O_{(líquido)}$
1 mol de $C_4H_8O_2$ ---------- 1 mol de $C_6H_{12}O_2$
88 gramas ------------------ 116 gramas x 0,75
13,2 gramas ---------------- $m_{éster}$
$m_{éster}$ = 13,05 g

Item d) Equação química: $C_8H_{16}O_{2(aquoso)} + C_2H_6O_{(aquoso)} \longrightarrow C_{10}H_{20}O_{2(aquoso)} + H_2O_{(líquido)}$.

Questão 106

Um composto cuja molécula contém apenas carbono, hidrogênio, oxigênio e nitrogênio foi queimado em presença de O_2, fornecendo uma mistura gasosa de CO_2, H_2O e N_2. A água presente nesta mistura foi condensada e correspondeu a 1/6 do total de mol. Verificou-se que o CO_2 representava 80% em mol da fração não condensada. Determine:
a) a fórmula mínima do composto, sabendo-se ainda que sua molécula contém tantos átomos de carbono quanto de oxigênio;
b) a fórmula molecular do composto, sabendo-se que 170,4 gramas do mesmo, no estado gasoso a 800 K e 0,64 atm, ocupam 82 litros;
c) a massa mínima de O_2 necessária para a combustão completa de 213,0 gramas deste composto.

Resolução: Equação química: Composto + O_2 ⟶ _ CO_2 + _ H_2O + _ N_2

CO_2: 0,80 . ($^5/_6$) n_{total}
H_2O: ($^1/_5$) . n_{total}
N_2: $x.n_{total}$

Cálculo do número de mol total (n_{total}): $(4/6).n_t + (1/6).n_t + x.n_t = n_t$
$4/6 + 1/6 + x = 1$
$x = 1 - 5/6 = 1/6$

Equação química: Composto + $O_2 \longrightarrow {}^4/_6CO_2 + {}^1/_6H_2O + {}^1/_6N_2$

Item a) Como a proporção entre os átomos C:O é de 1:1 temos: $C_4O_4H_2N_2$

Item b) Cálculo da massa molar, a partir da equação dos gases ideais: $< MM >= \frac{m \times R \times T}{p \times V} = \frac{170{,}4 \times 0{,}082 \times 800}{0{,}64 \times 82} = 213\ g.mol^{-1}$

Fórmula Molecular: $(C_2O_2HN)_x$
$71x = 213 \Rightarrow x = 3$

Composto: $(C_2O_2HN)_3 = C_6O_6H_3N_3$
Item c) Equação de combustão completa: $2C_6H_3N_3O_6 + 15/2O_2 \longrightarrow 12CO_2 + 3H_2O + 3N_2$.
(2 x 213) g de $C_6H_3N_3O_6$ --------------------- (15/2) x 32 g de O_2
213 g de $C_6O_6H_3N_3$ ---------------------------- X
X = 120 g de O_2

Observação: A fórmula molecular aponta, como estrutura mais provável para o composto em questão, o TNB (trinitrobenzeno), sendo um poderoso explosivo e na temperatura de 800 K, se decompõe de forma bastante violenta.

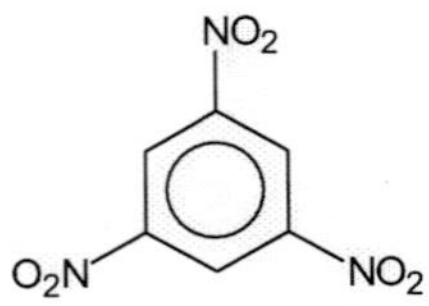

Questão 107

Na combustão de 12,0 mg de um composto A, que contém apenas carbono, hidrogênio e oxigênio, gerou-se 26,5 mg de CO_2 e 14,4 mg de H_2O. Sabe-se que 30 mg do composto A, vaporizado a 27°C e 0,60 atm, ocupam 20,5mL. Quantos isômeros estruturais existem no composto A?

a) 1
b) 2
c) 3
d) 4
e) 5

Resolução: Equação química que corresponde a combustão total do composto desconhecido: $C_xH_yO_z + \left(x + \frac{y}{4}\right)O_2 \rightarrow xCO_2 + \frac{y}{2} H_2O$

Cálculo da massa molecular do composto orgânico, a partir da equação dos gases ideais: $p^{ideal} \text{ x } V = \frac{massa}{<MM>} \text{ x } R \text{ x } T$

$$< MM > = \frac{30 \text{ x } 10^{-3} \text{ x } 0{,}08206 \text{ x } 300}{0{,}60 \text{ x } 20 \text{ x } 10^{-3}} = 60{,}04 \frac{g}{mol}$$

A partir da relação estequiométrica, temos:

60 g do composto orgânico --------- 32 x $\left(x + \frac{y}{4}\right)$ g de O_2 ------ 44x ------------- 9y
12,0 x 10^{-3} g do composto orgânico ---------------------- 26,5 x 10^{-3} g ------------ 14,4 x 10^{-3} g

Determinação de X: X = 3,0

Determinação da incógnita y: y = 8,0
Determinação do fator estequiométrico do átomo de oxigênio (z) na molécula orgânica:

$C_3H_8O_z \rightarrow 36 + 8 + < MA >_O = 60$

$$< MA >_O = 16 \frac{g}{mol}$$

Fórmula molecular: C_3H_8O

Para uma molécula orgânica com fórmula molecular C_3H_8O, os compostos orgânicos que apresentam isomeria plana são os seguintes: propan – 1 – ol; metoxi-etano e propan – 2 – ol.

Questão 108

O aumento na venda mundial de automóveis tem gerado uma série de preocupações relacionadas as emissões decorrentes da queima dos combustíveis. Embora existam hoje protótipos movidos a hidrogênio ou eletricidade, praticamente todos os veículos comercializados consomem algum combustível à base de carbono (álcool, gasolina, diesel, GNV, etc.). A combustão destas substâncias produz altas quantidades de gás carbônico. O aumento da concentração deste gás na atmosfera amplifica o efeito estufa dando origem ao chamado aquecimento global. Uma das vantagens da utilização do etanol, derivado da cana-de-açúcar, como combustível é o fato de sua produção e seu consumo formarem um ciclo onde o gás carbônico emitido em sua queima é consumido no processo de fotossíntese da cana-de açúcar, na produção. Assim, contabilizando este ciclo, o etanol não é considerado um emissor do gás estufa. Outro problema decorrente de tais emissões são as chuvas ácidas. Para diminuir as emissões causadoras destas, é importante remover o enxofre presente nos combustíveis derivados de petróleo antes de sua comercialização. Um dos processos utilizados para a remoção do enxofre do gás natural e de derivados de petróleo é a hidrodessulfurização (HDS) catalítica, conforme a seguinte reação: $C_2H_5SH + H_2 \rightarrow C_2H_6 + H_2S$ (C_2H_5SH = etanotiol)

a) Qual a nomenclatura do H_2S, quando no estado gasoso e quando em solução aquosa?
b) Demonstre a ionização total do H_2S em etapas.
c) Qual o volume de H_2 medido a 2 atm e 227°C necessário para produzir 0,30 mg de etano?

Resolução:
Item a) H_2S (estado gasoso) = Sulfeto de hidrogênio
H_2S (solução aquosa) = Ácido sulfídrico

Item b) Primeiro processo de ionização do ácido sulfídrico: $H_2S_{(aq)} + H_2O_{(l)} \longrightarrow HS^-_{(aq)} + H_3O^+_{(aq)}$
Segundo processo de ionização do ácido sulfídrico: $HS^-_{(aq)} + H_2O_{(l)} \longrightarrow S^{-2}_{(aq)} + H_3O^+_{(aq)}$

Item c) Através da equação química, temos: $C_2H_5SH + H_2 \longrightarrow C_2H_6 + H_2S$
1 mol de H_2 ---------- 1 mol de C_2H_6
2 g -------------------- 30 g
m_{H2} -------------------- $0,30 \times 10^{-3}$ g
$m_{H2} = 2,0 \times 10^{-5}$ g

Questão 109

A reação no estado sólido de iodato de potássio com sacarose ($C_{12}H_{22}O_{11}$) produz dióxido de carbono, água e um sal. Ao se adicionar 0,1 L de uma solução 0,5 mol/L de nitrato de mercúrio II aos produtos, observa-se a formação de um precipitado cuja solubilidade em água é desprezível. Determine a massa desse precipitado, sabendo-se que a amostra de iodato de potássio reagiu totalmente, gerando 168,0 L de gás, nas condições normais de temperatura e pressão.

Resolução: As equações químicas balanceadas estão apresentadas abaixo:
$8KIO_3 + C_{12}H_{22}O_{11} \longrightarrow 12CO_2 + 11H_2O + 8KI$
$8KI + 4Hg(NO_3)_2 \longrightarrow 8KNO_3 + 4HgI_2$

12 mol de CO_2 ------------ 8 mol de KI
12 x 22,4 L ----------------- 8 mol
168,0 L ---------------------- n
n = 5 mol de KI

Como foi colocado apenas 0,05 mol de $Hg(NO_3)_2$ teremos o iodeto de potássio (KI) como reagente em excesso na segunda reação química.
8 mol KI ------------ 4 mol $Hg(NO_3)_2$
n' --------------------- 0,05 mol
n' = 0,10 mol de KI

A proporção entre o nitrato e o iodeto de mercúrio II é de um para um, logo, o número de mol produzido de HgI_2 será 0,05 mol.

Massa de iodeto de mercúrio: $m = 0,05 \times <MM>_{HgI2} = 0,05 \times [200,6 + (126,9 \times 2)] = 22,72$ g

Questão 110

Considere reações de combustão do etanol:
a) Escreva a equação química balanceada para a reação com oxigênio puro.
b) Escreva a equação química balanceada para a reação com ar atmosférico.
c) Escreva a equação química balanceada para a reação com 50% da quantidade estequiométrica de ar atmosférico.
d) Classifique as reações dos itens a), b) e c) em ordem crescente de variação de entalpia reacional.

Resolução:
Item a) Equação química: $C_2H_6O_{(aquoso)} + 3\ O_{2(gás)} \longrightarrow 2\ CO_{2(gás)} + 3\ H_2O_{(líquido)}$

Item b) Cálculo do número de mol de N_2, a partir da composição do ar atmosférico: 79% de N_2 e 21% de O_2.
3 mol de O_2 ----------- 21%
n_{N2} --------------------- 79%
$n_{N2} = 11,28$ mol de N_2

Equação química: $C_2H_6O + 3\ O_{2(gás)} + 11{,}28\ N_{2(gás)} \rightarrow 2\ CO_{2(gás)} + 3\ H_2O_{(líquido)} + 11{,}28\ N_{2(gás)}$

Item c) A partir de 50% de quantidade estequiométrica de ar atmosférico, o combustível etanol sofre combustão de forma incompleta, apresentando como produtos o carvão e o monóxido de carbono. A equação química é a seguinte: $C_2H_6O + 1{,}50O_{2(g)} + 5{,}64N_{2(g)} \rightarrow C_{(s)} + CO_{(g)} + 5{,}64N_{2(g)} + 3H_2O_{(l)}$

Item d) As três equações químicas balanceadas apresentadas nos itens anteriores são reações exotérmicas. As reações químicas dos itens a e b liberam a mesma quantidade de calor, uma vez que são reações de combustão completa. Já em relação à reação química c, vai haver menor liberação de quantidade de calor, por ser uma reação de combustão incompleta. Por isso, a ordem é a seguinte: $|\Delta H_c| < |\Delta H_b| = |\Delta H_a|$

Questão 111

Um determinado metal forma dois óxidos distintos, nos quais as percentagens em massa de oxigênio são 32,0% e 44,0%. Determine a massa atômica do metal.

Resolução: Através da Lei das Proporções múltiplas, a massa do metal M foi fixada e através desta propriedade teremos a relação da massa de oxigênio dos dois óxidos:

Informação referente ao óxido 1: 68 g de M e 32 g de O.

Informação referente ao óxido 2: 56 g de M e 44 g de O.
56 gramas de M ---------- 44 gramas de O
68 gramas de M ---------- X
X = 53,429 g de O.

Cálculo da razão entre as massas de Oxigênio: $\frac{\text{Massa}_{\text{óxido 1}}}{\text{Massa}_{\text{óxido 2}}} = \frac{32\ g}{53{,}43\ g} \cong 0{,}60$

Através desta relação, as fórmulas empíricas dos óxidos ficarão da seguinte maneira:
Óxido 1: M_xO_3
Óxido 2: M_xO_5

Observação: os índices do átomo de oxigênio são números ímpares, com isso, sabendo que o número de oxidação é igual a (-2), as fórmulas empíricas dos dois óxidos ficarão da seguinte maneira:

Fórmula molecular do óxido 1 = M_2O_3
Fórmula molecular do óxido 2 = M_2O_5

Cálculo da massa molar do óxido 1:
100 gramas do óxido 1 ---------- 32 gramas de Oxigênio
X --------------------------------------- 48 gramas de Oxigênio
X = 150 g

Cálculo da massa molar do metal M, através do óxido 1: 2x + 3.(16) = 150
x = 51 $g.mol^{-1}$

Então, a massa atômica do elemento sendo de aproximadamente igual a 51u, logo, o metal em questão é o vanádio (V).

Fórmula molecular do óxido 1 = V_2O_3 e fórmula molecular do óxido 2 = V_2O_5

Questão 112

Quando o ácido salicílico ($C_7H_6O_3$) reage com metanol (CH_4O) forma-se o salicilato de metila ($C_8H_8O_3$). Esta substância é um éster de odor extremamente agradável com propriedades analgésicas e usado topicamente em pomadas para luxações, entorses, etc.

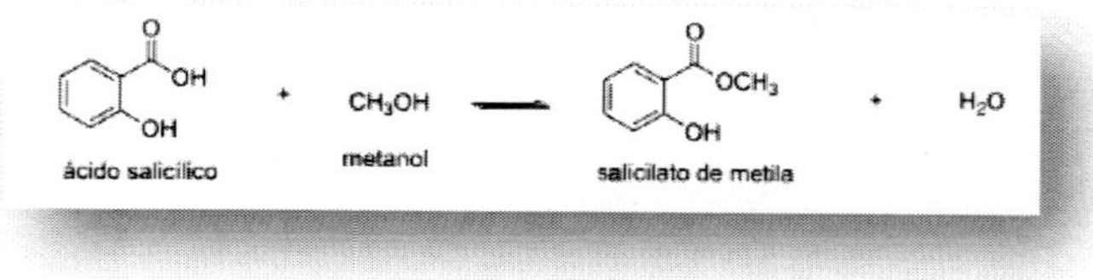

Com relação a esta reação química, responda:
a) Quantos gramas de ácido salicílico ($C_7H_6O_3$) são necessários para formar 0,4 mol de salicilato de metila ($C_8H_8O_3$)?
b) Qual o rendimento teórico desta reação quando 20 gramas de ácido salicílico reagem com 10 gramas de metanol?
c) Qual o reagente limitante na reação descrita no item b?

Resolução:

Item a) Equação química: $C_7H_6O_3 + CH_3OH \rightarrow C_8H_8O_3 + H_2O$
1 mol de $C_7H_6O_3$ ------------------- 1 mol de $C_8H_8O_3$
n_{C7H6O3} --------------------------------- 0,40 mol de $C_8H_8O_3$
n_{C7H6O3} = 0,40 mol de $C_7H_6O_3$

Cálculo da massa de ácido salicílico, a partir do número de mol: $m_{C7H6O3} = n_{C7H6O3} \times < MM >_{C7H6O3} = 0{,}40 \times 138 = 55{,}2$ g

Item b) Através da equação química balanceada, temos: $C_7H_6O_3 + CH_3OH \rightarrow C_8H_8O_3 + H_2O$

138 gramas de $C_7H_6O_3$ -------------------- 32 gramas de CH_3OH x Rendimento
20 gramas de $C_7H_6O_3$ ---------------------- 10 gramas de CH_3OH

$$\text{Rendimento} = \frac{640}{1380} = 0{,}46\ (46\%)$$

Item c) Cálculo do número de mol para cada reagente:

$$n_{ácido} = \frac{20}{138} = 0{,}145\ \text{mol (reagente limitante)}$$

$$n_{base} = \frac{10}{32} = 0{,}3125\ \text{mol}$$

Questão 113

Aspirina é produzida pela adição de anidrido acético a uma solução aquosa de ácido salicílico. A equação da reação não balanceada é $C_4H_6O_{3(líquido)} + C_7H_6O_{3(sólido)} \rightarrow C_9H_8O_{4(sólido)} + H_2O_{(líquido)}$. Se forem usados 2,0 kg de anidrido acético e 1,0 kg de ácido salicílico, determine:
a) Os coeficientes para balancear a equação.
b) O reagente limitante.
c) O rendimento teórico da aspirina, em gramas.
d) Se o rendimento percentual da reação é de 86%, quantos comprimidos de 0,50 gramas de aspirina poderiam ser preparados a partir das quantidades usadas nessa reação?

Resolução: Item a) Equação química: $C_4H_6O_{3(líquido)} + 2C_7H_6O_{3(sólido)} \rightarrow 2C_9H_8O_{4(sólido)} + H_2O_{(líquido)}$

Item b) Determinação do reagente limitante e do reagente em excesso:

$$n_{anidrido} = \frac{m_{anidrido}}{< MM >_{anidrido}} = \frac{2000}{102} = 19{,}61\ \text{mol}$$

$$n_{ácido} = \frac{m_{ácido}}{< MM >_{ácido}} = \frac{1000}{138} = \frac{7{,}25}{2} = 3{,}62\ \text{mol (reagente limitante)}$$

Item c) Cálculo da massa de aspirina:

2 mol de $C_7H_6O_{3(s)}$ ---------------- 2 mol de $C_9H_8O_{4(s)}$
2 x 138 gramas -------------------- 2 x (180) gramas
1000 gramas ----------------------- $m_{aspirina}$
$m_{aspirina}$ = 1,30 x 10^3 gramas de aspirina

Cálculo do rendimento teórico:
2 mol de $C_7H_6O_{3(s)}$ ----------------- 2 mol de $C_9H_8O_{4(s)}$
2 x (138) gramas ------------------- 2 x 180 gramas
1000 gramas ------------------------ $m_{aspirina}$
$m_{aspirina}$ = 1,30 x 10^3 g de aspirina

$m_{aspirina}$ = 1,30 x 10^3 g de aspirina x rendimento = 1,30 x 10^3 g de aspirina x 0,86 = 1118 g de aspirina

Item d) Número de aspirinas (N): $\frac{1118}{0,50} = 2236 \text{ comprimidos}$

Questão 114

Qual a massa de dióxido de manganês que é preciso reagir com ácido clorídrico, a fim de que o gás desprendido atravessando uma solução de hidróxido de sódio concentrado e a quente, produza 53,25 gramas de clorato de sódio?
a) 261,0 g
b) 130,5 g
c) 65,25 g
d) 21,30 g
e) 10,15 g

Resolução: Alternativa B.

A reação química entre o dióxido de manganês na presença da solução de ácido clorídrico, a equação química balanceada pelo método REDOX é dada por:

$$MnO_{2(sólido)} + 4HCl_{(aquoso)} \rightarrow MnCl_{2(aquoso)} + 2H_2O_{(líquido)} + Cl_{2(gás)}$$

Já a segunda etapa, consiste na reação entre o cloro no estado gasoso na presença de hidróxido de sódio concentrado, resultando clorato de sódio, cloreto de sódio e água, conforme apresentado pela equação química balanceada pelo método REDOX:

$$Cl_{2(gás)} + 6NaOH_{(concentrado)} \rightarrow NaClO_{3(aquoso)} + 56NaCl_{(aquoso)} + 6H_2O_{(líquido)}$$

A partir da segunda etapa, será determinado a massa de cloro gasoso consumido, a partir de 53,25 g de clorato de sódio.
1 mol de cloro gasoso --------- 1 mol de clorato de sódio
71 g de cloro gasoso -------- 106,50 g de clorato de sódio
Massa --------------------------- 53,25 g de clorato de sódio
Massa de cloro gasoso = 106,50 g

A partir da primeira etapa, que consiste na reação entre óxido com ácido clorídrico, temos:
1 mol de óxido --------------------------- 1 mol de cloro gasoso
87 g de óxido ----------------------------- 71,0 g de cloro gasoso
Massa de óxido --------------------------- 106,50 g de cloro gasoso
Massa de óxido = 130,50 g

Questão 115

Uma vela de massa 34,5 gramas é acesa e encoberta por um béquer. Após algum tempo a chama apaga. Após essa queima a massa da vela foi 33,8 gramas. Considerando que a combustão é total e que a vela é formada apenas de $C_{30}H_{62}$, responda:
a) Qual a massa de dióxido de carbono formada?
b) Qual a massa do reagente limitante?

Resolução:

Item a) Cálculo da massa de vela queimada (Δ_{massa}): Δ_{massa} = 34,5 g – 33,8 g = 0,70 g

Equação química de combustão completa da vela: $C_{30}H_{62(sólido)} + 91/2O_{2(gás)} \longrightarrow 30CO_{2(gás)} + 31H_2O_{(líquido)}$

1 mol de $C_{30}H_{62}$ --------------------- 30 mol de CO_2
422 gramas de $C_{30}H_{62}$ ------------- 1320 gramas de CO_2
0,70 gramas de $C_{30}H_{62}$ ------------- m_{CO2}
m_{CO2} = 2,19 g

Item b) O reagente limitante para esta situação é o oxigênio (O_2). Cálculo da massa do reagente limitante:

1 mol de $C_{30}H_{62}$ --------------------- 91/2 mol de O_2
422 gramas de $C_{30}H_{62}$ ------------- 1456 gramas de O_2
0,70 gramas de $C_{30}H_{62}$ ------------ m_{O2}
m_{O2} = 2,41 g

Questão 116

O trifluoreto de cloro, ClF_3, é um dos compostos mais reativos que se conhece. Reage violentamente com muitas substâncias que, em geral, são inertes. Durante a Segunda Guerra Mundial foi grande sua aplicabilidade, sendo usado em bombas incendiárias. A obtenção desta substância pode ocorrer pelo aquecimento de Cl_2 e F_2 em um sistema fechado.
a) A partir dos reagentes citados no texto, escreva a equação equilibrada do processo de obtenção do trifluoreto de cloro.
b) Se forem misturados 0,71 g de Cl_2 e 1,00 g de F_2, qual seria a produção teórica de ClF_3?

Resolução:

Item a) Equação química: $Cl_{2(gás)} + 3F_{2(gás)} \longrightarrow ClF_{3(gás)}$
Item b) Cálculo do número de mol de cada reagente:

$$n_{Cl_2} = \frac{m_{Cl_2}}{< MM >_{Cl_2}} = \frac{0{,}71}{71} = 0{,}01 \text{ mol}$$

$$n_{F_2} = \frac{m_{F_2}}{< MM >_{F_2}} = \frac{1{,}00}{38} = \frac{0{,}026}{3} = 0{,}00877 \text{ mol (reagente limitante)}$$

Através da equação química, temos a seguinte relação estequiométrica:
3 mol de F_2 --------------------- 1mol de ClF_3
(3 x 38) g de F_2 ----------------- 92,50 g de ClF_3
1,00 gramas de F_2 -------------- m_{ClF3}
m_{ClF3} = 0,811 g

Questão 117

Permanganato de potássio reage com cloreto de sódio em presença de ácido sulfúrico, resultando em sulfato de manganês II, sulfato de potássio, sulfato de sódio, água e cloro gasoso. Calcule o rendimento da reação quando 58,5 gramas de cloreto de sódio e 32,6 gramas do permanganato forem adicionadas a 80,4 gramas de ácido sulfúrico, produzindo 34,4 gramas de gás.

Resolução: Balanceamento pelo método de oxirredução: $2KmnO_4 + 10NaCl + 8H_2SO_4 \rightarrow 2MnSO_4 + K_2SO_4 + 5NaSO_4 + 8H_2O + 5Cl_2$

Calculando o número de mol dos reagentes, para a determinação do reagente limitante:

$$32{,}6\ \cancel{KMnO_4}\ \text{x}\ \frac{1\ \text{mol de}\ KMnO_4}{158\text{g de}\ \cancel{KMnO_4}} = 0{,}2\ \text{mol de}\ KMnO_4$$

$$58{,}5\ \cancel{NaCl}\ \text{x}\ \frac{1\ \text{mol de NaCl}}{58{,}5\text{g de}\ \cancel{NaCl}} = 1{,}0\ \text{mol de NaCl (reagente limitante)}$$

$$80{,}4\ \text{g de}\ \cancel{H_2SO_4}\ \text{x}\ \frac{1\ \text{mol de}\ H_2SO_4}{98\ \text{g de}\ \cancel{H_2SO_4}} = 0{,}8\ \text{mol de}\ H_2SO_4$$

Cálculo do rendimento:

$$1\ \cancel{\text{mol de NaCl}}\ \text{x}\ \frac{5\ \cancel{\text{mol de}\ Cl_2}}{10\ \cancel{\text{mol de NaCl}}}\ \text{x}\ \frac{71{,}0\ \text{g de}\ Cl_2}{1{,}0\ \cancel{\text{mol de}\ Cl_2}} = 35{,}5\ \text{g de}\ Cl_2$$

Rendimento: $\frac{34{,}4}{35{,}5} = 0{,}97(97{,}7\%)$

Questão 118

O ácido clorídrico é muitas vezes vendido na forma de uma solução de baixa pureza e concentração variável para a limpeza de pisos, pedras e até mesmo metais. Nesta forma, ele é conhecido como ácido muriático. Uma indústria que necessitava neutralizar seu estoque de 1,35 toneladas de ácido muriático, escolheu o carbonato de cálcio para efetuar a neutralização. Esta reação produz um sal, água e dióxido de carbono. Considerando que a solução possui 110 gramas de ácido clorídrico para cada litro de solução. A densidade desta solução é de 1,2 $g.mL^{-1}$.

a) Escreva a reação química balanceada para a neutralização do ácido muriático.

b) Qual é a massa do carbonato que será utilizada na neutralização, considerando que o mesmo possui 7,0% de impurezas?

Resolução:

Item a) Equação química: $2HCl_{(aquoso)} + CaCO_{3(sólido)} \longrightarrow CaCl_{2(sólido)} + H_2O_{(líquido)} + CO_{2(gás)}$

Item b) Cálculo da massa de carbonato de cálcio puro:

2 mol de $HCl_{(aq)}$ ---------- 1 mol de $CaCO_{3(s)}$

73 g de HCl --------------- 100 g de $CaCO_3$

110 g de HCl -------------- m_{CaCO3}

m_{CaCO3} = 150,68 g

Cálculo da massa de carbonato de cálcio puro: m_{puro} = 150,68 x (1,0 – 0,07) = 140,13 g

Questão 119

Devido os atentados terroristas ocorridos em Nova Iorque, Madrid e Londres, os Estados Unidos e países da Europa têm aumentado o controle quanto a venda e produção de compostos explosivos que possam ser usados na confecção de bombas. Dentre os compostos químicos explosivos, a nitroglicerina é um dos mais conhecidos. É um líquido à temperatura ambiente, altamente sensível a qualquer vibração, decompondo-se de acordo com a equação: $2C_3H_5(NO_3)_{3(l)} \longrightarrow 3N_{2(g)} + \frac{1}{2}O_{2(g)} + 6CO_{2(g)} + 5H_2O_{(g)}$. Considere-se uma amostra de 4,45 gramas de nitroglicerina, massa molar 227 $g.mol^{-1}$, contida em um frasco fechado com volume total de 100,0 mL. Calcule a pressão máxima no interior do frasco antes de seu rompimento, considerando-se que a temperatura atinge 127°C.

Resolução: Cálculo do número de mol de nitroglicerina: $n = \frac{4{,}45}{227} = 0{,}0196\ \text{mol}$

Cálculo do número de mol de gases produzidos, a partir de 0,0196 mol de nitroglicerina:

$2C_3H_5(NO_3)_{3(líquido)} \longrightarrow 3N_{2(gás)} + \frac{1}{2}O_{2(gás)} + 6CO_{2(gás)} + 5H_2O_{(vapor)}$

2 mol de $C_3H_5(NO_3)_3$ ------------------------ 14,5 mol de gases
0,0196mol mol de $C_3H_5(NO_3)_3$ ------------ n_{gases}
n_{gases} = 0,142 mol

Cálculo da pressão aplicando a equação dos gases ideais: $p = \frac{0,142 \times 0,08206 \times (127+273)}{0,10} = 46,61 \text{ atm}$

Questão 120

Uma massa x de $CaCO_3$ reagiu com 50 mL de HCl 0,20 mol.L^{-1} aquoso, sendo o meio reacional, posteriormente, neutralizado com 12 mL de NaOH aquoso. Sabe-se que 20 mL desta solução foram titulados com 25 mL do HCl 0,20 mol.L^{-1}. Determine a massa (x) de carbonato de cálcio.

Resolução: Equação química: $HCl_{(aquoso)} + NaOH_{(aquoso)} \longrightarrow NaCl_{(aquoso)} + H_2O_{(líquido)}$

Pela estequiometria, temos:
1 mol HCl --------- 1 mol de NaOH
n_{HCl} ------------------- n_{NaOH}
$n_{HCl} = n_{NaOH}$
[HCl] x V = [NaOH] x V

$(25 \times 0,20)_{HCl}$ = [NaOH] x 20
[NaOH] = 0,25 mol x L^{-1}

Nos 50 mL de HCl com concentração igual a 0,20 mol/L, há 10,0 mmol de HCl. Destes 10 mmol, uma parte dele foi neutralizado por 12 mol de NaOH, o que corresponde a (12 x 0,25) mmol, ou seja 3,0 mmol.

Assim, 7,0 mmol de ácido clorídrico reage com o carbonato de cálcio.
Equação química: $CaCO_{3(sólido)} + 2\ HCl_{(aquoso)} \longrightarrow CaCl_{2(aquoso)} + H_2O_{(líquido)} + CO_{2(gás)}$
Cálculo do número de mol do carbonato de cálcio: $n_{CaCO_3} = \frac{n_{HCl}}{2} = \frac{7 \text{ mmol}}{2} = 3,5 \text{ mmol}$

Logo, a massa de carbonato de cálcio será igual a: $m_{CaCO3} = n \times \langle MM \rangle_{CaCO3} = 3,5 \times 10^{-3} \times 100 \text{ g} = 0,35 \text{ g}$

Questão 121

O elemento constituinte da substância simples A possui um nome que em grego significa verde. Livre, como molécula, é um gás venenoso. Na crosta terrestre, encontra-se combinado a outros elementos, como minerais em depósitos subterrâneos e em oceanos. É solúvel em água e também em éter. Quando A reage com hidróxido de sódio em solução aquosa, produz a substância composta B, usada como agente alvejante e bactericida. Quando A reage com sódio fundido, produz a substância composta C, que é essencial ao ser humano. A eletrólise de C, em solução aquosa, produz no catodo de ferro a substância simples D. A substância simples E é o produto gasoso da reação, sob aquecimento, entre sódio metálico e nitrato de sódio. Ao reagir E com D, produz-se a substância composta F, utilizada na fabricação de ácido nítrico, corantes, explosivos, medicamentos, detergentes e, ainda, na forma de seus sais, como fertilizante. Determine:
a) as fórmulas moleculares de B, C, E e F;
b) as equações químicas das reações de produção de B, E e F;
c) o nome e a fórmula do composto produzido pela reação de F com ácido nítrico em solução aquosa.

Resolução: Após a identificação de que o elemento em questão é o cloro, temos:

Item a) B = NaClO (Hipoclorito de sósio), C = NaCl (Cloreto de sódio), E = N_2 (Gás nitrogênio), F = NH_3 (Amônia).
Produção de hipoclorito de sódio: $Cl_2 + 2NaOH \longrightarrow NaCl + NaClO + H_2O$

Item b) Produção de nitrogênio: $10Na + 2NaNO_3 \longrightarrow 6Na_2O + N_2$
Produção de amônia: $N_2 + 3H_2 \longrightarrow 2NH_3$

Item c) Nitrato de amônio = NH_4NO_3

Questão 122

Obtêm-se clorato de potássio pela passagem de cloro em uma solução quente de hidróxido de potássio, produzindo-se também cloreto de potássio e água. Uma solução assim obtida foi evaporada à secura e aquecida para a decomposição do clorato. Sabendo-se que o resíduo total de cloreto de potássio pesou 298 g, calcular a massa de hidróxido de potássio usado.

Resolução: Para o balanceamento desta reação, terá que ser feito pelo método da oxirredução, em que o cloro gasoso sofre tanto oxidação quanto redução. Logo, os coeficientes estequiométricos serão os seguintes: $3Cl_{2(gás)} + 6KOH_{(aquoso)} \longrightarrow KClO_{3(aquoso)} + 5KCl_{(aquoso)} + 3H_2O_{(líquido)}$.

Segunda reação química: Obtenção de cloreto de potássio, a partir da decomposição do clorato de potássio.

Equação química: $KClO_{3(aquoso)} \xrightarrow{\Delta} KCl_{(sólido)} + 3/2O_{2(g)}$. Somando as duas equações químicas, temos:

$3Cl_{2(gás)} + 6KOH_{(aquoso)} \longrightarrow \cancel{KClO_{3(aquoso)}} + 5KCl_{(aquoso)} + 3H_2O_{(l)}$
$\cancel{KClO_{3(aquoso)}} \longrightarrow KCl_{(sólido)} + 3/2O_{2(gás)}$ +

$3Cl_{2(gás)} + 6KOH_{(aquoso)} \longrightarrow 6KCl_{(aquoso)} + 3H_2O_{(líquido)} + + 3/2O_{2(gás)}$ (Equação química global)

Observa-se que teremos a seguinte relação estequiométrica:
6 mol de $KOH_{(aq)}$ --------------- 6 mol de $KCl_{(aq)}$
6 x (39 + 16 + 1) g ------------- 6 mol x (39 + 35,5) g
m_{KOH} -------------------------------- 298 g
m_{KOH} = 224 g

Questão 123

Permanganato de potássio reage com cloreto de sódio em presença de ácido sulfúrico, resultando em sulfato de manganês II, sulfato de potássio, sulfato de sódio, água e cloro gasoso. Calcule o rendimento da reação quando 58,5 g de cloreto de sódio e 32,6 g do permanganato forem adicionadas a 80,4 g de ácido sulfúrico, produzindo 34,4 g de gás.

Resolução: Para realizar o balanceamento desta reação química, será necessário utilizar o balanceamento pelo método redox, sendo o permanganato de potássio o agente oxidante e o cloreto de sódio o agente redutor. Com isso, o balanceamento desta reação química vai ficar os seguintes coeficientes estequiométricos: $2KMnO_4 + 10NaCl + 8H_2SO_4 \longrightarrow 2MnSO_4 + K_2SO_4 + 5NaSO_4 + 8H_2O + 5Cl_2$

Determinação do reagente limitante:

$$n_{KMnO_4} = \frac{m_{KMnO_4}}{< MM >_{KMnO_4}} = \frac{32,6}{158} = \frac{0,206}{2} = 0,103 \text{ mol}$$

$$n_{NaCl} = \frac{m_{NaCl}}{< MM >_{NaCl}} = \frac{58,5}{58,5} = \frac{1,0}{10} = 0,10 \text{ mol (reagente limitante)}$$

$$n_{H_2SO_4} = \frac{m_{H_2SO_4}}{< MM >:_{H_2SO_4}} = \frac{80,4}{98} = \frac{0,820}{8} = 0,1025 \text{ mol}$$

Cálculo do rendimento (R):
10 mol de NaCl --------------- 5 mol de Cl_2
10 mol x (58,5) g ------------- 5 x (71) g x **R**
58,5 g --------------------------- 34,4 g
R = 0,969 ($\cong$ 97%)

Questão 124

Quantos litros de ar, contendo 20% em volume de oxigênio são necessários para queimar completamente 5,6 litros de propano? (Todos os gases são medidos nas CNTP).

Resolução: Cálculo do número de mol de gás nitrogênio, a partir da composução do ar atmosf´rico:

$$C_3H_{8(gás)} + 5O_{2(gás)} \rightarrow 3CO_{2(gás)} + 4H_2O_{(líquido)}$$

$5 \text{ mol de } O_{2(g)} ---- 20\%$

$n_{N_2} --------- 80\%$

$$n_{N_2} = \frac{5 \times 80}{20} = 20 \text{ mol}$$

Equação química da combustão de gás propano com a presença do nitrogênio molecular:

$$C_3H_{8(gás)} + \underbrace{5O_{2(gás)} + 20N_{2(gás)}}_{\substack{\text{ar atmosférico} \\ n = 5+20=25 \text{ mol}}} \rightarrow 3CO_{2(gás)} + 4H_2O_{(líquido)} + 20N_{2(gás)}$$

Cálculo do volume de ar atmosférico nas CNTP:

$1 \text{ mol de } C_2H_8 ---- 25 \text{ mol de ar}$

$1 \text{ mol x } 22{,}4 \text{ L} ---- 25 \text{ mol x } 22{,}4 \text{ L na CNTP}$

$5{,}60 \text{ L} -------- n_{ar}$

$$n_{ar} = \frac{5{,}60 \times 25 \times 22{,}4}{22{,}4} = 140 \text{ L}$$

Questão 125

O sulfato cúprico anidro é obtido a partir de uma solução aquosa de ácido sulfúrico 98% (em massa), a quente, com cobre. Sabendo que a solução aquosa de ácido sulfúrico tem massa específica 1,84 $g.cm^{-3}$ e que o ácido sulfúrico é o reagente limitante, calcule a massa de sulfato cúprico obtida a partir da reação de 10,87 mL da solução aquosa de ácido sulfúrico.

Resolução: Equação química: $Cu_{(sólido)} + 2H_2SO_{4(aquoso)} \longrightarrow CuSO_{4(aquoso)} + 2H_2O_{(líquido)} + SO_{2(gás)}$

Cálculo da massa de ácido sulfúrico, a partir da concentração mássica: C = 10 x d x (%)

$$\frac{m_{H_2SO_4}}{V_{solução}} = 10 \times d \times (\%)$$

$$m_{H_2SO_4} = 10 \times d \times (\%) \times V_{solução} = 10 \times 1{,}84 \times 98 \times 10{,}84 \times 10^{-3}$$

$$m_{H_2SO_4} = 19{,}55 \text{ g}$$

Pela relação estequiométrica, temos:

2 mol de $H_2SO_{4(aq)}$ ----------- 1 mol de $CuSO_{4(aq)}$

196 g --------------------------- 160 g

19,55 g ------------------------- m_{CuSO4}

m_{CuSO4} = 15,96 g

Questão 126

Partindo de 8,2 gramas de um brometo de alquila, obtém-se o respectivo composto de Grignard que, por hidrólise, fornece 4,3 gramas de um hidrocarboneto. Determine o número de átomos de carbono que deve possuir esse hidrocarboneto.

Resolução:

Primeira equação química: $C_nH_{2n+1} - Br + Mg \longrightarrow C_nH_{2n+1}\,MgBr$

Segunda equação química: $C_nH_{2n+1}\,MgBr + H_2O \longrightarrow C_nH_{2n+2} + Mg(OH)Br$

Pelas equações químicas, podemos relacionar estequiometricamente da seguinte forma: $n_{\text{haleto de alquila}} = n_{\text{hidrocarboneto}}$

$$\left\{\frac{8{,}2}{12n + 2n + 1 + 80}\right\} = \left\{\frac{4{,}3}{12n + 2n + 2}\right\}$$

n = 6,07

Questão 127

Uma amostra de dióxido de carbono, pesando 22 mg, contém:

a) $3,01 \times 10^{20}$ mol de CO_2

b) $3,01 \times 10^{23}$ moléculas

c) $6,02 \times 10^{23}$ átomos de oxigênio

d) Ocupa o volume de 11,2 mL em CNTP

e) Ocupa o volume de 1,12 L em CNTP

Resolução: Alternativa D.

A relação numérica para o dióxido de carbono fica da seguinte maneira:
1 mol de CO_2 ----- 44 g ----- $6,02 \times 10^{23}$ moléculas ----- 22,4 L ----- $2 \times 6,02 \times 10^{23}$ átomos de O

Item a) Analisando a primeira alternativa:
1 mol de CO_2 ------ 44 g de CO_2
n_{CO2} ------------------- 22×10^{-3} g de CO_2
$n_{CO2} = 5,0 \times 10^{-4}$ mol de CO_2

Item b) Analisando a segunda alternativa:
44 g de CO_2 -------------- $6,02 \times 10^{23}$ moléculas de CO_2
22×10^{-3} g de CO_2 ------- X moléculas de CO_2
$X = 3,01 \times 10^{20}$ moléculas de CO_2

Item c) Analisando a terceira alternativa:
44 gramas de CO_2 -------------- $2 \times 6,02 \times 10^{23}$ átomos de Oxigênio
22×10^{-3} gramas de CO_2 ------- X átomos de Oxigênio
$X = 6,02 \times 10^{20}$ átomos de Oxigênio

Item d) Analisando a quarta alternativa:
44 gramas de CO_2 -------------- 22,4 L de CO_2 nas CNTP
22×10^{-3} gramas de CO_2 ------- V_{CO2}
$V_{CO2} = 11,2 \times 10^{-3}$ L (11,2 mL)

Questão 128

Num equipamento adequado para permitir adição de solução, assim como coleta e medida de volume de gases, fez-se a seguinte experiência: Após colocar neste equipamento 100 cm^3 de uma solução aquosa contendo 1,06 gramas de carbonato de sódio por litro de solução, adiciona-se um excesso de solução de ácido clorídrico. Admitindo que, nesta experiência, todo o gás que pudesse ser produzido pela reação entre as duas soluções foi de fato coletado, qual o volume medido, em cm^3, sabendo-se que a experiência foi realizada na temperatura de 27°C e pressão de 750 mmHg?

a) $0,10 \times 22,4$

b) $1,10 \times 24,9$

c) $100 \times 0,0821$

d) $0,20 \times 62,3$

e) $0,40 \times 62,3$

Resolução: Alternativa E.

Em 1 litro de solução há 1,06 gramas de carbonato de sódio dissolvido. Logo, para um volume de 100 cm^3 utilizado, a massa de carbonato de sódio dissolvida será de 0,106 gramas.

Cálculo da massa de dióxido de carbono: $Na_2CO_3 + 2HCl \rightarrow 2NaCl + H_2O + CO_2$
1 mol de Na_2CO_3 --------------------- 1 mol de CO_2
106 gramas ---------------------------- 44 gramas
0,106 gramas -------------------------- m_{CO2}
$m_{CO2} = 0,044$ g

Usando a equação dos gases ideais: $750 \text{ x V} = \frac{0,044}{44} \text{x } 62,30 \text{ x } (27 + 273)$
$V = (0,40 \text{ x } 62,30) \text{ cm}^3$

Questão 129

Considere a queima completa de vapores das quatro seguintes substâncias: metano, etano, metanol e etanol. Os volumes de ar necessário para a queima de 1 litro de cada um destes vapores, todos a mesma pressão e temperatura, são, respectivamente, V_1, V_2, V_3 e V_4. Assinale a alternativa que apresenta a comparação correta entre os volumes de ar utilizado na combustão:
a) $V_2 > V_4 > V_1 > V_3$
b) $V_2 > V_1 > V_4 > V_3$
c) $V_4 > V_2 > V_3 > V_1$
d) $V_4 > V_3 > V_2 > V_1$
e) $V_4 = V_3 > V_2 = V_1$

Resolução: Alternativa A.

Considere que a composição do ar apresenta 20% de O_2 e 80% de N_2. Analisando o gás metano (CH_4): $CH_{4(gás)} + 2O_{2(gás)} \rightarrow CO_{2(gás)} + 2H_2O_{(líquido)}$
Cálculo do número de mol de N_2, a partir da composição do ar:
2 mol de O_2 ---------- 20%
n_{N2} --------------------- 80%
n_{N2} = 8 mol de $N_{2(gás)}$

Equação química na presença de $N_{2(g)}$: $CH_{4(gás)} + 2O_{2(gás)} + 8N_{2(gás)} \rightarrow CO_{2(gás)} + 2H_2O_{(líquido)} + 8N_{2(gás)}$

Observando a estequiometria da reação, temos que para cada 1 litro de $CH_{4(gás)}$ está para 10 litros de ar atmosférico.

Analisando o gás etano (C_2H_6): $C_2H_{6(gás)} + 7/2O_{2(gás)} \rightarrow 2CO_{2(gás)} + 3H_2O_{(gás)}$

Cálculo do número de mol de N_2, a partir da composição do ar:
(7/2) mol de O_2 --------- 20%
n_{N2} ------------------------- 80%
n_{N2} = 14 mol de $N_{2(g)}$

Equação química com a presença de $N_{2(g)}$: $C_2H_{6(gás)} + 7/2O_{2(gás)} + 14N_{2(gás)} \rightarrow 2CO_{2(gás)} + 3H_2O_{(líquido)} + 14N_{2(gás)}$

Observando a estequiometria da reação, temos que para cada 1,0 L de $C_2H_{6(g)}$ está para 17,5 L de ar.

Analisando o gás metanol (CH_4O): $CH_4O_{(gás)} + 3/2O_{2(gás)} \rightarrow CO_{2(gás)} + 2H_2O_{(líquido)}$

Cálculo do número de mol de N_2, a partir da composição do ar:
(3/2) mol de O_2 -------- 20%
n_{N2} ------------------------- 80%
n_{N2} = 6 mol de $N_{2(g)}$

Equação química com a presença de $N_{2(g)}$: $CH_4O_{(gás)} + 3/2O_{2(gás)} + 6N_{2(gás)} \rightarrow CO_{2(gás)} + 2H_2O_{(líquido)} + 6N_{2(gás)}$

Observando a estequiometria da reação, temos que para cada 1 litro de $CH_{4(gás)}$ está para 7,5 litros de ar.

Analisando o gás etanol (C_2H_6O): $C_2H_6O_{(gás)} + 3O_{2(gás)} \rightarrow 2CO_{2(gás)} + 3H_2O_{(líquido)}$

Cálculo do número de mol de N_2, a partir da composição do ar atmosférico:
3 mol de O_2 ------------- 20%
n_{N2} ------------------------- 80%
n_{N2} = 12 mol de $N_{2(g)}$

Equação química com a presença de $N_{2(g)}$: $C_2H_6O_{(gás)} + 3O_{2(gás)} + 12N_{2(gás)} \rightarrow 2CO_{2(gás)} + 3H_2O_{(líquido)} + 12N_{2(gás)}$

Observando a estequiometria da reação, temos que para cada 1 litro de $CH_{4(g)}$ está para 15 litros de ar. Comparando os volumes, temos: $\boxed{V_2^{C_2H_6} > V_4^{C_2H_6O} > V_1^{CH_4} > V_3^{CH_4O}}$

Questão 130

Escreva as reações correspondentes à fabricação do ácido sulfúrico, pelo processo de contato, a partir da pirita. Calcule a massa de ácido sulfúrico, a partir de 1000 gramas de pirita com grau de pureza igual a 75%.

Resolução: As equações químicas para a produção de ácido sulfúrico a partir da pirita são as seguintes:

$$2FeS_{2(sólido)} + \frac{11}{2}O_{2(gás)} \rightarrow Fe_2O_{3(sólido)} + 4SO_{2(gás)}$$

$$SO_{2(gás)} + \frac{1}{2}O_{2(gás)} \rightarrow SO_{3(gás)}$$

$$H_2O_{(líquido)} + SO_{2(gás)} \rightarrow H_2SO_{4(aquoso)}$$

Somando as equações químicas, temos: $2FeS_{2(sólido)} + 6O_{2(gás)} + SO_{2(gás)} + H_2O_{(líquido)} \rightarrow Fe_2O_{3(sólido)} + 4SO_{2(gás)} + H_2SO_{4(aquoso)}$

Pela relação estequiométrica, temos:

2 x (56 + 64) gramas de pirita ------------ 98 gramas de ácido
1000 gramas x 0,75 ------------------------ Massa de ácido sulfúrico
Massa de ácido sulfúrico = 306 gramas de ácido sulfúrico

Questão 131

A taxa de emissão de dióxido de carbono em função do consumo médio de certo combustível, em um carro de testes, é apresentada a seguir.

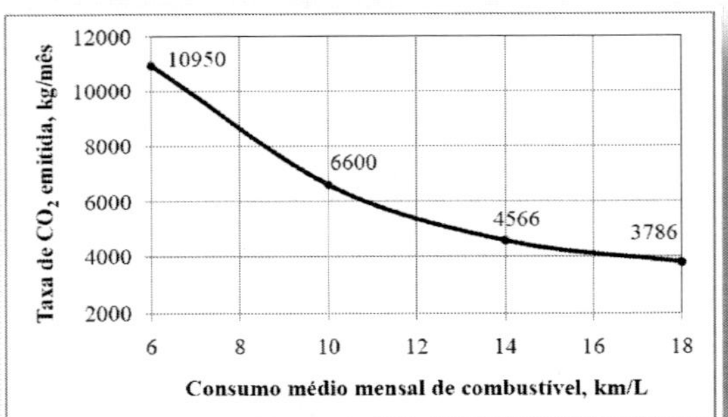

Para um consumo médio de 10 km.L^{-1}, a massa total mensal de combustível consumida é 2175 kg. Dentre as opções abaixo, pode-se afirmar que o combustível testado foi o:

a) metano
b) propano
c) butano
d) heptano
e) octano

Resolução: Alternativa C.

A partir do gráfico, o consumo médio mensal de 10 km.L^{-1}, a taxa de CO_2 é de 6600 kg.(mês)$^{-1}$. Processo de combustão completa:
$C_nH_{2n+2} + \frac{3n+1}{2}O_2 \rightarrow nCO_2 + (n+1)H_2O$

(14n+2) ----------------- 44n
2175 kg ----------------- 6600 kg
n = 4
Logo, o combustível testado é o butano (C_4H_{10}).

Questão 132

Em um recipiente fechado queima-se propano com 80% da quantidade estequiométrica de ar. Admitindo que não haja hidrocarbonetos após a combustão, que todos os produtos da reação estejam na fase gasosa e que a composição volumétrica do ar seja de uma parte de O_2 para quatro partes de N_2, calcule a porcentagem molar no recipiente após a combustão (considere comportamento ideal para os gases).
a) 4,35
b) 4,76
c) 5,26
d) 8,70
e) 14,28

Resolução: Alternativa A.
Equação química a partir do processo de combustão completa do gás propano: $C_3H_{8(gás)} + 5O_{2(gas)} \rightarrow 3CO_{2(gás)} + 4H_2O_{(líquido)}$

A quantidade estequiométrica de O_2 seria 5 mol. Segundo o enunciado, foram utilizados 80% da quantidade estequiométrica de O_2, ou seja, 4 mol de O_2 e 16 mol de N_2, pois a proporção entre oxigênio e nitrogênio no ar é de 1:4.

A queima foi incompleta, mas não havia hidrocarboneto entre os produtos. Logo, formaram-se CO, CO_2 e vapor d'água, logo, a equação química de combustão nesse caso ficará da seguinte maneira: $C_3H_{8(g)} + \frac{2x+y+4}{2} O_{2(g)} \rightarrow xCO_{2(g)} + yCO_{(g)} + 4H_2O_{(g)}$

$x + y = 3$ e $\frac{2x+y+4}{2} = 4 \Rightarrow x = 1$ e $y = 2$

A equação de combustão incompleta com os coeficientes estequiométricos é a seguinte: $C_3H_8 + 4\ O_2 \rightarrow CO + 2\ CO_2 + 4\ H_2O$

N_2 não reage, e por isso no fim da combustão haverá também 16 mol de N_2.

Cálculo percentual: $(\%)_{CO_2} = \frac{1}{23} x\ 100\% = 4{,}35\%$

Questão 133

Sabendo que 18,0 gramas de um elemento X reagem exatamente com 7,75 gramas de oxigênio para formar um composto de fórmula X_2O_5, a massa de um mol de X é:
a) 99,2 g
b) 92,9 g
c) 74,3 g
d) 46,5 g
e) 18,6 g

Resolução: Alternativa B.

Cálculo da massa atômica (<MA>) do elemento X: $2X + 5/2O_{2(gás)} \rightarrow X_2O_5$

2 mol de X ---------------- 5/2 mol de O_2(g)
(2 x <MA>) -------------- 5/2 x 32 g
18,0 g --------------------- 7,75 g
<M.A> = 92,90 $g.mol^{-1}$

Questão 134

Em 19,9 gramas de um sal de cálcio encontra-se 0,15 mol desse elemento. Qual a massa molar do ânion trivalente que forma esse sal?

a) 139 $g.mol^{-1}$
b) 278 $g.mol^{-1}$
c) 63,3 $g.mol^{-1}$
d) 126,6 $g.mol^{-1}$
e) 95 $g.mol^{-1}$

Resolução: Alternativa A.

Cálculo da massa molar do sal (Ca_3X_2):

1 mol de sal (CaX_2) ---------- 3 mol de átomos de Ca
($3 \times 40 + 2.<MM_x>$) ---------- 3 mol de átomos de Ca
19,9 g --------------------------- 0,15 mol
$<MM_x> = 139\ g.mol^{-1}$

Questão 135

O osso humano é constituído por uma fase mineral e uma fase orgânica, sendo a primeira correspondente a cerca de 70% da massa óssea do ser humano. Dentre os minerais conhecidos, a hidroxiapatita, $Ca_{10}(PO_4)_6(OH)_2$, é o mineral de estrutura cristalina e estequiometria mais próxima a dos nanocristais constituintes da fase mineral dos tecidos ósseos. Considere que os átomos de cálcio estão na fase mineral dos tecidos ósseos e que o esqueleto de um indivíduo corresponde a um terço do seu peso. O número de átomos de cálcio em uma pessoa de 60 kg é:
a) $8,37 \times 10^{24}$
b) $2,52 \times 10^{25}$
c) $8,37 \times 10^{25}$
d) $1,20 \times 10^{26}$
e) $2,52 \times 10^{26}$

Resolução: Alternativa C.
A fase mineral corresponde a 70% da massa corpórea, logo: m = 0,70 x 60 kg = 42 kg
Massa de átomos de cálcio: m_{Ca} = 42 kg x 1/3 = 14 kg

Cálculo do número de átomos de cálcio:
1004 g ------------------------ 10 x 6,02 x 10^{23} átomos de cálcio
14000 g ------------------------ X
X = 8,39 x 10^{25} átomos de cálcio.

Questão 136

Em um recipiente fechado queima-se propano com 80% da quantidade estequiométrica de ar. Admitindo que não haja hidrocarbonetos após a combustão, que todos os produtos da reação estejam na fase gasosa e que a composição volumétrica do ar seja de uma parte de O_2 para quatro partes de N_2, calcule a porcentagem molar de CO_2 no recipiente após a combustão (considere comportamento ideal para os gases).
a) 4,35 %
b) 4,76 %
c) 5,26 %
d) 8,70 %
e) 14,28 %
Resolução: Alternativa A.

Equação química completa que corresponde a combustão do gás propano: $C_3H_{8(gás)} + 5O_{2(gás)} \rightarrow 3CO_{2(gás)} + 4H_2O_{(gás)}$

Cálculo do número de mol de O_2:

5 mol de O_2 --------- 100%
n_{O2} --------------------- 80%
n_{O2} = 4 mol

Cálculo do número de mol de N_2:
4 mol de O_2 ---------- 1 parte
n_{N2} -------------------- 4 partes
n_{N2} = 16 mol

Equação química com a presença de $N_{2(g)}$: $C_3H_{8(gás)} + 4O_{2(gás)} + 16N_{2(gás)} \rightarrow CO_{2(g)} + 4H_2O_{(gás)} + 2CO_{(gás)} + 16\ N_{2(gás)}$

Cálculo do número de mol total dos gases presentes no recipiente: $n_{Total} = n_{CO2} + n_{H2O} + n_{CO} + n_{N2} = 1 + 4 + 2 + 16 = 23$ mol

Cálculo do percentual de CO_2 no recipiente: $(\%)_{CO_2} = \frac{n_{CO_2}}{n_{TOTAL}} = \frac{1}{23} = 0{,}0435\ (4{,}35\%)$

Questão 137

O hidrogênio produzido na reação de 5,59 gramas de ferro metálico com excesso de solução de ácido clorídrico reduziria a seguinte massa de óxido cuproso:
a) 5,6 g
b) 7,9 g
c) 9,5 g
d) 14,2 g
e) 28,4 g

Resolução: Alternativa D.

Equação química: $Fe + 2HCl \rightarrow FeCl_2 + H_2$
1 mol de Fe ----------------------- 1 mol de H_2
55,90 g ----------------------------- 2,0 g de H_2
5,59 g ------------------------------- m_{H2}
m_{H2} = 0,20 g

Segunda equação química: $Cu_2O + H_2 \rightarrow 2Cu_{(s)} + H_2O$
1 mol --------------------------------------- 1 mol de H_2
(63,50 x 2 + 16) g ---------------------- 2,0 g
Massa --------------------------------------- 0,20 g
Massa de Cu_2O = 14,30 g

Questão 138

Uma amostra de óxido de crômio (III) contaminada com impurezas inertes é reduzida com hidrogênio de acordo com a equação: $Cr_2O_3 + 3H_2 \rightarrow 2Cr + 3H_2O$. O volume de hidrogênio medido nas CNTP, necessário para purificar 5 gramas de óxido de crômio (III) contendo 15% de impurezas inertes é igual a:
a) [(0,15 x 5,0 x 3 x 22,4) / 152] litros
b) [(0,85 x 5,0 x 3 x 22,4) / 152] litros
c) [(0,15 x 5,0 x 3 x 22,4) / 104] litros
d) [(0,85 x 5,0 x 3 x 22,4) / 104] litros
e) [(0,15 x 5,0 x 22,4) / 104] litros

Resolução: Alternativa B.

Percentual de pureza = 100% - 15% = 85% (0,85)
Massa (pura) de óxido de cromo III = 0,85 x 5g = 4,25 g

Equação química: $Cr_2O_3 + 3H_2 \rightarrow 2Cr + 3H_2O$

152 gramas de Cr_2O_3 ---------------- 6 gramas de H_2
4,25 gramas de Cr_2O_3 -------------- y
y = 0,167 g de H_2

Cálculo do número de mol de H_2: $n_{H_2} = \frac{0,167}{2} = 0,083\text{ mol}$

1 mol de H_2 nas CNTP --------------- 22,4 L
0,083 mol nas CNTP ----------------- Y

$$Y = \frac{0,85 \text{ x } 5,0 \text{ x } 3 \text{ x } 22,4}{152} = 1,87\text{ L}$$

Questão 139

Certa massa de nitrato de cobre $Cu(NO_3)_2$ foi calcinada em um ambiente aberto até resfriar um resíduo com massa constante, que é sólido e preto. Formaram-se dois produtos gasosos, conforme a equação química: $2Cu(NO_3)_{2(sólido)} \longrightarrow 2CuO_{(sólido)} + 4NO_{2(gás)} + O_{2(gás)}$. A massa do NO_2 formado na reação de decomposição é igual a 18,4 gramas. Qual é o valor que mais se aproxima da massa inicial do nitrato de cobre?

a) 9,40 g
b) 37,50 g
c) 57,50 g
d) 123 g
e) 246 g

Resolução: Alternativa B. Equação química: $2Cu(NO_3)_{2(sólido)} \longrightarrow 2CuO_{(sólido)} + 4NO_{2(gás)} + O_{2(gás)}$

2 mol de nitrato de cobre ------------------ 4 mol de óxido de nitrogênio
2 x (63,55 + 28 + 6 x 16) ------------------- 4 x (14 + 32) gramas
$Massa_{Cu(NO3)2}$ ---------------------------------- 18,40 g
$Massa_{Cu(NO3)2}$ = 37,5 g

Questão 140

O gás cloro pode ser obtido, de acordo com a reação: $MnO_2 + 4HCl \longrightarrow MnCl_2 + 2H_2O + Cl_2$. Para produzirmos 3,00 litros desse gás nas condições normais, supondo a reação completa, será necessário o volume de ácido clorídrico (densidade = 1,12 $g.mL^{-1}$ contendo 40,0% de HCl em massa).

a) 17,30 L
b) 19,40 L
c) 43,70 L
d) 48,5 L
e) Nenhuma das respostas anteriores.

Resolução: Alternativa E.

Equação química: $MnO_2 + 4HCl \longrightarrow MnCl_2 + 2H_2O + Cl_2$

Cálculo da concentração comum do ácido clorídrico: $C = 10 \text{ x d x } (\%) = 10 \text{ x } 1,12 \text{ x } 40 = 448\frac{g}{L}$

Cálculo da concentração da quantidade de matéria do ácido clorídrico: $[HCl] = \frac{448}{36.5} = 12,27\frac{mol}{L}$

Cálculo do volume de ácido clorídrico, em litros, através da estequiometria:

4 mol de HCl ----------------- 1 mol de Cl_2
n_{HCl} ----------------------------- n_{Cl2}
$n_{HCl} = 4 \text{ x } n_{Cl2}$

$$[HCl] \text{ x } V_{solução} = 4 \text{ x} \frac{p \text{ x } V}{R \text{ x } T}$$

$$12,27 \text{ x } V_{solução} = 4 \text{ x} \left(\frac{1 \text{ x } 3}{0,08206 \text{ x } 273}\right)$$

$$V_{solução} = 4{,}36 \times 10^{-2}\ L$$

Questão 141

Tratando 2,13 gramas do carbonato do metal M com ácido sulfúrico, em quantidade suficiente, obtém-se 3,17 gramas do sulfato desse metal M pode ser:

a) Alumínio
b) Bário
c) Cálcio
d) Lítio
e) Sódio

Resolução: Alternativa D.

Cálculo da massa atômica do metal M: $MCO_3 + H_2SO_4 \longrightarrow MSO_4 + H_2CO_3$

1 mol de $(<MM>_M + 60)$ g ------------ $(<MM>_M + 96)$ g
2,13 g -------------------------------------- 3,17 g
$<MM>_M = 13{,}73\ g.mol^{-1}$

Pelo valor calculado, não há nenhum elemento com esta massa molar. Considerando que o metal M seja um elemento do grupo 1, temos:

1 mol de M_2CO_3 --------------------------- 1 mol de M_2SO_4
1 mol de $(2 \times <MM>_M + 60)$g ----------- $(2 \times <MM>_M + 96)$g
2,13 g -- 3,17 g
$<MM>_M = 6{,}86\ g.mol^{-1}$

Com esta massa molar, trata-se do elemento químico Lítio (Li).

Questão 142

Foi preparada uma solução usando 490 gramas de ácido sulfúrico puro e água até completar 1,0 litro. Qual a massa de carbonato de sódio necessária para neutralizar 200 mL desta solução?

a) 53,0 g
b) 100 g
c) 212 g
d) 10,6 g
e) 21,2 g

Resolução: Alternativa B.

Cálculo da concentração da quantidade de matéria de ácido sulfúrico:

$$[H_2SO_4] = \frac{\frac{m_{H_2SO_4}}{<MM>_{H_2SO_4}}}{V_{solução}} = \frac{\frac{490}{98}}{1{,}0} = 5{,}0\ mol.L^{-1}$$

Equação química: $H_2SO_{4(aquoso)} + Na_2CO_{3(sólido)} \longrightarrow Na_2SO_{4(aquoso)} + H_2CO_{3(aquoso)}$
1 mol de $H_2SO_{4(aq)}$ --------- 1 mol de $Na_2CO_{3(s)}$
$n_{ácido}$ -------------------------- n_{sal}
$n_{ácido} = n_{sal}$

$$[H_2SO_4] \times V_{solução} = n_{Na_2CO_3}$$

$$5 \times 0{,}200 = \frac{m_{Na_2CO_3}}{106}$$

$m_{Na_2CO_3} = 106 \text{ g}$

Questão 143

A combustão de um composto X na presença de ar atmosférico ocorre com a formatação de fuligem. Dos compostos abaixo, assinale a opção que contém o composto X que apresenta a maior tendência de combustão fuliginosa.

a) C_6H_6
b) C_2H_5OH
c) CH_4
d) $CH_3(CH_2)_6CH_3$
e) CH_3OH

Resolução: Alternativa D.

A formação de fuligem ocorre quando há uma impossibilidade de ocorrer uma estequiometria de combustão definida como incompleta, ou seja, combustão que consiste na formação de monóxido de carbono (CO) ou de carbono (fuligem), devido a insuficiência de gás oxigênio (O_2). Já a combustão completa é definida como a formação de dióxido de carbono (CO_2). Analisando a combustão completa, formando dióxido de carbono (CO_2):

- ✓ Analisando o benzeno: $C_6H_6 + O_2 \rightarrow 6CO_2 + 3H_2O$
- ✓ Analisando o etanol: $C_2H_5OH + 7/2O_2 \rightarrow 2CO_2 + 3H_2O$
- ✓ Analisando o metano: $CH_4 + 2O_2 \rightarrow CO_2 + 2H_2O$
- ✓ Analisando o octano: $CH_3(CH_2)_6CH_3 + 25/2O_2 \rightarrow \mathbf{8CO_2} + 9H_2O$
- ✓ Analisando o metanol: $CH_3OH + 2O_2 \rightarrow CO_2 + 2H_2O$

Analisando a combustão incompleta, formando monóxido de carbono (CO):

- ✓ Analisando o benzeno: $C_6H_6 + 9/2O_2 \rightarrow 6CO + 3H_2O$
- ✓ Analisando o etanol: $C_2H_5OH + 7/2O_2 \rightarrow 2CO + 3H_2O$
- ✓ Analisando o metano: $CH_4 + 3/2O_2 \rightarrow CO + 2H_2O$
- ✓ Analisando o octano: $CH_3(CH_2)_6CH_3 + 17/2O_2 \rightarrow \mathbf{8CO} + 9H_2O$
- ✓ Analisando o metanol: $CH_3OH + 3/2O_2 \rightarrow CO + 2H_2O$

Analisando a combustão incompleta, formação de fuligem (C):

- ✓ Analisando o benzeno: $C_6H_6 + 3/2O_2 \rightarrow 6C + 3H_2O$
- ✓ Analisando o etanol: $C_2H_5OH + 3O_2 \rightarrow 2C + 3H_2O$
- ✓ Analisando o metano: $CH_4 + O_2 \rightarrow C + 2H_2O$
- ✓ Analisando o octano: $CH_3(CH_2)_6CH_3 + 9O_2 \rightarrow \mathbf{8C} + 9H_2O$
- ✓ Analisando o metanol: $CH_3OH + O_2 \rightarrow C + 2H_2O$

Resposta: Para todos os tipos, o octano apresenta a maior tendência de combustão fuliginosa.

Questão 144

Um dos processos industriais para a fabricação de ácido clorídrico consiste na reação entre o tiossulfato de sódio na presença de cloro gasoso, conforme pode ser observado na equação química apresentada a seguir: $Na_2S_2O_3 + Cl_2 + H_2O \rightarrow NaHSO_4 + HCl$. Partindo de 100g de cada reagente químico, assinale a alternativa que apresenta a massa de sal produzida.

a) 64,50 g
b) 74,00 g
c) 84,50 g
d) 90,00 g
e) 95,00 g

Resolução: Alternativa C.

Realizando o balanceamento pelo método REDOX, em que Na2S2O3 é o agente redutor enquanto o Cl_2 é o agente oxidante.

$2Na_2S_2O_3 + 8Cl_2 + 10H_2O \rightarrow 4NaHSO_4 + 16HCl$

Determinação do reagente limitante:

$$n_{Na_2S_2O_3} = \frac{100}{164} = \frac{609{,}76 \text{ x } 10^{-2}}{2} = 0{,}304 \text{ mol}$$

$n_{Cl_2} = \frac{100}{71} = \frac{1{,}41}{8} = 0{,}176 \text{ mol}$ (Reagente limitante)

$n_{H_2O} = \frac{100}{18} = \frac{5{,}56}{10} = 0{,}556 \text{ mol}$ (Reagente em excesso)

Cálculo da massa de bicarbonato de sódio:

8 x 71 g ----------- 4 x 120 g
100 gramas ------ Massa de bicarbonato de sódio

Massa de bicarbonato = 84,51 g

Questão 145

O coeficiente x da equação acima é:
a) 13/2
b) 14/2
c) 15/2
d) 16/2
e) Nenhuma das anteriores

Resolução: Alternativa D.

O balanceamento da reação química da combustão do pentanol é feito pelo método das tentativas. Logo, a equação química balanceada ficará da seguinte forma: $C_5H_{11}OH + 15/2O_2 \rightarrow 5CO_2 + 6H_2O$.

Questão 146

Se nesta reação são consumidos 176 g de pentanol, o número de mol de água formada será:
a) 6,0
b) 12,0
c) 18,0
d) 24,0
e) 30,0

Resolução: Alternativa B.
Cálculo do número de mol (n) de pentanol: $n_{pentanol} = \frac{176}{88} = 2{,}0 \text{ mol}$

A partir da equação química: $C_5H_{11}OH + 15/2O_2 \rightarrow 5CO_2 + 6H_2O$
1 mol de $C_5H_{11}OH$ ------------- 6 mol de H_2O
2 mol de $C_5H_{11}OH$ ------------- n_{H2O}
n_{H2O} = 12 mol de água

Questão 147

A 25°C, uma mistura de metano e propano ocupa um volume (V), sob uma pressão total de 0,080 atm. Quando é realizada a combustão completa desta mistura e apenas dióxido de carbono é coletado, verifica-se que a pressão desse gás é de 0,12 atm, quando este ocupa o mesmo volume (V) e está sob a mesma temperatura da mistura original. Admitindo que os gases apresentam comportamento ideal, assinale a opção que contém o valor correto do número de mol em bases percentuais de gás metano na mistura original.
a) 0,01

b) 0,25
c) 0,50
d) 0,75
e) 1,00

Resolução: Alternativa D.

Informação do problema: $n_{CH4} + n_{C3H8} = 0{,}080$
Os dois gases realizam combustão completa, conforme pode ser observado nas seguintes equações químicas balanceadas:

$CH_{4(gás)} + 2O_{2(gás)} \longrightarrow CO_{2(gás)} + 2H_2O_{(gás)}$
$C_3H_{8(gás)} + 5O_{2(gás)} \longrightarrow 3CO_{2(gás)} + 4H_2O_{(gás)}$
Analisando a reação de combustão do metano: $CH_{4(gás)} + 2O_{2(gás)} \longrightarrow CO_{2(gás)} + 2H_2O_{(gás)}$
1 mol de $CH_{4(g)}$ ---------- 1 mol de $CO_{2(g)}$
n_{CH4} ------------------------ n_{CO2}
$n_{CH4} = n_{CO2}$

Analisando a reação de combustão de propano: $C_3H_{8(gás)} + 5O_{2(gás)} \longrightarrow 3CO_{2(gás)} + 4H_2O_{(gás)}$
1 mol de $C_3H_{8(gás)}$ ------- 3 mol de $CO_{2(gás)}$
n_{CH4} ------------------------ n_{CO2}
$n_{CO2} = 3 \times n_{C3H8}$
A segunda equação química será a seguinte: $n_{CO_2}^{CH_4} + 3n_{CO_2}^{C_3H_8} = 0{,}120$

A partir deste momento há duas equações com duas incógnitas, logo:
$n_{CH4} + n_{C3H8} = 0{,}080$
$n_{CH4} + 3 \times n_{C3H8} = 0{,}120$

Resolvendo este sistema, chegamos aos seguintes valores: $n_{CH4} = 0{,}060$ mol e $n_{C3H8} = 0{,}020$ mol.

Cálculo do percentual: $(\%) = \frac{0{,}060}{0{,}080} = 0{,}75\ (75\%)$

Questão 148

Na temperatura ambiente, hidróxido de potássio sólido reage com o cloreto de amônio sólido, com a liberação de um gás. Assinale a alternativa correta para o gás liberado nesta reação.
a) Cl_2
b) H_2
c) HCl
d) NH_3
e) O_2

Resolução: Alternativa D.

A reação entre hidróxido de potássio e o cloreto de amônio terá como produto o cloreto de potássio e o hidróxido de amônio. O hidróxido de amônio se decompõe dando origem a molécula de água e amônia, sendo esta última a substância gasosa liberada. Equação química balanceada: $KOH + NH_4Cl \longrightarrow KCl + H_2O + NH_3$.

Questão 149

Através da fusão de mistura de $SiO_{2(s)}$ e $Al_2O_{3(s)}$ em forno suficientemente aquecido é possível produzir aluminossilicatos. Considere que seja produzido um aluminossilicato com a relação de massa {(g de Al_2O_3) / (g de SiO_2)} igual a 2,6. Qual das alternativas correspondente ao valor da quantidade {(mol de Al_2O_3) / (mol de SiO_2)} neste aluminossilicato?
a) 0,59
b) 1,0
c) 1,5
d) 2,6

e) 4,4

Resolução: Alternativa C. Informação do problema: $\frac{m_{Al_2O_3}}{m_{SiO_2}} = 2,60$

$$\frac{n_{Al_2O_3} \text{ x } <MM>_{Al_2O_3}}{n_{SiO_2} \text{ x } < MM >_{SiO_2}} = 2,60$$

$$\frac{n_{Al_2O_3} \text{ x } 102}{n_{SiO_2} \text{ x } 60} = 2,60$$

$$\frac{n_{Al_2O_3}}{n_{SiO_2}} = 1,53$$

Questão 150

100 mL de solução aquosa de NaOH 0,1 mol.L^{-1} foram misturados com 100 mL de solução aquosa de H_2SO_4 0,3 mol.L^{-1}. Quantos mol.L^{-1} de H^+ existem na solução final?

a) 0,10
b) 0,20
c) 0,25
d) 0,30
e) 0,50

Resolução: Alternativa C.

Equação química balanceada para o processo de neutralização: $2NaOH_{(aquoso)} + H_2SO_{4(aquoso)} \longrightarrow Na_2SO_{4(sólido)} + 2H_2O_{(líquido)}$.

Cálculo do número de mol de ácido sulfúrico: n = [H_2SO_4] x V = 0,30 mol.L^{-1} x 100 x 10^{-3} L = 0,03 mol

Cálculo do número de mol de hidróxido de sódio: n = [NaOH] x V = 0,10 mol.L^{-1} x 100 x 10^{-3} L = 0,01 mol

Para:

2 mol de NaOH ---------- 0,01 mol
1 mol de NaOH ---------- n_{NaOH}
n_{NaOH} = 0,005 mol de NaOH

Observando o número de mol de cada reagente, conclui-se que o reagente limitante é o hidróxido de sódio e o reagente em excesso é o ácido sulfúrico.

$n_{H_2SO_4}^{excesso} = 0,03 \text{ mol} - 0,005 \text{ mol} = 0,025 \text{ mol}$

Cálculo da concentração da quantidade de matéria do ácido sulfúrico: $[H_2SO_4] = \frac{n_{H_2SO_4}^{excesso}}{V_{solução}} = \frac{0,025}{0,20} = 0,125 \text{ mol. L}^{-1}$

Cálculo da concentração da quantidade de matéria do íon hidrogênio, a partir da seguinte estequiometria: $H_2SO_{4(aquoso)} \xrightarrow{H_2O} 2H^+_{(aquoso)} + SO_{4(aquoso)}^{-2}$

1 mol de $H_2SO_{4(aq)}$ --------------- 2 mol de H^+
0,125 mol.L^{-1} -------------------- [H^+]
[H^+] = 0,250 mol.L^{-1}

Questão 151

Dispõe-se de 10,0 litros de uma solução 1,00 mol.L^{-1} de ácido clorídrico. Para que o pH desta solução seja elevado para o valor 2,0; a massa de hidróxido de sódio sólido que deve ser adicionada, admitindo desprezível a variação de volume, será:

a) 400 g
b) 396 g

c) 360 g
d) 320 g
e) 80 g

Resolução: Alternativa B.

Cálculo da concentração da quantidade de matéria de H^+ do ácido clorídrico, para um pH = 2,0: pH = -log[H^+]
2 = - log[H^+]
[H^+] = 0,01 $mol.L^{-1}$

Cálculo da concentração da quantidade de matéria de HCl, a partir da reação de dissociação: $HCl_{(aquoso)} \xrightarrow{H_2O} H^+_{(aquoso)} + Cl^-_{(aquoso)}$

1 mol de HCl ---------- 1 mol de H^+
[HCl] --------------------- 0,01 $mol.L^{-1}$
[HCl] = 0,01 $mol.L^{-1}$

Cálculo do volume de HCl: $[HCl]_1 \times V_1 = [HCl]_2 \times V_2$
1 x 10 = 0,01 x V_2
V_2 = 1000 L

Para que o pH fique igual a 2,0, houve a adição de 990 litros de ácido, ou seja: V_{HCl} = 1000 L – 10 L = 990 L

Cálculo da massa de NaOH, a partir da estequiometria: $HCl_{(aquoso)} + NaOH_{(aquoso)} \rightarrow NaCl_{(aquoso)} + H_2O_{(líquido)}$
1 mol de HCl -------- 1 mol de NaOH
n_{HCl} --------------------- n_{NaOH}
$n_{HCl} = n_{NaOH}$

$$\frac{m_{NaOH}}{< MM >_{NaOH}} = [HCl] \text{ x } V_{solução}$$

$$m_{NaOH} = < MM >_{NaOH} \text{ x } [HCl] \text{ x } V_{solução} = 40 \text{ x } 10^{-2} \text{ x } 990 = 396 \text{ g}$$

Questão 152

Num recipiente inerte, hermeticamente fechado, estão presentes 100 gramas de ferro, 100 gramas de água e 100 gramas de oxigênio. Supondo que ocorre a reação $2Fe_{(sólido)} + 3H_2O_{(líquido)} + 3/2O_{2(gás)} \rightarrow 2Fe(OH)_{2(sólido)}$ e que a reação prossiga até o consumo completo do(s) reagente(s) minoritário(s), podemos prever que irá(irão) sobrar:
a) Fe e H_2O
b) Fe e O_2
c) H_2O e O_2
d) Fe
e) H_2O

Resolução: Alternativa C.

Equação química: $2Fe_{(sólido)} + 3H_2O_{(líquido)} + 3/2O_{2(gás)} \rightarrow 2Fe(OH)_{2(sólido)}$. Cálculo do número de mol de cada reagente químico:

$$n_{Fe} = \frac{m_{Fe}}{< MM >_{Fe}} = \frac{100}{56} = \frac{1,78 \text{ mol}}{2} = 0,89 \text{ mol (reagente limitante)}$$

$$n_{H_2O} = \frac{m_{H_2O}}{< MM >_{H_2O}} = \frac{100}{18} = \frac{5,55 \text{ mol}}{3} = 1,85 \text{ mol}$$

$$n_{O_2} = \frac{m_{O_2}}{< MM >_{O_2}} = \frac{100}{32} = \frac{3,125 \text{ mol}}{1,5} = 2,08 \text{ mol}$$

Pelos cálculos realizados, irão sobrar H_2O e O_2.

Questão 153

O volume de HCl gasoso, medido na pressão de 624 mmHg e temperatura igual a 27°C, necessário para neutralizar completamente 500 cm^3 de uma solução aquosa 0,200 $mol.L^{-1}$ de NaOH é:
a) 0,27 L
b) 1,5 L
c) 3,0 L
d) 6,0 L
e) 27 L

Resolução: Alternativa C.

Cálculo do número de mol de hidróxido de sódio, a partir da concentração da quantidade de matéria: $n_{NaOH} = [NaOH] \text{ x } V_{solução} = 0{,}200 \text{ x } 0{,}500 = 0{,}100 \text{ mol}$

Cálculo do número de mol de cloreto de hidrogênio: $HCl_{(gás)} + NaOH_{(aquoso)} \longrightarrow NaCl_{(aquoso)} + H_2O_{(líquido)}$
1 mol de $HCl_{(g)}$ --------- 1 mol de $NaOH_{(aq)}$
$n_{HCl(g)}$ ---------------------- 0,100 mol
$n_{HCl(g)}$ = 0,100 mol

Cálculo do volume de cloreto de hidrogênio, considerando comportamento ideal:

$$V_{HCl} = \frac{0{,}100 \text{ x } 0{,}08206 \text{ x } (27 + 273)}{\frac{624}{760}} = 3{,}00 \text{ L}$$

Questão 154

Qual é a relação entre as massas de gás oxigênio consumido na combustão completa de um mol, respectivamente, de metano, etanol e octano?
a) 3 : 6 : 24
b) 3 : 6 : 25
c) 4 : 7 : 25
d) 6 : 9 : 27
e) 6 : 10 : 34

Resolução: Alternativa B.

Analisando a reação de combustão do metanol: CH_4O + $\mathbf{3/2O_2}$ $\longrightarrow$ $CO_2 + 2H_2O$; são consumidos 3/2 mol de oxigênio.

Analisando a reação de combustão do etanol: C_2H_6O + $\mathbf{3O_2}$ $\longrightarrow$ $2CO_2 + 3H_2O$; são consumidos 3 mol de oxigênio.

Analisando a reação de combustão do octano: C_8H_{18} + $\mathbf{25/2O_2}$ $\longrightarrow$ $8CO_2 + 9H_2O$. são consumidos 25/2 mol de oxigênio.

Relação estequiométrica: $n_{O_2}^{metanol} = n_{O_2}^{etanol} = n_{O_2}^{octano}$

$$\frac{3}{2} : 3 : \frac{25}{2}$$

Multiplicando por dois, temos: $\left(\frac{3}{2} : 3 : \frac{25}{2}\right) \text{x } 2 = 3 : 6 : 25$

Questão 155

O dicromato de potássio reage com peróxido de hidrogênio em meio a ácido sulfúrico produzindo sulfato de potássio, sulfato de cromo III, água e gás oxigênio. A partir do processo descrito, assinale a alternativa que apresenta o coeficiente estequiométrico do peróxido de hidrogênio.
a) 1

b) 2
c) 3
d) 4
e) 5

Resolução: Alternativa C.

Equação química balanceada pelo método REDOX, em que o dicromato de potássio se trata do agente oxidante enquanto o peróxido de hidrogênio é o agente redutor. $K_2Cr_2O_7 + 3H_2O_2 + 4H_2SO_4 \rightarrow 1K_2SO_4 + 1Cr_2(SO_4)_3 + 7H_2O + 3O_2$.

Questão 156

Um método de obtenção de prata pura e porosa consiste na decomposição térmica de seu carbonato. Qual massa de prata seria obtida pela decomposição de um quilograma de Ag_2CO_3?
a) (1000 g / 275,8 g) x 107,9 g
b) (1000 g / 275,8 g/mol) x 215,8 g/mol
c) (275,8 g / 107,9 g/mol) x 1000 g/mol
d) (1000 g / 215,8 g) x 275,8 g
e) (275,8 g/mol / 1000 g) x 107,8 mol

Resolução: Alternativa B.

Cálculo da massa de prata metálica (Ag): $Ag_2CO_{3(sólido)} \rightarrow 2\,Ag_{(sólido)} + CO_{2(gás)} + \frac{1}{2}O_{2(gás)}$
1 mol de $AgCO_3$ -------------------- 2 mol de Ag
1 mol x 276 g ------------------------ 2 mol x 108 g
1000 g ---------------------------------- m_{Ag}

$$m_{Ag} = \frac{1000 \text{ x } 215{,}74}{275{,}74}$$

Questão 157

O volume, em litros, de uma solução 0,30 mol.L^{-1} de sulfato de alumínio que contém 3,0 mol de cátion de alumínio, é:
a) 2,50 L
b) 3,30 L
c) 5,0 L
d) 9,0 L
e) 10,0 L

Resolução: Alternativa C.

Cálculo do número de mol de sulfato de alumínio: $Al_2(SO_4)_{2(aquoso)} \rightarrow 2Al^{+3}_{(aquoso)} + 3SO_4^{-2}{}_{(aquoso)}$
1 mol de $Al_2(SO_4)_{2(aq)}$ ---------- 2 mol de $Al^{+3}_{(aq)}$
$n_{Al2(SO4)2}$ --------------------------- 3 mol de Al^{+3}
$n_{Al2(SO4)2}$ = 1,5 mol

Cálculo do volume, a partir da concentração da quantidade de matéria:

$$V_{solução} = \frac{n_{Al_2(SO_4)_3}}{[Al_2(SO_4)_3]} = \frac{1{,}50}{0{,}30} = 5{,}0 \text{ L}$$

Questão 158

0,422 g of an element Z reacts with oxygen to form 0,797 g of the oxide Z_2O_3. What is the element Z?
a) Al
b) Sc
c) Cr
d) Ga

Resolução: Alternativa A.

A partir da equação química de formação do composto hipotético (Z_2O_3), será possível determinar o valor da massa atômica de Z:
$2Z + 3/2O_2 \longrightarrow Z_2O_3$

2 mol de Z -------------- 1 mol de Z_2O_3
$2 \times \langle MM \rangle_Z$ --------------- $2 \times \langle MM \rangle_Z + 48$
0,422 g -------------------- 0,797 g

$1{,}594 \times \langle MM \rangle_Z = 0{,}844 \times \langle MM \rangle_Z + 20{,}26$
$\langle MM \rangle_Z = 27{,}01$ g/mol

Questão 159

Hematita (óxido férrico) e siderita (carbonato ferroso) são minérios importantes a partir dos quais se obtém ferro metálico. As massas máximas, em Kg, de ferro que podem ser obtidas a partir de 1,00 Kg de hematita e 1,00 Kg de siderita, supostas secas e puras são respectivamente:

a) 55,8 / (55,8 + 16,0); 2 x 55,8 / (2 x 55,8 + 180)
b) 2 x 55,8 / (2 x 55,8 + 48,0); 55,8 / (55,8 + 60,0)
c) 2 x 55,8 / (2 x 55,8 + 48,0); 2 x 55,8 / (2 x 55,8 + 180,0)
d) 55,8 / [2.(2 x 55,8 + 48,0)]; 55,8 / [2 x (55,8 + 60,0)]
e) (2 x 55,8 + 48,0) / (2 x 55,8); (2 x 55,8 + 180,0) / (2 x 55,8)

Resolução: Alternativa B.

Analisando a hematita: $2Fe_2O_{3(sólido)} + 3C_{(sólido)} \longrightarrow 4Fe_{(sólido)} + 3CO_{2(gás)}$
2 mol de Fe_2O_3 ----------- 4 mol de Fe
2 x (112 + 48) g ---------- 4 x (56) g
1 kg ------------------------ m_{Fe}

$$m_{Fe} = \frac{4 \times 56 \times 1}{2 \times 160} = \frac{232}{320}$$

Analisando a siderita: $FeCO_{3(sólido)} + CO(gás) \longrightarrow Fe_{(sólido)} + 2CO_{2(gás)}$

1 mol de $FeCO_3$ -------------- 1 mol de Fe
1 x (56 + 12 + 48) g --------- 56 g
1 kg ----------------------------- m_{Fe}

$$m_{Fe} = \frac{56 \times 1}{1 \times 116} = \frac{56}{116}$$

Questão 160

(CONCURSO PARA ENGENHARIA QUÍMICA) Assinale a alternativa que apresenta a massa necessária de cloro e de hidróxido de sódio, respectivamente, para a obtenção de 2,5 kg de hipoclorito de sódio. Dados: $Cl_2 + NaOH \longrightarrow NaCl + NaClO + H_2O$.

a) 2.382g de Cl_2 e 2.684g de NaOH
b) 2.382g de Cl_2 e 1.342g de NaOH
c) 1.342g de Cl_2 e 2.382g de NaOH
d) 2.684g de Cl_2 e 1.342g de NaOH
e) 1.342g de Cl_2 e 2.684g de NaOH

Resolução: Alternativa A.

Para o balanceamento desta reação química será necessário aplicar o método REDOX, em que o cloro gasoso é o agente oxidante e o agente redutor. Equação química: $1Cl_{2(gás)} + 2NaOH_{(aquoso)} \longrightarrow 1NaCl_{(aquoso)} + 1NaClO_{(aquoso)} + 1H_2O_{(líquido)}$

Pela relação estequiométrica, temos:
1 mol de cloro gasoso ------------------- 2 mol de base --------------------- 1 mol de hipoclorito
71,0 g de cloro gasoso ------------------ 2 x 40 gramas de base --------- 1 x 74,50 g de hipoclorito
Massa de cloro ---------------------------- Massa de base ------------------- 2,5 kg g de hipoclorito

Massa de cloro gasoso = 2,38 kg de cloro gasoso
Massa de base = 2,68 kg de base

Questão 161

Uma amostra de ácido dicarboxílico com 0,104 gramas de massa é neutralizada com 20 cm^3 de uma solução aquosa 0,1 $mol.L^{-1}$ em NaOH. Qual das opções abaixo contém a fórmula química do ácido constituinte da amostra?
a) $C_2H_2O_4$
b) $C_3H_4O_4$
c) $C_4H_4O_4$
d) $C_4H_6O_4$
e) $C_5H_8O_4$

Resolução: Alternativa B.
Ácido dicarboxílico + hidróxido ⟶ sal orgânico + água

Levando em consideração que a reação entre os reagentes seja de 1:1, temos:

1 mol de ácido dicarboxílico ----------- 1 mol de hidróxido
$n_{ácido}$ --- $n_{hidróxido}$

$$n_{ácido} = n_{hidróxido}$$

$$\frac{m_{ácido}}{< MM >_{ácido}} = [hidróxido] \text{ x } V_{solução}$$

$$\frac{0,104}{< MM >_{ácido}} = 0,10 \text{ x } 20 \text{ x } 10^{-3}$$

$$< MM >_{ácido} = 52,0 \frac{g}{mol}$$

Esta massa molar do ácido dicarboxilíco refere-se a sua fórmula mínima, uma vez que nenhuma das alternativas apresenta este valor. Na verdade, todas as alternativas apresentam uma massa molar maior que 52 $g.mol^{-1}$. Por isso, multiplicando por dois a sua massa molar, temos 104 $g.mol^{-1}$. Diante disso trata-se do ácido dicarboxilíco ($C_3H_4O_4$).

Questão 162

Quando carbeto de alumínio (Al_4C_3) é adicionado em um béquer contendo água líquida a 25ºC, ocorre a formação de hidróxido de alumínio e a liberação de um gás. O gás formado é o:
a) H_2
b) CO
c) CO_2
d) CH_4
e) C_2H_2

Resolução: Alternativa D.

Equação química entre o carbeto de alumínio com a presença de água no estado líquido, resultando em hidróxido de alumínio e gás metano. $Al_4C_{3(sólido)} + 12H_2O_{(líquido)} \longrightarrow 4Al(OH)_{3(sólido)} + 3CH_{4(gás)}$.

Questão 163

Ao colocar-se um pedaço de magnésio em uma solução de ácido clorídrico, verifica-se que ocorre aumento da temperatura e desprendimento de gás. O gás que se desprende é, sobretudo:
a) Hidrogênio
b) Vapor de água
c) Vapor de magnésio
d) Mistura de vapores de magnésio e água

e) Mistura de vapores de magnésio e hidrogênio

Resolução: Alternativa A.
Equação química: $Mg_{(sólido)}$ + $HCl_{(aquoso)}$ ⟶ $MgCl_{2(aquoso)}$ + $H_{2(gás)}$.

Questão 164

Colocando grãos de nitrato de potássio em um frasco com água nota-se que com o passar do tempo o sólido desaparece dentro d'água. Qual das equações abaixo é a mais adequada para representar a transformação que ocorreu dentro do frasco?

a) $KNO_{3(c)} \rightarrow KNO_{3(l)}$
b) $KNO_{3(c)} + H_2O_{(l)} \rightarrow KOH_{(aq)} + KNO_{3\,(aq)}$
c) $KNO_{3(c)} \rightarrow K^+_{(aq)} + NO_3^-{}_{(aq)}$
d) $KNO_{3(c)} \rightarrow K_{(l)} + NO_{3(aq)}$
e) $KNO_{3(c)} + H_2O_{(l)} \rightarrow KNO_{2(aq)} + H_2O_{2(aq)}$

Resolução: Alternativa C.
O processo que vai ocorrer trata-se de uma reação denominada como dissociação iônica. Define-se dissociação iônica, também conhecida como dissociação eletrolítica, um processo em que compostos iônicos têm seus íons separados. Sua representação é a seguinte: $KNO_{3(sólido)} \longrightarrow K^+_{(aquoso)} + NO_3^-{}_{(aquoso)}$.

QUESTÃO 165

(CONCURSO PARA DOCENTE – INSTITUTO FEDERAL DO PIAUÍ) O selênio (Se) é um micromineral essencial na nutrição humana e animal, incluindo os peixes. Além de proteger as células contra o processo oxidativo e prevenir a ocorrência de doenças metabólicas e infecciosas, possui importante papel nas selenoenzimas, como a glutationa peroxidase (GSH-Px), que desempenha papel fundamental no sistema de proteção antioxidante dos espermatozoides. Este micromineral também apresenta a função de proteção contra toxicidade de metais pesados, como o mercúrio e o cádmio. O selênio pode ser encontrado em diversos alimentos, como a castanha do Pará, feijão preto, sardinha, sendo que, na farinha de trigo, são encontrados 9 µg de selênio para cada 100 g de farinha. PEREIRA, T.S et al. Selênio orgânico na alimentação de matrizes de tilápia-do-Nilo (Oreochromis niloticus). Disponível em: https://www.redalyc.org/pdf/3031/303126498012.pdf
Acesso em: 02 jul. 2022 (adaptado). Diante do que foi relatado, quantos átomos de selênio estão presentes em 3,2 kg de farinha de trigo?

a) $3{,}2 \times 10^{20}$
b) $2{,}1 \times 10^{18}$
c) $2{,}4 \times 10^{15}$
d) $2{,}9 \times 10^{21}$
e) $3{,}5 \times 10^{19}$

Resolução: Alternativa B.

A primeira parte da resolução do problema deverá ser a determinação da massa de selênio, a partir da massa de farinha apresentada no enunciado do problema:

100,0 gramas de farinha --------- 9µ gramas de átomos de selênio
3200 gramas de farinha ---------- Massa de selênio
Massa de selênio = 288 µ gramas

Determinação do número de átomos de selênio:

79,0 gramas de selênio ---------------- $6{,}02 \times 10^{23}$ átomos de selênio
288×10^{-6} gramas de selênio ---------- X
X = $2{,}19 \times 10^{18}$ átomos de selênio

Questão 166

Um caminhão tanque transportando ácido sulfúrico tombou na via Dutra (Rio – São Paulo) e derramou sobre a pista cinco toneladas do ácido. A polícia rodoviária federal ao chegar ao local chamou o Ministério do Meio Ambiente temendo um impacto ambiental sem

precedentes na região. O Ministério já se dirigiu ao local levando carbonato de cálcio em pó, para neutralizar o ácido derramado. Admitindo que o carbonato de cálcio esteja com 90% de pureza, qual deve ser a massa do mesmo utilizada?
a) 5668,93 kg
b) 5453,25 kg
c) 5389,74 kg
d) 4789,61 kg
e) 4591,82 kg

Resolução: Alternativa A.

Cálculo da massa de carbonato de cálcio: $CaCO_3 + H_2SO_4 \rightarrow CaSO_4 + H_2O + CO_2$
1 mol de $CaCO_3$ ---------- 1 mol de H_2SO_4
100 g ---------------------- 98 g
0,90. m_{CaCO3} -------------- 5 t
m_{CaCO3} = 5,66893 t (5668,93 kg)

Questão 167

Qual o número de átomos de carbono contidos em 9,0 mg de glicose?
a) 1,8 x 10^{20} átomos
b) 1,8 x 10^{23} átomos
c) 3,0 x 10^{19} átomos
d) 3,0 x 10^{22} átomos
e) 1,26 x 10^{26} átomos

Resolução: Alternativa A.

A fórmula molecular da glicose é $C_6H_{12}O_6$ e observa-se que há 6 mol de átomos de oxigênio.

180 g ---------------------- 6 mol de átomos de oxigênio x 6 x 10^{23} átomos de carbono x mol^{-1}
9,0 x 10^{-3} g --------------- X
X = 1,8 x 10^{20} átomos de carbono

Questão 168

O ácido sulfúrico é um dos agentes da chuva ácida. Ao precipitar a chuva ácida reage com monumentos de mármore (carbonato de cálcio), "destruindo-os". Qual o volume de gás produzido a 27°C e 1,00 atm quando 2,45 gramas de ácido sulfúrico precipitam na forma de chuva ácida e reagem com estes monumentos?
a) 1,23 x 10^3 mL
b) 615 mL
c) 560 mL
d) 111 mL
e) 55,3 mL

Resolução: Alternativa B. Cálculo da massa de dióxido de carbono, a partir da reação de dupla troca entre o ácido sulfúrico e o carbonato de cálcio:
$H_2SO_4 + CaCO_3 \rightarrow CaSO_4 + H_2O + CO_2$

1 mol de H_2SO_4 ----------------------- 1 mol de CO_2
98 g de H_2SO_4 ------------------------ 44 g de CO_2
2,45 g de H_2SO_4 ----------------------- m_{CO2}
m_{CO2} = 1,1 g

Cálculo do volume de dióxido de carbono, considerando com comportamento ideal: $1{,}0 \text{ x } V_{CO_2} = \frac{1{,}1}{44} \text{x } 0{,}08206 \text{ x } (27 + 273)$

$V_{CO_2} = 0{,}025 \text{ x } 0{,}08206 \text{ x } 300 = 0{,}615 \text{ L } (615 \text{ mL})$

Questão 169

2,7 gramas de alumínio são dissolvidos em 500 mL de uma solução aquosa 1,00 mol/L em ácido clorídrico. Todo o hidrogênio produzido é recolhido. Após a secagem, o volume de hidrogênio à pressão de 1 atm e 25°C é:
a) 1,2 L
b) 1,6 L
c) 2,4 L
d) 3,6 L
e) 12 L

Resolução: Alternativa D.

Equação química: $Al_{(sólido)} + 3HCl_{(aquoso)} \longrightarrow AlCl_{3(aquoso)} + 3/2H_{2(gás)}$

Cálculo do número de mol de alumínio metálico:

$$n_{Al} = \frac{2{,}7}{27} = 0{,}10 \text{ mol (Reagente limitante)}$$

Cálculo do número de mol de HCl, a partir da concentração da quantidade de matéria: n_{HCl} = [HCl] x $V_{solução}$ = 1,00 x 0,500 = 0,500 mol

3 mol de HCl ---------- 0,500 mol
1 mol de HCl ---------- n_{HCl}
n_{HCl} = 0,167 mol

Relação estequiométrica entre o alumínio metálico e o hidrogênio gasoso:
1 mol de Al ---------- 3/2 mol de H_2
n_{Al} --------------------- n_{H2}

$$n_{H_2} = \frac{3}{2} x\, n_{Al}$$

Considerando que o gás hidrogênio apresenta comportamento ideal:

$$\frac{1x\, V_{H_2}}{0{,}08206\, x\, (25 + 273)} = \frac{3}{2} x \frac{2{,}7}{27}$$

$$V_{H_2} = 3{,}67 \text{ L}$$

Questão 170

(PETROBRAS – ENGENHEIRO DE PROCESSAMENTO JÚNIOR) A combustão completa de 5 litros de octano é processada. Considerando que foi utilizado oxigênio em quantidade estequiométrica e qua a massa específica do octano é igual a 0,70 g,mL^{-1}, a soma das massas de gases liberados é, em kg, aproximadamente, igual a:
a) 6
b) 16
c) 26
d) 36
e) 46

Resolução: Alternativa B.

Cálculo da massa de octano (m_{octano}), a partir da massa específica (μ): $\mu = \frac{m_{octano}}{V_{octano}}$

$$0{,}70 \frac{g}{mL} = \frac{m_{octano}}{5000 \text{ mL}}$$

$$m_{octano} = 3500 \text{ g}$$

Cálculo da massa de dióxido de carbono e água: $C_8H_{18(líquido)} + O_{2(gás)} \longrightarrow CO_{2(gás)} + H_2O_{(vapor)}$
1 mol de C_8H_{18} ----------- 1 mol de CO_2 ---------- 1 mol de H_2O
3500g de C_8H_{18} ---------- m_{CO2} --------------------- m_{H2O}
m_{CO2} =10807,02 g (10,81 kg)
m_{H2O} = 4973,68 g (4,87 kg)

Cálculo da massa dos gases liberados: $m_{TOTAL} = m_{CO2} + m_{H2O}$ = 10,81 kg + 4,87 kg = 15,78 kg

Questão 171

(TÉCNICO DE OPERAÇÃO JÚNIOR – PETROBRAS) A 200 mL de solução contendo 0,624 gramas de $BaCl_2$ foram adicionados 200 mL de solução contendo 0,568 gramas de Na_2SO_4. Considere a equação a seguir: $BaCl_{2(aquoso)} + Na_2SO_{4(aquoso)} \longrightarrow BaSO_{4(sólido)} + 2NaCl_{(aquoso)}$. A quantidade máxima de composto sólido formado é:
a) 0,699 g
b) 0,754 g
c) 0,855 g
d) 0,930 g
e) 0,992 g

Resolução: Alternativa A.
Cálculo do número de mol do cloreto de bário: $n_{BaCl_2} = \frac{m_{BaCl_2}}{<MM>_{BaCl_2}} = \frac{0,624\ g}{208\ g.mol^{-1}} = 0,003\ mol\ (reagente\ limitante)$

Cálculo do número de mol do sulfato de sódio: $n_{Na_2SO_4} = \frac{m_{Na_2SO_4}}{<MM>_{Na_2SO_4}} = \frac{0,568\ g}{142\ g.mol^{-1}} = 0,004\ mol$

Cálculo da massa de sulfato de bário formado, a partir do reagente limitante: $BaCl_{2(aquoso)} + Na_2SO_{4(aquoso)} \longrightarrow BaSO_{4(sólido)} + 2NaCl_{(aquoso)}$

1 mol de $BaCl_2$ ----------- 1 mol de $BaSO_4$
(137 + 71) g -------------- (137 + 32 + 64) g
0,624 g -------------------- m_{BaSO4}
m_{BaSO4} = 0,699 g

Questão 172

(TÉCNICO DE OPERAÇÃO JÚNIOR – PETROBRAS) O silício pode ser obtido a partir de uma matéria-prima muito abundante, o óxido de silício (SiO_2). No processo, a matéria-prima é reduzida pela reação com carbono, segundo a equação abaixo: $SiO_{2(s)} + C_{(s)} \longrightarrow Si_{(s)} + CO_{2(g)}$. Se, em uma certa condição experimental, obteve-se 787 kg de silício a partir de 2000 kg de SiO_2, o rendimento percentual da reação foi de:
a) 42,4%
b) 60,0%
c) 84,4%
d) 91,8%
e) 100%

Resolução: Alternativa C.

Cálculo percentual do rendimento para o referido processo, a partir da seguinte equação química: $SiO_{2(sólido)} + C_{(sólido)} \longrightarrow Si_{(sólido)} + CO_{2(gás)}$
1 mol de $SiO_{2(s)}$ ---------- 1 mol de $Si_{(s)}$
(28 + 32) g ---------------- 28 x R
2000 kg ------------------- 787 kg
R = 0,8432 (84,32%)

Questão 173

O zinco é um elemento importante para a saúde, mas é importante também manter uma dieta balanceada desse elemento. Deficiência de zinco pode ocasionar problemas de crescimento, desenvolvimento incompleto dos órgãos sexuais e dificuldades de cicatrização dos ferimentos. Por outro lado, o excesso de zinco pode causar anemia e problemas renais. O zinco está presente nos ovos, fígado e mariscos, numa concentração, em torno de 4 mg por 100 g. Quantos átomos de zinco aproximadamente estão presentes em 1,7 kg de fígado?

a) 5×10^{20}
b) 5×10^{21}
c) 6×10^{18}
d) 6×10^{19}
e) 6×10^{20}

Resolução: Alternativa E.

Cálculo da massa de zinco, a partir de 1,7 kg de fígado:
4 mg de Zn ---------- 100 g de fígado
m_{zn} --------------------- 1700 g de fígado
m_{ZN} = 68 mg de zinco

Cálculo do número de átomos de zinco (X_{ZN}):
68,5 g de Zn --------------------- 6×10^{23} átomos de Zn
68×10^{-3} g de Zn ---------------- x_{Zn}
$X_{ZN} = 6{,}24 \times 10^{20}$ átomos

Questão 174

O acetileno é um gás muito utilizado como combustível para produção de chamas de altas temperaturas (aproximadamente 3000°C) quando associado ao oxigênio. Considerando a queima completa do acetileno gasoso (C_2H_2), qual é a quantidade de matéria desta substância necessária para fornecer 315 gramas de água?

a) 43,8 mol
b) 3,50 mol
c) 17,5 mol
d) 7,00 mol
e) 6,00 mol

Resolução: Alternativa C.

Equação química: $C_2H_2 + 5/2O_2 \longrightarrow 2CO_2 + H_2O$

Cálculo do número de mol de água: $n_{H_2O} = \frac{m_{H_2O}}{<MM>_{H_2O}} = \frac{315}{18} = 17{,}5 \text{ mol}$

Cálculo do número de mol de acetileno, a partir da reação de combustão: $C_2H_2 + 5/2O_2 \longrightarrow 2CO_2 + H_2O$
1 mol de C_2H_2 ---------- 1 mol de H_2O
n_{C2H2} ---------------------- 17,5 mol de H_2O
n_{C2H2} = 17,5 mol

Questão 175

A cal viva, CaO, pode ser produzida em duas etapas, conforme representado a seguir:
$Ca(OH)_{2(aquoso)} + CO_{2(gás)} \longrightarrow CaCO_{3(sólido)} + H_2O_{(líquido)}$
$CaCO_{3(sólido)} \longrightarrow CaO_{(sólido)} + CO_{2(gás)}$
Considerando que o rendimento percentual da primeira etapa seja de 80% e o rendimento percentual da segunda etapa seja de 50%, qual é o rendimento percentual total esperado para se produzir CaO a partir de $Ca(OH)_2$?

a) 80%
b) 65%
c) 55%
d) 40%
e) 30%

Resolução: Alternativa D.

Determinação da equação química global:

$Ca(OH)_{2(aquoso)}$ + ~~$CO_{2(gás)}$~~ $\longrightarrow$ ~~$CaCO_{3(sólido)}$~~ + $H_2O_{(líquido)}$	$R_1 = 80\%$
~~$CaCO_{3(sólido)}$~~ $\longrightarrow$ $CaO_{(sólido)}$ + ~~$CO_{2(gás)}$~~ +	$R_2 = 50\%$
$Ca(OH)_{2(aquoso)} \longrightarrow CaO_{(sólido)} + H_2O_{(líquido)}$	$R_T = R_1 \times R_2 = 0,80 \times 0,50 = 0,40\ (40\%)$

Questão 176

Reagiu-se excesso de zinco metálico com 100 mL de solução de ácido clorídrico de pH = 2,0. Qual é a massa em gramas, de cloreto de zinco obtido?

a) 68,2
b) $1,36 \times 10^{-1}$
c) $6,82 \times 10^{-2}$
d) 13,6
e) $3,67 \times 10^{-2}$

Resolução: Alternativa C.

Cálculo da concentração de $[H^+]$: $pH = -log[H^+]$
$[H^+] = 10^{-2}\ mol.L^{-1}$.

Esta solução foi preparada a partir de 100 mL.
1 L ------------------ 10^{-2} mol
0,100 mol --------- $[H^+]$
$[H^+] = 10^{-3}$ mol
Cálculo da concentração de HCl: $HCl \longrightarrow H^+ + Cl^-$
1 mol de HCl ---------------- 1,0 mol de $[H^+]$
[HCl] --------------------------- 10^{-3} mol
$[HCl] = 10^{-3}$ mol

Cálculo da massa de cloreto de zinco: $Zn_{(sólido)} + 2HCl_{(aquoso)} \longrightarrow ZnCl_{2(aquoso)} + H_{2(gás)}$
2 mol de HCl --------- 1 mol de $ZnCl_2$
n_a ------------------------ n_s

$$10^{-3}\ mol = 2 \times \frac{m_{sal}}{134,5\ g.mol^{-1}}$$

$$m_{sal} = 0,06725\ g$$

Questão 177

Um monitor de laboratório encontra um frasco com rótulo danificado no armário de bases, não sendo possível a identificação do conteúdo. Para identificar a base contida no frasco, o monitor procede com uma titulação usando uma solução de HCl 0,1 $mol.L^{-1}$. Sabendo que para neutralizar completamente uma amostra de 0,100 g de base sólida, dissolvida em 100 mL de água destilada, são necessários 17,85 mL da solução ácida, a base desconhecida poderia ser:

a) LiOH
b) NaOH
c) KOH
d) $Ca(OH)_2$
e) $Ba(OH)_2$

Resolução: Alternativa C.

Relação estequiométrica entre o HCl e a base desconhecida: $HCl_{(aquoso)} + X(OH)_{(aquoso)} \longrightarrow XCl_{(aquoso)} + H_2O_{(líquido)}$

1 mol de HCl ------ 1 mol de XOH
n_{HCl} ------------------- n_{XOH}
$n_{HCl} = n_{XOH}$

Cálculo da massa molecular da base desconhecida: $0{,}100 \text{ x } 17{,}85 \text{ x } 10^{-3} = \frac{0{,}100}{<MM>_{base}}$
$< \text{MM} >_{base} = 56{,}02 \text{ g.mol}^{-1}$

Analisando a massa molecular de cada alternativa, hidróxido de potássio é a alternativa que apresenta esta massa molecular.

Questão 178

Uma solução contendo 1,699 kg de nitrato de prata reagiu com uma solução contendo 0,2925 kg de cloreto de sódio. A quantidade de cloreto de prata produzida foi:
a) 1 mol
b) 2 mol
c) 3 mol
d) 4 mol
e) 5 mol

Resolução: Alternativa E.
Cálculo do número de mol do nitrato de prata: $n_{AgNO_3} = \frac{1699 \text{ g}}{170 \text{ g.mol}^{-1}} = 10 \text{ mol}$
Cálculo do número de mol do cloreto de sódio:

$$n_{NaCl} = \frac{292 \text{ g}}{58{,}5 \text{ g.mol}^{-1}} = 5{,}0 \text{ mol (reagente limitante)}$$

Cálculo do número de cloreto de prata: $AgNO_{3(aquoso)} + NaCl_{(aquoso)} \longrightarrow NaNO_{3(aquoso)} + AgCl_{(ppt)}$
1 mol de $NaCl_{(aq)}$ ---------- 1 mol de $AgCl_{(aq)}$
5 mol de $NaCl_{(aq)}$ ---------- $n_{AgCl(aq)}$
$n_{AgCl(aq)}$ = 5 mol

Questão 179

Explosivos produzem, em geral, um grande volume de gases como produtos. A nitroglicerina detona de acordo com a seguinte reação: $2C_3H_5N_3O_{9(líquido)} \longrightarrow 6CO_{2(gás)} + 3N_{2(gás)} + 5H_2O_{(gás)} + \frac{1}{2}O_{2(gás)}$. Se 1,0 grama de nitroglicerina sofre uma explosão, o volume de gases produzidos, se a pressão total é de 1 atm e a temperatura 500°C, será de:
a) 1 L
b) 2 L
c) 3 L
d) 4 L
e) 5 L

Resolução: Alternativa B.

Cálculo do número de mol de gases produzidos, a partir de 1,0 grama de nitroglicerina: $2C_3H_5N_3O_{9(líquido)} \longrightarrow 6CO_{2(gás)} + 3N_{2(gás)} + 5H_2O_{(gás)} + \frac{1}{2}O_{2(gás)}$
2 mol de $C_3H_5N_3O_{9(l)}$ ----------- (6 + 3 + 5 + ½) mol de gases
2 x 227 g ------------------------ 14,5 mol de gases
1,0 g ----------------------------- n_{gases}
n_{gases} = 0,032 mol de gases

Cálculo do volume dos gases produzidos: 1 x V_{gases} = 0,032 x 0,08206 x (500 + 273)
V_{gases} = 0,032 x 0,08206 x 773
V_{gases} = 2,03 L

Questão 180

Uma amostra contendo 800 gramas de metano sofreu uma reação de combustão completa. Um dos óxidos produzidos reagiu completamente com 6,132 kg de óxido de bário, produzindo um sal. Qual é o percentual de pureza do metano utilizado?
a) 50%
b) 80%

c) 60%
d) 70%
e) 90%

Resolução: Alternativa D.

Equação química: $CH_{4(gás)} + O_{2(gás)} \rightarrow CO_{2(gás)} + H_2O_{(gás)}$
Equação química: $CO_{2(gás)} + Ba(OH)_2 \rightarrow BaCO_3 + H_2O$

Cálculo da massa de CO_2, na reação de produção de carbonato de bário:
1 mol de $CO_{2(g)}$ ---------- 1 mol de $Ba(OH)_2$
44 g ----------------------- 171 g
m_{CO2} ---------------------- 6,132 kg
m_{CO2} = 1,58 kg

Cálculo da massa de CH_4, a partir da reação de combustão completa do gás metano:
1 mol de $CH_{4(g)}$ ----------- 1 mol de $CO_{2(g)}$
16 g ------------------------- 44 g
m_{CH4} ------------------------ 1,58 kg
m_{CH4} = 0,574 kg
Cálculo do grau de pureza de gás metano: $(\%)_{CH_4} = \frac{574\ g}{800\ g} = 0{,}72\ (72\%)$

Questão 181

(CONCURSO PARA ENGENHARIA QUÍMICA) O minério Hematita (Fe_2O_3) é muito importante para a indústria, sendo utilizado para a obtenção de ferro (Fe). A reação simplificada deste processo é: $Fe_2O_{3(s)} + CO_{(g)} \rightarrow Fe_{(s)} + CO_{2(g)}$. Sabendo que a hematita utilizada apresenta uma pureza de 80%, bem como, que a reação apresenta um rendimento de 75%, pode-se afirmar que, partindo de 2.000 kg de hematita serão obtidos, aproximadamente:
a) 1.600 kg de ferro
b) 1.120 kg de ferro
c) 840 kg de ferro
d) 560 kg de ferro
e) 420 kg de ferro

Resolução: Alternativa E.

Equação química: $Fe_2O_{3(sólido)} + CO_{(gás)} \rightarrow 2Fe_{(sólido)} + CO_{2(gás)}\uparrow$

Pela relação estequiométrica, temos: 1 mol de hematita --------- 2 mol de Ferro

160 gramas de hematita ----------- 2 x 56 g de ferro x 0,75
0,80 x 2000 kg de hematita ------- Massa de ferro

$$\text{Massa de Ferro} = \frac{0{,}80 \times 2000 \times 56 \times 0{,}75}{160} = 420\ \text{kg de ferro}$$

Questão 182

Tratando-se 16 gramas de uma soda comercial, através de uma reação química entre o carbonato de sódio e do ácido clorídrico, havendo liberação de um determinado gás. Este gás foi coletado em uma pressão de 1,5 atm e volume igual a 2,2 litros a 30ºC. Assinale a opção mais próxima do grau de pureza da soda.
a) 88%
b) 89%
c) 90%
d) 91%
e) 92%

Resolução: Alternativa A.

Cálculo do número de mol de dióxido de carbono, a partir da equação dos gases ideais:

$$n_{CO_2} = \frac{p^{ideal} x\, V}{R\, x\, T} = \frac{1,50 \text{ x } 2,20}{0,08206 \text{ x } (30 + 273)} = 0,133 \text{ mol}$$

Cálculo da massa do número de massa de dióxido de carbono, a partir do número de mol: $n_{CO_2} = \frac{m_{CO_2}}{44} = 0,133 \text{ mol}$
$m_{CO_2} = 0,133 \text{ x } 44 = 5,84 \text{ g}$

Cálculo da massa de soda comercial: $2HCl + Na_2CO_3 \rightarrow 2NaCl + H_2O + CO_2$
1 mol de Na_2CO_3 -------------------- 1 mol de CO_2
106 gramas de Na_2CO_3 ------------ 44 gramas de CO_2
m_{Na2CO3} --------------------------------- 5,84 gramas de CO_2
m_{Na2CO3} = 14,07 g

Cálculo do grau percentual de pureza da soda comercial: $(\%)_{Na_2CO_3} = \frac{14,07 \text{ g}}{16 \text{ g}} = 0,8793 \text{ } (87,93\%)$

Questão 183

A massa de 0,48 kg de carbonato de amônio reage com excesso de ácido o-fosfórico de acordo com a reação: $3(NH_4)_2CO_3 + 2H_3PO_4 \rightarrow 2(NH_4)_3PO_4 + 3CO_2 + 3H_2O$. O volume de gás carbônico liberado a 0°C e 2,0 atm é:
a) 16,8 litros
b) 22,4 litros
c) 11,2 litros
d) 61,1 litros
e) 56,0 litros

Resolução: Alternativa E.

Cálculo do número de mol de dióxido de carbono:
3 mol de $(NH_4)_2CO_3$ ------------ 3 mol de CO_2
$\frac{480}{96}$ mol de $(NH_4)_2CO_3$ ---------- n_{CO2}
n_{CO2} = 5 mol

Cálculo do volume de CO_2, a partir da equação dos gases ideais:

$$V_{CO_2} = \frac{n_{CO_2} \text{ x } R \text{ x } T}{p^{ideal}} = \frac{\frac{480}{96} \text{ x } 0,08206 \text{ x } 273}{2} = 56 \text{ L}$$

Questão 184

(GRILLO) Considere a seguinte equação química que envolve o carbonato de cálcio na presença de ácido clorídrico, obtendo cloreto de cálcio, água e dióxido de carbono. A partir das informações apresentadas e partindo de 200 gramas de carbonato de cálcio, determine a massa de cloreto de cálcio e o volume de dióxido de carbono nas Condições normais de temperatura e pressão, sabendo que o rendimento corresponde a 100%.

Resolução: Equação química: $CaCO_3 + 2HCl \rightarrow CaCl_2 + H_2O + CO_2$

1 mol de $CaCO_3$ ---------- 1 mol de $CaCl_2$ ---------- 1 mol de CO_2
100 g de $CaCO_3$ ---------- 111 g de $CaCl_2$ ---------- 22,4 Litros de CO_2
200 g de $CaCO_3$ ---------- m_{CaCl2} ---------------------- V_{CO2}
m_{CaCl2} = 222 g de $CaCl_2$ e V_{CO2} = 44,8 L de CO_2

Questão 185

O airbag é um equipamento de segurança obrigatório no Brasil. A bolsa de airbag é feita de um material bastante reforçado e resistente, que costuma ser o polímero nylon. No interior dessa bolsa há uma mistura de reagentes: azoteto de sódio, nitrato de potássio e dióxido de silício. No momento da colisão, sensores localizados em pontos estratégicos do carro detectam a forte desaceleração do veículo e são acionados, emitindo sinais para uma unidade de controle. O sensor é ligado a um filamento que fica em contato com uma pastilha de azoteto de sódio, dentro do airbag. Ele emite uma descarga elétrica, que aquece o azoteto, fornecendo a energia de ativação necessária para dar início a reação, que libera grande quantidade de gás nitrogênio e sódio a partir da decomposição do NaN_3, em frações de segundo. Sabendo que o volume total de uma bolsa de airbag é de 70,0 litros e, que nas condições normais de temperatura e pressão (CNTP) 1 mol de gás corresponde a um volume de 22,4 litros, qual é a massa de azoteto de sódio necessária para inflar todo o dispositivo de segurança?

a) 304 g
b) 67,5 g
c) 405 g
d) 135 g

Resolução: Alternativa D.

Cálculo da massa de azoteto de sódio: $NaN_{3(sólido)} \rightarrow Na_{(sólido)} + 3/2N_{2(gás)}$

1 mol de NaN_3 ---------- 3/2 mol de N_2
65 g ----------------------- 3/2 x (22,4 L)
m_{NaN3} --------------------- 70 L
m_{NaN3} = 135,42 g

Questão 186

Na temperatura ambiente, hidróxido de potássio sólido reage com o cloreto de amônio sólido, com a liberação de um gás. Assinale a alternativa correta para o gás liberado nesta reação.

a) Cl_2
b) H_2
c) HCl
d) NH_3
e) O_2

Resolução: Alternativa D.

Na temperatura ambiente, a reação entre o hidróxido de potássio sólido com o cloreto de amônio sólido há a liberação de amônia.

Questão 187

Considere a equação química não balanceada, que representa a reação do sulfeto de cádmio em solução aquosa de ácido nítrico: $CdS + HNO_3 \rightarrow Cd(NO_3)_2 + NO + Y + H_2O$. Pode-se afirmar que, na equação química não balanceada, a espécie Y é:

a) $Cd(HSO_4)_2$
b) $CdSO_4$
c) SO_3
d) SO_2
e) S

Resolução: Alternativa E.

Para que a reação esteja balanceada, o elemento químico Y será o átomo de enxofre (S).

Questão 188

Considere que 20 gramas de tiossulfato de potássio com pureza de 95% reagem com ácido clorídrico em excesso, formando 3,2 gramas de um sólido de coloração amarela. Assinale a alternativa que melhor representa o rendimento desta reação: $K_2S_2O_3 + 2HCl \rightarrow S + H_2O + SO_2 + 2KCl$.

a) 100%
b) 95%

c) 80%
d) 70%
e) 65%

Resolução: Alternativa A. Observação quanto ao enunciado do problema: a coloração amarela se refere ao enxofre.

Cálculo do rendimento deste processo: $K_2S_2O_3 + 2HCl \rightarrow S + H_2O + SO_2 + 2KCl$
1 mol de $K_2S_2O_3$ ------------------------- 1 mol de S
190,32 gramas de $K_2S_2O_3$ ------------ 32,06 gramas de S x R
0,95 x 20 gramas de $K_2S_2O_3$ --------- 3,2 gramas de S
R = 0,999 (≅ 100%)

Questão 189

0,250 gramas de um elemento M reage com excesso com flúor, para produzir 0,547 gramas de MF_6. Qual é o elemento?
a) Cr
b) Mo
c) S
d) Te

Resolução: Alternativa B.

Equação química: $M + 3F_2 \rightarrow MF_6$
A partir da relação estequiométrica, é possível relacionar a seguinte proporção:

1 mol de M ----------- 1 mol de MF_6
$<MM>_M$ ----------------- ($<MM>_M$ + 6 x 19)
0,250 g ----------------- 0,547 g

0,547 x $<MM>_M$ = 0,250 x ($<MM>_M$ + 114)
0,297. $<MM>_M$ = 28,50
$<MM>_M$ = 95,96 $g.mol^{-1}$

Com o auxílio da tabela periódica, o elemento químico que apresenta a massa molar igual a 95,95 $g.mol^{-1}$ trata-se do Molibdênio (Mo).

Questão 190

O número de átomos presentes em 2,20 gramas de propano é aproximadamente igual a:
a) $9,0 \times 10^{22}$
b) $6,0 \times 10^{22}$
c) $3,0 \times 10^{23}$
d) $9,0 \times 10^{23}$
e) $9,0 \times 10^{21}$

Resolução: Alternativa C.
44 gramas de C_3H_8 ------------------ 11 mol x ($6,02 \times 10^{23}$ átomos / mol)
2,20 gramas de C_3H_8 ---------------- X
X = $3,31 \times 10^{23}$ átomos

Questão 191

Aspirina, $C_9H_8O_4$, é preparada a partir do ácido salicílico, $C_7H_6O_3$, de acordo com a seguinte equação química: $C_7H_6O_3 + (CH_3CO)_2O \rightarrow C_9H_8O_4 + CH_3COOH$. Se o rendimento desta reação é de 83%, qual a massa de ácido salicílico deve ser preparada a partir de 1,0 kg de aspirina?
a) 0,77 kg
b) 0,92 kg
c) 1,2 kg
d) 1,3 kg

Resolução: Alternativa B.

Cálculo da massa ácido salicílico, considerando um rendimento de 83%:
$C_7H_6O_3 + (CH_3CO)_2O \longrightarrow C_9H_8O_4 + CH_3COOH$
1 mol de $C_7H_6O_3$ ---------------- 1 mol de $C_9H_8O_4$
138 g ------------------------------- 180 g x 0,83
m_{C7H6O3} ---------------------------- 1 kg
m_{C7H6O3} = 0,92 kg

Questão 192

O ácido sulfúrico pode ser formado a partir de oxigênio, água e dióxido de enxofre. Suponha que se faz reagir 400 g do óxido, 175 g de oxigênio e 125 g de água, até que se esgote o reagente limitante. Que massa de ácido se forma?
a) 700 g
b) 612 g
c) 472 g
d) 0 g

Resolução: Alternativa B.
Determinação do reagente limitante e do reagente em excesso.
Analisando o oxigênio: $n_{O_2} = \frac{m_{O_2}}{<MM>_{O_2}} = \frac{175}{32} = 5{,}47 \text{ mol}$

Pela estequiometria, temos: $½O_{2(gás)} + H_2O_{(líquido)} + SO_{2(gás)} \longrightarrow H_2SO_4$
½ mol de O_2 ---------- 5,47 mol
1 mol de O_2 ----------- n_{O2}
n_{O2} = 10,94 mol
Analisando a molécula de água: $n_{H_2O} = \frac{m_{H_2O}}{<MM>_{H_2O}} = \frac{125}{18} = 6{,}94 \text{ mol}$

Analisando o dióxido de enxofre:
$n_{SO_2} = \frac{m_{SO_2}}{<MM>_{SO_2}} = \frac{400}{64} = 6{,}25 \text{ mol (reagente limitante)}$

Cálculo da massa de ácido sulfúrico produzido, a partir do dióxido de enxofre: $½O_{2(gás)} + H_2O_{(líquido)} + SO_{2(gás)} \longrightarrow H_2SO_4$

1 mol de SO_2 ----------------- 1 mol de H_2SO_4
6,25 mol de SO_2 ------------- n_{H2SO4}
n_{H2SO4} = 6,25 mol de ácido sulfúrico.

Cálculo da massa de H_2SO_4, a partir do número de mol: $m_{H_2SO_4} = n_{H_2SO_4} \text{ x } < MM >_{H_2SO_4} = 6{,}25 \text{ x } 98 = 612{,}5 \text{ g}$

Questão 193

Fe_2O_3 reage com excesso de CO a altas temperaturas, de acordo com a seguinte equação: $Fe_2O_3 + 3CO \longrightarrow 2Fe + 3CO_2$. Se 6,50 gramas de Fe_2O_3 reage com 3,85 gramas de ferro, qual é o rendimento da reação?
a) 59,2%
b) 69,9%
c) 76,3%
d) 84,7%

Resolução: Alternativa D.

Equação química: $Fe_2O_3 + 3CO \longrightarrow 2Fe + 3CO_2$
1 mol de Fe_2O_3 ------------- 2 mol de Fe
160 g ------------------------- 112 g x R
6,50 g ------------------------ 3,85 g
R = 0,8461 (84,61%)

Questão 194

Considere a equação química que representa a oxidação de cloreto por permanganato, em meio ácido: $MnO_4^- + H^+ + Cl^- \longrightarrow Mn^{2+} + Cl_2 + H_2O$. Após o balanceamento desta equação, o coeficiente estequiométrico para o íon MnO_4^- é 2 e para o H^+ é:
a) 4
b) 8
c) 10
d) 14
e) 16

Resolução: Alternativa E.
Realizando o balanceamento pelo método de oxidação-redução (redox), a equação química balanceada fica da seguinte maneira: $2\ MnO_4^- + 16\ H^+ + 10\ Cl^- \longrightarrow 2\ Mn^{+2} + 5\ Cl_2 + 8\ H_2O$

Questão 195

A partir da pirita também se pode obter ácido sulfúrico, segundo a sequência de reações, cujas equações químicas não balanceadas são mostradas a seguir:
$FeS_2 + O_2 \longrightarrow Fe_2O_3 + SO_2$
$SO_2 + O_2 \longrightarrow SO_3$
$SO_3 + H_2O \longrightarrow H_2SO_4$
Após o balanceamento destas equações, pode-se deduzir que a quantidade de matéria (número de mol) de ácido sulfúrico obtida a partir de 1 mol de FeS_2, é igual a:
a) 1
b) 2
c) 3
d) 4
e) 8

Resolução: Alternativa B.
Cálculo do número de mol de dióxido de enxofre: $2FeS_2 + 11/2O_2 \longrightarrow Fe_2O_3 + 4SO_2$
2 mol de FeS_2 ---------- 4 mol de SO_2
1 mol de FeS_2 ---------- n_{SO2}
n_{SO2} = 2 mol

Cálculo do número de mol de trióxido de enxofre: $SO_2 + ½O_2 \longrightarrow SO_3$
1 mol de SO_2 ---------- 1 mol de SO_3
2 mol de FeS_2 --------- n_{SO3}
n_{SO3} = 2 mol

Cálculo do número de mol de ácido sulfúrico: $SO_3 + H_2O \longrightarrow H_2SO_4$

1 mol de SO_3 ---------- 1 mol de H_2SO_4
2 mol de FeS_2 --------- n_{H2SO4}
n_{H2SO4} = 2 mol

Questão 196

O gás SO_2 é formado na queima de combustíveis fósseis. Sua liberação na atmosfera é um grave problema ambiental, pois através de uma série de reações ele irá se transformar em $H_2SO_{4(aq)}$, um ácido muito corrosivo, no fenômeno conhecido como chuva ácida. A sua formação pode ser simplificadamente representada por: $S_{(sólido)} + O_{2(gás)} \longrightarrow SO_{2(gás)}$. Quantas toneladas de dióxido de enxofre serão formadas caso ocorra a queima de uma tonelada de enxofre?
a) 1 tonelada
b) 2 toneladas
c) 3 toneladas
d) 4 toneladas
e) 5 toneladas

Resolução: Alternativa B.

Cálculo da massa de dióxido de enxofre: $S_{(sólido)} + O_{2(gás)} \rightarrow SO_{2(gás)}$
1 mol de S --------------- 1 mol de SO_2
32 g de $S_{(s)}$ -------------- 64 g de $SO_{2(g)}$
1 tonelada de S --------- m_{SO2}
m_{SO2} = 2 toneladas

Questão 197

Se uma hemoglobina tem 0,335% de ferro, qual o valor aproximado para a menor massa molar possível para esta hemoglobina?
a) $1,0 \times 10^4$
b) $1,7 \times 10^4$
c) $2,5 \times 10^4$
d) $6,7 \times 10^4$
e) $7,0 \times 10^4$

Resolução: Alternativa B.

0,335% --------- 56 $g.mol^{-1}$ de Ferro
100% ------------ $\langle MM \rangle_{Hemoglobina}$

$\langle MM \rangle_{Hemoglobina}$ = 16716,42 $g.mol^{-1}$ ($1,7 \times 10^4$ $g.mol^{-1}$)

Questão 198

(CONCURSO FEDERAL PARA DOCENTE – INSTITUTO FEDERAL DA PARAÍBA) O ácido sulfúrico pode ser obtido pela ustulação da pirita, conforme as reações abaixo que ocorrem em sequência, cujas equações não se encontram balanceadas.
1ª etapa - $FeS_{2(s)} + O_{2(g)} \rightarrow Fe_2O_{3(s)} + SO_{2(g)}$
2ª etapa - $SO_{2(g)} + O_{2(g)} \rightarrow SO_{3(g)}$
3ª etapa - $SO_{3(g)} + H_2O_{(l)} \rightarrow H_2SO_{4(l)}$
Admitindo-se um comportamento de gás ideal, o volume, em L, de gás oxigênio, medido a 1 atm e 0°C, necessário para produzir 980g de $H_2SO_{4(l)}$, é:
a) 269
b) 420
c) 672
d) 1232
e) 1344

Resolução: Alternativa B.

Para a resolução deste problema será realizado para cada equação química a determinação do volume de oxigênio molecular nas CNTP.

A partir da terceira equação química que corresponde a síntese do ácido sulfúrico, será calculado a massa de óxido sulfúrico.
$SO_{3(gás)} + H_2O_{(líquido)} \rightarrow H_2SO_{4(líquido)}$

80 gramas de óxido sulfúrico ------- 98 gramas de ácido sulfúrico
Massa de óxido sulfúrico ----------- 980 gramas de ácido sulfúrico
Massa de óxido sulfúrico = 800 gramas de óxido sulfúrico

Cálculo do volume de oxigênio nas CNTP, a partir da segunda equação química: $SO_{2(gás)} + \frac{1}{2}O_{2(gás)} \rightarrow SO_{3(gás)}$
0,50 mol x 22,40 L x mol^{-1} ----------- 80 gramas de óxido sulfúrico
Volume ---------------------------------- 800 gramas de óxido sulfúrico
Volume = 112 Litros de oxigênio molecular

Cálculo da massa de óxido sulfuroso a partir do óxido sulfúrico, conforme pode ser observado na segunda equação química:

64 gramas de óxido sulfuroso ------------------ 80 gramas de óxido sulfúrico
Massa de óxido sulfuroso ------------------------ 800 gramas de ácido sulfúrico
Massa de óxido sulfuroso = 640 g

Cálculo do volume de oxigênio nas CNTP, a partir da primeira equação química: $2FeS_{2(sólido)} + 11/2O_{2(gás)} \longrightarrow Fe_2O_{3(sólido)} + 4SO_{2(gás)}$
5,50 mol x 22,40 L x mol^{-1} ------------ 4 x 64 gramas de óxido sulfuroso
Volume ------------------------------------ 640 gramas de óxido sulfuroso
Volume = 308 L de oxigênio molecular

Cálculo do volume de oxigênio total: 112 L de oxigênio molecular + 308 L de oxigênio molecular = 420 L de oxigênio molecular.

Questão 199

Cloro pode ser produzido através da reação do HCl com MnO_2. A reação está representada através da seguinte equação química: $MnO_{2(s)} + HCl_{(aq)} \longrightarrow Cl_{2(g)} + MnCl_{2(aq)} + 2H_2O_{(l)}$. Assumindo que a reação fica completa, qual a massa de HCl concentrado é necessário para produzir 2,50 gramas de $Cl_{2(g)}$?
a) 5,15 g
b) 14,3 g
c) 19,4 g
d) 26,4 g

Resolução: Alternativa A.

Equação química: $MnO_{2(sólido)} + HCl_{(aquoso)} \longrightarrow Cl_{2(gás)} + MnCl_{2(aquoso)} + 2H_2O_{(líquido)}$

Pela relação estequiométrica, temos:

4 mol de HCl ------------ 1 mol de Cl_2
4 x 36,5 g --------------- 1 x 71 g
m_{HCl} ---------------------- 2,50 g
m_{HCl} = 5,14 g

Questão 200

Na reação representada pela equação: $MnO_4^- + C_2O_4^{-2} + H^+ \longrightarrow Mn^{+2} + CO_2 + H_2O$, após o balanceamento, usando os menores números inteiros, o coeficiente do agente oxidante será:
a) 2
b) 5
c) 3
d) 8
e) 1

Resolução: Alternativa A.

Realizando o balanceamento pelo método de oxidação-redução, temos que o íon permanganato se trata do agente oxidante enquanto o íon oxalato trata do agente redutor. Equação iônica: $MnO_4^- + C_2O_4^{-2} + H^+ \longrightarrow Mn^{+2} + CO_2 + H_2O$

Balanceamento químico: $2MnO_4^- + 5C_2O_4^{-2} + 16H^+ \longrightarrow 2Mn^{+2} + 10CO_2 + 8H_2O$

Questão 201

Um estudante preparou uma mistura A, constituída dos seguintes sólidos: cloreto de sódio, cloreto de potássio e cloreto de bário. Numa primeira experiência, foi preparada uma solução aquosa pela total dissolução de 34,10 gramas da mistura A em água destilada, a 25ºC, a qual foi adicionada, a seguir, uma solução aquosa de nitrato de prata em excesso, obtendo-se 57,40 gramas de um certo precipitado. Num segundo experimento, foi preparada uma solução aquosa pela total dissolução de 6,82 gramas da mistura A em água destilada, a 25ºC, a qual foi adicionada, a seguir, uma solução aquosa de sulfato de sódio em excesso, obtendo-se 4,66 gramas de um outro precipitado. Qual das opções abaixo apresenta o valor correto da composição percentual, em massa, da mistura A?

a) 17,2% de NaCl, 21,8% de KCl 61,0% de $BaCl_2$
b) 21,8% de NaCl, 17,2% de KCl 61,0% de $BaCl_2$
c) 61,0% de NaCl, 21,8% de KCl 17,2% de $BaCl_2$
d) 21,8% de NaCl, 61,0% de KCl 17,2% de $BaCl_2$
e) 61,0% de NaCl, 17,2% de KCl 21,8% de $BaCl_2$

Resolução: Alternativa A.

Primeira Experiência: Nesta, ocorrem as seguintes equações químicas:
$NaCl + AgNO_3 \rightarrow AgCl$
$KCl + AgNO_3 \rightarrow KNO_3 + AgCl$
$BaCl_2 + 2AgNO_3 \rightarrow Ba(NO_3)_2 + 2AgCl$

Resultando em: $NaCl + KCl + BaCl_2 + 4AgNO_3 \rightarrow NaNO_3 + KNO_3 + Ba(NO_3)_2 + 4AgCl$

As substâncias a serem relacionadas são aquelas que fazem parte da mistura, pois estas são incógnitas, e o precipitado, pois dele temos dados suficientes. O precipitado, cuja solubilidade é desprezível, deve ser um dos produtos, que neste caso é o AgCl. Temos então a seguinte relação:

1 x 58,44 --------------- 4 x 143,32
X --------------- 57,4
X = 5,85 de NaCl

Cálculo da porcentagem:
34,10g -------- 100
5,85g --------- P
P = 17,15

Segunda Experiência: $BaCl_2 + 2KCl + 2Na_2SO_4 \rightarrow 4NaCl + K_2SO_4 + BaSO_4$

Agora o precipitado é $BaSO_4$ (Sulfato de bário)
$BaCl_2$ $BaSO_4$
208,23g --------------------------- 233,39g
X --------------------------- 4,66
X = 4,15g

Cálculo da porcentagem:
6,82 g ---------- 100
4,15g ---------- P
P ≅ 61%
Temos que o cloreto de potássio apresenta percentual igual a 21,8%.

Questão 202

Uma camada escura é formada sobre objetos de prata exposta a uma atmosfera poluída contendo compostos de enxofre. Esta camada pode ser removida quimicamente envolvendo os objetos em questão com uma folha de alumínio. A equação química que melhor representa a reação que ocorre neste caso é
a) $3Ag_2S_{(s)} + 2Al_{(s)} \rightarrow 6Ag_{(s)} + Al_2S_{3(s)}$
b) $3Ag_2O_{(s)} + 2Al_{(s)} \rightarrow 6Ag_{(s)} + Al_2O_{3(s)}$
c) $3Ag_2H_{(s)} + Al_{(s)} \rightarrow 3Ag_{(s)} + AlH_{3(s)}$
d) $3Ag_2SO_{4(s)} + 2Al_{(s)} \rightarrow 6Ag_{(s)} + Al_2S_{3(s)} + 6O_{2(g)}$
e) $3Ag_2SO_{3(s)} + 2Al_{(s)} \rightarrow 6Ag_{(s)} + Al_2S_{3(s)} + 9/2\ O_{2(g)}$

Resolução: Alternativa A.
O enunciado cita uma substância escura que se forma sobre objetos de prata, quando estes estão expostos a ambientes poluídos com compostos de enxofre. A substância escura que deve ser removida da superfície do objeto refere-se ao sulfeto de prata, o qual reagirá com o alumínio metálico. Equação química: $3Ag_2S_{(sólido)} + 2Al_{(sólido)} \rightarrow 6Ag_{(sólido)} + Al_2S_{3(sólido)}$

Questão 203

Em um copo de 500 mL são misturados 100 mL de ácido clorídrico 1,00 mol.L^{-1} em 100 mL de hidróxido de sódio 0,50 mol.L^{-1}. A solução resultante do copo é:

a) 1,0 x 10^{-7} mol.L^{-1} em OH^-
b) 1,0 x 10^{-7} mol.L^{-1} em H^+
c) 0,05 mol.L^{-1} em H^+
d) 0,25 mol.L^{-1} em H^+
e) 0,50 mol.L^{-1} em H^+

Resolução: Alternativa D.

Relação estequiométrica entre os reagentes: $HCl_{(aquoso)} + NaOH_{(aquoso)} \rightarrow NaCl_{(aquoso)} + H_2O_{(líquido)}$
1 mol de $HCl_{(aq)}$ ---------- 1 mol de $NaOH_{(aq)}$
n_{HCl} -------------------------- n_{NaOH}
$n_{HCl} = n_{NaOH}$

Cálculo do número de mol de HCl: n_{HCl} = 0,10 x 1,0 = 0,10 mol
Cálculo do número de mol de NaOH: n_{NaOH} = 0,50 x 0,10 = 0,05 mol

Excesso de ácido: $n_{HCl\ excesso}$ = 0,10 - 0,05 = 0,05 mol

Cálculo da concentração da quantidade de matéria em excesso:

$$[HCl]_{excesso} = \frac{0.005\ mol}{0,200\ L} = 0,25\ mol.L^{-1}$$

Questão 204

Na metalurgia de obtenção do zinco a partir da blenda, um minério constituído de sulfeto de zinco, ocorre por meio de duas reações, representadas abaixo:

$2ZnS_{(s)} + 3O_{2(g)} \rightarrow 2ZnO_{(s)} + 2SO_{2(g)}$
$ZnO_{(s)} + CO_{(g)} \rightarrow Zn_{(s)} + CO_{2(g)}$

Qual quantidade de zinco a 90%(m/m) pode ser obtida a partir de 243,75 toneladas do minério blenda, a 80%(m/m)?

a) 147,15 toneladas
b) 130,80 toneladas
c) 117,72 toneladas
d) 163,50 toneladas

Resolução: Alternativa C

$2\ ZnS_{(sólido)} + 3O_{2(gás)} \rightarrow \cancel{2\ ZnO_{(sólido)}} + 2SO_{2(g)}$
$\cancel{2\ ZnO_{(s)}} + 2CO_{(gás)} \rightarrow 2\ Zn_{(sólido)} + 2CO_{2(g)}$ (Equação multiplicada por dois) +

$2\ ZnS_{(sólido)} + 3O_{2(gás)} + 2CO_{(gás)} \rightarrow 2Zn_{(sólido)} + 2CO_{2(g)} + 2SO_{2(g)}$ (Equação química global)

Cálculo da pureza de blenda = 243,75 t x 0,80 = 185 t.

2 mol de ZnS ------------------- 2 mol de Zn
(2 x 97,4) g --------------------- 2 x 65,4 g
195 toneladas ----------------- m_{Zn}
m_{Zn} = 130,93 x 0,90 = 117,84 t

Questão 205

A um paciente, que se queixava de dor de cabeça, foi receitado metamizol sódico (ou dipirona sódica), em uma sondagem de 250 mg, a cada 6 horas. A fórmula estrutural deste analgésico é dada abaixo:

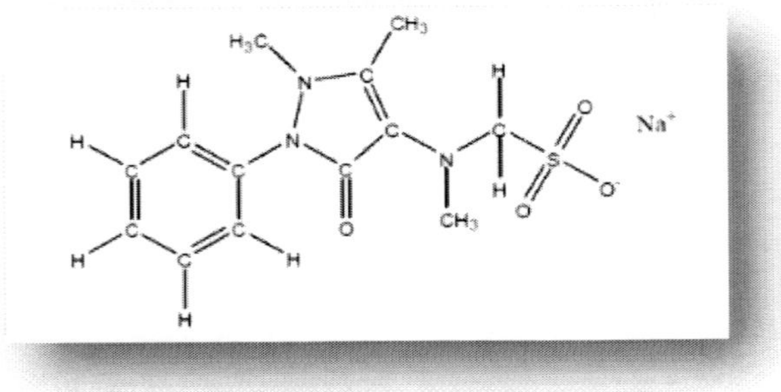

A quantidade de matéria do analgésico ingerida pelo paciente por dia é igual a:
a) 0,015 mol
b) 0,0015 mol
c) 0,003 mol
d) 0,03 mol

Resolução: Alternativa C.
24 horas ----------- massa
6 horas ------------- 250 mg
massa = 1000 mg

Fórmula molecular do metamizol sódico e sua massa molar: $C_{13}H_{16}O_4N_3SNa$ (<MM> = 333 g.mol^{-1})

1 mol ---------- 333 g
X --------------- 1 g
X = 0,0030 mol

Questão 206

A pirita (FeS_2) é um minério de ferro conhecido como ouro de tolo em face de sua aparência. Quando queimada na presença de oxigênio do ar, a pirita é convertida nos óxidos Fe_2O_3 e SO_2. O ferro é então obtido do óxido de ferro em um alto forno. A massa de ferro (em kg) que pode ser obtida a partir de 1 tonelada de pirita de pureza igual a 95% está entre:
a) 200 e 300 kg
b) 300 e 350 kg
c) 350 e 400 kg
d) 400 e 450 kg
e) 450 e 500 kg

Resolução: Alternativa D.

Equação química I: $2\ FeS_{2(sólido)} + 11/2O_{2(gás)} \rightarrow Fe_2O_{3(sólido)} + 4SO_{2(gás)}$
Equação química II: $Fe_2O_{3(sólido)} \rightarrow 2Fe_{(sólido)} + 3/2O_{2(gás)}$
Somando as duas equações químicas apresentadas acima, temos:

$2\ FeS_{2(sólido)} + 11/2O_{2(gás)} \rightarrow \cancel{Fe_2O_{3(s)}} + 4SO_{2(gás)}$
$\cancel{Fe_2O_{3(s)}} \rightarrow 2Fe_{(sólido)} + 3/2O_{2(gás)}$ +

$2\ FeS_{2(sólido)} + 4O_{2(gás)} \rightarrow 2Fe_{(sólido)} + 4SO_{2(gás)}$

Massa de pirita puro = 1 t x 0,95 = 0,95 toneladas

$2\ FeS_{2(sólido)} + 4\ O_{2(gás)} \rightarrow 2\ Fe_{(sólido)} + 4SO_{2(gás)}$
240 gramas -------------- 112 gramas
0,95 toneladas ---------- m_{Fe}
m_{Fe} = 0,443 toneladas (443 kg)

Questão 207

Em 33,65 gramas de um sal de magnésio está presente 1 mol deste elemento. Sendo trivalente o ânion deste sal, é correto afirmar que a massa de 1 mol do ânion é:
a) 6,23 g
b) 14,01 g
c) 24,31 g
d) 42,03 g
e) 48,62 g

Resolução: Alternativa B.
Sal constituinte: Mg^{+2} e X^{-3}

Massa molecular do sal: <MM>$_{Mg3X2}$ = (72 + 2.<MM>$_X$), em que <MM>$_X$ é a massa atômica do elemento X.

72 g ---------- (72 + 2 x <MM>$_X$)
24 g ---------- 33,65 g
<MM>$_X$ = 14,47 g.mol^{-1}

Questão 208

O TiO_2, na forma de rutilo, é usado como pigmento em tintas brancas. Essa substância pode ser obtida com rendimento de 100%, por meio da reação entre a ilmenita, $FeTiO_3$, e o cloro, em meio ácido, de acordo com a equação química não balanceada: ___ $FeTiO_{3(s)}$ + ___ $HCl_{(aq)}$ + ___ $Cl_{2(g)}$ → ___ $FeCl_{3(aq)}$ + ___ $TiO_{2(s)}$ + ___ $H_2O_{(l)}$. Qual a quantidade de matéria de rutilo pode ser preparada a partir de 950 gramas de um minério que contém 80% (m/m) de ilmenita?
a) 6,25 mol
b) 6,50 mol
c) 5,00 mol
d) 5,50 mol

Resolução: Alternativa C.

Realizando o balanceamento, a equação química fica da seguinte maneira: $3FeTiO_{3(sólido)} + 6HCl_{(aquoso)} + 3/2Cl_{2(gás)} \rightarrow 3FeCl_{3(aquoso)} + 3TiO_{2(sólido)} + 3H_2O_{(líquido)}$.

Cálculo da massa de ilmenita pura: m_{FeTiO3} = 950 g x 0,80 = 760 g

Cálculo do número de mol de rutilo:
3 mol de $FeTiO_3$ ------------------ 3 mol de TiO_2
3 x (152 g) ------------------------- 3 mol de TiO_2
760 g -------------------------------- n_{TiO2}
n_{TiO2} = 5,00 mol

Questão 209

$CrI_3 + Cl_2 + NaOH \rightarrow NaIO_4 + Na_2CrO_4 + NaCl + H_2O$. Assinale a alternativa que indica a soma dos menores coeficientes inteiros capazes de balancear a equação química acima:
a) 73
b) 95
c) 173
d) 187
e) 217

Resolução: Alternativa D.

Balanceamento pelo método íon-elétron, temos:

$$4H_2O + Cr^{+3} \xrightarrow{x2} CrO_4^{-2} + 8H^+ + 3e^- \text{ (Oxidação)}$$
$$4H_2O + I^- \xrightarrow{x6} IO_4^{-2} + 8H^+ + 8e^- \text{ (Oxidação)}$$

$$Cl_2 + 2e^- \xrightarrow{x27} 2Cl^- \text{ (Redução)}$$

$$32H_2O + 2Cr^{+3} + 6I^- + 27Cl_2 \rightarrow 2CrO_4^{-2} + 6IO_4^- + 54Cl^- + 64H^+$$

Como a reação ocorre em meio básico, iremos eliminar os íons H^+ adicionando OH^- em ambos os lados. Logo:

$2CrI_3 + 27Cl_2 + 64NaOH \rightarrow 6NaIO_4 + 2Na_2CrO_4 + 54NaCl + 32H_2O$ (Soma dos coeficientes estequiométricos = 2 + 27 + 64 + 6 + 2 + 54 + 32 = 187)

Questão 210

Uma mistura de 300 mL de metano e 700 mL de cloro foi aquecida no interior de um cilindro provido de um pistão móvel sem atrito, resultando na formação de tetracloreto de carbono e cloreto de hidrogênio. Considere todas as substâncias no estado gasoso e temperatura constante durante a reação. Assinale a opção que apresenta os volumes corretos, medidos nas mesmas condições de temperatura e pressão, das substâncias presentes no cilindro após reação completa.

	V_{CH4} (mL)	V_{Cl2} (mL)	V_{CCl4} (mL)	V_{HCl} (mL)
a)	0	0	300	700
b)	0	100	300	600
c)	0	400	300	300
d)	125	0	175	700
e)	175	0	125	700

Resolução: Alternativa D.

Equação química: $CH_{4(gasoso)} + 4Cl_{2(gasoso)} \rightarrow CCl_{4(gasoso)} + 4HCl_{(gasoso)}$

1 mol	4 mol	1 mol	4 mol
100 mL	400 mL	100 mL	400 mL
x	700 mL	x	y

O gás metano encontra-se em excesso, e, a quantidade que reage será a seguinte: $x = \frac{700 \text{ x } 100}{400} = 175 \text{ mL}$

Pela Lei de Avogadro, $V \propto n_{mol}$.

Questão 211

Qual é a massa de carbonato de prata formada ao misturarmos 100 mL de uma solução 0,1 mol.L^{-1} de nitrato de prata com 100 mL de uma solução 0,1 mol.L^{-1} de carbonato de sódio?

a) 0,69 g
b) 1,38 g
c) 2,76 g
d) 1,72 g

Resolução: Alternativa B.

Determinação do reagente limitante e do reagente em excesso:

$n_{AgNO_3} = 0{,}10 \text{ L x } 0{,}10 \frac{\text{mol}}{\text{L}} = \frac{0{,}010}{2} = 0{,}005 \text{ mol}$ (reagente limitante)

$n_{Na_2CO_3} = 0{,}10 \text{ x } 0{,}10 = 0{,}01 \text{ mol}$ (reagente em excesso)

Cálculo da massa de carbonato de prata: $2AgNO_{3(aquoso)} + Na_2CO_{3(aquoso)} \rightarrow Ag_2CO_{3(sólido)} + 2NaNO_{3(aquoso)}$

2 mol de $AgNO_{3(aquoso)}$ -------------- 1 mol de $Ag_2CO_{3(sólido)}$

n_{AgNO3} ----------------------------------- n_{Ag2CO3}

$$n_{AgNO_3} = 2 \text{ x } n_{Ag_2CO_3}$$

$$[AgNO_3] \text{ x } V_{solução} = 2 \text{ x} \frac{m_{Ag_2CO_3}}{< MM >_{Ag_2CO_3}}$$

$$m_{Ag_2CO_3} = \frac{[AgNO_3] \text{ x } V_{solução} \text{ x} < MM >_{Ag_2CO_3}}{2} = \frac{0{,}1 \text{ x } 0{,}1 \text{ x } 276}{2} = 1{,}38 \text{ g}$$

Questão 212

Um método de análise desenvolvido por Lavoisier (1743 – 1794) e aperfeiçoado por Leibig (1803 – 1873) permitiu determinar a composição percentual dos hidrocarbonetos. O procedimento baseia-se na combustão total – em excesso de oxigênio (O_2) – da amostra analisada, em que todo carbono é convertido em gás carbônico (CO_2) e todo hidrogênio transformado em água (H_2O). A queima de 0,50 gramas de um hidrocarboneto, em presença de oxigênio em excesso, fornece 1,65 gramas de dióxido de carbono (CO_2) e 0,45 gramas de água (H_2O). Considerando as informações acima, pode-se afirmar que as porcentagens em massa de carbono (C) e hidrogênio (H) no hidrocarboneto são respectivamente:

a) 85% e 15%
b) 95% e 5%
c) 90% e 10%
d) 91% e 9%
e) 93% e 12%

Resolução: Alternativa C.

Equação química: $C_xH_y + \left(x + \frac{y}{4}\right) O_{2(gás)} \rightarrow xCO_{2(gás)} + \frac{y}{2} H_2O_{(gás)}$

1 mol de C_xH_y ------------------- x mol de CO_2 --------- y/2 mol de H_2O
(12x + y) mol de C_xH_y --------- 44x -------------------- 9y
0,50 g ---------------------------- 1,65 g ------------------ 0,45 g

Realização da primeira equação matemática, a partir da estequiometria entre o C_xH_y e o CO_2:
1,65.(12x + y) = 0,50.44x
19,8x + 1,65y = 22x
Y = 1,33x (Equação I)

Realização da segunda equação matemática, a partir da estequiometria entre o C_xH_y e o H_2O:
0,45 x (12x + y) = 0,50 x 9y
5,4x + 0,45y = 0,45y
Y = 1,33x (Equação II)

Tanto para a equação I quanto a equação II, a relação entre y e x é igual a y = 1,33x
Logo, para x = 3, y = 4. Hidrocarboneto = C_3H_4

Cálculo do percentual de carbono no hidrocarboneto: $\%_{(carbono)} = \frac{36}{40} = 0{,}90\ (90\%)$
$\%_{(hidrogênio)}$ = 100% - 90% = 10%

Questão 213

A reação de explosão da nitroglicerina acontece quando este composto é submetido a uma onda de choques provocada por um detonador, causando sua decomposição de acordo com a reação: $4C_3H_5(NO_3)_{3(l)} \rightarrow 6N_{2(g)} + O_{2(g)} + 12CO_{2(g)} + 10H_2O_{(g)}$. Considerando que esta reação ocorre a 1,0 atm e a 298,15 K e que os gases gerados apresentam comportamento ideal, assinale a alternativa que corretamente indica o volume total (em L) de gás produzido quando ocorre a explosão de 4 mol de nitroglicerina.

a) 509
b) 609
c) 709
d) 809
e) 909

Resolução: Alternativa C.

Observando a reação química a partir de 4 mol de nitroglicerina consumidos são formados 29 mol de gases. Considerando que os gases apresentam comportamento ideal, o volume será calculado a partir da equação dos gases ideais.

$$V = \frac{29 \text{ x } 0{,}08206 \text{ x } 273}{1{,}0} = 709{,}16 \text{ L}$$

Questão 214

O principal componente da cal, importante produto industrial fabricado no Ceará, é o óxido de cálcio (CaO). A produção de CaO se processa de acordo com a seguinte reação química: $CaCO_{3(sólido)} \longrightarrow CaO_{(sólido)} + CO_{2(gás)}$. Considerando o comportamento ideal, assinale a alternativa que expressa corretamente o volume (em L) de CO_2 gerado na produção de 561 kg de CaO a 300 K e 1 atm.

a) 22,4 L
b) 224 L
c) 2460 L
d) 24600 L
e) 246000 L

Resolução: Alternativa E.

Cálculo da massa de dióxido de carbono: $CaCO_{3(sólido)} \longrightarrow CaO_{(sólido)} + CO_{2(gás)}$

1 mol de CaO ---------------- 1 mol de CO_2
56 gramas de CaO --------- 44 gramas de CO_2
561 kg ------------------------ m_{CO2}
m_{CO2} = 440,58 kg

Cálculo do volume de dióxido de carbono:

$$V_{CO_2} = \frac{440580}{44 \text{ x } 1} \text{x } 0{,}08206 \text{ x } 300 = 246504{,}51 \text{ L}$$

Questão 215

A scheelita é um mineral de tungstato de cálcio ($CaWO_4$) encontrado em quantidades apreciáveis na região do Seridó do estado do Rio Grande do Norte, e se constitui numa das principais fontes do metal do tungstênio, o qual é utilizado em filamentos de lâmpadas e na indústria bélica. O método clássico da obtenção de tungstênio a partir da scheelita segue duas etapas principais: na primeira, o mineral reage com excesso de HCl em altas temperaturas produzindo o óxido de tungstênio (IV) com rendimento teórico de 65%, segundo a reação: $CaWO_4 + 2HCl \longrightarrow WO_3 + H_2O + CaCl_2$. Em seguida, o óxido de tungstênio é reduzido em presença de gás hidrogênio produzindo o metal na forma pura com rendimento médio de 98% a partir da reação: $WO_3 + 3H_2 \longrightarrow W + 3\ H_2O$. Quantas toneladas do metal tungstênio podem ser produzidas a partir de 65 toneladas de scheelita, imaginando que este mineral é constituído apenas por $CaWO_4$?

a) 26,45
b) 27,00
c) 41,53
d) 50,52
e) 66,13

Resolução: Alternativa A.

Cálculo da massa de WO_3, a partir da primeira reação química: $CaWO_4 + 2HCl \longrightarrow WO_3 + H_2O + CaCl_2$
1 mol de $CaWO_4$ ------------------- 1 mol de WO_3
288 gramas de $CaWO_4$ ---------- 232 gramas de WO_3 x 0,65
65 t de $CaWO_4$ --------------------- m_{WO3}

$$m_{WO_3} = \frac{232 \text{ x } 65 \text{ x } 0{,}65}{288} = \frac{9802}{288} = 34{,}03 \text{ t}$$

Cálculo da massa de W (tungstênio), a partir da segunda reação química: $WO_3 + 3H_2 \longrightarrow W + 3H_2O$

1 mol de WO_3 ----------------------- 1 mol de W
232 gramas de $CaWO_4$ ---------- 184 gramas de W x 0,98
34,03 t de WO_3 --------------------- m_W

m_W = 26,45 t

Questão 216

Para a equação química apresentada a seguir, $Cr_2O_7^{-2} + Fe^{+2} + H^+ \rightarrow Cr^{+3} + Fe^{+3} + H_2O$, assinale a alternativa que apresenta o valor correto da soma dos números inteiros com relação aos coeficientes estequiométricos:

a) 34

b) 35

c) 36

d) 37

e) 38

Resolução: Alternativa C.

Realizando o balanceamento pelo método REDOX, o íon dicromato é o agente oxidante enquanto o íon ferroso (ferro II) é o agente redutor. Diante disso, os coeficientes estequiométricos para o balanceamento da reação são os seguintes: $Cr_2O_7^{-2} + 6Fe^{+2} + 14H^+ \rightarrow 2Cr^{+3} + 6Fe^{+3} + 7H_2O$.

Soma dos coeficientes estequiométricos: 1 + 6 + 14 + 2 + 6 + 7 = 36.

Questão 217

(CONCURSO PARA DOCENTE FEDERAL – UNIVERSIDADE FEDERAL FLUMINENSE) A quantidade, em gramas, de zinco que deve ser dissolvida em ácido sulfúrico para se obter 500 cm³ de gás hidrogênio a 20°C e 770 torr é:

a) 1,38

b) 1,25

c) 0,47

d) 1,83

e) 1,72

Resolução: Alternativa A.

Equação química entre o zinco metálico na presença de ácido sulfúrico: $Zn_{(sólido)} + H_2SO_{4(aquoso)} \rightarrow ZnSO_{4(aquoso)} + H_{2(gás)}$. A partir da equação dos gases ideais, será possível determinar o número de mol de gás hidrogênio. $n_{H_2} = \frac{p \times V_{H_2}}{R \times T} = \frac{\frac{770}{760} \times 0,500}{0,08206 \times 293} = 21,07 \times 10^{-3}\ \text{mol}$

A partir da relação estequiométrica entre o zinco metálico com o gás hidrogênio é possível calcular o número de mol de zinco metálico:

1mol de zinco ------------- 1 mol de gás hidrogênio

n_{Zn} ---------------------------- $21,07 \times 10^{-3}$ mol

$n_{Zn} = 21,07 \times 10^{-3}$ mol

A partir do número de mol, temos: Massa de zinco = $21,07 \times 10^{-3} \times 65,50$ = 1,38 g

Questão 218

Considerando que o zinco metálico reage com soluções de ácidos, como por exemplo, o ácido clorídrico em água, usado para preparar o hidrogênio em laboratório, de acordo com a seguinte reação: $Zn_{(sólido)} + 2HCl_{(aquoso)} \rightarrow ZnCl_{(aquoso)} + H_{2(gás)}$. Ao dissolver 12,05 g de zinco, qual o volume em mililitros de ácido clorídrico 2,0 $mol.L^{-1}$ necessários para converter completamente o zinco a cloreto de zinco?

a) 184 mL

b) 368 mL

c) 200 mL

d) 18,4 mL

e) 120 mL

Resolução: Alternativa A. Equação química: $Zn_{(sólido)} + 2HCl_{(aquoso)} \rightarrow ZnCl_{(aquoso)} + H_{2(gás)}$

1 mol de Zn --------- 2 mol de HCl
n_{Zn} --------------------- n_{HCl}
2 x n_{Zn} = n_{HCl}

$$[HCl] \text{ x } V_{solução} = 2 \text{ x} \frac{m_{Zn}}{< MM >_{Zn}}$$

$$2 \text{ x } V_{solução} = 2 \text{ x} \frac{12{,}05}{65{,}4}$$

$$V_{solução} = 0{,}184 \text{ L } (184 \text{ mL})$$

Questão 219

Uma das formas de monitoramento da água de caldeiras de indústrias, responsável pelo fornecimento de energia, é a medição do teor de íons cloreto (Cl^-). Um método de análise de cloreto é a adição à água de caldeira de uma solução de nitrato de prata ($AgNO_3$), segundo a equação: $Cl^-_{(aquoso)} + AgNO_{3(aquoso)} \longrightarrow AgCl_{(sólido)} + NO_3^-{}_{(aquoso)}$. A análise de 10,0 ml de água de caldeira, contendo Cl^-, com solução aquosa de $AgNO_3$, formou um precipitado de 0,287 g de AgCl. A concentração molar de Cl^- presente na amostra de água de caldeira é igual a:

a) 2
b) 0,2
c) 0,02
d) 0,002
e) 0,0002

Resolução: Alternativa B.

Equação iônica: $Cl^-_{(aquoso)} + AgNO_{3(aquoso)} \longrightarrow AgCl_{(sólido)} + NO_3^-{}_{(aquoso)}$
1 mol de Cl^- --------- 1 mol de AgCl
n_{Cl-} -------------------- n_{AgCl}
$n_{Cl-} = n_{AgCl}$

$$[Cl^-] \text{ x } V_{solução} = \frac{m_{AgCl}}{< MM >_{AgCl}}$$

$$[Cl^-] \text{ x } 10 \text{ x } 10^{-3} = \frac{0{,}287}{143{,}5}$$

$$[Cl^-] = 0{,}20 \frac{mol}{L}$$

Questão 220

O clorato de potássio, ao ser aquecido, se decompõe gerando cloreto de potássio e gás oxigênio. Num experimento, foram aquecidos 25 g de clorato de potássio e constatou-se que 75% do sal se decompôs. Todo o gás liberado foi coletado sobre a água, o volume ocupado foi de 2,25 L obtendo-se uma pressão de 1,25 atm. A temperatura do sistema era de 25°C. Considerando o oxigênio um gás ideal, determine o grau de pureza do clorato de potássio.

a) 100%
b) 84%
c) 72%
d) 61%
e) 50%

Resolução: Alternativa E.

Cálculo do número de mol de oxigênio coletado, a partir da utilização da equação dos gases ideais:

$$1{,}25 \text{ x } 2{,}25 = n_{O_2} \text{ x } 0{,}08206 \text{ x } 298$$

$$n_{O_2} = \frac{2{,}8125}{24{,}45} = 0{,}115 \text{ mol}$$

Cálculo da massa de clorato de potássio, a partir da estequiometria: $KClO_{3(sólido)} \rightarrow KCl_{(sólido)} + 3/2O_{2(gás)}$

1 mol de $KClO_3$ ---------------------- 3/2 mol de O_2
122,50 gramas de $KClO_3$ --------- 3/2 mol de O_2 x (¾)
m_{KClO3} ---------------------------------- 0,115 mol de O_2
m_{KClO3} = 12,52 gramas de $KClO_3$

Cálculo do grau de pureza do clorato de potássio (%) = $\frac{12{,}52}{25} = 0{,}50\ (50\%)$

Questão 221

Uma amostra contendo 800 g de metano sofreu uma reação de combustão completa. Um dos óxidos produzidos reagiu completamente com 6,132 kg de óxido de bário, produzindo um sal. Qual é o percentual de pureza do metano utilizado?
a) 50%
b) 80%
c) 60%
d) 70%
e) 90%

Resolução: Alternativa B.
Equação química 1: $CH_4 + O_2 \rightarrow CO_2 + H_2O$
Equação química 2: $CO_2 + BaO \rightarrow BaCO_3$

Somando as duas equações químicas apresentadas acima:

$CH_4 + 2\,O_2 \rightarrow \cancel{CO_2} + 2H_2O$
$\cancel{CO_2} + BaO \rightarrow BaCO_3$ +

$CH_4 + 2O_2 + BaO \rightarrow BaCO_3 + 2H_2O$
Cálculo da massa de metano:
1 mol de CH_4 ---------- 1 mol de BaO
16 gramas -------------- 153 gramas
m_{CH4} ---------------------- 6152 gramas
m_{CH4} = 643,35 g

Cálculo da pureza (%): $\% = \frac{643{,}35}{800} = 0{,}801\ (80\%)$

Questão 222

Num garrafão de 3,50 litros de capacidade, contendo 1,50 litros de solução 1,0 mol.L^{-1} de ácido sulfúrico, introduzem-se 32,7 g de aparas de zinco; fecha-se rapidamente com rolha de borracha. Supondo que a temperatura do ambiente onde esta perigosa experiência está sendo feita seja de 20°C, o incremento máximo de pressão interna (ΔP) do frasco, em atm, será de:
a) 0,41
b) 3,4
c) 5,6
d) 6,0
e) 12,0

Resolução: Alternativa D.

Equação química: $Zn_{(sólido)} + H_2SO_{4(aquoso)} \rightarrow ZnSO_{4(aquoso)} + H_{2(gás)}$

Determinação do reagente limitante, calculando e comparando o número de mol de cada espécie química:
$n_{ácido} = [ácido] \text{ x } V_{solução} = 1{,}0 \text{ x } 1{,}5 = 1{,}5 \text{ mol}$

Cálculo do número de mol do metal:

$$n_{metal} = \frac{m_{metal}}{< MM >_{metal}} = \frac{32{,}7}{65{,}4} = 0{,}50 \text{ mol (reagente limitante)}$$

Cálculo do número de mol de gás hidrogênio produzido na reação:
1 mol de Zn ---------------------- 1 mol de H_2
0,50 mol --------------------------- n_{H2}
n_{H2} = 0,50 mol de gás hidrogênio

Cálculo da variação máxima de pressão: $\Delta P = \frac{\Delta n \text{ x R x T}}{V} = \frac{0{,}50 \text{ x } 0{,}08206 \text{ x } 293}{2} = 6{,}01 \text{ atm}$

Questão 223

Oleum, ou ácido sulfúrico, é obtido através da absorção do trióxido de enxofre por ácido sulfúrico. Ao se misturar oleum com água obtém-se ácido sulfúrico concentrado. Supondo que uma indústria tenha comprado 1000 kg de oleum com concentração em massa de trióxido de enxofre de 20% e de ácido sulfúrico de 80%, calcule a quantidade de água que deve ser adicionada para que seja obtido ácido sulfúrico com concentração de 95% em massa.
a) 42 kg
b) 300 kg
c) 100 kg
d) 45 kg
e) 104,5 kg

Resolução: Alternativa C.

Sabendo que 1000 kg de oleum apresentam 200 kg de SO_3 + 800 kg de H_2SO_4 puro.

Analisando o trióxido de enxofre:
80 gramas de SO_3 --------- 18 gramas de H_2O
200 kg de SO_3 -------------- X_{H2O}
X_{H2O} = 45 kg

Analisando o ácido sulfúrico:
80 gramas de SO_3 --------- 98 gramas de H_2O
200 kg de SO_3 -------------- Y_{H2SO4}
Y_{H2SO4} = 245 kg

Cálculo da massa de água necessária para a transformação desta massa de ácido sulfúrico puro em solução 95% em massa:
1045 kg de H_2SO_4 ------------- 95%
$m_{solução}$ ---------------------------- 100%
$m_{solução}$ = {(1045 x 100%) / 95%} = 1100 kg

Cálculo da massa total de água = 45 kg + (1100 kg – 1045 kg) = 100 kg

Questão 224

Lithium reacts with water to produce hydrogen gas and lithium hydroxide. What volume of hydrogen collected over water at 22°C and 750 mm Hg pressure is produced by the reaction of 0,208 g of Li? [VP_{H2O} = 19,8 mm Hg]
a) 367 mL
b) 378 mL
c) 735 mL
d) 755 mL

Resolução: Alternativa B.

Equação química: $Li_{(sólido)} + H_2O_{(líquido)} \rightarrow LiOH_{(aquoso)} + \frac{1}{2}H_{2(gás)}$

Sabendo que a pressão total fornecida pelo problema é de 750 mmHg, a pressão parcial de H_2 será igual a: $P_{TOTAL} = P_{VAPOR(H2O)} + P_{H2}$

P_{H2} = 750 mmHg – 19,8 mmHg = 730,2 mmHg (0,961 atm)

Cálculo da massa de gás hidrogênio, a partir da relação estequiométrica com o lítio metálico:
1 mol de Li -------------- ½ mol de H_2
6,94 g Li ---------------- 1,0 g
0,208 g Li -------------- m_{H2}
$m_{H2} = 2,99 \times 10^{-2}$ g

Cálculo do volume de gás hidrogênio: $V_{H_2} = \frac{\left(\frac{2,99 \times 10^{-2}}{2,0}\right) \times 0,08206 \times (22+273)}{0,961} = 0,376 \text{ L } (376 \text{ mL})$

Questão 225

Uma amostra de 1,0 g de zinco metálico impura foi dissolvida em excesso de ácido clorídrico, gerando um volume de 0,206 L de gás H_2, que foi contido em uma bexiga. Assumindo que o experimento foi realizado nas CNTP, pode-se concluir que a pureza do zinco metálico, em %, é de, aproximadamente:
a) 60
b) 70
c) 80
d) 90
e) 100

Resolução: Alternativa A.
Equação química: $Zn_{(sólido)} + 2HCl_{(aquoso)} \rightarrow ZnCl_{2(aquoso)} + H_{2(gás)}$

1 mol de Zn ----------- 1 mol de H_2
65,41 g ----------------- 22,4 L
p x 1,0 g --------------- 0,206 L
p = 0,601 (60%)

Pureza do metal = 60%.

Questão 226

A aspirina é um medicamento muito utilizado pela medicina, uma vez que é utilizado como antipirético e analgésico, e, comercialmente é conhecido como ácido acetilsalicílico ou AAS. Sua fórmula molecular está representada pela seguinte fórmula molecular, $C_9H_8O_4$. A partir desta informação, assinale a alternativa aproximada que representa o número de moléculas deste ácido em 0,80 gramas.
a) $2,7 \times 10^{20}$
b) $2,7 \times 10^{21}$
c) $2,0 \times 10^{20}$
d) $3,5 \times 10^{19}$
e) $2,0 \times 10^{21}$

Resolução: Alternativa B.
Massa molecular do analgésico: <MM> = (9 x 12) + (8 x 1) + (4 x 16) = 180 $g.mol^{-1}$

Cálculo do número de moléculas em 0,80 g:
180 g --------- $6,02 \times 10^{23}$ moléculas
0,80 g --------- X
X = $2,67 \times 10^{21}$ moléculas

Questão 227

Uma pequena amostra contendo 4,50 g de carbonato de magnésio foi tratada com excesso de ácido clorídrico, obtendo-se 500 mL de dióxido de carbono medida nas CNTP. A partir desta informação, determine o valor aproximado do rendimento da reação citada.

a) 15%
b) 20%
c) 35%
d) 42%
e) 65%

Resolução: Alternativa D

A partir da relação estequiométrica, temos: $MgCO_{3(aquoso)} + 2\ HCl_{(aquoso)} \longrightarrow MgCl_{2(aquoso)} + H_2O_{(líquido)} + CO_{2(gás)}$

1 mol de $MgCO_{3(aq)}$ ------------------ 1 mol de $CO_{2(g)}$ x R

n_{sal} -- $n_{gás}$

$n_{sal} \times R = n_{gás}$

Considerando que o dióxido de carbono apresenta comportamento ideal, temos: $R \times \left(\frac{4,50}{84}\right) = \frac{1 \times 0,500}{0,08206 \times 273}$

R = 0,4166 (≅ 42%)

Questão 228

100 litros de dióxido de carbono medido a 740 mmHg e 50°C é produzido pela combustão completa de uma amostra de pentano: 2 $C_5H_{12} + 16\ O_2 \longrightarrow 10\ CO_2 + 12\ H_2O$. Qual a massa de pentano reagido?

a) 342 g
b) 265 g
c) 64,4 g
d) 53,0 g

Resolução: Alternativa D.

Cálculo da massa de dióxido de carbono, considerando comportamento ideal:

$$p \times V_{CO_2} = \frac{m_{CO_2}}{< MM >_{CO_2}} . R \times T$$

$$\left(\frac{740}{760}\right) \times 100 = \frac{m_{CO_2}}{44} \times 0,08206 \times (50 + 273)$$

$$m_{CO_2} = 161,63\ g$$

Cálculo da massa de pentano: $2C_5H_{12} + 16O_2 \longrightarrow 10CO_2 + 12H_2O$

2 mol de C_5H_{12} ---------------- 10 mol de CO_2

142 g ---------------------------- 440 g

m_{C5H12} --------------------------- 161,63 g

m_{C5H12} = 52,90 g

Questão 229

Qual é a fórmula molecular de uma substância gasosa que contém 46,1% de carbono e 53,9% de nitrogênio em massa? Sabe-se que 2,60 gramas dessa substância ocupam um volume de 1,12 litros nas condições normais de pressão e temperatura.

Resolução: Base de cálculo: 100 g da substância pura.

Analisando em função do átomo de carbono: $\frac{46,1}{100} \times 100\ g = \frac{46,1\ g}{12 \frac{g}{mol}} = \frac{3,84\ mol}{3,84\ mol} = 1$

Analisando em função do átomo de nitrogênio: $\frac{53,9}{100} \times 100\ g = \frac{53,9\ g}{14 \frac{g}{mol}} = \frac{3,85\ mol}{3,84\ mol} = 1$

Fórmula mínima: $(CN)_x$. Determinação do valor do x:

$$28x ------ 22{,}4\ L$$
$$2{,}60 ------ 1{,}12\ L$$

$$x = \frac{2{,}60 \text{ x } 22{,}4}{28 \text{ x } 1{,}12} = \frac{58{,}24}{31{,}36} = 1{,}86$$

Valor mais próximo para x é igual a 2. Logo a fórmula molecular será C_2N_2 ou $(CN)_2$.

Questão 230

Quantas moléculas existem em:
a) 4,0 g de hélio gasoso?
b) 159,8 g de bromo líquido?
c) 253,8 g de iodo sólido?
Em quais dos casos acima o volume da substância é 22,4 litros nas condições normais de temperatura e pressão? Por quê?

Resolução:
Item a) Analisando o gás nobre Hélio: $4{,}0\ g ----- 6{,}02 \text{ x } 10^{23}$ moléculas
Item b) Analisando o bromo líquido: $2 \text{ x } 79{,}90\ g --- 6{,}02 \text{ x } 10^{23}$ moléculas
Item c) Analisando o iodo sólido: $2 \text{ x } 126{,}9\ g ---- 6{,}02 \text{ x } 10^{23}$ moléculas

Trata-se do gás nobre hélio, o que pode ser observado pela equação dos gases ideais a seguir:

$$V = \frac{1{,}0 \text{ x } 0{,}08206 \text{ x } 273}{1{,}0} = 22{,}4 \text{ litros}$$

Questão 231

Dentre as seguintes substâncias: CO_2, NH_3, HCl, NO_2, H_2O, CO e N_2, a lei das proporções múltiplas pode ser exemplificada usando o seguinte par:
a) H_2O e HCl
b) NH_3 e NO_2
c) NO_2 e CO_2
d) CO e CO_2
e) Nenhuma das respostas anteriores

Resolução: Alternativa D.

Lei de Dalton – Lei das proporções múltiplas: "Quando dois elementos se combinam para formar mais de um composto, se a massa de um deles permanecer constante, a do outro variará numa relação de números inteiros pequenos. Exemplo: CO (monóxido de carbono, 28 g x mol^{-1}) e CO_2 (dióxido de carbono, 44 g x mol^{-1})

CO = 12 g/mol de carbono e 16 g/mol de oxigênio

CO_2 = 12 g/mol de carbono e 32 g/mol de oxigênio

$$O = \frac{32}{16} = 2{,}0$$

Questão 232

Que massa de dissulfeto de carbono é obtida quando 1,0 x 10^{24} átomos de carbono reagem com a quantidade estequiométrica de enxofre?
a) (10,0/6,023) x 76 g
b) (6,023/10,00) x 76 g
c) 1,00 x 10^{24} x 79 g

d) $6{,}023 \times 10^{23} \times 32$ g
e) Nenhuma das respostas anteriores

Resolução: Alternativa A.

Equação química: $C_{(sólido)} + S_{2(gás)} \rightarrow CS_{2(gás)}$

1 mol de C ------------------------------- 1 mol de CS_2
$6{,}02 \times 10^{23}$ átomos de carbono ------ 76 g
$1{,}00 \times 10^{22}$ átomos de carbono ------ Massa

Massa = $\frac{76 \times 10}{6{,}02}$ (g)

Questão 233

O equivalente – grama do ferro (massa atômica = 55,85) na reação $2FeCl_2 + Cl_2 \rightarrow FeCl_3$, é:
a) 55,85 / 2
b) 55,85 x 2
c) 55,85
d) 55,85 / 3
e) Nenhuma das respostas anteriores

Resolução: Alternativa C.

O número de oxidação do ferro varia de +2 → +3
A variação do número de oxidação é $\Delta = 3 - 2 = 1$
Cálculo do equivalente-grama: $Eqg_{Fe} = \frac{<MM>_{Fe}}{\Delta} = \frac{55{,}85}{1{,}0} = 55{,}85$

Questão 234

0,250 g of an element, M, reacts with excess fluorine to produce 0,547 g of the hexafluoride, MF_6. What is the element?
a) Cr
b) Mo
c) S
d) Te

Resposta: Alternativa B.
Equação química: $M_{(sólido)} + 3F_{2(gás)} \rightarrow MF_{6(gás)}$

Pela relação estequiométrica, temos:

$1 \text{ mol de M} - - - 1 \text{ mol de } MF_{6(gás)}$
$< MM >_M - - - < MM >_M + 6 \times 19$
$0{,}250g - - - - - 0{,}547 \text{ g}$
$< MM >_M = 95{,}95 \frac{g}{mol}$

Para este valor de massa atômica, o metal correspondente se refere ao Molibdênio (Mo).

Questão 235

What is the mass percent of oxygen in $Al_2(SO_4)_3 \cdot 18H_2O$?
a) 9,60
b) 28,8
c) 43,2
d) 72,0

Resposta: Alternativa D.

$100\% - - - \ 666{,}43\ g$
$X - - - - - - 12 \times 16\ g + 18 \times 16\ g$
$X = 72{,}02\ \%$

Questão 236

What is the number of O_2 molecules in the 2,5 g of O_2 inhaled by the average person in one minute?
a) $1{,}9 \times 10^{22}$
b) $3{,}8 \times 10^{22}$
c) $4{,}7 \times 10^{22}$
d) $9{,}4 \times 10^{22}$

Resposta: Alternativa C.

$32\ g\ O_2 - - - \ 6{,}02 \times 10^{23}$ moléculas
$2{,}5\ g\ O_2 - - - \ X$

$$X = \frac{2{,}50 \times 6{,}02 \times 10^{23}}{32} = 4{,}70 \times 10^{23} \text{ moléculas de oxigênio molecular.}$$

Questão 237

What mass of magnesium hydroxide is required to neutralize 125 mL of 0,136 M hydrochloric acid solution?
a) 0,248 g
b) 0,496 g
c) 0,992 g
d) 1,98 g

Resposta: Alternativa B.

Equação química que representa o processo de neutralização entre o ácido clorídrico e o hidróxido de magnésio:

$$2HCl_{(aquoso)} + Mg(OH)_{2(aquoso)} \rightarrow MgCl_{2(aquoso)} + 2H_2O_{(líquido)}$$

$2\ mol - - - - 1\ mol$
$n_a - - - - - - - n_b$
$n_a = 2 \times n_b$
$0{,}125 \times 0{,}136 = 2 \times \frac{massa}{58}$
$massa = 0{,}493\ g$

Questão 238

Magnetite, Fe_3O_4, can be reduced to iron by heating with carbon monoxide according to the equation: $Fe_3O_4 + 4CO \rightarrow 3Fe + 4CO_2$. What mass of Fe_3O_4 is required in order to obtain 5,0 kg of iron if the process is 88% efficient?
a) 6,1 kg
b) 6,9 kg
c) 7,9 kg
d) 18 kg

Resposta: Alternativa C.

Equação química: $Fe_3O_{4(sólido)} + CO_{(gás)} \rightarrow 3Fe_{(sólido)} + 4CO_{2(gás)}$
$1\ mol - - - - 3\ mol$
$232\ g - - - - 168 \times 0{,}88$

$\text{Massa} ---- 5000\text{ g}$
$\text{Massa} = 7846{,}32\text{ g}$

Questão 239

100 L of carbon dioxide measured at 740 mmHg and 50°C is produced by the complete combustion of a sample of pentane. $2C_5H_{12} + 16O_2 \rightarrow 10CO_2 + 12H_2O$. What mass of pentane reacted?
a) 342 g
b) 265 g
c) 64,4 g
d) 53,0 g

Resposta: Alternativa D.

Equação química: $2C_5H_{12} + 16O_2 \rightarrow 10CO_2 + 12H_2O$. A partir da relação estequiométrica apresentada pela equação química, temos:

$2\text{ mol} ----- 10\text{ mol}$
$n_{C_5H_{12}} ----- n_{gás}$
$n_{gás} = 5 \text{ x } n_{C_5H_{12}}$

$$\frac{\frac{740}{760} \text{ x } 100}{0{,}08206 \text{ x } 323} = 5 \text{ x} \frac{\text{massa}}{72}$$

$\text{massa} = 52{,}90\text{ g}$

Questão 240

(GRILLO) Superóxido de potássio reage com ácido sulfúrico a frio havendo a formação de oxigênio molecular. Partindo de 300 g do óxido com 30% de impureza e com rendimento igual a 62%, calcule o volume de O_2 nas CNTP.
Resolução: Equação química: $2KO_{2(sólido)} + H_2SO_{4(óxido)} \rightarrow K_2SO_{4(aquoso)} + H_2O_{2(aquoso)} + O_{2(gás)}$

Cálculo e determinação do número de mol de superóxido de potássio: $n_{óxido} = \frac{300}{39+32} = 4{,}22\text{ mol}$

Cálculo do número de mol de oxigênio molecular, a partir da relação estequiométrica:
$2\text{ mol de } KO_2 ---- 1\text{ mol de } O_2 \text{ x } 0{,}62$
$4{,}22 \text{ x } 0{,}70 ----- n$
$n = 0{,}916\text{ mol}$

Cálculo do volume de NO nas CNATP: $V_{O_2} = \frac{0{,}916 \text{ x } 0{,}08206 \text{ x } 273}{1} = 20{,}51\text{ L}$

Questão 241

Uma massa de 1 Kg de ouro puro reage com água régia (mistura de ácidos nítrico e clorídrico), segundo a seguinte equação química. $Au_{(sólido)} + HCl_{(aquoso)} + HNO_{3(aquoso)} \rightarrow AuCl_{3(aquoso)} + H_2O_{(líquido)} + NO_{(gás)}$. Assinale a alternativa correta que apresenta o volume de NO nas CNATP.
a) 124,22 L
b) 155,58 L
c) 163,8 L
d) 181,94 L
e) 200,02 L

Resolução: Alternativa A.

$Au_{(sólido)} + 3HCl_{(aquoso)} + HNO_{3(aquoso)} \rightarrow AuCl_{3(aquoso)} + 2H_2O_{(líquido)} + NO_{(gás)}$
1 mol de Au ---------------------------------- 1 mol de NO
1 mol x 197 $g.mol^{-1}$ ------------------------- 1mol x 30 $g.mol^{-1}$

1000 g de Au -------------------------------- m_{NO}

$$m_{NO} = \frac{30 \text{ x } 1000}{197} = 152{,}28 \text{ g}$$

Com base na massa, o número de mol de óxido nítrico pode ser facilmente calculado da seguinte maneira: $n_{NO} = \frac{152{,}28}{30 \text{ g.mol}^{-1}} = 5{,}08 \text{ mol}$

Cálculo do volume de NO pode ser calculado a partir da equação de Clapeyron:

$$V_{NO} = \frac{n_{NO} \text{ x R x T}}{P} = \frac{5{,}08 \text{ x } 0{,}08206 \text{ x } 298}{1} = 124{,}22 \text{ L}$$

Questão 242

A Câmara analisa o Projeto de Lei 1370/11, do deputado Antonio Carlos Mendes Thame (PSDB-SP), que proíbe a utilização de dióxido de titânio em alimentos e cosméticos. O dióxido de titânio é um pigmento branco inorgânico, bastante usado em cosméticos, tintas e corantes de alimentos. Tem uso bastante comum também em bloqueadores solares, em virtude de sua propriedade física de barrar a radiação da luz solar. Fonte: Agência Câmara de Notícias. Considere a seguinte reação para a síntese do bromo em fase líquida a partir do dióxido de titânio. $TiO_{2(sólido)} + BrF_{3(líquido)} \longrightarrow TiF_{4(sólido)} + Br_{2(líquido)} + O_{2(gás)}$. Se 12,0 g do óxido produz 0,056 g de oxigênio, assinale a alternativa que apresenta o valor aproximado do grau de pureza do grau de pureza do TiO_2 utilizado.

a) 0,67%
b) 1,17%
c) 2,78%
d) 4,02%
e) 5,56%

Resolução: Alternativa B.

Equação química: $3TiO_{2(sólido)} + 4BrF_{3(líquido)} \longrightarrow 3TiF_{4(sólido)} + 2Br_{2(líquido)} + 3O_{2(gás)}$

3 mol de $TiO_{2(s)}$ ---------------------------- 3 mol de $O_{2(g)}$
3 mol x 79,90 $g.mol^{-1}$ --------------------- 3 mol x 32 $g.mol^{-1}$
m_{TiO2} -- 0,056 g

$$m_{TiO_2} = \frac{13{,}42}{96} = 0{,}14 \text{ g}$$

O grau de pureza pode ser avaliado através da fração mássica de TiO_2 na amostra, logo: $(\%)_{TiO_2} = \frac{0{,}14}{12{,}0} = 0{,}0117 \ (1{,}17\%)$

Questão 243

O permanganato de Potássio é um medicamento usado desde há muito tempo atrás para tratar problemas de pele como: coceira, catapora, acabar com bactérias e fungos, cicatrizante e em alguns casos é usado para banho de assento como no caso de vaginite corrimento ou vulvovaginite. https://www.terra.com.br/noticias/permanganato-de-potassio-e-seus-riscos-para-a-saude,adb3a1129cabb7dbcc389f88389568e2do00de8j.html. Assinale a alternativa que apresenta o somatório dos coeficientes da seguinte equação química e volume de gás cloro produzido nas CNATP, a partir de 12 mol de permanganato de potássio, sabendo que o rendimento foi de 69%. $KMnO_4 + HCl \rightarrow KCl + MnCl_2 + H_2O + Cl_2$.

a) 35; 506 L
b) 35; 253 L
c) 30; 506 L
d) 35 355 L
e) 30; 169 L

Resolução: Alternativa A.

Realizando o balanceamento pelo método REDOX em que o agente redutor é o ácido clorídrico enquanto o permanganato de potássio trata do agente oxidante.

Agente Oxidante: $KMnO_4$ (permanganato de potássio)

Equação química: $2KMnO_4 + 16HCl \rightarrow 2KCl + 2MnCl_2 + 8H_2O + 5Cl_2$

Cálculo do volume, levando em consideração que o gás apresenta comportamento ideal: $\text{Volume} = \frac{20{,}7 \times 0{,}08206 \times 298}{1} = 506\ \text{L}$

Questão 244

Uma amostra de 390 g de sulfito de cálcio com 25% de impurezas, em massa, é atacada por ácido clorídrico concentrado em meio reacional a 2 atm e 300K. Considere comportamento ideal de gases. Pode-se afirmar que o volume, em litros, de anidrido sulfuroso obtido pelo consumo completo do sulfito é:

a) 22,4
b) 30,0
c) 40,0
d) 54,6
e) 72,8

Resolução: Alternativa B.

Equação química entre o sulfito de cálcio com ácido clorídrico: $CaSO_{3(sólido)} + 2HCl_{(aquoso)} \rightarrow CaCl_{2(aq)} + H_2O_{(líquido)} + SO_{2(gás)}$

Grau de pureza de sulfito de cálcio = 100% - 25% = 75%

A partir da relação estequiométrica, temos:
1 mol de $CaSO_{3\,(s)}$ ---------- 1 mol de $SO_{2(g)}$.
0,75 x n_{sal} ---------------------- $n_{gás}$

$$0{,}75 \times n_{sal} = n_{gás}$$

$$0{,}75 \times \frac{390}{120} = \frac{2 \times V}{0{,}08206 \times 300}$$

$$\text{Volume} = 30{,}00\ \text{L}$$

Questão 245

(GRILLO) Realize o balanceamento das equações químicas apresentadas abaixo:

a) $BaO + As_2O_5 \rightarrow Ba_3(AsO_4)_2$
b) $H_2 + O_2 \rightarrow H_2O$
c) $Al(OH)_3 + H_4SiO_4 \rightarrow Al_4(SiO_4)_3 + H_2O$
d) $Cu(OH)_2 + H_4P_2O_7 \rightarrow Cu_2P_2O_7 + H_2O$
e) $FeS_2 + O_2 \rightarrow Fe_2O_3 + SO_2$
f) $Fe_3O_4 + HBr \rightarrow FeBr_2 + FeBr_3 + H_2O$
g) $SO_3 + KOH \rightarrow K_2SO_4 + H_2O$
h) $C_2H_5OH + O_2 \rightarrow CO_2 + H_2O$
i) $C_6H_6 + O_2 \rightarrow CO_2 + H_2O$
j) $Bi_2O_5 + NaClO + NaOH \rightarrow NaCl + H_2O + NaBiO_5$
k) $HNO_3 + P_4 + H_2O \rightarrow H_3PO_4 + NO$
l) $CaC_2O_4 + KMnO_4 + H_2SO_4 \rightarrow CaSO_4 + K_2SO_4 + MnSO_4 + H_2O + CO_2$
m) $As_2S_5 + HNO_3 + H_2O \rightarrow H_2SO_4 + NO + H_3AsO_4$
n) $NaBr + MnO_2 + H_2SO_4 \rightarrow MnSO_4 + Br_2 + H_2O + NaHSO_4$
o) $Ag + HNO_3 \rightarrow AgNO_3 + H_2O + NO$
p) $Cu + HNO_3 \rightarrow Cu(NO_3)_2 + H_2O + NO$
q) $KMnO_4 + HBr \rightarrow MnBr_2 + KBr + Br_2 + H_2O$
r) $FeCl_2 + H_2O_2 + HCl \rightarrow FeCl_3 + H_2O$
s) $Br_2 + (OH)^- \rightarrow H_2O + Br^- + (BrO)^-$

Resolução: Equações químicas balanceadas:

a) $3BaO + As_2O_5 \rightarrow Ba_3(AsO_4)_2$
b) $H_2 + ½O_2 \rightarrow H_2O$
c) $4Al(OH)_3 + 3H_4SiO_4 \rightarrow Al_4(SiO_4)_3 + 12H_2O$
d) $2Cu(OH)_2 + H_4P_2O_7 \rightarrow Cu_2P_2O_7 + 4H_2O$
e) $2FeS_2 + 11/2O_2 \rightarrow Fe_2O_3 + 4SO_2$
f) $Fe_3O_4 + 8HBr \rightarrow FeBr_2 + 2FeBr_3 + 4H_2O$
g) $SO_3 + 2KOH \rightarrow K_2SO_4 + H_2O$
h) $C_2H_5OH + 3O_2 \rightarrow 2CO_2 + 3\ H_2O$
i) $C_6H_6 + 15/2O_2 \rightarrow 6CO_2 + 3H_2O$
j) $Bi_2O_5 + 4NaClO + 2NaOH \rightarrow 4NaCl + H_2O + 2NaBiO_5$
k) $20HNO_3 + 3P_4 + 8H_2O \rightarrow 12H_3PO_4 + 20NO$
l) $5CaC_2O_4 + 2KMnO_4 + 8H_2SO_4 \rightarrow 5CaSO_4 + K_2SO_4 + 2MnSO_4 + 8H_2O + 10CO_2$
m) $3As_2S_5 + 40HNO_3 + 4H_2O \rightarrow 15H_2SO_4 + 40NO + 6H_3AsO_4$
n) $2NaBr + MnO_2 + 3H_2SO_4 \rightarrow MnSO_4 + Br_2 + 2H_2O + 2NaHSO_4$
o) $3Ag + 4HNO_3 \rightarrow 3AgNO_3 + 2H_2O + NO$
p) $3Cu + 8HNO_3 \rightarrow 3Cu(NO_3)_2 + 4H_2O + 2NO$
q) $2KMnO_4 + 16HBr \rightarrow 2MnBr_2 + 2KBr + 5Br_2 + 8H_2O$
r) $2FeCl_2 + H_2O_2 + 2HCl \rightarrow 2FeCl_3 + 2H_2O$
s) $Br_2 + 2(OH)^- \rightarrow H_2O + Br^- + (BrO)^-$

Questão 246

(GRILLO) Calcule o volume de sulfeto de hidrogênio, medido na pressão de 675 mmHg e temperatura de 37°C, quando este gás reage com hidróxido de potássio que apresenta volume igual a 375 cm³ e concentração igual a 0,250 mol.L^{-1}.

Resolução: Através da reação química, temos a seguinte relação estequiométrica:

$H_2S_{(gás)} + 2KOH_{(aquoso)} \rightarrow K_2S_{(aquoso)} + 2H_2O_{(líquido)}$

1 mol de H_2S --------- 2 mol de KOH
n_{H2S} --------------------- n_{KOH}
$2 \times n_{H2S} = n_{KOH}$

Levando em consideração que o sulfeto de hidrogênio apresenta comportamento de gás ideal, temos: $n_{KOH} = 2 \text{ x } n_{H_2S}$

$$[KOH] \text{ x } V_{solução} = 2 \text{ x} \frac{p \text{ x } V_{H_2S}}{R \text{ x } T}$$

$$0{,}250 \text{ x } 0{,}375 \text{ x } 10^{-3} = 2 \text{ x} \frac{\left(\frac{675}{760}\right) \text{ x } V_{H_2S}}{0{,}08206 \text{ x } (37 + 273)}$$

$$V_{H_2S} = 1{,}34 \text{ x } 10^{-3} \text{ L}$$

Questão 247

(GRILLO) Considere a neutralização de 15,5 mL de uma solução de ácido clorídrico por meio de uma solução de hidróxido de cálcio 0,55 mol.L^{-1}. Sabendo que a viragem ocorre na presença de um indicador, quando são consumidos 22,50 mL de hidróxido, calcule a concentração, em mol.L^{-1}, do ácido.

Resolução: Equação química: $2HCl_{(aquoso)} + Ca(OH)_{2(aquoso)} \rightarrow CaCl_{2(aquoso)} + 2H_2O_{(líquido)}$

Relação estequiométrica entre o ácido clorídrico e o hidróxido de cálcio:
2 mol de HCl ---------- 1 mol de $Ca(OH)_2$
$n_{ácido}$ --------------------- n_{base}

Cálculo da concentração da quantidade de matéria do ácido clorídrico (mol.L^{-1}): $[HCl] \text{ x } V_{solução} = 2 \text{ x } [Ca(OH)_2] \text{ x } V_{solução}$

$$[HCl] \text{ x } 15{,}50 = 2 \text{ x } 0{,}55 \text{ x } 22{,}50$$

$$[HCl] = 1{,}60 \text{ mol x } L^{-1}$$

Questão 248

What is the molarity of Na^+ ions in a solution made by dissolving 4,20g of $NaHCO_3$ (M = 84) and 12,6g of Na_2CO_3 (M = 126) in water and diluting to 1,00L?

a) 0,050 mol.L^{-1}
b) 0,100 mol.L^{-1}
c) 0,150 mol.L^{-1}
d) 0,250 mol.L^{-1}

Resolução: Alternativa D.

Cálculo da quantidade de matéria de bicarbonato de sódio: $[\text{NaHCO}_3] = \frac{\left(\frac{4,20}{84}\right)}{1,0} = 0,05\ \text{mol.L}^{-1}$

Cálculo da quantidade de matéia de íons sódio [Na^+]: $NaHCO_{3(s)} \xrightarrow{H_2O} Na^+_{(aq)} + HCO_3^-{}_{(aq)}$
1 mol de $NaHCO_3$ ----------- 1 mol de Na^+
0,05 mol.L^{-1} ------------------- [Na^+]
[Na^+] = 0, 05 mol.L^{-1}

Analisando a solução de carbonato de sódio. Cálculo da quantidade de matéria do carbonato de sódio: $[\text{Na}_2\text{CO}_3] = \frac{\left(\frac{m_{sal}}{<MM>_{sal}}\right)}{V_{solução}} = \frac{\left(\frac{12,60}{126}\right)}{1,0} = 0,100\ \text{mol.L}^{-1}$

Cálculo da quantidade de matéria de íons sódio [Na^+]: $Na_2CO_{3(s)} \xrightarrow{H_2O} 2Na^+_{(aq)} + CO_3^{-2}{}_{(aq)}$
1 mol de Na_2CO_3 ------------- 2 mol de Na^+
0,100 mol.L^{-1} ------------------ [Na^+]
[Na^+] = 0, 200 mol.L^{-1}

Logo, a concentração da quantidade de matéria total dos íons sódio é igual a:
$[Na^+]_{TOTAL}$ = 0,050 + 0,200 = 0,250 mol.L^{-1}

Questão 249

Considere que uma solução de ácido sulfúrico apresenta as seguintes características, considerando que a temperatura seja igual a 20°C. Dados analíticos do ácido sulfúrico: densidade = 1,79 g.cm^{-3}; título em massa = 96%. Diante das informações do ácido, determine:

a) O valor da normalidade deste ácido;
b) O valor da quantidade de matéria do ácido;
c) Se 100 cm³ deste ácido forem utilizados na transformação de prata em solução de sulfato de prata, calcule a massa de prata utilizada. Utilizando este ácido sulfúrico para realizar um procedimento de titulação com 20 cm³ de uma solução de hidróxido de lítio, verifica-se que o volume é igual a 1,50 cm³. Calcule a concentração normal desta base,

Resolução: Dados do problema:
1 cm³ ---------------------- 1,79 g de solução
96 g de H_2SO_4 ----------- 100 g de solução

Item a) Cálculo do volume da solução:
1 cm³ --------- 1,79 g de solução
V ------------- 100 g de solução
V = 55,86 cm³ (55,86 x 10^{-3} dm³)

Cálculo da normalidade da solução: $\text{N} = \frac{m_{soluto}}{eqg_{soluto} \times V_{solução}} = \frac{96}{\left(\frac{98}{2}\right) \times 55,86 \times 10^{-3}} = 35,07\ \text{eqg.L}^{-1}$

Item b) Cálculo da concentração da quantidade de matéria: $[\text{H}_2\text{SO}_4] = \frac{\frac{m_{H_2SO_4}}{<MM>_{H_2SO_4}}}{V_{solução}} = \frac{\frac{96}{98}\text{mol}}{55,86 \times 10^{-3}\ \text{L}} = \frac{0,979\ \text{mol}}{55,86 \times 10^{-3}\ \text{L}} = 17,52\ \text{mol.L}^{-1}$

Item c) Equação química: 2 $Ag_{(s)}$ + $H_2SO_{4(aq)}$ ⟶ $Ag_2SO_{4(aq)}$ + $H_{2(g)}$

Cálculo da concentração comum (C), a partir da concentração da quantidade de matéria: C = [H_2SO_4] x $<MM>_{H2SO4}$ = 17,52 x 98 = 1716,96 $g.L^{-1}$

Cálculo da massa de ácido sulfúrico em 100 cm^3, a partir da concentração comum: m_{H2SO4} = C x $V_{solução}$ = 1716,96 x 0,100 = 171,69 g

Cálculo da massa de prata, a partir da estequiometria:
2 mol de $Ag_{(s)}$ ----------- 1 mol de $H_2SO_{4(aq)}$
216 g ---------------------- 98 g
m_{Ag} -------------------------171,69 g
m_{Ag} = 378,42 g

Item d) Equação química: $H_2SO_{4(aquoso)}$ + 2LiOH ⟶ $Li_2SO_{4(aq)}$ + 2 $H_2O_{(g)}$
1 mol de $H_2SO_{4(aq)}$ ---------- 2 mol de LiOH
Eqg_{H2SO4} ----------------------- Eqg_{LiOH}

2 x Eqg_{H2SO4} = Eqg_{LiOH}
2 x (N_{H2SO4} x $V_{solução}$) = (N_{LiOH} x $V_{solução}$)
2 x (35,07 x 1,50 cm^3) = (N_{LiOH} x 2,0 cm^3)
N_{LiOH} = 52,60 $eqg.L^{-1}$

Questão 250

Considere uma massa de aproximadamente 26 gramas de P_2O_3 que apresenta 79% de grau de pureza que reage com 0,12239 dm^3 de ácido clorídrico (0,250 $mol.L^{-1}$), conforme a seguinte equação química não balanceada a seguir: $P_2O_{3(s)}$ + $HCl_{(aq)}$ ⟶ $PH_{3(g)}$ + $Cl_2O_{(g)}$. Sabendo que o rendimento desta reação apresenta um percentual de aproximadamente igual a 77%, determine o reagente limitante e o reagente em excesso, além da pressão total dos gases que são recolhidos em um vaso com capacidade de 20 litros a 327°C.

Resolução: Equação química: $P_2O_{3(sólido)}$ + $6HCl_{(aquoso)}$ ⟶ $2PH_{3(gás)}$ + $3Cl_2O_{(gás)}$

Determinação do reagente limitante e do reagente em excesso:
$$n_{P_2O_3} = \frac{m_{P_2O_3}}{< MM >_{P_2O_3}} = \frac{26}{110} = 0{,}236 \text{ mol}$$

$$n_{HCl} = [HCl] \text{ x } V_{solução} = 0{,}250 \text{ x } 122{,}39 \text{ x } 10^{-3}$$

$$n_{HCl} = [HCl] \text{ x } V_{solução} = \frac{0{,}0306}{6} = 5{,}10 \text{ x } 10^{-3} \text{ mol (reagente limitante)}$$

Cálculo do número de mol dos gases produzidos:
6 mol de $HCl_{(aq)}$ ----------------------- 2 mol de $PH_{3(g)}$
6 mol de $HCl_{(aq)}$ ----------------------- (2 + 3) mol de gases

6 mol de HCl ---------------------------- 5 mol de gases x 0,77
0,79 x 5,10 x 10^{-3} mol de HCl --------- n_{gases}
n_{gases} = 2,58 x 10^{-3} mol

Considerando que os gases apresentam comportamento ideal, temos:
$$p \text{ x } 20 = 2{,}58 \text{ x } 10^{-3} \text{ x } 0{,}08206 \text{ x } (327 + 273)$$
$$p = 0{,}00635 \text{ atm}$$

Questão 251

Uma solução aquosa de NaOH possui as seguintes características: fração molar de NaOH igual a 0,01; massa específica da solução igual a 1,04 $g.mL^{-1}$ e um litro dessa solução neutraliza 2 litros de solução aquosa de ácido ortofosfórico. Calcule para a solução de H_3PO_4:
a) Molaridade;
b) Normalidade;
c) Concentração em $g.L^{-1}$.

Resolução: Antes de calcularmos os diferentes tipos de concentrações para o ácido fosfórico, será necessário calcular a concentração da quantidade de matéria do hidróxido de sódio. O problema apresenta como informação a fração molar do hidróxido de sódio como 0,01. Sabendo que a fração molar é definida através da seguinte relação matemática: $X_{NaOH} = \frac{n_{NaOH}}{n_{NaOH} + n_{H_2O}} = 0{,}01$

Para uma fração molar de hidróxido de sódio igual a 0,01, significa que o número de mol desta base corresponde igual a um (1). n_{NaOH} = 1 mol.

Logo, o número de mol total será igual a 100, ou seja: $n_{NaOH} + n_{H2O} = 100$

Com isso, o número de mol de água será de: $n_{H2O} = 100 - 1 = 99$ mol

Cálculo da massa de soluto (NaOH): $m_{NaOH} = n_{NaOH} \times \langle MM\rangle_{NaOH} = 1 \times 40 = 40$ g

Cálculo da massa de solvente (H_2O): $m_{H2O} = n_{H2O} \times \langle MM\rangle_{H2O} = 99 \times 18 = 1782$ g

Cálculo da massa da solução: $m_{solução} = m_{soluto} + m_{solvente} = 40\text{ g} + 1782\text{ g} = 1822$ g

Cálculo do volume da solução:
1,04 g de solução ----------- 1 mL de solução
1822 g de solução ---------- $V_{solução}$
$V_{solução}$ = 1751,92 mL

Cálculo da concentração da quantidade de matéria (mol x L^{-1}) de hidróxido de sódio:

$$[NH_4Cl] = \frac{n_{NaOH}}{V_{solução}} = \frac{m_{NaOH}}{< MM >_{NaOH} \ x\ V_{solução}} = \frac{\left(\frac{40}{40}\right)}{1751{,}92 \ x\ 10^{-3}} = 0{,}571 \text{ mol. L}^{-1}$$

Item a) Cálculo da concentração da quantidade de matéria do ácido fosfórico: $H_3PO_4 + 3NaOH \rightarrow Na_3PO_4 + 3\ H_2O$

1 mol de H_3PO_4 -------- 3 mol de NaOH
n_{H3PO4} ---------------------- n_{NaOH}
3 x $n_{H3PO4} = n_{NaOH}$

$$3 \ x\ [H_3PO_4] \ x\ V_{solução} = [NaOH] \ x\ V_{solução}$$
$$3 \ x\ [H_3PO_4] \ x\ 2 = 0{,}571 \ x\ 1$$

$$[H_3PO_4] = 0{,}0952 \text{ mol. L}^{-1}$$

Item b) Cálculo da normalidade: $N = [H_3PO_4].x$, em que x corresponde ao número de hidrogênios:
$N = 0{,}0952 \ x\ 3 = 0{,}286 \text{ eqg x L}^{-1}$

Item c) Cálculo da concentração comum (C): $C_{H_3PO_4} = [H_3PO_4] \ x < MM >_{H_3PO_4} = 0{,}0952 \ x\ 98 = 9{,}33 \text{ g. L}^{-1}$

Questão 252

(GRILLO) A prata na presença de ácido nítrico produz sal, água e óxido nítrico. Partindo de 100 g de cada reagente, calcule o volume de óxido nítrico nas condições ambientais de temperatura e pressão, sabendo que o rendimento do processo equivale a 75%.

Resolução: Equação química: $3Ag_{(sólido)} + 4HNO_{3(aquoso)} \longrightarrow 3AgNO_{3(aquoso)} + 2H_2O_{(líquido)} + NO_{(gás)}$

Cálculo e determinação do reagente limitante:

$$n_{Ag} = \frac{100}{108} = 0{,}926 \text{ mol; para 3 mol de prata, temos: } \frac{0{,}926}{3} = 0{,}309 \text{ mol}$$

$$n_{HNO_3} = \frac{100}{63} = 1{,}587 \text{ mol; para 4 mol de ácido nítrico, temos: } \frac{1{,}587}{4} = 0{,}397 \text{ mol}$$

Reagente limitante = Prata.

Cálculo do número de mol de óxido nítrico: $3Ag_{(sólido)} + 4HNO_{3(aquoso)} \longrightarrow 3AgNO_{3(aquoso)} + 2H_2O_{(líquido)} + NO_{(gás)}$

$3 \text{ mol de Ag} - - - - - - - 1 \text{ mol de NO x } 0{,}75$
$0{,}926 \text{ mol de Ag} - - - - - n$
$n = 0{,}2315 \text{ mol}$

Cálculo do volume de NO nas CNATP (condições normais ambientais de temperatura e pressão):

$$V_{NO} = \frac{0{,}2315 \text{ x } 0{,}08206 \text{ x } 298}{1} = 5{,}66 \text{ L}$$

Questão 253

Certo composto orgânico apresenta a seguinte composição centesimal (em massa): C = 62,1%; H = 10,3% e O = 27,6%. A 100°C e 1 atm o composto se encontra na fase gasosa e tem uma densidade de 1,9 g/L. Determine sua fórmula molecular.

Resolução: Determinação da fórmula molecular a partir das suas composições centesimais. Base de cálculo: 100 g do referido composto.

$$C: \frac{62{,}1}{100} \text{x } 100 \text{ g} = \frac{62{,}1\text{g}}{\frac{12\text{g}}{\text{mol}}} = 5{,}175 \text{ mol}$$

$$H: \frac{10{,}3}{1{,}0} \text{x } 100 \text{ g} = \frac{10{,}3\text{g}}{\frac{1{,}0\text{g}}{\text{mol}}} = 10{,}3 \text{ mol}$$

$$O: \frac{27{,}6}{100} \text{ x } 100 \text{ g} = \frac{27{,}6\text{g}}{\frac{16{,}0\text{g}}{\text{mol}}} = 1{,}725 \text{ mol}$$

Dividindo todos os átomos apresentados por 1,725 mol:

$$\begin{cases} C: \frac{5{,}175 \text{ mol}}{1{,}725 \text{ mol}} = 3 \\ H: \frac{10{,}3}{1{,}725} = 6 \\ O: \frac{10{,}3}{1{,}725} = 1 \end{cases}$$

Fórmula molecular do composto orgânico: C_3H_6O (propanona)

Cálculo da massa molar do composto gasoso, a partir da relação da densidade com a pressão levando em consideração o comportamento ideal.

$$1{,}90 \text{ x } 0{,}08206 \text{ x } 373 = 1 \text{ x} < \text{MM} >$$
$$< \text{MM} > = 58\text{g/mol}$$

Questão 254

Uma solução aquosa A preparada a partir de ácido bromídrico, é diluída com água até que sua concentração seja reduzida à metade. Em titulação, 50 mL da solução diluída consomem 40 mL de uma solução hidróxido de potássio 0,25 mol.L^{-1}. Determine a concentração da solução A, em g.L^{-1}.

Resolução: Cálculo da concentração da quantidade de matéria do ácido bromídrico (HBr): HBr + KOH → KBr + H_2O
1 mol de HBr --------- 1 mol de KOH
n_{HBr} --------------------- n_{KOH}

$$n_{HBr} = n_{KOH}$$

$$[\text{HBr}] \text{ x } V_{\text{solução}} = [\text{KOH}] \text{ x } V_{\text{solução}}$$

$$\frac{[\text{HBr}]}{2} \text{x } 50 = 0{,}25 \text{ x } 40$$

$$[\text{HBr}] = \frac{20}{50} = 0{,}40 \text{ mol. L}^{-1}$$

Cálculo da concentração comum de ácido bromídrico (g.L^{-1}): $C_{HBr} = [\text{HBr}] \text{ x } < \text{MM} >_{HBr} = 0{,}40 \text{ x } 81 = 32{,}4 \text{ g. L}^{-1}$

Questão 255

O sulfato cúprico anidro é obtido a partir da reação de uma solução aquosa de ácido sulfúrico 98% (em massa), a quente, com cobre. Sabendo que a solução aquosa de ácido sulfúrico tem uma massa específica 1,84 g.cm^{-3} e que o ácido sulfúrico é o reagente limitante, calcule a massa de sulfato cúprico obtida a partir da reação de 10,87 mL da solução aquosa do ácido sulfúrico.

Resolução: Equação química que envolve o cobre metálico na presença de uma solução de ácido sulfúrico: Cu + $2H_2SO_4$ → $CuSO_4$ + SO_2 + $2H_2O$

2 mol de H_2SO_4 ------------ 1 mol de $CuSO_4$
n_{H2SO4} ------------------------- n_{CuSO4}
Pela relação estequiométrica, temos: $n_{H2SO4} = 2 \text{ x } n_{CuSO4}$

Cálculo da quantidade de matéria de ácido sulfúrico: $[H_2SO_4] = \frac{10 \text{ x d x } (\%)}{<\text{MM}>_{H_2SO_4}} = \frac{10 \text{ x } 1{,}84 \text{ x } 98}{98} = 18{,}4 \text{ mol. L}^{-1}$

Cálculo da massa de sulfato cúprico: $[H_2SO_4] \text{ x } V_{\text{solução}} = 2 \text{ x} \frac{m_{CuSO_4}}{<\text{MM}>_{CuSO_4}}$

$$18{,}4 \text{ x } 10{,}87 \text{ x } 10^{-3} = 2 \text{ x} \frac{m_{CuSO_4}}{159{,}5}$$
$$m_{CuSO_4} = 15{,}95 \text{ g}$$

Questão 256

Calcular quantos mililitros de uma solução 0,200 mol.L^{-1} de ácido sulfúrico são necessários para neutralizar 2,00 gramas de hidróxido de magnésio.

Resolução: Cálculo do volume da solução de ácido sulfúrico: $H_2SO_{4(aq)}$ + $Mg(OH)_{2(aq)}$ → $MgSO_{4(aq)}$ + $2H_2O_{(l)}$

1 mol de H_2SO_4 ------------ 1 mol de $Mg(OH)_2$
n_{H2SO4} ------------------------- $n_{Mg(OH)2}$

$$n_{H_2SO_4} = n_{Mg(OH)_2}$$

$$[H_2SO_4] \text{ x } V_{\text{solução}} = \frac{m_{Mg(OH)2}}{< MM >_{Mg(OH)2}}$$

$$0{,}200 \text{ x } V_{\text{solução}} = \frac{2{,}00}{58{,}0}$$

$$[H_2SO_4] \text{ x } V_{\text{solução}} = 0{,}1724 \text{ L } (172{,}4 \text{ mL})$$

Questão 257

Deseja-se preparar 57 gramas de sulfato de alumínio [$Al_2(SO_4)_3$] a partir de alumínio sólido (Al), praticamente puro, e ácido sulfúrico (H_2SO_4). O ácido sulfúrico disponível é uma solução aquosa 96% (m\m), com massa específica de 1,84 $g.cm^{-3}$.
a) Qual a massa, em gramas, de alumínio necessária para preparar a quantidade de $Al_2(SO_4)_3$ especificada? Mostre os cálculos realizados.
b) Qual a massa, em gramas, de ácido sulfúrico necessária para preparar a quantidade de $Al_2(SO_4)_3$ especificada? Mostre os cálculos realizados.
c) Nas condições normais de temperatura e pressão (CNTP), qual é o volume, em litros, de gás formado durante a preparação da quantidade de $Al_2(SO_4)_3$ especificada? Mostre os cálculos realizados.
d) Caso a quantidade especificada de $Al_2(SO_4)_3$ seja dissolvida em água acidulada, formando 1 litro de solução, qual a concentração de íons Al^{+3} e de íons SO_4^{2-} existentes nesta solução?

Resolução: Equação química: $2Al_{(sólido)} + H_2SO_{4(aquoso)} \longrightarrow Al_2(SO_4)_{3(aquoso)} + H_{2(gás)}$

Item a) Cálculo da massa de alumínio (m_{Al}):
2 mol x (27 $g.mol^{-1}$) ------------- 1 mol x (342 $g.mol^{-1}$)
m_{Al} ---------------------------------- 57 g
m_{Al} = 9,0 g

Item b) Cálculo da massa de ácido sulfúrico (m_{H2SO4}):
3 mol x 98 $g.mol^{-1}$ ------------------- 1 mol x 342 $g.mol^{-1}$
m_{H2SO4} ----------------------------------- 57 g
m_{H2SO4} = 49,0 g

Item c) Cálculo do volume de gás formado (V_{H2}):
1 mol x (342 $g.mol^{-1}$) -------------------- 3 mol x (22,4 $L.mol^{-1}$)
57 g -- V_{H2}
V_{H2} = 11,2 L

Item d) Cálculo da concentração da quantidade de matéria do sulfato de alumínio:

$$[Al_2(SO_4)_3] = \frac{n_{Al_2(SO_4)_3}}{V_{\text{solução}}} = \frac{57}{342 \text{ x } 1} = 0{,}167 \frac{\text{mol}}{\text{L}}$$

Cálculo das concentrações dos íons: $Al_2(SO_4)_{3(aquoso)} \longrightarrow 2Al^{+3}_{(aquoso)} + 3(SO_4)^{-3}_{(aquoso)}$
1 mol de $Al_2(SO_4)_{3(aq)}$ -------------------------------------- 2 mol de $Al^{+3}_{(aq)}$ --------- 3 mol de SO_4^{-3}
0,167 $mol.L^{-1}$ --- [Al^{+3}] ---------------------- [SO_4^{-3}]
[Al^{+3}] = 0,334 $mol.L^{-1}$
[SO_4^{-3}] = 0,501 $mol.L^{-1}$

Questão 258

Uma determinada amostra de hidróxido de cálcio impuro apresenta uma massa de aproximadamente 2,00 gramas. Esta quantidade foi neutralizada com 50 mL de ácido sulfúrico (0,500 $mol.L^{-1}$). Determine a pureza da amostra de hidróxido.

Resolução: Cálculo da massa de hidróxido de cálcio: $H_2SO_{4(aquoso)} + Ca(OH)_{2(aquoso)} \longrightarrow CaSO_{4(aquoso)} + 2H_2O_{(líquido)}$
1 mol de H_2SO_4 --------- 1 mol de $Ca(OH)_2$
n_a -------------------------- n_b
$n_a = n_b$

$$[H_2SO_4] \times V_{solução} = \frac{m_{Ca(OH)_2}}{< MM >_{Ca(OH)_2}}$$

$$0{,}500 \times 50 \times 10^{-3} = \frac{m_{Ca(OH)_2}}{74}$$

$m_{Ca(OH)_2} = 1{,}85 \text{ g}$

Cálculo da pureza de hidróxido de cálcio: $(\%)_{pureza} = \frac{1{,}85}{2{,}0} = 0{,}925\ (92{,}5\%)$

Questão 259

Juntam-se 300 mL de ácido clorídrico com concentração molar igual a 0,40 mol.L^{-1} e 200 mL de hidróxido de sódio com concentração molar igual a 0,80 mol.L^{-1}. Determine as concentrações molares (mol.L^{-1}) da solução final:

a) em relação ao ácido clorídrico;

b) em relação ao hidróxido de sódio;

c) em relação ao sal formado.

Resolução: Cálculo do número de mol do ácido clorídrico: n_{HCl} = [HCl] x $V_{solução}$ = 0,40 x 0,30 = 0,120 mol

Cálculo do número de mol do hodróxido de sódio: n_{NaOH} = [NaOH] x $V_{solução}$ = 0,80 x 0,20 = 0,160 mol

Tabela de equilíbrio químico: $HCl_{(aquoso)} + NaOH_{(aquoso)} \longrightarrow NaCl_{(aquoso)} + H_2O_{(líquido)}$

	$HCl_{(aquoso)}$ (mol)	$NaOH_{(aquoso)}$ (mol)	$NaCl_{(aquoso)}$ (mol)	$H_2O_{(líquido)}$ (mol)
Início	0,12	0,16	0	0
Reage	0,12	0,12	0,12	0,12
Equilíbrio	0	0,04	0,12	0,12

Cálculo do volume total = 200 mL + 300 mL = 500 mL

Item a) Concentração da quantidade de matéria em relação ao ácido: $[HCl] = \frac{n_{HCl}}{V_{solução}} = \frac{0}{0{,}50} = 0$

Item b) Concentração da quantidade de matéria em relação ao hidróxido de sódio: $[NaOH] = \frac{n_{NaOH}}{V_{solução}} = \frac{0{,}04}{0{,}50} = 0{,}08 \text{ mol.L}^{-1}$

Item c) Concentração da quantidade de matéria em relação ao sal: $[NaCl] = \frac{n_{NaCl}}{V_{solução}} = \frac{0{,}12}{0{,}50} = 0{,}24 \text{ mol.L}^{-1}$

Questão 260

Calcule quantos mililitros de uma solução de HCl 0,250 mol.L^{-1}, são necessários para:

a) Preparar 100 mL de uma solução de HCl 0,100 mol.L^{-1};

b) Neutralizar 50 mL de uma solução de $Ba(OH)_2$ 0,200 mol.L^{-1};

c) Dissolver 0,200 g de carbonato de cálcio, de acordo com a reação $CaCO_{3(s)} + 2H^+_{(aq)} \longrightarrow Ca^{+2}_{(aq)} + H_2O_{(l)} + CO_{2(g)}$.

Resolução:

Item a) Processo de diluição do ácido clorídrico: $[HCl]_1 \times V_1 = [HCl]_2 \times V_2$

0,250 x V_1 = 100 x 0,100

V_1 = 40 mL

Item b) Equação química: $2HCl + Ba(OH)_2 \longrightarrow BaCl_2 + 2\ H_2O$

2,0 mol de HCl ---------- 1 mol de $Ba(OH)_2$

n_a -------------------------- n_b

0,250 x $V_{ácido}$ = 2,0 x 0,200 x 50

$V_{ácido}$ = 80 mL

Item c) Equação química: $CaCO_{3(s)} + 2HCl_{(aq)} \rightarrow CaCl_{2(aq)} + 2H_2CO_{3(aq)}$
$CaCO_{3(s)} + 2H^+_{(aq)} + 2Cl^-_{(aq)} \rightarrow Ca^{+2}_{(aq)} + 2Cl^-_{(aq)} + H_2O_{(l)} + CO_{2(g)}$
$CaCO_{3(s)} + 2H^+_{(aq)} \rightarrow Ca^{+2}_{(aq)} + H_2O_{(l)} + CO_{2(g)}$
1 mol de $CaCO_{3(s)}$ --------- 2 mol de $H^+_{(aq)}$
n_s ----------------------------- n_a
$n_{ácido} = 2 \text{ x } n_{sal}$

$$[H^+] \text{ x } 0{,}250 = 2 \text{ x} \frac{0{,}200}{100}$$

$$[H^+] = 0{,}016 \text{ mL } (16 \text{ mL})$$

Questão 261

Foram misturados 500 mL de uma solução 0,40 mol.L^{-1} de Na_2SO_4 com 500 mL 0,20 mol.L^{-1} de $CaCl_2$, verificando-se a formação de precipitado. Calcule as concentrações dos íons no equilíbrio, em solução, e a massa do precipitado.

Resolução: Equação química: $Na_2SO_{4(aquoso)} + CaCl_{2(aquoso)} \rightarrow CaSO_{4(sólido)} + 2NaCl_{(aquoso)}$

O precipitado formado trata-se do sulfato de cálcio ($CaSO_4$).

Cálculo do número de mol de sulfato de sódio (1), a partir da concentração da quantidade de matéria: $n_1 = [Na_2SO_4] \text{ x } V_{solução} = 0{,}40 \text{ x } 0{,}500 = 0{,}200$ mol

Cálculo do número de mol de cloreto de cálcio (2), a partir da concentração da quantidade de matéria: $n_2 = [CaCl_2] \text{ x } V_{solução} = 0{,}20 \text{ x } 0{,}500 = 0{,}100$ mol

Reagente limitante: cloreto de cálcio ($CaCl_2$)

Pela estequiometria, temos: $Na_2SO_{4(aq)} + CaCl_{2(aq)} \rightarrow CaSO_{4(s)} + 2\ NaCl_{(aq)}$
1 mol de $CaCl_{2(aq)}$ ------------1 mol de $Na_2SO_{4(aq)}$
n_{CaCl2} --------------------------- n_{CaSO4}
$n_{CaCl2} = n_{CaSO4}$

Cálculo da massa de sulfato de cálcio: $m_{CaSO_4} = 0{,}10 \text{ x } 136 = 13{,}60 \text{ g}$

Cálculo da concentração de íons sódio [Na$^+$], a partir do sulfato de sódio, sabendo que o volume total da mistura corresponde a 1000 mL (1 L):
$Na_2SO_{4(aquoso)} \rightarrow 2Na^+_{(aquoso)} + SO_4^{-2}{}_{(aquoso)}$

1 mol de $Na_2SO_{4(aq)}$ -------------- 2 mol de $Na^+_{(aq)}$
0,40 mol de $Na_2SO_{4(aq)}$ ---------- n_{Na+}
$n_{Na+} = 0{,}80$ mol

Cálculo da concentração da quantidade de matéria para os íons sódio, [Na$^+$]: $[Na^+] = \frac{n_{Na^+}}{V_{solução}} = \frac{0{,}80}{1{,}0} = 0{,}80 \text{ mol. L}^{-1}$

Cálculo da concentração da quantidade de matéria para os íons sódio, [Na$^+$]$_2$: $[Na^+]_1 \text{ x } V_1 = [Na^+]_2 \text{ x } V_2$
$0{,}80 \text{ x } 500 = [Na^+]_2 \text{ x } (500 + 500)$
$400 = [Na^+]_2 \text{ x } 1000$
$[Na^+]_2 = 0{,}40 \text{ mol. L}^{-1}$

Cálculo da concentração de íons sulfato [SO_4^-], a partir do sulfato de sódio, sabendo que o volume total da mistura corresponde a 1000 mL (1 L): $Na_2SO_{4(aquoso)} \rightarrow 2Na^+_{(aquoso)} + SO_4^{-2}{}_{(aquoso)}$

1 mol de $Na_2SO_{4(aq)}$ ----------------- 1 mol de $SO_4^{-2}{}_{(aq)}$
0,20 mol.L^{-1} de $Na_2SO_{4(aq)}$ ---------- n_{SO4}^{-2}

$n_{SO_4^{-2}} = 0,20\ mol.L^{-1}$

Cálculo da concentração da quantidade de íons sulfato, $[SO_4^{-2}]$: $[SO_4^{-2}]_1 \times V_1 = [SO_4^{-2}]_2 \times V_2$
$0,20 \times 500 = [Na^+]_2 \times (500 + 500)$
$[SO_4^{-2}]_2 = 0,10\ mol.L^{-1}$

Cálculo da concentração de íons cloreto $[Cl^-]$, a partir do cloreto de cálcio, sabendo que o volume total da mistura corresponde a 1000 mL (1 L):

$CaCl_{2\,(aquoso)} \rightarrow Ca^{+2}_{(aquoso)} + 2Cl^-_{(aquoso)}$
1 mol de $CaCl_{2(aq)}$ ------------------- 2 mol de $Cl^-_{(aq)}$
$0,20\ mol.L^{-1}$ de $CaCl_{2(aq)}$ ----------- n_{Cl^-}
$n_{Cl^-} = 0,40\ mol.L^{-1}$

Cálculo da concentração de íons cloreto, $[Cl^-]$: $[Cl^-]_1 \times V_1 = [Cl^-]_2 \times (V_1 + V_2)$

$0,40 \times 500 = [Cl^-]_2 \times (500 + 500)$
$[Cl^-]_2 = 0,20\ mol.L^{-1}$

Questão 262

Foram neutralizados 25,0 ml de solução aquosa saturada de hidróxido de cálcio com igual volume de solução M/40 de ácido sulfúrico. Determinar a solubilidade do hidróxido de cálcio nestas condições, expressando o resultado em gramas por litro de solução.

Resolução:
Equação química: $H_2SO_{4(aquoso)} + Ca(OH)_{2(aquoso)} \rightarrow CaSO_{4(aquoso)} + 2H_2O_{(líquido)}$
1 mol de H_2SO_4 ----------- 1 mol de $Ca(OH)_2$
$n_{ácido}$ -------------------------- n_{base}
$n_{ácido} = n_{base}$

Cálculo do volume da solução de ácido clorídrico: $\frac{(624/760) \times V_{HCl}}{0,08206 \times (27+273)} = 0,500 \times 0,200$
$V_{HCl} = 3,0\ L$

$$\frac{C_{base}}{< MM >_{base}} = \frac{1}{40}$$

$$\frac{C_{base}}{74} = \frac{1}{40}$$

$C_{base} = 1,85\ g.L^{-1}$

Questão 263

Uma amostra de um líquido diprótico pesando 12,25 g foi dissolvida em água e o volume da solução completado para 500 mL. Se 25,0 mL desta solução são neutralizados com 12,5 mL de uma solução de KOH 1,00 $mol.L^{-1}$, a massa molar desse ácido, em $g.mol^{-1}$, considerando que os dois prótons foram neutralizados, é igual a:
a) 22,5
b) 24,5
c) 49,0
d) 98,0
e) 122,5

Resolução: Alternativa D.

Como 2 prótons do ácido ($2H^+$) são dissociáveis, logo há uma relação estequiométrica de dois mols de ácido para 1 mol de base.

$$2 \text{ x} \left(\frac{m_{ácido}}{< MM >_{ácido} \text{ x } V_{solução}} \right) \text{x } V_{solução} = [\text{base}] \text{ x } V_{solução}$$

$$2 \text{ x} \left(\frac{12{,}25}{< MM >_{ácido} \text{ x } 0{,}500} \right) \text{x } 25{,}0 = 1{,}0 \text{ x } 12{,}5$$

$$< MM >_{ácido} = 98 \frac{g}{mol}$$

Questão 264

Um erlenmeyer contém 10,0 mL de uma solução de ácido clorídrico, juntamente com algumas gotas de uma solução de fenolftaleína. De uma bureta, foi-se gotejando uma solução 0,100 mol.L^{-1} de hidróxido de sódio até o aparecimento de leve coloração rósea. Nesse momento, observou-se um consumo de 20,0 mL da solução alcalina. Pode-se afirmar que a concentração de HCl na solução ácida original era de:

a) 3,65 x 10^{-3} g.cm^{-3}
b) 7,30 x 10^{-3} g.cm^{-3}
c) 4,00 x 10^{-3} g.cm^{-3}
d) 3,20 x 10^{-3} g.cm^{-3}
e) 2,00 x 10^{-3} g.cm^{-3}

Resolução: Alternativa B.

Relação entre o número de mol da solução de ácido clorídrico com hidróxido de sódio: $HCl_{(aquoso)}$ + $NaOH_{(aquoso)}$ ⟶ $NaCl_{(aquoso)}$ + $H_2O_{(líquido)}$

1 mol de $HCl_{(aq)}$ --------- 1 mol de $NaOH_{(aq)}$
n_{HCl} ------------------------- n_{NaOH}
$n_{HCl} = n_{NaOH}$
[HCl] x $V_{solução}$ = [NaOH] x $V_{solução}$
[HCl] x 10 = 0,100 x 20
[HCl] = 0,200 mol.L^{-1}

Cálculo da concentração comum do HCl:

$$C = [\text{HCl}] \text{ x} < MM >_{HCl} = 0{,}200 \text{ x } 36{,}5 = 7{,}30 \text{ g.L}^{-1}$$

Convertendo para g.cm^{-3}, temos: $C = 7{,}30 \frac{g}{L} \text{x} \frac{1\text{ L}}{1\text{ dm}^3} \text{x} \frac{1\text{ dm}^3}{1000\text{ cm}^3} = 7{,}30 \text{ x } 10^{-3} \text{g.cm}^{-3}$

Questão 265

"A Ucrânia está checando informações não verificadas de que a Rússia pode ter usado armas químicas enquanto sitiava a cidade portuária de Mariupol, no sul do país, disse a vice-ministra da Defesa da Ucrânia, Hanna Malyar, nesta terça-feira (12). "Existe uma teoria de que podem ser munições de fósforo", afirmou Malyar"

Fonte: https://noticias.r7.com/internacional/ucrania-investiga-se-a-russia-usou-armas-quimicas-em-mariupol-12042022

O fósforo branco (P_4) é considerado uma substância bastante tóxica que pode ser obtido conforme a seguinte reação não balanceada: $Ca_3(PO_4)_{2(sólido)}$ + $SiO_{2(sólido)}$ + $C_{(sólido)}$ ⟶ $CaSiO_{3(sólido)}$ + $P_{4(sólido)}$ + $CO_{(gás)}$. A soma dos coeficientes da equação da reação corretamente balanceada (menores números inteiros) é:

a) 18
b) 20
c) 25
d) 32
e) 35

Resolução: Alternativa E.

Para o balanceamento desta reação química será necessário aplicar o método das tentativas, respeitando a ordem: metal – ametal – carbono – hidrogênio e oxigênio. Respeitando a ordem, a equação química balanceada fica da seguinte maneira:

$2Ca_3(PO_4)_{2(sólido)} + 6SiO_{2(sólido)} + 10C_{(sólido)} \rightarrow 6CaSiO_{3(sólido)} + P_{4(sólido)} + 10CO_{(gás)}$

Soma dos coeficientes inteiros: 2 + 6 + 10 + 6 + 1 + 10 = 35

Questão 266

O volume, em litros, de NH_3 gasoso medido nas condições normais de temperatura e pressão necessário para transformar completamente, em solução de $(NH_4)_2SO_4$, 250 cm^3 de uma solução aquosa 0,100 $mol.L^{-1}$ de H_2SO_4 é:
a) 0,56 L
b) 1,12 L
c) 2,24 L
d) 3,36 L
e) 4,48 L

Resolução: Alternativa B.

Cálculo do volume de amônia gasosa, nas CNTP (0°C e 1 atm), a partir da seguinte equação química: $2NH_{3(aquoso)} + H_2SO_{4(aquoso)} \rightarrow (NH_4)_2SO_{4(aquoso)}$.

2 mol de NH_3 ---------- 1 mol de H_2SO_4
n_{NH3} ---------------------- n_{H2SO4}

$$n_{NH_3} = 2 \text{ x } n_{H_2SO_4}$$

$$\frac{p \text{ x } V_{NH_3}}{R \text{ x } T} = 2 \text{ x } [H_2SO_4] \text{ x } V_{solução}$$

$$\frac{1 \text{ x } V_{NH_3}}{0{,}08206 \text{ x } 273} = 2 \text{ x } 0{,}100 \text{ x } 0{,}250$$

$$V_{NH_3} = 1{,}12 \text{ L}$$

Questão 267

Em um copo de 500 mL, são misturados 100 mL de ácido clorídrico 1,00 $mol.L^{-1}$ em 100 mL de hidróxido de sódio 0,50 $mol.L^{-1}$. A solução resultante no copo é:
a) $1x10^{-7}$ $mol.L^{-1}$ em OH^-
b) $1x10^{-7}$ $mol.L^{-1}$ em H^+
c) 0,05 $mol.L^{-1}$ em H^+
d) 0,25 $mol.L^{-1}$ em H^+
e) 0,50 $mol.L^{-1}$ em H^+

Resolução: Alternativa D.

Equação química: $HCl + NaOH \rightarrow NaCl + H_2O$

Cálculo do número de mol de ácido clorídrico, a partir da quantidade de matéria: $n_{HCl} = [HCl] \text{ x } V_{solução} = 1{,}00 \text{ x } 0{,}10 = 0{,}10$ mol

Cálculo do número de mol de hidróxido de sódio, a partir da quantidade de matéria: $n_{NaOH} = [NaOH] \text{ x } V_{solução} = 0{,}50 \text{ x } 0{,}10 = 0{,}05 \text{ mol}$
Pelo cálculo do número de mol de cada reagente, observa-se que a quantidade de ácido é maior que a da base. Logo, o ácido é o reagente em excesso.

Cálculo do número de mol de excesso de HCl: $n_{HCl} = 0{,}10 \text{ mol} - 0{,}05 \text{ mol} = 0{,}05 \text{ mol}$

Cálculo da concentração da quantidade de matéria do ácido (HCl): $[\text{HCl}] = \frac{n_{\text{HCl}}}{V_{\text{solução}}} = \frac{0,05}{0,20} = 0,25\ \text{mol.L}^{-1}$

Questão 268

Num equipamento adequado para permitir adição de solução, assim como coleta e medida de volume de gases, fez-se a seguinte experiência: após colocar neste equipamento 100 cm^3 de uma solução aquosa contendo 1,06 g de carbonato de sódio por litro de solução, adiciona-se um excesso de solução de ácido clorídrico. Admitindo que, nesta experiência, todo o gás que pudesse ser produzido pela reação entre as duas soluções foi de fato coletado, qual o volume medido, em cm^3, sabendo-se que a experiência foi realizada na temperatura de 27°C e pressão de 750 mmHg?

a) 0,10 x 22,4
b) 1,10 x 24,9
c) 100 x 0,0827
d) 0,20 x 62,3
e) 0,40 x 62,3

Resolução: Alternativa E.

Cálculo da massa de carbonato de cálcio utilizada: $Na_2CO_3 + 2HCl \rightarrow 2NaCl + H_2O + CO_2$
1 litro de solução ------------------ 1,06 g
0,100 litros de solução ----------- m_{Na2CO3}
m_{Na2CO3} = 0,106 g

Cálculo do volume de CO_2, a partir da relação estequiométrica com o carbonato de sódio: $Na_2CO_3 + 2HCl \rightarrow 2NaCl + H_2O + CO_2$

1 mol de Na_2CO_3 ---------- 1 mol de CO_2
n_{Na2CO3} ---------------------- n_{CO2}
$n_{Na2CO3} = n_{CO2}$

$$\frac{\frac{750}{760} \text{ x } V_{CO_2}}{0,08206 \text{ x } 300} = \frac{0,106}{106}$$

$$V_{CO_2} = 0,025\ \text{L}\ (25\ \text{cm}^3)$$

Questão 269

0,200 mol de hidróxido de cálcio sólido são adicionados a 2,00 litros de uma solução 0,400 mol.L^{-1} de ácido clorídrico. Depois da reação ter sido completada, a concentração de cátions hidrogênios, será:

a) 0,050 mol.L^{-1}
b) 0,100 mol.L^{-1}
c) 0,200 mol.L^{-1}
d) 0,300 mol.L^{-1}
e) 0,400 mol.L^{-1}

Resolução: Alternativa D.

Equação química: $2HCl_{(aquoso)} + Ca(OH)_{2(sólido)} \rightarrow CaCl_{2(aquoso)} + 2H_2O_{(líquido)}$

Determinação do reagente limitante e do reagente em excesso.

Para o ácido clorídrico: n_{HCl} = [HCl] x $V_{solução}$ = 0,400 x 2 = (0,800 mol / 2) = 0,400 mol

Para o hidróxido de sódio: n_{NaOH} = [NaOH] x $V_{solução}$ = 0,200 x 2 = 0,400 mol

Através da reação química, para cada dois mols de ácido terá 0,400 mol de HCl, logo o ácido é o reagente em excesso e a base é o reagente limitante.

Cálculo do número de mol do reagente em excesso: n_{HCl} = 0,800 mol – 0,200 mol = 0,600 mol

Cálculo da concentração da quantidade de matéria de ácido em excesso:

$$[HCl]_{excesso} = \frac{n_{HCl}}{V_{solução}} = \frac{0,600}{2,0} = 0,300\frac{mol}{L}$$

Equação química de ionização do ácido clorídrico: $HCl_{(aquoso)} \rightarrow H^+_{(aquoso)} + Cl^-_{(aquoso)}$
1 mol de $HCl_{(aq)}$ ---------- 1 mol de $H^+_{(aq)}$
0,300 mol.L^{-1} ------------ $[H^+]$
$[H^+]$ = 0,300 mol.L^{-1}

Questão 270

Fazendo-se borbulhar gás cloro através de 1,0 litro de uma solução de hidróxido de sódio, verificou-se ao final do experimento que todo hidróxido de sódio foi consumido, e que na solução resultante foram formados 2,5 mol de cloreto de sódio. Considerando que o volume da solução não foi alterado durante todo o processo, e que na temperatura em questão tenha ocorrido apenas a reação correspondente a seguinte equação química, não balanceada: $OH^-_{(aquoso)} + Cl_{2(gás)} \rightarrow Cl^-_{(aquoso)} + ClO_3^-{}_{(aquoso)} + H_2O_{(líquido)}$. Qual deve ser a concentração inicial do hidróxido de sódio?
a) 6,0 mol.L^{-1}
b) 5,0 mol.L^{-1}
c) 3,0 mol.L^{-1}
d) 2,5 mol.L^{-1}
e) 2,0 mol.L^{-1}

Resposta: Alternativa C.

Realizando o balanceamento pelo método da oxirredução, a equação química fica da seguinte forma: $6OH^-_{(aquoso)} + 3Cl_{2(gás)} \rightarrow 5Cl^-_{(aquoso)} + ClO_3^-{}_{(aquoso)} + 3H_2O_{(líquido)}$

Cálculo do número de mol de hidroxila, a partir da relação estequiométrica com os íons cloretos: $6OH^-_{(aquoso)} + 3Cl_{2(gás)} \rightarrow 5Cl^-_{(aquoso)} + ClO_3^-{}_{(aquoso)} + 3H_2O_{(líquido)}$
6 mol de $OH^-_{(aq)}$ --------- 5 mol de $Cl^-_{(aq)}$
n_{OH-}-------------------------- n_{Cl-}
5 x n_{OH-} = 6 x n_{Cl}

$$5 \text{ x } n_{OH^-} = 6 \text{ x } 2,50$$
$$5 \text{ x } n_{OH^-} = 15,0$$
$$n_{OH^-} = 3,0 \text{ mol}$$

Para o volume de um litro, a concentração da quantidade de matéria será: $[OH^-] = \frac{n_{OH^-}}{V_{solução}} = \frac{3,0}{1,0} = 3,0\frac{mol}{L}$

Questão 271

O volume de ácido nítrico 0,1 mol.L^{-1} necessário para neutralizar uma mistura 0,40 g de hidróxido de sódio e 1,71 g de hidróxido de bário é:
a) 20 mL
b) 30 mL
c) 50 mL
d) 200 mL
e) 300 mL

Resolução: Alternativa E.

Analisando a primeira equação de neutralização (ácido nítrico + hidróxido de sódio →): $HNO_{3(aquoso)} + NaOH_{(aquoso)} \rightarrow NaNO_{3(aquoso)} + H_2O_{(líquido)}$

Cálculo do volume de ácido nítrico:
1,0 mol de HNO_3 ---------- 1 mol de NaOH
n_{HNO3} -------------------------- n_{NaOH}
$n_{HNO3} = n_{NaOH}$

$$[HNO_3] \times V_{solução} = \frac{m_{NaOH}}{< MM >_{NaOH}}$$
$$1{,}0 \times V_{solução} = \frac{0{,}40}{40}$$

$$V_{solução} = 0{,}10\ L\ (100\ mL)$$
Analisando a segunda equação de neutralização (ácido nítrico + hidróxido de Bário ⟶): $2HNO_3 + Ba(OH)_2 \longrightarrow Ba(NO_3)_2 + 2H_2O$

Cálculo do volume de ácido nítrico:
2,0 mol de HNO_3 ---------- 1 mol de $Ba(OH)_2$
n_{HNO3} ------------------------- n_{NaOH}
$n_{HNO3} = 2 \times n_{Ba(OH)2}$

$$[HNO_3] \times V_{solução} = 2 \times \frac{m_{Ba(OH)_2}}{< MM >_{Ba(OH)_2}}$$
$$0{,}10 \times V_{solução} = 2 \times \frac{1{,}71}{171}$$

$$V_{solução} = 0{,}20\ L\ (200\ mL)$$

Cálculo do volume total (V_{TOTAL}): $V_{TOTAL} = V_1 + V_2$ = 100 mL + 200 mL = 300 mL

Questão 272

Uma das formas de monitoramento da água de caldeiras de indústrias, responsável pelo fornecimento de energia, é a medição do teor de íons cloreto. Um método de análise de cloreto é a adição a água de caldeira de uma solução de nitrato de prata ($AgNO_3$), segundo a equação: $Cl^-_{(aquoso)} + AgNO_{3(aquoso)} \longrightarrow AgCl_{(sólido)} + NO_3^-{}_{(aquoso)}$. A análise de 10,0 mL de água de caldeira, contendo Cl^-, com solução aquosa de nitrato de prata, formou um precipitado de 0,287 g de cloreto de prata. A concentração molar de cloreto presente na amostra de água de caldeira é igual a:
a) 2
b) 0,2
c) 0,02
d) 0,002
e) 0,0002

Resolução: Alternativa B.

Cálculo do volume de ácido nítrico, a partir da seguinte relação estequiométrica:

$Cl^-_{(aquoso)} + AgNO_{3(aquoso)} \longrightarrow AgCl_{(sólido)} + NO_3^-{}_{(aquoso)}$
1,0 mol de $Cl^-_{(aq)}$ --------- 1 mol de $AgCl_{(aq)}$
n_{Cl^-} --------------------------- n_{AgCl}
$n_{Cl^-} = n_{AgNO3}$

$[Cl^-] \times V_{solução} = (m_{AgCl} / <MM>_{AgCl})$

$[Cl^-] \times 10 \times 10^{-3} = (0{,}287 / 143{,}5)$

$[Cl^-] = \frac{0{,}287}{143{,}5 \times 0{,}01} = 0{,}20\ mol.L^{-1}$

Questão 273

Hipoclorito de sódio pode ser obtido através da seguinte reação: $Cl_{2(gás)}$ + $2NaOH_{(aquoso)} \rightarrow NaCl_{(aquoso)} + NaOCl_{(aquoso)} + H_2O_{(líquido)}$. Considerando a existência de cloro gasoso em excesso, qual o volume de uma solução de NaOH de concentração 2 mol.L^{-1} necessário para produzir hipoclorito em quantidade suficiente para preparar 2,0 L de uma solução 0,50 mol.L^{-1} de NaOCl?

a) 1,0 L
b) 2,0 L
c) 3,0 L
d) 4,0 L
e) 5,0 L

Resolução: Alternativa A. Cálculo do volume da solução de hidróxido de sódio (NaOH): $Cl_{2(gás)} + 2NaOH_{(aquoso)} \rightarrow NaCl_{(aquoso)} + NaOCl_{(aquoso)} + H_2O_{(líquido)}$

2 mol de $NaOH_{(aq)}$ ----------- 1 mol de $NaOCl_{(aq)}$
n_{NaOH} -------------------------- n_{NaOCl}
$n_{NaOH} = 2.n_{NaOCl}$

$[NaOH] \times V_{solução} = 2 \times [NaOCl] \times V_{solução}$
$2 \times V_{solução} = 2 \times (0,50) \times 2,0$
$V_{solução} = 1,0$ L

Questão 274

Quantos mL de solução de NaOH 1,00 mol/L são necessários para neutralizar 100 mL de solução 0,100 mol/L de H_3PO_4?

a) 10,0
b) 3,30
c) 30,0
d) 300,0

Resolução: Alternativa C.

Equação química que corresponde a neutralização entre um ácido fraco com uma base forte: $H_3PO_{4(aquoso)} + 3NaOH_{(aquoso)} \rightarrow Na_3PO_{4(aquoso)} + 3H_2O_{(aquoso)}$

Relação estequiométrica entre o ácido fosfórico com o hidróxido de sódio:
1 mol de H_3PO_4 --------- 3 mol de NaOH
n_{H3PO4} ---------------------- n_{NaOH}
$n_{NaOH} = 3 \times n_{H3PO4}$

$[NaOH] \times V_{solução} = 3 \times [H_3PO_4] \times V_{solução}$
$1,0 \times V_{solução} = 3 \times 0,100 \times 100$
$V_{solução} = 30$ mL

Questão 275

(GRILLO) Considere que uma solução seja constituída pelas seguintes substâncias: 52,6% em água, 33,5% em etanol e o restante composto de ácido clorídrico, sendo todos estes valores fornecidos em percentuais (m/m). A partir da informação apresentada, determine a fração molar para cada constituinte da mistura, a variação da energia livre molar de Gibbs e a variação de entropia molar da mistura a uma temperatura de 25°C.

Resolução:
Base de cálculo: massa total da solução igual a 100 gramas. Cálculo da massa de cada constituinte químico:

$$m_{água} = 0,526 \text{ x } 100 \text{ g} = 52,60 \text{ g}$$
$$m_{álcool} = 0,335 \text{ x } 100 \text{ g} = 33,50 \text{ g}$$
$$m_{ácido} = 0,139 \text{ x } 100 \text{ g} = 13,90 \text{ g}$$

Cálculo do número de mol de cada constituinte: $n_{água} = \frac{52,60}{18} = 2,92 \text{ mol}$; $n_{álcool} = \frac{33,50}{46} = 0,728 \text{ mol}$ e $n_{ácido} = \frac{13,90}{36,50} = 0,381 \text{ mol}$

Cálculo do número de mol total: $n_{total} = n_{água} + n_{álcool} + n_{ácido} = 4,03 \text{ mol}$

Cálculo da fração molar de cada constituinte:

$$X_{água} = \frac{n_{água}}{n_{total}} = \frac{2,92 \text{ mol}}{4,03 \text{ mol}} = 0,724$$

$$X_{álcool} = \frac{n_{álcool}}{n_{total}} = \frac{0,728 \text{ mol}}{4,03 \text{ mol}} = 0,181$$

$$X_{ácido} = \frac{n_{ácido}}{n_{total}} = \frac{0,381 \text{ mol}}{4,03 \text{ mol}} = 0,094$$

Cálculo da energia livre de Gibbs molar da solução:

$$\Delta G = n_{total} \text{ x R x T x } [X_{água} \text{ x} \ln X_{água} + X_{álcool} \text{ x} \ln X_{álcool} + X_{ácido} \text{ x} \ln X_{ácido}]$$

$$\Delta G = 4,03 \text{ x } 8,314 \text{ x } (25 + 273) \text{ x } [0,724 \text{ x} \ln(0,724) + 0,181 \text{ x} \ln(0,181) + 0,094 \text{ x} \ln(0,094)]$$

$$\Delta G = 4,03 \text{ x } 8,314 \text{ x } 298 \text{ x } [-0,234 - 0,309 - 0,222]$$

$$\Delta G = -7638,23 \frac{J}{mol} \text{ (processo espontâneo)}$$

Cálculo da entropia molar da solução: $\Delta G = \Delta H - T \text{ x } \Delta S$. Como o processo ocorre a temperatura constante, $\Delta H = 0$, logo:

$$n_{total} \text{ x R x T x } [X_{água} \text{ x} \ln X_{água} + X_{álcool} \text{ x} \ln X_{álcool} + X_{ácido} \text{ x} \ln X_{ácido}] = 0 - T \text{ x } \Delta S$$

$$n_{total} \text{ x R x } \not{T} \text{ x } [X_{água} \text{ x} \ln X_{água} + X_{álcool} \text{ x} \ln X_{álcool} + X_{ácido} \text{ x} \ln X_{ácido}] = 0 - \not{T} \text{ x } \Delta S$$

$$\Delta S = -\, n_{total} \text{ x R x } [X_{água} \text{ x} \ln X_{água} + X_{álcool} \text{ x} \ln X_{álcool} + X_{ácido} \text{ x} \ln X_{ácido}]$$

$$\Delta S = -\, 4,03 \text{ x } 8,314 \text{ x } [0,724 \text{ x} \ln(0,724) + 0,181 \text{ x} \ln(0,181) + 0,094 \text{ x} \ln(0,094)]$$

$$\Delta S = -\, 4,03 \text{ x } 8,314 \text{ x } (-0,765) = +25,63 \frac{J}{K} \text{ (processo espontâneo)}$$

Questão 276

Faz-se reagir 5 mL de ácido sulfúrico 0,1 mol x L^{-1} com NaOH. O ácido estará completamente neutralizado se forem empregados:
a) 6,0 mL de NaOH 0,05 mol x L^{-1}
b) 5,0 mL de NaOH 0,05 N
c) 10 mL de NaOH 0,1 N
d) 10 mL de NaOH 0,2 N
e) Nenhuma das respostas anteriores

Resolução: Alternativa C.

Equação química para o processo de neutralização: $H_2SO_{4(aquoso)} + 2NaOH_{(aquoso)} \rightarrow Na_2SO_{4(aquoso)} + 2H_2O_{(líquido)}$

Relação estequiométrica entre o ácido sulfúrico com o hidróxido de sódio:

$1 \text{ mol de } H_2SO_{4(aq)} - - - - 2 \text{ mol de } NaOH_{(aq)}$

$n_{(ácido)} - - - - - - - - - - n_{(base)}$

$2 \text{ x } n_{(ácido)} = n_{(base)}$

Cálculo do número de mol da base: $n_{(base)} = 2 \text{ x } 0{,}10 \text{ x } 5 \text{ x } 10^{-3} = 10^{-3} \text{ mol}$

Analisando a alternativa C: $n_{(base)} = [NaOH] \text{ x } V_{solução}$

Para a solução de hidróxido de sódio a concentração da quantidade de matéria desta solução é igual a concentração normal.
$n_{(base)} = 2 \text{ x } [NaOH] \text{ x } V_{solução}$
$n_{(base)} = 0{,}10 \text{ x } 10 \text{ x } 10^{-3} = 10^{-3} \text{ mol}$

Questão 277

Dada a reação $2KMnO_4 + 5H_2C_2O_4 + 3H_2SO_4 \rightarrow K_2SO_4 + 2MnSO_4 + 8H_2O + 10CO_2$, quantos mL de $H_2C_2O_4$ 0,1 N reagem completamente com 50 mL de $KMnO_4$ 0,2 M?

Resolução: Cálculo da concentração normal da solução de permanganato de potássio: $N = [KMnO_4].x$, onde x corresponde ao número de oxidação em módulo do ânion (MnO_4^-).

Pela estequiometria apresentada pela equação química, temos:
$2 \text{ mol de } KMnO_4 - - - - - - 5 \text{ mol de } H_2C_2O_4$
$2 \text{ x } N_1 \text{ x } V_1 = 5 \text{ x } N_2 \text{ x } V_2$

$$V_2 = \frac{2 \text{ x } N_1 \text{ x } V_1}{5 \text{ x } N_2} = \frac{2 \text{ x } 0{,}2 \text{ x } 50}{5 \text{ x } 0{,}1} = 40 \text{ mL}$$

Questão 278

Qual a quantidade máxima de massa de $Ba_3(PO_4)_2$ do qual pode ser formado a partir da reação entre 0,00240 mol de $Ba(NO_3)_2$ e 0,131 g of Na_3PO_4?
a) 0,240 g
b) 0,480 g
c) 1,44 g
d) 7,22 g

Resolução: Alternativa A.

Equação química: $3Ba(NO_3)_2 + 2Na_3PO_4 \rightarrow 6NaNO_3 + Ba_3(PO_4)_2$

Para a resolução da massa do produto de fosfato de bário, será necessário primeiramente determinar o reagente limitante.

$n_{Ba(NO_3)_2} = \frac{0{,}00240}{3} = 0{,}0008 \text{ mol}$ (Reagente em excesso)

$n_{Na_3PO_4} = \frac{\frac{0{,}131}{164}}{2} = 0{,}0004 \text{ mol}$ (Reagente limitante)

Pela relação estequiométrica, temos:
$2 \text{ x } 164{,}0 \text{ g} - - - - - 601{,}84 \text{ g}$
$0{,}131 \text{ g} - - - - - - \text{Massa}$
$\text{Massa} = 0{,}240 \text{ g}$

Questão 279

Um composto com a fórmula X_2O contém 34,8% de oxigênio em massa. Identifique o elemento X.
a) arsênio
b) carbono
c) fósforo
d) samário

Resolução: Alternativa A.

Para a resolução deste problema será necessário como cálculo uma regra de três relacionando o total da molécula com o percentual do átomo de oxigênio.

$2\,x < MM >_X + 80 - - - - - 100\%$
$80 - - - - - - - - - - - - - 34{,}8\%$
$2\,x < MM >_X + 80 = 8000$
$< MM >_X = 74{,}94 \frac{g}{mol}$

(Para esta massa atômica calculada, o elemento químico corresponde ao arsênio)

Questão 280

What is the mass percent of oxygen in the compound $UO_2(C_2H_3O_2)_2 \cdot NH_4C_2H_3O_2 \cdot 6H_2O$?

a) 5,58%
b) 16,8%
c) 22,3%
d) 39,1%

Resolução: Alternativa D.

Para a resolução deste problema será necessário como cálculo uma regra de três relacionando a massa molar da molécula com a massa molar dos átomos de oxigênio. Número total de átomos de oxigênio na molécula = 14.

$573 \frac{g}{mol} - - - - - 100\%$
$14\,x\,16 \frac{g}{mol} - - - - X$

$X = 39{,}08\%$

Questão 281

Una gota de ácido sulfúrico ocupa um volume de 0,025 mL. Se a densidade do mesmo é 1,981 g·mL-1, calcule o número de moléculas de ácido sulfúrico que há na gota e o número de átomos de oxigênio presentes na mesma. Quanto pesa uma molécula de ácido sulfúrico?

Resolução: Massa de ácido sulfúrico a partir da densidade: $\text{Massa} = 1{,}981\,x\,0{,}025 = 0{,}0495\text{ g}$

Cálculo do número de moléculas de ácido sulfúrico presente em uma gota:
$98{,}0\text{ g} - - - - - - 6{,}02\,x\,10^{23}\text{ moléculas}$
$0{,}0495\text{ g} - - - - - X$
$X = 3{,}0\,x\,10^{20}\text{ moléculas}$

Cálculo do número de átomos de oxigênio em uma molécula de ácido sulfúrico:
$98{,}0\text{ g} - - - - - - 4\,x\,6{,}02\,x\,10^{23}\text{ moléculas}$
$0{,}0495\text{ g} - - - - - X$
$X = 1{,}22\,x\,10^{21}\text{ moléculas}$

Cálculo da massa de uma molécula de ácido sulfúrico em uma gota:
$98{,}0\text{ g} - - - - - - 6{,}02\,x\,10^{23}\text{ moléculas}$
$X - - - - - - - - 1{,}0\text{ molécula}$
$X = 1{,}63\,x\,10^{-22}\text{ g}$

Questão 282

A permanganometria é utilizada para determinação da dosagem de peróxido de hidrogênio utilizando uma solução padronizada de permanganato de potássio (solução oxidante) em meio aquoso. Assinale o item que indica uma sequência correta de coeficientes estequiométricos para a reação de oxidação-redução envolvida no processo descrito pela equação essencial abaixo: $MnO_4^- + H_2O_2 + H^+ \rightleftharpoons Mn^{2+} + O_2 + H_2O$

a) 2, 2, 4, 2, 3, 8
b) 2, 5, 6, 2, 5, 8
c) 1, 1, 2, 1, 3, 4
d) 2, 2, 6, 2, 3, 4
e) 2, 3, 6, 2, 5, 8

Resolução: Alternativa B.

Para o balanceamento desta equação iônica será necessário utilizar o método redox. A equação fica da seguinte maneira: $2MnO_4^- + 5H_2O_2 + 6H^+ \rightleftharpoons 2Mn^{2+} + 5O_2 + 8H_2O$, em que o íon permanganato é o agente oxidante e o peróxido de hidrogênio é o agente redutor.

Questão 283

Cloro, Cl_2, não é encontrado livre na natureza. Na indústria, ele é obtido pela eletrólise de uma solução aquosa de cloreto de sódio. $2NaCl_{(aquoso)} + 2H_2O_{(líquido)} \rightarrow 2NaOH_{(aquoso)} + H_{2(gás)} + Cl_{2(gás)}$. Para obtenção de 2,84 toneladas de cloro, devem-se utilizar:

a) 1,44 x 10^5 g de água
b) 2,88 toneladas de água
c) 2,34 x 10^6 g de cloreto de sódio
d) 4,68 toneladas de cloreto de sódio
e) 1,34 x 10^6 toneladas de cloreto de sódio

Resolução: Alternativa D.

Pela relação estequiométrica, temos as seguintes massas.

$2 \text{ mol de NaCl} ---- 2 \text{ mol de } H_2O ---- 1 \text{ mol de } Cl_2$
$2 \text{ x } 58{,}50 \text{ g} ----- 36 \text{ g} --------- 71{,}0 \text{ g}$
$X ---------- Y ---------- 2{,}84 \text{ t}$

$X = 4{,}68 \text{ t de cloreto de sódio}$
$Y = 1{,}44 \text{ t de água}$

Questão 284

A decomposição de $CaCO_3$, é um importante processo comercial. Calcário ou conchas do mar, constituídos basicamente de $CaCO_3$, são aquecidas para preparar óxido de cálcio, o qual é conhecido como cal ou cal viva. Estima-se que mais de 22 milhões de toneladas desse óxido são usadas nos Estados Unidos anualmente, principalmente para fabricar vidro. A massa de $CaCO_3$ utilizada anualmente para produzir toda essa quantidade de cal é da ordem de grandeza de:

a) 10^2 kg
b) 10^4 kg
c) 10^6 Kg
d) 10^8 Kg
e) 10^{10} Kg

Resolução: Alternativa D.

Equação química que representa o processo de decomposição do carbonato de cálcio: $CaCO_{3(sólido)} \rightarrow CaO_{(sólido)} + CO_{2(gás)}$

Pela relação estequiométrica entre o carbonato de cálcio com o óxido de cálcio (óxido básico), temos:

$100 \text{ g } CaCO_3 ---- 56 \text{ g CaO}$
$\text{Massa} ------- 2{,}2 \text{ x } 10^{10} \text{ kg}$
$\text{Massa} = 3{,}93 \text{ x } 10^{10 \text{ kg}}$

Questão 285

O ácido fosfórico, usado em refrigerantes do tipo "cola" e possível causador da osteoporose, pode ser formado a partir da equação não balanceada: $Ca_3(PO_4)_2 + 3H_2SO_4 \longrightarrow 2H_3PO_4 + 3CaSO_4$. Partindo-se de 62 g de $Ca_3(PO_4)_2$ e usando-se quantidade suficiente de H_2SO_4. A massa em gramas aproximada de H_3PO_4 obtida é _____________.

Resolução: Pela relação estequiométrica entre o fosfato de cálcio com o ácido fosfórico, temos:

$1{,}0 \text{ mol de } Ca_3(PO_4)_2 - - - - 2{,}0 \text{ mol de } H_3PO_4$

$310 \text{ g} - - - - - - - - - - - - 196 \text{ g}$

$62{,}0 \text{ g} - - - - - - - - - - - - \text{Massa}$

$\text{Massa} = 39{,}2 \text{ g de ácido fosfórico}$

Questão 286

A reação entre o brometo de potássio e o ácido sulfúrico é descrita abaixo: $Cu_{(sólido)} + HNO_{3(aquoso)} \longrightarrow CuNO_{3(aquoso)} + H_2O_{(líquido)} + NO_{2(gás)}$. A partir da equação química balanceada, a soma dos coeficientes estequiométricos é _______.

Resolução: Realizando o balanceamento pelo método das tentativas, a equação química fica da seguinte maneira: $Cu_{(sólido)} + 2HNO_{3(aquoso)} \longrightarrow CuNO_{3(aquoso)} + H_2O_{(líquido)} + NO_{2(gás)}$

Soma dos coeficientes estequiométricos da equação química: 1 + 2 + 1 + 1 + 1 = 6

Questão 287

Os dispositivos de "air bags" de automóveis são inflados a partir do gás nitrogênio gerado pela rápida decomposição do nitreto de sódio, NaN_3, na presença de óxido de ferro, Fe_2O_3, conforme a equação abaixo: $6NaN_{3(sólido)} + Fe_2O_{3(sólido)} \longrightarrow 3Na_2O_{(sólido)} + 2Fe_{(sólido)} + 9N_{2(gás)}$. Sabendo-se que um típico "air bag" é fabricado para conter 37 litros de nitrogênio a uma pressão de 1,15 atm e temperatura de 27ºC, quantos gramas de nitreto de sódio são necessários para gerar toda essa quantidade de N_2 durante uma colisão?

a) 75 g
b) 5,4 g
c) 125 g
d) 375 g
e) 750 g

Resolução: Alternativa A.

Cálculo do número de mol de gás nitrogênio, a partir da utilização da equação dos gases ideais: $n = \frac{1{,}15 \text{ x } 37}{0{,}08206 \text{ x } 300} = 1{,}73 \text{ mol}$

$6{,}0 \text{ mol de } NaN_3 - - - - 9{,}0 \text{ mol de } N_2$

$n - - - - - - - - - - - - 1{,}73 \text{ mol de } N_2$

$n = 1{,}15 \text{ mol}$

Cálculo da massa de nitreto de sódio: $\text{Massa} = 65 \text{ x } 1{,}15 = 75{,}0 \text{ g}$

Questão 288

Ferro metálico pode ser produzido a partir da reação do óxido de ferro (III) com monóxido de carbono: $Fe_2O_{3(sólido)} + CO_{(gás)} \longrightarrow Fe_{(sólido)} + CO_{2(gás)}$

Após balancear essa equação:

a) Descreva como calcular quantos gramas de CO são necessários para reagir com 3,0 g de Fe_2O_3?
b) Calcule quantos gramas de CO são necessários para reagir com 1,5 mol de Fe_2O_3?

Resolução:

Item a) Primeiramente será necessário realizar o balanceamento da reação química apresentada pelo método das tentativas.

$Fe_2O_{3(sólido)} + 3CO_{(gás)} \longrightarrow 2Fe_{(sólido)} + 3CO_{2(gás)}$

Pela relação estequiométrica, 1 mol de óxido de ferro III reagindo com 3 mol de monóxido de carbono, formam 2 mol de ferro metálico e 3 mol de dióxido de carbono. Colocando na forma de cálculo:

160 g ----- 3 x 28 g
3,0 g ------ Massa
Massa = 1,575 g de monóxido de carbono

Item b) Equação química: $Fe_2O_{3(sólido)} + 3CO_{(gás)} \rightarrow 2Fe_{(sólido)} + 3CO_{2(gás)}$. Cálculo do número de mol de monóxido de carbono.

1 mol de $Fe_2O_{3(s)}$ ---------- 3 mol de $CO_{(g)}$
1,5 mol de $Fe_2O_{3(s)}$ ------- n
n = 4,50 mol de CO

Cálculo da massa de monóxido de carbono, a partir do número de mol: $\text{Massa} = 4{,}50 \text{ x } 28 \text{ g} = 126 \text{ g}$

Questão 289

Quantos gramas de CO_2 podem ser preparados a partir da reação de 150 gramas de carbonato de cálcio com excesso de solução de ácido clorídrico? $CaCO_3 + 2HCl \rightarrow CaCl_2 + CO_2 + H_2O$.
a) 11
b) 22
c) 33
d) 44
e) 66

Resolução: Alternativa E.

A partir da relação estequiométrica entre o carbonato de cálcio e a formação do dióxido de carbono, temos:
1 mol de $CaCO_3$ ------- 1 mol de CO_2
100 g --------------------- 44 g
150 g --------------------- Massa
Massa = 66 g

A reação representada a seguir deve ser usada para responder as questões 290 e 291: $N_{2(g)} + 3H_{2(g)} \rightarrow 2NH_{3(g)}$

Questão 290

A massa, em kg, de amônia formada a partir de 120g de hidrogênio é:
a) 0,28
b) 0,68
c) 34
d) 68
e) 280

Resolução: Alternativa B.

Equação química de formação da amônia: $N_{2(gás)} + H_{2(gás)} \rightarrow 2NH_{3(gás)}$. A partir da relação estequiométrica que relaciona o número de mol de hidrogênio com a amônia, temos:

3 mol de H_2 -------- 2 mol de NH_3
6,0 g ----------------- 34 g
120 g ---------------- Massa
Massa = 680 g (0,68 kg)

Questão 291

O volume de nitrogênio, em litros, nas CNTP, necessário para formar 340 g de amônia é:
a) 11,2
b) 22,4
c) 112
d) 140
e) 224

Resolução: Alternativa E.

Cálculo do número de mol de nitrogênio:

1 mol de N_2 ---------- 2 mol de NH_3
n ------------------------- (340/17) mol
n = 10,0 mol

Cálculo do volume de gás nitrogênio levando em consideração que este gás se encontra nas condições normais de temperatura e pressão – CNTP:

Volume = 10,0 mol x 22,4 L x mol^{-1} = 224 L

Questão 292

Após balancear a equação abaixo, conclui-se que o coeficiente estequiométrico de H_2O é: $KMnO_4 + HCl \longrightarrow KCl + MnCl_2 + Cl_2 + H_2O$
a) 1
b) 2
c) 4
d) 8
e) 14

Resolução: Alternativa D.

O permanganato de potássio é o agente oxidante enquanto o ácido clorídrico é o agente redutor.
$\mathrm{Mn}^{+7} + 5\ \text{elétrons} \rightarrow \mathrm{Mn}^{+2}$

$$\mathrm{Cl}^- \rightarrow \frac{1}{2}\mathrm{Cl}_2 + 1\ \text{elétron}$$

Logo, pelo balanceamento redox, temos: $2KMnO_4 + 16HCl \longrightarrow 2KCl + 2MnCl_2 + 5Cl_2 + 8H_2O$

Questão 293

(CONCURSO PARA DOCENTE FEDERAL - UNIVERSIDADE DO RIO DE JANEIRO) Em uma unidade industrial, é feita a seguinte reação química: $FeS + 2HCl \longrightarrow FeCl_2 + H_2S$. Nessa unidade, adicionaram-se 440 kg de FeS e 146 kg de HCl. Admitindo-se que o reagente limitante foi totalmente consumido, a massa de reagente em excesso, em kg, que não participou da reação é igual a:
a) 176
b) 219
c) 264
d) 352
e) 365

Resolução: Alternativa C.

Equação química: $FeS + 2HCl \longrightarrow FeCl_2 + H_2S$. Determinação do reagente limitante:

$n_{FeS} = \frac{440000}{56 + 32} = 5000 \text{ mol}$ (Reagente em excesso)

$n_{HCl} = \frac{146000}{36,50} = \frac{4000}{2} = 2000 \text{ mol}$ (Reagente limitante)

A partir da determinação do reagente limitante será necessário calcular a massa de reagente em excesso que reagiu.

88 g – – – – – – – – – – – – – – – – – – 2 x 36,50 g
Massa de sulfeto de ferro II – – – – – – 146000 g
Massa de sulfeto de ferro II = 176 kg

Massa de sulfeto de ferro II não reagido: 440 kg – 176 kg = 264 kg

Questão 294

(CONCURSO PARA DOCENTE FEDERAL – UNIVERSIDADE DO RIO DE JANEIRO) Ácido sulfúrico em excesso foi adicionado a uma amostra de 150 g de alumínio metálico impuro, verificando-se a formação de 10 g de H_2, após a completa reação do alumínio. Admitindo-se que as impurezas presentes não reagiram com o ácido, o grau de pureza do alumínio é igual a:

a) 50%
b) 60%
c) 70%
d) 80%
e) 90%

Resolução: Alternativa C.

Equação química entre o alumínio metálico na presença de ácido sulfúrico: $2Al_{(sólido)} + 3H_2SO_{4(aquoso)} \rightarrow Al_2(SO_4)_{3(aquoso)} + 3H_{2(gás)}$. A partir da relação estequiométrica, temos:

2 mol de alumínio ---------- 3 mol de gás hidrogênio
2 x 27 g de alumínio ------- 3 x 2 g de gás hidrogênio
Pureza x 150 g ------------- 10 g de gás hidrogênio

$\text{pureza} = \frac{540}{900} = 0,60\ (60\%)$

Questão 295

(PROGRAMA DE PÓS-GRADUAÇÃO EM QUÍMICA E BIOTECNOLOGIA / UNIVERSIDADE FEDERAL DE ALAGOAS - MODIFICADA) O gás oxigênio tem função importante para os seres vivos, bem como nos setores industriais, tecnológicos e médicos. Além disso, nos últimos dois anos tem desempenhado um papel ainda mais importante nos hospitais devido à grande demanda para o tratamento de pacientes acometidos pelo Covid-19. No laboratório, o oxigênio pode ser obtido pelo aquecimento do clorato de potássio ($KClO_3$) na presença do catalisador dióxido de manganês (MnO_2). Diante do exposto, calcule (mostrando o desenvolvimento dos cálculos) a massa, o número de moléculas e o volume de oxigênio nas condições normais de temperatura e pressão, obtido a partir da decomposição de 15,0 g de $KClO_3$ de acordo com a equação balanceada abaixo:
$2KClO_3 \rightarrow 2KCl + 3O_2$.

Resolução: Equação química da decomposição do clorato de potássio, formando cloreto de potássio e gás oxigênio.

Cálculo do número de mol de clorato de potássio: $n = \frac{15}{39+14+48} = 0,148 \text{ mol}$

Pela relação estequiométrica apresentada pela equação química, temos:
2 mol de clorato de potássio ------- 3 mol de oxigênio molecular
0,148 mol ------------------------------- n_{O2}
n_{O2} = 0,223 mol de oxigênio molecular.

Cálculo do número de moléculas de oxigênio molecular: $N_{O_2} = 0,223 \text{ mol x} \frac{6,02 \text{ x } 10^{23}}{\text{mol}} = 1,34 \text{ x } 10^{23}$ moléculas

Cálculo do volume de oxigênio molecular nas CNTP: $V_{O_2} = 0{,}223 \text{ mol x} \frac{22{,}40 \text{ L}}{\text{mol}} = 4{,}99$ Litros

Cálculo da massa de gás oxigênio produzido: $\text{Massa}_{O_2} = 0{,}223 \text{ mol x} \frac{32 \text{ g}}{\text{mol}} = 7{,}14$ g

Questão 296

(PROGRAMA DE PÓS-GRADUAÇÃO EM QUÍMICA INORGÂNICA - PROVA DE SELEÇÃO MESTRADO/DOUTORADO) A nitroglicerina ($C_3H_5N_3O_9$) é um explosivo poderoso. A sua explosão pode ser representada por: $C_3H_5N_3O_{9\,(líquido)} \longrightarrow N_{2(gás)} + CO_{2(gás)} + H_2O_{(líquido)} + O_{2(gás)}$. Essa reação libera grande quantidade de calor e muitos produtos gasosos. É por causa da súbita formação de gases e da rápida expansão de volume, que se produz a explosão. De acordo com a reação, responda:

(a) Faça o balanceamento da reação;
(b) Calcule a quantidade máxima de O_2, em gramas, que pode ser obtida a partir de 200 g de nitroglicerina consumida;
(c) Calcule o rendimento percentual dessa reação considerando que a quantidade de O_2 produzida é 6,55 g;
(d) Apresente as geometrias moleculares para o N_2, CO_2, H_2O e O_2.

Resolução:

Item (a) A partir da equação apresentada, o balanceamento será realizado pelo método das tentativas (metal-ametal-carbono-hidrogênio – oxigênio).

Equação química balanceada pelo método das tentativas: $4C_3H_5N_3O_{9\,(líquido)} \longrightarrow 6N_{2(gás)} + 6CO_{2(gás)} + 10H_2O_{(líquido)} + 7O_{2(gás)}$

Item (b) A partir da relação estequiométrica apresentada pela equação química:

4 x (36 + 5 + 42 + 144) gramas de nitroglicerina ----------- 7 x 32 gramas de oxigênio molecular
200,0, gramas de nitroglicerina --------------------------------- Massa de oxigênio molecular
Massa de oxigênio molecular = 49,34 gramas de oxigênio molecular

Item (c) Cálculo do rendimento apresentado pela massa de oxigênio fornecido.

4 x (36 + 5 + 42 + 144) g de nitroglicerina ----------- 7 x 32 g de oxigênio molecular x Rendimento
200,0 g de nitroglicerina --------------------------------- 6,32 g de oxigênio molecular

$$\text{Rendimento} = \frac{6{,}32 \text{ x } 4 \text{ x } 227}{200{,}0 \text{ x } 7 \text{ x } 32} = 0{,}01523\ (1{,}53\%)$$

Item (d)
Nitrogênio molecular: N ≡ N (Geometria linear)
Dióxido de carbono molecular: O = C = O (Geometria linear)
Água: Molécula que apresenta geometria angular
Oxigênio molecular: O = O (Geometria linear)

Questão 297

(PROGRAMA DE PÓS-GRADUAÇÃO PARA MESTRADO & DOUTORADO / UNIVERSIDADE FEDERAL DE SANTA CATARINA) A glicose é metabolizada no organismo produzindo dióxido de carbono e água, em uma reação que pode ser expressa, de maneira simplificada, pela equação (não balanceada) abaixo: $C_6H_{12}O_{6(s)} + O_{2(g)} \longrightarrow CO_{2(g)} + H_2O_{(\ell)}$.

a) Escreva a equação química balanceada com os menores coeficientes estequiométricos inteiros.
b) O processo que representa o metabolismo da glicose é um fenômeno físico ou químico? Justifique sua resposta.
c) Calcule, considerando comportamento ideal, o volume de CO_2 que será produzido a 1,00 atm e 20,0 °C a partir da decomposição completa de 100 g de glicose.

Resolução:

Item a) Para o balanceamento desta equação química será necessário utilizar o método das tentativas. $C_6H_{12}O_{6(sólido)} + 6O_{2(gás)} \longrightarrow 6CO_{2(gás)} + 6H_2O_{(líquido)}$

Item b) O processo do metabolismo da glicose é um processo químico, pelo fato de ocorrer a produção de diferentes produtos, tais como o dióxido de carbono e a água líquida.

Item c) Determinação da massa molecular da glicose = 180 g/mol. Pela relação estequiométrica apresentada pela equação química, temos:

180 g de glicose ----------- 44 g de dióxido de carbono
100 g de glicose ----------- Massa de dióxido de carbono
Massa de dióxido de carbono = 24,44 g de dióxido de carbono

Levando em consideração que o gás apresenta comportamento ideal:

$$V = \frac{\left(\frac{24{,}44}{44}\right) \text{ x } 0{,}08206 \text{ x } (20+273)}{1{,}00} = 13{,}36 \text{ L}$$

CAPÍTULO IV. ESTUDO DAS SOLUÇÕES QUÍMICAS

Exemplo Aplicativo I

(GRILLO) O fator de Van´t Hoff para uma solução de nitrato de magnésio com concentração molar igual a 0,350 mol.L^{-1} é igual a 2,44. Calcule o grau de dissociação e o número de partículas para o mesmo soluto.

Resolução

Equação de dissociação do nitrato de magnésio aquoso: $Mg(NO_3)_{2(aquoso)} \rightleftarrows Mg^{+2}_{(aquoso)} + 2NO_3^-{}_{(aquoso)}$

Número de cargas = 2 + 1 = 3

Cálculo do grau de dissociação (α), a partir do fator de correção de Van´t Hoff: $i = 1 + (n - 1) \times \alpha$

$1 + (3 - 1) \times \alpha = 2{,}44$

$\alpha = 0{,}72\ (72\%)$. O grau de dissociação do nitrato de magnésio é igual a 72%.

Cálculo do número de partículas dissociadas: $X = 0{,}350\ mol \times 6{,}02 \times 10^{23} \times 2{,}44 = 5{,}14 \times 10^{23}$ partículas dissolvidas.

Exemplo Aplicativo II

(GRILLO) Um laboratório de análises físico-químicas, apresenta uma solução de ácido nítrico com 58,9% em massa e com densidade igual a 1,33 g.cm^{-3}. Calcule a concentração da quantidade de matéria desta solução ácida.

Resolução

Dados do problema:
58,9 gramas de HNO_3 / 100 gramas de solução
1,33 gramas de solução / 1 cm^3 de solução

Cálculo do volume da solução, a partir das informações apresentadas pelo problema:
1,33 gramas de solução ---------- 1 cm^3 de solução
100 gramas de solução ----------- $V_{solução}$
$V_{solução}$ = 75,19 cm^3 (75,19 x 10^{-3} dm^3)

Cálculo do número de mol (n) de hidróxido de sódio: $n_{HNO_3} = \frac{m_{HNO_3}}{<MM>_{HNO_3}} = \frac{58{,}9\ g}{63\ g.mol^{-1}} = 0{,}935\ mol$

Cálculo da concentração da quantidade de matéria do ácido nítrico: $[HNO_3] = \frac{n_{HNO_3}}{V_{solução}} = \frac{0{,}935\ mol}{75{,}19 \times 10^{-3} L} = 12{,}43\ mol.L^{-1}$

Exemplo Aplicativo III

A solução aquosa de hidróxido de sódio apresenta 30% em massa e densidade igual a 1,33 g.mL^{-1}. Qual é a concentração molar de NaOH nesta solução?
a) 8,25
b) 9,98
c) 16,0
d) 33,2

Resolução

Alternativa B.

Informações fornecidas e interpretadas pelo problema:

30 gramas de NaOH / 100 gramas de solução
1,33 gramas de solução / 1 mL de solução

Cálculo do volume da solução ($V_{solução}$), a partir das informações apresentadas pelo enunciado:

1,33 gramas de solução ---------- 1 mL de solução
100 gramas de solução ----------- $V_{solução}$
$V_{solução}$ = 75,19 mL (75,19 x 10^{-3} L)

Cálculo do número de mol (n) de hidróxido de sódio: $n_{NaOH} = \frac{30\ g}{40\ g.mol^{-1}} = 0{,}75\ mol$

Cálculo da concentração da quantidade de matéria da solução de hidróxido de sódio: $[NaOH] = \frac{n_{NaOH}}{V_{solução}} = \frac{0{,}75\ mol}{75{,}19\ x\ 10^{-3} L} = 9{,}975\ mol.L^{-1}$

Exemplo Aplicativo IV

Qual é a concentração molar de uma solução aquosa 0,500 mol.kg^{-1} de nitrato de cálcio que apresenta 1,045 g.mL^{-1} de densidade?
a) 0,483 mol.L^{-1}
b) 0,500 mol.L^{-1}
c) 0,522 mol.L^{-1}
d) 0,567 mol.L^{-1}

Resolução

Alternativa A.
Fórmula molecular do nitrato de cálcio: $Ca(NO_3)_2$, com <MM>$_{molar}$ = 164 g.mol^{-1}.

Cálculo da massa de nitrato de cálcio, a partir da molalidade ($\mathfrak{M}$): $\mathfrak{M} = \frac{n_{Ca(NO_3)_2}}{m_{solvente}^{(kg)}} = \frac{\left(\frac{m_{Ca(NO_3)_2}}{<MM>_{Ca(NO_3)_2}}\right)}{m_{solvente}^{(kg)}}$

$m_{Ca(NO_3)_2} = \mathfrak{M}\ x\ m_{solvente}^{(kg)}\ x < MM >_{Ca(NO_3)_2}$
$m_{Ca(NO_3)_2} = 0{,}500\ x\ 1\ x\ 164 = 82\ g$

Cálculo da massa da solução: $m_{solução} = m_{soluto} + m_{solvente}$
$m_{solução}$ = 82 g + 1000 g = 1082 g

Cálculo do volume da solução, a partir da densidade da solução:
1 mL de solução ---------- 1,045 gramas de solução
$V_{solução}$ ----------------------- 1082 gramas de solução
$V_{solução}$ = 1035,41 mL (1,035 L)

Cálculo da concentração da quantidade de matéria: $[Ca(NO_3)_2] = \frac{n_{Ca(NO_3)_2}}{V_{solução}} = \frac{0{,}500\ mol}{1{,}035\ L} = 0{,}483\ mol.L^{-1}$

Exemplo Aplicativo V

(GRILLO) Uma solução de ácido bórico apresenta concentração inicial de 45% em massa. Calcule a massa de solvente (água) que foi necessária para diluir esta solução, até chegar a 15% em massa (m/m).

Resolução

Informações relacionadas ao problema: Soluto = ácido bórico (H_3BO_3) e Solvente = água (H_2O).

Cálculo da massa de água adicionada (m_{H2O}). A adição deste solvente será relacionada para uma concentração de 45%. Logo a proporção vai ficar da seguinte maneira:

$$\frac{45\ g}{(100\ g + m_{H_2O})} = \frac{15\ g}{100\ g}$$

4500 = 1500 + 15.m_{H_2O}

$$m_{H_2O} = \frac{(4500 - 1500)g}{15} = 200\ g$$

Exemplo Aplicativo VI

(GRILLO) Calcule a normalidade, a molalidade e a concentração da quantidade de matéria de uma solução que apresenta 22% em massa (m/m) de cloreto de cálcio, sabendo que na temperatura do experimento, a densidade da solução é igual a 1,45 g.cm^{-3}.

Resolução

Dados do problema:
22 gramas de $CaCl_2$ / 100 gramas de solução
1,45 gramas de solução / 1 cm^3 de solução

Cálculo do volume da solução:
1,45 gramas de solução ---------- 1 cm^3 de solução
100 gramas de solução ----------- $V_{solução}$
$V_{solução}$ = 68,96 cm^3 (68,96 x 10^{-3} dm^{-3})

Cálculo do número de mol (n) de cloreto de cálcio: $n_{CaCl_2} = \frac{22\ g}{111\ g.mol^{-1}} = 0{,}198\ mol$

Cálculo da concentração da quantidade de matéria: $\mathfrak{M} = \frac{n_{CaCl_2}}{V_{solução}} = \frac{0{,}198\ mol}{68{,}96\ x\ 10^{-3} L} = 2{,}87\ mol.L^{-1}$

Cálculo da normalidade (N): $N = \frac{m_{CaCl_2}}{eqg\ x\ V_{solução}} = \frac{22}{\left(\frac{111}{2}\right) x\ 68{,}96\ x\ 10^{-3}} = 5{,}74\ eqg.L^{-1}$

Segunda maneira do cálculo da normalidade.

N = M.x, onde x é igual a +2, em que este número corresponde à carga total do cátion cálcio.

N = 2,87 mol.L^{-1} x 2 = 5,74 eqg.L^{-1}

Cálculo da massa do solvente: $m_{solução} = m_{soluto} + m_{solvente}$
100 g = 22 g + $m_{solvente}$
$m_{solvente}$ = 78 g

Cálculo da molalidade ($\mathfrak{M}$): $\mathfrak{M} = \frac{n_{CaCl_2}}{m^{(kg)}_{solvente}} = \frac{0{,}198\ mol}{78\ x\ 10^{-3}\ kg} = 2{,}54\ mol.kg^{-1}$

Exemplo Aplicativo VII

(GRILLO) Uma solução de ácido sulfúrico, de densidade 1,25 g/mL, contém 33,33% de H_2SO_4. Expressar sua concentração em termos de fração molar, concentração da quantidade de matéria, molalidade e normalidade.

Resolução

Cálculo da concentração comum: $C = 10\ x\ d\ x\ (\%) = 10\ x\ 1{,}25\ x\ 33{,}33 = 416{,}6\frac{g}{L}$

Cálculo da concentração da quantidade de matéria da solução de ácido sulfúrico: $[H_2SO_4] = \frac{C}{<MM>_{H_2SO_4}} = \frac{416{,}6\frac{g}{L}}{98\frac{g}{mol}} = 4{,}25\frac{mol}{L}$

Cálculo da concentração normal: $N = 4{,}25\ .\ 2 = 8{,}50\frac{eqg}{L}$

Sabendo que a relação entre a concentração da quantidade de matéria com a molalidade é dada por: $[H_2SO_4] = \frac{n_{H_2SO_4}}{V_{solução}}$ e $\mathfrak{M} = \frac{n_{H_2SO_4}}{m^{(kg)}_{solvente}}$

$$\boxed{[H_2SO_4]\ x\ V_{solução} = \mathfrak{M}\ x\ m^{(kg)}_{solvente}}$$

Cálculo da massa de solvente: $m_{solução} = m_{soluto} + m_{solvente}$
100 g = 33,33 g + $m_{solvente}$
$m_{solvente}$ = 66,67 g (66,67 x 10^{-3} kg)

Cálculo do volume da solução:

1,25 gramas de solução ---------- 1 mL de solução
100 gramas de solução ----------- $V_{solução}$
$V_{solução}$ = 80 mL (80 x 10^{-3} L)

Cálculo da molalidade, a partir da relação entre a própria molalidade com a concentração da quantidade de matéria.

$$[H_2SO_4] \text{ x } V_{solução} = \mathfrak{M} \text{ x } m_{solvente}^{(kg)}$$

$$4{,}25 \text{ x } 0{,}0080 = \mathfrak{M} \text{ x } 0{,}06667$$

$$\mathfrak{M} = 0{,}510 \frac{mol}{kg}$$

Cálculo do número de mol do ácido sulfúrico e da água:

$$n_{H_2SO_4} = \frac{33{,}33}{98} = 0{,}340 \text{ mol}$$

$$n_{H_2O} = \frac{66{,}67}{18} = 3{,}70 \text{ mol}$$

Cálculo da fração molar da solução de ácido sulfúrico: $X_{H_2SO_4} = \frac{n_{H_2SO_4}}{n_{H_2SO_4}+n_{H_2O}} = \frac{0{,}340 \text{ mol}}{0{,}340 \text{ mol}+3{,}70 \text{ mol}}$

Exemplo Aplicativo VIII

1,7 toneladas de amônia vazaram e se espalharam uniformemente em certo volume da atmosfera terrestre, a 27°C e 760 mmHg. Medidas mostraram que a concentração da amônia neste volume da atmosfera era de 25 partes por milhão, em volume, de ar. O volume da atmosfera contaminada por essa quantidade de amônia em m³, de:

a) 0,9 x 10^2
b) 1,0 x 10^2
c) 2,0 x 10^7
d) 10 x 10^7
e) 25 x 10^8

Resolução

Alternativa D.

Dados do problema: 25 ppm, ou seja, 25 partes de amônia/10^6 partes de ar e sabendo que 760 mmHg correspondem a uma atmosfera. Cálculo do volume de amônia, considerando o gás com comportamento ideal:

$$\left(\frac{760}{760}\right) \text{ x } V_{NH_3} = \left(\frac{1{,}70 \text{ x } 10^6}{17}\right) \text{ x } 0{,}08206 \text{ x } 300$$

$$V_{NH_3} = \left(\frac{1{,}70 \text{ x } 10^6}{17}\right) \text{ x } 0{,}08206 \text{ x } 300 = 2{,}46 \text{ x } 10^6 \text{ L}$$

Cálculo do volume de ar contaminado pela amônia:
25 litros de NH_3 -------------------- 10^6 litros de ar
2,46 x 10^6 litros de NH_3 ---------- V_{ar}
V_{ar} = 9,85 x 10^{10} L

Este volume corresponde a aproximadamente 10,0 x 10^7 m³ (1,0 x 10^8 m³).

Exemplo Aplicativo IX

Determinar os volumes, em litros, de HCl (N/2) e de HCl (N/10), que devemos misturar para obtermos 2 litros de solução (N/5).

Resolução

O problema leva em consideração o processo de mesma mistura - Mistura de mesmo soluto. $HCl_{(1)} + HCl_{(2)} \longrightarrow HCl_{(3)}$

Equação (1): $V_1 \text{ x } N_1 + V_2 \text{ x } N_2 = V_{TOTAL} \text{ x } N_{TOTAL}$

Equação (1): $V_1 \text{ x} \frac{N}{2} + V_2 \text{ x} \frac{N}{10} = 2 \text{ x} \frac{N}{5}$
Equação (2): $V_1 + V_2 = 2$

Desenvolvendo a equação (1), o sistema pode ser reescrito da seguinte forma:

Equação (1): $5 \text{ x } V_1 + V_2 = 4$
Equação (2): $V_1 + V_2 = 2$

Resolvendo o sistema que compõe as equações (1) e (2), será necessário isolar V_2, através da equação (2) e substituindo na equação (1), temos:
$V_2 = 2 - V_1$

Substituindo V_2 na equação (1), temos: $5 \text{ x } V_1 + (2 - V_1) = 4$
$5.V_1 - V_1 + 2 = 4$

$V_1 = 0{,}50$ L, consequentemente, $V_2 = 1{,}50$ L.

Exemplo Aplicativo X

(PROGRAMA DE PÓS-GRADUAÇÃO EM QUÍMICA – UNIVERSIDADE FEDERAL DE PELOTAS) Um laboratorista necessita preparar uma solução 0,0160 mol x L^{-1} de HBr a partir do reagente comercial (HBr 48,0% (pp), densidade de 1,50 g x mL^{-1}). Que volume desse reagente (em mL) será necessário para preparar 250 mL de tal solução?

Resolução

Cálculo da concentração da quantidade de matéria do ácido bromídrico para a situação inicial: $[HBr] = \frac{10 \text{ x } 48{,}0 \text{ x } 1{,}50}{81} = 8{,}89 \frac{mol}{L}$

$[HBr]_{inicial} \text{ x } V_{inicial} = [HBr]_{final} \text{ x } V_{final}$

$$8{,}89 \frac{mol}{L} \text{ x } V_{inicial} = 0{,}0160 \frac{mol}{L} \text{x } 250 \text{ mL}$$

$V_{inicial} = 450 \text{ mL}$

Exemplo Aplicativo XI

(GRILLO) Calcule o volume de sulfeto de hidrogênio, medido na pressão de 675 mmHg a uma temperatura de 37°C, quando este gás reage com hidróxido de potássio que apresenta um volume igual a 375 cm^3 e concentração molar igual a 0,250 $mol.L^{-1}$.

Resolução

Equação química que representa a reação entre o sulfeto de hidrogênio na presença de uma solução de hidróxido de potássio: $H_2S_{(gás)} + 2KOH_{(aquoso)} \longrightarrow K_2S_{(aquoso)} + 2H_2O_{(líquido)}$

Através da equação química apresentada acima, temos a seguinte relação estequiométrica, entre o sulfeto de hidrogênio e a solução aquosa de hidróxido de potássio:

1 mol de H_2S --------- 2 mol de KOH

n_{H2S} -------------------- n_{KOH}

Considerando que o sulfeto de hidrogênio apresenta comportamento ideal: $n_{KOH} = 2 \text{ x } n_{H_2S}$

$$M_{KOH} \text{ x } V_{solução} = 2 \text{ x} \left\{\frac{p.V_{H_2S}}{R.T}\right\}$$

$$0,250 \text{ x } 0,375 \text{ x } 10^{-3} = 2 \text{ x} \left\{\frac{\left(\frac{675}{760}\right) \text{ x } V_{H_2S}}{0,08206 \text{ x } (37 + 273)}\right\}$$

$$V_{H_2S} = 1,34 \text{ x } 10^{-3} \text{ L}$$

Exemplo Aplicativo XII

(GRILLO) Considere a neutralização de 15,5 mL de uma solução de ácido clorídrico por meio de uma solução de hidróxido de cálcio 0,55 mol.L^{-1}, em que a viragem ocorre, na presença de um indicador, quando são gastos 22,50 mL de hidróxido. Determine a concentração da quantidade de matéria da solução de ácido.

Resolução

Equação química que representa a reação de neutralização entre o ácido clorídrico e hidróxido de cálcio: $2HCl_{(aquoso)}$ + $Ca(OH)_{2(aquoso)} \longrightarrow CaCl_{2(aquoso)} + 2H_2O_{(líquido)}$

Através da reação química, temos a seguinte relação estequiométrica entre a solução de ácido clorídrico com hidróxido de cálcio:
2 mol de HCl ---------- 1 mol de $Ca(OH)_2$
$n_{ácido}$ -------------------- n_{base}
$n_{ácido} = 2 \text{ x } n_{base}$

Cálculo da concentração da quantidade de matéria do ácido clorídrico, a partir da relação estequiométrica apresentada pela equação química.

$$[HCl] \text{ x } V_{solução} = 2 \text{ x } [Ca(OH)_2] \text{ x } V_{solução}$$

$$[HCl] \text{ x } 15,5 \text{ mL} = 2 \text{ x } 0,55 \text{ x } 22,50$$

$$[HCl] = 1,60 \text{ mol. L}^{-1}$$

Exemplo Aplicativo XIII

(CONCURSO PÚBLICO FEDERAL – ENGENHARIA QUÍMICA) Em uma titulação de neutralização de 25 mL de HCl 0,5 M por uma solução de NaOH 1,0 M serão gastos:
a) 50 mL
b) 12,5 mL
c) 25 mL
d) 10 mL
e) 0,12 mL

Resolução

Alternativa B.

Equação química que representa a reação de neutralização entre o ácido clorídrico e hidróxido de sódio: $HCl_{(aquoso)} + NaOH_{(aquoso)} \longrightarrow NaCl_{(aquoso)} + H_2O_{(líquido)}$

Através da equação química apresentada, temos a seguinte relação estequiométrica:
1 mol de HCl ---------- 1 mol de NaOH
$n_{ácido}$ -------------------- n_{base}
$n_{ácido} = n_{base}$

Cálculo da concentração do volume da solução alcalina, a partir da relação estequiométrica:

$[HCl] \text{ x } V_{solução} = [NaOH] \text{ x } V_{solução}$

$0{,}50 \text{ x } 25{,}0 \text{ mL} = 1{,}0 \text{ x } V_{solução}$

$V_{solução} = 12{,}25 \text{ mL}$

Exemplo Aplicativo XIV

(CONCURSO PÚBLICO FEDERAL – ENGENHARIA QUÍMICA) Em um laboratório de química titularam-se 25 mL de uma solução de ácido acético de concentração 0,2 mol/l com uma solução de hidróxido de sódio de concentração de 0,05 mol/l. qual foi o volume da solução de hidróxido de sódio utilizado?

a) 200 mL
b) 150 mL
c) 100 mL
d) 50 mL
e) 25 mL

Resolução

Alternativa C.

Equação química entre o ácido acético na presença de hidróxido de sódio: $C_2H_4O_{2(aquoso)} + NaOH_{(aquoso)} \rightarrow C_2H_3O_2Na_{(aquoso)} + H_2O_{(líquido)}$

Pela relação estequiométrica, temos:
1 mol de ácido acético ----- 1 mol de NaOH
$n_{ácido}$ --------------------------- n_{base}
$n_{ácido} = n_{base}$

Cálculo da concentração do volume da solução alcalina, a partir da relação estequiométrica: $[C_2H_4O_2] \text{ x } V_{solução} = [NaOH] \text{ x } V_{solução}$

$0{,}20 \text{ x } 25{,}0 \text{ mL} = 0{,}05 \text{ x } V_{\substack{solução \\ alcalina}}$

$V_{\substack{solução \\ alcalina}} = 100{,}0 \text{ mL}$

Exemplo Aplicativo XV

(GRILLO) Calcule o potencial exato, a partir das atividades iônicas, para a semirreação da célula de zinco em uma solução em que a concentração molal é igual a 0,01 mol x kg^{-1} de cloreto de zinco, sendo o coeficiente de atividade igual a 0,71.

Resolução

Equação de dissociação do cloreto de zinco: $ZnCl_{2(sólido)} \rightarrow Zn^{+2}_{(aquoso)} + 2Cl^{-}_{(aquoso)}$

Cálculo da atividade do zinco cátodo, Zn^{+2}: $a_{Zn^{+2}} = \gamma^{\pm} \text{ x } W_{Zn^{+2}}$

$a_{Zn^{+2}} = \gamma^{\pm} \text{ x } W_{Zn^{+2}}$

$a_{Zn^{+2}} = 0{,}71 \text{ x } 0{,}01 = 0{,}0071$

Sabendo que o potencial de redução do zinco é igual a $Zn^{+2}_{(aquoso)} + 2e^{-} \rightarrow Zn_{(sólido)}$

$$E^{0}_{Redução} = -0{,}763 \text{ V}$$

Aplicando a equação de Nernst, para esta semirreação de redução: $E = E° - \frac{R \text{ x } T}{n \text{ x } F} \text{ x } \ln\left\{\frac{\frac{1}{a_{Zn}}}{a_{Zn^{+2}}}\right\}$

$$E = -0{,}763 - \frac{8{,}314 \text{ x } 298}{2 \text{ x } 96500} \text{ x } \ln\left\{\frac{1}{0{,}0071}\right\} = -0{,}826 \text{ V}$$

Exemplo Aplicativo XVI

Quanto será a fem da célula de Daniell a 298K para concentrações de $CuSO_4$ e $ZnSO_4$ iguais a 0,50 mol x L^{-1} e 0,10 mol x L^{-1}, respectivamente. Qual deveria ser a fem se fossem utilizadas atividades em vez de concentrações? Os valores de $\gamma^{\pm}$ para o $CuSO_4$ e o $ZnSO_4$ em suas respectivas concentrações são 0,068 e 0,15, respectivamente:

a) 1,125 V; 1,115 V
b) 0,115 V; 0,215 V
c) 1,515V; 1,575V
d) 0,115V; 1,125V
e) 0,15V; 0,10V

Resolução

Alternativa A.

Semirreação - cobre: $Cu^{+2}_{(aq)} + 2e^- \rightarrow Cu_{(s)}$ $E° = +0,34$ V
Semirreação - zinco: $Zn^{+2} + 2e^- \rightarrow Zn$ $E° = -0,76$ V

Cálculo da força eletromotriz padrão (E°), invertendo a segunda semirreação:

$Zn_{(sólido)} \rightarrow Zn^{+2}_{(aquoso)} + \cancel{2e^-}$	$\Delta G° = -2 \text{ x F x } (+0{,}76)$
$Cu^{+2}_{(aquoso)} + \cancel{2e^-} \rightarrow Cu_{(sólido)}$	$\Delta G° = -2 \text{ x F x } (+0{,}34)$ +
$Zn_{(sólido)} + Cu^{+2}_{(aquoso)} \rightarrow Zn^{+2}_{(aquoso)} + Cu_{(sólido)}$	$\Delta G° = -2 \text{ x F x } E°$

$$\cancel{-2 \text{ x F}} \text{ x } E° = \cancel{-2 \text{ x F}} \text{ x } (+0{,}76) + [\cancel{-2 \text{ x F}} \text{ x } (+0{,}34)]$$

$$E° = +0{,}76 + 0{,}34 = +1{,}10 \text{ V}$$

Cálculo da força eletromotriz levando em consideração que as concentrações sejam iguais a $[Zn^{+2}_{(aq)}] = 0{,}10 \text{ mol.L}^{-1}$ e $[Cu^{+2}_{(aq)}] = 0{,}50 \text{ mol.L}^{-1}$.

Aplicando a equação de Nernst, em função da concentração da quantidade de matéria:

$$E = E^0 - \frac{R \text{ x } T}{n \text{ x } F} \text{ x } \ln\left\{\frac{a_{Cu} \text{ x } [Zn^{+2}]}{a_{Zn} \text{ x } [Cu^{+2}]}\right\}$$

$$E = 1{,}10 - \frac{8{,}314 \text{ x } 298}{2 \text{ x } 96500} \text{ x } \ln\left\{\frac{1 \text{ x } 0{,}10}{1 \text{ x } 0{,}50}\right\} = +1{,}121 \text{ V}$$

Analisando em função das atividades químicas:

$$a_{Zn^{+2}} = \gamma^{\pm} \text{ x } [Zn^{+2}] = 0{,}15 \text{ x } 0{,}10 = 0{,}015$$
$$a_{Cu^{+2}} = \gamma^{\pm} \text{ x } [Cu^{+2}] = 0{,}068 \text{ x } 0{,}50 = 0{,}034$$

Cálculo do potencial eletroquímico fora das condições padrões: $E = E^0 - \frac{R \text{ x } T}{n \text{ x } F} \text{ x } \ln\left\{\frac{a_{Cu} \text{ x } a_{Zn^{+2}}}{a_{Zn} \text{ x } a_{Cu^{+2}}}\right\}$

$$E = 1{,}10 - \frac{8{,}314 \text{ x } 298}{2 \text{ x } 96500} \text{ x } \ln\left\{\frac{1 \text{ x } 0{,}015}{1 \text{ x } 0{,}034}\right\}$$

$$E = 1{,}10 - \frac{2477{,}572}{193000} \text{ x } \ln\left\{\frac{0{,}015}{0{,}034}\right\} = +1{,}105 \text{ V}$$

Exemplo Aplicativo XVII

(GRILLO) O fator de Van´t Hoff para uma solução de nitrato de bário com concentração molar igual a 0,256 mol.L^{-1} é igual a 2,44. Calcule o grau de dissociação.

Resolução

Equação de dissociação do nitrato de bário aquoso: $Ba(NO_3)_{2(aquoso)} \rightarrow Ba^{+2}_{(aquoso)} + 2NO_3^-{}_{(aquoso)}$

Cálculo do grau de dissociação (α), a partir da regra de Van't Hoff: $i = 1 + (n - 1) \times \alpha$

$1 + (3 - 1) \times \alpha = 2{,}44$

$\alpha = 0{,}72\ (72\%)$. O grau de dissociação do nitrato de bário é igual a 72%.

Exemplo Aplicativo XVIII

(MESTRE JOÃO ROBERTO DA PACIÊNCIA NABUCO) Calcule o número de partículas dispersas em 200 cm³ de solução 0,60 N de fosfato de potássio 80% dissociado.

Resolução: Equação química de dissociação do fosfato de potássio: $K_3PO_{4(aquoso)} \rightarrow 3K^+_{(aquoso)} + PO^{-3}_{4(aquoso)}$

Cálculo do fator de Van't Hoff: $i = 1 + (n - 1) \times \alpha$

$i = 1 + (4 - 1) \times 0{,}80 = 3{,}40$

Cálculo da concentração da quantidade de matéria e do número de mol de fosfato de potássio: $N = [K_3PO_{4(aquoso)}] . x$

$$[K_3PO_{4(aquoso)}] = \frac{N}{x} = \frac{0{,}60}{3} = 0{,}20\frac{mol}{L}$$

$$[K_3PO_{4(aquoso)}] = \frac{n}{V_{solução}}$$

$n = 0{,}20 \times 0{,}200 = 0{,}04\ mol$

Cálculo do número de partículas dispersas (X): $3{,}40 \times 6{,}02 \times 10^{23} \frac{1}{\cancel{mol}} \times 0{,}04\ \cancel{mol} = 8{,}16 \times 10^{22}$

Exemplo Aplicativo XIX

(MESTRE JOÃO ROBERTO DA PACIÊNCIA NABUCO) Uma solução de ácido sulfúrico na presença de água à temperatura de 25°C apresenta um percentual em massa de soluto na ordem de 35% com uma densidade de solução igual a 1,20 g x mL⁻¹. A partir das informações apresentadas, determine a concentração da quantidade de matéria.

Resolução:

Dados do problema:

35,0 g de ácido sulfúrico ------- 100 g de solução

1,20 g de solução --------------- 1 mL de solução

Sabendo que a concentração da quantidade de matéria do ácido sulfúrico é dada por: $[H_2SO_{4(aq)}] = \frac{n_{soluto}}{V_{solução}} = \frac{m_{soluto}}{<MM>_{soluto} \times V_{solução}}$

Para o cálculo da concentração da quantidade de matéria será necessário primeiramente calcular o volume da solução:

1,20 g de solução -------------- 1 mL de solução

100 g de solução ---------------- $V_{solução}$

$V_{solução} = 8{,}33 \times 10^{-2}$ litros

Cálculo da concentração da quantidade de matéria: $[H_2SO_{4(aq)}] = \frac{n_{soluto}}{V_{solução}} = \frac{m_{soluto}}{<MM>_{soluto} \times V_{solução}} = \frac{35{,}0}{98 \times 8{,}33 \times 10^{-2}} = 4{,}28\ mol \times L^{-1}$

Há uma segunda forma de resolver o problema, a partir de um cálculo direto e mais rápido. A relação entre a concentração da quantidade de matéria com a concentração mássica, pode ser observado a seguir: $[H_2SO_{4(aq)}] = \frac{n_{soluto}}{V_{solução}} = \frac{C_{mássica}}{<MM>_{soluto}} = \frac{10 \times 1{,}20 \times 35}{98} = 4{,}28 \text{ mol} \times L^{-1}$. Cabe ressaltar que a concentração mássica ou também conhecida como concentração comum está diretamente relacionada à densidade da solução e com o título (%).

Exemplo Aplicativo XX

(MESTRE JOÃO ROBERTO DA PACIÊNCIA NABUCO) Considere outra solução do mesmo soluto (ácido sulfúrico), com uma concentração da quantidade de matéria igual a 0,750 mol x L^{-1} e com uma densidade igual a 1,05 g/mL à 21°C. A partir das informações apresentadas, calcule a concentração mássica, fração molar e a molalidade desta solução.

Resolução:

Dados do problema:
0,750 mol de ácido sulfúrico ------- 1,0 L de solução
1,05 g de solução -------------------- 1,0 mL de solução

Cálculo da massa da solução na presença de 1,0 litro:

10^{-3} L de solução ----------- 1,05 g de solução
1,0 L de solução ------------ Massa da solução
Massa da solução = 1050 g

Cálculo da massa de ácido sulfúrico, a partir do número de mol do próprio soluto: $m_{soluto} = n_{soluto} \times < MM >_{soluto}$
$m_{soluto} = 0{,}750 \times 98 = 73{,}50 \text{ g}$

Cálculo da concentração mássica: $C_{mássica} = \frac{m_{soluto}}{V_{solução}} = \frac{73{,}50 \text{ g}}{1{,}0 \text{ L}} = 73{,}50 \frac{g}{L}$

Observação: cabe ressaltar que não há uma unidade "fixa" para a concentração mássica.

Cálculo do número de mol do solvente (água): $n_{água} = \frac{m_{água}}{<MM>_{água}} = \frac{(1050-73{,}50) \text{ g}}{18} = 54{,}25 \text{ mol}$

Cálculo da fração molar do soluto e do solvente:

$$X_{soluto} = \frac{n_{ácido}}{n_{total}} = \frac{n_{ácido}}{n_{ácido} + n_{água}} = \frac{0{,}750}{0{,}750 + 54{,}25} = 1{,}36 \times 10^{-2}$$

$$X_{solvente} = \frac{n_{água}}{n_{total}} = \frac{n_{água}}{n_{ácido} + n_{água}} = \frac{54{,}25}{0{,}750 + 54{,}25} = 0{,}986$$

Cálculo da concentração molal ou molalidade:

$$\mathfrak{M} = \frac{n_{soluto}}{massa_{solvente}^{(kg)}} = \frac{0{,}750}{0{,}976} = 0{,}768 \text{ mol} \times kg^{-1}$$

Exemplo Aplicativo XXI

(MESTRE JOÃO ROBERTO DA PACIÊNCIA NABUCO) 25,0 mL de 0,200 mol/L de sulfato de sódio e 35,0 mL de fosfato de sódio 0,300 mol/L são adicionados em água suficiente para preparar uma solução com uma concentração final do cátion sódio igual a 0,350 mol/L. A partir das informações apresentadas, calcule o volume final.

Resolução:

Estudando a dissociação do sulfato de sódio: $Na_2SO_{4(aquoso)} \rightarrow 2Na^+_{(aquoso)} + SO^{-2}_{4(aquoso)}$

1 mol de sulfato de sódio ------- 2 mol de cátion ------- 2 mol de sulfato
0,200 mol/L ------------------------ $[Na^+]$
$[Na^+]_1$ = 0,400 mol/L

Estudando a dissociação do fosfato de sódio:

$Na_3PO_{4(aquoso)} \rightarrow 3Na^+_{(aquoso)} + PO^{-3}_{4(aquoso)}$

1 mol de fosfato de sódio ------- 3 mol de cátion ------- 1 mol de fosfato
0,300 mol/L ------------------------ $[Na^+]$
$[Na^+]_2$ = 0,900 mol/L

Cálculo do volume final: $[Na^+]_1 \times V_1 + [Na^+]_2 \times V_2 = [Na^+]_{total} \times V_{total}$

$$V_{total} = \frac{0{,}400 \text{ x } 25{,}0 + 0{,}900 \text{ x } 35{,}0}{0{,}350} = 118{,}57 \text{ mL}$$

Exemplo Aplicativo XXII

(MESTRE JOÃO ROBERTO DA PACIÊNCIA NABUCO) Considere uma solução aquosa de ácido sulfúrico que apresenta título em massa igual a 27% e densidade igual a 1,20 g/cm³. A partir das informações apresentadas, calcule a razão entre a concentração da quantidade de matéria com a sua molalidade.

Resolução: O problema pede a razão entre a concentração da quantidade de matéria com a molalidade $(\frac{[H_2SO_{4(aq)}]}{\mathfrak{M}_{H_2SO_{4(aq)}}})$. Primeiramente será calculada a concentração da quantidade de matéria e posteriormente a concentração molal.

Concentração da quantidade de matéria do ácido sulfúrico é dada por: $[H_2SO_{4(aq)}] = \frac{10 \text{ x } 1{,}20 \text{ x } 27}{98} = 3{,}31 \text{ mol x L}^{-1}$

Concentração molal: $\mathfrak{M}_{H_2SO_{4(aq)}} = \frac{n_{soluto}}{massa^{(kg)}_{solvente}} = \frac{\frac{27}{98}}{(100-27) \text{ x } 10^{-3}} = 3{,}77 \text{ mol x kg}^{-1}$

Cálculo da razão da concentração da quantidade de matéria pela molalidade:

$$\frac{[H_2SO_{4(aq)}]}{\mathfrak{M}_{H_2SO_{4(aq)}}} = \frac{3{,}31}{3{,}77} = 0{,}876 \frac{kg}{L}$$

EXERCÍCIO PROPOSTO

Questão 01

Uma determinada amostra constituída de 204 gramas de cloreto de zinco anidro é dissolvida em 720 gramas de água, formando uma solução com um volume de 750 mL a 20ºC. Para o cloreto de zinco nesta solução, calcular:

a) Concentração da quantidade de matéria
b) Concentração comum
c) Densidade da solução
d) Título em massa/massa
e) Normalidade
f) Molalidade
g) Fração molar

Questão 02

Uma solução 6,50 mol x L^{-1} de etanol em água tem massa específica 0,95 g/cm³. Calcule a molalidade e a fração molar de etanol dessa solução.

Questão 03

Em determinadas condições, uma solução de carbonato de potássio em água é 3,10 mol.kg^{-1} e 2,79 mol.L^{-1}. Determinar a sua massa específica.

Questão 04

Calcule a massa de 1,0 litro de uma solução aquosa de nitrato de zinco cuja concentração é expressa por 0,643 molar e 0,653 molal.

Questão 05

(PROVA DE SELEÇÃO AO MESTRADO E DOUTORADO EM QUÍMICA – PROGRAMA DE PÓS-GRADUAÇÃO – PPGMQMG)
Quando são misturadas soluções de nitrato de bário e de iodato de amônio é formado o iodato de bário, $Ba(IO_3)_2$, que é insolúvel. Responda:

a) Classificação da reação.
b) Equação molecular.
c) Quantos gramas de precipitado são formados quando 50,00 mL de $Ba(NO_3)_2$ 0,100 mol/L e 30,00 mL de NH_4IO_3 0,100 mol/L são misturados.

Questão 06

Compare um gás e um líquido, no que se refere às seguintes propriedades:

a) densidade;
b) compressibilidade;
c) capacidade de se misturar com outras substâncias, na mesma fase, e formar misturas homogêneas.

Questão 07

Normalidade só pode ser definida para ácidos e bases. Certo ou errado?

Questão 08

O ácido clorídrico é altamente corrosivo e quando ingerido corrói as mucosas, esôfago e estômago, causa disfagia, náuseas, falha circulatória e morte. O hidróxido de sódio é cáustico e se ingerido provoca vômito, prostração e colapso. Um condenado a morte foi obrigado a beber soluções concentradas destes dois venenos, mas conseguiu fazê-lo sem sofrer qualquer problema. Como?

Questão 09

(GRILLO) Considere a reação química entre o ouro na presença de dois ácidos fortes, conforme apresentado na equação química na balanceada a seguir: $Au_{(sólido)} + HCl_{(aquoso)} + HNO_{3(aquoso)} \rightarrow HAuCl_{4(aquoso)} + NO_{2(gás)} + H_2O_{(líquido)}$. Foram misturados 250 g de na forma de lascas de ouro, 200 mL de ácido clorídrico (0,250 mol x L^{-1}) e 250 mL de ácido nítrico (0,100 mol x L^{-1}). A partir das informações apresentadas, calcule o volume de dióxido de nitrogênio produzido nas condições de temperatura e pressão (CNTP) e a massa de água.

Questão 10

(CONCURSO PÚBLICO FEDERAL PARA DOCENTE – INSTITUTO FEDERAL DO PIAUÍ) No nosso cotidiano, muitos dos produtos comercializados em supermercados e farmácias são soluções. Por exemplo, o vinagre é um condimento que proporciona aroma e gosto aos alimentos; o soro fisiológico é utilizado para limpeza dos olhos, lavagem de queimaduras ou feridas. Em laboratório, as soluções utilizadas rotineiramente podem ser adquiridas comercialmente ou preparadas a partir de uma solução concentrada ou de um reagente com grau de pureza elevada (líquido ou sólido). Durante uma aula experimental de Química, o professor solicitou que um dos estudantes preparasse 500,0 mL de uma solução aquosa de ácido iodídrico de concentração igual a 1,5 mol/L a partir de uma solução estoque. No rótulo do ácido iodídrico, encontravam-se as informações: d = 1,70 g/cm³; porcentagem do ácido = 58%. O volume aproximado de solução estoque necessário para preparar a solução, expresso em mL, é:

a) 0,097
b) 48,5

c) 11,9
d) 97,0
e) 75,0

Questão 11

O ácido nítrico concentrado encontrado no comércio tem 67% em massa de HNO_3. Que massa dessa solução deve ser usada para preparar 1 litro de uma solução 1,0 mol.L^{-1} de ácido nítrico?

Questão 12

(CONCURSO PÚBLICO FEDERAL PARA DOCENTE – UNIVERSIDADE FEDERAL DE PERNAMBUCO) Para determinar a pureza de uma amostra de 500,0 mg de $Na_2B_4O_{7(s)}$, um técnico realizou uma titulação com solução de HCl 0,020 M. A reação é: $B_4O^{-2}_{7(aq)} + 2H_3O^{+}_{(aq)} + 3H_2O_{(l)} \rightarrow 4H_3BO_{3(aq)}$. Sabendo que o volume utilizado da solução ácida foi 200,0 mL, é correto afirmar que a pureza da amostra em termos percentuais é:
a) 40,4%
b) 60,6%
c) 70,7%
d) 80,8%
e) 90,9%

Questão 13

Determine a massa de hidróxido de potássio que deve ser dissolvida em 0,500 mL de água pura para que a solução resultante tenha um pH igual a 13 a 25°C.

Questão 14

A 45°C, a densidade da água pura é 0,99 g.cm^{-3}. Partindo desta informação, calcule [H_2O], isto é, o número de mol de água por litro de água pura nesta temperatura. Deixe bem claro o raciocínio utilizado nos cálculos.

Questão 15

Deseja-se preparar 57 gramas de sulfato de alumínio [$Al_2(SO_4)_3$] a partir de alumínio sólido (Al), praticamente puro, e ácido sulfúrico (H_2SO_4). O ácido sulfúrico disponível é uma solução aquosa 96% (m\m), com massa específica de 1,84 g.cm^{-3}.
a) Qual a massa, em gramas, de alumínio necessária para preparar a quantidade de $Al_2(SO_4)_3$ especificada? Mostre os cálculos realizados.
b) Qual a massa, em gramas, de ácido sulfúrico necessária para preparar a quantidade de $Al_2(SO_4)_3$ especificada? Mostre os cálculos realizados.
c) Nas condições normais de temperatura e pressão (CNTP), qual é o volume, em litros, de gás formado durante a preparação da quantidade de $Al_2(SO_4)_3$ especificada? Mostre os cálculos realizados.
d) Caso a quantidade especificada de $Al_2(SO_4)_3$ seja dissolvida em água acidulada, formando 1 litro de solução, qual a concentração de íons Al^{+3} e de íons SO_4^{2-} existentes nesta solução?

Questão 16

Determine a concentração molar (mol.L^{-1}) de uma solução de um ácido hipotético do tipo diácido, H_2X (massa molar = 160 g.mol^{-1}), para o qual se sabe: d = 1,40 kg.L^{-1}; % (m/m) H_2X = 60%.

Questão 17

(GRILLO) Uma solução de ácido sulfúrico tem densidade de 1,60 g/cm^3 e 88% em massa de H_2SO_4. A partir destes dados, determine:
a) Concentração em quantidade de matéria
b) Concentração comum
c) Molalidade

Questão 18

(CONCURSO PÚBLICO FEDERAL PARA DOCENTE – UNIVERSIDADE FEDERAL RURAL DE PERNAMBUCO) Na Química Analítica, um dos processos mais utilizados é o da TITULAÇÃO. Esta técnica é bastante adequada para a determinação da concentração de uma solução a partir de outra solução cuja concentração é conhecida (solução padrão). Em um laboratório, foi realizada uma titulação ácido-base, na qual certo volume de NaOH 0,35M foi neutralizado com a utilização de 87,5mL de HCl 0,1 M. Neste sentido, determine o volume de NaOH envolvido nesta neutralização.

a) 10,0mL
b) 15,0mL
c) 20,0mL
d) 25,0mL
e) 30,0mL

Questão 19

Em um laboratório se preparam duas soluções, uma de sulfato de sódio e outra de nitrato de sódio, dissolvendo-se 9,00 gramas de soluto para obter 100 cm^3 de solução. Uma delas tem concentração igual a 1,059 mol/dm^3. De qual solução se trata?

Questão 20

Para realizar uma experiência são necessários 250 cm^3 de solução aquosa de HCl 2,15 $mol.L^{-1}$ (densidade = 1,02 $g.cm^{-3}$).

a) Quais são as massas de soluto e solvente necessárias?
b) Qual será a molalidade da solução?

Questão 21

Conhecer soluções e suas concentrações é uma ferramenta importante para o químico. Sobre elas, responda:

a) O bicarbonato de sódio é usado em ferramentas, extintores de incêndio, na manufatura de plásticos e cerâmicos, como antiácido, entre outras coisas. Quando 16,8 gramas do composto foram dissolvidos em água suficiente para preparar 200 mL de solução, qual será a concentração em quantidade de matéria desta solução?

b) Qual o volume de ácido clorídrico concentrado é necessário para se preparar 500 mL de solução de ácido clorídrico a 0,10 $mol.L^{-1}$? Dado: HCl (d = 1,18 $g.mL^{-1}$; 36% em massa).

Questão 22

Uma pessoa mediu 2,0 mol de glicose ($C_6H_{12}O_6$) e a seguir adicionou água suficiente para preparar 500 mL de solução. Descreva quantos gramas de glicose ele pesou.

Questão 23

Qual é a concentração de íons cloro quando se mistura 25,0 mL de HCl 0,100 M e 15,0 mL de HCl 0,500 M?

a) 0,35 M
b) 0,05 M
c) 0,15 M
d) 0,25 M

Questão 24

(GRILLO) O ácido sulfúrico concentrado apresenta 96,0% em massa de H_2SO_4. Determine as frações molares do ácido e da água.

Questão 25

(CONCURSO PÚBLICO FEDERAL PARA DOCENTE – UNIVERSIDADE FEDERAL RURAL DE PERNAMBUCO) Para fins de uma análise em um laboratório, foi solicitado, ao respectivo técnico, que preparasse 300mL de uma solução aquosa de ácido clorídrico (HCl) 0,5 M. Neste sentido, qual será a quantidade em gramas de HCl necessária?

a) 5,475 g
b) 7,315 g
c) 12,672 g
d) 18,250 g
e) 36,500 g

Questão 26

(PROGRAMA DE PÓS-GRADUAÇÃO PARA MESTRADO & DOUTORADO / UNIVERSIDADE FEDERAL DE PELOTAS) Uma solução contendo 98,0% (m/m) de ácido sulfúrico (H_2SO_4) tem densidade de 1,841 g/mL.

a) Calcule a concentração em mol/L de H_2SO_4 nesta solução.

b) Qual o volume desta solução que deve ser usado para preparar 250 mL de uma solução de H_2SO_4 2,0 mol/L?

Questão 27

(PROGRAMA DE PÓS-GRADUAÇÃO PARA MESTRADO & DOUTORADO / UNIVERSIDADE FEDERAL DE PELOTAS) Um laboratorista necessita preparar uma solução 0,0160 mol x L^{-1} de HBr a partir do reagente comercial (HBr, 48,00 % (m/m), densidade de 1,50 g/mL). Que volume desse reagente (em mL) será necessário para preparar 250 mL de tal solução?

Questão 28

Em um litro de ácido nítrico HNO_3 com 65% em massa e densidade igual a 1,4 g/mL, assinale a alternativa que apresenta de maneira correta o número de mol do referido ácido.

a) 14,44
b) 12,12
c) 63,00
d) 72,16
e) 105,20

Questão 29

What is the pH of a solution formed by mixing 45,0 mL of 0.10 M HNO_3, 50,0 mL of 0,20 M HCl, and 55,0 mL of 0,10 M CH_3COOH?

a) 0,40
b) 0,88
c) 1,01
d) 1,52

Questão 30

(GRILLO) Uma solução aquosa realizada em um dos laboratórios do Instituto Federal do Rio de Janeiro – campus Nilópolis, os íons presentes e suas concentrações mássicas estão apresentados na tabela abaixo:

Íons presentes na solução	Concentração mássica ($g.L^{-1}$)
Li^+	14
Mg^{+2}	22
Tl^{+3}	55
SO_4^{-2}	70
I^-	X

A partir da tabela apresentada, determine o valor de X.

Questão 31

(GRILLO) Qual é a concentração da quantidade de matéria de ácido sulfúrico a 90% em massa cuja densidade é de 1,81 g x mL^{-1}?

Questão 32

Se tiene cierta sal sólida de masa molar 249,5 g/mol. Al disolverla en agua a 20°C, se forma una solución en la cual el 15% de su peso corresponde a esta sal. La densidad de la solución resultante es 1,08 g/mL. La concentración molar de esta solución es:

a) 6,5 x 10^{-4} mol/L
b) 37,4 mol/L
c) 0,65 mol/L
d) 0,212 mol/L

Questão 33

No laboratório há uma garrafa de 1 litro de ácido nítrico que está rotulada da seguinte maneira: 15,5 mol x L^{-1} e 1,41 g/cm^3. Assinale a alternativa que apresenta a concentração expressa em percentual em massa.

a) 53,36
b) 69,25
c) 0,978
d) 14,10

Questão 34

Calcule o número de mol de HCl que estão presentes em 150 mL de uma solução cuja concentração é 30% em massa e densidade sendo igual a 1,15 g/mL?
a) 4,73 mol
b) 3,45 mol
c) 2,12 mol
d) 1,42 mol
e) 1,12 mol

Questão 35

Calcule a massa de sulfato de zinco obtido a partir de uma reação de 10,0 gramas de zinco metálico puro com uma solução aquosa de 100 mL de ácido sulfúrico (2,0 mol x L^{-1}).
a) 12,34 g
b) 24,68 g
c) 37,02 g
d) 49,36 g
e) 55,59 g

Questão 36

Em um pocesso químico bem conhecido, há a necessidade de utilizar 14,62 mL de hidróxido de sódio 0,105 mol/L na necessitade de neutralizar 50,0 mL de ácido clorídrico. A partir das informações apresentadas, assinale a alternativa que apresenta a concentração original do ácido.
a) 0,0307 mol/L
b) 0,0292 mol/L
c) 0,0342 mol/L
d) 0,0171 mol/L
e) 0,0158 mol/L

Questão 37

Qual a concentração de íons cálcio em 350 mL de uma solução contendo 7,50 g de $CaCl_2$?
a) 0,0676 mol/L
b) 0,193 mol/L
c) 0,284 mol/L
d) 0,535 mol/L
e) 0,235 mol/L

Questão 38

Permanganate ion oxidizes hydrogen peroxide in acidic solution according to the following equation: $2MnO^-_{4(aq)} + 5H_2O_{2(l)} + 6H^+_{(aq)} \rightarrow 2Mn^{+2}_{(aq)} + 5O_{2(l)} + 8H_2O_{(l)}$. If 35,0 mL of an acidic 0,150 M $KMnO_4$ solution is required to consume all the H_2O_2 in 50,0 mL of a disinfectant solution, what is the concentration of H_2O_2 in the disinfectant?
a) 0,0420 M
b) 0,105 M
c) 0,263 M
d) 0,368 M

Questão 39

O reagente ácido nítrico denominado como concentrado pode ser adquirido como uma solução aquosa com fração mássica percentual igual a 65,0% e densidade de 1,39 g.mL^{-1}. Considerando essas informações, indique o volume (em mililitros) desse reagente necessário para o preparo de 1,00 L de uma solução aquosa 0,500 mol.L^{-1}.

a) 34,9
b) 55,7
c) 3,52
d) 0,544
e) 20,4

Questão 40

(SOLUÇÕES ELETROLÍTICAS) Compare a força iônica de uma solução aquosa 0,10 mol.L^{-1} em cloreto de sódio com a de uma solução 0,10 mol x L^{-1} de cloreto de gálio III.

Questão 41

(SOLUÇÕES ELETROLÍTICAS) Uma solução é 0,50 mol x L^{-1} em cloreto de potássio, 0,10 mol x L^{-1} de nitrato de gálio III e 0,10 mol x L^{-1} de sulfato de amônio. Calcule a força iônica total.

Questão 42

O ácido clorídrico puro, no estado líquido, pode ser eletrolizado? Por quê?

Questão 43

Se temos duas soluções de acetato de sódio, sendo uma a 20ºC e outra a 50ºC, ambas com 30 g/L, suas molaridades são iguais? Por quê?

Questão 44

(SOLUÇÕES ELETROLÍTICAS & PRODUTO DE SOLUBILIDADE) Calcule as atividades dos cátions e dos ânions do cloreto de cálcio que apresenta molalidade igual a 3,0 x 10^{-4} mol x kg^{-1}, obedecendo à lei de Debye Huckel. Calcule a constante do produto de solubilidade.

Questão 45

(SOLUÇÕES ELETROLÍTICAS & PRODUTO DE SOLUBILIDADE) Sabendo que a solubilidade do cloreto de cobre II é igual a 10^{-4} mol x kg^{-1}, obedecendo à lei de Debye Huckel. Calcule as atividades dos cátions e dos ânions e a constante do produto de solubilidade.

Questão 46

(SOLUÇÕES ELETROLÍTICAS & PRODUTO DE SOLUBILIDADE) O produto de solubilidade do cloreto de prata é igual a 1,71 x 10^{-10} à 298 K na presença de água. A partir do enunciado apresentado, calcule os seguintes itens apresentados a seguir.
a) Qual é a atividade do cloreto de prata ($a_{\pm}$) em uma solução aquosa saturada.
b) Admitindo que, por aproximação, a molalidade do AgCl numa solução saturada possa ser confundida com a atividade iônica média, calcule a força iônica daquela solução.
c) Empregando o resultado do item anterior, calcule o valor aproximado do coeficiente de atividade da prata ($\gamma_{\pm}$) na solução saturada a 298 K, empregando a lei de Debye Huckel.

Questão 47

(SOLUÇÕES ELETROLÍTICAS & PRODUTO DE SOLUBILIDADE) Calcule a força iônica de uma solução de cloreto de chumbo II a 298 K. Para este sal, o valor do produto de solubilidade nesta mesma temperatura é igual a 1,80 x 10^{-4}. Admita, por aproximação, que as atividades podem ser confundidas com as molalidades na equação que define a constante do produto de solubilidade. A seguir, usando a lei limite, calcule o coeficiente médio de atividade dos íons Pb^{+2} e Cl^{-}, na referida solução saturada a 298 K.

Questão 48

(SOLUÇÕES ELETROLÍTICAS & PRODUTO DE SOLUBILIDADE) A solubilidade do hidróxido de cálcio a 298 K é de aproximadamente igual a 0,155 g / 100 g de $H_2O_{(l)}$. A partir das informações apresentadas, calcule:
a) A molalidade da solução saturada desta base;
b) A força iônica da solução citada no item anterior, usando a molalidade como termo da concentração;
c) O coeficiente médio de atividade dos íons nesta mesma temperatura;
d) A constante termodinâmica do produto de solubilidade do hidróxido de cálcio.

Questão 49

(SOLUÇÕES ELETROLÍTICAS & PRODUTO DE SOLUBILIDADE) Uma solução de fluoreto de potássio apresenta coeficiente de atividade médio calculado pela lei de Debye-Huckel é igual a aproximadamente de 0,88. A partir das informações apresentadas, calcule a massa deste sal em 900 g de água para a formação desta solução. Calcule as atividades dos íons e seu produto de solubilidade.

Questão 50

(SOLUÇÕES ELETROLÍTICAS & CONSTANTE DOS ÁCIDOS) Calcule a força iônica de uma solução 0,10 mol x L^{-1} de ácido acético a 298 K. Para esta mesma temperatura, considere que a constante do referido ácido seja igual a 1,80 x 10^{-5}.

Questão 51

(SOLUÇÕES ELETROLÍTICAS & VARIAÇÃO DA ENERGIA LIVRE DE GIBBS PADRÃO) A solubilidade do cloreto de prata na presença de água a 298 K é igual a 1,274 x 10^{-5} mol x dm^{-3}. Levando em consideração a lei limite de Debye-Hückel seja aplicada para este processo, calcule a variação da energia livre de Gibbs padrão para a mesma temperatura.

Questão 52

(SOLUÇÕES ELETROLÍTICAS) Calcule as atividades dos íons de uma solução de sulfato de magnésio que apresenta uma concentração igual a 1,50 x 10^{-4} mol x kg^{-1}, obedecendo à lei de Debye-Hückel.

Questão 53

(SOLUÇÕES ELETROLÍTICAS) Uma solução de $AlCl_3$ tem coeficiente de atividade médio calculada pela lei de Debye-Hückel de 0,96.

a) Calcule a massa de $AlCl_3$ em 800 g de água para formar essa solução.

b) Quais as atividades dos íons cloreto e alumínio na solução?

Questão 54

Em determinadas condições uma solução de K_2CO_3 em água é 3,10 molal e 2,79 molar. Determinar a sua massa específica.

Questão 55

(PROGRAMA DE PÓS-GRADUAÇÃO PARA MESTRADO & DOUTORADO / UNIVERSIDADE FEDERAL DE PELOTAS) Um laboratorista necessita preparar uma solução 0,0160 mol x L^{-1} de HBr a partir do reagente comercial (HBr, 48,00(m/m), densidade de 1,50 g/mL). Que volume desse reagente (em mL) será necessário para preparar 250 mL de tal solução?

Questão 56

(PROGRAMA DE PÓS-GRADUAÇÃO PARA MESTRADO & DOUTORADO / INSTITUTO FEDERAL DO MARANHÃO) Qual o volume de uma solução de HCl [densidade 1,18 kg/L; 37% (m/m)] a ser transferido para um balão volumétrico de 1000 mL para se obter uma concentração final de [HCl] 1 molar?

Questão 57

A concentração da quantidade de matéria e a concentração molal de uma certa solução de ácido acético na presença de água são 2,03 e 2,27, respectivamente. Calcule a densidade da solução.

a) 1,171 g.mL^{-1}

b) 1,017 g.mL^{-1}

c) 1,117 g.mL^{-1}

d) 1,211 g.mL^{-1}

e) 1,0589 g.mL^{-1}

Questão 58

(GRILLO) Calcular o fator de Van't Hoff em uma solução de ácido clorídrico que apresenta 90% de grau de ionização.

Questão 59

Para preparar 80 L de uma solução aquosa 12% (massa/massa) de KOH (massa específica da solução = 1,10 g/cm^3) foram adicionados x litros de uma solução aquosa 44% (massa/massa) de KOH (massa específica da solução = 1,50 g/cm^3) e y litros de água deionizada (massa específica = 1,00 g/cm^3). Os valores de x e de y são respectivamente:

a) 12 L e 68 L
b) 16 L e 64 L
c) 30 L e 50 L
d) 36 L e 44 L
e) 44 L e 36 L

Questão 60

Uma alíquota com volume de 50,0 mL de uma amostra de La^{3+} foi tratada na presença de oxalato de sódio, para a precipitação de oxalato de lantânio III, apresentando massa molecular correspondente a 541,82. A partir deste processo, foi obtido 0,813 g do sólido. A partir das informações apresentadas, assinale a concentração da quantidade de matéria do cátion La^{3+} na amostra?
a) 0,06
b) 0,08
c) 0,15
d) 0,30
e) 0,45

Questão 61

Calcule a fração molar de uma solução composta por tetracloreto de carbono, com massa igual a 32 g, sendo misturada na presença de 75 g de uma solução molecular orgânica de benzeno.
a) 0,18
b) 0,22
c) 0,30
d) 0,82
e) 1,32

Questão 62

A tabela abaixo traz o coeficiente de solubilidade do sulfato de potássio (K_2SO_4) em gramas a cada 100 gramas de água:

T(°C)	0	10	20	30	40	50	60	70	80	90
Solubilidade	7,35	9,22	11,11	12,97	14,76	16,5	18,17	19,75	21,4	22,8

A quantidade mínima de água, a 50°C, necessária para dissolver totalmente 66 gramas de K_2SO_4, é:
a) 300 mL
b) 165 g
c) 400 mL
d) 825 g

Questão 63

(GRILLO) Calcule a concentração da quantidade de matéria de peróxido de hidrogênio a 10 volumes.

Questão 64

(GRILLO) Sabendo que o coeficiente de solubilidade do cloreto de sódio é igual a 37,3 g de NaCl por 100 g de água a 60°C, determine a massa que este sal satura a mesma temperatura com um volume de meio litro de água. Para a resolução deste problema, leve em consideração que a densidade da água é igual a 1,0 kg/L.

Questão 65

Assinale a alternativa do composto que não conduz corrente elétrica.
a) $Ca(CH_3COO)_2$
b) $Ba(OH)_2$
c) KOH
d) H_3COH
e) Todos os compostos anteriores irão conduzir corrente elétrica

Questão 66

(GRILLO) Qual das substâncias a seguir não conduz corrente elétrica em solução aquosa?
a) Ácido Brometo de hidrogênio
b) Ácido fórmico

c) Cloreto de potássio
d) Bicarbonato de sódio
e) Propanona

Questão 67

Calculate the vapour pressure of water at 50°C given that its boiling point is 100°C and the latent heat of vaporization of water is 9717 cal mol^{-1}.

Questão 68

Não conduz bem corrente elétrica:
a) $NaCl_{(aquoso)}$
b) $KBr_{(sólido)}$
c) Cu
d) $C_{(grafite)}$
e) Latão

Questão 69

Assinale a alternativa que apresenta a concentração da quantidade de matéria final de $[Na^+]$, a partir da mistura de duas soluções: 70,0 mL de sulfato de sódio [3,00 mol x L^{-1}] com 30,0 mL de cloreto de sódio [1,00 mol x L^{-1}]?
a) 2,00 mol x L^{-1}
b) 2,40 mol x L^{-1}
c) 4,00 mol x L^{-1}
d) 4,50 mol x L^{-1}
d) 5,50 mol x L^{-1}

Questão 70

Qual é a concentração da quantidade de matéria de uma solução de iodeto de potássio com 5,00% KI em massa e densidade 1,038 $g.cm^{-3}$?
a) 0,0301 $mol.L^{-1}$
b) 0,313 $mol.L^{-1}$
c) 0,500 $mol.L^{-1}$
d) 0,625 $mol.L^{-1}$
e) 0,735 $mol.L^{-1}$

Questão 71

(GRILLO) Calcule a concentração da quantidade de matéria e a concentração mássica de um ácido hipotético H_3A com massa molecular igual a 150 $g.mol^{-1}$ sabendo que a densidade é igual a 1,56 $kg.L^{-1}$ e o seu título em massa igual a 45%.

Questão 72

(GRILLO) Em 150 mL de leite há aproximadamente 170 miligramas de cálcio, que apresenta massa atômica igual a 40 g x mol^{-1}. Calcule a concentração da quantidade de matéria de cálcio no leite em mol/L.

Questão 73

(GRILLO) O conteúdo de ácido acético no vinagre é de 3% em massa. Sabendo que a densidade do vinagre é cerca de 1,0 mg/L, calcule a concentração comum e a concentração da quantidade de matéria da solução de ácido acético no vinagre.

Questão 74

(GRILLO) Uma solução contém 18,0 g de glicose ($C_6H_{12}O_6$), 24,0 g de ácido acético ($C_2H_4O_2$) e 81,0 g de água (H_2O). A partir da informação apresentada, calcule a fração do ácido orgânico mencionado.

Questão 75

(GRILLO) Calcule o volume de uma solução de ácido clorídrico 0,25 mol x L^{-1}, que será necessário obter a partir da diluição de 50 mL de HCl com densidade 1,185 g/mL e percentual em massa 36,5% de HCl.

Questão 76

(GRILLO) Assinale a alternativa da massa de hidróxido de sódio necessária para neutralizar totalmente 200 mL de uma solução 0,03 mol x L^{-1} de H_2SO_4?

a) 4,00 g
b) 2,00 g
c) 1,60 g
d) 0,16 g
e) 0,48 g

Questão 77

(GRILLO) Determine o volume de uma solução de soda cáustica que apresenta uma concentração igual a 1,50 mol x L^{-1} que deve ser previamente misturada a 300 mL de uma solução 2,0 mol x L^{-1} da mesma base, para que se torne uma solução resultante igual a 1,80 mol x L^{-1}.

Questão 78

(GRILLO) 250 mililitros de solução 1,50 mol x L^{-1} de glicose são misturados a 650 mL de solução 2/3 mol x L^{-1} de glicose. A partir desta informação, determine a concentração de matéria da quantidade final da mistura.

Questão 79

(GRILLO) Determine os valores dos volumes das soluções de hidróxido de cálcio 1 mol/L e 3,0 mol/L que devem ser misturados para que o volume final seja igual a 1200 mL com uma concentração da quantidade de matéria igual a 2,50 mol x L^{-1}.

Questão 80

(GRILLO) Determine o valor do volume de hidróxido de um metal bivalente que apresenta concentração da quantidade de matéria igual a 0,020 mol/L que realiza um processo de neutralização com ácido clorídrico com volume igual a 100 mL e concentração igual a 0,010 mol/L.

Questão 81

(CONCURSO PÚBLICO FEDERAL – PERITO CRIMINAL) Carbonato de sódio é um padrão primário que reage com ácido clorídrico, como segue: $Na_2CO_{3(aq)} + 2HCl_{(aq)} \longrightarrow 2NaCl_{(aq)} + H_2O_{(l)} + CO_{2(g)}$. Se 40,37 mL de uma solução HCl foi necessária para titular a solução contendo 221,4 mg de padrão primário Na_2CO_3, calcule a concentração molar da solução de HCl em mol.L^{-1}.

a) 0,051
b) 0,287
c) 0,324
d) 0,511
e) 0,103

Questão 82

Uma pessoa mediu 2,0 mol de glicose ($C_6H_{12}O_6$) e a seguir adicionou água suficiente para preparar 500 mL de solução.

a) Descreva quantos gramas de glicose ela pesou.
b) Ela preparou uma solução 2,0 mol/L?

Questão 83

Uma solução aquosa a 10% de cloreto de sódio, NaCℓ, significa que nela existem:

a) 5,85 g de NaCl em 100 g de solução
b) 10 g de NaCl em 100 g de solução
c) 10 g de NaCl em 100 g de água
d) 58,5 g de NaCl em 100 g de solução
e) 5,85 g de NaCl em 94,15 g de água

Questão 84

Um estudante, a pedido de seu professor, precisa preparar 400 mL de uma solução de amônia 5 mol/L. Ao olhar o frasco lacrado de amônia que utilizará para produzir sua solução, o estudante observou as seguintes informações: concentração (m/m): 29,0%;

densidade: 0,9 g.cm^{-3}; massa molar: 17,02 g.mol^{-1}. A partir das informações, o volume de solução concentrada medida pelo estudante para preparar a solução solicitada pelo professor foi de:

a) 86,00 mL
b) 94,15 mL
c) 112,03 mL
d) 130,46 mL
e) 145,31 mL

Questão 85

(GRILLO) Uma das reações que representa o fenômeno da chuva ácida corresponde a seguinte equação química: $CaCO_{3(sólido)}$ + $H_2SO_{4(aquoso)} \rightarrow CaSO_{4(aquoso)} + H_2O_{(líquido)} + CO_{2(gás)}$. Calcule o volume de ácido sulfúrico que apresenta uma concentração da quantidade de matéria igual a 0,50 mol x L^{-1} que reage com 25,0 g de carbonato de cálcio.

Questão 86

(GRILLO) Sabe-se que o coeficiente de solubilidade (C.S.) do nitrato de potássio a 10ºC é igual a 22 g deste mesmo sal por 100 g de água. Assinale a alternativa que apresenta a massa de nitrato de potássio em 500 g de solução saturada.

a) 120,5 g
b) 90,2 g
c) 60,3 g
d) 50,5 g
e) 81,5 g

Questão 87

(GRILLO) Essas questões referem-se ao gráfico abaixo, que fornece a solubilidade de cinco sais (gramas do sal/100 g de água) em diferentes temperaturas.

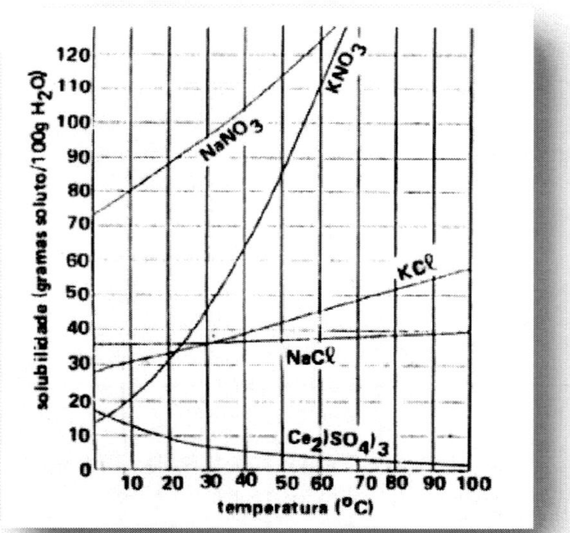

Item a) A partir do gráfico apresentado acima, indique qual sal apresenta solubilidade na água que apresenta uma diminuição com o aumento da temperatura.

Item b) Calcule a massa em gramas de nitrato de sódio que pode ser dissolvida em 50 g de água, a 10ºC?

Questão 88

(GRILLO) Um frasco está assim rotulado em um laboratório de analítica: ácido clorídrico de ebulição constante, 20,2% em massa de HCl e densidade 1,096 g/mL. Determine a quantidade de matéria do ácido clorídrico para os dados apresentados.

Questão 89

(GRILLO) Considere uma mistura que apresenta cloreto de sódio 2,0 mol x L^{-1} com volume de 200 mL e sulfato de sódio 2,0 mol x L^{-1} com volume igual a 300 mL. A partir da informação apresentada, calcule as concentrações dos seguintes íons: Na^{+}; Cl^{-} e SO_4^{-2}.

Questão 90

Num balão volumétrico são colocados 200mL de ácido sulfúrico 0,50 mol x L^{-1} e 400mL de hidróxido de sódio 1,00 mol x L^{-1}. O volume é completado para 1,00 L com água destilada. Após homogeneização, a solução resultante é:
a) 0,10 mol x L^{-1} em ácido sulfúrico e 0,20 mol x L^{-1} em sulfato de sódio
b) 0,17 mol x L^{-1} em ácido sulfúrico e 0,67 mol x L^{-1} em hidróxido de sódio
c) 0,20 mol x L^{-1} em bissulfato de sódio
d) 0,10 mol x L^{-1} em sulfato de sódio e 0,30 mol x L^{-1} em hidróxido de sódio
e) 0,10 mol x L^{-1} de sulfato de sódio e 0,20 mol x L^{-1} em hidróxido de sódio

Questão 91

(GRILLO) Calcule o volume necessário de uma solução de ácido sulfúrico que apresenta percentual em massa igual a 20% e densidade relativa igual a 1,14 g/cm^3 para preparar 200 mililitros de solução com concentração igual a 0,2 mol/L.

Questão 92

O rótulo de um frasco diz que contém solução 1,50 molal de $LiNO_3$ em etanol. Isto quer dizer que a solução contém:
a) 1,50 mol de $LiNO_3$ /quilograma de solução
b) 1,50 mol de $LiNO_3$ /litro de solução
c) 1,50 mol de $LiNO_3$ /quilograma de etanol
d) 1,50 mol de $LiNO_3$ /litro de etanol
e) 1,50 mol de $LiNO_3$ /mol de etanol

Questão 93

(EXAME NACIONAL DOS ESTUDANTES - ENADE) Segundo um estudo norte-americano publicado na revista Proceedings of the National Academy of Sciences, as temperaturas na superfície da Terra não subiram tanto entre 1998 e 2009, graças ao efeito resfriador dos gases contendo enxofre, emitidos pelas termelétricas a carvão (as partículas de enxofre refletem a luz e o calor do Sol). O enxofre é um dos componentes do ácido sulfúrico (H_2SO_4), cujo uso é comum em indústrias na fabricação de fertilizantes, tintas e detergentes. Sabendo-se que o ácido sulfúrico concentrado é 98,0% em massa de H_2SO_4 e densidade 1,84 g.mL^{-1}, conclui-se que a sua concentração, em mol.L^{-1}, é igual a:
a) 18,0
b) 18,2
c) 18,4
d) 18,6
e) 18,8

Questão 94

Qual é a concentração da quantidade de matéria de cloreto de cálcio anidro, em uma solução obtida pela dissolução de 11,1 g na presença de água, necessária para que o volume da solução seja de 500 mL?
a) 0,100 mol.L^{-1}
b) 11,1 mol.L^{-1}
c) 0,400 mol.L^{-1}
d) 0,00200 mol.L^{-1}
e) 0,200 mol.L^{-1}

Questão 95

As baterias novas possuem soluções aquosas de ácido sulfúrico a 38% em massa e densidade de 1,30 g.mL^{-1}. A concentração da quantidade de matéria desta solução será:
a) 0,05 mol.L^{-1}
b) 1,50 mol.L^{-1}
c) 2,50 mol.L^{-1}
d) 5,00 mol.L^{-1}
e) 7,00 mol.L^{-1}

Questão 96

11,9 gramas de brometo de potássio foram dissolvidas em água suficiente para formar 0,500 litros de solução. A concentração da quantidade de matéria desta solução é:

a) $5,00 \times 10^{-2}$ mol.L^{-1}
b) $2,00 \times 10^{-2}$ mol.L^{-1}
c) $1,00 \times 10^{-1}$ mol.L^{-1}
d) $2,00 \times 10^{-1}$ mol.L^{-1}
e) $5,00 \times 10^{-1}$ mol.L^{-1}

Questão 97

Potassium hydrogen phthalate (KHP, M = 204) is a monoprotic acid used as a primary standard in acid-base titrations. It takes 28,15 mL of a solution of $Sr(OH)_2$ to neutralize 0,402 g KHP. What is the concentration of the $Sr(OH)_2$ solution?

a) 0,00197 M
b) 0,0350 M
c) 0,0700 M
d) 0,100 M

Questão 98

(GRILLO) Determinar as frações molares de uma solução 10% em massa de naftaleno e benzeno.

Questão 99

(GRILLO) Uma solução de ácido sulfúrico apresenta 98 g de ácido em 100 g de solução cuja massa específica é 1,84 g/cm³. A partir das informações apresentadas, calcule tanto a concentração comum como a concentração da quantidade de matéria do referido ácido.

Questão 100

(GRILLO) Qual o título em gramas por litro, concentração da quantidade de matéria e normalidade de uma solução de cloreto de sódio a 24% em massa, apresentando massa específica igual a 1,18 g/cm³.

Questão 101

(GRILLO) Uma solução de ácido sulfúrico, contendo 88% em massa de ácido, apresenta massa específica igual a 1,802 g/mL. Calcular a massa de ácido sulfúrico em 500 mL desta solução.

Questão 102

Deseja-se preparar 500 mL de uma solução de ácido nítrico, com concentração mássica igual a 100 g/L, a partir de uma solução do mesmo ácido com concentração da quantidade de matéria igual a 6,0 mol x L^{-1}. Qual o volume necessário em mililitros de ácido nítrico com concentração da quantidade de matéria igual a 6,0 mol x L^{-1}?

Questão 103

Uma determinada amostra constituída de 250 g de cloreto de cálcio é dissolvida na presença de 880 g de água, formando uma solução com um volume de 550 mL a 27ºC. Para o cloreto de cálcio nesta solução, calcule:

a) A concentração mássica em g.L^{-1}.
b) A concentração da quantidade de matériam em mol x L^{-1}.
c) A concentração molal ou molalidade, fração molar do soluto e densidade da solução.

Questão 104

Assinale a alternativa correta que apresenta o número de partículas dispersas em uma solução composta de um litro de solução apresentando uma concentração da quantidade de matéria igual a 0,10 mol/L de sulfato de cobre II, sabendo que o grau de dissociação corresponde a 69%.

a) $6,02 \times 10^{22}$
b) $1,20 \times 10^{22}$
c) $1,20 \times 10^{23}$
d) $1,85 \times 10^{23}$
e) $1,98 \times 10^{23}$

Questão 105

Foram misturados 250 g de bromo na presença de uma solução de hidróxido de sódio (0,10 mol x L^{-1}; 250 mL), havendo diante desta mistura a formação de brometo de sódio, bromato de sódio e água, com rendimento de 72%. A partir das informações apresentadas, assinale a massa de brometo de sódio formado.

a) 0,1545 g
b) 1,545 g
c) 15,45 g
d) 154,5 g
e) 1545 g

Questão 106

(MESTRE LICÍNIO RIBEIRO VIANA) Um excesso de solução de $BaCl_2$ foi adicionado a 25 mL de outra solução de Na_2SO_4 de concentração desconhecida. O precipitado obtido tem massa de 0,732 g. Qual é a molaridade da solução de Na_2SO_4?

Questão 107

(MESTRE LICÍNIO RIBEIRO VIANA) Numa dosagem usou-se 9,7 mL de uma solução de H_2SO_4 cujo título é 2,45 g/100 mL, para neutralizar completamente 12,1 mL de uma solução de NaOH. Pede-se:

a) a molaridade da solução de NaOH;
b) o título da solução alcalina.

Questão 108

(MESTRE LICÍNIO RIBEIRO VIANA) Colocou-se num becker 20 mL de uma solução de HCl juntamente com algumas gotas de solução alcoólica de fenolftaleína. Para dosagem deste ácido usou-se 30 mL de uma solução 0,10 mol x L^{-1} de NaOH para completa neutralização do ácido (leve coloração rosa persistente). Calcular o título da solução do ácido.

Questão 109

(MESTRE LICÍNIO RIBEIRO VIANA) Calcular o valor de i (fator de van´t Hoff – número total de partículas dissociadas) em uma solução aquosa de HCl com 90% de grau de ionização.

Questão 110

(CONCURSO PARA DOCENTE – INSTITUTO FEDERAL DE FARROUPILHA) Qual deve ser o valor da normalidade de uma solução de dicromato de potássio 0,18 molar quando a mesma atua como oxidante.

a) 0,75 normal
b) 1,15 normal
c) 1,63 normal
d) 1,08 normal

Questão 111

Calcule a concentração da quantidade de matéria em mol por litro de uma solução de ácido sulfúrico de concentração igual a 40% em massa e densidade de 1,40 g/mL.

Questão 112

Na titulação volumétrica exige pelo menos:

a) bureta e filtro
b) bureta e erlenmeyer
c) balão volumétrico e pipeta
d) pipeta e erlenmeyer
e) pipeta e copo de béquer

Questão 113

(CONCURSO PÚBLICO PARA INGRESSO NO CORPO DE ENGENHEIROS DA MARINHA - ENGENHARIA QUÍMICA) A reação entre o íon permanganato e o íon cloreto em solução ácida pode ser melhor representada devido a evidências experimentais, pela seguinte equação que não está balanceada: $MnO^{-}_{4(aq)} + H^{+}_{(aq)} + Cl^{-}_{(aq)} \rightarrow Mn^{+2}_{(aq)} + Cl_{2(g)} + H_2O$. Deseja-se tratar 10 litros de uma solução 5 M de íons permanganato, com cloreto. O gás cloro produzido é enviado a um recipiente de 60 litros. Calcule a pressão em atmosferas que será verificada no recipiente se a temperatura de acondicionamento for de 27°C.

Questão 114

(GRILLO) Calcule o fator de van´t Hoff e o número de partículas dissolvidas em uma solução com concentração igual a M (mol x L^{-1}) de fosfato de prata que apresenta grau de dissociação igual a 59%.

Questão 115

2,70 g de alumínio são dissolvidos em 500 mL de uma solução aquosa 1,00 mol.L^{-1} em ácido clorídrico. Todo hidrogênio produzido é recolhido. Após a secagem, o volume de gás hidrogênio a 1 atm e 25°C, é:
a) 1,20 L
b) 1,60 L
c) 2,40 L
d) 3,60 L
e) 12 L

Questão 116

1.000 cm^3 de solução aquosa de HCl 5,0 N devem ser obtidos utilizando-se apenas duas soluções de HCl, respectivamente, 3,0 N e 6,0 N. Admitindo-se que os volumes se somem, devem ser misturados:
a) 444 cm^3 de HCl 3,0 N com 556 cm^3 de HCl 6,0 N
b) 429 cm^3 de HCl 3,0 N com 571 cm^3 de HCl 6,0 N
c) 375 cm^3 de HCl 3,0 N com 625 cm^3 de HCl 6,0 N
d) 333 cm^3 de HCl 3,0 N com 667 cm^3 de HCl 6,0 N
e) 222 cm^3 de HCl 3,0 N com 778 cm^3 de HCl 6,0 N

Questão 117

Um litro de uma solução aquosa contém 0,30 mol de íons Na^+, 0,28 mol de íons Cl^-, 0,10 mol de íons SO_4^{2-} e x mol de íons Fe^{3+}. A concentração de íons Fe^{3+} (em mol.L^{-1}) presentes nesta solução é:
a) 0,03
b) 0,06
c) 0,08
d) 0,18
e) 0,26

Questão 118

A análise quantitativa de certo líquido não aquoso, de dissociação iônica desprezível, revelou conter somente íons Na^+, Mg^{+2}, Cl^- e SO_4^{-2}. Por métodos analíticos quantitativos estabeleceu-se que o líquido contém: 0,170 mol.L^{-1} de Mg^{+2}; 0,120 mol.L^{-1} de SO_4^{2-}; 0,300 mol.L^{-1} de Cl^-. Com estas informações se pode concluir que a concentração de Na^+ na amostra:
a) Deve ser de 0,250 mol.L^{-1}
b) Deve ser de 0,550 mol.L^{-1}
c) Deve ser de 0,200 mol.L^{-1}
d) Tem um valor diferente das três opções acima
e) Pode ter mais de um valor

Questão 119

Sabe-se que uma solução só contém os seguintes íons: 0,10 mol.L^{-1} de K^+; 0,16 mol.L^{-1} de Mg^{+2}; 0,16 mol.L^{-1} de Cl^- e x mol.L^{-1} de SO_4^{2-}. Este x deve ser igual a:
a) 0,10
b) 0,13
c) 0,26
d) 0,42
e) 0,52

Questão 120

Adicionou-se um excesso de solução de sulfato de sódio a 500 mL de uma solução de nitrato de chumbo, tendo se tornado um precipitado de sulfato de chumbo de massa igual a 3,0 g. A concentração da quantidade de matéria inicial do sal de chumbo na solução era:

a) $2{,}0 \times 10^{-3}$ mol.L^{-1}
b) $1{,}0 \times 10^{-2}$ mol.L^{-1}
c) $2{,}0 \times 10^{-2}$ mol.L^{-1}
d) $5{,}0 \times 10^{-2}$ mol.L^{-1}
e) $2{,}0 \times 10^{-1}$ mol.L^{-1}

Questão 121

0,200 mol de hidróxido de cálcio sólido são adicionados a 2,00 litros de uma solução 0,400 mol.L^{-1} de ácido clorídrico. Depois da reação ter sido completada, a concentração da quantidade de matéria de cátions hidrogênio será:

a) 0,050 mol.L^{-1}
b) 0,100 mol.L^{-1}
c) 0,200 mol.L^{-1}
d) 0,300 mol.L^{-1}
e) 0,400 mol.L^{-1}

Questão 122

Mistura-se 20 mL de uma solução 0,50 mol,L^{-1} de NaOH com outra solução de mesmo soluto com 40 mL e 0,30 mol.L^{-1}. Admitindo-se a aditividade de volume, a concentração da solução final, em mol/L, será:

a) (0,50 + 0,30) / (20 + 40)
b) (20 x 0,50 + 40 x 0,30) / (20 + 40)
c) (40 x 0,50 + 20 x 0,30) / (20 + 40)
d) (20 + 0,50) / (40 x 0,30)
e) (11,50 + 0,30) / (40 + 20)

Questão 123

Fazendo-se borbulhar gás cloro através de 1,0 litro de uma solução de hidróxido de sódio, verificou-se ao final do experimento que todo hidróxido de sódio foi consumido, e que na solução resultante foram formados 2,5 mol de cloreto de sódio. Considerando que o volume da solução não foi alterado durante todo o processo, e que na temperatura em questão tenha ocorrido apenas a reação correspondente a seguinte equação química, não balanceada: $OH^-_{(aquoso)} + Cl_{2(gás)} \longrightarrow Cl^-_{(aquoso)} + ClO_3^-{}_{(aquoso)} + H_2O_{(líquido)}$, Qual deve ser a concentração inicial do hidróxido de sódio?

a) 6,0 mol.L^{-1}
b) 5,0 mol.L^{-1}
c) 3,0 mol.L^{-1}
d) 2,5 mol.L^{-1}
e) 2,0 mol.L^{-1}

Questão 124

(GRILLO) Que volume de oxigênio a 25°C e 750 mmHg são necessários para a combustão de 2 L de gás propano, estando a 27°C e pressão igual a 740 mmHg?

Questão 125

(GRILLO) Foram necessários 42,3 mL de uma solução 0,10 mol x L^{-1} de soda cáustica para neutralizar 2,34 g de uma solução de ácido sulfúrico impuro. Determine o cálculo aproximado do grau de pureza do referido ácido.

Questão 126

(GRILLO) 0,564 g de NaOH comercial foram neutralizados por 41,6 mL de H_2SO_4 0,251 N. Calcular a porcentagem de NaOH na soda comercial.

Questão 127

Um recipiente aberto continha inicialmente 1000 mL de uma solução aquosa contendo 31,80 g de carbonato de sódio. Parte da água foi evaporada, obtendo-se um volume final de 800 mL da solução. Pode-se afirmar que, em relação ao carbonato de sódio:

a) A solução inicial era 0,600 $mol.L^{-1}$
b) A solução final é 0,750 normal
c) A solução final é 0,750 $mol.L^{-1}$
d) A solução final é 0,480 normal
e) Nenhuma das afirmações acima

Questão 128

Juntamos 500 mL de solução 0,40 $mol.L^{-1}$ de NaOH. A solução obtida adicionamos água até completar 1,0 litro. Essa solução final terá concentração molar:

a) 0,20 $mol.L^{-1}$
b) 0,50 $mol.L^{-1}$
c) 0,40 $mol.L^{-1}$
d) 1,00 $mol.L^{-1}$
e) 0,30 $mol.L^{-1}$

Questão 129

Num recipiente, mantido a 25°C, misturam-se 50 mL de uma solução 5,0 $milimol.L^{-1}$ de HCl, 50 mL de água destilada e 50 mL de uma solução 5,0 $milimol.L^{-1}$ de NaOH. A concentração de íons H^+, em $mol.L^{-1}$, na solução resultante é:

a) $1,3 \times 10^{-11}$
b) $1,0 \times 10^{-7}$
c) $0,8 \times 10^{-3}$
d) $1,0 \times 10^{-3}$
e) $3,3 \times 10^{-3}$

Questão 130

Um cilindro provido de um pistão contém água até a metade do seu volume. O espaço acima da água é ocupado por ar atmosférico. Para aumentar a quantidade de CO_2 dissolvido na água, alunos propuseram os seguintes procedimentos:

I. Manter a temperatura constante e aumentar a pressão total introduzindo nitrogênio.
II. Manter a temperatura constante e aumentar a pressão introduzindo CO_2.
III. Manter a temperatura e a pressão constantes e substituir parte do ar por CO_2.
IV. Manter a temperatura constante e diminuir a pressão total retirando oxigênio.
V. Aumentar a temperatura e manter a pressão total constante, aumentando o volume do sistema. Quais destes procedimentos servem para atingir o objetivo desejado?

a) Apenas I e II
b) Apenas II e III
c) Apenas I, II e III
d) Apenas I, III e IV
e) Apenas II, IV e V

Questão 131

20 mL de uma solução de 0,100 $mol.L^{-1}$ de nitrato de bário foram misturados com 30 mL de uma solução 0,400 $mol.L^{-1}$ de nitrato de amônio. A concentração da quantidade de matéria de nitrato na solução resultante é:

a) 0,100 $mol.L^{-1}$
b) 0,250 $mol.L^{-1}$
c) 0,280 $mol.L^{-1}$
d) 0,320 $mol.L^{-1}$
e) 0,400 $mol.L^{-1}$

Questão 132

Quando se mistura 200 mL de uma solução a 5,85% (m/v) de cloreto de sódio com 200 mL de uma solução de cloreto de cálcio que contém 22,20 gramas do soluto e adiciona-se 200 ml de água, obtém-se uma nova solução cuja concentração de íons cloreto é de:

a) 0,10 $mol.L^{-1}$

b) 0,20 $mol.L^{-1}$
c) 1,0 $mol.L^{-1}$
d) 2,0 $mol.L^{-1}$
e) 3,0 $mol.L^{-1}$

Questão 133

O volume de ácido nítrico 0,1 $mol.L^{-1}$ necessário para neutralizar uma mistura 0,40 g de hidróxido de sódio e 1,71 g de hidróxido de bário é:
a) 20 mL
b) 30 mL
c) 50 mL
d) 200 mL
e) 300 mL

Questão 134

Uma das formas de monitoramento da água de caldeiras de indústrias, responsável pelo fornecimento de energia, é a medição do teor de íons cloreto. Um método de análise de cloreto trata-se da adição de água de caldeira na solução de nitrato de prata ($AgNO_3$), segundo a seguinte equação iônica apresentada a seguir: $Cl^-_{(aquoso)} + AgNO_{3(aquoso)} \longrightarrow AgCl_{(sólido)} + NO_3^-{}_{(aquoso)}$. A análise de 10,0 mL de água de caldeira, contendo Cl^-, com solução aquosa de nitrato de prata, formou um precipitado de 0,287 g de cloreto de prata. A concentração molar de cloreto presente na amostra de água de caldeira é igual a:
a) 2
b) 0,2
c) 0,02
d) 0,002
e) 0,0002

Questão 135

Uma amostra de um ácido diprótico pesando 12,25 gramas foi dissolvida em água e o volume da solução completado para 500 mL. Se 25,0 mL desta solução são neutralizados com 12,5 mL de uma solução KOH 1,00 $mol.L^{-1}$, a massa molar desse ácido, considerando que os dois prótons foram neutralizados, é igual a:
a) 2,25
b) 24,5
c) 49,0
d) 98,0
e) 122,5

Questão 136

A soma das concentrações dos íons presentes em uma solução preparada a partir da dissolução completa de 1,25 gramas de sulfato cúprico penta-hidratado em volume de água suficiente para completar 500 mL de solução, expressa em $mmol.L^{-1}$, é de aproximadamente:
a) 10
b) 20
c) 30
d) 40
e) 50

Questão 137

Qual é a concentração de íons Na^+ formado por uma mistura de 20 mL de solução de Na_2SO_4 (0,10 $mol.L^{-1}$) com 50 mL de solução 0,30 $mol.L^{-1}$ de Na_3PO_4?
a) 0,15 $mol.L^{-1}$
b) 0,24 $mol.L^{-1}$
c) 0,48 $mol.L^{-1}$
d) 0,70 $mol.L^{-1}$
e) 0,88 $mol.L^{-1}$

Questão 138

Um técnico em química misturou acidentalmente três soluções no laboratório: 200 mL de cloreto de potássio 0,10 mol.L^{-1}, 300 mL de cloreto de magnésio 0,20 mol.L^{-1} e 200 mL de cloreto de sódio 0,50 mol.L^{-1}. Qual é a concentração de íons cloreto na solução final obtida pelo técnico?

a) 0,012 mol.L^{-1}
b) 0,67 mol.L^{-1}
c) 1,2 mol.L^{-1}
d) 0,26 mol.L^{-1}
e) 0,34 mol.L^{-1}

Questão 139

Se a concentração da quantidade de matéria de uma solução de hidróxido de potássio contém 1,12 g em massa é igual a 0,20 mol x L^{-1}, calcule o volume desta solução.

Questão 140

Calcule o número de cátions [H^+] presente em 500 mL de uma solução de ácido sulfúrico 0,1 N.

Questão 141

Concentrated H_2SO_4 of density 1,83 g.mL^{-1} has 93% of H_2SO_4 by weight. How many mL of this acid should be taken to yield (after addition of water) 200 mL of 2N acid?

a) 12,15 ml
b) 15,21 ml
c) 11,52 ml
d) 15,73 ml

Questão 142

Uma solução de ácido acético apresenta concentração da quantidade de matéria igual a 2,0 mol x L^{-1} e molalidade equivalente a 2,174 mol x kg^{-1}. A partir das informações apresentadas, assinale a alternativa que apresenta a densidade da solução em g x mL^{-1}.

a) 1,02
b) 1,04
c) 1,1
d) 1,07
e) 1,28

Questão 143

Uma solução aquosa de ácido acético apresenta densidade da solução igual a 1,12 g/mL e sua concentração molal é equivalente a 5,0 mol x kg-1. A partir das informações apresentadas, calcule a concentração da quantidade de matéria em mol x L^{-1}.

Questão 144

Uma solução aquosa de etanol apresenta densidade da solução igual a 1,025 g/mL e sua concentração da quantidade de matéria é de 8,0 mol x L^{-1}. A partir das informações apresentadas, calcule a molalidade da solução em mol x kg^{-1}.

Questão 145

(CONCURSO PÚBLICO FEDERAL - CENTRO FEDERAL DE EDUCAÇÃO TECNOLÓGICA DE QUÍMICA DE NILÓPOLIS – RJ)

Qual o volume de ácido clorídrico PA 37,0% em massa de ácido necessário para preparar 2,50 L de solução 3,0 mol/L desse ácido, sabendo que a densidade do ácido PA vale 1,19 g/cm³?

a) 6,2 x 10^{-1} L
b) 5,7 x 10^{-1} L
c) 4,4 x 10^{-1} L
d) 3,9 x 10^{-1} L

Questão 146

(CONCURSO PÚBLICO ESTADUAL - ENGENHEIRO QUÍMICO) Para a reação completa de uma certa quantidade de um metal com ácido, foram utilizadas 20 mL de HCl 6,2 M, após a secagem do produto da reação, foram obtidas 5,9 g de sal. Através da reação não balanceada e dos dados apresentados, o metal utilizado na reação em questão foi: Dados: $Me + HCl \rightarrow MeCl_2 + H_2$.
a) Zn
b) Al
c) Fe
d) Mg
e) Ni

Questão 147

A massa de água que deve ser acrescentada à massa m de uma solução a 25,0%, em massa, de $MgCl_2$, em água, para convertê-la numa solução a 10%, em massa, é:
a) 10m/25
b) 25m/10
c) 10m
d) 15m/10
e) 25m/95

Questão 148

(GRILLO) Mistura-se um determinado volume 1 designado por V_1 de solução igual a 0,80N de um dado soluto com volume V_2 de solução 1,20N do mesmo soluto. A partir das informações apresentadas, determine a relação entre os volumes, V_1/V_2, para que a solução resultante seja igual a 0,90N.

Questão 149

Foi preparada uma solução usando 490 g de ácido sulfúrico puro e água até completar 1,0 L. A massa de carbonato de sódio sólido necessária para neutralizar 200 mL desta solução vale:
a) 53,0 g
b) 106 g
c) 212 g
d) 10,6 g
e) 21,6 g

Questão 150

(GRILLO) Vinte mililitros de uma solução ácida caracterizada por um diácido, foram neutralizados com um volume de 40 mL de uma solução com concentração da quantidade de matéria de hidróxido de sódio igual a 0,10 mol x L^{-1}. Determine o número de mol de diácido por litro de solução.

Questão 151

Considere os seguintes sais apresentados a seguir:
I) $Al(NO_3)_3$
II) NaCl
III) $ZnCl_2$
IV) $CaCl_2$
Assinale a opção que apresenta o(s) sal(is) que causa(m) a desestabilização de uma suspensão coloidal estável de sulfeto de arsênio (As_2S_3) em água.
a) Nenhum dos sais relacionados
b) Apenas o sal I
c) Apenas os sais I e II
d) Apenas os sais II, III e IV
e) Todos os sais

Questão 152

(GRILLO) Calcule quantos mililitros de uma solução de hidróxido de cálcio, de concentração da quantidade de matéria igual a 0,020 mol x L^{-1} serão necessários para neutralizar 100 mL de solução de ácido clorídrico com concentração igual a 0,010 mol x L^{-1}.

Questão 153

(GRILLO) No processo de titulação com um volume de ácido sulfúrico igual a 1,0 litro e concentração de 0,001 mol / L, calcule a massa de hidróxido de sódio devidamente consumida.

Questão 154

(CONCURSO PÚBLICO FEDERAL – INSTITUTO FEDERAL) O volume de 1,0 L de uma solução aquosa de ácido nítrico contém 60,0 % (em massa) desse ácido. Sabendo-se que a densidade da solução é 1,35 g.mL^{-1}, assinale a alternativa que apresenta corretamente a molaridade desta solução.

a) 0,81
b) 1,29
c) 1,35
d) 12,9
e) 60,0

Questão 155

(CONCURSO PÚBLICO FEDERAL – INSTITUTO FEDERAL) Para a determinação do conteúdo de nitrogênio, é necessária uma solução de ácido clorídrico padronizado. Para determinar a real concentração do ácido clorídrico preparado, 0,1060 g de carbonato de sódio (massa molar: 106 g.mol^{-1}) foi pesado e adicionado a um erlenmeyer e gastou-se 10 mL de HCl na titulação deste carbonato. Qual é, realmente, a concentração de ácido clorídrico?

a) 0,02 mol.L^{-1}
b) 0,2 mol.L^{-1}
c) 0,01 mol.L^{-1}
d) 0,1 mol.L^{-1}
e) 1 mol.L^{-1}

Questão 156

Calcule a concentração da quantidade de matéria da água, sabendo que sua densidade é igual a 1000 kg/m^3.

Questão 157

(GRILLO) Considere uma solução com volume igual a 100 mL de ácido clorídrico com concentração da quantidade de matéria igual a 0,50 mol/L. Este ácido neutraliza uma dibase que apresenta massa igual a 1,85 g. Assinale a alternativa que apresenta a dibase correta.

a) Hidróxido de bário
b) Hidróxido de berílio
c) Hidróxido de cálcio
d) Hidróxido de magnésio
e) Hidróxido de prata

Questão 158

(GRILLO) Determinar o número do fator de Van´t Hoff e o número de partículas dissolvidas existente em uma solução de 1,0 litro com concentração da quantidade de matéria igual a 0,10 mol x L^{-1} de sulfato de alumínio, levando em consideração que o grau de dissociação seja igual a 80%.

Questão 159

(GRILLO) Considere uma solução de ácido sulfúrico na presença de água. Sabendo que sua fração molar é igual a 0,20, calcule a concentração molal em mol.kg^{-1}.

Questão 160

Uma solução aquosa de qual composto abaixo não irá conduzir corrente elétrica?

a) $Ca(CH_3COO)_2$
b) $Ba(OH)_2$

c) KOH
d) H_3COH
e) todos os compostos anteriores irão conduzir corrente elétrica

Questão 161

Não conduz bem corrente elétrica:
a) $NaCl_{(aquosa)}$
b) $KBr_{(sólido)}$
c) Cu
d) $C_{(grafite)}$
e) latão

Questão 162

(GRILLO) Que volume de água se deve ser adicionada a 250 cm³ de uma solução 3,0 N de ácido para transformá-la em uma solução 3,50 N?

Questão 163

(GRILLO) 250 cm³ de solução 2,0 N de um hidróxido foram adicionados a 200 cm³ de solução 0,50 N do mesmo hidróxido. Qual a normalidade da solução final?

Questão 164

Qual das substâncias a seguir não conduz corrente elétrica em solução aquosa?
a) brometo de hidrogênio
b) ácido fórmico
c) cloreto de potássio
d) bicarbonato de potássio
e) propanona

Questão 165

Calcule o número de partículas dispersas numa solução que contém 1 mol de sulfato de alumínio, suposto 66% dissociado.
a) $2,19 \times 10^{24}$
b) $3,19 \times 10^{24}$
c) $4,19 \times 10^{21}$
d) $5,19 \times 10^{22}$
e) $5,19 \times 10^{23}$

Questão 166

O reagente ácido nítrico denominado como concentrado pode ser adquirido como uma solução aquosa com fração mássica percentual igual a 65,0% e densidade de 1,39 $g.mL^{-1}$. Considerando essas informações, indique o volume (em mililitros) desse reagente necessário para o preparo de 1,00 L de uma solução aquosa 0,500 $mol.L^{-1}$.
a) 34,9
b) 55,7
c) 3,52
d) 0,544
e) 20,4

Questão 167

(GRILLO) Calcule a concentração da quantidade de matéria de uma solução de ácido sulfúrico que apresenta título de 90% e densidade igual a 1,81 g/mL.

Questão 168

(GRILLO) Quatro litros de uma solução aquosa de soda cáustica (2,0 mol x L^{-1}) foram adicionados a doze litros de solução aquosa da mesma base com concentração da quantidade de matéria igual a ½ mol x L^{-1}. A partir da informação apresentada, calcule a concentração da quantidade de matéria da solução final.

Questão 169

(GRILLO) Uma amostra de cloreto de potássio apresentando uma massa de aproximadamente igual a 1,40 g, foi completamente dissolvida na presença de água e seu volume completado em um balão volumétrico de 250,0 mL. Deste volume, 25,0 exigiram de uma solução de nitrato de prata com concentração da quantidade de matéria desconhecida. Calcule a concentração da quantidade de matéria desta solução.

Questão 170

(GRILLO) Três gramas de uma amostra de cloreto de sódio impuro foram dissolvidos na presença de água deionizada e posteriormente tratada com excesso de solução de nitrato de prata. A massa do precipitado obtido, depois de lavado e seco foi de aproximadamente igual a 7,10 g. A partir das informações apresentadas, calcule o percentual de cloreto de sódio na amostra.

Questão 171

Para neutralizar completamente 20,0 mL de uma solução de ácido fosfórico (0,1 mol x L^{-1}), assinale a alternativa que apresenta o volume necessário de hidróxido de potássio com concentração 0,10 mol x L^{-1}.
a) 40 mL
b) 20 mL
c) 10 mL
d) 60 mL
e) 70 mL

Questão 172

Durante a utilização de um extintor de incêndio de dióxido de carbono, verifica-se formação de um aerossol esbranquiçado e também que a temperatura do gás ejetado é consideravelmente menor do que a temperatura ambiente. Considerando que o dióxido de carbono seja puro, assinale a opção que indica a(s) substância(s) que torna(m) o aerossol visível a olho nu.
a) água no estado líquido
b) dióxido de carbono no estado líquido
c) dióxido de carbono no estado gasoso
d) dióxido de carbono no estado líquido e água no estado líquido
e) dióxido de carbono no estado líquido e água no estado gasoso

Questão 173

Considere os sistemas apresentados a seguir:
I) Creme de leite
II) Maionese comercial
III) Óleo de Soja
IV) Gasolina
V) Poliestireno expandido
Destes, são classificados como sistemas coloidais:
a) apenas I e II
b) apenas I, II e III
c) apenas II e V
d) apenas I, II e V
e) apenas III e IV

Questão 174

(ENADE) Dispõe-se de cada um dos líquidos listados a seguir:
I) água
II) ácido sulfúrico concentrado
III) benzeno
IV) etanol
V) tolueno
Ao misturar volumes iguais de dois desses dois líquidos, qual é o par que forma uma solução cujo volume final mais se aproxima da soma dos volumes individuais dos líquidos misturados?
a) I e II

b) I e III
c) II e IV
d) III e IV
e) III e V

Questão 175

(CONCURSO PÚBLICO FEDERAL - PETROBRAS) Uma mistura contém 20,0 mL de solução aquosa de NaOH 0,100 $mol.L^{-1}$ e 30,0 mL de solução aquosa de KOH 0,200 $mol.L^{-1}$. O volume de solução aquosa de ácido clorídrico 0,400 $mol.L^{-1}$ necessário para completa neutralização dessa mistura de bases, em mL, é:
a) 10
b) 20
c) 30
d) 40
e) 50

Questão 176

(CONCURSO PÚBLICO FEDERAL - PETROBRAS) A solução concentrada de ácido clorídrico tem, em seu rótulo, as seguintes informações: densidade igual a 1,19 g/mL e 36,5% em massa de HCl. O volume necessário desse ácido para o preparo de 500 mL de solução aquosa 0,10 $mol.L^{-1}$, em mL, é aproximadamente:
a) 4,2
b) 6,3
c) 8,4
d) 9,6
e) 11

Questão 177

(CONCURSO PÚBLICO FEDERAL - PETROBRAS) Na classificação dos coloides, de acordo com as fases dispersa e de dispersão, tem-se que:
a) margarina é uma emulsão líquida
b) poeira é uma emulsão sólida
c) neblina é um aerossol líquido
d) leite é um sol líquido
e) isopor é um sol sólido

Questão 178

Um estudante, a pedido de seu professor, precisa preparar 400 mL de uma solução de amônia 5 $mol.L^{-1}$. Ao olhar o frasco lacrado de amônia que utilizará para produzir sua solução, o estudante observou as seguintes informações: Concentração (m/m): 29,0%; Densidade: 0,9 $g.cm^{-3}$; Massa molar: 17,02 $g.mol^{-1}$. A partir das informações, o volume de solução concentrada medida pelo estudante para preparar a solução solicitada pelo professor foi de:
a) 86,00 mL
b) 94,15 mL
c) 112,03 mL
d) 130,46 mL
e) 145,31 mL

Questão 179

Uma amostra de um líquido diprótico pesando 12,25 g foi dissolvida em água e o volume da solução completado para 500 mL. Se 25,0 mL desta solução são neutralizados com 12,5 mL de uma solução de KOH 1,00 $mol.L^{-1}$, a massa molar desse ácido, em $g.mol^{-1}$, considerando que os dois prótons foram neutralizados, é igual a:
a) 22,5
b) 24,5
c) 49,0
d) 98,0
e) 122,5

Questão 180

Dispomos no laboratório de álcool a 95% em massa (densidade de 0,809 g.mL^{-1}), e queremos preparar 250 mL de álcool a 30% em massa (densidade de 0,957 g.mL^{-1}). Para isso, qual deve ser o volume que devemos tomar do álcool disponível:
a) 75,6 mL
b) 93,5 mL
c) 101 mL
d) 117 mL
e) Nenhuma das respostas anteriores

Questão 181

Para preparar 500 mL de uma solução aquosa 0,20 mol/L de NaOH, um indivíduo tem a sua disposição:
- frasco I) contém solução aquosa de NaOH 5,0 mol x L^{-1};
- frasco II) balão volumétrico de 500 mL;
- água destilada à vontade. O procedimento correto seria:
a) colocar, no frasco II, 40,0 mL da solução do frasco I e completar os 500 mL com água destilada
b) colocar, no frasco II, 20 mL da solução do frasco I e completar os 500 mL com água destilada
c) colocar, no frasco II, 460,0 mL de água destilada e completar os 500 mL com solução do frasco I
d) colocar, no frasco II, 480,0 mL de água destilada e completar os 500 mL com solução do frasco I
e) colocar, no frasco II, 460 ,0 mL de água destilada e 40 mL com solução do frasco I

Questão 182

Em relação à sacarose são feitas as seguintes afirmações:
I) É uma substância apolar.
II) É muito solúvel em benzeno.
III) Por hidrólise, um mol de sacarose fornece dois mols de dextrose.
IV) Suas soluções aquosas não apresentam condutividade elétrica apreciável.
V) Suas soluções aquosas podem girar o plano de polarização da luz. Das afirmações anteriores estão corretas:
a) Todas
b) Apenas I, III e V
c) Apenas I, II e III
d) Apenas II e IV
e) Apenas IV e V

GABARITO – EXERCÍCIO PROPOSTO

Questão 01

A primeira etapa para os devidos cálculos é organizar as informações relacionadas ao enunciado da questão.

Soluto e massa: cloreto de zinco (204 gramas)
Solvente e massa: água (720 gramas)
Volume da solução: 750 mL (0,75 L)
Fórmula molecular do cloreto de zinco: $ZnCl_2$

Item a) A concentração da quantidade de matéria é definida como a razão entre o número de mol de soluto pelo volume da solução em litros.

$$[\mathrm{ZnCl_2}] = \frac{204}{(65{,}5 + 71)\ \mathrm{x}\ 0{,}750} = 1{,}99\,\frac{\mathrm{mol}}{\mathrm{L}}$$

Cabe ressaltar que para a concentração da quantidade de matéria é obrigatório que a unidade esteja em mol/L ou mol/dm³.

Item b) Cálculo da concentração comum ou também conhecido como concentração mássica: $C = \frac{m_{soluto}}{V_{solução}} = \frac{204}{750} = 0{,}272\,\frac{g}{mL}$

Item c) Cálculo da densidade da solução: $d = \frac{m_{solução}}{V_{solução}} = \frac{204+720}{750} = 1{,}232\,\frac{g}{mL}$

É importante mencionar que tanto a concentração comum como a densidade da solução não apresentam uma unidade fixa.

Item d) Cálculo do título (massa/massa): $(\%)_{m/m} = \frac{m_{soluto}}{m_{solução}} = \frac{204}{204 + 720} = 0{,}221$

Item e) Cálculo da normalidade (N): $N = \frac{m_{soluto}}{Eqg_{soluto} \times V_{solução}} = \frac{m_{soluto}}{\frac{<MM>_{soluto}}{x} . V_{solução}}$, em que x corresponde ao cátion do metal na solução de cloreto de zinco.

$$N = \frac{204}{\left(\frac{65{,}5 + 71}{2}\right) \times 0{,}750} = 3{,}98 \frac{eqg}{L}$$

Item f) Cálculo da molalidade: $\mathfrak{M} = \frac{n_{soluto}}{m^{kg}_{solvente}} = \frac{204}{(65{,}5+71) \times 0{,}720} = 2{,}07 \frac{mol}{kg}$

Item g) Cálculo da fração molar do cloreto de zinco: $X_{ZnCl_2} = \frac{n_{ZnCl_2}}{n_{ZnCl_2} + n_{H_2O}} = \frac{\frac{204}{136{,}5}}{\frac{204}{136{,}5} + \frac{720}{18}}$

Questão 02

O estudo das soluções leva em consideração a interação entre o solvente e o soluto. Para este problema o soluto é o etanol (C_2H_5OH) e o solvente trata-se da água. Dados do problema:
1 litro de solução corresponde a 6,50 mol de etanol.
1 cm³ de solução corresponde à 0,95 gramas de solução.

Cálculo da massa da solução correspondente à 1 cm³:

$1\ L - - - - - 0{,}95$ gramas
$10^{-3}\ L - - -\ m_{solução}$
$m_{solução} = 950$ gramas de solução

Cálculo da massa de etanol, a partir do número de mol: $m_{etanol} = 6{,}50 \times 46 = 299$ gramas

Cálculo da massa de água (solvente): $m_{solução} = m_{etanol} + m_{água}$

950 gramas $= 299$ gramas $+ m_{água}$
$m_{água} = 651$ gramas

Cálculo da molalidade ($\mathcal{M}$): $\mathcal{M} = \frac{6{,}50\ mol}{0{,}651\ kg} = 9{,}98 \frac{mol}{kg}$

Cálculo da fração molar do etanol: $X = \frac{n_{soluto}}{n_{soluto} + n_{solvente}} = \frac{6{,}50\ mol}{6{,}50\ mol + \frac{651}{18}\ mol} = 0{,}152$

Questão 03

Solução aquosa de carbonato de potássio: K_2CO_3

Equação química de dissociação do carbonato de potássio: $K_2CO_{3(aquoso)} \rightarrow 2K^{+}_{(aquoso)} + SO^{-2}_{4(aquoso)}$

Cálculo da massa de solvente, a partir da seguinte proporção entre massa e número de mol:
1 kg de solvente ----- 3,10 mol
Massa ------------------ 2,79 mol
Massa = 0,90 kg

Cálculo da massa de carbonato de potássio para uma solução com um volume de um litro: $[K_2CO_3] = \frac{massa}{138 \times 1{,}0}$

$\text{massa} = 138 \text{ x } 2{,}79 = 383{,}64 \text{ g}$

Cálculo da massa específica (μ): $\mu = \frac{900 + 383{,}64}{1{,}0} = 1283{,}64 \frac{g}{L}$

Questão 04

Dados do problema para o estudo da solução de nitrato de zinco – $Zn(NO_3)_2$:

1 kg de solvente ------------ 0,653 mol de $Zn(NO_3)_2$
0,643 mol de $Zn(NO_3)_2$ ----- 1 L de solução

Equação química de dissociação do nitrato de zinco: $Zn(CO_3)_{2(aquoso)} \rightarrow Zn^{+2}_{(aquoso)} + 2NO^-_{3(aquoso)}$

Cálculo da massa da solução, a partir de 1 kg:

$0{,}653 \text{ mol} --- 1 \text{ kg de solvente}$

$0{,}643 \text{ mol} --- m_{solução}$

$$m_{solução} = \frac{0{,}643}{0{,}653} = 0{,}985 \text{ kg}$$

Cálculo da massa de nitrato de zinco a partir do número de mol: $n_{Zn(NO_3)_2} = \frac{m_{Zn(NO_3)_2}}{<MM>_{Zn(NO_3)_2}}$

$m_{Zn(NO_3)_2} = 0{,}643 \text{ x } (65{,}5 + 28 + 96) = 121{,}85 \text{ g}$

Cálculo da massa da solução correspondente a um litro de solução: $M_{SOLUÇÃO} = 985 \text{ g} + 121{,}85 \text{ g} = 1106{,}85 \text{ g}$

Questão 05

(PROVA DE SELEÇÃO AO MESTRADO E DOUTORADO EM QUÍMICA – PROGRAMA DE PÓS-GRADUAÇÃO – PPGMQMG)

Montando as fórmulas moleculares dos compostos citados no enunciado:

- Nitrato de bário: Ba^{+2} e NO_3^- $\Rightarrow Ba(NO_3)_2$
- Iodato de amônio: NH_4^+ e IO_3^- $\Rightarrow NH_4IO_3$

Item a e b) Equação química que corresponde a uma reação classificada como reação de dupla troca.

$$Ba(NO_3)_{2(aquoso)} + 2NH_4IO_{3(aquoso)} \rightarrow \underbrace{2NH_4NO_{3(aquoso)}}_{\text{solúvel}} + \underbrace{Ba(IO_3)_{2(aquoso)}}_{\text{insolúvel}}$$

Item c) Para a determinação da massa do precipitado (ppt), será necessário determinar o reagente limitante e o excesso.

Analisando a solução de nitrato de bário: $n_{Ba(NO_3)_2} = 0{,}100 \text{ x } 50{,}00 \text{ x } 10^{-3} = 5{,}0 \text{ x } 10^{-3} \text{ mol}$

Analisando a solução de iodato de amônio: $n_{NH_4IO_3} = 0{,}100 \text{ x } 30{,}00 \text{ x } 10^{-3} = 3{,}0 \text{ x } 10^{-3} \text{ mol}$

Para cada 2 mol de iodato de amônio: $\frac{3{,}0 \text{ x } 10^{-3}}{2{,}0} = 1{,}50 \text{ x } 10^{-3} \text{ mol}$

Reagente limitante: Iodato de amônio. A partir da determinação da relação estequiométrica, temos:

2 mol de iodato de amônio -------------- 2 mol de nitrato de amônio
30,0 x 10^{-3} L x 0,100 mol x L^{-1} ----------- n_{sal}
n_{sal} = 6,0 x 10^{-3} mol de nitrato de amônio

Massa de nitrato de amônio: $\text{Massa} = 6{,}0 \text{ x } 10^{-3} \text{ x } (28 + 4 + 48) = 0{,}480 \text{ g}$

Questão 06

Item a) Em relação à densidade, o líquido apresenta maior densidade em comparação ao gás.

Item b) Com relação à compressibilidade, os gases apresentam maior compressibilidade comparados aos líquidos. É apresentado um coeficiente conhecido como coeficiente de compressibilidade (β), determinado pela variação do volume da substância com o aumento da pressão a temperatura constante, conforme pode ser observado pela equação a seguir, $\beta = -\frac{1}{V}.\left(\frac{\partial V}{\partial P}\right)_T$.

Item c) Os gases apresentam, como característica, a capacidade de formar misturas definidas como misturas homogêneas. Já em relação aos líquidos, depende de diversos fatores, podendo ser miscíveis (mistura homogênea), como por exemplo, água e etanol ou imiscíveis (mistura heterogênea), como água e óleo.

Questão 07

Trata-se de uma frase errada, uma vez que a concentração normal ou normalidade pode ser calculada para ácidos, bases e para sais.

Questão 08

A partir de uma reação entre um ácido e uma base (reação de neutralização), haverá a formação de um sal e água. O condenado conseguiu sobreviver colocando uma quantidade estequiométrica de ambos os reagentes na medida certa, o que, na verdade, trata-se de uma pessoa que acertou na loteria, uma pessoa com muita sorte.

Questão 09

(GRILLO) Esse problema necessita primeiramente ser balanceado. O balanceamento será realizado pelo método REDOX.

Equação química: $Au_{(sólido)} + 4HCl_{(aquoso)} + 3HNO_{3(aquoso)} \longrightarrow HAuCl_{4(aquoso)} + 3NO_{2(gás)} + 3H_2O_{(líquido)}$

Cabe ressaltar que o agente redutor é o ouro (Au) enquanto o ácido nítrico é o agente oxidante. Determinação do reagente limitante, calculando o número de mol para cada reagente químico:

$$n_{Au} = \frac{250}{197} = 1{,}27 \text{ mol}$$

$n_{HCl} = 0{,}20 \text{ x } 0{,}25 = 0{,}050.$ Para cada 4 mol de HCl, temos: $\frac{0{,}050}{4} = 0{,}0125$ mol

$n_{HNO_3} = 0{,}10 \text{ x } 0{,}25 = 0{,}025.$ Para cada 3 mol de HNO_3, temos: $\frac{0{,}025}{3} = 0{,}00833$ mol (Reagente limitante)

A partir da relação estequiométrica, temos:

3 mol de ácido nítrico ---------------- 3 mol de dióxido de nitrogênio ---------- 3 mol de água
0,025 mol de ácido nítrico ---------- $n_{óxido}$ -- $n_{água}$
$n_{óxido}$ = 0,025 mol de dióxido de nitrogênio
$n_{água}$ = 0,025 mol de água

Cálculo da massa de água: Massa = 0,025 x 18 = 0,450 g

Levando em consideração que o dióxido de nitrogênio apresenta comportamento ideal, temos:

$$V_{óxido} = \frac{0{,}025 \text{ x } 0{,}08206 \text{ x } 273}{1} = 0{,}560 \text{ L}$$

Questão 10

(CONCURSO PÚBLICO FEDERAL PARA DOCENTE – INSTITUTO FEDERAL DO PIAUÍ) Alternativa D.

Primeiramente, será necessário calcular a concentração da quantidade de matéria do ácido iodídrico (HI) que se encontra estocado:

$$[HI] = \frac{10 \text{ x d x } (\%)}{< MM >_{HI}} = \frac{10 \text{ x } 1{,}70 \text{ x } 58}{1 + 127} = 7{,}70 \frac{\text{mol}}{\text{L}}$$

Cálculo do volume de ácido iodídrico estocado: $[HI]_{estocado} \text{ x } V_{estocado} = [HI]_{final} \text{ x } V_{final}$

$$V_{estocado} = \frac{[HI]_{final} \text{ x } V_{final}}{[HI]_{estocado}} = \frac{1{,}50 \text{ x } 500}{7{,}70} = 97{,}40 \text{ Ml}$$

Questão 11

Fórmula molecular do ácido nítrico = HNO_3. Primeiramente será necessário calcular a massa de ácido nítrico, a partir da concentração da quantidade de matéria: $m_{HNO_3} = 1{,}0 \text{ x } 1{,}0 \text{ x } 63 = 63 \text{ g de ácido}$

A partir das informações apresentadas, a massa da solução é determinada a partir da seguinte regra de três:

$67 \text{ g de ácido} - - - 100 \text{ g de solução}$
$63 \text{ g de ácido} - - - \text{Massa da solução}$

$$\text{Massa da solução} = \frac{6300}{67} = 94{,}03 \text{ g}$$

Questão 12

(CONCURSO PÚBLICO FEDERAL PARA DOCENTE – UNIVERSIDADE FEDERAL DE PERNAMBUCO) Alternativa D. Equação iônica balanceada: $B_4O^{-2}_{7(aquoso)} + 2H_3O^+_{(aquoso)} + 3H_2O_{(líquido)} \rightarrow 4H_3BO_{3(aquoso)}$

Pela relação estequiométrica, o grau de pureza pode ser calculado da seguinte maneira:

1 mol de $B_4O^{-2}_{7(aquoso)}$ --------- 2 mol de $H_3O^+_{(aquoso)}$
Pureza x n_{sal} ------------------------ $n_{ácido}$
$n_{ácido} = 2 \text{ x } n_{sal} \text{ x pureza}$

$$0{,}200 \text{ x } 0{,}020 = 2 \text{ x} \frac{500 \text{ x } 10^{-3}}{(46 + 41{,}60 + 112)} \text{x pureza}$$

$\text{pureza} = 0{,}798 \ (79{,}80\%)$. Este valor calculado apresenta como valor mais próximo a alternativa D.

Questão 13

Equação de dissociação do hidróxido de potássio: $KOH_{(aquoso)} \rightarrow K^+_{(aquoso)} + OH^-_{(aquoso)}$

Cálculo da concentração da quantidade de matéria dos íons hidroxila, a partir de um pH igual a 13: $13 + pOH = 14$
$pOH = 1$

Cálculo da concentração da quantidade de matéria de íons hidroxilas: $pOH = -\log[OH^-]$
$1 = -\log[OH^-]$
$[OH^-] = 0{,}10 \frac{\text{mol}}{\text{L}}$

A partir da relação estequiométrica, temos: $KOH_{(aquoso)} \rightarrow K^+_{(aquoso)} + OH^-_{(aquoso)}$
$1 \text{ mol de } KOH_{(aquoso)} - - - - 1 \text{ mol de } OH^-_{(aquoso)}$
$[KOH] - - - - - - - - - - - - 0{,}10 \frac{\text{mol}}{\text{L}}$
$[KOH] = 0{,}10 \frac{\text{mol}}{\text{L}}$

Cálculo da massa de hidróxido de potássio, a partir da concentração da quantidade de matéria:

$$\text{Massa} = [KOH] \text{ x } < MM >_{KOH} \text{ x } V_{solução} =$$

$$\text{Massa} = 0{,}10 \text{ x } 56 \text{ x } 0{,}50 \text{ x } 10^{-3} = 2{,}80 \text{ x } \underbrace{10^{-3}\text{ g}}_{\text{mg}}$$

Questão 14

Inicialmente será necessário calcular a massa de solvente levando em consideração que o volume seja igual a 1,0 litro.
10^{-3} dm³ ------ 0,99 g
1,0 dm³ ------- Massa
Massa = 990 g

Cálculo da concentração da quantidade de matéria para um volume igual a 1,0 litro de solução: $[H_2O] = \frac{990}{18 \text{ x } 1{,}0} = 55\frac{\text{mol}}{\text{L}}$

Logo, a concentração da quantidade de matéria da água corresponde a 55 mol para cada um litro de solução, ou seja, 55 mol x L^{-1}.

Questão 15

Equação química: $2Al_{(sólido)} + 3H_2SO_{4(aquoso)} \longrightarrow Al_2(SO_4)_{3(aquoso)} + 3H_{2(gás)}$

Item a) Pela relação estequiométrica, temos:
2 mol de metal ----- 1 mol de sal
n_{metal} ------------------ n_{sal}

$$2 \text{ x } n_{sal} = n_{metal}$$

$$2 \text{ x} \frac{57}{54 + 96 + 192} = \frac{m_{metal}}{27}$$

$$m_{metal} = 9{,}0 \text{ g}$$

Item b) Cálculo da massa de ácido sulfúrico, a partir da seguinte relação estequiométrica:
3 mol de ácido ----- 1 mol de sal
$n_{ácido}$ ------------------ n_{sal}

$$3 \text{ x } n_{sal} = n_{ácido}$$

$$3 \text{ x} \frac{57}{54 + 96 + 192} = \frac{m_{ácido}}{98}$$

$$m_{ácido} = \frac{16758}{342} = 49 \text{ g}$$

Item c) Pela relação estequiométrica, temos:
1 mol de sal ----- 3 mol de gás
n_{sal} ----------------- $n_{gás}$

$$3 \text{ x } n_{sal} = n_{gás}$$

$$n_{gás} = 3 \text{ x} \frac{57}{54 + 96 + 192} = 0{,}50 \text{ }\cancel{\text{mol}} \text{ x} \frac{22{,}4 \text{ L}}{\cancel{\text{mol}}} = 11{,}2 \text{ L}$$

Item d) Cálculo da concentração da quantidade de matéria de sulfato de alumínio: $[Al_2(SO_4)_3] = \frac{57}{342 \text{ x } 1} = 0{,}167\frac{\text{mol}}{\text{L}}$

Equação química de dissociação do sulfato de alumínio: $Al_2(SO_4)_{3(aquoso)} \rightarrow 2Al^{+3}_{(aquoso)} + 3SO^{-2}_{4(aquoso)}$

Pela relação estequiométrica, as concentrações das quantidades de matéria dos íons serão os seguintes:

$$1 \text{ mol de } Al_2(SO_4)_{3(aq)} --- 2 \text{ mol de } Al^{+3}_{(aq)} --- 3 \text{ mol de } SO^{-2}_{4(aq)}$$

$$0{,}167\frac{\text{mol}}{\text{L}} --------- [Al^{+3}_{(aq)}] -------- [SO^{-2}_{4(aq)}]$$

$$[Al^{+3}_{(aq)}] = 0{,}334\frac{\text{mol}}{\text{L}}$$

$$[SO^{-2}_{4(aq)}] = 0{,}501\,\frac{mol}{L}$$

Questão 16

Cálculo da concentração comum do ácido hipotético: $C = 10 \text{ x d x } (\%)$

$$C = 10 \text{ x } 1{,}40 \text{ x } 60 = 840\,\frac{g}{L}$$

Cálculo da concentração da quantidade de matéria da solução de ácido:

$$\left[\begin{matrix}\text{ácido}\\ \text{hipotético}\end{matrix}\right] = \frac{840\,\frac{g}{L}}{160\,\frac{g}{mol}} = 5{,}25\,\frac{mol}{L}$$

Questão 17

(GRILLO) Item b) Cálculo da concentração comum (concentração mássica) da solução de ácido sulfúrico: $C = 10 \text{ x d x } (\%)$

$$C = 10 \text{ x } 1{,}60 \text{ x } 88 = 1408\,\frac{g}{L}$$

Item a) Cálculo da concentração da quantidade de matéria da solução de ácido sulfúrico:

$$\left[\begin{matrix}\text{ácido}\\ \text{sulfúrico}\end{matrix}\right] = \frac{1408\,\frac{g}{L}}{98\,\frac{g}{L}} = 14{,}37\,\frac{mol}{L}$$

Item c) Informações do problema:
1,60 gramas de solução ----- 1 cm³ de solução
88,0 g de ácido ---------------- 100 g de solução

Cálculo do número de mol de ácido sulfúrico: $n_{\text{ácido}} = \frac{88}{98} = 0{,}898 \text{ mol}$

Cálculo da massa de solvente, a partir do título: $m_{\text{solução}} = m_{\text{soluto}} + m_{\text{solvente}}$

$100 \text{ g} = 88 \text{ g} + m_{\text{solvente}}$
$m_{\text{solvente}} = 12 \text{ g}$

Cálculo da concentração molal ou molalidade: $\mathfrak{M} = \frac{n_{\text{soluto}}}{m^{kg}_{\text{solvente}}} = \frac{0{,}898 \text{ mol}}{12{,}0 \text{ x } 10^{-3} \text{ mol}} = 74{,}83\,\frac{mol}{kg}$

Questão 18

(CONCURSO PÚBLICO FEDERAL PARA DOCENTE – UNIVERSIDADE FEDERAL RURAL DE PERNAMBUCO) Alternativa D.

Equação química de neutralização entre o ácido clorídrico com o hidróxido de sódio: $HCl_{(aquoso)} + NaOH_{(aquoso)} \rightarrow NaCl_{(aquoso)} + H_2O_{(líquido)}$

Pela relação estequiométrica, temos: $1 \text{ x } n_{\text{ácido}} = 1 \text{ x } n_{\text{base}}$

$[HCl] \text{ x } V_{\text{solução}} = [NaOH] \text{ x } V_{\text{solução}}$
$0{,}10 \text{ x } 87{,}5 = 0{,}35 \text{ x Volume}$
$\text{Volume} = 25{,}0 \text{ mL}$

Questão 19

Para a resolução deste problema será necessário calcular a concentração da quantidade de matéria:

$$[Na_2SO_4] = \frac{9{,}0}{(46 + 32 + 64) \text{ x } 0{,}100} = 0{,}634\,\frac{mol}{L}$$

$$[NaNO_3] = \frac{9,0}{(23 + 14 + 48) \text{ x } 0,100} = 1,059 \frac{\text{mol}}{\text{L}}$$

O composto mencionado trata-se da solução de nitrato de sódio.

Questão 20

Item a) Cálculo da massa de soluto a partir da concentração da quantidade de matéria: $m_{soluto} = 2,15 \text{ x } 36,50 \text{ x } 1,0 = 78,47 \text{ g}$

Equação de ionização do ácido clorídrico: $HCl_{(aquoso)} \rightarrow H^+_{(aquoso)} + Cl^-_{(aquoso)}$

Cálculo da massa de solução, a partir da densidade:
1,02 g de solução ----- 10^{-3} dm^3
massa -------------------- 1,0 dm^3
massa da solução = 1020 g

Cálculo da massa de solvente: massa da solução = massa do soluto + massa da solvente
1020 g = 78,47 g + massa da solvente
massa da solvente = 941,53 g

Item b) Cálculo da molalidade em mol x kg^{-1}: $\mathcal{M} = \frac{2,15 \text{ mol}}{0,941} = 2,28 \frac{\text{mol}}{\text{kg}}$

Questão 21

Item a) Cálculo da concentração da quantidade de matéria de bicarbonato de sódio: $[NaHCO_3] = \frac{16,80}{84,0 \text{ x } 0,20} = 1,0 \frac{\text{mol}}{\text{L}}$

Item b) Cálculo da concentração da quantidade de matéria de ácido clorídrico para a situação inicial: $[HCl]_{início} = \frac{10 \text{ x } 36 \text{ x } 1,18}{36,5} = 11,64 \frac{\text{mol}}{\text{L}}$

Cálculo do volume de solução para a situação inicial: $11,64 \frac{\text{mol}}{\text{L}} \text{ x } V_{\substack{solução \\ inicial}} = 0,10 \text{ x } 500$

$V_{\substack{solução \\ inicial}} = 4,29 \text{ mL}$

Questão 22

Cálculo da massa de glicose a partir do número do seu número de mol:

$\text{massa} = 2,0 \text{ x } 180 = 360 \text{ g}$

Questão 23

Alternativa D.

Cálculo da concentração da quantidade de matéria final para a solução de ácido clorídrico. $[HCl]_1 \text{ x } V_1 + [HCl]_2 \text{ x } V_2 = [HCl]_{final} \text{ x } V_{final}$
$0,100 \text{ x } 25 + 0,500 \text{ x } 15 = [HCl]_{final} \text{ x } (25 + 15)$
$[HCl]_{final} = 0,25 \frac{\text{mol}}{\text{L}}$

Pela relação estequiométrica, a proporção de H^+ e de HCl é de 1:1. Logo: $[HCl] = [H^+] = 0,25 \frac{\text{mol}}{\text{L}}$

Questão 24

(GRILLO) Este percentual em massa corresponde a 96,0 gramas de ácido sulfúrico em 100 gramas de solução. $m_{solução} = m_{ácido} + m_{água}$
$100 \text{ g} = 96 \text{ g} + m_{solvente}$

$m_{água} = 100 \text{ g} - 96 \text{ g} = 4,0 \text{ g}$

Cálculo do número de mol para cada espécie química:

$$n_{\text{água}} = \frac{4,0}{18,0} = 0,222 \text{ mol}$$

$$n_{\text{ácido}} = \frac{96,0}{98,0} = 0,979 \text{ mol}$$

Cálculo das frações molares dos respectivos componentes que fazem parte da solução:

$$X_{\text{água}} = \frac{n_{\text{água}}}{n_{\text{total}}} = \frac{0,222 \text{ mol}}{0,222 \text{ mol} + 0,979 \text{ mol}} = 0,184$$

$$X_{\text{ácido}} = \frac{n_{\text{ácido}}}{n_{\text{total}}} = \frac{0,979 \text{ mol}}{0,222 \text{ mol} + 0,979 \text{ mol}} = 0,816$$

Questão 25

(CONCURSO PÚBLICO FEDERAL PARA DOCENTE – UNIVERSIDADE FEDERAL RURAL DE PERNAMBUCO) Para a determinação da massa de ácido clorídrico utilizada, será necessário aplicar a equação da concentração da quantidade de matéria.

$$[\text{HCl}] = \frac{\text{massa}}{< \text{MM} > \text{x volume}}$$

$$\text{massa} = 0,50 \frac{\text{mol}}{\text{L}} \text{x } 36,50 \frac{\text{g}}{\text{mol}} \text{x } 0,300 \text{ L} = 5,475 \text{ g}$$

Questão 26

(PROGRAMA DE PÓS-GRADUAÇÃO PARA MESTRADO & DOUTORADO / UNIVERSIDADE FEDERAL DE PELOTAS)

Item a) Para a determinação da concentração da quantidade de matéria, será necessário relacionar com a densidade e o título em massa por massa.

$$[\text{H}_2\text{SO}_4] = \frac{10 \text{ x } 98 \text{ x } 1,841}{98} = 18,41 \frac{\text{mol}}{\text{L}}$$

Item b) Cálculo do volume inicial de ácido sulfúrico, a partir da concentração da quantidade inicial calculada no item (a).

$$[\text{H}_2\text{SO}_4]_{\text{inicial}} \text{ x } V_{\text{inicial}} = [\text{H}_2\text{SO}_4]_{\text{final}} \text{ x } V_{\text{final}}$$

$$18,41 \frac{\text{mol}}{\text{L}} \text{ x } V_{\text{inicial}} = 2,0 \text{ x } 250 \text{ mL}$$

$$V_{\text{inicial}} = 27,16 \text{ mL}$$

Questão 27

(PROGRAMA DE PÓS-GRADUAÇÃO PARA MESTRADO & DOUTORADO / UNIVERSIDADE FEDERAL DE PELOTAS) Primeiramente será necessário calcular a concentração da quantidade de matéria do ácido bromídrico na etapa inicial:

$$[\text{HBr}]_{\text{inicial}} = \frac{10 \text{ x } 1,50 \text{ x } 48}{81} = 8,89 \frac{\text{mol}}{\text{L}}$$

Cálculo do volume inicial de ácido bromídrico, a partir da concentração da quantidade inicial calculada logo acima: $[\text{HBr}]_{\text{inicial}} \text{ x } V_{\text{inicial}} = [\text{HBr}]_{\text{final}} \text{ x } V_{\text{final}}$

$$8,89 \frac{\text{mol}}{\text{L}} \text{ x } V_{\text{inicial}} = 0,0160 \text{ x } 250 \text{ mL}$$

$V_{inicial} = 83,60 \text{ mL}$

Questão 28

Dados do problema:

65,0 g de ácido ------- 100 g de solução
1 mL de solução ----- 1,40 g de solução

Cálculo do volume da solução:
1 mL de solução ----- 1,40 g de solução
Volume ----------------- 100 g de solução
Volume = 71,43 mL

Cálculo da concentração da quantidade de matéria para a solução de ácido nítrico: $[HNO_3] = \frac{65,0}{63,0 \text{ x } 71,43 \text{ x } 10^{-3}} = 14,44 \frac{\text{mol}}{\text{L}}$

Questão 29

Alternativa B.

Todos os ácidos apresentam ionização com uma proporção 1:1.

$$45,0 \text{ x } 0,10 + 50,0 \text{ x } 0,20 + 55,0 \text{ x } 0,10 = 150 \text{ x } [H^+]$$

$$[H^+] = \frac{45,0 \text{ x } 0,10 + 50,0 \text{ x } 0,20 + 55,0 \text{ x } 0,10}{150} = 0,133 \frac{\text{mol}}{\text{L}}$$

Cálculo do potencial hidrogeniônico: $\text{pH} = -\log[H^+] = -\log(0,133) = 0,875$

Questão 30

(GRILLO) Para a resolução deste exercício, será necessário calcular a concentração da quantidade de matéria para cada íon presente na solução.

$$[Li^+] = \frac{C}{< MM >} = \frac{14 \frac{g}{L}}{7,0 \frac{g}{mol}} = 2,0 \frac{\text{mol}}{\text{L}}$$

$$[Mg^{+2}] = \frac{C}{< MM >} = \frac{22 \frac{g}{L}}{24,0 \frac{g}{mol}} = 0,92 \frac{\text{mol}}{\text{L}}$$

$$[Tl^{+3}] = \frac{C}{< MM >} = \frac{55 \frac{g}{L}}{204,0 \frac{g}{mol}} = 0,270 \frac{\text{mol}}{\text{L}}$$

$$[SO_4^{-2}] = \frac{C}{< MM >} = \frac{70 \frac{g}{L}}{96,0 \frac{g}{mol}} = 0,729 \frac{\text{mol}}{\text{L}}$$

Para a determinação da concentração da quantidade de matéria do íon iodeto, será realizado um balanço de cargas: ($\sum_{Carga(+)} + \sum_{Carga(-)} = 0$).

$$\{[Li^+].(+1)\} + \{[Mg^{+2}].(+2)\} + \{[Tl^{+3}].(+3)\} + \{[SO_4^{-2}].(-2)\} + \{[I^-].(-1)\} = 0$$

$$\{2,0 \text{ x } (+1)\} + \{0,92 \text{ x } (+2)\} + \{0,270 \text{ x } (+3)\} + \{0,729 \text{ x } (-2)\} + \{[I^-] \text{ x } (-1)\} = 0$$

$2,0 + 1,84 + 0,81 - 1,458 + \{-[I^-]\} = 0$

$[I^-] = 3,192\ mol.L^{-1}$

Cálculo da concentração comum do íon iodeto: $C_{I^-} = [I^-]\ x < MM >_{I^-} = 3,192 \frac{\cancel{mol}}{L}\ x\ 127 \frac{g}{\cancel{mol}} = 405,38 \frac{g}{L}$

Questão 31

(GRILLO) Para a resolução deste problema, será necessário calcular o volume da solução em 100 gramas de solução.

$1,81$ g de solução $- - -\ 10^{-3}$ L
100 g de solução $- - -$ V
$V = 55,25\ x\ 10^{-3}$ L

Cálculo da concentração da quantidade de matéria da solução de ácido sulfúrico:

$$[H_2SO_4] = \frac{\frac{90}{98}}{55,25\ x\ 10^{-3}} = 16,62 \frac{mol}{L}$$

Questão 32

Alternativa C.

Cálculo da concentração mássica do sal: $C = 10\ x\ d\ x\ (\%) = 10\ x\ 1,08\ x\ 15 = 162 \frac{g}{L}$

Cálculo da concentração da quantidade de matéria do sal: $[Sal] = \frac{C}{<MM>_{sal}} = \frac{162\frac{g}{L}}{249,5\frac{g}{mol}} = 0,649 \frac{mol}{L}$

Questão 33

Alternativa B.

A concentração apresentada pelo problema em massa corresponde ao título (m/m). Cálculo da concentração mássica do sal: $C = 10\ x\ d\ x\ (\%)$

$[HNO_3]\ x < MM >_{HNO_3} = 10\ x\ d\ x\ (\%)$

$$(\%) = \frac{[HNO_3]\ x < MM >_{HNO_3}}{10\ x\ d} = \frac{15,50\ x\ 63}{10\ x\ 1,41} = 69,25\%$$

Questão 34

Alternativa D.

Cálculo da concentração mássica do ácido clorídrico: $C = 10\ x\ d\ x\ (\%)$

$[HCl]\ x < MM >_{HCl} = 10\ x\ d\ x\ (\%)$

$$\frac{n_{HCl}}{V_{solução}}\ x < MM >_{HCl} = 10\ x\ d\ x\ (\%)$$

$$n_{HCl} = \frac{V_{solução}\ x\ 10\ x\ d\ x\ (\%)}{< MM >_{HCl}} = \frac{0,150\ x\ 10\ x\ 1,15\ x\ 30}{36,5} = 1,42\ mol$$

Questão 35

Alternativa B.

Equação química entre o zinco metálico na presença de uma solução aquosa de ácido sulfúrico:

$Zn_{(sólido)} + H_2SO_{4(aquoso)} \rightarrow ZnSO_{4(aquoso)} + H_{2(gás)} \uparrow$

Determinação do reagente limitante, calculando o número de mol para cada reagente químico:

$$n_{Zn} = \frac{10}{65{,}41} = 0{,}153 \text{ mol}$$

$$n_{ácido} = 2 \text{ x } 0{,}10 = 0{,}20 \text{ mol}$$

Cálculo do número de mol de sulfato de zinco, a partir do reagente limitante:
$1 \text{ mol de Zn} - - - 1\text{mol de } ZnSO_{4(aquoso)}$
$0{,}153 \text{ mol} - - - - n_{sal}$
$n_{sal} = 0{,}153 \text{ mol}$

Cálculo da massa de sulfato de zinco: $m_{sal} = n_{sal} \text{ x } < MM >_{sal}$
$m_{sal} = 0{,}153 \text{ x } (65{,}41 + 32 + 64) = 24{,}69 \text{ g}$

Questão 36

Alternativa A.

Equação química da reação de neutralização entre o ácido clorídrico e o hidróxido de sódio.
$HCl_{(aquoso)} + NaOH_{(aquoso)} \rightarrow NaCl_{(aquoso)} + H_2O_{(líquido)}$

A partir da relação estequiométrica entre o ácido clorídrico e o hidróxido de sódio: $n_{ácido} = n_{base}$

$$[\text{ácido}] \text{ x } V_{ácido} = [\text{base}] \text{ x } V_{base}$$

$$[HCl] = \frac{0{,}105 \text{ x } 14{,}62}{50} = 0{,}0307 \frac{\text{mol}}{\text{L}}$$

Questão 37

Alternativa B.

Equação química da dissociação do cloreto de cálcio: $CaCl_{2(aquoso)} \rightarrow Ca^{+2}_{(aquoso)} + 2Cl^{-}_{(aquoso)}$

Cálculo da concentração da quantidade de matéria de cloreto de cálcio: $[CaCl_2] = \frac{7{,}50}{0{,}350 \text{ x } 111}$

$$[CaCl_2] = 0{,}193 \frac{\text{mol}}{\text{L}}$$

Como a proporção do sal com o seu cátion é 1:1, temos: $n_{sal} = n_{cátion}$

$$[Ca^{+}] = 0{,}193 \frac{\text{mol}}{\text{L}}$$

Questão 38

Alternativa C.

Equação iônica na presença de um "ambiente ácido: $2MnO^{-}_{4(aquoso)} + 5H_2O_{2(líquido)} + 6H^{+}_{(aquoso)} \rightarrow 2Mn^{+2}_{(aquoso)} + 5O_{2\,(líquido)} + 8H_2O_{(líquido)}$

Cabe ressaltar que esta equação iônica fornecida já veio balanceada. O balanceamento para esta equação é realizado pelo método redox (redução-oxidação), em que o íon permanganato é o agente oxidante e o peróxido de oxigênio (água oxigenada) é o agente redutor.

A partir da relação estequiométrica:

$2 \text{ mol de } MnO^-_{4(aq)} ---- 5 \text{ mol de } H_2O_{2(l)}$

$n_{\hat{a}nion} ---------- n_{per\acute{o}xido}$

$5 \times n_{\hat{a}nion} = 2 \times n_{per\acute{o}xido}$

$5 \times 35{,}0 \times 0{,}150 = 2 \times 50 \times [\text{peróxido}]$

$$[\text{peróxido}] = \frac{5 \times 35{,}0 \times 0{,}150}{100} = 0{,}2625 \frac{mol}{L}$$

Questão 39

Alternativa A.

Cálculo da concentração da quantidade de matéria inicial de ácido nítrico:

$$[HNO_3]_{inicial} = \frac{10 \times 65 \times 1{,}39}{63} = 14{,}34 \frac{mol}{L}$$

Cálculo do volume inicial: $[HNO_3]_{inicial} \times V_{inicial} = [HNO_3]_{final} \times V_{final}$

$$14{,}34 \frac{mol}{L} \times V_{inicial} = 0{,}500 \frac{mol}{L} \times 1{,}00 \text{ L}$$

$V_{inicial} = 3{,}49 \times 10^{-2} \text{ L } (34{,}9 \text{ mL})$

Questão 40

(SOLUÇÕES ELETROLÍTICAS) Analisando a equação de dissociação da solução de cloreto de sódio:

$NaCl_{(aquoso)} \rightarrow Na^+_{(aquoso)} + Cl^-_{(aquoso)}$

$$0{,}10 \frac{mol}{L} --- 0{,}10 \frac{mol}{L} \text{ de } Na^+_{(aquoso)} --- 0{,}10 \frac{mol}{L} \text{ de } Cl^-_{(aquoso)}$$

Cálculo da força iônica: $I = \frac{1}{2} \times \{\mathfrak{M}_{Na^+} \times z^2_{Na^+} + \mathfrak{M}_{Cl^-} \times z^2_{Cl^-}\}$

$$I_1 = \frac{1}{2} \times \{(+1)^2 \times 0{,}10 + (-1)^2 \times 0{,}10\} = 0{,}10$$

Analisando a solução aquosa de cloreto de gálio III: $GaCl_{3(aquoso)} \rightarrow Ga^{+3}_{(aquoso)} + 3Cl^-_{(aquoso)}$

$$0{,}10 \frac{mol}{L} --- 0{,}10 \frac{mol}{L} \text{ de } Ga^{+3}_{(aq)} --- \underbrace{3 \times 0{,}10}_{0{,}30} \frac{mol}{L} \text{ de } Cl^-_{(aq)}$$

Cálculo da força iônica: $I = \frac{1}{2} \times \{\mathfrak{M}_{Ga^{+3}} \times z^2_{Ga^{+3}} + \mathfrak{M}_{Cl^-} \times z^2_{Cl^-}\}$

$$I_2 = \frac{1}{2} \times \{(+3)^2 \times 0{,}10 + (-1)^2 \times 0{,}30\} = 0{,}60$$

Relacionando o potencial 1 e 2, temos: $\frac{I_1}{I_2} = \frac{0{,}10}{0{,}60}$

$I_2 = 6 \times I_1$

Questão 41

(SOLUÇÕES ELETROLÍTICAS) Analisando a solução de dissociação iônica do cloreto de potássio: $KCl_{(aquoso)} \rightarrow K^{+}_{(aquoso)} + Cl^{-}_{(aquoso)}$

$$0{,}50\,\frac{mol}{L} --- 0{,}50\,\frac{mol}{L}\,\text{de}\,K^{+}_{(aquoso)} --- 0{,}50\,\frac{mol}{L}\,\text{de}\,Cl^{-}_{(aquoso)}$$

Cálculo da força iônica: $I = \frac{1}{2}\,x\,\{\mathfrak{M}_{K^+}\,x\,z^2_{K^+} + \mathfrak{M}_{Cl^-}\,x\,z^2_{Cl^-}\}$

$$I_1 = \frac{1}{2}\,x\,\{(+1)^2\,x\,0{,}50 + (-1)^2\,x\,0{,}50\} = 0{,}50$$

$$I_1 = 0{,}50$$

Analisando a solução de dissociação iônica do nitrato de gálio III: $Ga(NO_3)_{3(aquoso)} \rightarrow Ga^{+3}_{(aquoso)} + 3NO^{-}_{3(aquoso)}$

$$0{,}10\,\frac{mol}{L} --- 0{,}10\,\frac{mol}{L}\,\text{de}\,Ga^{+3}_{(aquoso)} --- \underbrace{3\,x\,0{,}10}_{0{,}30}\,\frac{mol}{L}\,\text{de}\,NO^{-}_{3(aquoso)}$$

Cálculo da força iônica: $I = \frac{1}{2}\,x\,\{\mathfrak{M}_{Ga^{+3}}\,x\,z^2_{Ga^{+3}} + \mathfrak{M}_{NO_3^-}\,x\,z^2_{NO_3^-}\}$

$$I_2 = \frac{1}{2}\,x\,\{(+3)^2\,x\,0{,}10 + (-1)^2\,x\,0{,}30\} = 0{,}60$$

Analisando a solução de dissociação do sulfato de amônio: $(NH_4)_2SO_{4(aquoso)} \rightarrow 2NH^{+}_{4(aquoso)} + SO^{-2}_{4(aquoso)}$

$$0{,}10\,\frac{mol}{L} --- \underbrace{2\,x\,0{,}10}_{0{,}20}\,\frac{mol}{L}\,\text{de}\,NH^{+}_{4(aquoso)} --- 0{,}10\,\frac{mol}{L}\,\text{de}\,SO^{-2}_{4(aquoso)}$$

Cálculo da força iônica: $I = \frac{1}{2}\,x\,\left\{\mathfrak{M}_{NH_4^+}\,x\,z^2_{NH_4^+} + \mathfrak{M}_{SO_4^{-2}}\,x\,z^2_{SO_4^{-2}}\right\}$

$$I_3 = \frac{1}{2}\,x\,\{(+1)^2\,x\,0{,}20 + (-2)^2\,x\,0{,}10\} = 0{,}30$$

Cálculo da força iônica total: $I_1 + I_2 + I_3 = 0{,}50 + 0{,}60 + 0{,}30 = 1{,}40$

Questão 42

O ácido clorídrico puro não pode ser eletrolisado, pois não há a presença do cátion hidrogênio (H^+) e do ânion cloreto (Cl^-).

Questão 43

Cabe ressaltar que o termo molaridade não é mais utilizado na química e o correto se refere à concentração da quantidade de matéria. Uma mesma solução de acetato de sódio a diferentes temperaturas vai apresentar concentrações distintas, uma vez que a dilatação da própria solução será diferente, proveniente do aumento da temperatura.

Questão 44

(SOLUÇÕES ELETROLÍTICAS & PRODUTO DE SOLUBILIDADE) Analisando a solução de cloreto de cálcio e calculando sua força iônica: $CaCl_{2(aquoso)} \rightarrow Ca^{+2}_{(aquoso)} + 2Cl^{-}_{(aquoso)}$

$$3{,}0\,x\,10^{-4}\,\frac{mol}{kg} -- 3{,}0\,x\,10^{-4}\,\frac{mol}{kg} -- \underbrace{2\,x\,3{,}0\,x\,10^{-4}}_{6{,}0\,x\,10^{-4}}\,\frac{mol}{kg}$$

Cálculo da força iônica: $I = \frac{1}{2}\,x\,\{\mathfrak{M}_{Ca^{+2}}\,x\,z^2_{Ca^{+2}} + \mathfrak{M}_{Cl^-}\,x\,z^2_{Cl^-}\}$

$$I = \frac{1}{2}\,x\,\{(+2)^2\,x\,3{,}0\,x\,10^{-4} + (-1)^2\,x\,6{,}0\,x\,10^{-4}\} = 9{,}0\,x\,10^{-4}$$

Cálculo do coeficiente de atividade médio ($\gamma_\pm$): $\log\gamma_\pm = -0{,}509\,x\,\sqrt{I}\,x\,|z_{Ca^{+2}}\,x\,z_{Cl^-}|$

$\log \gamma_{\pm} = -0{,}509 \text{ x } \sqrt{9{,}0 \text{ x } 10^{-4}} \text{ x } |2 \text{ x } (-1)|$

$\log \gamma_{\pm} = -0{,}03054$

$\gamma_{\pm} = 0{,}932$

Cálculo das atividades dos respectivos íons:

$a_{Ca^{+2}} = \gamma_{\pm} \text{ x } \mathfrak{M}_{Ca^{+2}} = 0{,}932 \text{ x } 3{,}0 \text{ x } 10^{-4} = 2{,}80 \text{ x } 10^{-4}$

$a_{Cl^-} = \gamma_{\pm} \text{ x } \mathfrak{M}_{Cl^-} = 0{,}932 \text{ x } 6{,}0 \text{ x } 10^{-4} = 5{,}592 \text{ x } 10^{-4}$

Cálculo da constante do produto de solubilidade: $K_{ps} = a_{Ca^{+2}} \text{ x } a_{Cl^-}^2$
$K_{ps} = 2{,}80 \text{ x } 10^{-4} \text{ x } (5{,}592 \text{ x } 10^{-4})^2 = 8{,}74 \text{ x } 10^{-11}$

Questão 45

(SOLUÇÕES ELETROLÍTICAS & PRODUTO DE SOLUBILIDADE) Analisando a solução de cloreto de cobre II e calculando sua força iônica: $CuCl_{2(aquoso)} \rightarrow Cu^{+2}_{(aquoso)} + 2Cl^-_{(aquoso)}$

$$10^{-4}\frac{mol}{kg} - - 10^{-4}\frac{mol}{kg} - - \underbrace{2 \text{ x } 10^{-4}}_{2{,}0 \text{ x } 10^{-4}}\frac{mol}{kg}$$

Cálculo da força iônica: $I = \frac{1}{2} \text{x} \left\{\mathfrak{M}_{Cu^{+2}} \text{ x } z_{Cu^{+2}}^2 + \mathfrak{M}_{Cl^-} \text{ x } z_{Cl^-}^2\right\}$
$I = \frac{1}{2} \text{x} \{(+2)^2 \text{ x } 10^{-4} + (-1)^2 \text{ x } 10^{-4}\} = 3{,}0 \text{ x } 10^{-4}$

Cálculo do coeficiente de atividade médio ($\gamma_{\pm}$): $\log \gamma_{\pm} = -0{,}509 \text{ x } \sqrt{I} \text{ x } |z_{Cu^{+2}} \text{ x } z_{Cl^-}|$

$\log \gamma_{\pm} = -0{,}509 \text{ x } \sqrt{3{,}0 \text{ x } 10^{-4}} \text{ x } |2 \text{ x } (-1)|$

$\log \gamma_{\pm} = -0{,}0176$

$\gamma_{\pm} = 0{,}960$

Cálculo das atividades dos respectivos íons:

$a_{Cu^{+2}} = \gamma_{\pm} \text{ x } \mathfrak{M}_{Cu^{+2}} = 0{,}960 \text{ x } 10^{-4} = 9{,}60 \text{ x } 10^{-5}$
$a_{Cl^-} = \gamma_{\pm} \text{ x } \mathfrak{M}_{Cl^-} = 0{,}960 \text{ x } 10^{-4} = 1{,}92 \text{ x } 10^{-4}$

Cálculo da constante do produto de solubilidade: $K_{ps} = a_{Cu^{+2}} \text{ x } a_{Cl^-}^2$

$K_{ps} = 9{,}60 \text{ x } 10^{-5} \text{ x } (1{,}92 \text{ x } 10^{-4})^2 = 3{,}54 \text{ x } 10^{-12}$

Questão 46

(SOLUÇÕES ELETROLÍTICAS & PRODUTO DE SOLUBILIDADE)

Item a) Equação iônico do cloreto de prata: $AgCl_{(sólido)} \rightarrow Ag^+_{(aquoso)} + Cl^-_{(aquoso)}$

Expressão da constante do produto de solubilidade: $K_{ps} = a_{Ag^+}^1 \text{ x } a_{Cl^-}^1$
$K_{ps} = a_{\pm}^1 \text{ x } a_{\pm}^1 = a_{\pm}^2$

$1,71 \times 10^{-10} = a_{\pm}^2$

$a_{\pm} = \sqrt{1,71 \times 10^{-10}} = 1,31 \times 10^{-5}$

Item b) Cálculo da força iônica: $I = \frac{1}{2} x \left\{ a_{Ag^+} x\, z_{Ag^+}^2 + a_{Cl^-} x\, z_{Cl^-}^2 \right\}$

$$I = \frac{1}{2} x \{(+1)^2 \times 1,31 \times 10^{-5} + (-1)^2 \times 1,31 \times 10^{-5}\} = 1,31 \times 10^{-5}$$

Item c) Cálculo do coeficiente de atividade médio ($\gamma_{\pm}$):

$\log \gamma_{\pm} = -0,509 \times \sqrt{I} \times |z_{Ag^+} \times z_{Cl^-}|$

$\log \gamma_{\pm} = -0,509 \times \sqrt{1,31 \times 10^{-5}} \times |1 \times (-1)|$

$\log \gamma_{\pm} = -0,00184$

$\gamma_{\pm} = 0,996$

Questão 47

(SOLUÇÕES ELETROLÍTICAS & PRODUTO DE SOLUBILIDADE) Equação de ionização do cloreto de chumbo II: $PbCl_{2(sólido)} \rightarrow Pb^{+2}_{(aquoso)} + 2Cl^{-}_{(aquoso)}$

Expressão da constante do produto de solubilidade: $K_{ps} = a_{Pb^{+2}}^1 \times a_{Cl^-}^2$

$K_{ps} = a_{\pm}^1 \times \left(2 \times a_{\pm}^1\right)^2$

$K_{ps} = 4 \times a_{\pm}^3$

$1,80 \times 10^{-4} = 4 \times a_{\pm}^3$

$$a_{\pm} = \sqrt[3]{\frac{1,80 \times 10^{-4}}{4}} = 3,56 \times 10^{-2}$$

Logo:

$a_{Pb^{+2}}^1 = 3,56 \times 10^{-2}$

$a_{Cl^-}^1 = 2 \times 3,56 \times 10^{-2} = 7,11 \times 10^{-2}$

Cálculo da força iônica: $I = \frac{1}{2} x \{a_{Pb^{+2}} x\, z_{Pb^{+2}}^2 + a_{Cl^-} x\, z_{Cl^-}^2\}$

$$I = \frac{1}{2} x \{(+2)^2 \times 3,56 \times 10^{-2} + (-1)^2 \times 7,11 \times 10^{-2}\} = 0,10675$$

Cálculo do coeficiente de atividade médio ($\gamma_{\pm}$): $\log \gamma_{\pm} = -0,509 \times \sqrt{I} \times |z_{Ag^+} \times z_{Cl^-}|$

$\log \gamma_{\pm} = -0,509 \times \sqrt{0,10675} \times |2 \times (-1)|$

$\log \gamma_{\pm} = -0,33261$

$\gamma_{\pm} = 0,464$

Questão 48

(SOLUÇÕES ELETROLÍTICAS & PRODUTO DE SOLUBILIDADE) Cálculo da molalidade da solução de hidróxido de cálcio:

$$\mathfrak{M}_{Ca(OH)_2} = \frac{\frac{0{,}155}{74}}{0{,}100} = 0{,}0209\,\frac{mol}{kg}$$

Analisando a solução de hidróxido de cálcio e calculando sua força iônica: $Ca(OH)_{2(aquoso)} \rightarrow Ca^{+2}_{(aquoso)} + 2OH^{-}_{(aquoso)}$

$$0{,}0209\,\frac{mol}{kg} -- 0{,}0209\,\frac{mol}{kg} -- \underbrace{2 \text{ x } 0{,}0209}_{0{,}0418}\,\frac{mol}{kg}$$

Cálculo da força iônica: $I = \frac{1}{2} \text{ x } \{\mathfrak{M}_{Ca^{+2}} \text{ x } z^2_{Ca^{+2}} + \mathfrak{M}_{OH^-} \text{ x } z^2_{OH^-}\}$

$$I = \frac{1}{2} \text{ x } \{(+2)^2 \text{ x } 0{,}0209 + (-1)^2 \text{ x } 0{,}0418\} = 0{,}0627$$

Cálculo do coeficiente de atividade médio ($\gamma_\pm$): $\log \gamma_\pm = -0{,}509 \text{ x } \sqrt{I} \text{ x } |z_{Cu^{+2}} \text{ x } z_{Cl^-}|$

$$\log \gamma_\pm = -0{,}509 \text{ x } \sqrt{0{,}0627} \text{ x } |2 \text{ x } (-1)|$$

$$\log \gamma_\pm = -0{,}255$$

$$\gamma_\pm = 0{,}556$$

Cálculo das atividades dos respectivos íons:

$$a_{Ca^{+2}} = \gamma_\pm \text{ x } \mathfrak{M}_{Ca^{+2}} = 0{,}556 \text{ x } 0{,}0209 = 0{,}0116$$

$$a_{OH^-} = \gamma_\pm \text{ x } \mathfrak{M}_{OH^-} = 0{,}556 \text{ x } 0{,}0418 = 0{,}0232$$

Cálculo da constante do produto de solubilidade: $K_{ps} = a_{Ca^{+2}} \text{ x } a^2_{OH^-}$

$$K_{ps} = 0{,}0116 \text{ x } (0{,}0232)^2 = 6{,}24 \text{ x } 10^{-6}$$

Questão 49

(SOLUÇÕES ELETROLÍTICAS & PRODUTO DE SOLUBILIDADE) Analisando a solução de fluoreto de potássio e calculando sua força iônica, a partir da lei de Debye-Huckel. $KF_{(sólido)} \rightarrow K^{+}_{(aquoso)} + F^{-}_{(aquoso)}$

Cálculo do coeficiente de atividade médio ($\gamma_\pm$): $\log \gamma_\pm = -0{,}509 \text{ x } \sqrt{I} \text{ x } |z_{K^+} \text{ x } z_{F^-}|$

$$\log 0{,}88 = -0{,}509 \text{ x } \sqrt{I} \text{ x } |1 \text{ x } (-1)|$$

$$\sqrt{I} = 0{,}109$$

$$I = 0{,}0119$$

Cálculo da massa de fluoreto de potássio, a partir da força iônica: $I = \frac{1}{2} \text{ x } \{\mathfrak{M}_{K^+} \text{ x } z^2_{K^+} + \mathfrak{M}_{F^-} \text{ x } z^2_{F^-}\}$

$$I = \frac{1}{2} \text{ x } \{\mathfrak{M} \text{ x } z^2_{K^+} + \mathfrak{M} \text{ x } z^2_{F^-}\}$$

$$\frac{1}{2} \text{ x } \{(+1)^2 \text{ x } \mathfrak{M} + (-1)^2 \text{ x } \mathfrak{M}\} = 0{,}0119$$

$$\mathfrak{M} = 0{,}0119\,\frac{\text{mol}}{\text{kg}}$$

$$\text{Massa} = 0{,}0119 \text{ x } 74{,}50 \text{ x } 0{,}900 = 0{,}798 \text{ g}$$

Cálculo das atividades dos respectivos íons:

$$a_{K^+} = \gamma_{\pm} \text{ x } \mathfrak{M}_{K^+} = 0{,}88 \text{ x } 0{,}0119 = 0{,}0105$$

$$a_{F^-} = \gamma_{\pm} \text{ x } \mathfrak{M}_{F^-} = 0{,}88 \text{ x } 0{,}0119 = 0{,}0105$$

Cálculo da constante do produto de solubilidade: $K_{ps} = a_{K^+} \text{ x } a^1_{F^-}$

$$K_{ps} = 0{,}0105 \text{ x } 0{,}0105 = 1{,}097 \text{ x } 10^{-4}$$

Questão 50

(SOLUÇÕES ELETROLÍTICAS & CONSTANTE DOS ÁCIDOS) Para a resolução do problema será necessário utilizar a tabela de equilíbrio iônico, com uma base de cálculo de n (mol) inicial de ácido acético. Base de cálculo: n (mol) inicial de ácido acético. Tabela de equilíbrio iônico:

	$HAc_{(aquoso)}$	$H^+_{(aquoso)}$	$Ac^-_{(aquoso)}$
Início	n	0	0
Reage	nα	nα	nα
Equilíbrio	n - nα	nα	nα

Cálculo do grau de ionização do ácido acético: $K_a = [\text{ácido acético}] \text{ x } \alpha^2$

$$\alpha = \sqrt{\frac{K_a}{M}} = \sqrt{\frac{1{,}80 \text{ x } 10^{-5}}{0{,}10}} = 0{,}0134 \ (1{,}34\ \%)$$

Cálculo das concentrações das quantidades de matéria dos íons no equilíbrio:

$$[H^+] = 0{,}10 \text{ x } 0{,}0134 = 0{,}00134\,\frac{\text{mol}}{\text{L}}$$

$$[Ac^-] = 0{,}10 \text{ x } 0{,}0134 = 0{,}00134\,\frac{\text{mol}}{\text{L}}$$

Cálculo da força iônica: $I = \frac{1}{2} \text{x} \left\{\mathfrak{M}_{H^+} \text{x } z^2_{H^+} + \mathfrak{M}_{Ac^-} \text{ x } z^2_{Ac^-}\right\}$

$$I = \frac{1}{2} \text{x} \{(+1)^2 \text{ x } 0{,}00134 + (-1)^2 \text{ x } 0{,}00134\} = 0{,}00134$$

Questão 51

(SOLUÇÕES ELETROLÍTICAS & VARIAÇÃO DA ENERGIA LIVRE DE GIBBS PADRÃO) Analisando dissociação da solução de cloreto de prata, calculando sua força iônica a partir da lei de Debye-Huckel. $AgCl_{(\text{sólido})} \rightarrow Ag^+_{(\text{aquoso})} + Cl^-_{(\text{aquoso})}$

$$1{,}274 \text{ x } 10^{-5}\,\frac{\text{mol}}{\text{dm}^3} --- \ 1{,}274 \text{ x } 10^{-5}\,\frac{\text{mol}}{\text{dm}^3} --- \ 1{,}274 \text{ x } 10^{-5}\,\frac{\text{mol}}{\text{dm}^3}$$

$$I = \frac{1}{2} \text{x} \left\{[Ag^+] \text{ x } z^2_{Ag^+} + [Cl^-] \text{ x } z^2_{Cl^-}\right\}$$

$$I = \frac{1}{2} \text{x} \{(+1)^2 \text{ x } 1{,}274 \text{ x } 10^{-5} + (-1)^2 \text{ x } 1{,}274 \text{ x } 10^{-5}\} = 1{,}274 \text{ x } 10^{-5}$$

Cálculo do coeficiente de atividade médio ($\gamma_{\pm}$): $\log \gamma_{\pm} = -0{,}509 \text{ x } \sqrt{I} \text{ x } |z_{Ag^+} \text{ x } z_{Cl^-}|$

$\log \gamma_{\pm} = -0{,}509 \text{ x } \sqrt{1{,}274 \text{ x } 10^{-5}} \text{ x } |1 \text{ x } (-1)|$

$\gamma_{\pm} = 0{,}996$

Cálculo das atividades dos respectivos íons, levando em consideração e admitindo a igualdade entre a concentração da quantidade de matéria e a molalidade.

$a_{K^+} = \gamma_{\pm} \text{ x } [Ag^+] = 0{,}996 \text{ x } 1{,}274 \text{ x } 10^{-5} = 1{,}269 \text{ x } 10^{-5}$

$a_{F^-} = \gamma_{\pm} \text{ x } [Cl^-] = 0{,}996 \text{ x } 1{,}274 \text{ x } 10^{-5} = 1{,}269 \text{ x } 10^{-5}$

Cálculo da constante do produto de solubilidade: $K_{ps} = a_{Ag^+} \text{ x } a^1_{Cl^-}$
$K_{ps} = 1{,}269 \text{ x } 10^{-5} \text{ x } 1{,}269 \text{ x } 10^{-5} = 1{,}61 \text{ x } 10^{-10}$

Cálculo da variação da energia livre de Gibbs padrão: $\Delta G^0 = -R \text{ x } T \text{ x } \ln K_{ps}$

$\Delta G^0 = -8{,}314 \text{ x } 298 \text{ x } \ln 1{,}61 \text{ x } 10^{-10} = \boxed{+552868{,}12 \text{ J } (+55{,}29 \text{ kJ})}$

Questão 52

(SOLUÇÕES ELETROLÍTICAS) Analisando a solução de sulfato de magnésio, calculando a força iônica a partir da lei de Debye-Huckel.

$MgSO_{4(aquoso)} \rightarrow Mg^{+2}_{(aquoso)} + SO^{-2}_{4(aquoso)}$

$1{,}50 \text{ x } 10^{-4} \frac{mol}{kg} --- 1{,}50 \text{ x } 10^{-4} \frac{mol}{kg} --- 1{,}50 \text{ x } 10^{-4} \frac{mol}{kg}$

$I = \frac{1}{2} \text{ x } \left\{\mathfrak{M}_{Mg^{+2}} \text{ x } z^2_{Mg^{+2}} + \mathfrak{M}_{SO_4^{-2}} \text{ x } z^2_{SO_4^{-2}}\right\}$

$I = \frac{1}{2} \text{ x } \{(+2)^2 \text{ x } 1{,}50 \text{ x } 10^{-4} + (-2)^2 \text{ x } 1{,}50 \text{ x } 10^{-4}\}$

$I = 0{,}0006$

Cálculo do coeficiente de atividade médio ($\gamma_{\pm}$): $\log \gamma_{\pm} = -0{,}509 \text{ x } \sqrt{I} \text{ x } |z_{Ag^+} \text{ x } z_{Cl^-}|$

$\log \gamma_{\pm} = -0{,}509 \text{ x } \sqrt{0{,}0006} \text{ x } |2 \text{ x } (-2)|$

$\gamma_{\pm} = 0{,}891$

Cálculo das atividades dos respectivos íons, levando em consideração e admitindo a igualdade entre a concentração da quantidade de matéria e a molalidade.

$a_{Mg^{+2}} = \gamma_{\pm} \text{ x } \mathfrak{M}_{Mg^{+2}} = 0{,}891 \text{ x } 1{,}50 \text{ x } 10^{-4} = 1{,}34 \text{ x } 10^{-4}$

$a_{SO_4^{-2}} = \gamma_{\pm} \text{ x } \mathfrak{M}_{SO_4^{-2}} = 0{,}891 \text{ x } 1{,}50 \text{ x } 10^{-4} = 1{,}34 \text{ x } 10^{-4}$

Questão 53

(SOLUÇÕES ELETROLÍTICAS) Analisando a solução de sulfato de magnésio, calculando a força iônica a partir da lei de Debye-Huckel.

$$AlCl_{3(aquoso)} \rightarrow Al^{+3}_{(aquoso)} + 3Cl^{-}_{(aquoso)}$$
$$\mathfrak{M}\frac{mol}{kg} --- \mathfrak{M}\frac{mol}{kg} --- 3 \text{ x } \mathfrak{M}\frac{mol}{kg}$$

Cálculo da força iônica em função da lei de Debye-Huckel: $\log \gamma_{\pm} = -0{,}509 \text{ x } \sqrt{I} \text{ x } |z_{Al^{+3}} \text{ x } z_{Cl^-}|$

$$\log 0{,}96 = -0{,}509 \text{ x } \sqrt{I} \text{ x } |3 \text{ x } (-2)|$$

$$\sqrt{I} = 1{,}16 \text{ x } 10^{-2}$$

$$I = 1{,}34 \text{ x } 10^{-4}$$

Cálculo da molalidade, a partir da expressão da função iônica:

$$I = \frac{1}{2} \text{x} \left\{\mathfrak{M}_{Al^{+3}} \text{x } z^2_{Al^{+3}} + \mathfrak{M}_{Cl^-} \text{x } z^2_{Cl^-}\right\}$$

$$I = \frac{1}{2} \text{x} \{(+3)^2 \text{ x } \mathfrak{M} + (-1)^2 \text{ x } 3 \text{ x } \mathfrak{M}\} = 6\mathfrak{M}$$

$$1{,}34 \text{ x } 10^{-4} = 6\mathfrak{M}$$

$$\mathfrak{M} = 2{,}25 \text{ x } 10^{-5}\frac{mol}{kg}$$

Item a) Cálculo da massa de cloreto de alumínio: $\text{Massa} = (27 + 3 \text{ x } 35{,}5) + 0{,}800 \text{ x } 2{,}25 \text{ x } 10^{-5} = 0{,}0024 \text{ g}$

Item b) Cálculo das atividades dos respectivos íons:

$$a_{Al^{+3}} = \gamma_{\pm} \text{ x } \mathfrak{M}_{Al^{+3}} = 0{,}960 \text{ x } 2{,}25 \text{ x } 10^{-5}$$

$$a_{SO_4^{-2}} = \gamma_{\pm} \text{ x } 3 \text{ x } \mathfrak{M}_{Cl^-} = 0{,}960 \text{ x } 3 \text{ x } 2{,}25 \text{ x } 10^{-5}$$

Questão 54

O problema pede a determinação da densidade da solução que relaciona a massa da solução pelo volume da solução.

Dados do problema para o estudo da solução de carbonato de potássio:
1 kg de solvente -------- 3,10 mol de K_2CO_3
2,79 mol de K_2CO_3 ----- 1 L de solução

Cálculo da massa da solução, a partir de 1 kg:
$3{,}10 \text{ mol} --- 1 \text{ kg de solvente}$
$2{,}79 \text{ mol} --- m_{solução}$

$$m_{solução} = \frac{2{,}79}{3{,}10} = 0{,}90 \text{ kg}$$

Cálculo da massa do carbonato de potássio a partir do número de mol: $m_{K_2CO_3} = 2{,}79 \text{ x } (78 + 12 + 48) = 385{,}02 \text{ g}$

Cálculo da densidade da solução: $d = \frac{900+385{,}02}{1} = 1285{,}02\frac{g}{L}$

Questão 55

(PROGRAMA DE PÓS-GRADUAÇÃO PARA MESTRADO & DOUTORADO / UNIVERSIDADE FEDERAL DE PELOTAS) Primeiramente, será necessário calcular a concentração da quantidade de matéria do ácido bromídrico na etapa inicial:

$$[\mathrm{HBr}]_{\mathrm{inicial}} = \frac{10 \times 1{,}50 \times 48}{81} = 8{,}89\,\frac{\mathrm{mol}}{\mathrm{L}}$$

Cálculo do volume inicial de ácido bromídrico, a partir da concentração da quantidade inicial calculada logo acima:

$$[\mathrm{HBr}]_{\mathrm{inicial}} \times V_{\mathrm{inicial}} = [\mathrm{HBr}]_{\mathrm{final}} \times V_{\mathrm{final}}$$

$$8{,}89\,\frac{\mathrm{mol}}{\mathrm{L}} \times V_{\mathrm{inicial}} = 0{,}0160 \times 250\ \mathrm{mL}$$

$$V_{\mathrm{inicial}} = 83{,}60\ \mathrm{mL}$$

Questão 56

(PROGRAMA DE PÓS-GRADUAÇÃO PARA MESTRADO & DOUTORADO / INSTITUTO FEDERAL DO MARANHÃO) Primeiramente, será necessário calcular a concentração da quantidade de matéria do ácido clorídrico na etapa inicial:

$$[\mathrm{HCl}]_{\mathrm{inicial}} = \frac{10 \times 1{,}18 \times 37}{36{,}50} = 11{,}96\,\frac{\mathrm{mol}}{\mathrm{L}}$$

Cálculo do volume inicial de ácido clorídrico, a partir da concentração da quantidade inicial calculada logo acima:

$$[\mathrm{HCl}]_{\mathrm{inicial}} \times V_{\mathrm{inicial}} = [\mathrm{HCl}]_{\mathrm{final}} \times V_{\mathrm{final}}$$

$$11{,}96\,\frac{\mathrm{mol}}{\mathrm{L}} \times V_{\mathrm{inicial}} = 1{,}0 \times 1000\ \mathrm{mL}$$

$$V_{\mathrm{inicial}} = 83{,}60\ \mathrm{mL}$$

Questão 57

Alternativa B.

Fórmula molecular do ácido acético: $C_2H_4O_2$

Informação do problema: $2{,}03\ \mathrm{mol} \times \mathrm{L}^{-1}$ e $2{,}27\ \mathrm{mol} \times \mathrm{kg}^{-1}$

Cálculo da massa de solvente:

$2{,}27\ \mathrm{mol} ---- 1\ \mathrm{kg\ de\ solvente}$

$2{,}03\ \mathrm{mol} ---- \mathrm{Massa\ de\ solvente}$

$$\mathrm{Massa\ de\ solvente} = \frac{2{,}03}{2{,}27} = 0{,}894\ \mathrm{kg\ de\ solvente}$$

Cálculo da massa de ácido acético, a partir da concentração da quantidade de matéria:

$$[\text{ácido}] = \frac{m_{\text{ácido}}}{V_{\text{solução}}}$$

$$m_{\text{ácido}} = 2{,}03 \times 1{,}0 \times (24 + 4 + 32) = 121{,}80\ \mathrm{g}$$

Cálculo da densidade da solução: $d = \frac{121{,}80\ \mathrm{g} + 894\ \mathrm{g}}{1{,}0\ \mathrm{L}} = 1015{,}80\,\frac{\mathrm{g}}{\mathrm{L}}$

Questão 58

(GRILLO) Cálculo do fator de Van't Hoff para a solução aquosa de ácido clorídrico, sabendo que o grua de ionização é de 90%:

$$i = 1 + (2 - 1) \times 0{,}90 = 1{,}90$$

Cabe ressaltar que o ácido clorídrico (ácido classificado como hidrácido) é um ácido forte, uma vez que seu grau de ionização é de 92%.

Questão 59

Alternativa B.

Apresentando a forma esquemática e estudando o processo de diluição da potassa cáustica.

$KOH_{(1)}$	+	H_2O	$\rightarrow$	$KOH_{(2)}$
44% (m/m)				12% (m/m)
μ = 1,50 g.cm^{-3}				μ = 1,10 g.cm^{-3}
$x_{(L)}$		$y_{(L)}$		80 L

Cálculo da concentração comum do hidróxido de potássio na solução (1): C_1 = 10 x (%) x d = 10 x 44 x 1,50 = 660 g.L^{-1}.

Cálculo da concentração comum do hidróxido de potássio na solução (2): C_2 = 10 x (%) x d = 10 x 12 x 1,10 = 132 g.L^{-1}

Cálculo do volume de KOH (1): $C_1 \times V_1 = C_2 \times V_2$
660x = 132 . 80
x = 16 L

Sendo o volume de uma mistura uma propriedade aditiva, a relação vai ficar da seguinte maneira: x + y = 80 L
16 L + y = 80 L
y = 64 L

Questão 60

Alternativa A.

Equação de dissociação do oxalato de lantânio: $La_2(C_2O_4)_{3(sólido)} \rightarrow 2La^{+3}_{(aquoso)} + 3(C_2O_4)^{-2}_{(aquoso)}$

Cálculo da concentração da quantidade de matéria do oxalato de sódio: $[La_2(C_2O_4)_3] = \frac{massa}{<MM> x\ V_{solução}}$

$$[La_2(C_2O_4)_3] = \frac{0{,}813}{541{,}82 \text{ x } 50 \text{ x } 10^{-3}} = 0{,}03 \frac{mol}{L}$$

A partir da proporção estequiométrica, 1:2, a concentração da quantidade de matéria é igual a: $[La^{+3}_{(aq)}] = 0{,}06 \frac{mol}{L}$

Questão 61

Alternativa A.

Cálculo do número de mol de tetracloreto de carbono: $n_{CCl_4} = \frac{m_{CCl_4}}{<MM>_{CCl_4}} = \frac{32}{12+4 \text{ x } 35{,}5} = 0{,}21$

Cálculo do número de mol de benzeno: $n_{C_6H_6} = \frac{m_{CCl_4}}{<MM>_{CCl_4}} = \frac{75}{6 \text{ x } 12+6 \text{ x } 1} = 0{,}961$

Cálculo da fração molar do tetracloreto de carbono: $X_{CCl_4} = \frac{n_{CCl_4}}{n_{CCl_4} + n_{C_6H_6}} = \frac{0{,}21}{0{,}21+0{,}961} = 0{,}179$

Questão 62

Alternativa C.

A partir da relação apresentada a 50°C, temos:
16,50 g de K_2SO_4 ----- 100 g de água
66,00 g de K_2SO_4 ----- massa
Massa = 400 g

Sabendo que a densidade da água corresponde a 1,0 g/mL, logo o seu volume corresponde a 400 mL.

Questão 63

(GRILLO) A decomposição do peróxido de hidrogênio (água oxigenada) ocorre da seguinte forma, conforme apresentada pela equação química a seguir: $H_2O_{2(aquoso)} \longrightarrow H_2O_{(líquido)} + \frac{1}{2}O_{2(gás)}$

Cálculo do número de mol de peróxido de hidrogênio:
1 mol ----- ½ x 22,4 L
n ----------- 10 L
n = 0,893 mol

Para uma solução igual a um litro, a concentração da quantidade de matéria é igual a 0,893 mol x L^{-1}.

Questão 64

(GRILLO) Cálculo da massa de água, a partir da densidade. $\text{Massa} = \text{d x V}$
$\text{Massa} = 1{,}0 \text{ x } 500 = 500 \text{ g}$

Cálculo da massa de cloreto de sódio:
$37{,}3 \text{ g de NaCl} - - - - - 100 \text{ g de água}$
$\text{Massa} - - - - - - - - - 500 \text{ g de água}$
$\text{Massa} = 186{,}50 \text{ g de NaCl}$

Questão 65

Alternativa D.

Item a) Este composto refere-se a um sal orgânico que compreende ao acetato de cálcio. Na presença de água libera um cátion e um ânion.

Item b e c) Ambos os compostos representam uma base que na presença de água dissociam em um cátion e ânion.

Item d) Este composto representa um metanol e no caso deste composto orgânico apresenta ligações covalentes e com isso não conduz corrente elétrica.

Questão 66

(GRILLO) Alternativa E.

Item a) HBr = o brometo de hidrogênio por mais que esteja no estado gasoso, sua condução de corrente elétrica é baixa.

Item b) CH_3COOH = Conforme Arrhenius, ácido são espécies químicas que na presença de água libera H^+.

Item c) KCl = O cloreto de potássio na presença de água libera cátion e ânion, na forma K^+ e Cl^-.

Item d) $NaHCO_3$ = Este composto representa um sal inorgânico, que na presença de água libera Na^+, H^+ e CO_3^{-2}.

Item e) $H_3C - CO - CH_3$ = A propanona é um composto orgânico que apresenta ligações covalentes que com isso não conduz corrente elétrica.

Questão 67

Para a resolução deste problema será necessário aplicar a equação de Clausiius-Clapeyron. $\ln\frac{P_1}{P_2} = \frac{\Delta H^0}{R} \text{x} \left[\frac{1}{T_2} - \frac{1}{T_1}\right]$

Dados do problema: P_1 (100˚C) = 760 mmHg e P_2 (50˚C) = ?
Substituindo os dados na equação de Clausisu-Clapeyron: $\ln\frac{760}{P_2} = \frac{9717}{1{,}987} \text{x} \left[\frac{1}{323} - \frac{1}{373}\right]$
$P_2 = 99{,}87 \text{ mmHg}$

Questão 68

Alternativa B.

Item a) O cloreto de sódio conduz bem corrente elétrica, pois este composto na presença de água libera cátion na forma $Na^{+}_{(aquoso)}$ e ânion $Cl^{-}_{(aquoso)}$.
Item b) Não conduz corrente elétrica, pois o brometo de potássio está na fase sólida.
Item c) Cobre é um material metálico que conduz muito bem corrente elétrica.
Item d) Por mais que seja um ametal, conduz sim corrente elétrica.
Item e) Latão é uma liga que apresenta junção de diferentes metais, como por exemplo, o latão apresenta como constituinte, as ligas de cobre e zinco.

Questão 69

Alternativa D.

Cálculo da concentração da quantidade de matéria do cátion $[Na^{+}]$, a partir da dissociação da solução de sulfato de sódio: $Na_2SO_{4(aquoso)} \longrightarrow 2Na^{+}_{(aquoso)} + SO_4^{-2}{}_{(aquoso)}$
1 mol ---------------------- 2 mol
3,0 mol/L ----------------- X = 6,0 mol/L

Cálculo da concentração da quantidade de matéria do cátion $[Na^{+}]$, a partir da dissociação da solução de cloreto de sódio: $NaCl_{(aquoso)} \longrightarrow Na^{+}_{(aquoso)} + Cl^{-}_{(aquoso)}$
1 mol ------------------- 1 mol
1,0 mol/L -------------- Y = 1,0 mol/L

Cálculo da concentração da quantidade de matéria de cátions $[Na^{+}]$ na solução final: 6 x 70 + 1 x 30 = 100 x $[Na^{+}]_{Final}$
$[Na^{+}]_{Final}$ = 4,50 mol/L

Questão 70

Alternativa B.

Cálculo da concentração comum (concentração mássica) da solução de iodeto de potássio: $C = 10 \text{ x } 5{,}0 \text{ x } 1{,}038 = 51{,}9\frac{g}{L}$

Cálculo da concentração da quantidade de matéria de iodeto de potássio:

$$[KI] = \frac{51{,}9\frac{g}{L}}{(39+129)\frac{g}{mol}} = 0{,}309\frac{mol}{L}$$

Questão 71

(GRILLO) Cálculo da concentração mássica: $C = 10 \text{ x } 1{,}56 \text{ x } 45 = 702\frac{g}{L}$

Cálculo da concentração da quantidade de matéria: $[H_3A] = \frac{702\frac{g}{L}}{150\frac{g}{mol}} = 4{,}68\frac{mol}{L}$

Questão 72

(GRILLO) Cálculo do número de mol de cálcio: $n = \frac{170 \text{ x } 10^{-3}}{40} = 0{,}00425 \text{ mol}$

Cálculo da concentração da quantidade de matéria de cálcio em uma solução de leite: $[Ca^{+2}] = \frac{170 \text{ x } 10^{-3}}{40 \text{ x } 0{,}150} = 0{,}0283\frac{mol}{L}$

Questão 73

(GRILLO) Cálculo da concentração mássica da solução de ácido acético: $C = 10 \text{ x } 1{,}0 \text{ x } 3 = 30\frac{g}{L}$

Fórmula molecular do ácido acético: $C_2H_4O_2$ (60 g x mol^{-1})

Cálculo da concentração da quantidade de matéria do ácido acético:

$$[\text{Ácido acético}] = \frac{30\,\frac{g}{L}}{60\,\frac{g}{mol}} = 0{,}50\,\frac{mol}{L}$$

Questão 74

(GRILLO) Para a resolução deste problema será necessário calcular o número de mol para cada substância apresentada.

$$n_{glicose} = \frac{18}{180} = 0{,}10\text{ mol}$$

$$n_{ácido} = \frac{24}{60} = 0{,}40\text{ mol}$$

$$n_{água} = \frac{18}{81} = 4{,}50\text{ mol}$$

Cálculo do número de mol total: $n_{glicose} + n_{ácido} + n_{água} = 5{,}0\text{ mol}$

Cálculo da fração molar do ácido acético: $X_{ácido} = \frac{n_{ácido}}{n_{glicose}+n_{ácido}+n_{água}} = \frac{0{,}40\text{ mol}}{5{,}0\text{ mol}} = 0{,}08$

Questão 75

(GRILLO) Para a resolução deste problema será necessário calcular a concentração da quantidade de matéria do ácido clorídrico para a situação final.

$$[HCl] = \frac{10 \text{ x } 36{,}5 \text{ x } 1{,}185}{36{,}5} = 11{,}85\,\frac{mol}{L}$$

Cálculo do volume inicial, V_1: $0{,}25 \text{ x } V_1 = 50 \text{ x } 11{,}85$

$$V_1 = 2370\text{ mL}$$

Questão 76

(GRILLO) Alternativa E.

Equação: $H_2SO_{4(aquoso)} + 2NaOH_{(aquoso)} \rightarrow Na_2SO_{4(aquoso)} + 2H_2O_{(líquido)}$

Relação estequiométrica: 1 mol de ácido está para 2 mol de base

$$[H_2SO_4] \text{ x } V_{solução} = n_{NaOH}$$

$$0{,}030 \text{ x } 0{,}200 = \frac{m_{NaOH}}{60}$$

$$m_{NaOH} = 0{,}48\text{ g}$$

Questão 77

(GRILLO) Solução 1 de NaOH: 1,50 mol x L^{-1} e V_1

Solução 2: 2,0 mol x L^{-1} e 300 mL

Solução resultante: $1{,}50 \text{ x } V_1 + 300 \text{ x } 2 = 1{,}80 \text{ x } (V_1 + 300)$

Resolvendo a questão acima o volume 1 será igual a 200 mL.

Questão 78

(GRILLO) A questão leva em consideração uma mistura de mesmo soluto, que se trata da solução orgânica – glicose. Cálculo da concentração da quantidade de matéria final da solução final: $V_1 \text{ x } [NaOH]_1 + V_2 \text{ x } [NaOH]_2 = V_{Final} \text{ x } [NaOH]_{Final}$

$$250 \text{ x } 1{,}50 + 650 \text{ x} \frac{2}{3} = 900 \text{ x } [NaOH]_{Final}$$

$$[NaOH]_{Final} = \frac{250 \text{ x } 1{,}50 + 650 \text{ x} \frac{2}{3}}{900} = 0{,}898 \frac{mol}{L}$$

Questão 79

(GRILLO) As equações que devem ser analisadas são as seguintes:

$V_1 + 3{,}0 \text{ x } V_2 = 2{,}50 \text{ x } 1200$

$V_1 + V_2 = 1200$

Efetuando e determinando as variáveis, a partir das equações matemáticas, temos:

$V_1 + 3{,}0 \text{ x } V_2 = 2{,}50 \text{ x } 1200$

$V_1 + V_2 = 1200$ -

$2{,}0 \text{ x } V_2 = 3000 - 1200$

$V_2 = 900 \text{ mL}$

Para V_2 igual a 900 mL, o volume 1 será igual a 300 mL.

Questão 80

(GRILLO) Equação química de neutralização entre o ácido clorídrico e o hidróxido de metal:

$2HCl_{(aquoso)} + M(OH)_{2(aquoso)} \longrightarrow MCl_{2(aquoso)} + 2H_2O_{(líquido)}$

Pela relação estequiométrica, temos: $1 \text{ x } n_{ácido} = 2 \text{ x } n_{base}$

$0{,}010 \text{ x } 100 = 2 \text{ x } 0{,}020 \text{ x Volume}$

$\text{Volume} = 25 \text{ mL}$

Questão 81

(CONCURSO PÚBLICO FEDERAL – PERITO CRIMINAL) Alternativa E.

Equação química: $Na_2CO_{3(aquoso)} + 2HCl_{(aquoso)} \longrightarrow 2NaCl_{(aquoso)} + H_2O_{(líquido)} + CO_{2(gás)}$

A partir da relação estequiométrica, temos:

1 mol de carbonato de sódio ------------- 2 mol de ácido clorídrico

n_{sal} -- $n_{ácido}$

$n_{ácido} = 2 \text{ x } n_{sal}$

Cálculo da concentração da quantidade de matéria da solução de ácido clorídrico: $40{,}37 \text{ x } 10^{-3} \text{ x } [ácido] = 2 \text{ x} \frac{221{,}40 \text{ x } 10^{-3}}{(46+12+48)}$

$$[ácido] = 0{,}103 \frac{mol}{L}$$

Questão 82

Item a) Cálculo do número de mol de glicose: $\text{massa} = 2{,}0\ \text{mol} \times 180\,\frac{\text{g}}{\text{mol}} = 360\text{g}$

Item b) Cálculo da concentração da quantidade de matéria: $[\text{Glicose}] = \frac{n_{\text{soluto}}}{V_{\text{solução}}} = \frac{2{,}0}{0{,}50} = 4{,}0\,\frac{\text{mol}}{\text{L}}$

Através dos cálculos realizados, a solução preparada foi de 4,0 mol/L.

Questão 83

Alternativa B.

Este percentual, que corresponde ao título em massa, significa 10 gramas de cloreto de sódio em 100 gramas de solução.

Questão 84

Alternativa D.

Cálculo da concentração comum: $C = 10 \times 0{,}90 \times 29 = 261\,\frac{\text{g}}{\text{L}}$

Fórmula molecular do ácido acético: $C_2H_4O_2$ (60 g x mol^{-1})

Cálculo da concentração da quantidade de matéria: $[NH_3] = \frac{261\frac{\text{g}}{\text{L}}}{17\frac{\text{g}}{\text{mol}}} = 15{,}35\,\frac{\text{mol}}{\text{L}}$

$V_{\text{inicial}} \times [NH_3]_{\text{inicial}} = V_{\text{Final}} \times [NH_3]_{\text{Final}}$

$15{,}35 \times V_{\text{inicial}} = 5{,}0 \times 400$

$$[\text{NaOH}]_{\text{Final}} = \frac{2000}{15{,}35} = 130{,}26\ \text{mL}$$

Questão 85

(GRILLO) Equação química: $CaCO_{3(\text{sólido})} + H_2SO_{4(\text{aquoso})} \longrightarrow CaSO_{4(\text{aquoso})} + H_2O_{(\text{líquido})} + CO_{2(\text{gás})}$

Pela relação estequiométrica, temos:
1 mol de $CaCO_{3(\text{sólido})}$ ------- 1 mol de $H_2SO_{4(\text{aquoso})}$
n_{sal} ------------------------------ $n_{\text{ácido}}$

$n_{\text{ácido}} = n_{\text{sal}}$

$$[\text{ácido}] \times V = \frac{m_{\text{sal}}}{< MM >_{\text{sal}}}$$

$$0{,}50 \times V = \frac{25{,}0}{100}$$

$V = 0{,}50\ \text{L}\ (500\ \text{mL})$

Questão 86

(GRILLO) Alternativa B.

Sabe-se que o coeficiente de solubilidade a 10°C é igual a: 22 g de nitrato de potássio ------ 100 g de água.

Massa da solução = 22 g + 100 g = 122 g

Cálculo da massa de nitrato de potássio:
22 g de KNO_3 -------- 122 g de solução
Massa ----------------- 500 g de solução

$$\text{Massa} = \frac{22 \text{ x } 500}{122} = 90{,}16 \text{ g}$$

Questão 87

(GRILLO)
Item a) Observando o diagrama de solubilidade, o sal que apresenta uma diminuição de sua solubilidade em função da temperatura é o sulfato de césio II.

Item b) A uma temperatura de 10°C observa-se a seguinte informação.
80 g de $NaNO_3$ --------- 100 g de água
Massa de sal ------------ 50 g de água
Massa de sal = 40 g de nitrato de sódio

Questão 88

(GRILLO) Cálculo da concentração comum: $C = 10 \text{ x } 20{,}2 \text{ x } 1{,}096 = 227{,}968 \frac{g}{L}$

Cálculo da concentração da quantidade de matéria de ácido clorídrico: $[HCl] = \frac{227{,}968\frac{g}{L}}{36{,}50\frac{g}{mol}} = 6{,}24 \frac{mol}{L}$

Questão 89

(GRILLO) Determinação da concentração da quantidade de matéria dos íons provenientes da solução de cloreto de sódio: $NaCl_{(aquoso)} \longrightarrow Na^+_{(aquoso)} + Cl^-_{(aquoso)}$

1 mol ------------- 1 mol ----------- 1 mol
2 mol/L ---------- 2 mol/L --------- 2 mol/L

$Na_2SO_{4(aquoso)} \longrightarrow 2Na^+_{(aquoso)} + SO_4^{-2}{}_{(aquoso)}$
1 mol -------------- 2 mol ----------- 1 mol
5 mol/L ----------- 10 mol/L ------- 5 mol/L

Soma dos volumes: 200mL + 300mL = 500mL

Determinação da concentração da quantidade de matéria dos íons sódio:

$$[Na^+]_{inicial} \text{ x } V_{inicial} = [Na^+]_{final} \text{ x } V_{final}$$

$$2{,}0 \text{ x } 200 + 10 \text{ x } 300 = [Na^+]_{final} \text{ x } 500$$

$$[Na^+]_{final} = \frac{400 + 3000}{500} = 6{,}80 \frac{mol}{L}$$

Determinação da concentração da quantidade de matéria de íons cloreto: $[Cl^-]_{inicial} \text{ x } V_{inicial} = [Cl^-]_{final} \text{ x } V_{final}$

$$2{,}0 \text{ x } 200 = [Cl^-]_{final} \text{ x } 500$$

$$[Na^+]_{final} = \frac{400}{500} = 0{,}80 \frac{mol}{L}$$

Determinação da concentração da quantidade de matéria de íons sulfato: $[SO_4^{-2}]_{inicial} \text{ x } V_{inicial} = [SO_4^{-2}]_{final} \text{ x } V_{final}$

$$5{,}0 \text{ x } 300 = [SO_4^{-2}]_{final} \text{ x } 500$$

$$[SO_4^{-2}]_{final} = 3{,}0 \frac{mol}{L}$$

Questão 90

Alternativa E.

Equação química para o processo de neutralização entre o ácido clorídrico na presença de hidróxido de sódio: $H_2SO_{4(aquoso)}$ + $2NaOH_{(aquoso)} \rightarrow Na_2SO_{4(aquoso)} + 2H_2O_{(líquido)}$

Pela relação estequiométrica são consumidos 1 mol de ácido clorídrico com 1 mol de hidróxido de sódio.

Determinação do reagente limitante e do reagente em excesso:

$$n_{ácido} = 0{,}50 \text{ x } 200 \text{ x } 10^{-3} = 0{,}100 \text{ mol}$$

$$n_{base} = 1{,}0 \text{ x } 400 \text{ x } 10^{-3} = \frac{0{,}400 \text{ mol}}{2} = 0{,}200 \text{ mol}$$

Pelos valores calculados para cada reagente químico, o ácido sulfúrico é o reagente limitante.

1 mol de ácido sulfúrico ----- 1 mol de sulfato de sódio

$$[H_2SO_4] = [Na_2SO_4] = 0{,}100 \frac{\text{mol}}{\text{L}}$$

Para a solução de hidróxido de sódio, temos $[NaOH] = 0{,}200 \frac{\text{mol}}{\text{L}}$

Questão 91

(GRILLO) Alternativa E.

Cálculo da concentração da quantidade de matéria da solução de ácido sulfúrico para a situação inicial:

$$[H_2SO_4] = \frac{10 \text{ x d x } (\%)}{< MM >} = \frac{10 \text{ x } 20 \text{ x } 1{,}14}{98} = 2{,}33 \frac{\text{mol}}{\text{L}}$$

Cálculo do volume inicial da solução de ácido sulfúrico: $[H_2SO_4]_{inicial} \text{ x } V_{inicial} = [H_2SO_4]_{final} \text{ x } V_{final}$

$$2{,}33 \text{ x } V_{inicial} = 0{,}20 \text{ x } 200$$

$$V_{inicial} = 17{,}17 \text{ mL}$$

Questão 92

Alternativa C.

A concentração molal ou também conhecida como molalidade (mol x kg^{-1}) é um tipo de concentração que relaciona a quantidade de mol do soluto dividido pela massa em quilograma de solvente. Para o caso do nitrato de lítio, há 1,50 mol por quilograma de etanol (solvente).

Questão 93

(EXAME NACIONAL DOS ESTUDANTES - ENADE) Alternativa C.

Cálculo da concentração da quantidade de matéria para a solução de ácido sulfúrico: $[H_2SO_4] = \frac{10 \text{ x d x } (\%)}{<MM>} = \frac{10 \text{ x } 1{,}84 \text{ x } 98{,}0}{98} = 18{,}40 \frac{\text{mol}}{\text{L}}$

Questão 94

Alternativa E.

Cálculo da concentração da quantidade de matéria. $[CaCl_2] = \frac{11{,}1}{111 \text{ x } 0{,}50} = 0{,}200 \frac{\text{mol}}{\text{L}}$

Questão 95

Alternativa D.

Cálculo da concentração da quantidade de matéria para a solução de ácido sulfúrico: $[H_2SO_4] = \frac{10 \text{ x d x (\%)}}{\text{<MM>}} = \frac{10 \text{ x } 1{,}30 \text{ x } 38{,}0}{98} = 5{,}04 \frac{\text{mol}}{\text{L}}$

Questão 96

Alternativa D.

Cálculo da concentração da quantidade de matéria para a solução de brometo de potássio: $[KBr] = \frac{11{,}9}{119 \text{ x } 0{,}50} = 0{,}200 \frac{\text{mol}}{\text{L}}$

Questão 97

Alternativa B.

A partir da relação estequiométrica, temos: $\frac{0{,}402}{204} = 28{,}15 \text{ x } 10^{-3} \text{ x } 2 \text{ x } [Sr(OH)_2]$

$$[Sr(OH)_2] = \frac{0{,}402 \text{ x } 1000}{204 \text{ x } 2 \text{ x } 28{,}15} = 0{,}0350 \frac{\text{mol}}{\text{L}}$$

Questão 98

(GRILLO) Se 10% correspondem à massa de naftaleno, 90% irão corresponder à massa de benzeno.

$$n_{\text{naftaleno}} = \frac{10}{128} = 0{,}078 \text{ mol}$$

$$n_{\text{benzeno}} = \frac{90}{128} = 1{,}15 \text{ mol}$$

Cálculo das frações molares dos compostos orgânicos:

Fração molar do naftaleno: $X_{\text{naftaleno}} = \frac{0{,}078}{0{,}078+1{,}15} = 0{,}0635$

Fração molar do benzeno: $X_{\text{benzeno}} = \frac{1{,}15}{0{,}078+1{,}15} = 0{,}936$

Questão 99

(GRILLO) Informações do problema: 98 gramas de ácido sulfúrico correspondem a 100 g de solução, o que significa o mesmo que 98% (massa/massa).

Cálculo do volume da solução para 100 g de solução:
1,84 g de solução -------- 1,0 cm³ de solução
100 g de solução --------- V
Volume da solução = 54,35 x 10^{-3} dm³ de solução

Cálculo da concentração mássica (comum): $C = \frac{98}{54{,}35 \text{ x } 10^{-3}} = 1803{,}13 \frac{\text{g}}{\text{L}}$

Cálculo da concentração da quantidade de matéria: $[H_2SO_4] = \frac{98}{98 \text{ x } 54{,}35 \text{ x } 10^{-3}} = 18{,}40 \frac{\text{mol}}{\text{L}}$

Questão 100

(GRILLO) Informações do problema:
24 g de solução -------- 100 g de solução
1,18 g de solução ------ 1 cm³ de solução

Cálculo do volume da solução:

1,18 g de solução ---------- 1 cm³ de solução
100 g de solução ----------- V
Volume da solução = 84,74 cm³ de solução
Cálculo do título em g/L: $C = \frac{24}{84,74 \times 10^{-3}} = 283,22 \frac{g}{L}$

Cálculo da concentração da quantidade de matéria: $[NaCl] = \frac{24}{58,5 \times 84,74 \times 10^{-3}} = 4,84 \frac{mol}{L}$

Cálculo da normalidade da solução de cloreto de sódio: $N = \frac{24}{\frac{58,5}{1} \times 84,74 \times 10^{-3}} = 4,84 \frac{eqg}{L}$

Questão 101

(GRILLO) Informações do problema:

88 g de ácido ------------ 100 g de solução
1,802 g de solução ----- 1 mL de solução

Cálculo da massa de solução considerando um volume igual a 500 mL:
1,802 g de solução ----- 1 mL de solução
Massa da solução ------ 500 mL de solução
Massa da solução = 901 g de solução

Cálculo da massa de ácido sulfúrico:
88 g de ácido ------------ 100 g de solução
Massa de ácido --------- 901 g de solução
Massa de ácido sulfúrico = 792,88 g

Questão 102

Cálculo da concentração mássica de ácido nítrico, a partir da concentração da quantidade de matéria: $C = 6 \times (1 + 14 + 48) = 378 \frac{g}{L}$

Cálculo da concentração mássica inicial, a partir da seguinte relação: $C_{inicial} \times V_{inicial} = C_{final} \times V_{final}$

$378 \times V_{inicial} = 100 \times 500$

$V_{inicial} = 132,27 \text{ mL}$

Questão 103

Item a) O cálculo da concentração e $g.L^{-1}$ requer o conhecimento do volume da solução (550 mL) e da massa de $CaCl_2$ (250 g). Logo:

$$C = \frac{250}{0,55} = 454,54 \frac{g}{L}$$

Item b) O cálculo da concentração da quantidade de matéria molar é executado mediante a razão entre o número de mol do soluto [$CaCl_2$] pelo volume da solução.

$$[CaCl_2] = \frac{250}{111 \times 0,55} = 4,09 \frac{mol}{L}$$

Item c) Cálculo da convetração molal ou também conhecida como molalidade.

$$\mathcal{M} = \frac{\frac{250}{111}}{0,88} = 2,56 \frac{mol}{kg}$$

Cálculo da fração molar do cloreto de cálcio: $X_{CaCl_2} = \frac{n_{CaCl_2}}{n_{CaCl_2}+n_{H_2O}} = \frac{\frac{250}{111}}{\frac{250}{111}+\frac{880}{18}} = 0{,}044$

Cálculo da densidade da solução: $\text{densidade} = \frac{(250+880)g}{550\ mL} = 2{,}05\frac{g}{mL}$

Questão 104

Alternativa D.

Equação de dissociação do sulfato de cobre II na presença de água: $CuSO_{4(aquoso)} \rightarrow Cu^{+2}_{(aquoso)} + SO^{-2}_{4(aquoso)}$

Cálculo do fator de van´t Hoff: $i = 1 + (4 - 1)\ x\ 0{,}69 = 3{,}07$

Cálculo do número de moléculas dispersas na solução:

$$X = 0{,}10\frac{mol}{L} x\ 6{,}02\ x\ 10^{23}\frac{1}{mol} x\ 3{,}07 = 1{,}85\ x\ 10^{23}$$

Questão 105

Alternativa C.

Realizando o balanceamento pelo método da oxidação-redução: $3Br_2 + 6NaOH \rightarrow 5NaBr + NaBrO_3 + 3H_2O$

Determinação do reagente limitante:

$n_{Br_2} = \frac{250}{160} = \frac{1{,}56}{3} = 0{,}520\ mol$ (Reagente em excesso)

$n_{Br_2} = 0{,}250\ x\ 0{,}10 = \frac{0{,}025}{6} = 0{,}00417\ mol$ (Reagente limitante)

A partir da relação estequiométrica, temos:
6 mol de NaOH ------------ 5 mol de NaBr x 0,72
0,25 mol de NaOH -------- n_{NaBr}
n_{NaBr} = 0,150 mol
Cálculo da massa de brometo de sódio: Massa = 0,150 mol x (23 + 80) g x mol^{-1} = 15,45 g

Questão 106

(MESTRE LICÍNIO RIBEIRO VIANA)

Equação química: $\underbrace{BaCl_{2(aquoso)}}_{excesso} + \overbrace{Na_2SO_{4(aquoso)}}^{limitante} \rightarrow \underbrace{BaSO_{4(aquoso)}}_{precipitado} + 2NaCl_{(aquoso)}$

Cálculo da concentração da quantidade de matéria da solução aquosa de sulfato de sódio.

$$n_{Na_2SO_{4(aquoso)}} = n_{BaSO_{4(aquoso)}}$$

$$[Na_2SO_{4(aquoso)}]\ x\ 25{,}0\ x\ 10^{-3} = \frac{0{,}732}{233{,}38}$$

$$[Na_2SO_{4(aquoso)}] = \frac{0{,}732}{25{,}0\ x\ 10^{-3}\ x\ 233{,}38} = 0{,}125\frac{mol}{L}$$

Questão 107

(MESTRE LICÍNIO RIBEIRO VIANA)

Item a) Equação química de neutralização completa entre a solução aquosa de ácido sulfúrico na presença de uma outra solução aquosa de hidróxido de sódio: $H_2SO_{4(aquoso)} + 2NaOH_{(aquoso)} \rightarrow Na_2SO_{4(aquoso)} + H_2O_{(líquido)}$

A relação estequiométrica entre o ácido sulfúrico na presença de uma solução alcalina: $2 \text{ x } n_{ácido} = n_{base}$

Determinação da concentração da quantidade de matéria da solução de ácido sulfúrico:

$$[ácido] = \frac{2{,}46 \text{ g}}{100 \text{ mL}} \text{x} \frac{1 \text{ mol}}{98 \text{ g}} \text{x} \frac{1{,}0 \text{ mL}}{10^{-3} \text{ L}} = 0{,}251 \frac{\text{mol}}{\text{L}}$$

Pela relação estequiométrica: $2 \text{ x } n_{ácido} = n_{base}$

$2 \text{ x } [ácido] \text{ x } V_{ácido} = [base] \text{ x } V_{base}$

$2 \text{ x } 0{,}251 \text{ x } 9{,}70 = [base] \text{ x } 12{,}10$

$$[base] = 0{,}402 \frac{\text{mol}}{\text{L}}$$

Item b) Realizando a conversão de (mol/L) → (g/L): $[base] = 0{,}402 \frac{\text{mol}}{\text{L}} \text{x} \frac{40 \text{ g}}{1 \text{ mol}} = 16{,}09 \frac{\text{g}}{\text{L}}$

Questão 108

(MESTRE LICÍNIO RIBEIRO VIANA) Equação química de neutralização completa entre a solução aquosa de ácido clorídrico na presença de uma outra solução aquosa de hidróxido de sódio: $HCl_{(aquoso)} + NaOH_{(aquoso)} \rightarrow NaCl_{(aquoso)} + H_2O_{(líquido)}$

A relação estequiométrica entre o ácido clorídrico com a solução alcalina é: $n_{ácido} = n_{base}$
$[ácido] \text{ x } V_{ácido} = [base] \text{ x } V_{base}$

$$[ácido] = \frac{0{,}10 \text{ x } 30}{20} = \frac{3}{20} \text{x} \frac{\text{mol}}{\text{L}} \text{x} \frac{36{,}50 \text{ g}}{1 \text{ mol}} = 5{,}475 \frac{\text{g}}{\text{L}}$$

Questão 109

(MESTRE LICÍNIO RIBEIRO VIANA) Equação de ionização da solução de ácido clorídrico: $HCl_{(aquoso)} \rightarrow H^+_{(aquoso)} + Cl^-_{(aquoso)}$

Cálculo do fator de Van´t Hoff: $i = 1 + (2 - 1) \text{ x } 0{,}90 = 1{,}90$

Questão 110

(CONCURSO PARA DOCENTE – INSTITUTO FEDERAL DE FARROUPILHA) Alternativa D.

A normalidade de uma solução é calculada a partir do produto da concentração da quantidade de matéria com um fator multiplicativo, que para este caso, este fator multiplicativo é igual a seis, que corresponde ao número de oxidação do cromo (+ 6).

$N = [K_2Cr_2O_7].x = 0{,}18 \,.\, 6 = 1{,}08 \text{ normal } (1{,}08 \text{ N})$

Questão 111

Cálculo da concentração da quantidade de matéria da solução de ácido sulfúrico:

$$[ácido] = \frac{10 \text{ x densidade x } (\%)}{< MM >_{ácido}} = \frac{10 \text{ x } 1{,}40 \text{ x } 40}{98} = \frac{560}{98} = 5{,}71 \frac{\text{mol}}{\text{L}}$$

Questão 112

Alternativa B.
Na titulação volumétrica exige pelo menos os seguintes equipamentos de laboratório: bureta e o Erlenmeyer.

Questão 113

(CONCURSO PÚBLICO PARA INGRESSO NO CORPO DE ENGENHEIROS DA MARINHA - ENGENHARIA QUÍMICA)
Primeiramente, será necessário realizar o balanceamento, sendo este balanceamento do tipo redox (redução-oxidação). Para este balanceamento o agente redutor se refere ao íon cloreto enquanto o íon permanganato é o agente oxidante. Equação iônica:

$$2MnO^{-}_{4(aquoso)} + 16H^{+}_{(aquoso)} + 10Cl^{-}_{(aquoso)} \rightarrow 2Mn^{+2}_{(aquoso)} + 5Cl_{2(gás)} + 8H_2O_{(líquido)}$$

Cálculo do número de mol de gás cloro a partir da relação estequiométrica com o íon permanganato.

2 mol de permanganato -------- 5 mol de gás cloro
$n_{permanganato}$ ------------------------- n_{cloro}
5 x $n_{permanganato}$ = 2 x n_{cloro}

Levando em consideração que o gás cloro apresenta comportamento ideal, temos:

$$5 \text{ x } 10 \text{ x } 5 = \frac{60 \text{ x pressão}}{0{,}08206 \text{ x } 300}$$

$$\text{pressão} = \frac{250 \text{ x } 0{,}08206 \text{ x } 300}{60} = 102{,}57 \text{ atm}$$

Questão 114

(GRILLO) Dissociação do fosfato de prata: $Ag_3PO_{4(aquoso)} \rightarrow 3Ag^{+}_{(aquoso)} + PO^{-3}_{4(aquoso)}$

Cálculo do fator de Van´t Hoff: $i = 1 + (4 - 1) \text{x } 0{,}59 = 2{,}77$

Cálculo do número de partículas dispersasna solução:

$$N = 2{,}77 \text{ x } 6{,}02 \text{ x } 10^{23} = 1{,}67 \text{ x } 10^{24}$$

Questão 115

Alternativa D.

Determinação do reagente limitante e do reagente em excesso: $Al_{(sólido)} + 3HCl_{(aquoso)} \longrightarrow AlCl_{3(aquoso)} + 3/2H_{2(gás)}$

Analisando o alumínio metálico: $n_{Al} = \frac{2{,}70}{27} = 0{,}10 \text{ mol}$

Analisando o ácido clorídrico: $n_{HCl} = [HCl] \text{ x } V_{solução} = 1{,}0 \text{ x } 0{,}500 = 0{,}500 \text{ mol.}$

Como a equação química apresenta 3 mol de ácido clorídrico, temos: $n_{HCl} = \frac{0{,}500 \text{ mol}}{3} = 0{,}167 \text{ mol}$
Observando e comparando o número de mol de cada reagente, conclui-se que o alumínio é o reagente limitante. Cálculo do volume de gás hidrogênio produzido:

1 mol de $Al_{(s)}$ --------- 3/2 mol de $H_{2(g)}$
n_{Al} ----------------------- n_{H2}
n_{H2} = 1,50 x n_{Al}

Considerando que o gás $H_{2(g)}$ apresenta comportamento ideal: $n_{H_2} = \frac{3}{2}.n_{Al}$

$$\frac{p.V_{H_2}}{R.T} = \frac{3}{2}.n_{Al}$$

$$\frac{1.V_{H_2}}{0{,}08206\,x\,298} = \frac{3}{2}x\frac{2{,}70}{27{,}0}$$

$$V_{H_2} = 3{,}67\ L$$

Questão 116

Alternativa D.

A questão leva em consideração uma mistura de mesmo soluto, sendo este soluto o ácido clorídrico. $HCl_{(1)} + HCl_{(2)} \rightarrow HCl_{(3)}$
$V_1 . N_1 + V_2 . N_2 = V_3 . N_3$

Equação (1): V_1 . 3,0 N + V_2 . 6,0 N = 1000 . 5,0 N
Equação (2): volumes são aditivos: $V_1 + V_2 = 1000$

Resolvendo o sistema de equações apresentadas acima, temos:

Equação (2), isolando V_2: $V_2 = 1000 - V_1$

Substituindo na equação (1):

V_1 x (3,0 N) + V_2 x (6,0 N) = 5000
3 x V_1 + (1000 – V_1) x 6,0 = 5000
3 x V_1 = 1000

V_1 = 333,33 cm^3
$V_2 = 1000 - V_1$ = 666,67 cm^3

Questão 117

Alternativa B.

A solução resultante deve estar eletricamente neutra ($\sum_{Carga(+)} + \sum_{Carga(-)} = 0$). Em 1,0 litro de solução, temos:
0,30 mol de íons Na^+ corresponde a 0,30 mol de cargas positivas
0,28 mol de íons Cl^- corresponde a 0,28 mol de cargas negativas
0,10 mol de íons $SO^{2-}{}_4$ corresponde a 0,20 mol de cargas negativas
x mol de íons Fe^{3+} corresponde a (3x) mol de cargas positivas

Logo:

Total de cargas positivas = (0,30 + 3.[Fe^{+3}]) mol
Total de cargas negativas = (0,28 + 0,20) mol
0,30 + 3. [Fe^{+3}] = 0,48

[Fe^{+3}] = 0,06 mol, para um volume de solução de 1,0 litro, a concentração da quantidade de matéria de cátions Fe^{3+} será igual a:

[Fe^{+3}] = (0,06 mol/ 1 L) = 0,06 $mol.L^{-1}$

Questão 118

Alternativa C.

A solução resultante deve estar eletricamente neutra ($\sum_{Carga(+)} + \sum_{Carga(-)} = 0$).

Em 1,0 litro de solução, temos:
Total de cargas positivas = [(0,170 . 2) + x.(+1)] $mol.L^{-1}$
Total de cargas negativas = [(0,120 . (-2)] + (0,300.(-1)] $mol.L^{-1}$

$\sum_{Carga(+)} + \sum_{Carga(-)} = 0$
[(0,170 . 2) + x.(+1)] + [(0,120 . (-2)] + (0,300.(-1)] = 0
x = - 0,340 + 0,240 + 0,300 = 0,200 mol.L^{-1}

Questão 119

Alternativa B.
A solução resultante deve estar eletricamente neutra ($\sum_{Carga(+)} + \sum_{Carga(-)} = 0$).

Em 1,0 litro de solução, temos:
Total de cargas positivas = (0,10 x 1) + (0,16 x 2) mol.L^{-1}
Total de cargas negativas = [(0,16 x (-1)] + [(-2).**x**] mol.L^{-1}

$\sum_{Carga(+)} + \sum_{Carga(-)} = 0$
(0,10.1) + (0,16.2) + [0,16.(-1)] + (-2.**x**) = 0
x = 0,13 mol.L^{-1}

Questão 120

Alternativa C.

Fórmula molecular do sulfato de sódio: Na_2SO_4
Fórmula molecular do nitrato de chumbo: $Pb(NO_3)_2$
Equação química: $Na_2SO_4 + Pb(NO_3)_2 \longrightarrow 2NaNO_3 + PbSO_4$

Cálculo da concentração da quantidade de matéria inicial (M_1) de nitrato de chumbo:
1 mol de $Pb(NO_3)_2$ --------- 1 mol de $PbSO_4$
n_1 ------------------------------- n_2
$n_1 = n_2$, em que: n_1 = número de mol de nitrato de chumbo e n_2 = número de mol de sulfato de chumbo.

$$[Pb(NO_3)_2]\ x\ V_1 = \frac{m_{PbSO_4}}{< MM >_{PbSO_4}}$$

$$[Pb(NO_3)_2]\ x\ 0{,}500 = \frac{3}{207 + 32 + 64}$$

$$[Pb(NO_3)_2] = 0{,}0198\frac{mol}{L}$$

Questão 121

Alternativa D.

Relação estequiométrica entre os reagentes químicos: $2HCl_{(aquoso)} + Ca(OH)_{2(aquoso)} \longrightarrow CaCl_{2(aquoso)} + 2H_2O_{(líquido)}$
2 mol de HCl ---------- 1 mol de $Ca(OH)_2$
n_{HCl} --------------------- $n_{Ca(OH)2}$
$n_{HCl} = 2\ x\ n_{Ca(OH)2}$

Cálculo do número de mol de ácido clorídrico, a partir da concentração da quantidade de matéria: $[HCl] = \frac{n_{HCl}}{V_{solução}}$

$n_{HCl} = 0{,}400\ x\ 2 = 0{,}800\ mol$

Através da equação química, para cada dois mol de ácido tem-se 0,400 mol de HCl, conclui-se que o reagente em excesso é o ácido clorídrico enquanto o hidróxido de cálcio é o reagente limitante.

Cálculo do número de mol do reagente em excesso: n_{HCl} = 0,800 mol – 0,200 mol = 0,600 mol

Cálculo da concentração da quantidade de matéria do ácido em excesso: $[HCl]_{excesso} = \frac{0,600}{2,0} = 0,300\,\frac{mol}{L}$

Equação de ionização do ácido clorídrico: $HCl_{(aquoso)} \longrightarrow H^+_{(aquoso)} + Cl^-_{(aquoso)}$
1 mol de $HCl_{(aq)}$ -------- 1 mol de $H^+_{(aq)}$
0,300 mol.L^{-1} ------------ $[H^+]$
$[H^+]$ = 0,300 mol.L^{-1}

Questão 122

Alternativa B.

Mistura de mesmo soluto: $NaOH_{(1)} + NaOH_{(2)} \longrightarrow NaOH_{(T)}$
$V_1 . M_1 + V_2 . M_2 = V_T . M_T$

Equação de mistura de mesmo soluto: (20 mL x 0,50) + (40 mL x 0,30) = (20 mL + 40 mL).M_T

$$M_{total} = \frac{(20 \text{ x } 0,50) + (40 \text{ x } 0,30)}{40 + 20}$$

Resolvendo a equação aritmética acima, temos: $M_{total} = 0,367\,\frac{mol}{L}$

Questão 123

Alternativa C.

Através do balanceamento pelo método redox (oxirredução) da reação química, a equação química vai ficar da seguinte maneira:
$6OH^-_{(aquoso)} + 3Cl_{2(gás)} \longrightarrow 5Cl^-_{(aquoso)} + ClO_3^-{}_{(aquoso)} + 3H_2O_{(líquido)}$

Cálculo do número de mol de hidróxido de sódio, a partir da relação estequiométrica:

6 mol de $OH^-_{(aq)}$ -------- 5 mol de $Cl^-_{(aq)}$
n_{OH^-}------------------------- n_{Cl^-}
$5 \text{ x } n_{OH^-} = 6 \text{ x } n_{Cl^-}$

$$n_{OH^-} = \frac{6 \text{ x } n_{Cl^-}}{5} = \frac{6 \text{ x } 2,50}{5} = 3,0 \text{ mol}$$

Para um volume de um litro, sua concentração da quantidade de matéria será a seguinte: $[OH^-] = \frac{n_{OH^-}}{V_{solução}} = \frac{3,0}{1,0} =$ $3,0 \text{ mol x } L^{-1}$

Questão 124

(GRILLO) Equação química da combustão do gás propano: $C_3H_{8(gás)} + 5O_{2(gás)} \longrightarrow 3CO_{2(gás)} + 4H_2O_{(líquido)}$. Pela relação estequiométrica, temos: $\frac{n_{C_3H_8}}{1} = \frac{n_{O_2}}{5}$

$$\frac{740 \text{ x } 2,0}{\cancel{R} \text{ x } 300} = \frac{750 \text{ x Volume}}{5 \text{ x } \cancel{R} \text{ x } 298}$$

$\text{Volume} = 9,80 \text{ L}$

Questão 125

(GRILLO) Equação química que corresponde ao processo de neutralização entre o ácido sulfúrico na presença de hidróxido de sódio: $H_2SO_{4\,(aquoso)} + 2NaOH_{(aquoso)} \longrightarrow Na_2CO_{3(aquoso)} + 2H_2O_{(líquido)}$

$2.\, n_{ácido} . (\%)_{pureza} = n_{base}$

$$(\%)_{pureza} = \frac{n_{base}}{2.\,n_{ácido}} = \frac{0{,}10 \text{ x } 42{,}30 \text{ x } 10^{-3}}{2 \text{ x} \frac{2{,}34}{98}} = 0{,}0886\ (8{,}86\%)$$

Questão 126

(GRILLO) Cálculo da concentração da quantidade de matéria de ácido sulfúrico a partir da normalidade: $[H_2SO_4] = \frac{N}{x} = \left(\frac{0{,}251}{2}\right)\frac{mol}{L}$

Equação química que corresponde ao processo de neutralização entre o ácido sulfúrico na presença de hidróxido de sódio:

$H_2SO_{4\,(aquoso)} + 2NaOH_{(aquoso)} \longrightarrow Na_2CO_{3(aquoso)} + 2H_2O_{(líquido)}$

$n_{base}.\,(\%)_{pureza} = 2.\,n_{ácido}$

$$(\%)_{pureza} = \frac{2 \text{ x} \frac{0{,}251}{2} \text{x } 41{,}6 \text{ x } 10^{-3}}{\frac{0{,}564}{40}} = 0{,}7405\ (74{,}05\ \%)$$

Questão 127

Alternativa B.

Item a) Cálculo da concentração da quantidade de matéria no estado inicial do carbonato de sódio (Na_2CO_3): $[Na_2CO_3] = \frac{31{,}80}{106 \text{ x } 1{,}0} = 0{,}300 \frac{mol}{L}$

Item b) Cálculo da concentração normal na solução final: $N = \frac{m_{soluto}}{eqg \text{ x } V_{solução}} = \frac{31{,}80}{\frac{106}{2} \text{x } 0{,}80} = 0{,}750 \frac{eqg}{L}$

Item c) Cálculo da concentração da quantidade de matéria final do carbonato de sódio: $[Na_2CO_3] = \frac{31{,}80}{106 \text{ x } 0{,}80} = 0{,}375 \frac{mol}{L}$

Item d) Cálculo da concentração normal final do carbonato de sódio: $N = \frac{m_{soluto}}{eqg \text{ x } V_{solução}} = \frac{31{,}80}{\frac{106}{2} \text{x } 0{,}80} = 0{,}750 \frac{eqg}{L}$

Questão 128

Alternativa A.

Dados da solução no estado 1: M_1 = 0,40 mol.L^{-1}; V_1 = 500 mL (0,50 L)

Dados da solução no estado 2: M_2 (mol.L^{-1}); V_2 = 1000 mL (1,00 L)

Cálculo da concentração da solução no estado 2: $M_1 \text{ x } V_1 = M_2 \text{ x } V_2$
$0{,}40 \text{ x } 0{,}50 = M_2 \text{ x } 1{,}0$
$M_2 = 0{,}20 \frac{mol}{L}$

Questão 129

Alternativa B.

Relação estequiométrica entre os dois reagentes: $HCl_{(aquoso)} + NaOH_{(aquoso)} \longrightarrow NaCl_{(aquoso)} + 2H_2O_{(líquido)}$
1 mol de HCl ----------- 1 mol de NaOH
n_{HCl} ----------------------- n_{NaOH}
$n_{HCl} = n_{NaOH}$

Cálculo do número de mol de HCl: $n_{HCl} = 5{,}0 \text{ x } 10^{-3} \text{ x } 50 \text{ x } 10^{-3} = 2{,}50 \text{ x } 10^{-4}$ mol

Cálculo do número de mol de NaOH: $n_{NaOH} = 5{,}0 \times 10^{-3} \times 50 \times 10^{-3} = 2{,}50 \times 10^{-4}$ mol

Conclusão: Como o número de mol tanto do ácido quanto da base são iguais, logo a solução resultante será neutra, ou seja, $[H^+] = [OH^-] = 10^{-7}$ mol.L^{-1} (pH = pOH = 7).

Questão 130

Alternativa B.

Item I) Falso. A introdução do gás diatômico de nitrogênio não vai influenciar no aumento da quantidade de dióxido de carbono dissolvido na água.

Item II) Verdadeiro. Injetando maior quantidade de dióxido de carbono, automaticamente haverá um aumento da pressão parcial do referido gás e consequentemente maior dissolução na água.

Item III) Verdadeiro. Injetando ou até mesmo substituindo ar por dióxido de carbono, automaticamente haverá um aumento da pressão parcial do referido gás e consequentemente maior dissolução na água.

Item IV) Falso. Não há influência sobre o processo termodinâmico.

Item V) Falso. Não há influência sobre o processo termodinâmico.

Questão 131

Alternativa D.

Analisando a primeira solução - nitrato de bário: $Ba(NO_3)_{2(aquoso)} \rightarrow Ba^{+2}_{(aquoso)} + 2NO_3^-{}_{(aquoso)}$

Cálculo da concentração da quantidade de matéria, $[NO_3^-]_1$:
1,0 mol de $Ba(NO_3)_{2(aq)}$ --------- 2 mol de $[NO_3^-{}_{(aq)}]_1$
0,100 mol.L^{-1} ---------------------- $[NO_3^-{}_{(aq)}]_1$
$[NO_3^-{}_{(aq)}]_1 = 0{,}200$ mol.L^{-1}

Analisando a segunda solução - nitrato de amônio: $NH_4NO_{3(aquoso)} \rightarrow NH_4^+{}_{(aquoso)} + NO_3^-{}_{(aquoso)}$

Cálculo da concentração da quantidade de matéria de nitrato, $[NO_3^-]_2$:
1,0 mol de $NH_4NO_{3(aq)}$ ---------- 1 mol de $[NO_3^-]_2$
0,400 mol.L^{-1} ---------------------- $[NO_3^-]_1$
$[NO_3^-]_1 = 0{,}400$ mol.L^{-1}

Cálculo do volume total: $V_T = V_1 + V_2 = 20$ mL + 30 mL = 50 mL

Cálculo da concentração da quantidade de matéria da solução final de nitrato, $[NO_3^-{}_{(aq)}]_T$:

$V_1 \times [NO_3^-]_1 + V_2 \times [NO_3^-]_1 = V_T \times [NO_3^-]_T$
20 $\cancel{mL}$.(0,200 mol.L^{-1}) + 30 $\cancel{mL}$.(0,400 mol.L^{-1}) = (20 + 30) $\cancel{mL}$.$[NO_3^-]_T$
$[NO_3^-]_T = 0{,}320$ mol.L^{-1}

Questão 132

Alternativa C.

Analisando a primeira solução de cloreto de sódio: $NaCl_{(aquoso)} \rightarrow Na^+{}_{(aquoso)} + Cl^-{}_{(aquoso)}$

Cálculo da massa de NaCl:
5,85 g de NaCl ---------- 100 mL de solução
m_{NaCl} --------------------- 200 mL de solução
$m_{NaCl} = 11.70$g

Cálculo da concentração da quantidade de matéria do cloreto de sódio, [NaCl]: $[\text{NaCl}] = \frac{11{,}70}{58{,}50 \text{ x } 0{,}20} = 1{,}0\,\frac{\text{mol}}{\text{L}}$

Cálculo da concentração da quantidade de matéria de íons cloreto: $NaCl_{(aquoso)} \longrightarrow Na^{+}_{(aquoso)} + Cl^{-}_{(aquoso)}$
1 mol de $NaCl_{(aq)}$ -------- 1 mol de $[Cl^{-}]_1$
1 $mol.L^{-1}$ ------------------- $[Cl^{-}]_1$
$[Cl^{-}]_1 = 1\ mol.L^{-1}$

Analisando a segunda solução de cloreto de cálcio: $CaCl_{2(aquoso)} \longrightarrow Ca^{+2}{}_{(aquoso)} + 2Cl^{-}_{(aquoso)}$
Cálculo da concentração da quantidade de matéria de cloreto de cálcio, $[CaCl_2]$: $[\text{CaCl}_2] = \frac{22{,}20}{111 \text{ x } 0{,}20} = 1{,}0\,\frac{\text{mol}}{\text{L}}$

Cálculo da concentração da quantidade de matéria do cloreto de cálcio: $CaCl_{2(aquoso)} \longrightarrow Ca^{+2}_{(aquoso)} + 2Cl^{-}_{(aquoso)}$

1 mol de $CaCl_{2\,(aq)}$ -------- 2 mol de $[Cl^{-}]_2$
1 $mol.L^{-1}$ --------------------- $[Cl^{-}]_2$
$[Cl^{-}]_2 = 2\ mol.L^{-1}$
Cálculo do volume total: $V_{Total} = V_1 + V_2 + V_{H2O}$ = 200 mL + 200 mL + 200 mL = V_T = 600 mL

Cálculo da concentração da quantidade de matéria de íons cloreto na mistura, $[Cl^{-}]_T$:

$V_1 \text{ x } [Cl^{-}]_1 + V_2 \text{ x } [Cl^{-}]_1 = V_T \text{ x } [Cl^{-}]_T$
200 mL x (1,0 $mol.L^{-1}$) + 200 mL x (2,0 $mol.L^{-1}$) = 600 mL x $[Cl^{-}]_T$
$[Cl^{-}]_T = 1{,}0\ mol.L^{-1}$

Questão 133

Alternativa E.

Analisando a primeira reação de neutralização (ácido nítrico + hidróxido de sódio ⟶): $HNO_{3(aquoso)} + NaOH_{(aquoso)} \longrightarrow NaNO_{3(aquoso)} + H_2O_{(líquido)}$

Cálculo do volume de ácido nítrico:
1,0 mol de HNO_3 --------- 1 mol de NaOH
n_{HNO3} ------------------------- n_{NaOH}
$n_{HNO3} = n_{NaOH}$

$$[\text{HNO}_3] \text{ x } V_{\text{solução}} = \frac{m_{\text{NaOH}}}{< \text{MM} >_{\text{NaOH}}}$$

$$0{,}10 \text{ x } V_{\text{solução}} = \frac{0{,}40}{40{,}0}$$

$$V_{\text{solução}} = 0{,}10 \text{ L } (100 \text{ mL})$$

Analisando a segunda reação de neutralização (ácido nítrico + hidróxido de bário ⟶): $2HNO_{3(aquoso)} + Ba(OH)_{2(aquoso)} \longrightarrow Ba(NO_3)_{2(aquoso)} + 2H_2O_{(líquido)}$

Cálculo do volume de ácido nítrico:
2,0 mol de HNO_3 ---------- 1 mol de $Ba(OH)_2$
n_{HNO3} ------------------------- n_{NaOH}
$n_{HNO3} = 2.n_{Ba(OH)2}$

$$[\text{HNO}_3] \text{ x } V_{\text{solução}} = 2 \text{ x} \frac{m_{\text{Ba(OH)}_2}}{< \text{MM} >_{\text{Ba(OH)}_2}}$$

$$0{,}10 \text{ x } V_{\text{solução}} = 2 \text{ x} \frac{1{,}71}{171}$$

$$V_{solução} = 0{,}20\ L\ (200\ mL)$$

Cálculo do volume total: $V_T = V_1 + V_2$ = 100 mL + 200 mL = 300 mL

Questão 134

Alternativa B.

Cálculo do volume de ácido nítrico, a partir da seguinte equação química: $Cl^-_{(aquoso)} + AgNO_{3(aquoso)} \rightarrow AgCl_{(sólido)} + NO_3^-{}_{(aquoso)}$

1,0 mol de $Cl^-_{(aq)}$ ------- 1 mol de $AgCl_{(aq)}$

n_{Cl^-} ------------------------- n_{AgCl}

$n_{Cl^-} = n_{AgNO3}$

$$[Cl^-]\ x\ V_{solução} = \frac{m_{AgCl}}{< MM >_{AgCl}}$$

$$[Cl^-]\ x\ 0{,}001 = \frac{0{,}287}{108 + 35{,}5}$$

$$[Cl^-] = 0{,}20\frac{mol}{L}$$

Questão 135

Alternativa D.

Cálculo da concentração da quantidade de matéria no estado inicial para o ácido diprótico: $[H_2X] = \frac{12{,}25}{0{,}50\ x\ <MM>_{H_2X}}$

Cálculo da massa molecular do ácido a partir da seguinte equação química: $H_2X_{(aquoso)} + 2KOH_{(aquoso)} \rightarrow K_2X_{(aquoso)} + 2H_2O_{(líquido)}$

1,0 mol de H_2X ---- 2 mol de KOH

n_a ---------------------- n_{KOH}

$2.n_{H2X} = n_{KOH}$

$$[KOH]\ x\ V_{KOH} = 2\ x\ [H_2X]\ x\ V_{solução}$$

$$1{,}00\ x\ 12{,}5 = 2\ x\ \frac{12{,}25}{0{,}50\ x < MM >_{H_2X}} x\ 25{,}0$$

$$< MM >_{H_2X} = 98{,}0\frac{g}{mol}$$

Questão 136

Alternativa B.

Fórmula molecular do sulfato cúprico penta-hidratado: $CuSO_4.5H_2O$.

Cálculo da concentração da quantidade de matéria do sulfato cúprico penta-hidratado: $[CuSO_4] = \frac{1{,}25}{249{,}50\ x\ 0{,}50} = 0{,}01\frac{mol}{L}$

Cálculo da concentração da quantidade de matéria de cada íon, a partir da dissociação do sulfato de cobre II: $CuSO_{4(aquoso)} \rightarrow Cu^{+2}_{(aquoso)} + SO_4^{-2}{}_{(aquoso)}$

1 mol de $CuSO_{4(aq)}$ ------- 1 mol de $Cu^{+2}_{(aq)}$ ------ 1 mol de $SO_4^{-2}{}_{(aq)}$

10^{-2} mol.L^{-1} ----------------- $[Cu^{+2}]$ ------------------- $[SO_4^{-2}]$

$[Cu^{+2}] = 10^{-2}$ mol.L^{-1}

$[SO_4^{-2}] = 10^{-2}$ mol.L^{-1}

Soma das concentrações das quantidades de matéria dos íons: $[Cu^{+2}] + [SO_4^{-2}]$

$[Cu^{+2}] + [SO_4^{-2}] = 10^{-2}$ mol.L^{-1} + 10^{-2} mol.L^{-1}

$[Cu^{+2}] + [SO_4^{-2}] = 2.10^{-2}$ mol.L^{-1}
$[Cu^{+2}] + [SO_4^{-2}] = 20.10^{-3}$ mol.L^{-1}
$[Cu^{+2}] + [SO_4^{-2}] = 20$ mmol.L^{-1}

Questão 137

Alternativa D.

Analisando a solução de sulfato de sódio: $Na_2SO_{4(aquoso)} \rightarrow 2Na^+_{(aquoso)} + SO^{-2}_{4(aquoso)}$
1 mol de Na_2SO_4 ------------------ 2 mol de Na^+
0,10 mol.L^{-1} de Na_2SO_4 ---------- $[Na^+]$
$[Na^+] = 0,20$ mol.L^{-1}

Analisando a solução de fosfato de sódio: $Na_3PO_{4(aquoso)} \rightarrow 3Na^+_{(aquoso)} + PO^{-3}_{4(aquoso)}$
1 mol de Na_3PO_4 ------------------ 3 mol de Na^+
0,30 mol.L^{-1} de Na_3PO_4 --------- $[Na^+]$
$[Na^+] = 0,90$ mol.L^{-1}

Analisando a solução de sódio final: $[Na^+]_1.V_1 + [Na^+]_2.V_2 = [Na^+]_T.V_T$
$[0,20 \times 20] + [0,90 \times 50] = [Na^+]_T \times 70$
$[Na^+]_T = 0,70$ mol.L^{-1}

Questão 138

Alternativa E.

Cálculo da concentração da quantidade de matéria de íons cloreto do KCl: $KCl_{(aquoso)} \longrightarrow K^+_{(aquoso)} + Cl^-_{(aquoso)}$
1 mol de KCl --------- 1 mol de Cl^-
0,10 mol.L^{-1} ---------- $[Cl^-]$
$[Cl^-]_1 = 0,10$ mol.L^{-1}
Cálculo da concentração da quantidade de matéria de íons cloreto do $MgCl_2$: $MgCl_{2(aquoso)} \longrightarrow Mg^{+2}_{(aquoso)} + 2Cl^-_{(aquoso)}$
1 mol de $MgCl_2$ -------- 2 mol de Cl^-
0,20 mol.L^{-1} ------------- $[Cl^-]$
$[Cl^-]_2 = 0,40$ mol.L^{-1}

Cálculo da concentração da quantidade de matéria de íons cloreto do NaCl: $NaCl_{(aquoso)} \longrightarrow Na^+_{(aquoso)} + Cl^-_{(aquoso)}$
1 mol de NaCl --------- 1 mol de Cl^-
0,50 mol.L^{-1} ------------ $[Cl^-]$
$[Cl^-]_3 = 0,50$ mol.L^{-1}

Cálculo da concentração da quantidade de matéria de íons cloreto da solução final: $[Cl^-]_1.V_1 + [Cl^-]_2.V_2 + [Cl^-]_3.V_3 = [Cl^-]_T.V_T$

(0,10 mol.L^{-1}).200 mL + (0,40 mol.L^{-1}).300 mL + (0,50 mol.L^{-1}).200 mL = $[Cl^-]_F$.(200 mL + 300 mL + 200 mL)

$$[Cl^-] = \frac{20 + 120 + 100}{700} = 0,34 \frac{mol}{L}$$

Questão 139

A partir da equação matemática da concentração da quantidade de matéria, o volume da solução é calculado da seguinte maneira:

$$V_{solução} = \frac{1,12}{56 \times 0,20} = 0,10 \text{ L}$$

Questão 140

Cálculo da concentração da quantidade de matéria do ácido sulfúrico: $[H_2SO_4] = \frac{0{,}10}{2} = 0{,}05\,\frac{mol}{L}$

Equação de ionização completa do ácido sulfúrico: $H_2SO_{4(aquoso)} \rightarrow 2H^+_{(aquoso)} + SO^{-2}_{4(aquoso)}$

Pela relação estequiométrica, temos:
$1\ mol - - - - -\ 2\ mol\ de\ H^+$
$0{,}05\,\frac{mol}{L}\ - - - -\ [H^+]$
$[H^+] = 0{,}10\,\frac{mol}{L}\,x\,0{,}50\ L = 0{,}05\ mol$

Cálculo do número de mol de íons: $0{,}05\ mol\ x\,\frac{6{,}02\ x\ 10^{23}}{1\ mol} = 3{,}01\ x\ 10^{22}$

Questão 141

Alternativa C.

Cálculo da concentração da quantidade de matéria do ácido sulfúrico no estado inicial: $[H_2SO_4] = \frac{10\ x\ 1{,}83\ x\ 93}{98} = 17{,}37\,\frac{mol}{L}$

Cálculo da concentração da quantidade de matéria do ácido sulfúrico no estado final: $[H_2SO_4] = \frac{2}{2} = 1{,}0\,\frac{mol}{L}$

Cálculo do volume da solução no estado inicial: $17{,}37\ x\ V_{solução} = 1{,}0\ x\ 200$
$V_{solução} = 11{,}52\ mL$

Questão 142

Alternativa B.

Cálculo da massa de solvente:
$1\ kg\ de\ solvente - - - -\ 2\ 174\ mol\ de\ ácido$
$Massa - - - - - - - -\ 2{,}0\ mol\ de\ ácido$
$Massa = 0{,}92\ kg\ (920\ g)$

Cálculo da massa de ácido acético, a partir da concentração da quantidade de matéria: $Massa = 2{,}0\ x\ 60 = 120\ g$

Cálculo da massa total: $Massa = 120 + 920 = 1040\ g$

Cálculo da densidade da solução: $d = \frac{Massa}{Volume} = \frac{1040\ g}{1\ L}\,x\,\frac{1\ L}{1000\ mL} = 1{,}04\,\frac{g}{mL}$

Questão 143

Dados do problema:

1,12 g de solução --- 1 mL de solução
1 kg de solvente ----- 5,0 mol de soluto

Fórmula molecular do ácido etanoico = $C_2H_4O_2$
Cálculo da massa de soluto: $Massa = 5\ x\ 60 = 300\ g$
Cálculo da massa de solução: $Massa = 300\ g + 1000\ g = 1300\ g$
Cálculo do volume da solução:
1,12 g de solução ----- 1 mL
1300 g de solução ---- Volume
Volume = 1160,70 mL (1,16 L)

Cálculo da concentração da quantidade de matéria para a solução de ácido sulfúrico: $[H_2SO_4] = \frac{5{,}0}{1{,}16} = 4{,}31\,\frac{mol}{L}$

Questão 144

Dados do problema:

1,025 g de solução --- 1 mL de solução
1 L de solução --------- 8,0 mol de soluto
Fórmula molecular do etanol = C_2H_6O

Cálculo da massa da solução:
1,025 g de solução ----- 1 mL
Massa de solução ------- 1000 mL
Massa de solução = 1025 g

Cálculo da massa de soluto: $\text{Massa} = 8 \text{ x } 46 = 368 \text{ g}$
Cálculo da massa de solvente: $\text{Massa} = 1025 \text{ g} - 368 \text{ g} = 657 \text{ g}$
Cálculo da molalidade: $\mathcal{M} = \frac{8,0}{0,657} = 12,17 \frac{\text{mol}}{\text{kg}}$

Questão 145

(CONCURSO PÚBLICO FEDERAL - CENTRO FEDERAL DE EDUCAÇÃO TECNOLÓGICA DE QUÍMICA DE NILÓPOLIS – RJ) Alternativa A.

Cálculo da concentração da quantidade de matéria de ácido clorídrico para a situação inicial:

$$[\text{HCl}]_{\text{início}} = \frac{10 \text{ x d x } (\%)}{< \text{MM} >_{\text{HCl}}} = \frac{10 \text{ x } 1,19 \text{ x } 37}{36,50} = 12,06 \frac{\text{mol}}{\text{L}}$$

Cálculo do volume da solução inicial: $12,06 \frac{\text{mol}}{\text{L}} \text{x } V_{\text{solução}} = 2,50 \text{ x } 3,0$

$V_{\text{solução}} = 0,622 \text{ L}$

Questão 146

(CONCURSO PÚBLICO ESTADUAL – ENGENHEIRO QUÍMICO) Alternativa D.

A partir da relação estequiométrica entre a solução de ácido clorídrico com a solução de cloreto de metal: Metal + $2HCl_{(aquoso)} \longrightarrow MeCl_{2(aquoso)} + H_{2(gás)}$
2 mol de HCl ----- 1 mol de $MeCl_2$
$n_{ácido}$ ---------------- n_{sal}
Cálculo da massa atômica do metal: $20 \text{ x } 10^{-3} \text{ x } 6,20 \text{ x } [< \text{MM} >_{\text{metal}} + 71] = 11,80$

$< \text{MM} >_{\text{metal}} = 95,16 - 71 = 25,16 \frac{\text{g}}{\text{mol}}$. Para esta massa atômica, o elemento metálico trata-se do magnésio.

Questão 147

Alternativa D.

Cálculo da massa de água, para transformar a solução de 25% para 10%.

$$\frac{25}{100 + m_{\text{água}}} = \frac{10}{100}$$

$m_{\text{água}} = 150\text{g}$

Determinação e cálculo da proporção: $m_{\text{solução}} = \frac{150 \text{ m}}{100} = \frac{15\text{m}}{10}$

Questão 148

(GRILLO) A partir da mistura para o mesmo soluto: $0{,}80.V_1 + 1{,}20.V_2 = (V_1 + V_2).0{,}90$

$$0{,}80.V_1 - 0{,}90.V_1 = 0{,}90.V_2 - 1{,}20.V_2$$

$$-0{,}10.V_1 = -0{,}30.V_2$$

$$\frac{V_1}{V_2} = 3{,}0$$

Questão 149

Alternativa B.

Equação química que corresponde a neutralização entre a solução de ácido sulfúrico com a solução de carbonato de sódio:

$H_2SO_{4(aquoso)} + Na_2CO_{3(aquoso)} \rightarrow Na_2SO_{4(aquoso)} + H_2O_{(líquido)} + CO_{2(gás)}$

Pela proporção estequiométrica, temos:

1 mol de $H_2SO_{4(aquoso)}$ ---- 1 mol de $Na_2CO_{3(aquoso)}$
$n_{ácido}$ --------------------------- n_{sal}

$$n_{ácido} = n_{sal}$$

$$[H_2SO_4] \text{ x } V_{solução} = \frac{m_{sal}}{< MM >_{sal}}$$

$$\frac{490}{98 \text{ x } 1} \text{x } 0{,}20 = \frac{m_{sal}}{106}$$

$$m_{sal} = 106 \text{ g}$$

Questão 150

(GRILLO) Equação química: $H_2X_{(aquoso)} + 2NaOH_{(aquoso)} \rightarrow Na_2X_{(aquoso)} + 2H_2O_{(líquido)}$

$$2 \text{ x } n_{ácido} = n_{base}$$

$$2 \text{ x } 20 \text{ x } [ácido] = 40 \text{ x } 0{,}10$$

$$[ácido] = \frac{4{,}0}{40} = 0{,}10 \frac{mol}{L}$$

Questão 151

Alternativa E.

A dispersão coloidal de sulfeto de arsênio em água caracteriza um coloide tipo sol negativo, cuja desestabilização se dá pela adição de íons de carga positiva. Uma vez que os quatro sais relacionados são solúveis em água, todos irão desestabilizar a dispersão coloidal. A desestabilização será mais intensa com o nitrato de alumínio, por apresentar o cátion de maior carga positiva.

Questão 152

(GRILLO) Equação química: $2HCl_{(aquoso)} + Ca(OH)_{2(aquoso)} \rightarrow CaCl_{2(aquoso)} + 2H_2O_{(líquido)}$

A relação estequiométrica entre o ácido clorídrico com a sucção alcalina é: $n_{ácido} = 2 \text{ x } n_{base}$

Cálculo do volume da solução para a solução alcalina: $0{,}010 \text{ x } 100 = 2{,}0 \text{ x } 0{,}020 \text{ x } V_{solução}$

$$V_{solução} = 25{,}0 \text{ mL}$$

Questão 153

(GRILLO) Equação química: $H_2SO_{4(aquoso)}$ + $2NaOH_{(aquoso)}$ ⟶ $Na_2SO_{4\ (aquoso)}$ + $2H_2O_{(líquido)}$. Pela relação estequiométrica, a relação entre a solução de ácido sulfúrico com a solução de hidróxido de sódio: $2 \text{ x } n_{ácido} = n_{base}$

$$2 \text{ x } 0{,}001 \text{ x } 1{,}0 = \frac{m_{base}}{40}$$

$$m_{base} = 0{,}08 \text{ g}$$

Questão 154

(CONCURSO PÚBLICO FEDERAL – INSTITUTO FEDERAL) Alternativa D.
Cálculo da concentração da quantidade de matéria da solução aquosa de ácido nítrico:

$$[HNO_3] = \frac{10 \text{ x } 1{,}35 \text{ x } 60}{63} = 12{,}86 \frac{\text{mol}}{\text{L}}$$

Questão 155

(CONCURSO PÚBLICO FEDERAL – INSTITUTO FEDERAL) Alternativa B.

Equação química: $Na_2CO_{3(aquoso)}$ + $2HCl_{(aquoso)}$ ⟶ $2NaCl_{(aquoso)}$ + $H_2O_{(líquido)}$ + $CO_{2(gás)}$
1 mol de sal ------ 2 mol de ácido
n_{sal} ------------------ $n_{ácido}$

$$2 \text{ x} \frac{m_{sal}}{< MM >_{sal}} = [HCl] \text{ x } V_{solução}$$

$$2 \text{ x} \frac{0{,}106}{106} = 10 \text{ x } 10^{-3} \text{ x } [HCl]$$

$$[HCl] = 0{,}20 \frac{\text{mol}}{\text{L}}$$

Questão 156

Cálculo da massa de água para 1,0 litro de solução:
1000 kg de H_2O ------ 1000 dm^3
Massa ------------------- 1,0 dm^3
Massa de água = 1,0 kg

Cálculo do número de mol de água: $n = \frac{1000 \text{ g}}{18 \frac{\text{g}}{\text{mol}}} = 55{,}56 \text{ mol}$

Para um litro de solução, a concentração da quantidade de matéria é igual a 1,0 mol x L^{-1}.

Questão 157

(GRILLO) Alternativa C.

Equação química: $2HCl_{(aquoso)}$ + $Me(OH)_{2(aquoso)}$ ⟶ $MeCl_{2(aquoso)}$ + $H_2O_{(líquido)}$, em que Me trata-se do metal alcalino terroso (grupo 2). Diante disso, a alternativa E pode ser descartada pelo fato da prata não estar no grupo 2 da tabela periódica.

Pela relação estequiométrica, temos:
2 mol de ácido ---- 1 mol de base
$n_{ácido}$ ----------------- n_{base}
$n_{ácido}$ = 2 x n_{base}

$$[HCl] \text{ x } V_{solução} = 2 \text{ x} \frac{m_{base}}{< MM >_{sal}}$$

$$< MM >_{sal} = \frac{0{,}001 \text{ x } 0{,}50 \text{ x } 100}{2 \text{ x } 1{,}85} = 74 \frac{g}{mol}$$

Questão 158

(GRILLO) Dissociação do sulfato de alumínio: $Al_2(SO_4)_{3(aquoso)} \rightarrow 2Al^{+3}_{(aquoso)} + 3SO^{-2}_{4(aquoso)}$

Cálculo do fator de Van´t Hoff: $i = 1 + (5 - 1) \text{ x } 0{,}80 = 4{,}20$

Cálculo do número de partículas dissolvidas levando em consideração que a concentração da quantidade de matéria seja igual a 0,10 mol x L^{-1} em um volume de 1,0 litro.

$N = 4{,}20 \text{ x } 0{,}10 \text{ x } 1{,}0 \text{ x } 6{,}02 \text{ x } 10^{23} \text{ moléculas} = 2{,}53 \text{ x } 10^{23}$

Questão 159

(GRILLO) Cálculo da fração molar da água: $X_{ácido} + X_{água} = 1$

$0{,}20 + X_{água} = 1$

$X_{água} = 0{,}80$

Sabendo que a densidade da água à 4°C é igual a 1,0 g/cm³, temos:

10^{-3} dm³ -------- 1,0 g

1,0 L ------------ massa

Massa = 1000 g

Cálculo do número de mol de água: $n_{água} = \frac{1000}{18} = 55{,}56 \text{ mol}$

Cálculo do número de mol do ácido a partir da fração molar da água: $X_{água} = \frac{n_{água}}{n_{água} + n_{ácido}}$

$$0{,}80 = \frac{55{,}56}{55{,}56 + n_{ácido}}$$

$n_{ácido} = 13{,}89 \text{ mol}$

Cálculo da molalidade: $\mathcal{M} = \frac{13{,}89 \text{ mol}}{1{,}0 \text{ kg}} = 13{,}89 \frac{mol}{kg}$

Questão 160

Alternativa D.

Dos compostos apresentados o que não apresenta condução elétrica trata-se da alternativa D, metanol. Este composto é molecular e apresenta baixa condutividade elétrica.

Questão 161

Alternativa B.

O material que apresenta baixa condutividade elétrica trata-se do brometo de potássio, uma vez que este material se encontra no estado sólido, ou seja, puro.

Questão 162

(GRILLO) Cálculo do volume final, levando em consideração a relação: $N_{inicial} \text{ x } V_{inicial} = N_{final} \text{ x } V_{final}$

$3{,}0 \text{ x } 250 = 2{,}50 \text{ x } V_{final}$

$V_{final} = 300 \text{ cm}^3$

Cálculo do volume de água: $V_{água} = 300 \text{ cm}^3 - 250\text{cm}^3 = 50\text{cm}^3$

Questão 163

(GRILLO) Cálculo da concentração normal da solução final, levando em consideração a seguinte relação: $(NaOH)_1 + (NaOH)_2 = (NaOH)_{final}$
$2,0 \times 250 + 0,50 \times 200 = 450 \times N_{final}$
$N_{final} = 1,33 \text{ N}$

Questão 164

Alternativa E.

A alternativa que apresenta o composto que não conduz boa eletricidade, trata-se da molécula orgânica propanona. Esta molécula se caracteriza por ser um composto oxigenado que se trata de uma cetona.

Questão 165

Alternativa A.

Equação de dissociação do sulfato de alumínio: $Al_2SO_{4(sólido)} \rightarrow 2Al^{+3}_{(aquoso)} + 3SO^{-2}_{4(aquoso)}$

Para a resolução do problema, será necessário calcular o fator de correção de Van´t Hoff.

Cálculo do fator de Van't Hoff: $i = 1 + (5 - 1).0,66 = 3,64$

Número de partículas dispersas: $3,64 \times 6,02 \times 10^{23} = 2,19 \times 10^{24}$

Questão 166

Alternativa A.

Cálculo da concentração da quantidade de matéria do ácido nítrico inicial: $[HNO_3] = \frac{10 \times 65 \times 1,39}{63} = 14,34 \frac{mol}{L}$

Cálculo do volume para a situação inicial: $14,34 \times V_{solução} = 1,0 \times 0,50$
$V_{solução} = 3,49 \times 10^{-2} \text{ L } (34,9 \text{ mL})$

Questão 167

(GRILLO) Cálculo da concentração da quantidade de matéria da solução concentrada de ácido sulfúrico: $[H_2SO_4] = \frac{n_{soluto}}{V_{solução}} = \frac{10 \times 90 \times 1,81}{98} = 16,62 \frac{mol}{L}$

Questão 168

(GRILLO) Cálculo da concentração normal da solução final, levando em consideração a seguinte relação:

$(NaOH)_1 + (NaOH)_2 = (NaOH)_{final}$

$2,0 \times 4,0 + 12,0 \times 0,50 = 16 \times [NaOH]_{final}$

$[NaOH]_{final} = 0,875 \frac{mol}{L}$

Questão 169

(GRILLO) Equação química entre sais terá a formação de outros sais, ou seja: $sal_{(1)} + sal_{(2)} \longrightarrow sal_{(3)} + sal_{(4)}$. Cabe ressaltar que a reação entre sais se caracteriza como sendo classificada como reação de dupla troca. Equação química: $KCl_{(aquoso)} + AgNO_{3(aquoso)} \longrightarrow KNO_{3(aquoso)} + AgCl_{(ppt)}$

Cálculo da concentração da quantidade de matéria do cloreto de potássio: $[KCl] = \frac{1,40}{74,50 \times 0,250} = 7,52 \times 10^{-2} \frac{mol}{L}$

Chamando o cloreto de potássio de sal (1) e o nitrato de prata de sal (2): $n_{sal_1} = n_{sal_2}$

$1{,}52 \text{ x } 10^{-2} \text{ x } 25{,}0 \text{ mL} = 20{,}0 \text{ mL x } [AgNO_3]$

$[AgNO_3] = 9{,}39 \text{ x } 10^{-2} \frac{\text{mol}}{\text{L}}$

Questão 170

(GRILLO) A partir da equação química apresentada: $NaCl_{(aquoso)} + AgNO_{3(aquoso)} \rightarrow NaNO_{3(aquoso)} + AgCl_{(ppt)}$. A partir da relação estequiométrica, temos:

58,5 g ---------- 143,50 g
Massa --------- 7,10 g
Massa = 2,89 g

Cálculo do percentual de cloreto de sódio na amostra: $\frac{2{,}89 \text{ g}}{3{,}0 \text{ g}} = 0{,}9648 \ (96{,}48\%)$

Questão 171

Alternativa D.

Equação química que corresponde a neutralização entre um ácido e uma base: $H_3PO_{3(aquoso)} + 3KOH_{(aquoso)} \rightarrow K_3PO_{3(aquoso)} + H_2O_{(líquido)}$. A partir da relação estequiométrica, temos:

1 mol ------- 3,0 mol
$n_{ácido}$ -------- n_{base}
$n_{base} = 3 \text{ x } n_{ácido}$

$0{,}10 \text{ x Volume} = 3 \text{ x } 0{,}10 \text{ x } 20$
$\text{Volume} = 60 \text{ mL}$

Questão 172

Alternativa D.
O processo de aerossol é um tipo de dispersão que apresenta a água no estado líquido e o dióxido de carbono no estado gasoso. Cabe ressaltar que a estas fases químicas é possível sim observar a olho nu esta espuma esbranquiçada. Além disso, dispersões são sistemas nos quais uma substância está disseminada sob a forma de pequenas partículas, na presença de uma segunda substância.

Questão 173

Alternativa D.
Sistemas coloidais estão muito relacionados diretamente ao tamanho de seu particulado que compreende entre 10Å e 1000Å. Dentre os materiais apresentados, os sistemas coloidais são os seguintes:
I) Creme de leite;
II) Maionese comercial;
V) Poliestireno expandido.

Questão 174

(ENADE) Alternativa E.
Os dois líquidos que irão apresentar de forma aproximada volumes finais próximos da soma dos volumes individuais, uma vez que o volume é uma propriedade termodinâmica aditiva, trata-se dos compostos orgânicos benzeno e tolueno, uma vez que são dois compostos que apresentam as mesmas forças intermoleculares e apolares. Os compostos que apresentam maiores desvios com relação à aditividade são a água e etanol e água e ácido sulfúrico.

Questão 175

(CONCURSO PÚBLICO FEDERAL - PETROBRAS) Alternativa B.
Cálculo da concentração da quantidade de matéria de hidroxila para cada base mencionada pelo problema. Equação de dissociação para cada base:

$NaOH_{(aquoso)} \rightarrow Na^+_{(aquoso)} + OH^-_{(aquoso)}$

$KOH_{(aquoso)} \rightarrow K^+_{(aquoso)} + OH^-_{(aquoso)}$

- Para a soda cáustica: $[NaOH] = [OH^-] = 0{,}100\frac{mol}{L}$
- Para a potassa cáustica: $[KOH] = [OH^-] = 0{,}200\frac{mol}{L}$

Cálculo da concentração da quantidade de matéria de hidroxila no estado final: $0{,}100\frac{mol}{L} \times 20 + 0{,}200\frac{mol}{L} \times 30 = [OH^-]_{mistura} \times 50$

$[OH^-]_{mistura} = 0{,}16\frac{mol}{L}$

Equação química: $HCl_{(aquoso)}$ + (mistura de bases) →

$0{,}16\frac{mol}{L} \times 50 = 0{,}400 \times V_{solução}$

$V_{solução} = 20\ mL$

Questão 176

(CONCURSO PÚBLICO FEDERAL - PETROBRAS) Alternativa A.

Cálculo da concentração da quantidade de matéria para a solução de ácido clorídrico:
$[HCl]_{início} = \frac{10 \times d \times (\%)}{<MM>_{HCl}} = \frac{10 \times 1{,}19 \times 36{,}50}{36{,}50} = 11{,}9\frac{mol}{L}$
Cálculo do volume da solução inicial: $11{,}9\frac{mol}{L} \times V_{solução} = 500 \times 0{,}10$
$V_{solução} = 4{,}20\ mL$

Questão 177

(CONCURSO PÚBLICO FEDERAL - PETROBRAS) Alternativa C.
A neblina se caracteriza como um aerossol líquido-gás, em que o disperso é o líquido e o dispersante é o gás.
Item a) A margarina é uma emulsão plástica
Item b) A poeira é um aerossol sendo o disperso um sólido e o dispersante o gás
Item d) O leite é uma emulsão líquido-líquido
Item e) O isopor é um tipo de espuma sólida

Questão 178

Alternativa D.
Cálculo da concentração comum: C = 10.d.(%) = 10 x 0,90 x 29 = 261 $g.L^{-1}$
Cálculo da concentração da quantidade de matéria (M): $M = \frac{261}{17{,}02} = 15{,}35\frac{mol}{L}$
Cálculo do volume inicial: $M_{início} \times V_{início} = M_{final} \times V_{final}$
$15{,}35 \times V_{início} = 5{,}0 \times 400$

$V_{início} = 130{,}27\ mL$

Questão 179

Alternativa D.

Como 2 prótons do ácido são dissociáveis, logo há uma relação estequiométrica de dois mols de ácido para 1 mol de base. $2 \times n_{ácido} = n_{base}$

$2 \times (M_{ácido}.V_{solução}) = M_{ácido} \times V_{solução}$

$$2\,x\left(\frac{m_{ácido}}{< MM >_{ácido}.\,V_{solução}}\right) x\,V_{solução} = M_{ácido}\,x\,V_{solução}$$

$$2\,x\left(\frac{12{,}25}{< MM >_{ácido}.\,0{,}500}\right) x\,25 = 1{,}0\,x\,12{,}5$$

$< MM >_{ácido} = 98\ g.mol^{-1}$. Para esta massa molar, o composto inorgânico trata-se de um ácido do tipo oxiácido, com nomenclatura: ácido sulfúrico (H_2SO_4).

Questão 180

Alternativa B.

Cálculo da concentração comum no estado inicial (C_1): C_1 = 10.d.(%)
C_1 = 10 x 0,809 x 95
C_1 = 768,55 g,mL^{-1}

Cálculo da concentração comum no estado inicial (C_2): C_2 = 10.d.(%)
C_2 = 10 x 0,957 x 30
C_2 = 287,1 g,mL^{-1}

Cálculo do volume no estado inicial (V_1): $C_1 \times V_1 = C_2 \times C_2$

$$V_1 = \frac{287{,}10\ x\ 250}{768{,}55} = 93{,}39\ mL$$

Questão 181

Alternativa B.

O problema leva em consideração resolver e preparar uma solução de soda cáustica. Processo de diluição: $\underbrace{[NaOH]\ x\ V_{solução}}_{início} =$ $\underbrace{[NaOHl]\ x\ V_{solução}}_{final}$

$$[NaOH]\ x\ V_{solução} = [NaOH]\ x\ V_{solução}$$

$$5{,}0\ x\ V_{solução} = 0{,}20\ x\ 500$$

$$V_{solução} = 20\ mL$$

Para o preparo desta solução alcalina em um balão de 500 mL, será necessário adicionar 20 mL de solução básica e completar o volume do balão até completar os 500 mL, ou seja, completando com 480 mL de água deionizada.

Questão 182

Alternativa E.

I) Falso. A molécula de sacarose é polar, uma vez que em sua estrutura há interações intermoleculares do tipo ligação hidrogênio.
II) Falso. Como a molécula de sacarose é polar e a de benzeno apolar, sua solubilidade na presença de benzeno é bastante baixa.
III) Falso. A partir de uma quantidade (mol) de sacarose há a formação de um mol de glicose e um mol de frutose.
IV) Verdadeiro. Pelo fato de a sacarose pertencer à família dos açúcares, trata-se de uma molécula orgânica que apresenta diminuta condutividade térmica e elétrica.
V) Verdadeiro. A molécula apresenta esta característica por apresenta um carbono quiral.

CAPÍTULO V – Estudo das Propriedades Coligativas

EXEMPLO APLICATIVO

Exemplo Aplicativo I

(GRILLO)

a) A partir da solução de cloreto de sódio, pela dissolução de uma massa igual a 25,0 g na presença de 350 g de água, calcule a concentração molal.

b) Determine a massa de soda cáustica quando são misturados 355 g de água para que tenha uma concentração molal igual a 0,165 mol x kg^{-1}.

Resolução

Item a) Aplicando a equação da concentração molal, temos: $\mathcal{M} = \frac{\frac{m_{soluto}}{<MM>_{soluto}}}{m_{solvente}^{(kg)}}$

$$\mathcal{M} = \frac{\frac{m_{soluto}}{< MM >_{soluto}}}{m_{solvente}^{(kg)}} = \frac{\frac{25{,}0\ g}{58{,}0\frac{g}{mol}}}{0{,}350\ kg} = 1{,}23\frac{mol}{kg}$$

Item b) Aplicando a equação da concentração molal, temos: $\mathcal{M} = \frac{\frac{m_{soluto}}{<MM>_{soluto}}}{m_{solvente}^{(kg)}}$

$$0{,}165 = \frac{\frac{m_{soluto}}{40{,}0}}{0{,}355\ kg}$$

$$m_{soluto} = 2{,}34\ g$$

Exemplo Aplicativo II

A 20°C a pressão de vapor da água apresenta uma pressão igual a 17,54 mmHg. Foram dissolvidos 114 gramas de sacarose em 1000 gramas de água, o que ocasionou em uma diminuição da pressão de vapor em 0,11 mmHg. A partir desta informação, determine a massa molecular deste soluto.

Resolução

Informações do problema:
Pressão de vapor da água pura (p°) = 17,54 mmHg
Massa do soluto (sacarose) = 114 g
Massa do solvente (água) = 1000 g
Variação da pressão absoluta (Δp) = 0,11 mmHg
Cálculo do número de mol de sacarose: $n_{sacarose} = \frac{114}{<MM>}$
Cálculo do número de mol de solvente: $n_{solvente} = \frac{1000}{18} = 55{,}56\ mol$

Através do processo coligativo tonoscópico: $\frac{\Delta p}{p^0} = X_{soluto}$

$$\frac{\Delta p}{p^0} = \frac{n_{soluto}}{n_{soluto} + n_{solvente}}$$

$$\frac{0{,}11}{17{,}54} = \frac{\frac{114}{< MM >}}{\frac{114}{< MM >} + 55{,}56}$$

$$< MM > = 340\ g, mol^{-1}$$

Exemplo Aplicativo III

Quantos gramas de sacarose ($C_{12}H_{22}O_{11}$) devem ser adicionados em 320g de água para baixar a pressão de vapor de 1,5 mm Hg a 25°C? A pressão de vapor da água a 25°C é 23,8 mm Hg.

Resolução

Informações do problema:
Pressão de vapor da água pura (p°) = 23,8 mmHg
Massa do soluto (sacarose) = ?
Massa do solvente (água) = 320 g

Determinação da expressão do número de mol de sacarose: $n_{sacarose} = \frac{massa}{342}$

Através do processo coligativo tonoscópico: $\frac{\Delta p}{p^0} = K_t \, x \, \mathcal{M} \, x \, 1$

$$\frac{23{,}8 - 22{,}3}{23{,}8} = \frac{18}{1000} x \frac{\frac{massa}{342}}{0{,}32} x \, 1$$

$$massa = 383{,}19 \text{ g}$$

Exemplo Aplicativo IV

A reação entre metano e cloro produz uma mistura dos solventes industriais clorofórmio, $CHCl_3$, e diclorometano, CH_2Cl_2, no estado líquido. Após a reação, devido à diferença em suas pressões de vapor, são separados por destilação fracionada. A 25°C, as pressões de vapor dos solventes puros são 205 mm Hg e 415 mm Hg para o $CHCl_{3(l)}$ e o $CH_2Cl_{2(l)}$, respectivamente.
a) Qual a pressão de vapor de uma mistura que contém 15,0 g de $CHCl_{3(l)}$ e 37,5 g de $CH_2Cl_{2(l)}$ a 25°C?
b) Qual dos solventes, nesta mistura entra em ebulição primeiro? Justifique sua resposta.

Resolução

Item a)
Cálculo do número de mol de clorofórmio: $n_1 = \frac{15}{119{,}5} = 0{,}125 \text{ mol}$

Cálculo do número de mol de diclorometano: $n_2 = \frac{37{,}5}{85} = 0{,}442 \text{ mol}$

Cálculo da fração molar de clorofórmio: $X_1 = \frac{0{,}125}{0{,}125 + 0{,}442} = 0{,}220 \text{ mol}$
Cálculo da fração molar de diclorometano: $X_2 = \frac{0{,}442}{0{,}442 + 0{,}125} = 0{,}779 \text{ mol}$

Cálculo da pressão total da mistura: $P_{total} \, . \, X_{total} = P_1 \, . \, X_1 + P_2 \, . \, X_2$

$$P_{total} \, x \, 1{,}0 = 205 \, x \, 0{,}220 + 415 \, x \, 0{,}779$$

$$P_{total} = 368{,}38 \text{ mmHg}$$

Item b) Entra em ebulição primeiro o que apresentar maior pressão de vapor, ou seja, o diclorometano.

Exemplo Aplicativo V

Calcule o abaixamento relativo e o abaixamento absoluto da pressão máxima de vapor quando 5,0 gramas de ureia, $CO(NH_2)_2$ são dissolvidos em 500 gramas de água, sabendo que a pressão máxima de vapor da água pura é igual a 32 torr a 28°C.

Resolução

Para este exemplo, iremos resolver de duas maneiras distintas. Informações do problema:
Pressão de vapor da água pura (p°) = 32 torr

Massa do soluto (ureia) = 5,0 g
Massa do solvente (água) = 500 g

1° Maneira de resolução:
Cálculo do número de mol de ureia: $n_{ureia} = \frac{5}{60} = 0{,}083\ \text{mol}$
Cálculo do número de mol de solvente: $n_{solvente} = \frac{500}{18} = 27{,}78\ \text{mol}$

Cálculo do abaixamento relativo da pressão máxima de vapor:

$$\frac{\Delta p}{p^0} = X_{soluto} = \frac{n_{soluto}}{n_{soluto} + n_{solvente}} = \frac{0{,}083}{0{,}083 + 27{,}78} = 2{,}99 \times 10^{-3}$$

Cálculo do abaixamento absoluto (Δp) da pressão máxima de vapor:

$$\frac{\Delta p}{p^0} = 2{,}99 \times 10^{-3}$$

$$\frac{\Delta p}{32\ \text{torr}} = 2{,}99 \times 10^{-3}$$

$$\Delta p = 0{,}0957\ \text{torr}$$

2° Maneira de resolução:
Cálculo da constante tonoscópica molal: $K_t = \frac{\langle MM \rangle_{solvente}}{1000} = \frac{18}{1000}$

Cálculo da molalidade ($\mathcal{M}$): $\mathcal{M} = \frac{n_{soluto}}{m^{(kg)}_{solvente}} = \frac{0{,}083}{0{,}500} = 0{,}167\ \text{mol.kg}^{-1}$

Cálculo do abaixamento relativo ($\frac{\Delta p}{p^0}$) da pressão máxima de vapor: $\frac{\Delta p}{p^0} = K_t \times W$

$$\frac{\Delta P}{P^0} = 0{,}167 \cdot \left(\frac{18}{1000}\right) = 2{,}99 \times 10^{-3}$$

Cálculo do abaixamento absoluto (ΔP) da pressão máxima de vapor:

$$\frac{\Delta p}{p^0} = 2{,}99 \times 10^{-3}$$

$$\frac{\Delta p}{32\ \text{torr}} = 2{,}99 \times 10^{-3}$$

$$\Delta p = 0{,}0957\ \text{torr}$$

Exemplo Aplicativo VI

Em uma solução foram dissolvidos 150 g de sacarose (<MM> = 342 g/mol) em 750 g de água. Sabe-se que a pressão de vapor da água pura no local onde se encontra a solução é igual a 190 mmHg. Calcular o abaixamento relativo da pressão máxima de vapor, o abaixamento absoluto da pressão de vapor e a pressão máxima de vapor da solução.

Resolução

Informações do problema:

Pressão de vapor da água pura (P°) = 190 mmHg
Massa do soluto (glicose) = 150 g
Massa do solvente (água) = 750 g

Cálculo da molalidade ($\mathcal{M}$): $\mathcal{M} = \frac{n_{soluto}}{m^{(kg)}_{solvente}} = \frac{\frac{150}{342}}{0{,}75} = 0{,}585\ \frac{\text{mol}}{\text{kg}}$

Cálculo do abaixamento relativo da pressão de vapor: $\frac{\Delta p}{p^0} = K_t \text{ x } \mathcal{M} \text{ x i}$

$$\frac{\Delta p}{p^0} = \frac{18}{1000} \text{x } 0{,}585 \text{ x } 1 = 1{,}05 \text{ x } 10^{-2}$$

Cálculo do abaixamento absoluto da pressão de vapor: $\frac{\Delta p}{p^0} = 1{,}05 \text{ x } 10^{-2}$

$$\frac{\Delta p}{190 \text{ mmHg}} = 1{,}05 \text{ x } 10^{-2}$$

$$\Delta p = 2{,}0 \text{ mmHg}$$

Cálculo da pressão de vapor da solução: $p = X_{solvente} \text{ x } p^0$

$$p = \frac{n_{solvente}}{n_{solvente} + n_{soluto}} \text{x } p^0$$

$$p = \frac{\frac{750}{18}}{\frac{750}{18} + \frac{150}{342}} \text{x } 190 \text{ mmHg} = 188{,}02 \text{ mmHg}$$

Exemplo Aplicativo VII

(CONCURSO FEDERAL PARA DOCENTE) Numa experiência, 4,4 g de um soluto molecular não volátil são dissolvidos em 396 g de água, sendo que a pressão de vapor da água cai de 22,71 para 22,63 mmHg. Qual a massa molecular de soluto que deverá ser encontrada?

a) 60,43 u
b) 56,77 u
c) 44,52 u
d) 36,85 u

Resolução

Alternativa B.

Informações do problema:
Massa do soluto (molecular) = 4,4 g
Massa do solvente (água) = 396 g
Cálculo da molalidade ($\mathcal{M}$): $\mathcal{M} = \frac{n_{soluto}}{m_{solvente}^{(kg)}} = \frac{\frac{4{,}4}{<MM>}}{0{,}396}$

Cálculo da massa molecular da solução molecular, levando em consideração que o processo coligativo seja o tonoscópico. $\frac{\Delta p}{p^0} = K_t \text{ x } \mathcal{M} \text{ x i}$

$$\frac{|22{,}63 - 22{,}71|}{22{,}71} = \frac{18}{1000} \text{x} \frac{\frac{4{,}4}{< MM >_{soluto}}}{0{,}396} \text{x } 1$$

$$< MM >_{soluto} = 56{,}77 \frac{g}{mol}$$

Exemplo Aplicativo VIII

A pressão de vapor do benzeno (C_6H_6) e do tolueno (C_7H_8) a 25°C são 95,1 mmHg e 28,4 mmHg, respectivamente. Uma solução das duas substâncias é preparada com uma fração molar de tolueno de 0,60. Considerando a solução ideal, a pressão total de vapor sobre a solução, em mmHg, seria:

a) 38,4 mmHg
b) 123,5 mmHg
c) 55,1 mmHg

d) 68,4 mmHg
e) 75,2 mmHg

Resolução

Alternativa C.

Sabendo que a soma das frações molares é igual a 1, e, pelo problema a fração molar do tolueno é igual a 0,60, a fração molar do benzeno será de: $X_{total} = X_{tolueno} + X_{benzeno}$
$X_{benzeno} = 1 - 0{,}60 = 0{,}40$

Cálculo da pressão total de vapor (P_{TOTAL}): $P_{total} = X_{tolueno}.P^0_{tolueno} + X_{benzeno}.P^0_{benzeno}$

$P_{total} = (0{,}60 \text{ x } 28{,}4) + (0{,}40 \text{ x } 95{,}1) = 55{,}08 \text{ mmHg}$

Exemplo Aplicativo IX

Calcule a temperatura de ebulição de uma solução que apresenta 15,60 gramas de benzeno dissolvidos na presença de 500 gramas de acetona, sabendo que a pressão normal, a acetona entra em ebulição a 60°C. Informação para a resolução do problema: constante ebulioscópica molal da acetona (K_{eb}) = 1,71°C.kg.mol^{-1}.

Resolução

Cálculo do número de mol de benzeno (soluto): $n_{benzeno} = \frac{15{,}60}{78} = 0{,}20 \text{ mol}$

Cálculo da molalidade ($\mathcal{M}$): $\mathcal{M} = \frac{n_{soluto}}{m^{(kg)}_{solvente}} = \frac{0{,}20}{0{,}500} = 0{,}40 \text{ mol.kg}^{-1}$.

Cálculo da temperatura de ebulição da solução: $T - T° = K_{eb} \text{ x } \mathcal{M}$

$T - 60 = 1{,}71 \text{ x } 0{,}40$

$T = 60{,}684°C$

Exemplo Aplicativo X

(GRILLO) Sob um processo à pressão normal, uma determinada solução contendo nove gramas de uma substância molecular A é dissolvida na presença de 400g de água, entra em ebulição a uma temperatura de aproximadamente igual a 100,26°C. A partir das informações apresentadas e sabendo que a constante ebulioscópica da água é igual a 0,52°C x kg x mol^{-1}, calcule a massa molecular da espécie molecular.

Resolução

A partir do efeito coligativo ebulioscópico, temos: $T - T° = K_{eb} \text{ x } \mathcal{M} \text{ x i}$

$$100{,}26 - 100 = 0{,}52 \text{ x} \frac{\frac{9{,}0}{< MM >_{soluto}}}{0{,}400}$$

$$< MM >_{soluto} = \frac{9{,}0 \text{ x } 0{,}52}{0{,}26 \text{ x } 0{,}400} = 45 \frac{g}{mol}$$

Exemplo Aplicativo XI

(GRILLO) O benzeno puro congela a uma temperatura de aproximadamente igual a 5,45ºC. Verificou-se que em uma solução contendo 7,24 gramas de $C_2H_2Cl_4$ em 115 gramas de benzeno congela a uma temperatura de 3,55ºC. A partir destes dados, determine o valor da constante molal de abaixamento do ponto de congelamento do benzeno.

Resolução

Dados do problema:

Soluto = $C_2H_2Cl_4$
Massa do soluto = 7,24 gramas
Solvente = benzeno (C_6H_6)
Massa do solvente = 115 gramas (0,115 kg)

Cálculo da constante crioscópica do benzeno (K_c): $\Delta T_c = K_c^{benzeno} . \mathcal{M}$

$$|3{,}55 - 5{,}55| = K_c^{benzeno} . \left[\frac{\left(\frac{7{,}24}{168}\right)}{0{,}115} \right]$$

$$K_c^{benzeno} = 5{,}07°C. kg. mol^{-1}$$

Exemplo Aplicativo XII

A pressão osmótica de uma dispersão de moléculas de poliestireno em tolueno é 0,78 mmHg a uma temperatura de 25°C. Considerando que a dispersão continha aproximadamente 3,0 x 10^{-3} gramas de poliestireno por mililitro, determine a massa molecular do poliestireno.

Resolução

Cálculo da massa molecular da molécula de poliestireno, levando em consideração que a dispersão de poliestireno é molécula molecular (i = 1) e que uma atmosfera equivale a 760 mmHg.

$$\pi = [soluto] \text{ x R x T}$$

$$\frac{0{,}78}{760} = \frac{3{,}0 \text{ x } 10^{-3}}{< MM > \text{ x } 10^{-3}} \text{ x } 0{,}08206 \text{ x } 298$$

$$< MM > = 73361 \frac{g}{mol}$$

Exemplo Aplicativo XIII

Sabendo que a pressão osmótica de uma solução de nitrato de sódio com concentração normal é igual a 0,05 N à 27°C, é igual a 2 atmosferas. A partir das informações apresentadas, calcule o grau de dissociação aparente deste sal.

Resolução

Equação iônica do nitrato de sódio: $NaNO_{3(aquoso)} \rightarrow Na^+_{(aquoso)} + NO^-_{3(aquoso)}$

Para o nitrato de sódio, a concentração da quantidade de matéria é igual à concentração normal. A partir da equação da pressão osmótica, temos:

$$2 = 0{,}05 \text{ x } 0{,}08206 \text{ x } 300 \text{ x } [1 + (2-1). \alpha]$$

$$\frac{2}{1{,}2309} = 1 + \alpha$$

$$\alpha = 0{,}62 \ (62\%)$$

Exemplo Aplicativo XIV

Qual é a massa molar de uma substância molecular desconhecida a partir da dissolução de 0,822g desta substância em 300,0 mL de água apresenta pressão osmótica de 149 mm Hg a 298 K?

Resolução

Cálculo da massa molecular da espécie química desconhecida.

$$\frac{149}{760} = \frac{0{,}822}{< MM > x\ 0{,}300} x\ 0{,}08206\ x\ 298\ x\ 1$$

$$< MM > = 341{,}76 \frac{g}{mol}$$

Para esta massa molecular a espécie desconhecida corresponde a sacarose.

Exemplo Aplicativo XV

Uma amostra de proteína hemoglobina de massa 0,500 gramas foi dissolvida em água suficiente para preparar 100,0 mL de solução. A pressão osmótica da solução medida a 25°C foi de 1,35 mmHg. Qual é a massa molecular da hemoglobina?

Resolução

Cálculo da massa molecular da espécie química conhecida (hemoglobina).

$$\frac{1{,}35\ mmHg}{760\ mmHg} = \frac{0{,}500}{< MM > x\ 0{,}100} x\ 0{,}08206\ x\ 298\ x\ 1$$

$$< MM > = 68833{,}14 \frac{g}{mol}$$

Exemplo Aplicativo XVI

(GRILLO) O fator de Van´t Hoff para uma solução de nitrato de bário com concentração molar igual a 0,256 mol.L^{-1} é igual a 2,44. Calcule o grau de dissociação.

Resolução

Fórmula molecular do nitrato de bário: $Ba(NO_3)_2$

Equação de dissociação do nitrato de bário: $Ba(NO_3)_{2(aq)} \longrightarrow Ba^{+2}_{(aq)} + 2\ NO_3^-{}_{(aq)}$

Cálculo do grau de dissociação (α): $i = 1 + (n - 1)\ x\ \alpha$

$$1 + (3 - 1)\ x\ \alpha = 2{,}44$$

$$\alpha = 0{,}72\ (72\%)$$

Exemplo Aplicativo XVII

(MESTRE JOÃO ROBERTO DA PACIÊNCIA NABUCO) Calcule o número de partículas dispersas em 200cm³ de solução 0,60N de fosfato de potássio 80% dissociado.

Resolução

Equação química de dissociação do fosfato de potássio: $K_3PO_{4(aq)} \rightarrow 3K^+_{(aq)} + PO^{-3}_{4(aq)}$

Cálculo do fator de Van't Hoff: $i = 1 + (4 - 1)x\ 0{,}80 = 3{,}40$

Cálculo da concentração da quantidade de matéria e do número de mol de fosfato de potássio: $N = [K_3PO_{4(aq)}].x$, em que x representa o ânion do fosfato.

$$[K_3PO_{4(aq)}] = \frac{N}{x} = \frac{0{,}60}{3} = 0{,}20 \frac{mol}{L}$$

$$n = 0{,}20 \frac{mol}{L} x\ 0{,}200\ L = 0{,}04\ mol$$

Número de partículas dispersas (X): $X = 3{,}40\ x\ 6{,}02\ x\ 10^{23} \frac{1}{\cancel{mol}} x\ 0{,}04\ \cancel{mol} = 8{,}16\ x\ 10^{22}$

Exemplo Aplicativo XVIII

(GRILLO) A partir de um mol de solução de fosfato de magnésio, calcule o número de partículas dispersas, levando em consideração que seu grau de dissociação corresponde a 66%.

Resolução

Equação química de dissociação do fosfato de magnésio: $Mg_3(PO_4)_{2(aquoso)} \rightarrow 3Mg^{+2}_{(aquoso)} + 2PO^{-3}_{4(aquoso)}$
Cálculo do fator de Van't Hoff: $i = 1 + (5 - 1)x\,0{,}66 = 3{,}64$

Cálculo do número de partículas dispersas em um mol de solução:

$X = 3{,}64 \text{ x } 6{,}02 \text{ x } 10^{23} = 2{,}19 \text{ x } 10^{24}$ partículas dispersas de fosfato de magnésio.

Questão XIX

Explique por que a água pura exposta à atmosfera e sob pressão de 1,0 atm entra em ebulição em uma temperatura de 100°C, enquanto água pura exposta à pressão atmosférica de 0,7 atm entra em ebulição em uma temperatura de 90°C.

Resolução

A pressão de vapor de uma substância aumenta com o aumento da temperatura. Quando a pressão de vapor se iguala à pressão atmosférica (pressão local), o líquido entra em ebulição, logo, em um determinado local onde a pressão atmosférica é 0,7 atmosferas, a água entra em ebulição em uma temperatura menor que 100°C.

Questão XX

Esboce graficamente o diagrama de fases (pressão versus temperatura) da água pura (linhas cheias). Neste mesmo gráfico, esboce o diagrama de fases de uma solução aquosa 1 mol.kg^{-1} em etilenoglicol (linhas tracejadas).

Resolução

Através do diagrama de fases da água pura, podemos concluir as seguintes transformações:

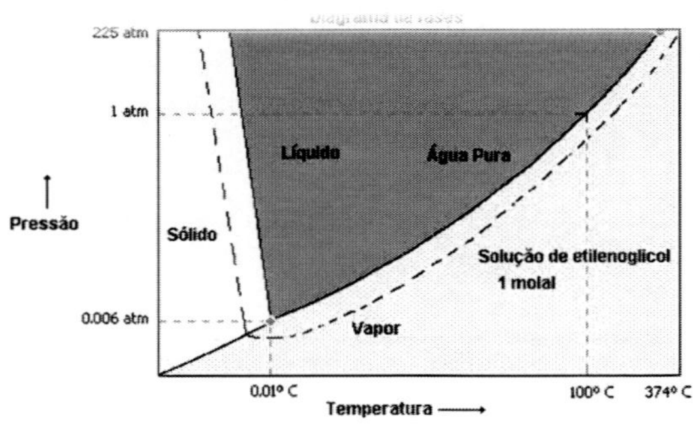

- Transformação Líquido ⟶ Gasoso na solução etilenoglicol: $P^{solução}_{vapor} < P^{solvente}_{vapor}$. Assim é mais difícil fazer a transição L ⟶ G para a solução, então para pressão constante, a temperatura de ebulição da solução é maior que a da água pura.

- Transformação Líquido ⟶ Sólido na solução etilenoglicol: Ocorre com maior dificuldade para uma pressão constante, assim a temperatura de congelamento da solução é menor que a da água pura
- Transformação Sólido ⟶ Gasoso: Com o abaixamento da pressão de vapor é necessária também uma temperatura mais alta para sublimação considerando pressão constante.

EXERCÍCIO DE FIXAÇÃO

Questão 01

Sólidos têm pressão de vapor. Certo ou errado?

Questão 02

Em igualdade de concentração, duas substâncias não voláteis quaisquer fornecem soluções com as mesmas propriedades. Certo ou errado?

Questão 03

Descreva como se poderia determinar, experimentalmente, a pressão de vapor do etanol na temperatura de 30°C. Sua descrição deve incluir um esquema da aparelhagem que poderia ser utilizada.

Questão 04

(GRILLO) Faça a demonstração da relação termodinâmica do fator de correção de Van't Hoff.

Questão 05

Uma solução contendo 0,994 gramas de um polímero, de fórmula geral $(C_2H_4)_n$, em 5,00 g de benzeno, tem ponto de congelamento 0,51°C mais baixo que o do solvente puro. Determine o valor de n. Dado: constante crioscópica do benzeno = 5,10°C/molal.

Questão 06

Uma solução aquosa 0,28 mol.L^{-1} de glicose é isotônica em relação a uma solução aquosa 0,10 mol.L^{-1} de um cloreto de metal alcalino-terroso, na mesma temperatura. Calcule o grau de dissociação aparente do sal.

Questão 07

7,10 gramas de uma substância A_2B, de peso molecular 174, são dissolvidos em água até completar um litro de solução. Sabendo-se que nestas condições o A_2B fica 80% dissociado, pede-se calcular a pressão osmótica, em atmosferas, sendo a temperatura de 17°C.

Questão 08

Calcular o número de partículas dispersas numa solução de 1 mol de sulfato de alumínio, suposto 70% dissociado.

Questão 09

Deseja-se desdobrar dois litros de uma solução aquosa 0,15 mol.L^{-1} de cloreto de sódio em: um litro de água pura e um litro de solução 0,30 mol.L^{-1} de cloreto de sódio, isto sem haver afastamento de temperatura ambiente e sem usar destilação, mas utilizando apenas os princípios envolvidos no fenômeno da osmose. Explique como isto poderia ser feito e que tipo de trabalho estaria em jogo. Ilustre sua resposta com uma figura que deixe claro a aparelhagem a ser utilizada.

Questão 10

(GRILLO) Considere que as pressões parciais de vapor tanto do metanol quanto do etanol sejam respectivamente iguais a 44,5 mmHg e 88,7 mmHg. uma solução é formada de maneira ideal a uma temperatura T, ocorrendo a mistura de 60 g etanol e 40 g de metanol. a partir das informações apresentadas, calcule a pressão de vapor da solução total e a fração molar de etanol no vapor.

Questão 11

(GRILLO) Uma determinada amostra apresenta uma massa de aproximadamente igual a 1,355 g, sendo diretamente dissolvida em 55,0 g de ácido acético. Este processo gerou um efeito coligativo crioscópico, ocasionando em uma temperatura de congelamento igual a 0,618°C. Sabendo que a constante crioscópica do ácido acético é igual a 3,85 K.kg.mol-1, calcule a massa molar da solução desconhecida.

Questão 12

(GRILLO) Considere uma solução aquosa de nitrato de sódio com 0,85% em massa, estando noventa por cento dissociado a uma temperatura de aproximadamente igual a 27°C. A partir das informações apresentadas, determine a pressão osmótica.

Questão 13

(GRILLO) O fenol, com fórmula molecular igual a C_6H_6O, está diretamente associada em uma determinada extensão para a formação de um dímero. Uma solução contendo 200 x 10^{-3} kg de fenol na presença de um quilograma de benzeno, apresentando um ponto de congelamento diminuído em 0,690 K. A partir das informações apresentadas, determine a fração molar de fenol que sofreu dimerização. Informação para a resolução do problema: $K_{cr}^{benzeno} = 5{,}12\,\frac{K.kg}{mol}$.

Questão 14

(GRILLO) Uma quantidade de 10,0 g de substância foi dissolvida em uma quantidade de 250 mL de água. Sabendo que a pressão osmótica da solução é igual a 600 mmHg a uma temperatura igual a 15°C. A partir desta informação, calcule a massa molecular desta substância.

Questão 15

(GRILLO) Considere uma solução chamada de hemocianina de caranguejo, que se trata de uma proteína pigmentada extraída diretamente do caranguejo. Esta solução é preparada dissolvendo 0,750 gramas da referida proteína em um volume de aproximadamente igual a 125 cm^3. A uma temperatura de 4°C, foi observado um aumento da elevação da solução até uma altura de 2,60 x 10^{-3} metros, por causa da sua pressão osmótica. A solução apresenta uma densidade à temperatura mencionada igual a 1,0 g/cm^3. A partir de todas estas informações, calcule a massa molecular da referida proteína.

Questão 16

(GRILLO) Considere uma solução que apresenta massa igual a 3,50 gramas de um determinado soluto desconhecido na presença de 50,0 gramas de água. O volume desta solução é de 52,50 mL e por consequência houve um abaixamento da temperatura de congelamento na ordem de -0,86°C. A partir das informações apresentadas, calcule os seguintes itens:

(i) molalidade;

(ii) concentração da quantidade de matéria;

(iii) massa molecular do soluto X. Informação para a resolução do problema: K_{cr} = 1,86 °C/molal.

Questão 17

(MESTRE LICÍNIO RIBEIRO VIANA) Calcular o grau de dissociação do sulfato de cádmio, levando em consideração que esta solução apresenta uma massa igual a 2,806 g deste sal anidro na presença de 100 g de água, que congela a 0,327°C. Informação para a resolução do problema: constante crioscópica referida a 100 g de água = 18,60.

Questão 18

(GRILLO) Considere uma solução contendo 10 g de soluto de um material não volátil na presença de 100 g de éter dietílico, apresentando uma pressão de vapor igual a 426 torr a uma temperatura de vinte graus celsius. Levando em consideração que a pressão de vapor do éter puro é igual a 442,2 torr na mesma temperatura, determine a massa molar do soluto orgânico.

Questão 19

(GRILLO) Uma solução aquosa apresenta uma concentração de glicose igual a 20 gramas por litro. A partir das informações apresentadas, calcule a pressão osmótica a temperatura ambiente.

Questão 20

(GRILLO) A pressão osmótica do sangue que se trata de uma mistura heterogênea é igual a 7,70 atmosferas a uma temperatura de aproximadamente igual a 40°C. A partir das informações apresentadas, determine a concentração da quantidade de matéria e a concentração molal.

Questão 21

(GRILLO) A pressão de vapor de uma solução aquosa a uma temperatura ambiente (25°C) é de aproximadamente igual a 23,45 torr. A partir desta informação, calcule a pressão osmótica, levando em consideração que a pressão de vapor da água pura a mesma temperatura seja de 23,76 torr.

Questão 22

(GRILLO) As soluções definidas como soluções isotônicas, apresentam:

a) a mesma pressão osmótica

b) a mesma molalidade

c) a mesma densidade de solução
d) o mesmo grau de ionização
e) a mesma tensão superficial

Questão 23

Um dos problemas encontrados na perfuração de poços artesianos na região do semiárido nordestino é a salinização da água. Esse processo se dá devido ao contato do lençol freático com diferentes tipos de rochas encontradas no subsolo. Uma forma para purificar esse tipo de água se dá por meio de uma filtração, onde a água contaminada por sais passa por meio de membranas semipermeáveis permitindo assim a retenção dos sais e a passagem da água purificada. Podemos dizer que esse processo de purificação está correlacionado com a propriedade coligativa de:
a) Tonoscopia
b) Ebulioscopia
c) Crioscopia
d) Osmoscopia
e) Espectroscopia

Questão 24

Calcule o número de partículas dispersas numa solução que contém 1 mol de sulfato de alumínio, suposto 66% dissociado.
a) $2{,}19 \times 10^{24}$
b) $3{,}19 \times 10^{24}$
c) $4{,}19 \times 10^{21}$
d) $5{,}19 \times 10^{22}$
e) $5{,}19 \times 10^{23}$

Questão 25

(GRILLO) 3,42 gramas de sacarose estão dissolvidos em 250 mL de água deionizada. A partir da informação apresentada, calcule a temperatura em que a solução começa a se congelar. Informação para a resolução do problema: constante crioscópica da água = 1,86 K x mol^{-1}.

Questão 26

(CONCURSO PÚBLICO FEDERAL) Numa experiência, 4,4 g de um soluto molecular não volátil são dissolvidos em 396 g de água, sendo que a pressão de vapor da água cai de 22,71 mmHg para 22,63 mmHg. Qual a massa molecular de soluto deverá ser encontrada?
a) 60,43u
b) 56,77u
c) 44,52u
d) 36,85u

Questão 27

(CONCURSO PÚBLICO FEDERAL) Sobre a lei de Van´t Hoff, da osmose, pode-se afirmar sendo verdadeiro:
a) A pressão osmótica de uma solução molecular diluída é diretamente proporcional ao volume da solução
b) A pressão osmótica de uma solução depende do número de partículas do soluto num volume de solução.
c) A pressão osmótica é inversamente proporcional à temperatura absoluta da solução.
d) A pressão osmótica depende da carga elétrica das partículas dissolvidas na solução.

Questão 28

(CONCURSO PÚBLICO FEDERAL) Em um diagrama de fase pressão-temperatura, as condições sob as quais um sistema de um componente existe como duas fases em equilíbrio correspondem a:
a) Um ponto
b) O diagrama inteiro
c) Uma linha
d) Uma área

Questão 29

Cinco soluções aquosas foram reservadas, nas condições ambientes em tubos de ensaio distintos. Os dados das soluções seguem registrados na tabela:

Tubo de ensaio	Soluto	Concentração (mol x L^{-1})
1	$NaNO_3$	2,5
2	$MgCl_2$	1
3	$KMnO_4$	2
4	$AlCl_3$	1
5	$Al_2(SO_4)_3$	0,5

A solução que apresenta menor temperatura de solidificação está contida no tubo de ensaio:
a) 1
b) 2
c) 3
d) 4
e) 5

Questão 30

O etilenoglicol (etan-1,2-diol) é um líquido usado como aditivo na água do sistema de arrefecimento de veículos para evitar que o fluido do radiador ferva em dias quentes ou congele em dias frios. Qual volume do anticongelante etilenoglicol deve ser adicionado ao radiador de um carro contendo 5 L de água para que sua temperatura de congelamento seja de 10°C inferior a da água pura? Dados: densidade da água: 1 g/mL; densidade do etilenoglicol: 1,11 g/mL; constante crioscópica da água: 1,86°C.kg/mol; temperatura de congelamento da água pura: 0,0°C.
a) 0,3 L
b) 0,8 L
c) 1,2 L
d) 1,5 L
e) 1,8 L

Questão 31

(GRILLO) O processo de osmose é o processo coligativo estudado por Van´t Hoff que estuda a passagem de maneira espontânea de um solvente ou de uma solução de baixa concentração a partir de uma membrana semipermeável, indo em direção a uma solução de maior concentração. Já a pressão osmótica, designada pela letra pi (π) refere-se à pressão externa que deve ser aplicada a uma solução mais concentrada para que seja evitada o processo de diluição (osmose). A partir do texto apresentado, assinale a alternativa que deva apresentar a maior pressão osmótica.
a) 0,050 mol x L^{-1} de ácido clorídrico
b) 0,050 mol x L^{-1} de glicose
c) 0,050 mol x L^{-1} de nitrato de magnésio
d) 0,050 mol x L^{-1} de cloreto de sódio
e) 0,050 mol x L^{-1} de nitrato de potássio

Questão 32

(GRILLO) Em um laboratório de análise quantitativa há quatro frascos rotulados com os seguintes dizeres:
- Frasco 1: água
- Frasco 2: solução aquosa de cloreto de cálcio com uma concentração de quantidade de matéria igual a 0,35 mol x L^{-1};
- Frasco 3: solução aquosa de cloreto de sódio com uma concentração de quantidade de matéria igual a 0,35 mol x L^{-1};
- Frasco 4: solução aquosa de glicose com uma concentração de quantidade de matéria igual a 0,35 mol x L^{-1}.

A partir das informações apresentadas em cada frasco químico, assinale a alternativa que apresenta de forma correta a ordem crescente com relação à pressão de vapor do solvente.
a) frasco 2 $>$ frasco 3 $>$ frasco 4 $>$ frasco 1
b) frasco 1 $>$ frasco 4 $>$ frasco 3 $>$ frasco 2
c) frasco 1 $<$ frasco 4 $<$ frasco 3 $<$ frasco 2
d) frasco 2 $<$ frasco 3 $<$ frasco 4 $<$ frasco 1
e) nenhuma das respostas anteriores

Questão 33

(GRILLO) Para que não haja alterações no corpo humano, mais especificamente nas células sanguíneas, as soluções utilizadas em alimentação endovenosas devem apresentar concentrações que sejam compatíveis com a pressão osmótica do próprio sangue. Dante deste fato, foi administrada a um paciente, por via endovenosa, uma solução aquosa de cloreto de sódio que apresenta uma densidade igual a 1,008 g/cm³, sendo esta solução isotônica ao do sangue a uma temperatura igual a 27°C, sendo a pressão osmótica igual a 7,63 atm. De acordo com as informações apresentadas no texto acima, assinale a alternativa correta que apresenta a concentração aproximada da solução aquosa utilizada:

a) 0,31 mol/L
b) 17,1 g/L
c) 1,9% (m/m)
d) 0,90% (m/m)
e) 1,8 mol/L

Questão 34

(GRILLO) Considere uma solução de sulfato de sódio, que apresenta concentração da quantidade de matéria igual a 0,004 mol x L^{-1} de sulfato de sódio, sendo isotônica com uma solução de glicose, sabendo que sua pressão osmótica é igual a 187,2 mmHg à uma temperatura de 27°C. A partir das informações apresentadas, calcule o grau de dissociação do sulfato de sódio.

Questão 35

(GRILLO) Quais são os aspectos comuns das propriedades coligativas?

Questão 36

(GRILLO) A água do mar apresenta maior ou menor pressão de vapor em comparação a água pura e cristalina.

Questão 37

Apresente as expressões matemáticas das leis de Raoult à criometria e à tonometria de soluções diluídas de não eletrólitos, dando-o significado dos símbolos empregados.

Questão 38

Duas soluções A e B têm a seguinte composição: solução A: 18,9 g de antraceno (massa molecular = 178) em 100 mL de benzeno; solução B: 6,4 g de naftaleno (massa molecular = 128) em 100 mL de benzeno. Determine a relação entre a pressão de vapor pA e pB dessas soluções, à mesma temperatura.

a) $p_A = p_B$
b) $p_A > p_B$
c) $p_A < p_B$
d) faltam dados para responder
e) Nenhuma das respostas anteriores

Questão 39

A 20°C a pressão de vapor da água apresenta uma pressão igual a 17,54 mmHg. Foram dissolvidos 114 gramas de sacarose em 1000 gramas de água, o que ocasionou em uma diminuição da pressão de vapor em 0,11 mmHg. A partir desta informação, determine a massa molecular deste soluto.

Questão 40

Responda os itens que se seguem.

a) Calcule a pressão osmótica de uma solução aquosa contendo 5,5 gramas de sacarose por 1,23 dm³ à 25°C.
b) Calcule a pressão osmótica de uma solução aquosa contendo 5,5 gramas de hidróxido de cálcio por 1,23 dm³ à 25°C.

Questão 41

Considere que 3,0 gramas de uma substância desconhecida seja colocada em 100 gramas de tetracloreto de carbono, e, com isso, o ponto de ebulição seja igual a 0,60°C. Sabendo que a constante ebulioscópica é igual a 5,03°C.kg.mol^{-1} e a constante crioscópica vale 31,8°C.kg.mol^{-1} para o mesmo solvente, determine:

a) o abaixamento do ponto de congelamento do CCl_4;
b) a massa molecular do referido soluto.

Questão 42

Responda os seguintes itens que seguem abaixo.

a) Uma solução é preparada pela dissolução de 1,0 grama de etilenoglicol ($C_2H_6O_2$) na presença de 200 gramas de solvente, sendo este solvente a água. Sabendo que a constante crioscópica da água é igual a 1,86°C.kg.mol^{-1} e que a temperatura da água corresponde a 0°C, determine a temperatura de congelamento, em graus Celsius. Dado: Constante crioscópica = 1,86°C.kg.mol^{-1}.

b) 350 mL de uma solução 0,50 mol.L^{-1} de NaOH com 400 mL de uma solução 0,30 mol.L^{-1} de NaOH. Determine a concentração da solução final, em mol/L.

c) 0,820 gramas de gelatina foram dissolvidos em água suficiente para preparar 150 mL de solução. A pressão osmótica da solução encontrada foi 67,20 mmHg, a 27°C. Determine a massa molecular aparente desta gelatina.

Questão 43

Responda os seguintes itens que se apresentam a seguir.

a) Em um centro de pesquisa foi isolada uma certa proteína, a partir de uma amostra de soro sanguíneo. Uma dispersão coloidal de massa igual a 885 mg desta proteína na presença de água formou uma solução com volume igual a 100 mL, apresentando pressão osmótica igual a 0,28 atm a 17°C. A partir desta informação, determine a massa molecular da referida proteína.

b) Em um determinado meio aquoso, uma solução de glicose apresenta concentração molar igual a 0,13 mol.L^{-1} a uma temperatura correspondente a -23°C. Esta solução molecular é uma solução isotônica de uma outra solução, sendo esta iônica de cloreto de cálcio, a 27°C. Sabe-se que o grau de dissociação iônica deste sal é igual a 80%. Diante destas informações, calcule a concentração da quantidade de matéria do referido sal.

Questão 44

Em um laboratório de análises químicas, foram preparadas quatro soluções, apresentando a mesma concentração da quantidade de matéria e o mesmo grau de dissociação (α), a partir das quatro soluções aquosas indicadas abaixo:

(a) Glicose
(b) Fosfato de cálcio
(c) Cloreto de magnésio
(d) Cloreto de sódio

O objetivo desta análise química foi determinar a pressão osmótica de cada solução. Diante disso, coloque em ordem decrescente de pressão osmótica (π).

Questão 45

Responda os seguintes itens a seguir.

a) Calcule a pressão de vapor de 0,50 litros de solução aquosa que contém como solutos 60 gramas de cloreto de sódio e 23,8 gramas de brometo de potássio a T = 20°C, considerando que os respectivos sais são solutos não voláteis. Dado: $P°_{H2O}$ = 17,60 mmHg (20°C) e a densidade da solução igual a 1,05 g.mL^{-1}.

b) Foram dissolvidos 34,2 gramas de sacarose e 6,00 gramas de glicose em 250 gramas de etanol. Determine a pressão de vapor da solução resultante desta mistura, a 25°C? Dado: Pressão de vapor do etanol puro = 60,00 mmHg a 25°C.

Questão 46

(GRILLO) Considere uma solução aquosa composta por 480 gramas de glicose e 700 gramas de água, com esta solução processada a temperatura ambiente. Sabendo que a pressão máxima de vapor da água nesta temperatura ambiente é igual a 22 mmHg, calcule:

a) o valor do abaixamento relativo da pressão máxima de vapor.
b) o valor do abaixamento absoluto da pressão máxima de vapor.
c) o valor da pressão máxima de vapor da solução.

Questão 47

(GRILLO) Responda os seguintes itens que se apresentam a seguir.

a) A adição de 425 gramas de um determinado composto não volátil na presença de 1250 gramas de benzeno provocou um abaixamento coligativo crioscópico igual a 23,5 K. A partir desta informação, calcule a massa molecular do composto, sabendo que a constante crioscópica do benzeno é igual a 5,12 K.kg.mol^{-1}.

b) A pressão de vapor do benzeno puro a 55°C é igual a 450 mmHg, porém com a adição de 40 gramas de um composto orgânico não volátil, esta pressão cai para 399 mmHg quando estão presentes 450 gramas de benzeno. A partir destas informações, determine a massa molar do composto orgânico.

c) Uma solução foi preparada usando os seguintes solutos: 46,0 gramas de glicose, 150 gramas de cloreto de cálcio com 75% de grau de dissociação e 250 gramas de cloreto de sódio com 90% de grau de dissociação. Todos estão dissolvidos em água, formando uma solução com um litro de capacidade. Determine a pressão osmótica do sistema a 27°C.

d) A pressão osmótica de uma solução de nitrato de magnésio 0,125 eqg.L^{-1} a 37°C é igual a quatro atmosferas. Determine o grau de dissociação do referido sal.

Questão 48

Uma solução contendo 0,994 gramas de um polímero, de fórmula geral $(C_2H_4)_n$, em 5,00 g de benzeno, tem ponto de congelamento 0,51°C mais baixo que o do solvente puro. Determine o valor de n. Dado: constante crioscópica do benzeno = 5,10°C/molal.

Questão 49

Uma solução aquosa 0,28 mol.L^{-1} de glicose é isotônica em relação a uma solução aquosa 0,10 mol.L^{-1} de um cloreto de metal alcalino-terroso, na mesma temperatura. Calcule o grau de dissociação aparente do sal.

Questão 50

Uma solução foi preparada dissolvendo-se 2,76 g de um álcool puro em 100,00 g de acetona. O ponto de ebulição da acetona pura é 56,13°C e o da solução é 57,16°C. Determine:

a) a massa molecular do álcool;

b) a fórmula molecular do álcool. Dado: K_{eb} = 1,72°C.Kg.mol^{-1} (constante molal de elevação do ponto de ebulição da acetona).

Questão 51

Um produto anticongelante foi adicionado a 10,0 litros de água de um radiador para que a temperatura de congelamento da mistura fosse –18,6°C. A análise elementar do anticongelante forneceu o seguinte resultado em peso: C = 37,5%, O = 50,0% e H = 12,5%. Sabe-se que a constante crioscópica molal da água é 1,86°C.kg.mol^{-1} e sua massa específica é 1,00 kg.dm^{-3}. Determine:

a) a fórmula estrutural plana e o nome do produto utilizado;

b) a massa de produto necessária para alcançar este efeito.

Questão 52

Determine o abaixamento relativo da pressão de vapor do solvente quando 3,04 g de cânfora ($C_{10}H_{16}O$) são dissolvidos em 117,2 mL de etanol a 25°C. Dado: densidade do álcool: 785 kg.m^{-3}.

Questão 53

A pressão osmótica de uma solução de poli-isobutileno sintético em benzeno foi determinada a 25°C. Uma amostra contendo 0,20 gramas de soluto por 100 cm^3 de solução subiu até uma altura de 2,4 mm quando foi atingido o equilíbrio osmótico. A massa específica da solução no equilíbrio é 0,88 g.cm^{-3}. Determine a massa molecular do poli-isobutileno? Dados: Aceleração da gravidade = 9,81 m.s^{-2}; 1,0 N.m^{-2} = 9,869 x 10^{-6} atm; constante universal dos gases: R = 0,082 atm.L.mol^{-1}.K^{-1}.

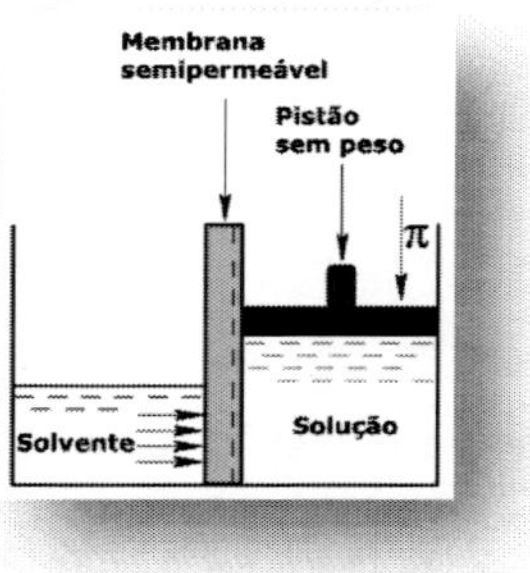

Questão 54

Uma solução com 102,6 gramas de sacarose ($C_{12}H_{22}O_{11}$) em água apresenta concentração de 1,20 mol.L^{-1} e densidade de 1,0104 g.cm^{-3}. Os diagramas de fase dessa solução e da água pura estão representados a seguir:

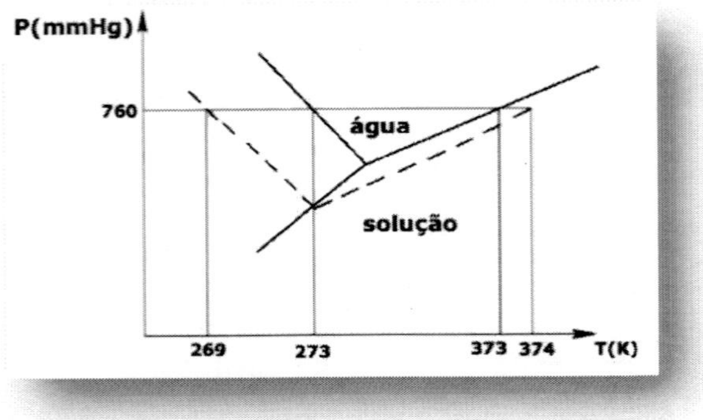

Com base nos efeitos coligativos observados nesses diagramas, calcule as constantes molal ebuliométrica (K_e) e criométrica (K_c) da água.

Questão 55

Qual é a temperatura de congelamento de uma solução aquosa de glicerina ($C_3H_8O_3$) a 20% em peso, sabendo-se que a constante criométrica molal da água é de Kc = 1,86°C.kg.mol^{-1}.

Questão 56

7,10 gramas de uma substância A_2B, de peso molecular 174, são dissolvidos em água até completar um litro de solução. Sabendo-se que nestas condições o A_2B fica 80% dissociado, pede-se calcular a pressão osmótica, em atmosferas, sendo a temperatura de 17°C.

Questão 57

Uma solução aquosa de glicerol ($C_3H_8O_3$) começa a congelar a –20°C. Considerando a constante molal do abaixamento crioscópico do ponto de fusão da água como sendo 1,84, determinar a porcentagem em peso de glicerol na solução.

Questão 58

Qual o volume de metanol, de massa específica 0,80 g.mL^{-1}, que deve ser adicionado ao radiador de um veículo, contendo 9,0 litros de água, para que o congelamento não ocorra antes da temperatura cair abaixo de -10,30°C. Dados: constante crioscópica molal da água = 1,86°C.mol.kg^{-1}; densidade da água = 1,0 g.cm^{-3}.

Questão 59

Uma solução contendo 16,90 gramas de uma substância não dissociativa em 250 gramas de água, tem um ponto de solidificação de 0,744°C. A substância é composta de 57,20% de carbono, 4,70% de hidrogênio e 38,10% de oxigênio. Qual é a fórmula molecular desse composto? Dado: constante crioscópica da água = 1,86°C.kg.mol^{-1}.

Questão 60

Calcular o número de partículas dispersas numa solução de 1 mol de sulfato de alumínio, suposto 70% dissociado.

Questão 61

Na produção de uma solução de cloreto de sódio em água a 0,90% (m/m), as quantidades de solvente e solução são pesadas separadamente, e, posteriormente, promove-se a solubilização. Certo dia suspeitou-se que a balança de soluto estivesse descalibrada. Por este motivo, a temperatura de ebulição de uma amostra de solução foi medida, obtendo-se 100,14°C. Considerando o sal totalmente dissociado, determine a massa de soluto a ser acrescentada de modo a produzir um lote de 1000 kg com a concentração correta. Dados: K_{eb} = 0,52°C.kg.mol^{-1}.

Questão 62

Um gás possui uma taxa de efusão que corresponde a 25,0% da taxa do gás hidrogênio. Uma massa m_x desse gás, que ocupa um volume de 1,00 L a 1,00 atm e a 39,5°C é a mesma de sulfanilamida, um soluto não volátil, dissolvida em 100 gramas de acetona. Se a pressão de vapor da acetona pura a 39,5°C é 400 mmHg, calcule:

a) a massa m_x;

b) a pressão de vapor da solução de sulfanilamida ($C_6H_8O_2N_2S$) em acetona à mesma temperatura.

Questão 63

Uma amostra de 46,8 g de poliestireno foi dissolvida em quantidade suficiente de benzeno para produzir 1,0 L de solução. A pressão osmótica dessa solução foi medida a 300 K e o valor encontrado foi de 7,38 x 10^{-3} atm. Calcule o número médio de unidades monoméricas na cadeia polimérica desta amostra de poliestireno.

Questão 64

Motores de automóveis refrigerados a água normalmente apresentam problemas de funcionamento em razões muito frias. Um desses problemas está relacionado ao congelamento da água de refrigeração do motor. Admitindo que não ocorra corrosão, qual das ações abaixo garantiria o maior abaixamento de temperatura de início do congelamento da água utilizada num sistema de refrigeração com capacidade de quatro litros de água? Justifique.
a) Adição de 1 mol de glicerina na água.
b) Adição de 1 mol de sulfato de sódio na água.
c) Adição de 1 mol de nitrato de sódio na água.

Questão 65

Considere uma solução aquosa de brometo de magnésio, com valor aproximado igual a 24,4 atm a uma temperatura de 25ºC. Levando em consideração que o grau de dissociação seja igual a 100%, assinale a alternativa que apresenta a temperatura crioscópica da solução. Informação para a solução do problema: Densidade da solução = 1,12 g x mL^{-1}; - Constante crioscópica da água (H_2O) = 1,84ºC x mol x kg^{-1}.
a) -1,62ºC
b) -1,73ºC
c) -1,80ºC
d) -1,92ºC
e) -2,01ºC

Questão 66

Deseja-se desdobrar dois litros de uma solução aquosa 0,15 mol.L^{-1} de cloreto de sódio em: um litro de água pura e um litro de solução 0,30 mol.L^{-1} de cloreto de sódio, isto sem haver afastamento de temperatura ambiente e sem usar destilação, mas utilizando apenas os princípios envolvidos no fenômeno da osmose. Explique como isto poderia ser feito e que tipo de trabalho estaria em jogo. Ilustre sua resposta com uma figura que deixe claro a aparelhagem a ser utilizada.

Questão 67

Prepara-se, a 25°C, uma solução por meio da mistura de 25 mL de n-pentano e 45 mL de n-hexano. Dados: massa específica do n-pentano = 0,63 g.mL^{-1}; massa específica do n-hexano = 0,66 g.mL^{-1}; pressão de vapor do n-pentano = 511 torr; pressão de vapor do n-hexano = 150 torr. Determine os seguintes valores, mostrando os cálculos efetuados:
a) Fração molar do n-pentano na solução.
b) Pressão de vapor da solução.
c) Fração molar do n-pentano no vapor em equilíbrio com a solução.

Questão 68

Certo composto β é produzido através da reação:

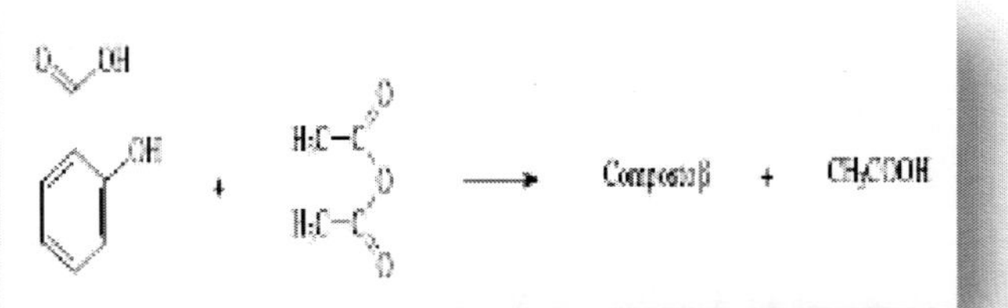

Dois bécheres são colocados em um sistema fechado, mantido a 40°C. O bécher da esquerda contém 200 mL de etanol, enquanto o da direita contém uma solução de 500 mg do composto β em 200 mL de etanol, conforme a representação a seguir:

Assinale a alternativa que melhor representa os níveis de líquido nos bécheres três horas após o início do confinamento.

(A)

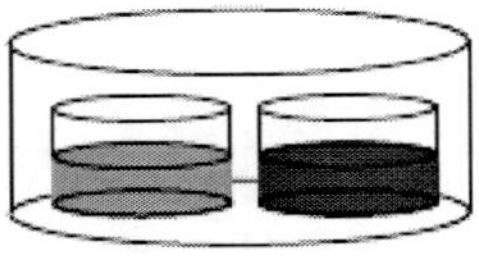

(B)

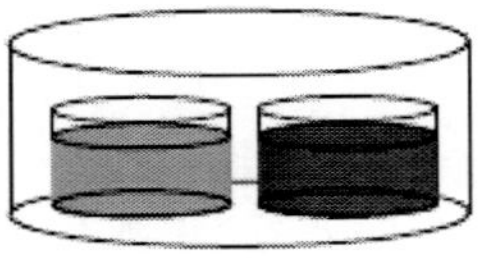

(C)

(D)

(E)

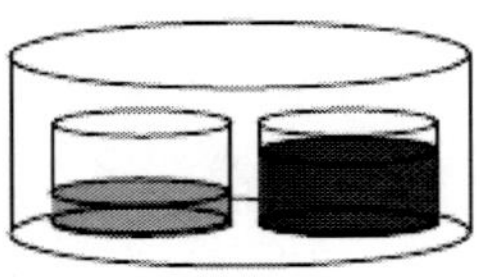

Questão 69

A adição de 100 g de um composto X a uma quantidade de 750 g de tetracloreto de carbono provocou um abaixamento crioscópico de aproximadamente 10,50 K. Determine a massa molar do composto X. Dado: constante crioscópica do CCl_4 = 30°C.kg.mol^{-1}.

Questão 70

O benzeno puro congela a 5,45ºC. Verificou-se que uma solução contendo 7,24 g de $C_2H_2Cl_4$ em 115 g de benzeno congela a 3,55ºC. Qual o valor da constante molal de abaixamento do ponto de congelamento do benzeno?

Questão 71

Foram dissolvidos uma quantidade de 34,2 g de sacarose em uma quantidade de 180 g de água. Sabendo que a temperatura experimental a pressão de vapor da água pura é de aproximadamente igual a 17,5 mmHg, determine:

a) O abaixamento relativo da pressão de vapor;
b) O abaixamento absoluto da pressão de vapor;
c) A pressão de vapor da solução aquosa de sacarose.

Questão 72

A adição de 3 gramas de determinada substância a 100 gramas de CCl_4 eleva o ponto de ebulição deste último de 0,60°C.
a) Calcule o abaixamento de sua temperatura de congelação.
b) Calcule a pressão osmótica da solução a 25°C.
c) Determine a massa molar da substância. Dados para a resolução da questão: K_{eb} (CCl_4) = 5,03°C/mol.kg^{-1}; K_c (CCl_4) = 31,8°C/mol.kg^{-1}; densidade do CCl_4: d = 1,59 g/cm^3, a 25°C; constante dos gases: R = 8,31 J/K.mol; (1 atm = 1,013 x 10^5 Pa; 1 Pa = 1 N/m^2; 1 J = 1 N.m).

Questão 73

A uma temperatura de 25°C, as pressões de vapor do benzeno e do tolueno são 12,5 kPa e 3,59 kPa, respectivamente. Qual a pressão que deverá ser aplicada a uma solução preparada com 60,0 gramas de benzeno e 40,0 gramas de tolueno para que ferva a uma temperatura de 25°C?

Questão 74

O heptano apresenta uma pressão de vapor igual a 105 kPa a uma temperatura igual a 100°C. A mesma temperatura, o hidrocarboneto octano apresenta uma pressão de vapor igual a 46 kPa. Qual será a pressão de vapor a uma mistura que compreende 25,0 g de heptano e 35,0 g de octano? Observação: Considere ideal o comportamento da solução.

Questão 75

O ponto de ebulição do tolueno puro é 110,60°C. Uma solução contendo 5,00 g de difenilo, $C_{12}H_{10}$, em 100 g de tolueno ferve a 111,68°C. Uma solução contendo 6,00 g de uma substância desconhecida não volátil, em 200 g de tolueno, ferve a 112,00°C. Calcular a massa molecular da amostra desconhecida.

Questão 76

Determine a temperatura de ebulição normal de uma solução que contém 4,7 g de fenol em 500 g de álcool etílico. Dados: Temperatura de ebulição normal: T_{eb} = 78,4°C; Constante ebulioscópica molal: K_{eb} = 1,2°C.kg.mol^{-1}.

Questão 77

Determine a massa de naftaleno que dissolvida em éter etílico (42,8 gramas), forma uma solução que apresenta temperatura de ebulição normal superior em 0,2°C a temperatura de ebulição normal de éter etílico. Dado: K_{eb} = 2,14°C.kg.mol^{-1}.

Questão 78

A temperatura de congelamento de uma solução aquosa (Kc da água = 1,86) 0,40 mol.kg^{-1} de um sulfato metálico, onde o sal está totalmente dissociado é -3,72°C. Determine o número de oxidação do metal neste sal?

Questão 79

(GRILLO) A pressão de vapor do benzeno, a uma temperatura de 60,50°C é de aproximadamente 400 torr. Quando são dissolvidos 19,0 g de um determinado composto orgânico não volátil em 500 g de benzeno, a pressão de vapor do benzeno passa a ser de 386 torr. Diante dessa informação, determine a massa molar do composto desconhecido.

Questão 80

Sabendo que a pressão de vapor do propan-2-ol é 50,0 kPa a 340°C, mas cai a 49,6 kPa quando se dissolve, em 250g de propan-2-ol, 8,69 g de um composto orgânico desconhecido não volátil. A partir destas informações, calcule a massa molar do composto.

Questão 81

(GRILLO) Uma pequena amostra de proteína de hemoglobina com uma massa de aproximadamente 0,500 g foi dissolvida em água suficiente para preparar 100,0 mL de solução. A pressão osmótica da solução medida a uma temperatura ambiente foi de 1,35 mmHg. Calcule a massa molecular da hemoglobina.

Questão 82

(GRILLO) Quimicamente, a gelatina é uma proteína de origem animal, um polímero formado de aminoácidos. Ela é derivada de colágeno, essa proteína na maioria dos mamíferos tem basicamente a mesma composição; o colágeno dos peixes e répteis apresenta composição ligeiramente diferente. Considere uma quantidade de aproximadamente 0,614 g de gelatina que foi dissolvido em água suficiente para preparar 125 mL de solução. A 25°C, a pressão osmótica da solução encontrada foi 67,20 mmHg. Calcule a massa molecular aparente da gelatina.

Questão 83

A pressão osmótica de uma solução (1) contendo 32 g.L^{-1} de um soluto é 8,20 atm a 27°C. Qual a pressão osmótica a 47°C de uma solução (2) contendo 10 g.L^{-1} do mesmo soluto no mesmo solvente?

Questão 84

Quando 8,05 g de um composto desconhecido foram dissolvidos em 100 g de benzeno, a pressão de vapor do benzeno diminui de 100,0 mmHg para 94,8 mmHg a uma temperatura de 30°C. Determine:

a) A fração molar do benzeno;

b) A massa molar do composto desconhecido.

Questão 85

A adição de 10,0 g de um composto X a 250 g de naftaleno provocou um abaixamento crioscópico de 10,5 K. Calcule a massa molar do composto X. Dado: K_c = 6,94°C.kg.mol^{-1}.

Questão 86

O benzeno puro congela a uma temperatura de aproximadamente igual a 5,45°C. Verificou-se que uma solução contendo 7,24 g de $C_2H_2Cl_2$ em 115 g de benzeno congela a uma temperatura de aproximadamente 3,55°C. Determine o valor da constante molal de abaixamento do ponto de congelamento do benzeno.

Questão 87

Uma solução igual a 30 g.L^{-1}, de um soluto não iônico de massa molecular 90, é isotônica de uma solução de sulfato férrico 20 gramas de soluto em 600 mL de solução. Qual o grau de dissociação do sulfato férrico na segunda solução?

Questão 88

10 gramas de uma substância de massa molecular igual a 266 foram dissolvidos em 500 gramas de tetracloreto de carbono. Qual é a temperatura de ebulição da solução, sob pressão normal? Dados relacionados ao tetracloreto de carbono: Temperatura de ebulição = 77°C e Calor latente de ebulição = 46 cal.g^{-1}.

Questão 89

A que temperatura uma solução aquosa 1,00 mol.L^{-1} de sacarose teria uma pressão osmótica de 1,00 atm. É razoável a resposta?

Questão 90

Supondo os solutos completamente dissociados, determine a temperatura de congelamento de uma solução que contém 2 g de hidróxido de sódio e 14,2 g de sulfato de sódio, dissolvidos em 500 g de água. Dado: constante crioscópica molal da água = 1,86°C.kg.mol^{-1}.

Questão 91

I) Uma solução preparada a partir de 20,0 g de um soluto não volátil e 154 g de solvente, tetracloreto de carbono, tem uma pressão de vapor de 504 mmHg a 65°C. Considerando que a pressão de vapor do tetracloreto de carbono é de 531 mmHg, a 65°C, qual será a massa molar aproximada do soluto?

II) As propriedades coligativas dependem da natureza do _________ e da concentração _________. Preencha cada lacuna com a letra correspondente à opção correta.

a) do soluto

b) do solvente

c) de soluto e do solvente

III) O abaixamento do ponto de concentração de um solvente, provocado pela adição de um soluto não volátil (ΔTc) é igual ao produto da constante crioscópica do solvente (Kc) pela concentração da solução, expressa em:

a) Molalidade

b) Molaridade

c) Normalidade

d) Osmolaridade

Questão 92

Quando 0,154 gramas de enxofre finamente dividido se fundem com 4,38 gramas de cânfora (K_c = 40 K.kg.mol^{-1}), o ponto de congelamento deste último baixa 5,47°C. Qual é a fórmula molecular do enxofre, com base nesta medida crioscópica?

Questão 93

Quando 2,25 g de um composto desconhecido se dissolvem em uma quantidade de 1,50 x 10^2 g de cicloexano, o ponto de ebulição do cicloexano aumenta 0,481°C. Através destas informações, determine a massa molar do composto desconhecido. Dado: constante ebulioscópica molal do cicloexano (K_{eb}): 2,79°C.kg.mol^{-1}.

Questão 94

Qual será o ponto de ebulição normal de uma solução que contém 111 g de cloreto de cálcio em 1000 g de água, admitindo a dissociação completa do sal? Dado: constante ebulioscópica molal da água = + 0,512°C.kg.mol^{-1}.

Questão 95

Qual será o ponto de congelamento normal de uma solução que contém 58,5 g de cloreto sódio em 1000 g de água, admitindo a dissociação completa do sal? Dado: constante crioscópica molal da água = + 1,86 °C.kg.mol^{-1}.

Questão 96

12,0 gramas de uma determinada substância X, dissolvida em 500 gramas de água, sob pressão normal, entram em ebulição a uma temperatura de aproximadamente igual a 100,12°C (constante ebulioscópica da água = 0,52 °C.kg.mol^{-1}). A partir destas informações, determine a massa molecular de X.

Questão 97

Determine a massa molar e a fórmula molecular de um composto não dissociável, cuja fórmula empírica é a seguinte: C_4H_2N, se 3,84 gramas deste determinado composto foi dissolvido em 500 gramas de benzeno, provocando um abaixamento do ponto de congelamento igual a 0,307°C.

Questão 98

Determine o ponto de congelamento e o ponto de ebulição de uma solução que contém 6,50 g de etilenoglicol, composto este muito utilizado como um anticongelante em automóveis, em 200 g de água. Informação para a resolução do problema: constante ebulioscópica molal da água: K_{eb} = 0,51°C.kg.mol^{-1} e Constante crioscópica molal da água: K_c = 1,86°C.kg.mol^{-1}.

Questão 99

Calcular a pressão osmótica de uma solução de sacarose, $C_{12}H_{22}O_{11}$, a 30°C, a 5% (m/m), com densidade de 1,017 g.mL^{-1}.

Questão 100

A solução aquosa da ureia de concentração 30 g.L^{-1} é isotônica da solução aquosa 0,125 F de um eletrólito A_2B_3. Qual o grau de dissociação aparente do eletrólito?

Questão 101

(GRILLO) A pressão de vapor do benzeno, a uma temperatura de 62°C, é de aproximadamente 54 kPa. São adicionados 19,0 g de um composto orgânico não volátil e dissolvido em 500 g de benzeno, ocasionando uma pressão de 50 kPa. Determine a massa molar deste composto desconhecido.

Questão 102

A uma temperatura de 30ºC, a pressão de vapor do benzeno puro é 0,160 atm. Dissolvendo-se 15,0 g de um soluto não volátil em 250 g de benzeno, obtém-se uma solução, cuja pressão de vapor é 0,158 atm. Determine a massa molar aproximada do soluto.

Questão 103

Uma solução foi preparada dissolvendo 0,750 g de uma determinada proteína em 125 mL de água. A uma temperatura de 4°C, a pressão osmótica corresponde uma elevação de aproximadamente 2,6 mm da solução. Determine a massa molar da proteína.

Questão 104

Considere duas soluções aquosas apresentadas a seguir, ambas na mesma temperatura.
Solução I: contém 1,0 milimol de glicose e 2,0 milimol de $CaCl_2$, por quilograma de água.
Solução II: contém apenas $Fe_2(SO_4)_3$ dissolvido em água.
Supondo soluções ideais e eletrólitos totalmente dissociados, considerando que as duas soluções terão os mesmos valores para suas propriedades coligativas, determine a quantidade em mmol de $Fe_2(SO_4)_3$ da solução II, por quilograma de água.

Questão 105

a) Considerando que a pressão osmótica da sacarose ($C_{12}H_{22}O_{11}$) a 25°C é igual a 15 atm, calcule a massa da sacarose para preparar 1,0 litro de sua solução aquosa a temperatura ambiente.
b) Calcule a temperatura do ponto de congelamento de uma solução contendo 5,0 g de glicose ($C_6H_{12}O_6$) em 25 g de água. Sabe-se que a constante do ponto de congelamento da água é igual a 1,86°C.kg.mol^{-1}.
c) Determine a fração molar de hidróxido de sódio em uma solução aquosa contendo 50% em massa desta espécie.

Questão 106

Suponha que colocamos alguns micro-organismos unicelulares em várias soluções aquosas de cloreto de sódio. Observamos que as células se mantêm sem perturbação em NaCl 0,7% em massa, enquanto que se encolhem em soluções mais concentradas e se expandem em soluções mais diluídas. Supondo que o NaCl se comporta como um eletrólito ideal 1:1, calcule a pressão osmótica do fluido aquoso dentro das células a 25°C.

Questão 107

Considere uma solução aquosa composta por 480 g de glicose, sendo a glicose com fórmula molecular igual a $C_6H_{12}O_6$ e 700 g de água, com esta solução sendo processada a uma temperatura ambiente. Sabendo que a máxima de vapor da água nesta temperatura ambiente é igual a 22 mmHg, calcule:
a) O valor do abaixamento relativo da pressão máxima de vapor;
b) O valor do abaixamento absoluto da pressão máxima de vapor;
c) O valor da pressão máxima de vapor da solução.

Questão 108

Cinco recipientes contêm cada um 500 gramas de água e, respectivamente, 1,0 grama de um dos sais, conforme as alternativas abaixo. Os recipientes são resfriados. Pergunta-se: em qual deles o início de solidificação irá ocorrer em temperatura mais baixa:
Dado: constante crioscópica molal (K_c) da água vale 1,86°C.kg.mol^{-1}.
a) LiCl
b) KCl
c) NaBr
d) $MgCl_2$
e) Na_2SO_4

Questão 109

Considere as afirmações abaixo, todas relativas à pressão de 1 atm:
I) A temperatura de fusão do ácido benzoico puro é 122°C, enquanto que a da água pura é 0°C
II) A temperatura de ebulição de uma solução aquosa 1,00 mol.L^{-1} de sulfato de cobre é maior do que a de uma solução aquosa 0,10 mol.L^{-1} deste mesmo sal
III) A temperatura de ebulição de uma solução aquosa saturada em cloreto de sódio é maior do que a da água pura
IV) A temperatura de ebulição do etanol puro é 78,4°C, enquanto que a de uma solução alcoólica 10% (m/m) em água é 78,2°C.
Das diferenças apresentadas em cada uma das afirmações acima, está(ão) relacionada(s) com propriedades coligativas:
a) Apenas I e III
b) Apenas I
c) Apenas II e III
d) Apenas II e IV
e) Apenas III e IV

Questão 110

Admita que uma solução aquosa 0,0400 mol x L^{-1} de ácido tricloroacético congele a – 0,1395°C. Considere ainda que a constante de abaixamento do ponto de congelamento (K_c) da água seja 1,860°C.Kg.mol^{-1} e que 1,00 L de solução contenha 1,00 Kg de solvente. O valor da constante de dissociação (K_a) do ácido tricloroacético será:

a) 4,90 x 10^{-7}
b) 3,28 x 10^{-5}
c) 7,66 x 10^{-3}
d) 1,36 x 10^{-2}
e) 2,45 x 10^{-1}

Questão 111

6,0 gramas de glicose foi adicionada em uma mistura contendo dois líquidos distintos, formando uma mistura homogênea. O primeiro líquido refere-se ao etanol, apresentando uma massa igual a 252 gramas e o segundo líquido é a água, com uma massa igual a 180 gramas. A partir desses dados importantes, assinale a pressão de vapor da solução total a 25°C. Informação para a resolução do problema: pressão de vapor da água pura = 24,0 mmHg a 25°C; pressão de vapor do etanol = 59,0 mmHg a 25°C.
a) 30 mmHg
b) 36,3 mmHg
c) 39 mmHg
d) 40,7 mmHg
e) 45,9 mmHg

Questão 112

Que concentração molar do soluto deve ter uma solução aquosa de $BaCl_2$ para que o abaixamento crioscópico seja praticamente igual o mesmo que o observado na solução aquosa 0,030 mol.L^{-1} de NaCl?
a) 0,015
b) 0,020
c) 0,030
d) 0,045
e) 0,060

Questão 113

A dissolução de 3,00 g de uma substância A em 100,0 g de tetracloreto de carbono eleva o ponto de ebulição do tetracloreto de carbono eleva o ponto de ebulição do tetracloreto de carbono de 0,600°C. Calcular:
a) O abaixamento do ponto de congelamento do solvente;
b) O abaixamento relativo da pressão de vapor do solvente;
c) A massa molar da substância A. Dados eventualmente necessários ao tetracloreto de carbono: K_c = 31,8°C.mol.kg^{-1}; K_{eb} = 5,03°C.mol.kg^{-1}; Densidade = 1,5 g.mL^{-1}.

Questão 114

Qual das soluções abaixo deve ter maior pressão osmótica?
a) 0,010 mol.L^{-1} de ácido acético
b) 0,010 mol.L^{-1} de cloreto de etila
c) 0,010 mol.L^{-1} de ácido clorídrico
d) 0,010 mol.L^{-1} de cloreto de rubídio
e) 0,010 mol.L^{-1} de cloreto de magnésio

Questão 115

Uma solução aquosa 0,15 mol.L^{-1} de um ácido fraco HX é isotônica com uma solução aquosa 0,20 mol.L^{-1} de glicose. Qual o grau de dissociação, $\alpha = \{[X^-] / [X^-] + [HX]\}$, de HX na solução 0,15 mol.L^{-1}?
a) ¼
b) 1/3
c) ½
d) 2/3
e) 1

Questão 116

Considere os valores da temperatura de congelação de soluções 1 milimol.L^{-1} das seguintes substâncias:
I. $Al_2(SO_4)_3$
II. $Na_2B_4O_7$

III. $K_2Cr_2O_7$
IV. Na_2CrO_4
V. $Al(NO_3)_3.9H_2O$
Assinale a alternativa CORRETA relativa à comparação dos valores dessas temperaturas.
a) I < II < V < III < IV
b) I < V < II ≈ III ≈ IV
c) II < III < IV < I < V
d) V < II < III < IV < I
e) V ≈ II < III < IV < I

Questão 117

Dois béqueres, X e Y, contêm, respectivamente, volumes iguais de soluções aquosas, concentradas e diluídas de cloreto de sódio, na mesma temperatura. Dois recipientes hermeticamente fechados, mantidos à mesma temperatura constante, são interconectados por uma válvula, inicialmente fechada, cada qual contendo um dos béqueres. Aberta a válvula, após o restabelecimento do equilíbrio químico, verifica-se que a pressão de vapor nos dois béqueres é P_f. Assinale a opção que indica respectivamente as comparações corretas entre os volumes inicial (VX_i) e final (VX_f) da solução no béquer X e entre as pressões de vapor inicial (PY_i) e final (P_f), no recipiente que contém o béquer Y.
a) $V_{Xi} < V_{Xf}$ e $P_{Yi} = P_f$
b) $V_{Xi} < V_{Xf}$ e $P_{Yi} > P_f$
c) $V_{Xi} < V_{Xf}$ e $P_{Yi} < P_f$
d) $V_{Xi} > V_{Xf}$ e $P_{Yi} > P_f$
e) $V_{Xi} > V_{Xf}$ e $P_{Yi} < P_f$

Questão 118

Uma solução líquida é constituída de 1,2 - dibromoeltileno ($C_2H_2Br_2$) e 2,3 – dibromopropreno ($C_3H_4Br_2$). A 85°C, a concentração do 1,2 – dibromoeltileno nesta solução é igual a 0,40 (mol/mol). Nessa temperatura as pressões de vapor saturantes do 1,2 – dibromoeltileno e do 2,3 – dibromopropeno puros são, respectivamente, iguais a 173 mmHg e 127 mmHg. Admitindo que a solução tem comportamento ideal, é correto afirmar que a concentração em (mol/mol) de 2,3 – dibromopropeno na fase gasosa é igual a:
a) 0,40
b) 0,42
c) 0,48
d) 0,52
e) 0,60

Questão 119

Em relação à água pura, é de se esperar que uma solução de 10 gramas de sacarose em 150 gramas de água tenha, respectivamente:

	Ponto de ebulição	Ponto de solidificação	Pressão de Vapor
a)	menor	maior	menor
b)	menor	menor	menor
c)	maior	menor	menor
d)	maior	menor	maior
e)	Nenhuma das respostas		

Questão 120

O interferão é uma proteína solúvel em água. Uma solução preparada por dissolução de 15,0 mg de interferão em 2,50 mL de H_2O apresenta uma pressão osmótica de 5,80 mmHg a 25°C. Qual é a massa molar do interferão?
a) 1.92×10^4 g.mol^{-1}
b) 1.92×10^7 g.mol^{-1}
c) 1.95×10^6 g.mol^{-1}
d) 1.61×10^3 g.mol^{-1}

Questão 121

A pressão de vapor da água pura é de 23,8 torr a 25°C. São dissolvidos 10,0 gramas de cloreto de sódio em 100,0 gramas de água pura a 25°C. Assinale a opção que indica o valor do abaixamento da pressão de vapor da solução, em torr:

a) 22,4
b) 11,2
c) 5,6
d) 2,8
e) 1,4

Questão 122

Qual das soluções abaixo apresenta maior grau de dissociação iônica?
a) $CaCl_2$ com fator vant'Hoff igual a 2,5
b) $FeCl_3$ com fator vant'Hoff igual a 3
c) NaCl com fator vant'Hoff igual a 2
d) Na_2CO_3 com fator vant'Hoff igual a 2,6
e) $Al_2(SO_4)_3$ com fator vant'Hoff igual a 4,6

Questão 123

Considere as seguintes soluções aquosas:
Solução A: contém 0,10 mol de NaCl por 1000 gramas de solvente.
Solução B: contém 0,10 mol de sacarose por 1000 gramas de solvente.
Solução C: contém 0,10 mol de $CaCl_2$ por 1000 gramas de solvente.
Assinale a opção na qual estas soluções estão citadas em ordem crescente de ponto de ebulição.
a) A, B, C
b) A, C, B
c) B, A, C
d) B, C, A
e) C, A, B

Questão 124

Temos as seguintes soluções aquosas 1 $mol.L^{-1}$:
I) ureia, $CO(NH_2)_2$;
II) glicerina, $C_3H_8O_3$;
III) glicose, $C_6H_{12}O_6$.
Podemos afirmar que a temperatura de início de ebulição de:
a) I é praticamente três vezes menor que o de III
b) II é praticamente 1,5 vezes maior que o de I
c) III é praticamente duas vezes maior que o de II
d) I, II e III será a mesma
e) Faltam dados para responder

Questão 125

Considere as seguintes soluções diluídas:
I. x mol de sacarose / quilograma de água
II. y mol de cloreto de sódio / quilograma de água
III. z mol de sulfato de magnésio / quilograma de água
IV. w mol de cloreto de magnésio / quilograma de água
Para que nestas quatro soluções, durante o resfriamento, possa começar a aparecer gelo na mesma temperatura, digamos a -1,3°C, é necessário que, em primeira aproximação, tenhamos:
a) x = y = z = w
b) 1x = 2y = 4z = 4w
c) 1x = 2y = 4z = 3w
d) x/1 = y/2 = z/2 = w/3
e) x/1 = y/2 = z/4 = w/4

Questão 126

Qual das opções a seguir contém a substância no estado sólido que, adicionada a 100 mL de água pura na temperatura de 25°C e em quantidade igual a 0,10 mol, produzirá uma solução aquosa com maior pressão osmótica?

a) Ag_2O
b) Na_2O_2
c) MgO
d) $Ba(OH)_2$
e) $Al(OH)_3$

Questão 127

O abaixamento da temperatura de congelamento da água numa solução aquosa com concentração molal de soluto igual a 0,100 mol/kg é 0,55°C. Sabe-se que a constante crioscópica da água vale 1,86°C.kg.mol^{-1}. Qual das opções abaixo contém a fórmula molecular correta do soluto?
a) $(AgNH_3)Cl$
b) $(Pt(NH_3)_4Cl_2)Cl_2$
c) $Na[Al(OH)_4]$
d) $K_3[Fe(CN)_6]$
e) $K_4[Fe(CN)_6]$

Questão 128

64 gramas de um composto A dissolvido em 546 gramas de benzeno, dão uma solução cuja pressão de vapor é igual a 70 mmHg, a 20°C. A pressão de vapor do benzeno, a 20°C, é igual a 75 mmHg. Calcule a massa do composto A é:
a) 42 g.mol^{-1}
b) 64 g.mol^{-1}
c) 96 g.mol^{-1}
d) 128 g.mol^{-1}
e) 192 g.mol^{-1}

Questão 129

Um químico dissolve 5,00 gramas de um polímero em 100 mL de agua e a pressão osmótica medida é igual a 0,021 atm a 25°C. Qual é a massa molar aproximada do polímero?
a) 7000 g/mol
b) 16000 g/mol
c) 23000 g/mol
d) 58000 g/mol

Questão 130

Determine a temperatura de ebulição de uma solução aquosa dissolvendo 11,4 gramas de amoníaco (NH_3) em 200 g de solvente. A constante ebulioscópica da água é igual a K_b = 0,52°C/m.
a) 98,4°C
b) 99,3°C
c) 101,7°C
d) 102,6°C

Questão 131

Utilizando-se em um radiador de automóvel uma solução aquosa de etilenoglicol (10% em massa), a temperatura mais baixa que o radiador poderá operar será, aproximadamente:
a) 0,0°C
b) – 2,0°C
c) + 2,0°C
d) – 3,3°C
e) + 3,3°C

Questão 132

Uma solução de X gramas de glicerina em 250 gramas de água apresenta o mesmo ponto de solidificação de uma solução que contém 2,5 gramas de sacarose dissolvidas em 125 gramas de água. Sabendo que a constante crioscópica da água é igual a 1,86°C.mol^{-1}.kg, é possível afirmar que a massa X de glicerina é:
a) 2,6 g

b) 1,3 g
c) 0,50 g
d) 5,4 g
e) 13,0 g

Questão 133

O fator de van't Hoff para uma solução 0,10 mol.L^{-1} de nitrato de bário é igual a 2,74. O grau de dissociação deste sal é igual a:
a) 91,3%
b) 87%
c) 100%
d) 74%
e) 69%

Questão 134

(GRILLO) Uma solução de cloreto de sódio apresenta um grau de dissociação igual a 85%, entra em ebulição a uma temperatura sob uma pressão normal igual a 102,5°C. A partir destes dados, assinale a alternativa que apresenta o valor correto da molalidade, sabendo que a constante ebulioscópica molal da água é igual a 0,50°C.mol^{-1}.kg.
a) 2,70
b) 2,80
c) 2,60
d) 3,00
e) 2,00

Questão 135

O fator de Van´t Hoff "i" para o cloreto de cálcio com grau de dissociação igual a 50% é:
a) 0,80
b) 0,20
c) 2,6
d) 3,0
e) 2,0

Questão 136

Uma amostra de 2x10^{-2} g de um determinado composto orgânico é dissolvida em 300 mL de água a 25°C, resultando numa solução de pressão osmótica 0,027 atm. Pode-se afirmar, então, que o composto orgânico é o (a):
a) ácido etanoico (ácido acético)
b) 1,2-etanodiol (etileno glicol)
c) etanol (álcool etílico)
d) metanodiamida (ureia)
e) tri-fluor-carbono

Questão 137

(MESTRE JOÃO ROBERTO DA PACIÊNCIA NABUCO) 1,0 g de cloreto de magnésio é dissolvido em 500 g de água e a solução é resfriada até a solidificação. Determinar em que temperatura se verifica a solidificação, sabendo-se que o grau de dissociação do sal é 80%. **Resposta: T = -0,10°C**

Questão 138

(MESTRE JOÃO ROBERTO DA PACIÊNCIA NABUCO) Determinar a pressão osmótica desenvolvida por 500 mL de uma solução 1 normal de ácido sulfúrico a 25°C, sabendo-se que nessa temperatura o grau de ionização do ácido é 72%. **Resposta: π = 29,83 atm**

Questão 139

(MESTRE JOÃO ROBERTO DA PACIÊNCIA NABUCO) Um polímero de fórmula geral $(C_2H_4)_n$ abaixou o ponto de congelação do benzeno de 0,36°C, quando 1,0 g do mesmo foi dissolvido em 5,0 g de benzeno. $K_c = 5{,}04\frac{°C}{mol \times kg}$. Determine o valor de n. **Resposta n = 100**

Questão 140

(MESTRE JOÃO ROBERTO DA PACIÊNCIA NABUCO) Determine a temperatura de ebulição de uma solução que contém 156 gramas de benzeno que estão dissolvidos em 555 gramas de acetona, sabendo-se que sob pressão normal, a acetona entra em ebulição a uma temperatura igual a 57°C. **Resposta:** $\Delta T_{eb} = 4,39°C$

Questão 141

(MESTRE JOÃO ROBERTO DA PACIÊNCIA NABUCO) Calcule o ponto de ebulição de uma solução que contém 24 gramas de soluto de massa molecular igual a 58 em 600 gramas de água, quando a pressão barométrica é tal que a água pura entra em ebulição a 99,725°C. **Resposta: 0,352°C**

Questão 142

(MESTRE JOÃO ROBERTO DA PACIÊNCIA NABUCO) Uma solução contendo 4,50 gramas de um não eletrólito dissolvidos em 250 gramas de água congela a uma temperatura igual a -0,372°C. Qual a massa molecular aproximada do soluto? **Resposta: 90 g x mol^{-1}**

Questão 143

(MESTRE JOÃO ROBERTO DA PACIÊNCIA NABUCO) A que temperatura congela uma solução de metanol a 25% em massa? **Resposta:** $\Delta T_{eb} = -19,37°C$

Questão 144

(MESTRE JOÃO ROBERTO DA PACIÊNCIA NABUCO) Uma solução foi obtida dissolvendo-se 3,75 gramas de um composto orgânico puro em 95 gramas de acetona, numa pressão barométrica tal que o ponto de ebulição da acetona pura é igual a 55,95°C e o da solução, 56,50°C. Sabendo-se que a constante ebuliométrica da acetona é 1,71 °C x kg x mol^{-1}, determinar a massa molecular do soluto. **Resposta:** $< MM > = 122,73 \frac{g}{mol}$

Questão 145

(MESTRE JOÃO ROBERTO DA PACIÊNCIA NABUCO) Qual a pressão osmótica em atm de uma solução 0,20 N de um diácido 60% ionizado, sendo a temperatura igual a 27°C. **Resposta: 5,41 atm.**

Questão 146

(MESTRE JOÃO ROBERTO DA PACIÊNCIA NABUCO) Calcule o número de partículas dispersas por cada mol de sulfato férrico, 90% dissociado. **Resposta: 2,17 x 10^{24} partículas dispersas.**

Questão 147

(MESTRE JOÃO ROBERTO DA PACIÊNCIA NABUCO) Calcule o número de partículas dispersas em 200 cm^3 de solução 0,60 normal (0,60 N) de fosfato de potássio 80% dissociado. **Resposta: 8,16 x 10^{22} partículas dispersas.**

Questão 148

(GRILLO) Calcule a energia livre de Gibbs e a entropia da mistura para duas situações: (a) uma mistura composta por 1,0 mol de nitrogênio gasoso e 1,0 mol de oxigênio gasoso; (b) uma mistura composta por 2 mol de argônio, 1 mol de hélio e 3 mol de gás hidrogênio. A partir das informações apresentadas, levar em consideração que a pressão (1 bar) e a temperatura esteja constante (25°C). **Resposta: (a) $\Delta G_{mistura}$ = -3433,91 J x mol^{-1} e $\Delta S_{mistura}$ = + 11,52 J x K^{-1}; (b) $\Delta G_{mistura}$ = -15034,96 J x mol^{-1} e $\Delta S_{mistura}$ = + 50,45 J x K^{-1}**

Questão 149

(GRILLO) A partir de uma mistura de 20 gramas de etano e 350 gramas de gás oxigênio dentro de um recipiente com capacidade igual a 5,50 litros e temperatura de 27°C, calcule a pressão total do sistema, a energia livre de Gibbs da mistura e a variação da entropia da mistura. A partir das informações apresentadas, levar em consideração que a pressão (1 bar) e a temperatura esteja constante (25°C). **Resposta: $\Delta G_{mistura}$ = -6359,38 J x mol^{-1}; $\Delta S_{mistura}$ = + 21,20 J x K^{-1} e pressão total igual a 51,92 atm.**

Questão 150

A solution contains 5,0 g of urea (M_2 = 60,05) per 100 g of water. What will be the vapor pressure of this solution at 25°C? The vapour pressure of purê H_2O at this temperature is 23,756 mmHg. **Resposta: P = 23,40 mmHg**

Questão 151

A solution composed of 10 g of a nonvolatile organic solute in 100 g of diethyl ether has a vapor pressure of 426,0 mmHg at 20°C. If the vapor pressure of the pure ether is 442,20 mmHg at the same temperature. What is the molecular weight of the solute? **Resposta: <MM> = 202 g x mol^{-1}**

Questão 152

If 30 g of diphenyl are dissolved in 250 g of benzene, what will be the boiling point of the resulting solution under atmosphere pressure? **Resposta: 82,09°C**

Questão 153

A 0,20 molal aqueous solution of KCl freezes at - 0,680°C. Calculate i and osmotic pressure. Assume volume to be that of pure H_2O. **Resposta: i = 1,83 e π = 8,20 atm**

Questão 154

A 0,40 molal aqueous solution of K_2SO_4 freezes at – 1,52°C. Assuming that i is constant with temperature, calculate the vapour pressure at 25°C and the normal boiling point of the solution. **Resposta: $P_{solução}$ = 24,31 mmHg e $T_{solução}$ = 100,41°C**

Questão 155

A 0,10 molal solution of a week electrolyte ionizing into two ions freezes at – 0,208°C. Calculate the degree of dissociation. **Resposta: α = 0,1183 (11,83%)**

Questão 156

An aqueous solution contains 20 g of glucose per liters. Assuming the solution to be ideal, calculate its osmotic pressure at 25°C. **Resposta: π = 2,71 atm**

Questão 157

What weight of glycerol would have to be added to 1000 g of water in order to lowerits freezing point 10°C? **Resposta: Massa = 494,62 g**

Questão 158

A 2,00 molal HCl solution freezes at -8,86°C. Calculate the apparent percentage of dissociation and explain your answer. **Resposta: α = 0,19 (19%)**

Questão 159

The vapor pressure of a solution containing 13 g of solute in 100 g of H_2O at 28°C is 27,371 mmHg. Calculate the molecular weight of the solute. The vapor pressure of water at this temperature is 28,065 mmHg. **Resposta: 94,63 g x mol^{-1}**

Questão 160

(GRILLO) A 25°C, uma solução contém 25,0 g de uma substância na presença de uma solução com capacidade de 225 cm³ e, com uma pressão osmótica de 650 Pa. A partir desta informação, determine a massa molar desta substância. **Resposta: 4,23 x 10^5 g x mol^{-1}**

Questão 161

A compound weighing is dissolved in 30,0 g of acetic acid. The freezing point of the solution is found to be 1,50 K below that of the purê solvente. Calculate the molar mass of the compound. $K_{cr}^{ácido} = -3{,}90\,\frac{K\,x\,mol}{kg}$. **Resposta:** $\mathbf{39,69\,\frac{g}{mol}}$

Questão 162

Two aqueous urea solution have osmotic pressures of 2,60 atm and 5,40 atm, respectively, at a certain temperature. What is the osmotic pressure of a solution prepared by mixing equal volumes of these two solutions at the same temperature? **Resposta:** $\boldsymbol{\pi_{mistura} = 4,0\ atm}$

Questão 163

A adição de 27,0 gramas de um composto desconhecido a 760 gramas de tetracloreto de carbono baixou em 5,40 K o ponto de congelamento do solvente. Calcule a massa molar do composto. **Resposta: <MM> = 197,39 g x mol^{-1}**

Questão 164

Determine freezing point of a 0,50 mol x L^{-1} solution of dichloroscetic acid (Ka = 0,05). Assume density of the solution to be 1 g x cm^{-3} and K_{cr} for water is 1,86. **Resposta: -1,26°C.**

Questão 165

(MESTRE JOÃO ROBERTO DA PACIÊNCIA NABUCO) Calcule a pressão máxima de vapor de uma solução de cloreto de magnésio contendo 19 gramas do mesmo em 360 gramas de água a uma temperatura de 28°C. A pressão máxima de vapor da água a esta temperatura é igual a 32,0 mmHg e a solução de cloreto de magnésio se encontra 80% dissociado. **Resposta:** $\mathbf{P = 31,17\ mmHg}$

Questão 166

(MESTRE JOÃO ROBERTO DA PACIÊNCIA NABUCO) Determinar o abaixamento relativo e o abaixamento absoluto da pressão máxima de vapor que 50 gramas de ureia [$CO(NH_2)_2$] dissolvidos em 5,0 kg de água a 30°C, provocando na água pura a essa temperatura, sabendo-se que então a tensão máxima de vapor da água seja 31,82 torr. **Resposta:** $\mathbf{\frac{\Delta p}{p_0} = 0,003\ e\ \Delta p = 0,0955\ torr}$

EXERCÍCIO DE FIXAÇÃO – GABARITO

Questão 01

A frase encontra-se certa. Todas as três fases que a matéria pode apresentar (sólido, líquido e gasoso) possuem pressão de vapor.

Questão 02

A frase encontra-se errada. Mesmo apresentando a mesma concentração molar, é necessário saber se as substâncias não-voláteis são moleculares ou iônicas. Este fator diferencia e bastante as propriedades coligativas.

Questão 03

Em uma câmara barométrica do tipo Torricelli, mantida a temperatura de 30ºC, coloca-se, por meio de um conta-gotas, o etanol líquido a a mesma temperatura, ou seja, T = 30ºC. Este é menos denso que o mercúrio e, por isso, sobe para a câmara barométrica vazia, onde se vaporiza. O vapor de etanol abaixa a coluna de mercúrio pelo fato de exercer pressão sobre ela. O processo vai ocorrendo em gota a gota o etanol até a câmara ficar saturada de vapor, isto é, uma nova gota de etanol introduzida não se vaporizará, permanecendo líquida na superfície do mercúrio da câmara barométrica. Por isso, que dizemos que os vapores do etanol são saturantes a 30ºC e o abaixamento da coluna de mercúrio será igual à pressão (máxima) de vapor do etanol naquela temperatura. A figura abaixo mostra exatamente o processo descrito.

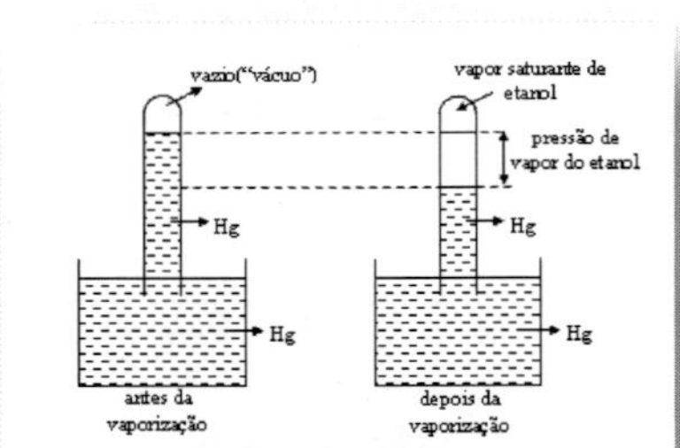

Questão 04

(GRILLO) Considere o sal iônico do tipo X_aY_b, dissolvido na presença de água.

Equação de dissociação do sal iônico: $X_aY_b \longrightarrow aX^{+b} + bY^{-a}$.

Para a resolução desta demonstração, será necessário apresentar como base de cálculo: 1 mol de X_aY_b.

	X_aY_b	aX^{+b}	bY^{-a}
Início	1	0	0
Reage	1.α	1.α.a	1.α.b
Equilíbrio	1 - 1.α	a.α	b.α

i = 1 - 1.α + a.α + b.α
i = 1 - α + α.(a + b)

Chamando (a + b) igual a n, temos: i = 1 - α + α.n
i = 1 + α.n – α
i = 1 + α. (n – 1)

Questão 05

Informações para a resolução do problema:
Soluto = polímero; Solvente = benzeno; Fator de Van't Hoff: i = 1 (solução molecular).

Cálculo da massa molecular do polímero, a partir do efeito crioscópico.
$\Delta T_{cr} = K_{cr} \text{ x } \mathcal{M} \text{ x i}$

$$0{,}51 = 5{,}10 \text{ x} \frac{\frac{0{,}994}{(24+4).\text{n}}}{5{,}0 \text{ x } 10^{-3}} \text{x } 1$$

$\text{n} = 71$. Para este valor o polímero é dado pela seguinte fórmula molecular: $(C_2H_4)_{71}$.

Questão 06

O problema leva em consideração duas soluções, sendo uma molecular e outra iônica. Expressão matemática da pressão osmótica para a glicose: $\pi_{\text{glicose}} = 0{,}28 \text{ x R x T x } 1{,}0$

Expressão da pressão osmótica para o cloreto de metal alcalino-terroso (XCl_2). Equação de dissociação do cloreto de X: $XCl_{2(aquoso)} \longrightarrow X^{+2}_{(aquoso)} + 2Cl^{-}_{(aquoso)}$
$[XCl_2] = 0{,}10 \text{ mol.L}^{-1}$

$\pi_{\text{sal}} = 0{,}10 \text{ x R x T x } [1 + (3-1).\alpha]$

A partir do problema, a solução é isotônica, ou seja, as pressões osmóticas são iguais. $\pi_{\text{glicose}} = \pi_{\text{sal}}$

$0{,}28 \text{ x } \cancel{\text{R}} \text{ x } \cancel{\text{T}} \text{ x } 1{,}0 = 0{,}10 \text{ x } \cancel{\text{R}} \text{ x } \cancel{\text{T}} \text{ x } [1 + (3-1).\alpha]$

$$\frac{0{,}28}{0{,}10} = 1 + 2.\alpha$$

$\alpha = 0{,}90 \; (90\%)$

Questão 07

Equação de dissociação do composto iônico A_2B: $A_2B_{(aquoso)} \longrightarrow 2A^{+}_{(aquoso)} + B^{-2}_{(aquoso)}$

Cálculo do fator de Van't Hoff (i): $\text{i} = 1 + (3-1).\alpha = 1 + (3-1).0{,}80 = 2{,}60$

Cálculo da pressão osmótica (π): $\pi = \frac{7{,}10}{174} \text{x } 0{,}08206 \text{ x } 290 \text{ x } 2{,}60 = 2{,}52 \text{ atm}$

Questão 08

Equação de dissociação do sulfato de alumínio: $Al_2(SO_4)_{3(aqusoso)} \longrightarrow 2Al^{+3}_{(aquoso)} + 3SO_4^{-2}{}_{(aquoso)}$
i = 1 + 0,70. [(3 + 2) – 1)]
i = 1 + 0,70. 4 = 3,80

Cálculo do número de partículas dispersas (X): $X = 3{,}80 \text{ x } 6{,}02 \text{ x } 10^{23} = 2{,}29 \text{ x } 10^{24}$

Questão 09

A figura que apresenta a aparelhagem que corresponde ao funcionamento da osmometria está apresentada da seguinte maneira:

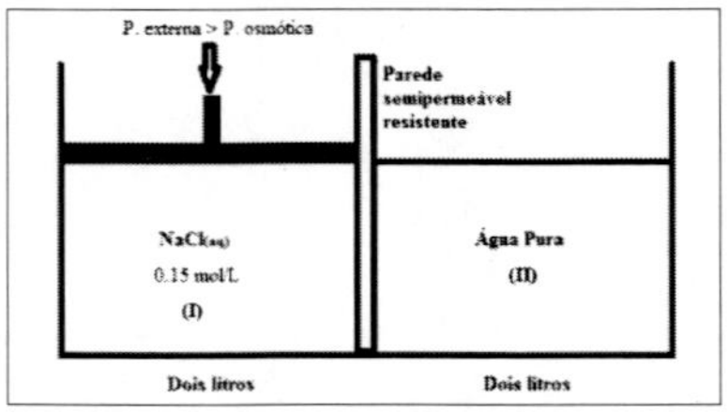

Exercendo sobre a solução de 0,15 mol.L^{-1} de cloreto de sódio uma pressão maior que a pressão osmótica, irá ocorrer a passagem da água da solução para a água pura (processo de osmose reversa). Quando o volume da solução reduzir para um litro (1,0 L) o processo vai parar, ficando um litro de solução 0,30 mol.L^{-1} de cloreto de sódio no compartimento (I).
Já no compartimento (II) vai haver três litros de água pura. Com qualquer aparelho de medição de volume, separa-se um litro de água pura dos dois litros de água iniciais.

Questão 10

(GRILLO)

Cálculo da fração molar do etanol: $X_{etanol} = \frac{n_{etanol}}{n_{etanol} + n_{metanol}} = \frac{\frac{60}{46}}{\frac{60}{46}+\frac{40}{32}} = 0{,}511$

Cálculo da fração molar do metanol: $X_{etanol} + X_{metanol} = 1$

$X_{metanol} = 1 - 0{,}511 = 0{,}489$

Cálculo da pressão total de vapor da solução:

$P_{total} \text{ x } X_{total} = P^0_{metanol} \text{ x } X_{metanol} + P^0_{etanol} \text{ x } X_{etanol}$

$P_{total} \text{ x } 1{,}0 = 44{,}50 \text{ x } 0{,}489 + 88{,}7 \text{ x } 0{,}511$

$P_{total} = 67{,}09 \text{ mmHg}$

Questão 11

(GRILLO) Conforme descrito, o efeito coligativo trata-se da crioscopia e seu fator de van´t Hoff é igual a um (solvente molecular).
Efeito crioscópico: $\Delta T_{cr} = K_{cr} \text{ x } \mathcal{M} \text{ x i}$

$$0{,}618 = 3{,}85 \text{ x} \frac{\frac{1{,}355}{< MM >}}{55{,}0 \text{ x } 10^{-3}} \text{x } 1{,}0$$

$$< MM > = 153{,}48 \frac{g}{mol}$$

Questão 12

(GRILLO) Equação de dissociação do nitrato de sódio: $NaNO_{3(aquoso)} \rightarrow Na^+_{(aquoso)} + NO^-_{3(aquoso)}$

$$i = 1 + (n - 1) \times \alpha$$

$$i = 1 + (2 - 1) \times 0{,}90 = 1{,}90$$

Cálculo da pressão osmótica (π): $\pi = [NaNO_3] \times R \times T \times i$

$$\pi = \frac{\frac{85}{85}}{1{,}0} \times 0{,}08206 \times 300 \times 1{,}90 = 46{,}77 \text{ atm}$$

Questão 13

(GRILLO) Conforme descrito, o efeito coligativo trata-se da crioscopia e seu fator de van´t Hoff é igual a um (solvente molecular). Efeito crioscópico: $\Delta T_{cr} = K_{cr} \times \mathcal{M} \times i$

Para este problema será necessário calcular a massa de soluto não volátil, ou seja, a massa de fenol.

$$0{,}690 = 5{,}12 \times \frac{\frac{\text{massa}}{200 \times 10^{-3} \times 1000}}{1{,}0} \times 1{,}0$$

$$\text{Massa} = 26{,}95 \text{ g}$$

Cálculo do número de mol de fenol: $n_{fenol} = \frac{26{,}95}{72 + 6 + 16} = 0{,}287 \text{ mol}$

Cálculo do número de mol de benzeno: $n_{benzeno} = \frac{1000}{72 + 6} = 12{,}82 \text{ mol}$

$$X_{fenol} = \frac{n_{fenol}}{n_{fenol} + n_{benzeno}} = \frac{0{,}287}{0{,}287 + 12{,}82} = 0{,}0219$$

Questão 14

(GRILLO) Cálculo da massa da molécula, a partir da pressão osmótica (π):

$$\pi = \begin{bmatrix} \text{substância} \\ \text{desconhecida} \end{bmatrix} \times R \times T \times i$$

$$\frac{600}{760} = \frac{\frac{10{,}0}{< MM >}}{0{,}250} \times 0{,}08206 \times 288 \times 1{,}0$$

$$< MM > = \frac{760 \times 10 \times 0{,}08206 \times 288}{600 \times 0{,}25} = 1197{,}2 \frac{\text{g}}{\text{mol}}$$

Questão 15

(GRILLO)

Cálculo da pressão: $\pi = 1{,}0 \frac{\text{g}}{\text{cm}^3} \times \frac{1 \text{ kg}}{1000 \text{ g}} \times \frac{1 \text{ cm}^3}{10^{-6} \text{ m}^3} \times 9{,}81 \frac{\text{m}}{\text{s}^2} \times 2{,}60 \times 10^{-3}$

$$\pi = 25{,}506 \frac{\text{Pa}}{10^5 \text{Pa}} \times 1 \text{ atm}$$

Cálculo da massa molecular a partir da pressão osmótica (π): $\pi = [\text{proteína}] \times R \times T \times i$

$$25{,}506 \frac{\text{Pa}}{10^5 \text{Pa}} = \frac{\frac{0{,}750}{1{,}25 \times 10^{-3}}}{< MM >} \times 0{,}08206 \times 277 \times 1{,}0$$

$$< MM > = 534712{,}30 \frac{\text{g}}{\text{mol}}$$

Questão 16

(GRILLO) Item (i) Cálculo da massa da molécula, a partir do efeito coligativo crioscópico.

$$\Delta T_c = K_{cr} \text{ x } \mathcal{M} \text{ x i}$$

$$-0{,}86 = -1{,}86 \text{ x } \mathcal{M} \text{ x } 1{,}0$$

$$\mathcal{M} = \frac{0{,}86}{1{,}86} = 0{,}462 \frac{\text{mol}}{\text{kg}}$$

Item (ii) Cálculo da concentração da quantidade de matéria:

$$\left[\begin{matrix}\text{substância}\\ \text{desconhecida}\end{matrix}\right] = \frac{0{,}462 \text{ x } 50 \text{ x } 10^{-3}}{52{,}5 \text{ x } 10^{-3}} = 0{,}44 \frac{\text{mol}}{\text{L}}$$

Item (iii) Cálculo da massa molecular do soluto desconhecido: $0{,}462 = \frac{\frac{3{,}50}{<MM>}}{50{,}0 \text{ x } 10^{-3}}$

$$< MM > = 151{,}51 \frac{\text{g}}{\text{mol}}$$

Questão 17

(MESTRE LICÍNIO RIBEIRO VIANA) Equação de dissociação do sulfato de cádmio: $CdSO_{4(aquoso)} \rightarrow Cd^{+2}_{(aquoso)} + SO^{-2}_{4(aquoso)}$

$$i = 1 + (4 - 1).\alpha$$
$$i = 1 + 3\alpha$$

Cálculo da massa do grau de dissociação, a partir do efeito coligativo crioscópico.

$$\Delta T_c = K_{cr} \text{ x } \mathcal{M} \text{ x i}$$

$$-0{,}327 = 18{,}60 \text{ x } \frac{\frac{2{,}806}{112 + 32 + 64}}{0{,}100} \text{ x } [1 + 3\alpha]$$

$$\frac{-0{,}327 \text{ x } 0{,}100 \text{ x } 208}{18{,}60 \text{ x } 2{,}806} = 1 + 3\alpha$$

$$\alpha = 0{,}377 \ (\approx 38\%)$$

Questão 18

(GRILLO) O efeito coligativo que deve ser levado em consideração trata-se da tonoscopia.

$$\frac{\Delta p}{p^0} = K_t \text{ x } \mathcal{M} \text{ x i}$$

Solvente orgânico = éter dietílico ($C_4H_{10}O$). Sabendo que o fator de van´t Hoff para a solução orgânica é igual a um, temos:

$$\frac{|426{,}0 - 442{,}2|}{442{,}2} = \frac{74}{1000} \text{ x } \frac{\frac{10}{< MM >_{soluto}}}{0{,}10} \text{ x } 1$$

$$< MM >_{soluto} = 202 \frac{\text{g}}{\text{mol}}$$

Questão 19

(GRILLO) O efeito coligativo que deve ser levado em consideração trata-se da osmometria. Este efeito coligativo foi estudado por Van´t Hoff.

Fórmula molecular da glicose = $C_6H_{12}O_6$ (180 g x mol^{-1})

$$\pi = \frac{C_{\text{mássica}}}{< MM >_{\text{soluto}}} \times R \times T = \frac{20}{180} \times 0{,}08206 \times 298 = 2{,}72 \text{ atm}$$

Questão 20

(GRILLO) O efeito coligativo que deve ser levado em consideração trata-se da osmometria. Cálculo da concentração da quantidade de matéria do sangue, a partir da equação da pressão osmótica.

$$7{,}70 = [\text{soluto}] \times 0{,}08206 \times (40 + 273) \times 1$$

$$[\text{soluto}] = \frac{7{,}70}{0{,}08206 \times 313 \times 1{,}0} = 0{,}30 \frac{\text{mol}}{\text{L}}$$

Sabendo que a densidade da água é igual a 1,0 g/cm³, temos:
1,0 g de água ---------- 10^{-3} dm³
Massa de água -------- 1,0 dm³
Massa da água = 1000 g

Cálculo do número de mol de água: $n_{\text{água}} = \frac{1000}{18} = 55{,}56 \text{ mol}$

Sabendo que a relação entre a concentração da quantidade de matéria com a molalidade, temos que: $\underbrace{[\text{soluto}] \times V_{\text{solução}}}_{n_{\text{soluto}}} = \underbrace{\mathcal{M} \times m^{(\text{kg})}_{\text{solvente}}}_{n_{\text{soluto}}}$

$$0{,}30 \times 1{,}0 = \mathcal{M} \times 1{,}0$$

$$\mathcal{M} = 0{,}30 \frac{\text{mol}}{\text{kg}}$$

Questão 21

(GRILLO) Para a resolução deste problema, será necessário primeiramente calcular o número de mol do soluto a partir do efeito coligativo tonoscópico. $\frac{\Delta p}{p^0} = K_t \times \mathcal{M} \times i$

Solvente = água (H_2O), apresentando massa molar igual a 18 g/mol. Sabendo que o fator de van´t Hoff para a solução orgânica é igual a um, temos:

$$\frac{|23{,}45 - 23{,}76|}{23{,}76} = \underbrace{\frac{18}{1000}}_{\substack{\text{Constante} \\ \text{tonoscópica}}} \times \frac{n_{\text{soluto}}}{1{,}0} \times 1$$

$$n_{\text{soluto}} = 0{,}72 \text{ mol}$$

Cálculo de pressão osmótica: $\pi = \frac{0{,}72}{1{,}0} \times 0{,}08206 \times 298 = 17{,}51 \text{ atm}$

Questão 22

(GRILLO) Alternativa A.

As soluções isotônicas são definidas como sendo soluções que apresentam a mesma pressão osmótica. Então, duas soluções definidas por A e B, suas pressões osmóticas são iguais, ou seja: $\pi_A = \pi_B$.

Questão 23

Alternativa D.

O processo que apresenta membrana semipermeável representa o efeito coligativo osmometria, ou seja, efeito este que apresenta o cálculo da pressão osmótica (π).

Questão 24

Alternativa A.

Equação de dissociação do sulfato de alumínio:

$$Al_2(SO_4)_{3(sólido)} \overset{H_2O_{(l)}}{\rightleftarrows} 2Al^{+3}_{(aquoso)} + 3SO^{-3}_{4(aquoso)}$$

Cálculo do fator de van't Hoff: $i = 1 + (1 + 5).0,66 = 3,64$

Número de partículas dispersas: $N = 3,64 \text{ x } 6,02 \text{ x } 10^{23} = 2,19 \text{ x } 10^{24}$

Questão 25

(GRILLO)

Cálculo do número de mol de benzeno (soluto): $n_{sacarose} = \frac{3,42}{342} = 0,01 \text{ mol}$

Cálculo da molalidade ($\mathcal{M}$): $\mathcal{M} = \frac{0,01}{0,25} = 0,04 \text{ mol.kg}^{-1}$.

Cálculo da temperatura de ebulição da solução: $T° - T = K_{eb} \text{ x } \mathcal{M}$
$T = -1,86 \text{ x } 0,04 = -0,0744°C$

Questão 26

(CONCURSO PÚBLICO FEDERAL) Alternativa B.

$$\frac{p^0 - P}{p^0} = X_{soluto}$$

$$\frac{p^0 - P}{p^0} = \frac{n_{soluto}}{n_{soluto} + n_{solvente}}$$

$$\frac{|22,63 - 22,71|}{22,71} = \frac{\frac{4,4}{< MM >_{soluto}}}{\frac{4,4}{< MM >_{soluto}} + \frac{396}{18}} \text{ x } 1$$

$$< MM >_{soluto} = 56,62 \frac{g}{mol}$$

Questão 27

(CONCURSO PÚBLICO FEDERAL) Alternativa D.

$$\pi = \left[\frac{\text{soluto}}{\text{molecular}}\right] \text{ x R x T x i}$$

Sendo uma solução iônica, a pressão osmótica é diretamente proporcional a um fator definido como Fator de Van't Hoff.

Questão 28

(CONCURSO PÚBLICO FEDERAL) Alternativa A.

Questão 29

Alternativa A.

Para a resolução deste problema será necessário levar em consideração que o grau de dissociação de cada sal corresponde a 100% e que a concentração da quantidade de matéria é igual a concentração molal. Analisando cada sal iônico, temos:

Tubo de ensaio	Soluto	(mol x L^{-1})	Análise Crioscópica
1	$NaNO_3$	2,5	$\Delta T_{cr} = -K_{cr}.\mathcal{M}.\{1 + (2-1).\alpha\}$ $\Delta T_{cr} = -K_{cr}.2{,}50.2 = -5.K_{cr}$
2	$MgCl_2$	1	$\Delta T_{cr} = -K_{cr}.\mathcal{M}.\{1 + (3-1).\alpha\}$ $\Delta T_{cr} = -K_{cr}.1{,}0.3 = -3.K_{cr}$
3	$KMnO_4$	2	$\Delta T_{cr} = -K_{cr}.\mathcal{M}.\{1 + (2-1).\alpha\}$ $\Delta T_{cr} = -K_{cr}.2{,}0.2 = -4.K_{cr}$
4	$AlCl_3$	1	$\Delta T_{cr} = -K_{cr}.\mathcal{M}.\{1 + (4-1).\alpha\}$ $\Delta T_{cr} = -K_{cr}.1{,}0.4 = -4.K_{cr}$
5	$Al_2(SO_4)_3$	0,5	$\Delta T_{cr} = -K_{cr}.\mathcal{M}.\{1 + (5-1).\alpha\}$ $\Delta T_{cr} = -K_{cr}.0{,}50.5 = -2{,}5.K_{cr}$

Logo, a solução de nitrato de sódio é a que vai apresentar menor abaixamento da temperatura de solidificação.

Questão 30

Alternativa D.

Cálculo da massa de água, a partir da sua densidade: $1\,\frac{g}{mL} = \frac{massa}{5000}$
$massa = 5000\text{ g }(5{,}0\text{ kg})$

Fórmula molecular do etilenoglicol: $C_2H_6O_2$ (62 g x mol^{-1})

A partir do efeito crioscópico, temos: $\Delta T_{cr} = K_{cr} \text{ x } \mathcal{M} \text{ x } i$

$$-10 = -1{,}86 \text{ x} \frac{\frac{massa}{62}}{5} \text{ x } 1$$

Massa de etilenoglicol = 1666,67 g
Cálculo do volume de etilenoglicol, a partir de sua densidade. $1{,}1\,\frac{g}{mL} = \frac{1666{,}67}{volume}$
Volume = 1515,15 mL (1,51 L)

Questão 31

(GRILLO) Alternativa C.

Com a exceção da alternativa b, por se tratar de uma solução molecular (glicose) e, levando em consideração que o grau de dissociação seja igual a 100%, temos que a solução de nitrato de magnésio irá apresentar maior fator de van't Hoff, o que pode ser explicado logo a seguir.

Equação de dissociação do nitrato de magnésio:

$$Mg(NO_3)_{2(aquoso)} \rightarrow Mg^{+2}_{(aquoso)} + NO^{-}_{3(aquoso)}$$

$$\pi = [Mg(NO_3)_2] \text{ x R x T x i} = [Mg(NO_3)_2] \text{ x R x T x } [1 + (3-1).\alpha]$$

$$\pi = [Mg(NO_3)_2] \text{ x R x T x } [1 + 2.\alpha]$$

Questão 32

(GRILLO) Alternativa D.

A tonoscopia ou também conhecido como abaixamento da pressão de vapor é um dos efeitos coligativos estudado por Raoult que afirma que a adição de um soluto não volátil em um solvente puro irá ocasionar em uma pressão de vapor menor em comparação com o solvente puro. Diante desta lei, apresentada por Raoult, a solução que vai apresentar menor pressão de vapor será aquela com maior fator de correção de Van't Hoff. Diante disso, a solução de cloreto de cálcio será a menor, enquanto a maior será a da água pura.
A segunda maior será a solução molecular de glicose, uma vez que seu fator de correção é igual a 1. A partir desta conclusão, a alternativa correta trata-se da letra D.

Questão 33

(GRILLO) Alternativa D.

Equação de dissociação do cloreto de sódio: $NaCl_{(aquoso)} \rightarrow Na^{+}_{(aquoso)} + Cl^{-}_{(aquoso)}$

Cálculo da concentração da quantidade de matéria, a partir da equação da pressão osmótica:

$$[NaCl] = \frac{7{,}63}{0{,}08206 \text{ x } 300 \text{ x } [1 + (2-1).1]} = 0{,}155 \frac{mol}{L}$$

Cálculo da concentração da comum: $C = \langle MM \rangle_{NaCl} \text{ x } [NaCl] = 58{,}50 \text{ x } 0{,}155 = 9{,}06 \frac{g}{L}$

Cálculo do título, a partir da concentração mássica: $C = 10 \text{ x d x } (\%)$

$9{,}06 = 10 \text{ x } 1{,}008 \text{ x } (\%)$

$$(\%) = 0{,}90 \left(\frac{m}{m}\right)$$

Questão 34

(GRILLO) Equação de dissociação do sulfato de sódio: $Na_2SO_{4(aquoso)} \rightarrow 2Na^{+}_{(aquoso)} + SO^{-2}_{4(aquoso)}$

$i = 1 + (3-1).\alpha$

$i = 1 + 2\alpha$

Cálculo da pressão osmótica (π): $\pi = [Na_2SO_4] \text{ x R x T x i}$

$$\frac{187{,}2}{760} = 0{,}004 \text{ x } 0{,}08206 \text{ x } 300 \text{ x } [1 + 2\alpha]$$

$\alpha = 0{,}75 \ (75\%)$

Questão 35

(GRILLO) Todo estudo de um processo coligativo provém da diminuição do potencial químico (μ) do solvente líquido provocado pela presença de um soluto não volátil. Para as soluções diluídas ideais, a diminuição faz o potencial de μ^{*}_{A} que indica que este potencial o solvente está puro, passando para $\boxed{\mu^{*}_{A} + R \text{ x } T \text{ x } \ln X_A}$, onde esta equação indica a presença do soluto não volátil. O termo X_A é a fração molar, que para este caso, torna-se menor que 1, $X_A < 1$, o que faz com que $\ln X_A$ seja negativo e automaticamente o potencial fica menor.

Questão 36

(GRILLO) A água do mar vai apresentar menor pressão de vapor, segundo a lei de Raoult. Isso é explicado pelo fato de a água do mar apresentar sais dissolvidos, tais como o cloreto de sódio (NaCl).

Questão 37

Analisando o efeito coligativo crioscópico - abaixamento da temperatura de congelamento: $\Delta T_c = K_c \text{ x } \mathcal{M}$

ΔT_c = variação da diminuição da temperatura de congelamento

K_c = constante crioscópico molal; $K_c = \frac{R \text{ x } (T^0)^2}{1000 \text{ x } L_F}$

R = constante dos gases ideais; T° = temperatura absoluta do solvente puro; L_F = calor latente de fusão do solvente.

Analisando o efeito tonoscópico (abaixamento da pressão de vapor: $\frac{\Delta p}{p^\circ} = k_t \text{ x } \mathcal{M}$

$$\frac{p - p^\circ}{p^\circ} = k_t \text{ x } \mathcal{M}$$

p = pressão de vapor da solução; p° = pressão de vapor do solvente;

K_t = constante molal tonoscópica; $\mathcal{M}$ = molalidade.

$$\frac{p - p^\circ}{p^\circ} = \underbrace{\frac{< MM >_{solvente}}{1000}}_{k_t} \text{x} \frac{n_{soluto}}{m^{(kg)}_{solvente}} \text{x i}$$

Questão 38

Alternativa B.

Para a resolução deste problema será levado em consideração que o processo coligativo seja tonoscópico: $\frac{p-p^\circ}{p^\circ} = \underbrace{\frac{<MM>_{solvente}}{1000}}_{k_t} \text{x} \frac{n_{soluto}}{m^{(kg)}_{solvente}} \text{ x i}$

Analisando a solução A: $\frac{\Delta p_A}{p^\circ} = \underbrace{\frac{<MM>_{benzeno}}{1000}}_{k_t} \text{x} \frac{\frac{18,9}{178}}{m^{(kg)}_{benzeno}} \text{ x } 1,0$

Analisando a solução B: $\frac{\Delta p_B}{p^\circ} = \underbrace{\frac{<MM>_{benzeno}}{1000}}_{k_t} \text{x} \frac{\frac{6,8}{128}}{m^{(kg)}_{benzeno}} \text{ x } 1,0$

Cálculo da razão entre as pressões p_A e p_B: $\frac{\frac{\Delta p_A}{p^\circ}}{\frac{\Delta p_B}{p^\circ}} = \frac{\underbrace{\frac{<MM>_{benzeno}}{1000}}_{k_t} \text{x} \frac{\frac{18,9}{178}}{m^{(kg)}_{benzeno}} \text{ x } 1,0}{\underbrace{\frac{<MM>_{benzeno}}{1000}}_{k_t} \text{x} \frac{\frac{6,8}{128}}{m^{(kg)}_{benzeno}} \text{ x } 1,0}$

$$\frac{\Delta p_A}{\Delta p_B} = \frac{\frac{18,9}{178}}{\frac{6,8}{128}} \cong 2,0$$

Questão 39

Dados do problema: Pressão de vapor da água pura (P°) = 17,54 mmHg; Massa do soluto (sacarose) = 114 g; Massa do solvente (água) = 1000 g e Variação da pressão absoluta (ΔP) = 0,11 mmHg.

Número de mol do soluto: $n_{soluto} = \frac{n_{soluto}}{<MM>_{soluto}} = \frac{114}{<MM>}$

Número de mol do solvente: $n_{solvente} = \frac{n_{solvente}}{<MM>_{solvente}} = \frac{1000}{18} = 55,56 \text{ mol}$

Através do efeito coligativo tonoscópico, temos: $\frac{\Delta P}{P^\circ} = \frac{n_{soluto}}{n_{soluto} + n_{solvente}} = \frac{\frac{114}{<MM>_{soluto}}}{\frac{114}{<MM>_{soluto}} + 55,56}$

$$\frac{0{,}11}{17{,}54} = \frac{\frac{114}{< MM >_{soluto}}}{\frac{114}{< MM >_{soluto}} + 55{,}56}$$

$$6{,}27 \text{ x } 10^{-3} \text{ x} \left\{\frac{114}{< MM >_{soluto}} + 55{,}56\right\} = \frac{114}{< MM >_{soluto}}$$

$$< MM >_{soluto} = 325{,}52 \frac{g}{mol}$$

Questão 40

Item a) Cálculo da pressão osmótica da solução molecular – sacarose - $C_{12}H_{22}O_{11}$: Sabendo que a sacarose é uma solução molecular (i = 1), temos:

$$\pi_{sacarose} = [sacarose] \text{ x R x T} = \left\{\frac{\frac{m_{sacarose}}{< MM >_{sacarose}}}{V_{solução}}\right\} \text{x R x T}$$

$$\pi_{sacarose} = \left\{\frac{\frac{5{,}50}{342}}{1{,}23}\right\} \text{x } 0{,}08206 \text{ x } (25 + 273) = 0{,}320 \text{ atm}$$

Item b) Cálculo da pressão osmótica de uma solução iônica - hidróxido de sódio. Cálculo do fator de van´t Hoff para o hidróxido de cálcio, considerando α = 100%:

$Ca(OH)_{2(aquoso)} \longrightarrow Ca^{+2}_{(aquoso)} + 2OH^{-}_{(aquoso)}$

$$\pi_{base} = \left\{\frac{\frac{m_{base}}{< MM >_{base}}}{V_{solução}}\right\} \text{x R x T}$$

$$\pi_{base} = \left\{\frac{\frac{5{,}50}{74}}{1{,}23}\right\} \text{x } 0{,}08206 \text{ x } (25 + 273) \text{ x } \{1 + (3 - 1) \text{ x } 1\} = 4{,}43 \text{ atm}$$

Observação: O efeito coligativo para uma solução iônica é maior em comparação a uma solução molecular.

Questão 41

Item a) Cálculo da massa molar do soluto desconhecido ($<MM>_{soluto}$), a partir da variação de temperatura ebulioscópica: $\Delta T_{eb} = K_{eb} \text{ x } \mathcal{M} \text{ x i}$

$$0{,}60 = 5{,}03 \text{ x} \frac{\left(\frac{3{,}0}{< MM >_{soluto}}\right)}{0{,}100} \text{x } 1$$

$$0{,}60 \text{ x } 0{,}100 \text{ x} < MM >_{soluto} = 5{,}03 \text{ x } 3{,}0 \text{ x } 1$$

$$< MM >_{soluto} = \frac{15{,}09}{0{,}060} = 251{,}5 \text{ g x mol}^{-1}$$

Item b) Cálculo da variação da temperatura crioscópica (ΔT_c): $\Delta T_c = K_c \text{ x } \mathcal{M} \text{ x i}$

$$\Delta T_c = 31{,}08 \text{ x} \frac{\left(\frac{3{,}0}{251{,}5}\right)}{0{,}100} \text{x } 1 = 3{,}71°C$$

Questão 42

Item a) Sabendo que o efeito coligativo crioscópico é dado por $\Delta T_c = K_c \times \mathcal{M} \times i$ e o fator de van´t Hoff sendo igual a um (i = 1), o cálculo da temperatura da solução será:

$$T^0 - T^{solução} = K_c \, x \frac{m_{soluto}}{< MM >_{soluto} \, x \, V_{solução}} \, x \, i$$

$$0 - T^{solução} = 1{,}86 \, x \frac{1{,}0}{62{,}0 \, x \, 0{,}20} \, x \, 1$$

$$T^{solução} = \frac{-1{,}86}{12{,}4} = -0{,}15°C$$

Item b) Cálculo da concentração da quantidade de matéria da solução final:

Solução (1): $[NaOH]_1 = 0{,}50 \text{ mol.L}^{-1}$; $V_1 = 350$ mL

Solução (2): $[NaOH]_2 = 0{,}30 \text{ mol.L}^{-1}$; $V_1 = 400$ mL

Solução Final: $[NaOH]_{final} = X$; $V_{final} = (350 + 400)$ mL

$$[NaOH]_1 \, x \, V_1 + [NaOH]_2 \, x \, V_2 = [NaOH]_{final} \, x \, V_{final}$$

$$[NaOH]_{final} = \frac{[NaOH]_1 \, x \, V_1 + [NaOH]_2 \, x \, V_2}{V_{final}} = \frac{0{,}50 \, x \, 350 + 0{,}30 \, x \, 400}{750}$$

$$[NaOH]_{final} = 0{,}393 \text{ mol. L}^{-1}$$

Item c) Sabendo que a pressão osmótica é definida como sendo: $\pi = M \times R \times T \times i$ e sendo a gelatina uma solução molecular, o fator de van´t Hoff é igual a 1. Cálculo da massa molecular da gelatina: $\pi_{gelatina} = \left\{ \frac{\frac{m_{gelatina}}{<MM>_{gelatina}}}{V_{solução}} \right\} x \, R \, x \, T \, x \, i$

$$\pi_{gelatina} = \left\{ \frac{\frac{0{,}820}{< MM >_{gelatina}}}{0{,}150} \right\} x \, 0{,}08206 \, x \, (27 + 273) \, x \, 1{,}0$$

$$8{,}84 \, x \, 10^{-2} = \left\{ \frac{0{,}820}{0{,}150 \, x < MM >_{gelatina}} \right\} x \, 0{,}08206 \, x \, 300$$

$$< MM >_{gelatina} = 1522{,}38 \text{ g. mol}^{-1}$$

Questão 43

Item a) Sabendo que a pressão osmótica é dada por: $\pi = M \times R \times T \times i$ e a proteína é uma substância molecular, o fator de Van´t Hoff (i) é igual a 1.

$$0{,}28 = \left\{ \frac{\frac{0{,}885}{< MM >_{proteína}}}{0{,}100} \right\} x \, 0{,}08206 \, x \, (17 + 273)$$

$$0,28 = \left\{\frac{0,885}{0,100 \text{ x } < \text{MM} >_{\text{proteína}}}\right\} \text{x } 0,08206 \text{ x } 290$$

$$0,028 \text{ x } < \text{MM} >_{\text{proteína}} = 0,885 \text{ x } 0,08206 \text{ x } 290$$

$$< \text{MM} >_{\text{proteína}} = 752,17 \text{ g.mol}^{-1}$$

Item b) Sendo a glicose uma solução molecular, o seu fator de Van´t Hoff é igual a 1, logo: $\pi_{\text{glicose}} = [\text{glicose}] \text{ x R x T}$

$$\pi_{\text{glicose}} = 0,13 \text{ x R x } (-23 + 273)$$
$$\pi_{\text{glicose}} = 0,13 \text{ x R x } 250 = 32,50 \text{ x R}$$

Analisando a solução iônica de cloreto de cálcio: $\pi_{\text{CaCl}_2} = [\text{CaCl}_2] \text{ x R x T} = [\text{CaCl}_2] \text{ x R x } (27 + 273) \text{x } [1 + (3 - 1) \text{ x } 0,80] = 780 \text{ x R x } [\text{CaCl}_2]$

Como as soluções são isotônicas, as pressões osmóticas são iguais. $\pi_{\text{glicose}} = \pi_{\text{CaCl}_2}$

$$32 \text{ x R} = 780 \text{ x R x } [\text{CaCl}_2]$$
$$[\text{CaCl}_2] = 0,0410 \text{ mol.L}^{-1}$$

Questão 44

Item a) Para a solução de glicose, o fator de Van´t Hoff é igual 1 (i = 1), por ser uma solução molecular.

Item b) Solução de fosfato de cálcio: $Ca_3(PO_4)_{2(sólido)} \rightarrow 3Ca^{+2}_{(aquoso)} + 2PO_4^{-}{}_{(aquoso)}$
n = 3 cargas para o cátion + 2 cargas para o ânion = 5
i = 1 + (n – 1).α
i = 1 + (5 – 1).α
i = 1 + 4.α

Item c) Solução de cloreto de magnésio: $MgCl_{2(sólido)} \rightarrow Mg^{+2}_{(aquoso)} + 2Cl^{-}_{(aquoso)}$
n = 1 carga para o cátion + 2 cargas para o ânion = 3
i = 1 + (n – 1) x α
i = 1 + (3 – 1) x α
i = 1 + 2.α

Item d) Solução de cloreto de sódio: $NaCl_{(sólido)} \rightarrow Na^{+}_{(aquoso)} + Cl^{-}_{(aquoso)}$
n = 1 carga para o cátion + 1 carga para o ânion = 2
i = 1 + (n – 1).α
i = 1 + (2 – 1).α
i = 1 + α

Logo, a ordem decrescente da pressão osmótica será a seguinte: $\pi_b > \pi_c > \pi_d > \pi_a$.

Questão 45

Item a) Cálculo do número de mol de cloreto de sódio: $n_{\text{NaCl}} = \frac{n_{\text{NaCl}}}{<\text{MM}>_{\text{NaCl}}} = \frac{60}{58,5} = 1,025 \text{ mol}$

Cálculo do número de mol de brometo de potássio: $n_{\text{KBr}} = \frac{n_{\text{KBr}}}{<\text{MM}>_{\text{KBr}}} = \frac{23,8}{119} = 0,20 \text{ mol}$

Cálculo da massa de solução, a partir da densidade da solução:

1 mL ------------- 1,05 gramas de solução
500 mL ---------- $m_{solução}$
$m_{solução}$ = 525 gramas

Cálculo da massa de solvente (H_2O): $m_{solução} = m_{soluto} + m_{solvente}$
$m_{solução} = (m_{NaCl} + m_{KBr}) + m_{H2O}$
$m_{H2O} = m_{solução} - (m_{NaCl} + m_{KBr}) = 525$ g - (60 + 23,8) g = 441,2 gramas

Cálculo do número de mol de H_2O: $n_{H_2O} = \frac{n_{H_2O}}{<MM>_{H_2O}} = \frac{441,5}{18} = 24,63 \text{ mol}$

Cálculo do número de mol total: $n_{TOTAL} = n_{H2O} + n_{NaCl} + n_{KBr} = 24,53 + 1,025 + 0,20 = 25,75$ mol

Cálculo da fração molar da água (X_{H2O}): $X_{H_2O} = \frac{n_{H_2O}}{n_{TOTAL}} = \frac{24,63}{25,75} = 0,956 \text{ mol}$

Cálculo da pressão de vapor da solução: $P = X_{H2O} \times P°_{H2O} = 0,956 \times 17,60 = 16,82$ mmHg

Item b) Cálculo do número de mol de sacarose ($C_{12}H_{22}O_{11}$):

$$n_{C_{12}H_{22}O_{11}} = \frac{m_{C_{12}H_{22}O_{11}}}{<MM>_{C_{12}H_{22}O_{11}}} = \frac{34,2}{342} = 0,10 \text{ mol}$$

Cálculo do número de mol de glicose ($C_6H_{12}O_6$):

$$n_{C_6H_{12}O_6} = \frac{m_{C_6H_{12}O_6}}{<MM>_{C_6H_{12}O_6}} = \frac{6,0}{192} = 0,03125 \text{ mol}$$

Cálculo do número de mol de solvente - Etanol (C_2H_5OH):

$$n_{C_2H_6O} = \frac{n_{C_2H_6O}}{<MM>_{C_2H_6O}} = \frac{250,0}{46} = 5,43 \text{ mol}$$

Cálculo do número de mol total (n_{TOTAL}):

$n_{TOTAL} = n_{C12H22O11} + n_{C6H12O6} + n_{C2H6O} = 0,10 + 0,03125 + 5,43 = 5,56$ mol

Cálculo da fração molar do etanol (X_{C2H5OH}): $X_{C_2H_6O} = \frac{n_{C_2H_6O}}{n_{C_2H_6O} + n_{C_6H_{12}O_6}} = \frac{5,43}{5.56} = 0,977 \text{ mol}$

Cálculo da pressão de vapor da solução: $P = X_{C2H6O} \times P°_{C2H6O} = (0,976) \times 60,0 = 58,56$ mmHg

Questão 46

(GRILLO)

Item a) Cálculo da constante tonoscópica (K_t): $K_t = \frac{<MM>_{solvente}}{1000} = \frac{18}{1000}$

Cálculo da molalidade: $\mathcal{M} = \frac{n_{soluto}}{m^{solvente}_{(kg)}} = \frac{\left(\frac{480}{180}\right)}{0,700} = 3,81 \text{ mol.kg}^{-1}$

Cálculo do abaixamento relativo da pressão máximo de vapor:

$$\frac{\Delta P}{P°} = \frac{< MM >_{solvente}}{1000} \times \mathcal{M} \times i = \frac{18}{1000} \times 3,81 \times 1 = 0,0686$$

Item b) Cálculo do abaixamento absoluto da pressão de vapor (Δp): $\frac{\Delta P}{22} = \frac{18}{1000} \times 3,81$

$$\Delta P = 22 \times \frac{18}{1000} \times 3,81 = 1,51 \text{ mmHg}$$

Item c) Cálculo da pressão máxima de vapor da solução (P): ΔP = 1,51 mmHg
P° - P = 1,51 mmHg
22 – P = 1,51 mmHg

P = 20,49 mmHg

Questão 47

(GRILLO) Item a) O problema deixa evidente o efeito coligativo crioscópico. Sendo a solução molecular o fator de van´t Hoff é igual a 1 (i = 1). $\Delta T_c = K_c \text{ x } \mathcal{M} \text{ x i}$

$$23{,}5 = 5{,}12 \text{ x}\left(\frac{425}{< MM > \text{x } 1{,}25}\right) \text{x } 1$$

$$\frac{23{,}5}{5{,}12} = \left(\frac{425}{< MM > \text{x } 1{,}25}\right)$$

$$< MM > = \frac{425}{5{,}74} = 74{,}04 \text{ g.mol}^{-1}$$

Item b) O efeito coligativo mencionado é o tonoscópico. Sendo a solução molecular o fator de van´t Hoff é igual a 1 (i = 1).

$$\frac{P° - P}{P°} = \frac{< MM >_{solvente}}{1000} \text{x} \frac{n_{soluto}}{m_{kg}^{etanol}} \text{ x i}$$

$$\frac{450 - 399}{450} = \frac{78}{1000} \text{x} \frac{\frac{40}{< MM >_{soluto}}}{0{,}45} \text{ x } 1$$

$$< MM >_{soluto} = 61{,}18 \text{ g.mol}^{-1}$$

Item c) Cálculo da pressão osmótica (π) da glicose ($C_6H_{12}O_6$), sabendo que o fator de van´t Hoff para este caso é igual a 1:

$$\pi_{glicose} = \left\{\frac{\frac{m_{glicose}}{< MM >_{glicose}}}{V_{solução}}\right\} \text{x R x T} = \left\{\frac{\frac{46}{180}}{1{,}0}\right\} \text{x } 0{,}08206 \text{ x } (27 + 273) = 6{,}29 \text{ atm}$$

Cálculo da pressão osmótica (π) do cloreto de cálcio ($CaCl_2$), considerando que o grau de dissociação seja igual a 75%: $CaCl_{2(sólido)} \longrightarrow Ca^{+2}_{(aquoso)} + 2Cl^{-}_{(aquoso)}$

$$\pi_{CaCl_2} = \left\{\frac{\frac{m_{CaCl_2}}{< MM >_{CaCl_2}}}{V_{solução}}\right\} \text{x R x T x } [1 + (n - 1) \text{ x } \alpha]$$

$$\pi_{CaCl_2} = \left\{\frac{\frac{150}{111}}{1{,}0}\right\} \text{x } 0{,}08206 \text{ x } (27 + 273) \text{ x } [1 + (3 - 1) \text{ x } 0{,}75] = 83{,}17 \text{ atm}$$

Cálculo da pressão osmótica (π) do cloreto de sódio (NaCl), considerando que o grau de dissociação colocado pelo problema é igual a 90%: $NaCl_{(sólido)} \longrightarrow Na^{+}_{(aquoso)} + Cl^{-}_{(aquoso)}$

$$\pi_{NaCl} = \left\{\frac{\frac{m_{NaCl}}{< MM >_{NaCl}}}{V_{solução}}\right\} \text{x R x T x } [1 + (n - 1) \text{ x } \alpha]$$

$$\pi_{NaCl} = \left\{\frac{\frac{250}{58{,}5}}{1{,}0}\right\} \text{x } 0{,}08206 \text{ x } 300 \text{ x } [1 + 1 \text{ x } 0{,}90] = 199{,}89 \text{ atm}$$

Cálculo da pressão osmótica total (π): π = 6,29 atm + 83,17 atm + 199,89 atm = 289,35 atm

Item d) Cálculo da concentração em quantidade de matéria, a partir da concentração normal: N = M.x, sendo que x se refere à carga do cátion total de magnésio.

$Mg(NO_3)_{2(sólido)} \longrightarrow Mg^{+2}_{(aquoso)} + 2NO_3^-{}_{(aquoso)}$

$$M = \frac{N}{2} = \frac{0{,}125}{2} = 0{,}0625\,\frac{mol}{L}$$

Cálculo do grau de dissociação, a partir da equação da pressão osmótica (π):

$$\pi = [M] \times R \times T \times [1 + (n-1) \times \alpha]$$

$$4 = 0{,}0625 \times 0{,}08206 \times (37 + 273) \times [1 + (3-1).\alpha]$$

$$4 = 0{,}0625 \times 0{,}08206 \times 310 \times [1 + 2\alpha]$$

$$\alpha = 0{,}757\ (76\%)$$

Questão 48

Dados do problema: Soluto = polímero; Solvente = benzeno; Fator de Van't Hoff: i = 1 (solução molecular)

Cálculo da massa molar (<MM>) do polímero: $\Delta T_c = K_c \times \mathcal{M} \times i$

$$0{,}51 = 5{,}10 \times \frac{\left(\frac{0{,}994}{< MM >}\right)}{\left(\frac{5}{1000}\right)} \times 1$$

$$\frac{0{,}51}{5{,}10} = \frac{994}{5 \times < MM >}$$

$$0{,}10 = \frac{994}{5 \times < MM >}$$

$$< MM > = 1988\ g.mol^{-1}$$

Sabendo que a fórmula geral do polímero é dada por $(C_2H_4)_n$, logo: (C_2H_4) x n = 1988
(24 + 4) x n = 1988
n = 71

Questão 49

Expressão da pressão osmótica para a glicose: [glicose] = 0,28 mol.L^{-1}; i = 1 (solução molecular)

$$\pi_{glicose} = [glicose] \times R \times T \times i = 0{,}28 \times R \times T \times 1$$

Reação: $XCl_{2(aq)} \longrightarrow X^{+2}{}_{(aq)} + 2\ Cl^-{}_{(aq)}$

$[XCl_2]$ = 0,10 mol.L^{-1}

i = 1 + (n – 1).α (solução iônica)

Expressão da pressão osmótica para o cloreto de metal alcalino-terroso (XCl_2): $\pi_{XCl_2} = [XCl_2] \times R \times T \times i$

$$\pi_{XCl_2} = 0{,}10 \times R \times T \times \{1 + (3-1).\alpha\}$$

$\pi_{XCl_2} = 0{,}10 \text{ x R x T x } \{1 + 2\alpha\}$

Como a solução é isotônica, as pressões osmóticas são iguais, logo: $\pi_{glicose} = \pi_{XCl_2}$

$0{,}28 \text{ x R x T} = 0{,}10 \text{ x R x T x } (1 + 2\alpha)$

$2{,}8 \text{ x } \cancel{\text{R x T}} = \cancel{\text{R x T}} \text{ x } (1 + 2\alpha)$

$\alpha = 0{,}90\ (90\%)$

Questão 50

Dados do problema: Soluto = álcool puro; Solvente = acetona e Fator de Van't Hoff: i = 1 (solução molecular)

Item a) Cálculo da massa molar do álcool puro, a partir do efeito coligativo ebulioscópico: $\Delta T_{eb} = K_{eb} \text{ x } \mathcal{M} \text{ x i}$

$$(57{,}16 - 56{,}13) = 1{,}72 \text{ x} \frac{\frac{2{,}76}{< MM >}}{0{,}100} \text{ x } 1$$

$$1{,}03 = 1{,}72 \text{ x } \frac{2{,}76}{0{,}100 \text{ x } < MM >}$$

$$< MM > = \frac{4{,}75}{0{,}103} = 46{,}0 \text{ g.mol}^{-1}$$

Item b) Para uma massa molecular igual a 46 g.mol^{-1}, o solvente é o álcool etílico ou também conhecido como etanol (C_2H_6O).

Questão 51

Dados do problema: Soluto = produto anticongelante; Solvente = água e Fator de Van't Hoff: i = 1 (solução molecular)

Cálculo da massa de solvente (água), a partir da sua densidade: $d = \frac{m_{H_2O}}{V_{solução}}$

$m_{H_2O} = d \text{ x } V_{solução} = 1 \text{ x } 10 = 10 \text{ kg}$

Item a) Fórmula molecular do produto anticongelante com base de cálculo igual a 100 gramas de C, H e O. Cálculo da massa de cada átomo:

$$\text{C: } \left(\frac{37{,}5}{100}\right) \text{ x } 100 \text{ g} = 37{,}5 \text{ g}$$

$$\text{O: } \left(\frac{50}{100}\right) \text{ x } 100 \text{ g} = 50 \text{ g}$$

$$\text{H: } \left(\frac{12{,}5}{100}\right) \text{ x } 100 \text{ g} = 12{,}5 \text{ g}$$

Cálculo do número de mol de cada átomo:

$$n_C = \left(\frac{37{,}5}{12}\right) = 3{,}125 \text{ mol}$$

$$n_O = \left(\frac{50}{16}\right) = 3{,}125 \text{ mol}$$

$$n_H = \left(\frac{12{,}5}{1}\right) = 12{,}5 \text{ mol}$$

Cálculo do número de átomos, dividindo cada um pelo menor número de mol (3,125 mol):

$$C: \left(\frac{3{,}125 \text{ mol}}{3{,}125 \text{ mol}}\right) = 1$$

$$O: \left(\frac{3{,}125 \text{ mol}}{3{,}125 \text{ mol}}\right) = 1$$

$$H: \left(\frac{12{,}5 \text{ mol}}{3{,}125 \text{ mol}}\right) = 4$$

Fórmula molecular: CH_4O (metanol)

Item b) Cálculo da massa do produto anticongelante, a partir do efeito crioscópico:
$\Delta T_c = K_c \text{ x } \mathcal{M} \text{ x i}$

$$18{,}6 = 1{,}86 \text{ x} \frac{\left(\frac{m}{32}\right)}{10} \text{x } 1$$

$$m = 3200 \text{ g}$$

Questão 52

Dados do problema: Soluto = Cânfora; Solvente = Etanol e Fator de Van't Hoff: i = 1 (solução molecular)

Conversão do volume para m³:

$$V_{\text{etanol}} = 117{,}20 \text{ mL x } \frac{10^{-3} \text{ L}}{1 \text{ mL}} \text{ x} \frac{1 \text{ dm}^3}{1 \text{ L}} \text{x} \frac{10^{-3} \text{ m}^3}{1 \text{ dm}^3} = 117{,}20 \text{ x } 10^{-6} \text{ m}^3$$

Cálculo da massa de etanol, a partir de sua densidade: $d_{\text{etanol}} = \frac{m_{\text{etanol}}}{V}$

$$m_{\text{etanol}} = 785 \frac{\text{kg}}{\text{m}^3} \text{x } 117{,}20 \text{ x } 10^{-6} \text{ m}^3 = 92002 \text{ x } 10^{-6} \text{ kg}$$

Cálculo do abaixamento relativo da pressão de vapor (ΔP/P°):

$$\frac{\Delta P}{P°} = \frac{< MM >_{\text{solvente}}}{1000} \text{x} \frac{n_{\text{cânfora}}}{m_{\text{kg}}^{\text{etanol}}} \text{x i}$$

$$\frac{\Delta P}{P°} = \frac{46}{1000} \text{x} \frac{\frac{3{,}04}{152}}{92002 \text{ x } 10^{-6}} \text{x } 1 = 1{,}0 \text{ x } 10^{-2}$$

Questão 53

Dados do problema: Soluto = Poli-isobutileno; Solvente = Benzeno e Fator de Van't Hoff: i = 1 (solução molecular)

Expressão da pressão osmótica (π) sobre a solução:

$$\pi = \frac{0{,}20}{0{,}10 \text{ x} < MM >} \text{x } 0{,}08206 \text{ x } (25 + 273) \text{ x } 1 = \frac{0{,}20}{0{,}10 \text{ x} < MM >} \text{x } 0{,}08206 \text{ x } 298$$

Expressão e cálculo da pressão (P) sobre o pistão:

$$P = \rho \text{ x g x h} = 0{,}88 \frac{\text{g}}{\text{cm}^3} \text{x} \frac{1 \text{ kg}}{1000 \text{ g}} \text{x} \frac{1 \text{ cm}^3}{10^{-6} \text{ g}} \text{x } 9{,}81 \frac{\text{m}}{\text{s}^2} \text{x } 2{,}40 \text{ x } 10^{-3} \text{ m}$$

$$P = 20{,}72\,\frac{kg}{m.s^2}\ (Pa)$$

Cálculo da massa molecular (<MM>) do poli-isobutileno, a partir da igualdade das pressões (P = π): $P = [\text{soluto}] \times R \times T \times i$

$$20{,}72\ Pa \times \left(\frac{1\ atm}{101325\ Pa}\right) = \left[\frac{\frac{0{,}20}{<MM>}}{0{,}10}\right] \times 0{,}08206 \times 298 \times 1$$

$$0{,}204 = \left[\frac{2{,}0}{<MM>}\right] \times 0{,}08206 \times 298$$

$$<MM> = 2{,}39 \times 10^5\ g.mol^{-1}$$

Questão 54

Dados do problema: Soluto = sacarose ($C_{12}H_{22}O_{11}$); Solvente = água e Fator de Van't Hoff: i = 1 (solução molecular).

Cálculo do volume da solução a partir da concentração da quantidade de matéria:

$$[C_{12}H_{22}O_{11}] = \frac{m_{C_{12}H_{22}O_{11}}}{<MM>_{C_{12}H_{22}O_{11}} \times V_{solução}}$$

$$1{,}20 = \frac{102{,}6}{342 \times V_{solução}}$$

$$V_{solução} = 0{,}25\ L\ (250\ mL)$$

Cálculo da massa da solução:
10^{-3} dm³ ----------- 1,0104 gramas de solução
0,25 dm³ ---------- $m_{solução}$
$m_{solução}$ = 252,6 g
Cálculo da massa do solvente (H_2O): $m_{solução} = m_{solvente} + m_{soluto}$
252,6 gramas = $m_{solvente}$ + 102,6 gramas
$m_{solvente}$ = 150 g

Cálculo da constante ebulioscópica molal (K_{eb}):

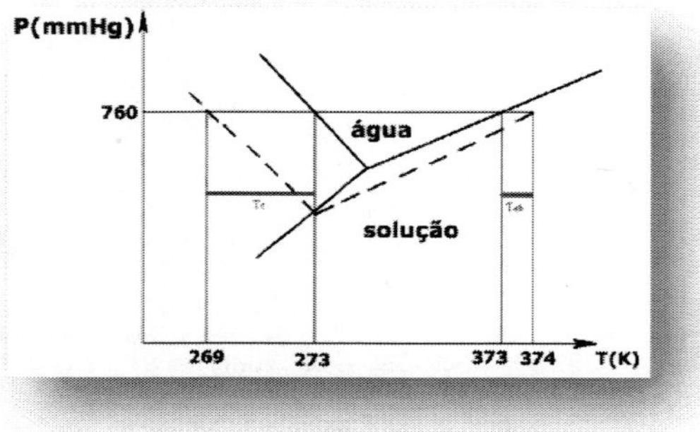

$$\Delta T_c = K_c \times \mathcal{M} \times i$$

$$|374 - 373| = K_c \times \frac{\left(\frac{102{,}6}{342}\right)}{0{,}150} \times 1$$

$$K_{eb} = 0{,}50\ K.kg.mol^{-1}$$

Cálculo da constante crioscópica molal (K_c): $\Delta T_c = K_c \times \mathcal{M} \times i$

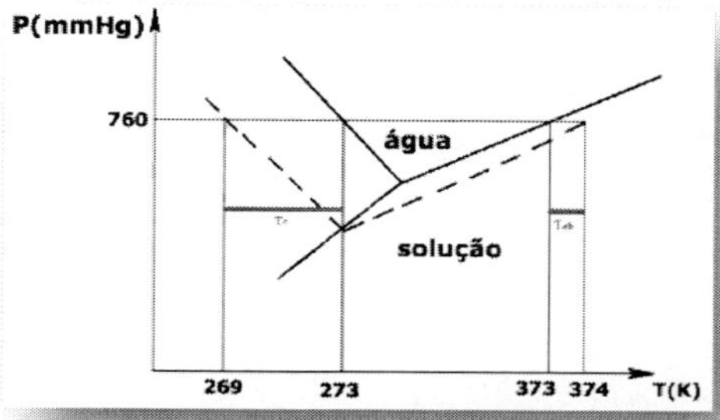

$$|269 - 273| = K_c \times \frac{\left(\frac{102,6}{342}\right)}{0,150} \times 1$$

$$K_c = 2,0\ K.kg.mol^{-1}$$

Questão 55

20 gramas de $C_3H_8O_3$ para cada 100 gramas de solução; Fator de Van´t Hoff (i) = 1 (solução molecular)

Cálculo da massa da solvente: Massa da solução = massa do soluto + massa do solvente
100 g = 20 g + massa do solvente
Massa do solvente = 80g

Cálculo do número de mol do soluto: $n_{soluto} = \frac{20}{92} = 0,22\ mol$

Cálculo da temperatura de congelamento:

$$\Delta T_c = K_c \times \mathcal{M} \times i = 1,86 \times \frac{0,217}{80 \times 10^{-3}} \times 1 = 5,05°C$$

Questão 56

Equação química: A_2B: $A_2B_{(aquoso)} \longrightarrow 2A^{+}_{(aquoso)} + B^{-2}_{(aquoso)}$

Cálculo do fator de Van't Hoff (i): i = 1 + [3 – 1) x 0,80]
i = 1 + (2 x 0,80) = 2,60

Cálculo da pressão osmótica (π):

$$\pi = M \times R \times T \times i = \left\{\frac{\frac{7,10}{174}}{1,0}\right\} \times 0,08206 \times (17 + 273) \times 2,60$$

$$\pi = \left\{\frac{7,10}{174}\right\} \times 0,08206 \times 290 \times 2,60 = \boxed{2,52\ atm}$$

Questão 57

Cálculo da relação entre a massa de glicerol com a massa da água ($m_{glicerol}/m_{água}$):

$$\Delta T_c = K_c \times \frac{\frac{m_{glicerol}}{< MM >_{glicerol}}}{m_{kg}^{água}} \times i$$

$$|0-(-20{,}0)| = 1{,}86 \text{ x} \frac{\frac{m_{glicerol}}{92 \text{ x } 10^{-3}}}{m_{kg}^{água}} \text{ x } 1$$

$$\frac{m_{glicerol}}{m_{kg}^{água}} = 1$$

Sabendo que o somatório das massas corresponde a 100%, temos: $\frac{m_{glicerol}}{m_{kg}^{água}} = 1$

$$m_{glicerol} = m_{kg}^{água}$$

$$m_{glicerol} = m_{kg}^{água} = 0{,}50\ (50\%)$$

Questão 58

Dados do problema: Soluto = metanol (CH_3OH); Solvente = água e Fator de Van't Hoff: i = 1 (solução molecular)

Cálculo da massa de solvente (água), a partir da densidade: $m_{H_2O} = d \text{ x } V = 1{,}0 \text{ x } 9000 = 9000 \text{ g}$

Cálculo da massa de metanol: $\Delta T_c = K_c \text{ x } \mathcal{M} \text{ x } i = K_c \text{ x} \frac{\frac{m_{metanol}}{<MM>_{metanol}}}{m_{kg}^{água}} \text{ x } i$

$$|-10{,}30-0| = 1{,}86 \text{ x} \frac{\frac{m_{metanol}}{32}}{9{,}0} \text{ x } 1$$

$$10{,}30 = 1{,}86 \text{ x} \frac{m_{metanol}}{288}$$

$$m_{metanol} = 1594{,}84 \text{ g}$$

Cálculo do volume de metanol: $V_{metanol} = \frac{m_{H_2O}}{d} = \frac{1594{,}84 \text{ g}}{0{,}80 \text{ g.mL}^{-1}} = 1993{,}55 \text{ mL}$

Questão 59

Dados do problema: Soluto = substância não dissociativa (molecular); Solvente = água e Fator de Van't Hoff: i = 1 (solução molecular)

Cálculo da massa molecular do soluto, a partir do efeito coligativo crioscópico:

$$0{,}744 = 1{,}86 \text{ x} \frac{\frac{16{,}90}{< MM >_X}}{0{,}250} \text{ x } 1$$

$$< MM >_X = 169 \text{ g.mol}^{-1}$$

Determinação da fórmula molecular: Base de cálculo: 100 gramas de C, H e O.

Cálculo da massa de cada átomo:

$$C: \left(\frac{57{,}20}{100}\right) \text{ x } 100 \text{ g} = 57{,}20 \text{ g}$$

$$O: \left(\frac{38{,}10}{100}\right) \text{ x } 100 \text{ g} = 38{,}10 \text{ g}$$

H: $\left(\frac{4{,}70}{100}\right) \text{x } 100 \text{ g} = 4{,}70 \text{ g}$

Cálculo do número de mol de cada átomo:

$$n_C = \left(\frac{57{,}20}{12}\right) = 4{,}77 \text{ mol}$$

$$n_O = \left(\frac{38{,}10}{16}\right) = 2{,}38 \text{ mol}$$

$$n_H = \left(\frac{4{,}70}{1{,}0}\right) = 4{,}70 \text{ mol}$$

Cálculo do número de átomos, dividindo cada um pelo menor número de mol, ou seja, por 2,38 mol:

C: $\left(\frac{4{,}77 \text{ mol}}{2{,}38 \text{ mol}}\right) \cong 2{,}0$

O: $\left(\frac{2{,}38 \text{ mol}}{2{,}38 \text{ mol}}\right) = 1{,}0$

H: $\left(\frac{4{,}70}{2{,}38}\right) \cong 2{,}0$

Fórmula molecular mínima: $(C_2H_2O)_n$. Para uma molécula com massa molecular igual a 169 g.mol^{-1}, a fórmula molecular será:
$(C_2H_2O)_n = 169$
$(24 + 2 + 16) \text{ x } n = 169$
$n \cong 4$ $(C_2H_2O)_4$

Questão 60

Cálculo do fator de Van´t Hoff, a partir da equação de dissociação do sulfato de alumínio:

$Al_2(SO_4)_{3(sólido)} \longrightarrow 2Al^{+3}_{(aquoso)} + 3SO_4^{-2}{}_{(aquoso)}$
i = 1 + [(5 – 1) x 0,70]
i = 1 + [0,70 x 4]
i = 1 + 2,80 = 3,80

Cálculo do número de partículas dispersas (X): $X = 3{,}80 \text{ x } 6{,}02 \text{ x } 10^{23} = 2{,}29\text{x } 10^{24}$

Questão 61

Equação de dissociação do cloreto de sódio: $NaCl_{(aquoso)} \longrightarrow Na^+_{(aquoso)} + Cl^-_{(aquoso)}$

Considerando um grau de dissociação igual a 100% o fator de Van't Hoff será o seguinte:
i = 1 + {(n – 1) x α}
i = 1 + [(2 – 1)] x 1}
i = 2

Cálculo da concentração molal ($\mathcal{M}$), a partir da elevação da temperatura de ebulição: $T^{\text{solução}}_{\text{ebulição}} - T^{\text{solvente}}_{\text{ebulição}} = K_{eb} \text{ x } \mathcal{M} \text{ x i}$

$$100{,}14 - 100{,}0 = 0{,}52 \text{ x } \mathcal{M} \text{ x } 2$$

$$\mathcal{M} = \frac{0{,}14}{1{,}04} = 0{,}135 \text{ mol.kg}^{-1}$$

Cálculo da massa em quilogramas de solvente (água): 0,9% (m/m)

$$\frac{0{,}90 \text{ gramas de NaCl}}{100 \text{ gramas de solução}} = \frac{9 \text{ g}}{100 \text{ g}} = \frac{9 \text{ kg}}{1000 \text{ kg}}$$

Massa do solvente = massa da solução – massa do soluto = 1000 kg – 9 kg = 991 kg

Cálculo do número de mol de NaCl, a partir da molalidade: $\mathcal{M} = \frac{n_{NaCl}}{m_{kg}^{solvente}}$

$$n_{NaCl} = \mathcal{M} \text{ x } m_{kg}^{solvente} = 0{,}135 \text{ x } 991 = 133{,}78 \text{ g}$$

Cálculo da massa de NaCl, a partir do número de mol: $n_{NaCl} = \frac{m_{NaCl}}{<MM>_{NaCl}}$

$$m_{NaCl} = n_{NaCl} \text{ x } < MM >_{NaCl} = 133{,}78 \text{ x } 58{,}5 = 7826{,}42 \text{ g } (\cong 7{,}83 \text{ kg})$$

Cálculo da massa de NaCl adicionado: $m_{NaCl} = 9{,}0 \text{ kg} - 7{,}83 \text{ kg} = 1{,}17 \text{ kg}$

Questão 62

Item a) Dados do problema: A velocidade de efusão do gás X é dada pela seguinte relação: $V_X = 0{,}25 \text{ x } V_{H_2}$.
Através da Lei de Graham temos: $\frac{V_{H_2}}{V_X} = \sqrt{\frac{<MM>_X}{<MM>_{H_2}}}$.

Massa do solvente (acetona: $H_3C - CO - CH_3$) = 100 gramas (0,100 kg).

Cálculo da massa molecular do gás X: $\frac{V_{H_2}}{V_X} = \sqrt{\frac{<MM>_X}{<MM>_{H_2}}}$

$$\frac{V_{H_2}}{0{,}25 \text{ x } V_{H_2}} = \sqrt{\frac{<MM>_X}{2}}$$

$$\frac{1}{0{,}25} = \sqrt{\frac{<MM>_X}{2}}$$

$$4 = \sqrt{\frac{<MM>_X}{2}}$$

$$(4)^2 = \frac{<MM>_X}{2}$$

$$< MM >_X = 16 \text{ x } 2 = 32{,}0 \text{ g.mol}^{-1}$$

Cálculo da massa da espécie gasosa X, considerando comportamento ideal: $p.V = \frac{m_X}{<MM>_X}.R.T$

$$1 \text{ x } 1 = \frac{m_X}{32} \text{ x } 0{,}08206 \text{ x } (39{,}50 + 273)$$

$$m_X = \frac{32}{25{,}64} = 1{,}25 \text{ g}$$

Item b) Cálculo da pressão de vapor da solução de sulfanilamida (i=1/solução molecular):

$$\frac{\Delta P}{P^o} = \frac{< MM >_{solvente}}{1000} \text{ x } \frac{n_{soluto}}{m_{kg}^{solvente}} \text{ x i}$$

$$\frac{400 - p}{400} = \frac{58}{1000} x \frac{\frac{1,25}{1,72}}{0,100} x\,1$$

$$p = 398,5 \text{ mmHg}$$

Questão 63

A fórmula molecular geral do poliestireno é $(C_8H_8)_n$.

Massa molecular do poliestireno: $< MM > = (12 \text{ x } 8 + 8 \text{ x } 1) \text{ x n} = 104 \text{ x n}$

A partir da equação da pressão osmótica, é possível calcular o número médio de unidades monoméricas.

$$\pi = [\text{poliestireno}] \text{ x R x T x i} = \left\{ \frac{\frac{46,8}{104 \text{ x n}}}{1,0} \right\} \text{x } 0,08206 \text{ x } 300 \text{ x } 1,0$$

$$7,38 \text{ x } 10^{-3} = \left\{ \frac{\frac{46,8}{104 \text{ x n}}}{1,0} \right\} \text{x } 0,08206 \text{ x } 300 \text{ x } 1,0$$

$$n = \frac{1152,12}{0,767} \cong 1500$$

Questão 64

A ação que irá garantir maior abaixamento de temperatura (crioscopia) será aquela que apresentar maior número de partículas dispersas (n), o que irá ocasionar maior efeito coligativo.

Item a) Glicerina: solução molecular ⟶ n = 1

Item b) Sulfato de sódio: Na_2SO_4

Cálculo do número (n) de íons presentes no sulfato de sódio: $Na_2SO_{4(aquoso)} \longrightarrow 2Na^+_{(aquoso)} + SO_4^{-2}{}_{(aquoso)}$

1 mol de $Na_2SO_{4(aquoso)}$ ---------- 2 mol de $Na^+_{(aquoso)}$ ---------- 1 mol de $SO_4^{-2}{}_{(aquoso)}$
n = 1 + 2 = 3

Item c) Nitrato de sódio: $NaNO_3$. $NaNO_{3(aquoso)} \longrightarrow Na^+_{(aquoso)} + NO_3^-{}_{(aquoso)}$
1 mol de $NaNO_{3(aq)}$ ---------- 1 mol de $Na^+_{(aq)}$ ---------------------- 1 mol de $NO_3^-{}_{(aq)}$
n = 1 + 1 = 2

Conclusão: O efeito crioscópico que irá apresentar maior abaixamento de temperatura de congelamento da água será o sulfato de sódio (n = 3).

Questão 65

Alternativa B.

Cálculo da massa da solução a partir da densidade da solução:
1,12 g ------ 1 mL
Massa ----- 1,0 L
Massa da solução = 1120 g

Cálculo da concentração da quantidade de matéria a partir da utilização da pressão osmótica:

$$\pi = [MgBr_2] \text{ x R x T x i}$$

$$\pi = [MgBr_2] \text{ x R x T x } \{1 + (n - 1).\alpha\}$$

$$24{,}40 = [MgBr_2] \text{ x } 0{,}08206 \text{ x } 298 \text{ x } \{1 + (3 - 1).1\}$$

$$[MgBr_2] = 0{,}332 \frac{\text{mol}}{\text{L}}$$

Cálculo do número de mol de brometo de magnésio, a partir da concentração da quantidade de matéria em 1,0 litro de solução: $n_{MgBr_2} = 0{,}332 \text{ mol}$

Cálculo da massa de brometo de magnésio, a partir do número de mol: $\text{Massa}_{MgBr_2} = 0{,}332 \text{ x } (24 + 160) = 61{,}09 \text{ g}$

Cálculo da massa de solvente, a partir da massa da solução e do soluto:

Massa (solução) = Massa (soluto) + Massa (solvente)
Massa (solvente) = 1120g – 61,09g = 1059 g

Cálculo da temperatura da solução, a partir do efeito coligativo crioscópico: $\Delta T_{cr} = K_{cr}^{H_2O} \text{x } \mathcal{M} \text{ x i}$

$$T_{solvente} - T_{solução} = K_{cr}^{H_2O} \text{x } \mathcal{M} \text{ x i}$$

$$0 - T_{solução} = 1{,}84 \text{ x} \frac{0{,}332}{1{,}059} \text{x } \{1 + (3 - 1).1\}$$

$$T_{solução} = 1{,}73°C$$

Questão 66

A figura apresentada a seguir representa o funcionamento da pressão externa "contra" a pressão osmótica.

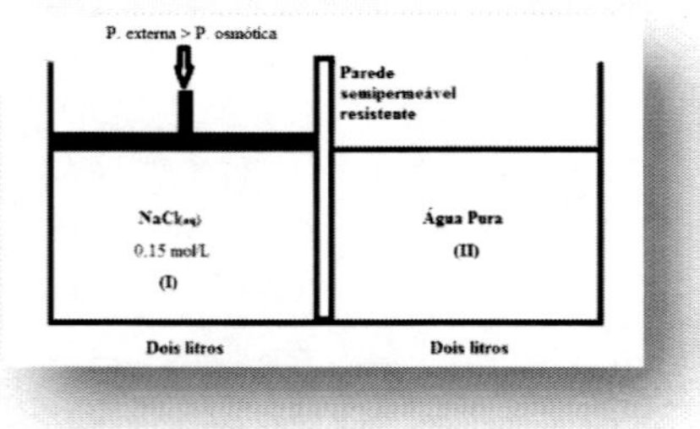

Exercendo sobre a solução de 0,15 mol.L^{-1} de cloreto de sódio uma pressão maior que a pressão osmótica vai haver passagem da água da solução para a água pura (processo de osmose reversa). Quando o volume da solução reduzir para um litro o processo vai parar, ficando um litro de solução 0,30 mol.L^{-1} de cloreto de sódio no compartimento (I). Já no compartimento (II) vai haver três litros de água pura. Com qualquer aparelho de medição de volume, separa-se um litro de água pura dos dois litros de água iniciais.

Questão 67

Cálculo da massa de n-pentano (C_5H_{12}), a partir da massa específica (μ): Massa = μ x Volume = 0,63 x 25 = 15,75 g

Cálculo do número de mol de n-pentano (C_5H_{12}): $n_{C_5H_{12}} = \frac{m_{C_5H_{12}}}{<MM>_{C_5H_{12}}} = \frac{15{,}75}{72} = 0{,}22 \text{ mol}$

Cálculo da massa de n-hexano (C_6H_{14}), a partir da massa específica: Massa = μ x Volume = 0,66 x 45 = 29,70 g

Cálculo do número de mol de n-hexano (C_6H_{14}): $n_{C_6H_{14}} = \frac{m_{C_6H_{14}}}{<MM>_{C_6H_{14}}} = \frac{29{,}7}{86} = 0{,}34 \text{ mol}$

Item a) Cálculo da fração molar do n-pentano (X_{C5H12}): $X_{C_5H_{12}} = \frac{n_{C_5H_{12}}}{n_{C_5H_{12}} + n_{C_6H_{14}}} = \frac{0{,}22}{0{,}22+0{,}34} = \frac{0{,}22}{0{,}56} = 0{,}39$

Item b) Cálculo da fração molar do n-hexano: $X_{C_5H_{12}} + X_{C_6H_{14}} = 1$
$X_{C_6H_{14}} = 1 - 0{,}39 = 0{,}61$

Cálculo da pressão de vapor da solução:
$P_{solução} = P_{C5H12} + P_{C6H14} = (X_{C5H12} \times P°_{pentano}) + (X_{C6H14} \times P°_{hexano})$

$P_{solução} = (0{,}39 \times 51) + (0{,}61 \times 150) = 290{,}79$ torr

Item c) Cálculo da fração molar do pentano na solução: $P^{vapor}_{solução} = X_{pentano} \times P^0_{pentano}$

$X'.\, P_{solução} = X_{pentano} \times P^0_{pentano}$

$X'.\, 290{,}79 = 0{,}39 \times 511$

$X' = 0{,}68$

Questão 68

Alternativa E. O bécher da direita contém uma solução de soluto não volátil. Por isso sua pressão de vapor é menor que a do frasco da esquerda, e a vaporização do frasco à esquerda é a mais fácil. Em consequência, haverá transferência do etanol para o frasco que contém a solução. O nível do líquido do frasco à esquerda será menor.

Questão 69

Dados do problema: Soluto: X; Solvente: tetracloreto de carbono (CCl_4); Fator de Van't Hoff: i = 1 (solução molecular)

Cálculo da massa molar do soluto desconhecido, a partir da propriedade coligativa crioscópica:
$\Delta T_c = K_c \times \mathcal{M} \times i$

$$10{,}50 = 30 \times \frac{\left(\frac{100}{< MM >_x}\right)}{0{,}750} \times 1{,}0$$

$< MM >_x = 380{,}95\ g.\,mol^{-1}$

Questão 70

Cálculo da constante crioscópica molal (K_c): $\Delta T_c = K_c \times \mathcal{M} \times i$

$T_{solução} - T_{solvente} = K_c \times \mathcal{M} \times i$

$$(3{,}55 - 5{,}45)°C = K_c \times \left(\frac{\frac{7{,}24}{168}}{0{,}115}\right) \times 1$$

$K_c = -5{,}08\ kg.\,°C.\,mol^{-1}$

Questão 71

Item a) Cálculo do abaixamento relativo da pressão de vapor: $\frac{\Delta P}{P°} = \frac{<MM>_{água}}{1000} \times \frac{n_{sacarose}}{m^{água}_{kg}} \times i$

$$\frac{\Delta P}{P°} = \frac{18}{1000} \times \frac{\frac{34{,}2}{342}}{0{,}180} \times 1 = 10^{-2}$$

Cálculo do abaixamento absoluto da pressão de vapor (Δp): Através do item a, o abaixamento relativo da pressão de vapor é igual a 10^{-2}, então o abaixamento absoluto da pressão de vapor será igual a: $\frac{\Delta p}{17{,}5\ mmHg} = 10^{-2}$

$\Delta p = 0{,}175 \text{ mmHg}$ (Item b)

Item c) Cálculo da pressão de vapor da solução de sacarose (p): Através do item b, o abaixamento absoluto da pressão de vapor é igual a 0,175 mmHg, então a pressão de vapor da solução de sacarose será igual a: $\Delta p = 0{,}175 \text{ mmHg}$

$$p - p_0 = 0{,}175 \text{ mmHg}$$

$$p - 17{,}5 \text{ mmHg} = 0{,}175 \text{ mmHg}$$

$$p = 17{,}67 \text{ mmHg}$$

Questão 72

Para a resolução dos itens propostos, será necessário calcular primeiramente o item c, conforme apresentado a seguir.

Item c) Cálculo da massa molar, a partir da propriedade coligativa ebulioscópica com i = 1 (solução molecular): $\Delta T_{eb} = K_{eb} \text{ x } \mathcal{M} \text{ x i}$

$$0{,}60 = 5{,}03 \text{ x} \left\{ \frac{\frac{3{,}0}{< MM >}}{0{,}100} \right\} \text{x } 1$$

$$0{,}60 = 5{,}03 \text{ x} \left\{ \frac{3{,}0}{0{,}100 \text{ x } < MM >} \right\}$$

$$< MM > = 251{,}5 \text{ g.mol}^{-1}$$

Item a) Cálculo da temperatura do abaixamento crioscópico:

$$\Delta T_c = K_c \text{ x } \mathcal{M} \text{ x i} = 31{,}8 \text{ x} \left\{ \frac{\frac{3{,}0 \text{ g}}{251{,}5}}{0{,}100} \right\} \text{x } 1 = 3{,}79°C$$

Como a temperatura é crioscópica, será levado em consideração o sinal negativo.

$$\Delta T_c = -3{,}79°C$$

Item b) Cálculo do volume da solução, a partir da densidade do tetracloreto de carbono:

$$V = \frac{m}{d} = \frac{100}{1{,}59} = 62{,}89 \text{ cm}^3 \text{ } (62{,}89 \text{ x } 10^{-3} \text{ L})$$

Cálculo da pressão osmótica: $\pi = \left\{ \frac{\frac{m}{<MM>}}{V_{solução}} \right\} \text{x R x T x } [1 + (n - 1) \text{ x } \alpha]$

$$\pi = \left\{ \frac{\frac{3{,}0}{251{,}5}}{62{,}89 \text{ x } 10^{-3}} \right\} \text{x } 0{,}08206 \text{ x } (25 + 273) = 4{,}65 \text{ atm}$$

Questão 73

Cálculo do número de mol de benzeno (C_6H_6): $n_{C_6H_6} = \frac{m_{C_6H_6}}{<MM>_{C_6H_6}} = \frac{60{,}0}{78} = 0{,}769 \text{ mol}$

Cálculo do número de mol de tolueno ($n_{C_7H_8}$): $n_{C_7H_8} = \frac{m_{C_7H_8}}{<MM>_{C_7H_8}} = \frac{40{,}0}{92} = 0{,}435 \text{ mol}$

Cálculo do número de mol total (n_{TOTAL}): $n_{TOTAL} = n_{benzeno} + n_{tolueno} = 0{,}769 + 0{,}435 = 1{,}204$ mol

Cálculo da pressão de vapor da solução:

$$P_{\text{solução}}^{\text{mistura}} = P_{\text{solução}}^{C_6H_6} + P_{\text{solução}}^{C_7H_8} = X_{C_6H_6} \text{ x } P_{C_6H_6}^0 + X_{C_7H_8} \text{ x } P_{C_7H_8}^0$$

$$P_{\text{solução}}^{\text{mistura}} = \left(\frac{0{,}768}{1{,}204}\right) \text{x } 12{,}50 \text{ kPa} + \left(\frac{0{,}435}{1{,}204}\right) \text{x } 3{,}59 \text{ kPa} = 9{,}28 \text{ kPa}$$

Questão 74

Cálculo do número de mol de heptano, número de mol do octano e consequentemente do número de mol total:

$$n_{\text{Total}} = n_{C_7H_{16}} + n_{C_8H_{18}} = \frac{m_{C_7H_{16}}}{< MM >_{C_7H_{16}}} + \frac{m_{C_7H_{16}}}{< MM >_{C_7H_{16}}} = \frac{25{,}0}{100} + \frac{35{,}0}{114}$$

$$n_{\text{Total}} = 0{,}56 \text{ mol}$$

Cálculo da pressão de vapor de heptano na solução:

$$P_{\text{solução}}^{C_7H_{16}} = \left(\frac{0{,}25}{0{,}25 + 0{,}31}\right) \text{x } 105 \text{ kPa} = \left(\frac{0{,}25}{0{,}56}\right) \text{x } 105 \text{ kPa} = 46{,}87 \text{ kPa}$$

Cálculo da pressão de vapor do octano na solução:

$$P_{\text{solução}}^{C_8H_{18}} = \left(\frac{0{,}31}{0{,}31 + 0{,}25}\right) \text{x } 47 \text{ kPa} = 26{,}02 \text{ kPa}$$

Cálculo da pressão de vapor da mistura:

$$P_{\text{solução}}^{\text{mistura}} = P_{\text{solução}}^{C_7H_{16}} + P_{\text{solução}}^{C_8H_{18}} = 46{,}87 \text{ kPa} + 26{,}02 \text{ kPa} = 72{,}89 \text{ kPa}$$

Questão 75

Dados do problema: Solvente = Tolueno (C_7H_8); Soluto = difenilo ($C_{12}H_{10}$) e Fator de Van't Hoff: i = 1 (solução molecular)

Cálculo da constante ebulioscópica molal: $T_{\text{ebulição}}^{\text{solução}} - T_{\text{ebulição}}^{\text{solvente}} = K_{eb} \text{ x } \mathcal{M} \text{ x i}$

$$111{,}68 - 110{,}60 = K_{eb} \text{ x } \left|\frac{\frac{5{,}0}{154}}{0{,}100}\right| \text{x } 1$$

$$K_{eb} = 3{,}33°\text{C. kg. mol}^{-1}$$

Cálculo da massa molecular (<MM>) da amostra desconhecida: $\Delta T_{eb} = K_{eb} \text{ x } \mathcal{M} \text{ x i}$

$$T_{\text{solução}}^{\text{ebulição}} - T_{\text{solvente}}^{\text{ebulição}} = K_{eb} \text{ x } \mathcal{M} \text{ x i}$$

$$112{,}0 - 110{,}60 = 3{,}33 \text{ x } \frac{\left(\frac{6{,}0}{< MM >}\right)}{0{,}200} \text{x } 1$$

$$< MM > = \frac{19{,}98}{0{,}280} = 71{,}36 \text{ g. mol}^{-1}$$

Questão 76

Dados do problema: Soluto = Fenol (C_6H_6O); Solvente = álcool etílico (C_2H_6O) e Fator de Van't Hoff: i = 1 (solução molecular).

Cálculo da temperatura de ebulição da solução: $\Delta T_{eb} = K_{eb} \text{ x } \mathcal{M} \text{ x i}$

$$T_{\text{solução}}^{\text{ebulição}} - T_{\text{normal}}^{\text{ebulição}} = K_{eb} \text{ x } \mathcal{M} \text{ x i}$$

$$T_{solução}^{ebulição} - 78,40 = 1,20 \times \frac{\left(\frac{4,70}{94}\right)}{0,500} \times 1$$

$$T_{solução}^{ebulição} = 78,40 + 0,12 = 78,52°C$$

Questão 77

Dados do problema: Soluto = Naftaleno ($C_{10}H_8$); Solvente = éter etílico ($C_4H_{10}O$) e Fator de Van't Hoff: i = 1 (solução molecular)

Cálculo da molalidade ($\mathcal{M}$), a partir do efeito ebulioscópico: $\Delta T_{eb} = K_{eb} \times \mathcal{M} \times i$

$$0,20 = 2,14 \times \mathcal{M} \times 1$$

$$\mathcal{M} = \frac{0,20}{2,14} = 9,34 \times 10^{-2}\ mol.kg^{-1}$$

Cálculo da massa do soluto: $\mathcal{M} = \frac{n_{soluto}}{m_{solvente}^{(kg)}}$

$$9,34 \times 10^{-2} = \frac{\left(\frac{m}{128}\right)}{42,8 \times 10^{-3}}$$

$$m = 0,512\ g$$

Questão 78

A temperatura de congelamento de uma solução aquosa (Kc da água = 1,86) 0,40 mol.kg^{-1} de um sulfato metálico, onde o sal está totalmente dissociado é -3,72°C. Determine o número de oxidação do metal neste sal?

Resolução: Dados do problema: Soluto = sulfato metálico $[M_2(SO_4)_a]$; Solvente = água.

Equação de dissociação do sulfato metálico: $M_2(SO_4)_{a(sólido)} \rightarrow 2M^{+a}_{(aquoso)} + aSO_4^{-2}{}_{(aquoso)}$

Cálculo do número de oxidação do sulfato metálico, considerando 100% dissociado, a partir do efeito coligativo crioscópico: $\Delta T_c = K_c \times \mathcal{M} \times i$

$$\lfloor 0 - (-3,72) \rfloor = 1,86 \times 0,40 \times \{1 + (2 + a - 1) \times 1\}$$

$$\frac{3,72}{0,744} = \{1 + (2 + a - 1) \times 1\}$$

$$a = +3$$

Questão 79

(GRILLO) Dados do problema: Soluto = desconhecido (19,0 g); Solvente = benzeno (0,50 kg) e Fator de Van't Hoff: i = 1 (solução molecular)

Cálculo da constante tonoscópica molal (K_t): $K_t = \frac{<MM>_{solvente}}{1000} = \frac{78}{1000} = 78 \times 10^{-3}$

Cálculo da massa molecular (<MM>) do soluto desconhecido:

$$\frac{\Delta P}{P^o} = \frac{< MM >_{solvente}}{1000} \times \frac{n_{soluto}}{m_{kg}^{benzeno}} \times i$$

$$\left|\frac{386-400}{400}\right| = \frac{78}{1000} \text{x} \frac{\frac{19}{< MM >_{soluto}}}{0{,}500} \text{x } 1$$

$< MM >_{solvente} = 84{,}68 \text{ g.mol}^{-1}$

Questão 80

Dados do problema: Soluto: desconhecido; Solvente: propano-2-ol (C_3H_8O) e Fator de Van't Hoff: i = 1 (solução molecular)

Cálculo da massa molar do composto desconhecido: $\frac{\Delta P}{P^\circ} = \frac{<MM>_{solvente}}{1000} \text{ x } \frac{n_{soluto}}{m_{kg}^{propan-2-ol}} \text{ x i}$

$$\left|\frac{50{,}0-49{,}6}{50{,}0}\right| = \frac{60}{1000} \text{x} \frac{\frac{8{,}69}{< MM >_X}}{0{,}250} \text{x } 1$$

$< MM >_X = 260{,}7 \text{ g.mol}^{-1}$

Questão 81

(GRILLO) Dados do problema: Soluto: hemoglobina; Solvente: água e Fator de Van't Hoff: i = 1 (solução molecular).

Cálculo da massa molecular da hemoglobina (<MM>):

$$\frac{1{,}35 \text{ mmHg}}{760 \text{ mmHg}} = \left\{\frac{\frac{0{,}50}{< MM >_{hemoglobina}}}{0{,}10}\right\} \text{x } 0{,}08206 \text{ x } (25+273) \text{ x } 1$$

$$\frac{1{,}35 \text{ mmHg}}{760 \text{ mmHg}} = \left\{\frac{5}{< MM >_{hemoglobina}}\right\} \text{x } 0{,}08206 \text{ x } 298$$

$$< MM >_{hemoglobina} = \frac{12{,}23}{0{,}000178} = 68833{,}14 \text{ g.mol}^{-1}$$

Questão 82

(GRILLO) Dados do problema: Soluto: gelatina; Solvente: água e Fator de Van't Hoff: i = 1 (solução molecular)

Cálculo da massa molecular (<MM>) da gelatina: $\pi = \left\{\frac{\frac{m}{<MM>}}{V_{solução}}\right\} \text{x R x T x i}$

$$\frac{67{,}20 \text{ mmHg}}{760 \text{ mmHg}} = \left\{\frac{\frac{0{,}614}{< MM >}}{0{,}125}\right\} \text{x } 0{,}08206 \text{ x } (25+273) \text{ x } 1{,}0$$

$< MM > = 1358{,}47 \text{ g.mol}^{-1}$

Questão 83

Analisando a solução (1): $\pi_1 = \left\{\frac{\frac{m}{<MM>}}{V_{solução}}\right\} \text{x R x } T_1 \text{ x i} = \left\{\frac{C}{<MM>}\right\} \text{x R x } T_1 \text{ x i}$

Substituindo os dados do problema na equação acima temos:

$8{,}20 = \left\{\frac{32}{<MM>}\right\} \text{x R x } (27+273) \text{ x i}$

$8{,}20 \text{ x } < MM > = 32 \text{ x R x } (27+273) \text{ x i}$

$8{,}20 \text{ x} < MM > = 9600 \text{ x R x i}$ (Equação A)

Analisando a solução (2): $\pi_2 = \left\{\frac{\frac{m}{<MM>}}{V_{solução}}\right\} \text{x R x } T_2 \text{ x i} = \left\{\frac{C}{<MM>}\right\} \text{x R x } T_2 \text{ x i}$

Substituindo os dados do problema na equação acima temos: $\pi_2 = \left\{\frac{C}{<MM>}\right\} \text{x R x } T_2 \text{ x i}$

$\pi_2 \text{ x} < MM > = 10 \text{ x R x } (47 + 273) \text{ x i}$ (Equação B)

Dividindo a Equação (A) pela Equação (B): $\frac{8{,}20 \text{ x} <MM>}{\pi_2 \text{ x} <MM>} = \frac{9600 \text{ x R x i}}{10 \text{ x R x } (47+273) \text{x i}}$

$$\frac{8{,}20 \text{ x} < MM >}{\pi_2 \text{ x} < MM >} = 3$$

$$\pi_2 = \frac{8{,}20}{3} = 2{,}73 \text{ atm}$$

Questão 84

Dados do problema: Soluto: composto desconhecido; Solvente: benzeno e Fator de Van't Hoff: 1 (solução molecular)

Item b) Determinação da massa molar do composto desconhecido ($<MM>_X$):

Cálculo da constante tonoscópica (K_t): $K_t = \frac{<MM>_{solvente}}{1000} = \frac{78}{1000} = 78 \text{ x } 10^{-3}$

Cálculo da massa molecular do composto A ($<MM>_X$): $\frac{\Delta P}{P°} = \frac{<MM>_{solvente}}{1000} \text{ x } \frac{n_{soluto}}{m_{kg}^{benzeno}} \text{ x i}$

$$\left|\frac{94{,}8 - 100{,}0}{100{,}0}\right| = \frac{78}{1000} \text{x} \frac{\frac{8{,}05}{< MM >_X}}{0{,}100} \text{x } 1$$

$$0{,}052 = \frac{627{,}90}{100 \text{ x} < MM >_X}$$

$$< MM >_X = 120{,}75 \text{ g.mol}^{-1}$$

Item b) Cálculo do número de mol do benzeno: $n_{benzeno} = \frac{m_{benzeno}}{<MM>_{benzeno}} = \frac{100}{78} = 1{,}28 \text{ mol}$

Cálculo do número de mol do composto desconhecido (X):

$$n_X = \frac{m_X}{< MM >_X} = \frac{8{,}05}{120{,}75} = 6{,}7 \text{ x } 10^{-2} \text{ mol}$$

Cálculo do número de mol total ($n_{benzeno} + n_X$):

$$n_{TOTAL} = n_{benzeno} + n_X = 1{,}28 + 0{,}067 = 1{,}35 \text{ mol}$$

Cálculo da fração molar ($X_{benzeno}$):

$$X_{Benzeno} = \frac{n_{Benzeno}}{n_{Benzeno} + n_X} = \frac{1{,}28}{1{,}28 + 0{,}067} \cong 0{,}95$$

Questão 85

Dados do problema: Soluto: composto X; Solvente: naftaleno ($C_{10}H_8$) e Fator de Van't Hoff: i = 1 (solução molecular).

Cálculo da massa molar do composto X: $\Delta T_c = K_c \text{ x } \mathcal{M} \text{ x i}$

$$10{,}5 = 6{,}94 \text{ x} \left\{ \frac{\frac{10{,}0}{< \text{MM} >_x}}{0{,}250} \right\} \text{x } 1$$

$$10{,}5 = 6{,}94 \text{ x} \left\{ \frac{10{,}0}{0{,}250 \text{ x} < \text{MM} >_x} \right\} \text{x } 1$$

$$10{,}5 = \frac{69{,}4}{0{,}250 \text{ x} < \text{MM} >_x}$$

$$< \text{MM} >_x = 26{,}44 \text{ g.mol}^{-1}$$

Questão 86

Dados do problema: Soluto: $C_2H_2Cl_2$; Solvente: benzeno (C_6H_6) e Fator de Van't Hoff: i = 1 (solução molecular)

Cálculo da massa molar do soluto desconhecido, a partir do efeito crioscópico: $\Delta T_c = K_c \text{ x } \mathcal{M} \text{ x i}$

$$3{,}55 = K_c \text{ x} \left\{ \frac{\frac{7{,}24}{97}}{0{,}500} \right\} \text{x } 1$$

$$K_c = 5{,}47°\text{C.kg.mol}^{-1}$$

Questão 87

Analisando a solução molecular (i = 1):

$$\pi_{\text{molecular}} = \left\{ \frac{C}{< \text{MM} >} \right\} \text{x R x T x i} = \left\{ \frac{30}{90} \right\} \text{x R x T x 1,0} = \frac{\text{R x T}}{3}$$

Analisando o sulfato de ferro III: $Fe_2(SO_4)_{3(\text{sólido})} \longrightarrow 2Fe^{+3}_{(\text{aquoso})} + 3SO_4^{-2}{}_{(\text{aquoso})}$

Fator de van´t Hoff: i = 1 + [(3+2) -1].α = 1 + 4.α

$$\pi_{\text{iônica}} = \left\{ \frac{20}{400 \text{ x } 0{,}60} \right\} \text{x R x T x } (1 + 4\alpha)$$

$$\pi_{\text{iônica}} = \left\{ \frac{1}{12} \right\} \text{x R x T x } (1 + 4\alpha)$$

Como as pressões osmóticas são iguais (solução isotônica): $\pi_{\text{molecular}} = \pi_{\text{iônica}}$

$$\frac{\text{R x T}}{3} = \left\{ \frac{1}{12} \right\} \text{x R x T x } (1 + 4\alpha)$$

$$\frac{1}{3} = \left\{ \frac{1}{12} \right\} \text{x } (1 + 4\alpha)$$

$$\alpha = 0{,}75 \ (75\%)$$

Questão 88

Dados do problema: Solvente = tetracloreto de carbono (CCl_4); Soluto = substância de massa igual a 10 gramas e massa molecular igual a 266. Fator de Van't Hoff (i) = 1 (solução molecular). Cálculo da constante ebulioscópica (K_{eb}): $K_{eb} = \frac{\text{R x } T_{eb}^2}{1000 \text{ x } L_v}$, em que: K_{eb}

= constante ebulioscópica molal; R = constante dos gases; T_e = temperatura absoluta de ebulição do solvente puro; L_v = calor latente de vaporização do solvente puro.

$$K_{eb} = \frac{R \text{ x } T_{eb}^2}{1000 \text{ x } L_v}$$

$$K_{eb} = \frac{2 \text{ x } (77 + 273)^2}{1000 \text{ x } 46}$$

$$K_{eb} = 5{,}33°C.\text{kg}.\text{mol}^{-1}$$

Cálculo da variação da temperatura ebulioscópica: $\Delta T_{eb} = K_{eb} \text{ x } \mathcal{M} \text{ x } i$

$$\Delta T_{eb} = 5{,}33 \text{ x} \left[\frac{\left(\frac{10{,}0}{266}\right)}{0{,}500}\right] \text{x } 1 = 0{,}400°C$$

Cálculo da temperatura de ebulição da solução: $\Delta T_{eb} = 0{,}40°C$

$$T - 77°C = 0{,}40°C$$

$$T = 0{,}40°C + 77°C = 77{,}40°C$$

Questão 89

Cálculo da temperatura da solução através da osmometria. Sendo i igual a 1, por se tratar de uma solução molecular, temos:

$\pi = [\text{sacarose}] \text{ x R x T x i}$, onde M é a concentração da quantidade de matéria.

$$1{,}0 = 1{,}0 \text{ x } 0{,}8206 \text{ x T x } 1{,}0$$

$$T = 12{,}19 \text{ K}$$

Para 12,19 K (-260,81°C) NÃO se trata de temperatura razoável para uma solução aquosa de sacarose.

Questão 90

Informações colocadas pelo problema: Solvente: água; Soluto (1): hidróxido de sódio (NaOH) e Soluto (2): sulfato de sódio (Na_2SO_4)

Analisando a solução de hidróxido de sódio: $NaOH_{(sólido)} \longrightarrow Na^+_{(aquoso)} + OH^-_{(aquoso)}$

$$\Delta T_c = K_c \text{ x } \mathcal{M} \text{ x i} = 1{,}86 \text{ x} \left[\frac{\left(\frac{2{,}0}{40}\right)}{0{,}500}\right] \text{x } \{1 + (2 - 1) \text{ x } 1\}$$

$$\Delta T_c = 1{,}86 \text{ x} \left[\frac{\left(\frac{2{,}0}{40}\right)}{0{,}500}\right] \text{x } \{1 + (2 - 1) \text{ x } 1\} = 0{,}372°C$$

Analisando a solução de sulfato de sódio: $Na_2SO_{4(sólido)} \longrightarrow 2Na^+_{(aquoso)} + SO_4^{-2}{}_{(aquoso)}$

$$\Delta T_c = K_c \text{ x } \mathcal{M} \text{ x i} = 1{,}86 \text{ x} \left[\frac{\left(\frac{14{,}2}{142}\right)}{0{,}500}\right] \text{x } \{1 + (3 - 1) \text{ x } 1\} = 1{,}12°C$$

A temperatura de congelamento total será: $\Delta T_{total} = 0{,}372°C + 1{,}12°C = 1{,}492°C$. Como se trata de um processo crioscópico, a temperatura ficará negativa, ou seja, ΔT_c = - 1,49°C.

Questão 91

Item I) Cálculo da massa molar do soluto: $\frac{\Delta P}{P^{o}} = \frac{<MM>_{solvente}}{1000} \text{ x } \frac{n_{soluto}}{m_{kg}^{CCl_4}} \text{ x i}$

$$\frac{531-504}{531} = \frac{154}{1000} \text{x} \left(\frac{\frac{20}{<MM>_{soluto}}}{0{,}154} \right) \text{x 1}$$

$$<MM>_{soluto} = \frac{3080}{7{,}854} = 392{,}16 \text{ g.mol}^{-1}$$

Item II) As propriedades coligativas dependem da natureza do <u>solvente</u> e da concentração da quantidade de matéria <u>do soluto</u>.

Item III) Molalidade ($\mathcal{M}$), representado pela seguinte equação matemática: $\mathcal{M} = \frac{n_{soluto}}{m_{(kg)}^{solvente}}$

Questão 92

Dados do problema: Soluto = enxofre (S_x); Solvente = cânfora e Fator de Van't Hoff: i = 1 (solução molecular)

Cálculo da massa molecular do soluto, a partir do efeito crioscópico: $\Delta T_c = K_c \text{ x } \mathcal{M} \text{ x i}$

$$T^{solução} - T^{solvente} = K_c \text{ x } \mathcal{M} \text{ x i}$$

$$5{,}47 = 40 \text{ x} \left[\frac{\left(\frac{0{,}154}{<MM>_{soluto}}\right)}{4{,}38 \text{ x } 10^{-3}} \right] \text{x 1}$$

$$5{,}47 \text{ x } 4{,}38 \text{ x } 10^{-3} \text{ x } <MM>_{soluto} = 0{,}154 \text{ x } 40$$

$$<MM>_{soluto} = 257{,}11 \text{ g.mol}^{-1}$$

Cálculo do número de átomos de enxofre: $x = \frac{257}{32} \cong 8$. Fórmula molecular: S_8.

Questão 93

Dados do problema: Soluto: composto desconhecido; Solvente: cicloexano e Fator de Van't Hoff: 1 (solução molecular). Cálculo da massa molar (<MM>) do composto desconhecido, a partir do efeito ebulioscópico:

$$T^{solução} - T^{solvente} = K_{eb} \text{ x } \mathcal{M} \text{ x i}$$

$$0{,}481 = 2{,}79 \text{ x} \left[\frac{\left(\frac{2{,}25}{<MM>_{soluto}}\right)}{0{,}150} \right] \text{x 1}$$

$$\frac{0{,}481}{2{,}79} = \left[\frac{2{,}25}{0{,}150 \text{ x } <MM>_{soluto}} \right]$$

$$<MM>_{soluto} = 87{,}01 \text{ g.mol}^{-1}$$

Questão 94

Dados do problema: Soluto: Cloreto de cálcio ($CaCl_2$); Solvente: Água (H_2O).

Cálculo do fator de Van't Hoff (i) com grau de dissociação igual a 100%: $CaCl_{2(sólido)} \rightarrow Ca^{+2}_{(aqoso)} + 2Cl^{-}_{(aquoso)}$

i = 1 + (n – 1) x α
i = 1 + [(2 + 1) – 1] x 1 = 3

Cálculo da Temperatura de ebulição da solução: $\Delta T_{eb} = K_{eb} \text{ x } \mathcal{M} \text{ x i}$

$$T^{solução} - T^{solvente} = K_{eb} \text{ x } \mathcal{M} \text{ x i}$$

$$T^{solução} - 100 = 0{,}512 \text{ x} \left[\frac{\left(\frac{111}{111}\right)}{1{,}0}\right] \text{x } 3$$

$$T^{solução} = 100 + (0{,}512 \text{ x } 1 \text{ x } 3) = 100 + 1{,}536 = 101{,}54°C$$

Questão 95

Dados do problema: Soluto: Cloreto de sódio (NaCl) e Solvente: Água.
Considerando que a dissociação (α) seja igual a 100%, temos:
$NaCl_{(sólido)} \longrightarrow Na^{+}_{(aquoso)} + Cl^{-1}_{(aquoso)}$

i = 1 + (n – 1).α
i = 1 + [(2 - 1) x 1] = 2

Cálculo da temperatura de congelamento da solução: $T^{solução} - T^{solvente} = K_c \text{ x } \mathcal{M} \text{ x i}$

$$T^{solução} - 0 = 1{,}86 \text{ x} \frac{\left(\frac{58{,}5}{58{,}5}\right)}{1{,}0} \text{x } 2$$

$$T^{solução} = 1{,}86 \text{ x} \frac{58{,}5}{58{,}5} \text{x } 2 = 1{,}86 \text{ x } 1 \text{ x } 2 = 3{,}76°C$$

Questão 96

Dados do problema: Soluto = substância X; Solvente = água e levando em consideração que a solução seja molecular (Fator de Van't Hoff: i = 1).

Cálculo da massa molar do soluto X, a partir do efeito ebulioscópico: $T^{solução} - T^{solvente} = K_{eb} \text{ x } \mathcal{M} \text{ x i}$

$$100{,}12 - 100{,}0 = 0{,}52 \text{ x} \frac{\left(\frac{12}{< MM >_x}\right)}{0{,}500} \text{ x } 1$$

$$0{,}12 = 0{,}52 \text{ x} \frac{12}{0{,}500 \text{ x } < MM >_x}$$

$$0{,}06 \text{ x } < MM >_x = 0{,}52 \text{ x } 12$$

$$< MM >_x = 104 \text{ g.mol}^{-1}$$

Questão 97

Dados do problema: Soluto = composto não dissociável (C_4H_2N); Solvente = benzeno (C_6H_6); Fator de Van't Hoff: i = 1 (solução molecular) e constante crioscópica do benzeno: K_c = 5,12 °C.kg.mol^{-1}

Cálculo da massa molar (<MM>) do soluto, a partir do efeito crioscópico: $\Delta T_c = K_c \text{ x } \mathcal{M} \text{ x i}$

$$T^{solução} - T^{solvente} = K_c \text{ x } \mathcal{M} \text{ x i}$$

$$(0{,}307 - 0) = 5{,}12 \text{ x} \frac{\left(\frac{3{,}84}{< MM >_x}\right)}{0{,}500} \text{x } 1$$

$$0{,}1535 \text{ x } < MM >_x = 19{,}66$$

$$< \mathrm{MM} >_x = \frac{19{,}66}{0{,}1535} = 128{,}08\ \mathrm{g.mol^{-1}}$$

Cálculo da fórmula molecular: $(C_4H_2N)_n$ = 128,08
(48 + 2 + 14) x n = 128,08
n = 2 [Fórmula molecular: $(C_4H_2N)_n \longrightarrow (C_4H_2N)_2 \longrightarrow C_8H_4N_2$].

Questão 98

Dados do problema: Soluto = etilenoglicol ($C_2H_6O_2$); Solvente = água (H_2O) e Fator de Van't Hoff = 1 (solução molecular)

Efeito crioscópico: $\Delta T_c = K_c \times \mathcal{M} \times i$

$$\Delta T_c = 1{,}86 \times \left[\frac{\left(\frac{6{,}50}{50}\right)}{0{,}200}\right] \times 1 = 1{,}86 \times \frac{6{,}50}{10} = 1{,}21°C$$

Efeito ebulioscópico: $\Delta T_{eb} = K_c \times \mathcal{M} \times i$

$$\Delta T_{eb} = 0{,}51 \times \left[\frac{\left(\frac{6{,}50}{50}\right)}{0{,}200}\right] = 0{,}51 \times \frac{6{,}50}{10} = 0{,}33°C$$

Questão 99

Cálculo da concentração comum ($g.L^{-1}$): C = 10 x d x (%) = 10 x (1,017) x 5 = 50,85 $g.L^{-1}$.

Cálculo da concentração da quantidade de matéria ($mol.L^{-1}$):

$$[\mathrm{Sacarose}] = \frac{C_{sacarose}}{< \mathrm{MM} >_{sacarose}} = \frac{50{,}85\,\frac{g}{L}}{342\,\frac{g}{mol}} = 0{,}149\ \mathrm{mol.L^{-1}}$$

Cálculo da pressão osmótica (π), considerando a solução molecular (i=1):

$$\pi = [\mathrm{Sacarose}] \times R \times T \times i$$

$$\pi = 0{,}148 \times 0{,}08206 \times (30 + 273) \times 1{,}0 = 3{,}70\ \mathrm{atm}$$

Questão 100

Analisando a solução de ureia: Fórmula molecular da ureia: $(NH_2)_2CO$ ($<MM>_{ureia}$ = 60 $g.mol^{-1}$); Fator de Van't Hoff: i = 1 (solução molecular)

$$\pi_{ureia} = \frac{30}{60} \times R \times T \times 1 = \frac{1}{2} \times R \times T$$

Analisando a solução do eletrólito A_2B_3: $A_2B_{3(sólido)} \longrightarrow 2A^{+3}_{(aq)} + 3B^{-2}_{(aq)}$

Cálculo da concentração da quantidade de matéria do A_2B_3, considerando que o volume da solução seja igual a 1,0 litro:

1 mol de A_2B_3 --------- (1mol de e^- x 96500 $C.mol^{-1}$) ------- 1 F
n_{A2B3} --- 0,125 F
n_{A2B3} = 0,125 mol

$$[A_2B_3] = \frac{n_{A_2B_3}}{V_{solução}} = \frac{0{,}125\ \mathrm{mol}}{1\ \mathrm{L}} = 0{,}125\ \mathrm{mol.L^{-1}}$$

Expressão da pressão osmótica do A_2B_3: $\pi_{A_2B_3} = 0{,}125 \text{ x R x T x } \{1 + (5 - 1).\alpha\}$

$\pi_{A_2B_3} = 0{,}125 \text{ x R x T x } \{1 + 4.\alpha\}$

Como o processo é isotônico ($\pi_{ureia} = \pi_{A_2B_3}$): $\frac{1}{2} \text{x R x T} = 0{,}125 \text{ x R x T x } \{1 + 4\alpha\}$

$$\frac{1}{2} = 0{,}125 \text{ x } \{1 + 4\alpha\}$$

$$\alpha = \frac{3}{4} = 0{,}75\ (75\%)$$

Questão 101

(GRILLO)

Dados do problema: Soluto = desconhecido (19,0 g); Solvente = benzeno (500 g = 0,50 kg) e Fator de Van't Hoff: i = 1 (solução molecular)

Cálculo da massa molecular (<MM>) do soluto desconhecido: $\frac{\Delta P}{P°} = K_t \text{ x } \mathcal{M} \text{ x i}$

$$\frac{\Delta P}{P°} = \frac{< MM >_{solvente}}{1000} \text{x} \frac{n_{soluto}}{m_{kg}^{benzeno}} \text{ x i}$$

$$\left|\frac{50 - 54}{54}\right| = \frac{78}{1000} \text{x} \frac{\left(\frac{19}{< MM >_{soluto}}\right)}{0{,}500} \text{ x } 1$$

$$\frac{4000}{4212} = \frac{\left(\frac{19}{< MM >_{soluto}}\right)}{0{,}500}$$

$$< MM >_{soluto} = 40{,}0 \text{ g. mol}^{-1}$$

Questão 102

Dados do problema: Soluto = desconhecido (15 gramas); Solvente = benzeno (C_6H_6) = 250 gramas (0,25 kg) e Fator de Van't Hoff: i = 1 (solução molecular)

Cálculo da constante tonoscópica molal (K_t): $K_t = \frac{<MM>_{solvente}}{1000} = \frac{78}{1000} = 78 \text{ x } 10^{-3}$

Cálculo da massa molecular do soluto desconhecido, a partir do efeito coligativo tonoscópico:

$$\frac{\Delta P}{P°} = \frac{< MM >_{solvente}}{1000} \text{x} \frac{n_{soluto}}{m_{kg}^{solvente}} \text{ x i}$$

$$\left|\frac{0{,}158 - 0{,}160}{0{,}160}\right| = 78 \text{ x } 10^{-3} \text{ x} \frac{\frac{15}{< MM >_{soluto}}}{0{,}250} \text{ x } 1$$

$$\left|\frac{- 0{,}002}{0{,}160}\right| = 78 \text{ x } 10^{-3} \text{ x} \frac{15}{0{,}250 \text{ x } < MM >_{soluto}}$$

$$< MM >_{soluto} = \frac{187{,}2}{0{,}50} = 374{,}4 \text{ g. mol}^{-1}$$

Questão 103

Cálculo da pressão (P) da coluna: $\text{Pressão} = \rho \text{ x g x h}$

$$P = 1{,}00\,\frac{g}{mL}\,x\,1\,\frac{kg}{1000\ g}\,x\,\frac{1\ mL}{10^{-3}\ L}\,x\,\frac{1\ L}{1\ dm^3}\,x\,\frac{1\ dm^3}{10^{-3}\ m^3}\,x\ 9{,}81\,\frac{m}{s^2}\,x\ 2{,}60\ x\ 10^{-3}\ m$$

$$P = 25{,}51\,\frac{Kg}{m\ x\ s^2}\ (25{,}51\ Pa)$$

Convertendo para atm, temos: $P = 25{,}51Pa\ x\,\frac{1\ atm}{101325\ Pa} = 2{,}52\ x\ 10^{-3}\ atm$

Equação da pressão osmótica (π):

$$\pi = \left\{\frac{\frac{m}{<MM>}}{V_{solução}}\right\} x\ R\ x\ T\ x\ i = \left\{\frac{\frac{0{,}750}{<MM>}}{0{,}125}\right\} x\ 0{,}08206\ x\ (4 + 273)\ x\ 1$$

$$\pi = \left\{\frac{0{,}750}{0{,}125\ x\ <MM>}\right\} x\ 0{,}08206\ x\ 277$$

Igualando as pressões: $P = \pi$

$$2{,}52\ x\ 10^{-3}\ atm = \left\{\frac{0{,}750}{0{,}125\ x <MM>}\right\} x\ 0{,}08206\ x\ 277$$

$$<MM> = 54120\ g.mol^{-1}$$

Questão 104

Analisando a solução I – Glicose + Cloreto de Cálcio:

$$\Delta T_X^I = \left(K_X^{água}\ x\ \mathcal{M}\ x\ i\right)_{glicose} + \left(K_X^{água}\ x\ \mathcal{M}\ x\ i\right)_{CaCl_2}$$

$$\Delta T_X^I = K_X^{água}\ x\,\frac{n_{glicose}}{1}\,x\ 1 + K_X^{água}\ x\,\frac{n_{CaCl_2}}{1}\,x\ \{1 + (3-1)\ x\ 1\}$$

$$\Delta T_X^I = K_X^{água}\ x\,\frac{n_{glicose}}{1} + 3\ x\ K_X^{água}\ x\,\frac{n_{CaCl_2}}{1}$$

$$\Delta T_X^I = K_X^{água}\ x\,\frac{10^{-3}}{1} + 3\ x\ K_X^{água}\ x\,\frac{2\ x\ 10^{-3}}{1}$$

$$\Delta T_X^I = K_X^{água}\ x\ 10^{-3} + 6\ x\ 10^{-3}\ x\ K_X^{água} = 7\ x\ 10^{-3}\ x\ K_X^{água}$$

Analisando a solução II – Sulfato de ferro III: $\Delta T_X^{II} = K_X^{água}\ x\ \mathcal{M}\ x\ i$

$$\Delta T_X^{II} = K_X^{água}\ x\,\frac{n_{Fe_2(SO_4)_3}}{m_{(kg)}^{solvente}}\,x\ i$$

$$\Delta T_X^{II} = K_X^{água}\ x\,\frac{n_{Fe_2(SO_4)_3}}{1}\,x\ \{1 + (5-1).\alpha\}$$

$$\Delta T_X^{II} = K_X^{água}\ x\,\frac{n_{Fe_2(SO_4)_3}}{1}\,x\ \{1 + 4\ x\ 1\} = K_X^{água}\ x\,\frac{n_{Fe_2(SO_4)_3}}{1}\ x\ 5$$

Conforme o propósito do problema, as temperaturas são iguais, logo: $\boxed{\Delta T_X^I = \Delta T_X^{II}}$

$$(7 \text{ x } 10^{-3} \text{ x } K_X^{água}) = (5 \text{ x } K_X^{água} \text{ x } n_{Fe_2(SO_4)_3})$$

$$n_{Fe_2(SO_4)_3} = \frac{7 \text{ x } 10^{-3} \text{ x } K_X^{água}}{5 \text{ x } K_X^{água}}$$

$$n_{Fe_2(SO_4)_3} = 1{,}40 \text{ x } 10^{-3} \text{ mol } (1{,}4 \text{ mmol})$$

Questão 105

Item a) Cálculo da massa de sacarose a partir do processo de osmometria:

$$\pi = \left\{ \frac{\frac{m_{sacarose}}{< MM >_{sacarose}}}{V_{solução}} \right\} \text{ x R x T x i}$$

Sacarose = solução molecular → i = 1.

$$15 = \left\{ \frac{m_{sacarose}}{1{,}0} \right\} \text{ x } 0{,}08206 \text{ x } (25 + 273) \text{x } 1{,}0$$

$$m_{sacarose} = 209{,}78 \text{ g}$$

Item b) Cálculo da temperatura do ponto de congelamento ($T^{solução}$): $\Delta T_c = K_t \text{ x } \frac{n_{soluto}}{m^{solvente}_{(kg)}} \text{ x i}$

$$\Delta T_c = 1{,}86 \text{ x } \frac{\left(\frac{5{,}0}{180}\right)}{25{,}0 \text{ x } 10^{-3}} \text{ x } 1 = 2{,}06°C$$

Sabendo que a variação da temperatura crioscópica é definida como a diferença entre a temperatura do solvente puro (água a 0°C) e a temperatura da solução, então a temperatura da solução será igual a:

$$T^{solvente}_{puro} - T^{solução} = 2{,}06°C$$

$$0°C - T^{solução} = 2{,}06°C$$

$$T^{solução} = -2{,}06°C$$

Item c) Dado do problema: 50 g de NaOH para cada 100 g de solução. Cálculo da massa do solvente:

Massa da solução = massa do soluto + massa do solvente
100 g = 50 g + massa do solvente
Massa do solvente = 50 g

Cálculo do número de mol do soluto e do solvente: $n_{soluto} = \frac{50}{40} = 1{,}25 \text{ mol}$ e $n_{solvente} = \frac{50}{18} = 2{,}78 \text{ mol}$

Cálculo da fração molar (X) do hidróxido de sódio:

$$X_{NaOH} = \frac{n_{NaOH}}{n_{TOTAL}} = \frac{n_{NaOH}}{n_{NaOH} + n_{H_2O}} = \frac{1{,}25}{1{,}25 + 2{,}78} = 0{,}310$$

Questão 106

Para esta situação, a densidade plausível a ser considerada será igual a 1 $g.mL^{-1}$.

Informação do problema: 0,70 gramas de NaCl por 100 gramas de solução.
1 grama de solução -------------------- 1 mL de solução
100 gramas de solução ----------------- $V_{solução}$
$V_{solução}$ = 100 mL de solução

Cálculo da pressão osmótica (π): $\pi = \left\{\frac{\frac{m}{<MM>}}{V_{solução}}\right\} x\ R\ x\ T\ x\ i = \left\{\frac{\frac{m}{<MM>}}{V_{solução}}\right\} x\ R\ x\ T\ x\ \{1 + (n - 1)\ x\ \alpha\}$

Considerando que o cloreto de sódio apresenta 100% de dissociação (α = 1), temos: $NaCl_{(sólido)} \longrightarrow Na^+_{(aquoso)} + Cl^-_{(aquoso)}$

$$\pi = \left\{\frac{\frac{0,70}{58,5}}{0,10}\right\} x\ 0,08206\ x\ (25 + 273) x\ \{1 + (2 - 1)\ x\ 1\} = 5,87\ atm$$

Questão 107

Item a) Cálculo da constante tonoscópica molal (K_t): $K_t = \frac{<MM>_{solvente}}{1000} = \frac{18}{1000}$

Cálculo da molalidade: $\mathcal{M} = \frac{n_{soluto}}{m^{solvente}_{(kg)}} = \frac{\left(\frac{480}{180}\right)}{0,700} = 3,81\ mol.kg^{-1}$

Cálculo do abaixamento relativo da pressão máxima de vapor (Δp/p°), considerando que a solução seja molecular (i = 1).

$$\frac{\Delta P}{P°} = K_t\ x\ \mathcal{M}\ x\ i = \frac{18}{1000}\ x\ 3,81\ x\ 1 = 6,86\ x\ 10^{-2}$$

Item b) Cálculo do abaixamento absoluto da pressão máxima de vapor (Δp), a partir da pressão de vapor do solvente puro: $\frac{\Delta P}{P°} = 6,86\ x\ 10^{-2}$

$$\frac{\Delta P}{22\ mmHg} = 6,86\ x\ 10^{-2}$$

$$\Delta P = 22\ mmHg\ x\ 6,86\ x\ 10^{-2} = 1,51\ mmHg$$

Item c) Cálculo da pressão máxima de vapor da solução: $\Delta P = 1,51\ mmHg$

$P° - P^{solução} = 1,51\ mmHg$

$$22\ mmHg - P^{solução} = 1,51\ mmHg$$

$$P^{solução} = 22\ mmHg - 1,51\ mmHg = 20,49\ mmHg$$

Questão 108

Alternativa A.

Item a) Analisando a dissociação do cloreto de lítio: $LiCl_{(sólido)} \longrightarrow Li^+_{(aquoso)} + Cl^-_{(aquoso)}$

$$\Delta T_c = K_c\ x\ \mathcal{M}\ x\ i = 1,86\ x\left(\frac{1,0/42,5}{0,500}\right) x\ [1 + (2 - 1)\ x\ 1]$$

$$\Delta T_c = 1,86\ x\ \left(\frac{1,0}{42,5\ x\ 0,500}\right) x\ [1 + 1] = 1,86\ x\ \left(\frac{1,0}{21,25}\right) x\ 2 = 0,175°C$$

Item b) Analisando a dissociação do cloreto de potássio: $KCl_{(sólido)} \longrightarrow K^+_{(aquoso)} + Cl^-_{(aquoso)}$

$$\Delta T_c = K_c\ x\ \mathcal{M}\ x\ i = 1,86\ x\left(\frac{1,0/(39,0 + 35,5)}{0,500}\right) x\ [1 + (2 - 1)\ x\ 1]$$

$$\Delta T_c = 1{,}86 \text{ x} \left(\frac{1{,}0/74{,}5}{0{,}500}\right) \text{x} [1 + (2-1) \text{ x } 1] = 9{,}98 \text{ x } 10^{-2} °C$$

Item c) Analisando a dissociação do brometo de sódio: $NaBr_{(sólido)} \rightarrow Na^{+}_{(aquoso)} + Br^{-}_{(aquoso)}$

$$\Delta T_c = K_c \text{ x } \mathcal{M} \text{ x i} = 1{,}86 \text{ x} \left(\frac{1{,}0/(23+80)}{0{,}500}\right) \text{x} [1 + (2-1) \text{ x } 1]$$

$$\Delta T_c = 1{,}86 \text{ x} \left(\frac{1{,}0/103}{0{,}500}\right) \text{x } 2 = 1{,}86 \text{ x} \left(\frac{1{,}0}{51{,}50}\right) \text{x } 2 = 0{,}0722 °C$$

Item d) Analisando a dissociação do cloreto de magnésio: $MgCl_{2(sólido)} \rightarrow Mg^{+2}_{(aquoso)} + 2\ Cl^{-}_{(aquoso)}$

$$\Delta T_c = K_c \text{ x } \mathcal{M} \text{ x i} = 1{,}86 \text{ x} \left(\frac{1{,}0/(24+71)}{0{,}500}\right) \text{x} [1 + (3-1) \text{ x } 1]$$

$$\Delta T_c = 1{,}86 \text{ x} \left(\frac{1{,}0/95}{0{,}500}\right) \text{x } 3 = 1{,}86 \text{ x} \left(\frac{1{,}0}{47{,}50}\right) \text{x } 3 = 0{,}117 °C$$

Item e) Analisando o sulfato de sódio: $Na_2SO_{4(sólido)} \rightarrow 2Na^{+}_{(aquoso)} + 2SO_4{}^{-2}{}_{(aquoso)}$

$$\Delta T_c = K_c \text{ x } \mathcal{M} \text{ x i} = 1{,}86 \text{ x} \left(\frac{1{,}0/142}{0{,}500}\right) \text{x} [1 + (3-1) \text{x } 1]$$

$$\Delta T_c = 1{,}86 \text{ x} \left(\frac{1{,}0}{71}\right) \text{x } 3$$

$$\Delta T_c = 0{,}0786 °C$$

Observação: Considerando que cada temperatura calculada seja negativa, a menor temperatura é o cloreto de lítio (A).

Questão 109

Alternativa C.

Os efeitos coligativos são propriedades físico-químicas das soluções que dependem da quantidade das partículas de soluto não volátil dissolvida em um determinado solvente, não dependendo da natureza do soluto. Logo, as afirmações II e III estão diretamente relacionadas às propriedades coligativas.

Questão 110

Alternativa E.

A questão afirma que a molalidade é igual à concentração da quantidade de matéria e que o efeito coligativo é o da crioscopia. Cálculo do fato de Van't Hoff (i): $\Delta T_c = K_c \text{ x } \mathcal{M} \text{ x i}$

$$i = \frac{\Delta T_c}{K_c \text{ x } \mathcal{M}} = \frac{|-0{,}1395|}{1{,}86 \text{ x } 0{,}0400} = 1{,}875$$

O tricloroacético é um ácido do tipo monoácido em que o número de íons gerados é igual a dois por molécula que se ioniza.

$$i = 1 + (n-1).\alpha$$

$1{,}875 = 1 + (2 - 1).\alpha$

$\alpha = 0{,}875\ (87{,}50\ \%)$

Cálculo da constante do ácido tricloroacético (K_a):

$$K_a = \frac{[\text{ácido}].\alpha^2}{1-\alpha} = \frac{0{,}0400 \text{ x } (0{,}8750)^2}{1 - 0{,}8750} = \frac{0{,}030625}{0{,}125} = 0{,}245$$

Questão 111

Alternativa B.

Cálculo do número de mol de água: $n_{H_2O} = \frac{180\text{ g}}{18\text{ g.mol}^{-1}} = 10\text{ mol}$

Cálculo do número de mol de etanol: $n_{C_2H_6O} = \frac{252\text{ g}}{46\text{ g.mol}^{-1}} = 5{,}48\text{ mol}$

Cálculo do número de mol total: $n_{total} = n_{água} + n_{álcool} + n_{glicose}$ = 10 mol + 5,58 mol + 3,33 x 10^{-2} mol = 15,51 mol

Cálculo da fração molar do etanol e da fração molar da água: $X_{C_2H_6O} = \frac{5{,}48\text{ mol}}{15{,}51\text{ mol}} = 0{,}353$ e $X_{H_2O} = \frac{10\text{ mol}}{15{,}51\text{ mol}} = 0{,}645$

Cálculo da pressão total (P_{TOTAL}): P_{TOTAL} = P° x X_{H2O} + P° x X_{C2H6O} = (24,00 x 0,645) + (59,00 x 0,353) = 36,31 mmHg

Questão 112

Alternativa B.

Informação importante do problema: $\Delta T_c^{BaCl_2} = \Delta T_c^{NaCl}$

Analisando a dissociação do cloreto de bário: $BaCl_{2(sólido)} \longrightarrow Ba^{+2}_{(aquoso)} + 2Cl^{-}_{(aquoso)}$

$$\Delta T_c = K_c \text{ x } \mathcal{M} \text{ x i} = K_c \text{ x}\left(\frac{n_{BaCl_2}}{m_{kg}^{H_2O}}\right)\text{x } [1 + (3-1) \text{ x } \alpha] = K_c \text{ x}\left(\frac{n_{BaCl_2}}{m_{kg}^{H_2O}}\right)\text{x } [1 + 2\alpha]$$

Analisando o cloreto de sódio: $NaCl_{(sólido)} \longrightarrow Na^{+}_{(aquoso)} + Cl^{-}_{(aquoso)}$

$$\Delta T_c = K_c \text{ x } \mathcal{M} \text{ x i} = K_c \text{ x}\left(\frac{n_{NaCl}}{m_{kg}^{H_2O}}\right)\text{x } [1 + (2-1) \text{ x } \alpha] = K_c \text{ x}\left(\frac{n_{NaCl}}{m_{kg}^{H_2O}}\right)\text{x } [1 + \alpha]$$

Levando em consideração que ambos os sais ($BaCl_2$ e NaCl) apresentam dissociação igual a 100%, temos: $\Delta T_c^{BaCl_2} = \Delta T_c^{NaCl}$

$$K_c \text{ x}\left(\frac{n_{BaCl_2}}{m_{kg}^{H_2O}}\right)\text{x } [1 + 2\alpha] = K_c \text{ x}\left(\frac{n_{NaCl}}{m_{kg}^{H_2O}}\right)\text{x } [1 + \alpha]$$

Considerando que o grau de dissociação de ambos os sais seja igual a 100%, temos: $3 \text{ x } n_{BaCl_2} = 2 \text{ x } n_{NaCl}$

$3 \text{ x } [BaCl_2] \text{ x } V_{solução} = 2 \text{ x } [NaCl] \text{ x } V_{solução}$

Considerando que os volumes são iguais, temos: $3 \text{ x } [BaCl_2] = 2 \text{ x } [NaCl]$

$3 \text{ x } [BaCl_2] = 2 \text{ x } 0{,}030$

$[BaCl_2] = 0{,}020\text{ mol.L}^{-1}$

Questão 113

Dados do problema: Soluto = Substância A; Solvente = tetracloreto de carbono (CCl_4); Fator de Van't Hoff: i = 1 (solução molecular). Para a resolução deste problema, será necessário inicialmente calcular o item c, ou seja, a massa molecular da substância A.

Item c) Cálculo da massa molar da substância A: $\Delta T_{eb} = K_{eb} \text{ x } \mathcal{M} \text{ x i}$

$$0{,}600 = 5{,}03 \text{ x} \frac{\left(\frac{3{,}0}{< MM >_A}\right)}{0{,}100} \text{x } 1$$

$$< MM >_A = 251{,}5 \text{ g. mol}^{-1}$$

Item a) Cálculo do abaixamento do ponto de congelamento do solvente: $\Delta T_c = K_c \text{ x } \mathcal{M} \text{ x i}$

$$\Delta T_c = 31{,}8 \text{ x} \frac{\left(\frac{3{,}0}{251{,}5}\right)}{0{,}100} \text{ x } 1$$

$$\Delta T_c = 3{,}79°C$$

Item b) Cálculo do abaixamento relativo da pressão de vapor do solvente:

$$\frac{\Delta P}{P°} = \frac{< MM >_{CCl_4}}{1000} \text{x} \frac{n_{\text{substância A}}}{m_{kg}^{CCl_4}} \text{x i}$$

$$\frac{\Delta P}{P°} = \frac{154}{1000} \text{x} \frac{\frac{3{,}0}{251{,}5}}{0{,}100} \text{x } 1 = 0{,}154 \text{ x} \frac{1{,}19 \text{ x } 10^{-2}}{0{,}100} = 0{,}154 \text{ x } 0{,}119 = 1{,}84 \text{ x } 10^{-2}$$

Questão 114

Alternativa E.

Analisando a solução de ácido acético (CH_3-COOH), com fator de Van't Hoff igual a 1: $\pi_1 = 0{,}010 \text{ x R x T x } 1$

Analisando o cloreto de etila ($CH_3 - CH_2$ - Cl), com fator de Van't Hoff igual a 1: $\pi_2 = 0{,}010 \text{ x R x T x } 1$

Analisando o ácido acético (H_3C - COOH), com fator de Van't Hoff igual a 1: $\pi_3 = 0{,}010 \text{ x R x T x } 1$

Analisando o ácido clorídrico (HCl): $HCl_{(aquoso)} \longrightarrow H^+_{(aquoso)} + Cl^-_{(aquoso)}$

$$\pi_4 = \text{M x R x T x i} = \text{M x R x T x } \{1 + (n - 1).\alpha\}$$

$$\pi_4 = 0{,}010 \text{ x R x T x } \{1 + (2 - 1).\alpha\} = 0{,}010 \text{ x R x T x } \{1 + \alpha\}$$

Analisando o cloreto de rubídio (RbCl): $RbCl_{(sólido)} \longrightarrow Rb^+_{(aquoso)} + Cl^-_{(aquoso)}$

$$\pi_5 = \text{M x R x T x i} = \text{M x R x T x } \{1 + (n - 1).\alpha\}$$

$$\pi_5 = 0{,}010 \text{ x R x T x } \{1 + (2 - 1).\alpha\} = 0{,}010 \text{ x R x T x } \{1 + \alpha\}$$

Analisando o cloreto de magnésio ($MgCl_2$): $MgCl_{2(sólido)} \longrightarrow Mg^{+2}_{(aquoso)} + 2Cl^-_{(aquoso)}$

$$\pi_6 = \text{M x R x T x i} = \text{M x R x T x } \{1 + (n - 1).\alpha\}$$

$$\pi_6 = 0{,}010 \text{ x R x T x } \{1 + (3 - 1).\alpha\} = 0{,}010 \text{ x R x T x } \{1 + 2\alpha\}$$

Através de cada composto analisado, o cloreto de magnésio apresenta maior pressão osmótica.

Questão 115

Alternativa B.

Analisando o ácido HX: $HX_{(aquoso)} \longrightarrow H^+_{(aquoso)} + X^-_{(aquoso)}$

$$\pi_{ácido} = [ácido]\ x\ R\ x\ T\ x\ \{1 + (n-1).\alpha\}$$

$$\pi_{ácido} = 0{,}15\ x\ R\ x\ T\ x\ \{1 + (2-1).\alpha\} = 0{,}15\ x\ R\ x\ T\ x\ (1+\alpha)$$

Analisando a solução de glicose: $\pi_{glicose} = [glicose]\ x\ R\ x\ T\ x\ i = 0{,}20\ x\ R\ x\ T$

Processo isotônico: $\pi_{ácido} = 0{,}15\ x\ R\ x\ T\ x\ (1+\alpha) = 0{,}20\ x\ R\ x\ T = \pi_{glicose}$

$$0{,}15\ x\ (1+\alpha) = 0{,}20$$

$$\alpha = 0{,}33\ (33\%)$$

Questão 116

Alternativa B.

As soluções (I, II, III, IV e V) apresentam a mesma concentração da quantidade de matéria e o mesmo grau de dissociação (α). Logo, a solução que irá apresentar a maior temperatura de congelamento será aquela que apresenta a maior incógnita **n**. Esta incógnita encontra-se presente na equação de van't Hoff, dada pela seguinte equação matemática: I = 1 + (n – 1).α

Analisando cada alternativa:

I) $Al_2(SO_4)_{3(sólido)} \longrightarrow 2Al^{+3}_{(aquoso)} + 3SO_4{}^{-2}_{(aquoso)}$; n = 2 + 3 = 5

II) $Na_2B_4O_{7(sólido)} \longrightarrow 2Na^+_{(aquoso)} + (B_4O_7)^{-2}_{(aquoso)}$; n = 2 + 1 = 3

III) $K_2Cr_2O_{7(sólido)} \longrightarrow 2K^+_{(aquoso)} + (Cr_2O_7)^{-2}_{(aquoso)}$; n = 2 + 1 = 3

IV) $Na_2CrO_{7(sólido)} \longrightarrow 2Na^+_{(aquoso)} + (Cr_2O_7)^{-2}_{(aquoso)}$; n = 2 + 1 = 3

V) $Al(NO_3)_{3(sólido)} \longrightarrow Al^{+3}_{(aquoso)} + 3\ NO_3{}^-_{(aquoso)}$; n = 3 + 1 = 4

Ordem crescente de temperatura de congelamento: I < V < II ≈ III ≈ IV.

Questão 117

Alternativa D.

X é a solução mais concentrada e menos volátil. Logo, a pressão de vapor é menor que a de Y. Ao abrir a válvula, haverá transferência de água da solução Y para a solução X, devido à diferença na pressão de vapor. Com isso, a pressão de vapor de Y diminui até atingir o equilíbrio. Em consequência deste processo em relação à pressão, o volume de X aumenta ($V_{Xi} > V_{Xf}$) e a pressão de Y diminui ($P_{Yi} > P_f$).

Questão 118

Alternativa D.

Analisando a solução líquida de 1,2 - dibromoeltileno ($C_2H_2Br_2$): $p_1 = X\ x\ p° = 0{,}60\ x\ 173\ mmHg = 69{,}20\ mmHg$

Analisando a solução líquida de 2,3 - dibromopropeno ($C_2H_2Br_2$): $X_1 + X_2 = 1$

$0{,}60 + X_2 = 1$

$X_2 = 0{,}40$

Cálculo da pressão de vapor (p_2) do 1,2 - dibromoeltileno ($C_2H_2Br_2$) na solução: $p_2 = X\ x\ p° = 0{,}40\ x\ 127\ mmHg = 76{,}20\ mmHg$

Cálculo da pressão total de vapor (p_T) da solução: $p_{total} = p_1 + p_2 = 69{,}20\ mmHg + 76{,}20\ mmHg = 145{,}40\ mmHg$

Cálculo da fração molar (X_1) do 2,3 - dibromopropeno ($C_3H_4Br_2$): $X = \frac{p}{p_T} = \frac{76{,}20}{145{,}20} = 0{,}52$

Questão 119

Alternativa C.

Analisando o ponto de ebulição: Quando se adiciona um determinado soluto não volátil a um solvente líquido vai ocorrer um aumento da temperatura de ebulição. Analisando o ponto de solidificação: O estudo do abaixamento do ponto de congelamento de um solvente diminui quando se adiciona a ele um soluto não volátil. Analisando a pressão de vapor: O estudo do abaixamento de pressão máxima de vapor de um líquido é ocasionado pela dissolução de um soluto não volátil. Isso ocorre pelo fato das partículas dispersas constituírem uma barreira que dificulta a movimentação das moléculas do solvente do líquido para a fase gasosa.

Questão 120

Alternativa A.

Cálculo da massa molar, a partir do efeito coligativo osmótico: $\pi = \frac{m}{<MM> x\ V_{solução}} x\ R\ x\ T\ x\ i$

$$\frac{5,80}{760} = \frac{15 \text{ x } 10^{-3}}{< MM > \text{ x } 2,50 \text{ x } 10^{-3}} \text{ x } 0,08206 \text{ x } (25 + 273) \text{ x } 1$$

$$7,63 \text{ x } 10^{-3} = \frac{15 \text{ x } 10^{-3}}{< MM > \text{ x } 2,50 \text{ x } 10^{-3}} \text{ x } 0,08206 \text{ x } 298$$

$$< MM > = 19230 \text{ g.mol}^{-1}$$

Questão 121

Alternativa E.

Dados do problema: Soluto = cloreto de sódio (NaCl); Solvente = água (H_2O)

Cálculo do fator de Van't Hoff (i), considerando que o grau de dissociação seja igual a 100%:

$NaCl_{(sólido)} \longrightarrow Na^{+}_{(aquoso)} + Cl^{-}_{(aquoso)}$

Cálculo do abaixamento da pressão de vapor: $\frac{\Delta P}{P^{o}} = \frac{<MM>_{solvente}}{1000} x \frac{n_{soluto}}{m_{kg}^{etanol}} x\ i$

$$\frac{\Delta P}{P^{o}} = \frac{< MM >_{solvente}}{1000} \text{x} \frac{\frac{m_{soluto}}{< MM >_{soluto}}}{m_{kg}^{água}} \text{x } [1 + (n - 1) \text{ x } \alpha]$$

$$\frac{\Delta P}{23,8} = \frac{18}{1000} \text{x} \left(\frac{\frac{10}{58,5}}{0,10} \right) \text{x } [1 + (2 - 1) \text{ x } 1]$$

$$\frac{\Delta P}{23,8} = \frac{360}{5850}$$

$$\Delta P = \frac{360 \text{ x } 23,8}{5850} = \frac{8568}{5850} = 1,46 \text{ torr}$$

Questão 122

Alternativa C.

Item a) Equação química que corresponde a dissocação do cloreto de cálcio: $CaCl_{2(sólido)} \longrightarrow Ca^{+2}_{(aquoso)} + 2Cl^{-}_{(aquoso)}$

i = 1 + (n – 1).α

2,5 = 1 + (3 – 1).α

α = 0,75 (75%)

Item b) Equação química que corresponde a dissociação do cloreto de ferro III: $FeCl_{3(sólido)} \longrightarrow Fe^{+3}_{(aquoso)} + 3Cl^{-}_{(aquoso)}$

i = 1 + (n – 1).α
3,0 = 1 + (4 – 1).α
α = 0,67 (67%)

Item c) Equação química que corresponde a dissociação do cloreto de sódio: $NaCl_{(sólido)} \longrightarrow Na^{+}{}_{(aquoso)} + Cl^{-}{}_{(aquoso)}$

i = 1 + (n – 1).α
2,0 = 1 + (2 – 1).α
α = 1,0 (100%) – Maior grau de dissociação

Item d) Equação química que corresponde a dissociação do carbonato de sódio: $Na_2CO_{3(sólido)} \longrightarrow 2Na^{+}{}_{(aquoso)} + CO_3^{-2}{}_{(aquoso)}$

i = 1 + (n – 1).α
2,6 = 1 + (3 – 1).α
α = 0,80 (80%)

Item e) Equação química que corresponde a dissociação do sulfato de alumínio: $Al_2(SO_4)_{3(sólido)} \longrightarrow 2Al^{+3}{}_{(aquoso)} + 3SO_4^{-2}{}_{(aquoso)}$

i = 1 + (n – 1).α
4,6 = 1 + (5 – 1).α
α = 0,90 (90%)

Questão 123

Alternativa C.

Vamos considerar que o solvente seja a água, apresentando constante ebulioscópica igual a 0,51°C.kg.mol^{-1} e grau de dissociação igual a 100%.

Cálculo da temperatura ebulioscópica para a solução A (cloreto de sódio): $NaCl_{(aquoso)} \longrightarrow Na^{+}{}_{(aquoso)} + Cl^{-}{}_{(aquoso)}$.

$$\Delta T_{ebulição} = K_{ebul.}^{água} \text{ x } \mathcal{M} \text{ x i} = 0{,}51 \text{ x} \frac{0{,}10}{1} \text{x } [1 + (2-1) \text{ x } 1] = 0{,}102°C$$

Cálculo da temperatura ebulioscópica para a solução B (sacarose): $\Delta T_{ebulição} = K_{ebul.}^{água} \text{ x } \mathcal{M} \text{ x i} = 0{,}51 \text{ x} \frac{0{,}10}{1} \text{ x } 1 = 0{,}051°C$

Cálculo da temperatura ebulioscópica para a solução C (cloreto de cálcio): $CaCl_{2(aq)} \longrightarrow Ca^{+2}{}_{(aq)} + 2\ Cl^{-}{}_{(aq)}$

$$\Delta T_{ebulição} = K_{ebul.}^{água} \text{ x } \mathcal{M} \text{ x i} = 0{,}51 \text{ x} \left(\frac{0{,}080}{1}\right) \text{x } [1 + (3-1) \text{ x } 1]$$

$$\Delta T_{ebulição} = 0{,}51 \text{ x} \left(\frac{0{,}080}{1}\right) \text{x } [1 + 2] = 1{,}53 \text{ x } 0{,}080 = 0{,}122°C$$

Logo, a ordem crescente de temperatura de ebulição é dada por: B < A < C.

Questão 124

Alternativa E.

Por mais que três soluções aquosas sejam moleculares, ou seja, apresentam fator de van't Hoff igual a um (1), não é possível responder a esta questão, pelo fato de faltar dados para os devidos cálculos. Para o cálculo da temperatura de ebulição é necessário o cálculo da molalidade, $\mathcal{M} = \frac{n_{soluto}}{m_{(kg)}^{solvente}}$, e para este parâmetro não há dados suficientes.

Questão 125

Alternativa C.

Observação: Para todas as soluções (I, II, III e IV) levaremos em consideração que o grau de dissociação seja igual a 100%.

Analisando a solução de sacarose: Fator de Van't Hoff = 1 (solução molecular)

$\Delta T_c = K_c \text{ x } \mathcal{M} \text{ x i}$

$-1{,}3 = K_c . X . 1$

$-1{,}3 = K_c . X$

$X = \frac{(-1{,}3)}{K_c}$ (Equação A)

Analisando a solução de cloreto de sódio: $NaCl_{(aquoso)} \longrightarrow Na^{+}{}_{(aquoso)} + Cl^{-}{}_{(aquoso)}$

$\Delta T_c = K_c \text{ x } \mathcal{M} \text{ x i}$

$-1{,}3 = K_c . Y . \{1 + (2-1).1\}$

$-1{,}3 = K_c . 2Y$

$Y = \frac{(-1{,}3)}{2.K_c}$ (Equação B)

Pela equação A, $X = \frac{(-1{,}3)}{K_c}$, logo X = 2Y

Analisando a solução de sulfato de magnésio: $MgSO_{4(aquoso)} \longrightarrow Mg^{+2}{}_{(aquoso)} + SO_4^{-2}{}_{(aquoso)}$

$\Delta T_c = K_c \text{ x } \mathcal{M} \text{ x i}$

$-1{,}3 = K_c . Z . \{1 + (4-1).1\}$

$-1{,}3 = K_c . 4Z$

$Z = \frac{(-1{,}3)}{4 . K_c}$ (Equação C)

Pela equação A, $X = \frac{(-1{,}3)}{K_c}$, logo X = 4Z

Analisando a solução de cloreto de magnésio: $MgCl_{2(aquoso)} \longrightarrow Mg^{+2}{}_{(aquoso)} + Cl^{-}{}_{(aquoso)}$

$\Delta T_c = K_c \text{ x } \mathcal{M} \text{ x i}$

$-1{,}3 = K_c . S . \{1 + (3-1).1\}$

$-1{,}3 = K_c . 3S$

$S = \frac{(-1{,}3)}{3.K_c}$ (Equação D)

Pela equação A, $X = \frac{(-1{,}3)}{K_c}$, logo X = 3S

Questão 126

Alternativa B.

A solução que irá apresentar maior pressão osmótica, será aquela que apresentar maior fator de Van't Hoff (i).

As alternativas a) óxido de prata, c) óxido de magnésio e e) hidróxido de alumínio, são pouco solúveis, apresentando um grau de dissociação baixo (α).

Analisando o item b): $Na_2O_2 + 2H_2O \rightarrow 2Na^+_{(aquoso)} + 2OH^-_{(aquoso)} + H_2O_{2(aquoso)}$
1 mol de Na_2O_2 ---------- 4 mol de ($Na^+ + OH^-$)
0,10 mol ------------------- $n_{(Na^+ + OH^-)}$
$n_{(Na^+ + OH^-)} = 0,40$ mol

Analisando o item d): $Ba(OH)_{2(sólido)} \rightarrow Ba^{+2}_{(aquoso)} + 2OH^-_{(aquoso)}$
1 mol de $Ba(OH)_2$ ---------- 3 mol de ($Ba^{+2} + OH^-$)
0,10 mol ---------------------- $n_{(Ba^{+2} + OH^-)}$
$n_{(Ba^{+2} + OH^-)} = 0,30$ mol

A partir dos resultados, o peróxido de sódio apresenta maior pressão osmótica.

Questão 127

Alternativa B.

Sabendo que o fenômeno crioscópico é dado por: $\Delta T_c = K_c \times \mathcal{M} \times i$, para a resolução desta questão será necessário calcular o fator de Van't Hoff. Substituindo os dados do problema, o fator de van't Hoff será: $\Delta T_c = K_c \text{ x } \mathcal{M} \text{ x i}$

$$0,55 = 1,86 \text{ x } 0,100 \text{ x i}$$

$$0,55 = 0,186 \text{ x i}$$

$$i = \frac{0,55}{0,186} = 2,96 \cong 3$$

Logo será necessário determinar qual das opções apresenta fator de Van't Hoff igual a três. Analisando item por item, temos: $i = 1 + (n - 1) \times \alpha$

Para i = 3 e considerando $\alpha = 1$ (100%), n será igual a: $i = 1 + (n - 1) \times \alpha$

$3 = 1 + (n - 1) \times 1$
$n = 3$

Item a) $(AgNH_3)Cl$, Íons: $(AgNH_3)^{+1}$ e Cl^{-1}; n = 1 + 1 = 2
Item b) $(Pt(NH_3)_4Cl_2)Cl_2$, Íons: $[Pt(NH_3)_4Cl_2]^{+2}$ e Cl^{-1}; n = 2 + 1 = 3
Item c) $Na[Al(OH)_4]$, Íons: Na^+ e $[Al(OH)_4]^{-1}$; n = 1 + 1 = 2
Item d) $K_3[Fe(CN)_6]$, Íons: K_3^+ e $[Fe(CN)_6]^{-3}$; n = 1 + 3 = 4
Item e) $K_4[Fe(CN)_6]$, Íons: K_4^+ e $[Fe(CN)_6]^{-4}$; n = 1 + 4 = 5

Questão 128

Alternativa D.

Dados do problema: Soluto = Composto A; Solvente = Benzeno; Fator de Van't Hoff: i = 1 (solução molecular).

Cálculo da constante tonoscópica molal (K_t): $K_t = \frac{<MM>_{solvente}}{1000} = \frac{78}{1000} = 78 \times 10^{-3}$

Cálculo da massa molecular (<MM>) do composto A, a partir do efeito tonoscópico:

$$\frac{\Delta P}{P^o} = \frac{<MM>_{solvente}}{1000} \text{x} \frac{n_{soluto}}{m_{kg}^{benzeno}} \text{x i}$$

$$\left|\frac{70-75}{70}\right| = \frac{78}{1000} x \frac{\left(\frac{64}{< MM >_{soluto}}\right)}{0,546} x\ 1$$

$$< MM >_{soluto} = 128\ g.mol^{-1}$$

Questão 129

Alternativa: D.

Dados do problema: Soluto = Polímero; Solvente = Água (H_2O) e Fator de Van't Hoff: i = 1 (solução molecular). Cálculo da massa molar do polímero (i = 1), a partir da pressão osmótica:

$$\pi = \left\{\frac{\frac{m_{polímero}}{< MM >_{polímero}}}{V_{solução}}\right\} x\ R\ x\ T\ x\ i$$

$$0,021 = \left\{\frac{\frac{5,0}{< MM >_{polímero}}}{0,100}\right\} x\ 0,08206\ x\ (25 + 273)\ x\ 1$$

$$< MM >_{polímero} = 58223,52\ g, mol^{-1}$$

Questão 130

Alternativa C.

Dados do problema: Soluto = Polímero; Solvente = Água (H_2O) e Fator de Van't Hoff: i = 1 (solução molecular)

Cálculo da massa molar do polímero (i = 1), a partir da pressão osmótica:

$$\pi = \left\{\frac{\frac{m_{polímero}}{< MM >_{polímero}}}{V_{solução}}\right\} x\ R\ x\ T\ x\ i$$

$$0,021 = \left\{\frac{\frac{5,0}{< MM >_{polímero}}}{0,100}\right\} x\ 0,08206\ x\ (25 + 273)\ x\ 1$$

$$< MM >_{polímero} = 58223,52\ g, mol^{-1}$$

Questão 131

Alternativa D.

Dados do problema: 10% em massa de etilenoglicol. Esta relação significa que há 10 g de etilenoglicol / 100 gramas de solução, ou seja, 90 gramas em solvente (H_2O).

Fórmula molecular e massa molar do etilenoglicol: $C_2H_4(OH)_2$ (62 $g.mol^{-1}$) e constante crioscópica molal da água (K_c): K_c = 1,86°C.kg.mol^{-1}

Cálculo da temperatura da solução de etilenoglicol: $\Delta T_c = K_c\ x\mathcal{M}\ x\ i$

$$\Delta T_c = (-1{,}86) \text{ x} \left[\frac{\left(\frac{10}{62}\right)}{90 \text{ x } 10^{-3}}\right] \text{x } 1$$

$$T_{\text{solução}} - T_{\text{água}} = (-1{,}86) \text{ x} \left[\frac{10000}{90 \text{ x } 62}\right]$$

$$T_{\text{solução}} - 0 = (-1{,}86) \text{ x} \left[\frac{10000}{5580}\right]$$

$$T_{\text{solução}} = -1{,}86 \text{ x} \left[\frac{10000}{5580}\right] = -3{,}33°\text{C}$$

Questão 132

Alternativa B.

Analisando a solução de glicerina: C_3H_8O (<MM> = 92 g.mol^{-1})

$$\Delta T_c^{\text{glicerina}} = -1{,}86 \text{ x} \left[\frac{\left(\frac{X}{92}\right)}{250 \text{ x } 10^{-3}}\right] \text{x } 1$$

Analisando a solução de sacarose: $C_{12}H_{22}O_{11}$ (<MM> = 342 g.mol^{-1})

$$\Delta T_c^{\text{sacarose}} = -1{,}86 \text{ x} \left[\frac{\left(\frac{2{,}5}{342}\right)}{0{,}125}\right] \text{x } 1$$

Apresentando a mesma temperatura de solidificação, temos: $\Delta T_c^{\text{glicerina}} = \Delta T_c^{\text{sacarose}}$

$$-1{,}86 \text{ x} \left[\frac{\left(\frac{X}{92}\right)}{250 \text{ x } 10^{-3}}\right] \text{x } 1 = -1{,}86 \text{ x} \left[\frac{\left(\frac{2{,}5}{342}\right)}{0{,}125}\right] \text{x } 1$$

$$X = \frac{92 \text{ x } 0{,}25 \text{ x } 2{,}50}{0{,}125 \text{ x } 342} = \frac{57{,}5}{42{,}75} = 1{,}34 \text{ g}$$

Questão 133

Alternativa B.

Equação química que corresponde a dissociação do nitrato de bário: $Ba(NO_3)_{2(aquoso)} \longrightarrow Ba^{+2}_{(aquoso)} + 2NO_3^-{}_{(aquoso)}$

Cálculo do grau de dissociação (α): i = [1 + (n – 1) x α]

2,74 = [1 + (3 – 1) x α]

α = 0,87 (87%)

Questão 134

(GRILLO) Alternativa A.

Cálculo da molalidade ($\mathcal{M}$): $NaCl_{(sólido)} \longrightarrow Na^+_{(aquoso)} + Cl^-_{(aquoso)}$

$$\Delta T_{eb} = K_{eb} \text{ x } \mathcal{M} \text{ x i}$$

$$T_{ebulição}^{solução} - T_{ebulição}^{solvente} = K_{eb} \text{ x } \mathcal{M} \text{ x } \{1 + (n-1).\alpha\}$$

$$102{,}5 - 100 = 0{,}50 \text{ x } \mathcal{M} \text{ x } \{1 + (2-1) \text{ x } 0{,}85\}$$

$$2{,}50 = 0{,}50 \text{ x } \mathcal{M} \text{ x } 1{,}85$$

$$\mathcal{M} = \frac{2{,}50}{1{,}85 \text{ x } 0{,}50} = 2{,}70 \text{ mol. kg}^{-1}$$

Questão 135

Alternativa D.

Equação química que corresponde a dissociação do cloreto de cálcio: $CaCl_{2(sólido)} \longrightarrow Ca^{+2}_{(aquoso)} + 2Cl^{-}_{(aquoso)}$
$i = 1 + (n - 1).\alpha$
$i = 1 + (3 - 1) \text{ x } 0{,}50 = 2{,}0$

Questão 136

Alternativa D.

Equação voligativa que corresponde à propriedade coligativa osmótica: $\pi = [X] \text{ x } R \text{ x } T$

$$\pi = \frac{m_X}{< MM >_X \text{ x } V_{solução}} \text{ x } R \text{ x } T$$

$$0{,}027 = \frac{2{,}0 \text{ x } 10^{-2}}{< MM >_X \text{ x } 0{,}300} \text{ x } 0{,}08206 \text{ x } (25 + 273)$$

$$0{,}027 \text{ x } < MM >_X \text{ x } 0{,}300 = 2{,}0 \text{ x } 10^{-2} \text{ x } 0{,}08206 \text{ x } 298$$

$$< MM >_X = \frac{0{,}489}{0{,}0081} = 60{,}37 \frac{g}{mol}$$

Pela massa molecular calculada, a molécula orgânica é a ureia (CH_4N_2O).

APÊNDICE

APÊNDICE A – CONSTANTES FÍSICAS FUNDAMENTAIS

A) Unidade de massa atômica (u): 1u = 1,6606 x 10^{-24} g
B) Número de Avogadro (N): 6,0221415 x 10^{23} mol^{-1}
C) Constante de Boltzmann (k): 1,3806 x 10^{-23} $m^2.kg.s^{-2}.K^{-1}$
D) Constante de Faraday (F): 96485 $C.mol^{-1}$
E) Constante de Planck (h): 6,626 x 10^{-34} $J.s^{-1}$
F) Elétron-volt (1 eV): 1,60218 x 10^{-19} J
G) Massa do elétron (m_{e-}): 9,11 x 10^{-31} kg
H) Massa do prótron (m_{p+}): 1,67 x 10^{-27} kg
I) Massa do nêutron (m_n): 1,67 x 10^{-27} kg
J) Aceleração da gravidade (g): 9,81 $m.s^{-2}$
K) Volume molar (V_m): 22,4 $L.mol^{-1}$
L) Carga eletrônica (e^-): 1,60218 x 10^{-19} C
M) Valor do pi (π): 3,141592653589
N) Raio de Bohr: 5,29 x 10^{-18} J
O) Ponto triplo da água: 273,15 K
P) Ponto normal de fusão da água: 273,16 K
Q) Constante de Trouton: 87,9 J x K^{-1} x mol^{-1}
R) Constante de Coulomb (K): 8,998 x 10^9 N x m^2 x C^{-2}
S) Velocidade da luz no vácuo (c): 2,997 x 10^8 m x s^{-1}
T) Constante gravitacional (G): 6,673 x 10^{-11} N x m^2 x kg^{-2}

APÊNDICE B - TABELA DE CONSTANTES CRIOSCÓPICAS E EBULIOSCÓPICAS

SOLVENTE UTILIZADO	CONSTANTE CRIOSCÓPICA	CONSTANTE EBULIOSCÓPICA
Água (H_2O)	-1,86	0,51
Benzeno (C_6H_6)	- 5,12	2,53
Ácido Acético	- 3,90	2,93
Fenol (C_6H_6O)	- 7,40	3,04
Naftaleno ($C_{10}H_8$)	- 6,94	5,80
Ácido Fórmico (CH_2O_2)	- 2,77	-
Acetona (C_3H_6O)	-	1,71

APÊNDICE C – CONSTANTE DOS GASES IDEAIS (R)

0,08206 atm.L.mol^{-1}.K^{-1}
0,08206 atm.dm^3.mol^{-1}.K^{-1}
82,06 atm.cm^3.mol^{-1}.K^{-1}
8,31451 Pa.m^3.mol^{-1}.K^{-1}
8,31451 kPa.m^3.kmol^{-1}.K^{-1}
8,314 J.mol^{-1}.K^{-1}
1,98722 cal.mol^{-1}.K^{-1}
1,987 Btu.lbmol^{-1}.°R^{-1}
10,73 psia. ft^3. lbmol^{-1}.°R^{-1}
62,36 torr.L.mol^{-1}.K^{-1}
62,36 mmHg.L.mol^{-1}.K^{-1}
0,7302 ft^3.atm.lbmol^{-1}. °R^{-1}

APÊNDICE D – CONSTANTE DE VAN DER WAALS (a e b)

Espécies Químicas	a (atm.L^2.mol^{-2})	b (10^{-2}L.mol^{-1})
Argônio	1,363	3,219
Eteno	4,530	5,714
Etano	5,562	6,380
Benzeno	18,24	11,54
Metano	2,283	4,278
Cloro	6,579	5,622
Monóxido de carbono	1,505	3,985
Dióxido de carbono	3,640	4,267
Hidrogênio	0,2476	2,661
H_2O	5,536	3,049
Sulfeto de hidrogênio	4,490	4,287
Hélio	0,03457	2,370
Criptônio	2,349	3,978
Nitrogênio	1,408	3,913
Neônio	0,2135	1,709
Amônia	4,225	3,707
Oxigênio	1,378	3,183
Dióxido de enxofre	6,803	5,636
Xenônio	4,250	5,105

Fonte: Atkins, P. W.; Paula de, J. Físico-Química", 8ªedição, volume um. Livros Técnicos e Científicos - LTC, Rio de Janeiro, 2008.

APÊNDICE E – DISTINÇÃO ENTRE PILHA GALVÂNICA E ELETRÓLISE

PROPRIEDADES	PILHAS GALVÂNICAS	ELETRÓLISE
Espontaneidade	Processo espontâneo	Processo não espontâneo
Quanto ao uso de ponte salina	É utilizado	Não é utilizado
Fluxo de elétrons	Sai do ânodo para o cátodo	Sai do ânodo para o cátodo
Quanto a Polaridade	Ânodo = Polo negativo	Ânodo = Polo positivo
Diferença de potencial	Cátodo = polo positivo (E > 0)	Cátodo = polo negativo (E < 0)

APÊNDICE F – EQUAÇÕES CINÉTICAS PARA ORDEM ZERO – PRIMEIRA – SEGUNDA

ESTUDO CINÉTICO	EQUAÇÃO DA CONCENTRAÇÃO X TEMPO	TEMPO DE MEIA-VIDA
Ordem zero	$[A]_{Final} = [A]_{Inicial} - k \text{ x tempo}$	$t_{\frac{1}{2}} = \frac{[A]_{Inicial}}{2 \text{ x } k}$
Primeira ordem	$\ln\left(\frac{[A]_{Final}}{[A]_{Inicial}}\right) = -k \text{ x tempo}$	$t_{1/2} = \frac{\ln 2}{k}$
Segunda Ordem	$\frac{1}{[A]_{Final}} = \frac{^{-}1}{[A]_{Inicial}} + k \text{ x tempo}$	$t_{\frac{1}{2}} = \frac{1}{k \text{ x } [A]_{Inicial}}$

APÊNDICE G – EQUAÇÃO DE ARRHENIUS X EQUAÇÃO DE VAN´T HOFF X EQUAÇÃO DE CLAUSIUS CLAPEYRON

EQUAÇÃO DE ARRHENIUS	EQUAÇÃO DE VAN´T HOFF	EQUAÇÃO DE CLAYPERON
$\ln\frac{k_1}{k_2} = \frac{E_{at}}{R} \text{x} \left[\frac{1}{T_2} - \frac{1}{T_1}\right]$	$\ln\frac{K_{eq_1}}{K_{eq_2}} = \frac{\Delta H^0_{reaçaõ}}{R} \text{x} \left[\frac{1}{T_2} - \frac{1}{T_1}\right]$	$\ln\frac{P_1}{P_2} = \frac{\Delta H^0_{reaçaõ}}{R} \text{x} \left[\frac{1}{T_2} - \frac{1}{T_1}\right]$

APÊNDICE H – Tabela de prioridade de descarga, para cátions e ânions.

Prioridade de descarga	
Cátions	Grupo 1 < Grupo 2 < Grupo 3 < Al^{+3} < H^+ < Metais de transição
Ânions	ânions não oxigenados > OH^- > ânions oxigenados > F^-

APÊNDICE I – TABELA DE POTENCIAL-PADRÃO (E° DE REDUÇÃO)

SEMI-REAÇÃO DE REDUÇÃO	E° (VOLTS)
$Li^{+}_{(aquoso)} + 1e^{-} \rightarrow Li_{(sólido)}$	-3,05
$K^{+}_{(aquoso)} + 1e^{-} \rightarrow K_{(sólido)}$	-2,93
$Ba^{+2}_{(aquoso)} + 2e^{-} \rightarrow Ba_{(sólido)}$	-2,90
$Sr^{+2}_{(aquoso)} + 2e^{-} \rightarrow Sr_{(sólido)}$	-2,89
$Ca^{+2}_{(aquoso)} + 2e^{-} \rightarrow Ca_{(sólido)}$	-2,87
$Na^{+}_{(aquoso)} + 1e^{-} \rightarrow Na_{(sólido)}$	-2,71
$Mg^{+2}_{(aquoso)} + 2e^{-} \rightarrow Mg_{(sólido)}$	-2,37
$Be^{+2}_{(aquoso)} + 2e^{-} \rightarrow Be_{(sólido)}$	-1,85
$Al^{+3}_{(aquoso)} + 3e^{-} \rightarrow Al_{(sólido)}$	-1,66
$Mn^{+2}_{(aquoso)} + 2e^{-} \rightarrow Mn_{(sólido)}$	-1,18
$2H_2O_{(l)} + 2e^{-} \rightarrow H_{2(g)} + 2OH^{-}_{(aquoso)}$	-0,83
$Zn^{+2}_{(aquoso)} + 2e^{-} \rightarrow Zn_{(sólido)}$	-0,76
$Cr^{+3}_{(aquoso)} + 3e^{-} \rightarrow Cr_{(sólido)}$	-0,74
$Fe^{+2}_{(aquoso)} + 2e^{-} \rightarrow Fe_{(sólido)}$	-0,44
$Cd^{+2}_{(aquoso)} + 2e^{-} \rightarrow Cd_{(sólido)}$	-0,40
$PbSO_{4(sólido)} + 2e^{-} \rightarrow Pb_{(sólido)} + SO^{-2}_{4(aquoso)}$	-0,31
$Co^{+2}_{(aquoso)} + 2e^{-} \rightarrow Co_{(sólido)}$	-0,28
$Ni^{+2}_{(aquoso)} + 2e^{-} \rightarrow Ni_{(sólido)}$	-0,25
$Sn^{+2}_{(aquoso)} + 2e^{-} \rightarrow Sn_{(sólido)}$	-0,14
$Pb^{+2}_{(aquoso)} + 2e^{-} \rightarrow Pb_{(sólido)}$	-0,13
$\mathbf{2H^{+}_{(aquoso)} + 2e^{-} \rightarrow H_{2(gás)}}$	**0,00**
$Sn^{+4}_{(aquoso)} + 2e^{-} \rightarrow Sn^{+2}_{(aquoso)}$	+0,13
$Cu^{+2}_{(aquoso)} + 1e^{-} \rightarrow Cu^{+}_{(aquoso)}$	+0,15
$SO^{-2}_{4(aquoso)} + 4H^{+}_{(aquoso)} + 2e^{-} \rightarrow SO_{2(gás)} + 2H_2O_{(líquido)}$	+0,20
$AgCl_{(sólido)} + 1e^{-} \rightarrow Ag_{(sólido)} + Cl^{-}_{(aquoso)}$	+0,22
$Cu^{+2}_{(aquoso)} + 2e^{-} \rightarrow Cu_{(sólido)}$	+0,34
$O_{2(gás)} + 2H_2O_{(líquido)} + 4e^{-} \rightarrow 4OH^{-}_{(aquoso)}$	+0,40
$I_{2(sólido)} + 2e^{-} \rightarrow 2I^{-}_{(aquoso)}$	+0,53
$MnO^{-2}_{4(aquoso)} + 2H_2O_{(líquido)} + 3e^{-} \rightarrow MnO_{2(sólido)} + 4OH^{-}_{(aquoso)}$	+0,59
$O_{2(gás)} + 2H^{+}_{(aq)} + 2e^{-} \rightarrow H_2O_{(aquoso)}$	+0,68
$Fe^{+3}_{(aquoso)} + 1e^{-} \rightarrow Fe^{+2}_{(aquoso)}$	+0,77
$Ag^{+}_{(aquoso)} + 1e^{-} \rightarrow Ag_{(sólido)}$	+0,80
$Hg^{+2}_{2(aquoso)} + 2e^{-} \rightarrow 2Hg_{(líquido)}$	+0,85
$2Hg^{+2}_{(aquoso)} + 2e^{-} \rightarrow Hg^{+2}_{2(aquoso)}$	+0,92
$NO^{-}_{3(aquoso)} + 4H^{+}_{(aquoso)} + 3e^{-} \rightarrow NO_{(gás)} + 2H_2O_{(líquido)}$	+0,96
$Br_{2(líquido)} + 2e^{-} \rightarrow 2Br^{-}_{(aquoso)}$	+1,07
$O_{2(gás)} + 4\ H^{+}_{(aquoso)} + 4e^{-} \rightarrow 2H_2O_{(líquido)}$	+1,23
$MnO_{2(sólido)} + 4H^{+}_{(aquoso)} + 2e^{-} \rightarrow Mn^{+2}_{(aquoso)} + 2H_2O_{(líquido)}$	+1,23
$Cr_2O^{-2}_{7(aquoso)} + 14H^{+}_{(aquoso)} + 6e^{-} \rightarrow Cr^{+3}_{(aquoso)} + 7H_2O_{(líquido)}$	+1,33

$Cl_{2(gás)} + 2e^- \rightarrow 2Cl^-_{(aquoso)}$	+1,36
$Au^{+3}_{(aquoso)} + 3e^- \rightarrow Au_{(sólido)}$	+1,50
$MnO^-_{4(aquoso)} + 8H^+_{(aquoso)} + 5e^- \rightarrow Mn^{+2}_{(aquoso)} + H_2O_{(líquido)}$	+1,51
$Ce^{+4}_{(aquoso)} + 1e^- \rightarrow Ce^{+3}_{(aquoso)}$	+1,61
$H_2O_{2(gás)} + 2H^+_{(aquoso)} + 2e^- \rightarrow 2H_2O_{(líquido)}$	+1,77
$Co^{+3}_{(aquoso)} + 1e^- \rightarrow Co^{+2}_{(aq)}$	+1,82
$O_{3(gás)} + 2H^+_{(aquoso)} + 2e^- \rightarrow O_{2(gás)} + H_2O_{(líquido)}$	+2,07
$F_{2(gás)} + 2e^- \rightarrow 2F^-_{(aquoso)}$	+2,87

Fonte: Atkins, P. W.; Paula de, J. Físico-Química", 8ªedição, volume um. Livros Técnicos e Científicos - LTC, Rio de Janeiro, 2008.

APÊNDICE J – CAPACIDADE CALORÍFICA MÉDIA À PRESSÃO CONSTANTE ($\overline{c}_P$)

SUBSTÂNCIA	$\overline{c}_P\ (\frac{J}{mol\ x\ K})$
$Al_{(sólido)}$	24,2
$Nb_{(sólido)}$	24,6
$Nb_{(líquido)}$	41,7
$Nb_2O_{5(sólido)}$	131,6
$Al_2O_{3(sólido)}$	77,2
$Al_2O_{3(líquido)}$	144,9
$Fe_{(sólido)}$	25,1
$Fe_{(líquido)}$	41,4
$Fe_2O_{3(sólido)}$	103,7
$Ar_{(gás)}$	20,8
$Cl_{2(gás)}$	33,9
$H_{2(gás)}$	29,0
$N_{2(gás)}$	29,1
$O_{2(gás)}$	29,4

Fonte: Atkins, P. W.; Paula de, J. Físico-Química", 8ªedição, volume um. Livros Técnicos e Científicos - LTC, Rio de Janeiro, 2008.

APÊNDICE K – TABELA DA CONSTANTE DO PRODUTO DE SOLUBILIDADE A 25°C

PRODUTO DE SOLUBILIDADE (25°C)			
	EQUILÍBRIO	K_{PS}	pK_{PS}
BROMETOS	$CuBr_{(sólido)} \rightarrow Cu^+_{(aquoso)} + Br^-_{(aquoso)}$	6,0 x 10^{-9}	8,20
	$PbBr_{2(sólido)} \rightarrow Pb^{+2}_{(aquoso)} + 2Br^-_{(aquoso)}$	4,6 x 10^{-6}	5,30
	$Hg_2Br_{2(sólido)} \rightarrow Hg^{+2}_{2(aquoso)} + 2Br^-_{(aquoso)}$	1,3 x 10^{-22}	21,9
	$AgBr_{(sólido)} \rightarrow Ag^+_{(aquoso)} + Br^-_{(aquoso)}$	5,0 x 10^{-13}	12,3
CARBONATOS	$BaCO_{3(sólido)} \rightarrow Ba^{+2}_{(aquoso)} + CO^{-2}_{3(aquoso)}$	1,60 x 10^{-9}	8,80
	$CdCO_{3(sólido)} \rightarrow Cd^{+2}_{(aquoso)} + CO^{-2}_{3(aquoso)}$	5,20 x 10^{-12}	11,3
	$CaCO_{3(sólido)} \rightarrow Ca^{+2}_{(aquoso)} + CO^{-2}_{3(aquoso)}$	6,9 x 10^{-9}	8,2
	$CoCO_{3(sólido)} \rightarrow Co^{+2}_{(aquoso)} + CO^{-2}_{3(aquoso)}$	8,0 x 10^{-13}	12,1
	$CuCO_{3(sólido)} \rightarrow Cu^{+2}_{(aquoso)} + CO^{-2}_{3(aquoso)}$	2,5 x 10^{-10}	9,6
	$PbCO_{3(sólido)} \rightarrow Pb^{+2}_{(aquoso)} + CO^{-2}_{3(aquoso)}$	1,50 x 10^{-13}	12,80

	$MgCO_{3(sólido)} \rightarrow Mg^{+2}_{(aquoso)} + CO^{-2}_{3(aquoso)}$	$4{,}0 \times 10^{-5}$	4,40
	$MnCO_{3(sólido)} \rightarrow Mn^{+2}_{(aquoso)} + CO^{-2}_{3(aquoso)}$	$9{,}0 \times 10^{-11}$	10,1
	$Hg_2CO_{3(sólido)} \rightarrow Hg^{+2}_{2(aquoso)} + CO^{-2}_{3(aquoso)}$	$9{,}0 \times 10^{-17}$	16,1
	$NiCO_{3(sólido)} \rightarrow Ni^{+2}_{(aquoso)} + CO^{-2}_{3(aquoso)}$	$7{,}0 \times 10^{-9}$	8,2
	$Ag_2CO_{3(sólido)} \rightarrow 2Ag^{+2}_{(aquoso)} + CO^{-2}_{3(aquoso)}$	$8{,}2 \times 10^{-12}$	11,1
	$SrCO_{3(sólido)} \rightarrow Sr^{+2}_{(aquoso)} + CO^{-2}_{3(aquoso)}$	$7{,}0 \times 10^{-10}$	9,2
	$ZnCO_{3(sólido)} \rightarrow Zn^{+2}_{(aquoso)} + CO^{-2}_{3(aquoso)}$	$2{,}0 \times 10^{-11}$	10,7
CLORETOS	$CuCl_{(sólido)} \rightarrow Cu^{+}_{(aquoso)} + Cl^{-}_{(aquoso)}$	$3{,}2 \times 10^{-7}$	6,5
	$PbCl_{2(sólido)} \rightarrow Pb^{+2}_{(aquoso)} + 2Cl^{-}_{(aquoso)}$	$1{,}6 \times 10^{-5}$	4,8
	$Hg_2Cl_{2(sólido)} \rightarrow Hg^{+2}_{2(aquoso)} + 2Cl^{-}_{(aquoso)}$	$1{,}1 \times 10^{-18}$	17,9
	$AgCl_{(sólido)} \rightarrow Ag^{+}_{(aquoso)} + Cl^{-}_{(aquoso)}$	$1{,}8 \times 10^{-10}$	9,70
CROMATOS	$BaCrO_{4(sólido)} \rightarrow Ba^{+2}_{(aquoso)} + CrO^{-2}_{4(aquoso)}$	$1{,}2 \times 10^{-10}$	9,9
	$CaCrO_{4(sólido)} \rightarrow Ca^{+2}_{(aquoso)} + CrO^{-2}_{4(aquoso)}$	$7{,}1 \times 10^{-4}$	3,2
	$PbCrO_{4(sólido)} \rightarrow Pb^{+2}_{(aquoso)} + CrO^{-2}_{4(aquoso)}$	$2{,}0 \times 10^{-14}$	13,7
	$Hg_2CrO_{4(sólido)} \rightarrow Hg^{+2}_{2(aquoso)} + CrO^{-2}_{4(aquoso)}$	$2{,}0 \times 10^{-9}$	8,7
	$Ag_2CrO_{4(sólido)} \rightarrow 2Ag^{+2}_{(aquoso)} + CrO^{-2}_{4(aquoso)}$	$1{,}9 \times 10^{-12}$	11,7
	$SrCrO_{4(sólido)} \rightarrow Sr^{+2}_{(aquoso)} + CrO^{-2}_{4(aquoso)}$	$3{,}6 \times 10^{-5}$	4,4
HIDRÓXIDOS	$Al(OH)_{3(sólido)} \rightarrow Al^{+3}_{(aquoso)} + 3OH^{-}_{(aquoso)}$	$3{,}6 \times 10^{-5}$	32,3
	$Cd(OH)_{2(sólido)} \rightarrow Cd^{+2}_{(aquoso)} + 2OH^{-}_{(aquoso)}$	$2{,}0 \times 10^{-14}$	13,7
	$Cr(OH)_{3(sólido)} \rightarrow Cr^{+3}_{(aquoso)} + 3OH^{-}_{(aquoso)}$	$7{,}0 \times 10^{-31}$	30,2
	$Cr(OH)_{2(sólido)} \rightarrow Cr^{+2}_{(aquoso)} + 2OH^{-}_{(aquoso)}$	$1{,}0 \times 10^{-17}$	17,0
	$Co(OH)_{3(sólido)} \rightarrow Co^{+3}_{(aquoso)} + 3OH^{-}_{(aquoso)}$	$1{,}0 \times 10^{-43}$	43,0
	$Co(OH)_{2(sólido)} \rightarrow Co^{+2}_{(aquoso)} + 2OH^{-}_{(aquoso)}$	$2{,}5 \times 10^{-16}$	15,6
	$Cu(OH)_{2(sólido)} \rightarrow Cu^{+2}_{(aquoso)} + 2OH^{-}_{(aquoso)}$	$1{,}6 \times 10^{-19}$	18,8
	$Fe(OH)_{3(sólido)} \rightarrow Fe^{+3}_{(aquoso)} + 3OH^{-}_{(aquoso)}$	$6{,}0 \times 10^{-38}$	37,2
	$Fe(OH)_{2(sólido)} \rightarrow Fe^{+2}_{(aquoso)} + 2OH^{-}_{(aquoso)}$	$2{,}0 \times 10^{-15}$	14,7
	$Pb(OH)_{2(sólido)} \rightarrow Pb^{+2}_{(aquoso)} + 2OH^{-}_{(aquoso)}$	$4{,}0 \times 10^{-15}$	14,4
	$Mg(OH)_{2(sólido)} \rightarrow Mg^{+2}_{(aquoso)} + 2OH^{-}_{(aquoso)}$	$8{,}9 \times 10^{-12}$	11,1
	$Mn(OH)_{3(sólido)} \rightarrow Mn^{+3}_{(aquoso)} + 3OH^{-}_{(aquoso)}$	$1{,}0 \times 10^{-36}$	36,0
	$Mn(OH)_{2(sólido)} \rightarrow Mn^{+2}_{(aquoso)} + 2OH^{-}_{(aquoso)}$	$2{,}0 \times 10^{-13}$	12,7
	$HgO_{(sólido)} + \frac{1}{2}H_2O_{(líquido)} \rightarrow Hg^{+2}_{(aquoso)} + 2OH^{-}_{(aquoso)}$	$3{,}0 \times 10^{-26}$	25,5
	$Ni(OH)_{2(sólido)} \rightarrow Ni^{+2}_{(aquoso)} + 2OH^{-}_{(aquoso)}$	$1{,}6 \times 10^{-16}$	15,8
	$\frac{1}{2}Ag_2O_{(sólido)} + \frac{1}{2}H_2O_{(líquido)} \rightarrow Ag^{+}_{(aquoso)} + OH^{-}_{(aquoso)}$	$2{,}0 \times 10^{-8}$	7,7
	$Sn(OH)_{2(sólido)} \rightarrow Sn^{+2}_{(aquoso)} + 2OH^{-}_{(aquoso)}$	$3{,}0 \times 10^{-27}$	26,5
	$Zn(OH)_{2(sólido)} \rightarrow Zn^{+2}_{(aquoso)} + 2OH^{-}_{(aquoso)}$	$5{,}0 \times 10^{-17}$	16,3

IODATOS	$Ba(IO_3)_{2(sólido)} \rightarrow Ba^{+2}_{(aquoso)} + 2IO^{-}_{3(aquoso)}$	$1{,}3 \times 10^{-9}$	8,9
	$Ca(IO_3)_{2(sólido)} \rightarrow Ca^{+2}_{(aquoso)} + 2IO^{-}_{3(aquoso)}$	$1{,}7 \times 10^{-6}$	5,8
	$Pb(IO_3)_{2(sólido)} \rightarrow Pb^{+2}_{(aquoso)} + 2IO^{-}_{3(aquoso)}$	$2{,}6 \times 10^{-13}$	12,6
	$Hg(IO_3)_{2(sólido)} \rightarrow Hg^{+2}_{(aquoso)} + 2IO^{-}_{3(aquoso)}$	$3{,}0 \times 10^{-13}$	12,5
	$Hg_2(IO_3)_{2(sólido)} \rightarrow 2Hg^{+}_{(aquoso)} + 2IO^{-}_{3(aquoso)}$	$1{,}9 \times 10^{-14}$	13,7
	$AgIO_{3(sólido)} \rightarrow Ag^{+}_{(aquoso)} + IO^{-}_{3(aquoso)}$	$3{,}0 \times 10^{-8}$	7,5
IODETOS	$CuI_{(sólido)} \rightarrow Cu^{+}_{(aquoso)} + I^{-}_{(aquoso)}$	$1{,}0 \times 10^{-12}$	12,0
	$PbI_{2(sólido)} \rightarrow Pb^{+2}_{(aquoso)} + 2I^{-}_{(aquoso)}$	$8{,}3 \times 10^{-9}$	8,1
	$Hg_2I_{2(sólido)} \rightarrow Hg^{+2}_{2(aquoso)} + 2I^{-}_{(aquoso)}$	$4{,}0 \times 10^{-29}$	28,4
	$AgI_{(sólido)} \rightarrow Ag^{+}_{(aquoso)} + I^{-}_{(aquoso)}$	$8{,}5 \times 10^{-17}$	16,1
OXALATOS	$BaC_2O_{4(sólido)} \rightarrow Ba^{+2}_{(aquoso)} + C_2O^{-2}_{4(aquoso)}$	$1{,}5 \times 10^{-8}$	7,8
	$CdC_2O_{4(sólido)} \rightarrow Cd^{+2}_{(aquoso)} + C_2O^{-2}_{4(aquoso)}$	$1{,}5 \times 10^{-8}$	7,8
	$CaC_2O_{4(sólido)} \rightarrow Ba^{+2}_{(aquoso)} + C_2O^{-2}_{4(aquoso)}$	$1{,}3 \times 10^{-9}$	8,9
	$FeC_2O_{4(sólido)} \rightarrow Fe^{+2}_{(aquoso)} + C_2O^{-2}_{4(aquoso)}$	$2{,}0 \times 10^{-7}$	6,7
	$MgC_2O_{4(sólido)} \rightarrow Mg^{+2}_{(aquoso)} + C_2O^{-2}_{4(aquoso)}$	$8{,}6 \times 10^{-5}$	4,1
	$Mn_2(C_2O_4)_{3(sólido)} \rightarrow 2Mn^{+3}_{(aquoso)} + 3C_2O^{-2}_{4(aquoso)}$	$7{,}0 \times 10^{-20}$	19,2
	$MnC_2O_{4(sólido)} \rightarrow Mn^{+2}_{(aquoso)} + C_2O^{-2}_{4(aquoso)}$	$1{,}0 \times 10^{-15}$	15,0
	$Ag_2C_2O_{4(sólido)} \rightarrow 2Ag^{+}_{(aquoso)} + C_2O^{-2}_{4(aquoso)}$	$1{,}0 \times 10^{-11}$	11,0
	$SrC_2O_{4(sólido)} \rightarrow Sr^{+2}_{(aquoso)} + C_2O^{-2}_{4(aquoso)}$	$5{,}6 \times 10^{-8}$	7,2
	$ZnC_2O_{4(sólido)} \rightarrow Zn^{+2}_{(aquoso)} + C_2O^{-2}_{4(aquoso)}$	$1{,}5 \times 10^{-9}$	8,8
SULFATOS	$BaSO_{4(sólido)} \rightarrow Ba^{+2}_{(aquoso)} + SO^{-2}_{4(aquoso)}$	$1{,}50 \times 10^{-9}$	8,80
	$CaSO_{4(sólido)} \rightarrow Ca^{+2}_{(aquoso)} + SO^{-2}_{4(aquoso)}$	$2{,}40 \times 10^{-5}$	4,60
	$PbSO_{4(sólido)} \rightarrow Pb^{+2}_{(aquoso)} + SO^{-2}_{4(aquoso)}$	$1{,}30 \times 10^{-8}$	7,90
	$SrSO_{4(sólido)} \rightarrow Sr^{+2}_{(aquoso)} + SO^{-2}_{4(aquoso)}$	$7{,}60 \times 10^{-7}$	6,10
SULFETOS	$Bi_2S_{3(sólido)} \rightarrow 2Bi^{+3}_{(aquoso)} + 3S^{-2}_{(aquoso)}$	$1{,}0 \times 10^{-100}$	100
	$CdS_{(sólido)} \rightarrow Cd^{+2}_{(aquoso)} + S^{-2}_{(aquoso)}$	$6{,}0 \times 10^{-27}$	26,2
	$CoS_{(sólido)} \rightarrow Co^{+2}_{(aquoso)} + S^{-2}_{(aquoso)}$ (α)	$5{,}0 \times 10^{-22}$	21,3
	$CoS_{(sólido)} \rightarrow Co^{+2}_{(aquoso)} + S^{-2}_{(aquoso)}$ (β)	$6{,}0 \times 10^{-29}$	28,2
	$CuS_{(sólido)} \rightarrow Cu^{+2}_{(aquoso)} + S^{-2}_{(aquoso)}$	$4{,}0 \times 10^{-36}$	35,4
	$FeS_{(sólido)} \rightarrow Fe^{+2}_{(aquoso)} + S^{-2}_{(aquoso)}$	$5{,}0 \times 10^{-18}$	17,3
	$PbS_{(sólido)} \rightarrow Pb^{+2}_{(aquoso)} + S^{-2}_{(aquoso)}$	$4{,}0 \times 10^{-18}$	25,4

	$MnS_{(sólido)} \rightarrow Mn^{+2}_{(aquoso)} + S^{-2}_{(aquoso)}$	$8,0 \times 10^{-14}$	13,1
	$HgS_{(sólido)} \rightarrow Hg^{+2}_{(aquoso)} + S^{-2}_{(aquoso)}$	$1,0 \times 10^{-50}$	50,0
	$NiS_{(sólido)} \rightarrow Ni^{+2}_{(aquoso)} + S^{-2}_{(aquoso)}$ (α)	$1,0 \times 10^{-22}$	22,0
	$NiS_{(sólido)} \rightarrow Ni^{+2}_{(aquoso)} + S^{-2}_{(aquoso)}$ (β)	$3,0 \times 10^{-28}$	27,5
	$NiS_{(sólido)} \rightarrow Ni^{+2}_{(aquoso)} + S^{-2}_{(aquoso)}$ (γ)	$7,0 \times 10^{-30}$	29,2
	$Ag_2S_{(sólido)} \rightarrow 2Ag^{+}_{(aquoso)} + S^{-2}_{(aquoso)}$	$1,0 \times 10^{-50}$	50,0
	$ZnS_{(sólido)} \rightarrow Zn^{+2}_{(aquoso)} + S^{-2}_{(aquoso)}$	$1,0 \times 10^{-20}$	20,0

REFERÊNCIAS BIBLIOGRÁFICAS

- Introduction to the Thermodynamics of Materials Fourth Edition. David R. Gaskell. Taylor & Francis, New York – London, 2003.
- Físico-Química: Uma aplicação aos materiais. Rupen Adamian, Ericksson Rocha e Almendra. Rio de Janeiro: COPPE – UFRJ, 2002.
- Físico-Química – Volume 1, Levine, I. N. Tradução e revisão técnica Edilson Clemente da Silva, Oswaldo Esteves Barcia – Rio de Janeiro: LTC 2012.
- Termodinâmica e Física da Estrutura da Matéria – Segunda Edição. Rui Manuel A. Dilão. Escolar Editora, 2014.
- Atkins, P. W.; Paula de, J. Físico-Química", 10ª edição, volume um. Livros Técnicos e Científicos - LTC, Rio de Janeiro, 2018.
- Moore, W. J. Físico-Química - tradução da quarta edição americana: Tibor Rabockai [e outros]. Supervisão Ivo Jordan. Editora da Universidade de São Paulo, 1976.
- Castellan, G. W. Physical Chemistry, segunda edição. Addison – Wesley Publishing Company, 1964.
- Nabuco, João Roberto da Paciência & Barros. Físico-Química. Rio de Janeiro, primeira edição. Editora Ao livro técnico, 1979.
- Curso de Termodinâmica Aplicada às Máquinas. Abrahão Izecksohn; Imprensa Nacional Rio de Janeiro – 1943.
- Introduction to the Thermodynamics of Materials Fourth Edition. David R. Gaskell. Taylor & Francis, New York – London, 2003.
- Curso de Física Básica 2 – Fluidos. H. Moysés Nussenzveig. São Paulo: Edgard Blucher, 1981.
- Principles of Physical Chemistry Four Edition. Samuel H. Maron; Carl F. Prutton. Editora Collier Macmillian Student Editions, New York, 1965.
- Termodinâmica e Física da Estrutura da Matéria – Segunda Edição. Rui Manuel A. Dilão. Escolar Editora, 2014.
- Luiz, A. M. Termodinâmica – Teoria & Problemas. Livros Técnicos e Científicos - LTC, Rio de Janeiro, 2012.
- Warren, B. A. The First law of thermodynamics in a salty ocen. Progress in Oceanography, page 149 – 167, 70 (2006).
- Bergman, T. L.; Lavine, A. S.; Incropera, F. P.; Dewitt, D. P. Fundamentos da Transferência de Calor e Massa; Rio de Janeiro: LTC, 2014.
- Braga Filho, W. Transmissão de Calor; São Paulo: Thomson, 2006.
- Modell, M.; Reid, R. C. Thermodynamics and its applications. New Jersey: Prendice-Hall, 1974.
- Smith, J. M.; Van Ness, H. C.; Abbott, M. M. Introdução à termodinâmica da engenharia química. 5.ed. Rio de Janeiro: Livros Técnicos e Científicos, 2000.

- Himmelblau, D.M. & Riggs, J. B. Engenharia Química – Princípios e cálculos. LTC; 2014.
- Brady, J. E,; Russel, J. W.; Holum, J. R.; Química, a matéria e suas transformações, vol. 1 e 2, 3ª Ed., LTC, 2002.
- Russel. J. B.; Química Geral; vol. 1 e 2, Makron, 1996.
- Kotz, J. C.; Treichel Jr., P.; Weaver, Gabriela C.; Química e reações químicas, Vol 1 (6ª ed,2010) e vol. 2(5ª edição, 2009) Cengage Learning.
- Brown, T. L.; Lemay JR., H. E.; Bursten, B. E.; Burdge, J. R.; Química a ciência central; 9ª ed.; Pearson Prentice Hall do Brasil, 2008.
- Mahan, B., M.; Myers, R., J.; Química um curso universitário, 4ª edição, Edgard Blücher, 1996.
- Atkins, P.; Jones, L.; Princípios de Química, questionando a vida moderna e o meio ambiente; 5ª Ed, Bookman Companhia Ed., 2011

Impressão e acabamento

Gráfica da Editora Ciência Moderna Ltda.

Tel: (21) 2201-6662